南岭成矿带中西段地质矿产调查（DD20160033）
南岭成矿带大义山-骑田岭锡矿地质调查（DD20190154）
南岭及周缘锡锂多金属矿战略性矿产调查评价（DD20230342）
江南陆块南缘成矿带（西段）战略性矿产调查（DD202402021）

联合资助

南岭九嶷山复式花岗岩体成因与成矿
Genesis and Mineralization of Jiuyishan Composite Granite Pluton in Nanling Region

李剑锋　卢友月　程顺波　李　堃
丁丽雪　秦拯纬　付建明　陈希清　著
张遵遵　夏　杰　马丽艳　杨晓君

图书在版编目(CIP)数据

南岭九嶷山复式花岗岩体成因与成矿/李剑锋等著. —武汉:中国地质大学出版社,2025.6.
ISBN 978-7-5625-6185-9

Ⅰ.P588.12

中国国家版本馆CIP数据核字第20255Z6U64号

| 南岭九嶷山复式花岗岩体成因与成矿 | 李剑锋　卢友月　程顺波　李　堃
丁丽雪　秦拯纬　付建明　陈希清
张遵遵　夏　杰　马丽艳　杨晓君 | 著 |

责任编辑:舒立霞	选题策划:舒立霞	责任校对:宋巧娥
出版发行:中国地质大学出版社(武汉市洪山区鲁磨路388号)		邮编:430074
电　　话:(027)67883511	传　　真:(027)67883580	E-mail:cbb@cug.edu.cn
经　　销:全国新华书店		https://cugp.cug.edu.cn
开本:787mm×1092mm　1/16	字数:340千字	印张:13.25
版次:2025年6月第1版	印次:2025年6月第1次印刷	
印刷:湖北睿智印务有限公司		
ISBN 978-7-5625-6185-9		定价:128.00元

如有印装质量问题请与印刷厂联系调换

前　言

　　九嶷山复式花岗岩体位于扬子陆块与华夏陆块之间的钦杭结合带中部，为南岭地区代表性岩体之一，出露面积约 1200 km^2；自西到东由加里东期雪花顶，燕山早期金鸡岭、砂子岭和西山（杂）岩体组成。通过系统的调查与研究，识别出华南内陆最大的西山晚侏罗世大型酸性碎斑熔岩岩穹，其不同岩相具同时间、同空间、同物源的特点，见特殊矿物铁橄榄石、铁辉石，是公认的典型 A 型花岗岩；金鸡岭岩体分异演化序列完整，相关矿产资源丰富，是研究 Sn-Li-Rb 等战略性矿产与花岗岩成矿关系的理想岩体。开展九嶷山复式花岗岩体系统研究有助于深入理解华南板块陆内壳幔相互作用机制与成矿作用，为华南地区关键金属找矿突破行动提供参考和借鉴。

　　中国地质调查局武汉地质调查中心华南花岗岩与成矿作用研究团队自 2001 年以来对九嶷山复式花岗岩体开展系统工作，大量高精度锆石 U-Pb 定年结果显示雪花顶、金鸡岭、砂子岭及西山（杂）岩体的形成年龄分别为 432.2～416.2 Ma、157.3～151.2 Ma、157.0～151.9 Ma 及 158.5～151.2 Ma。岩石学与地球化学资料揭示雪花顶岩体属于 I 型花岗岩，形成于华南加里东期挤压向伸展松弛转换背景；金鸡岭、砂子岭和西山（杂）岩体为铝质 A$_2$ 型花岗岩，形成于太平洋板块低角度侧向俯冲引起的板内伸展构造环境；金鸡岭岩体源自地壳物质重熔，砂子岭与西山（杂）岩体主要源自麻粒岩相变质表壳岩部分熔融＋少量（＜10%）地幔物质混入。同为铝质 A 型花岗质岩石的金鸡岭和西山（杂）岩体，它们在岩相学特征、分异演化程度、源区组成、矿物成分、形成的物理化学条件及 F、Cl 含量等方面存在明显差异，研究认为前者具有更好的成矿潜力。

　　本书由中国地质调查局项目：南岭成矿带中西段地质矿产调查（DD20160033）、南岭成矿带大义山-骑田岭锡矿地质调查（DD20190154）、南岭及周缘锡锂多金属矿战略性矿产调查评价（DD20230342）和江南陆块南缘成矿带（西段）战略性矿产调查（DD202402021）联合资助完成。自然资源部中南矿产资源监督检测中心承担了主量元素、微量元素、稀土元素、电子探针、Sr-Nd 同位素分析。锆石单矿物分选在廊坊市诚信地质服务有限公司完成，西北大学大陆动力学国家重点实验室、武汉上谱分析科技有限责任公司承担了锆石/锡石制靶、阴极发光、U-Pb 定年及 Hf 同位素分析等工作。云母 ^{40}Ar-^{39}Ar、锡石 U-Pb 定年工作分别在中国地质科学院地质研究所、南京大学内生金属矿床成矿机制研究国家重点实验室完成。本书得到武汉地质调查中心矿产室、测试室、科学技术处等部门的大力支持,得到了中国地质大学(武汉)马昌前教授,武汉地质调查中心邢光福、牛志军研究员,戴平云、龚银杰、赵武强正高级工程师,陕亮、于玉帅、杨奇荻、夏金龙高级工程师等的指导和帮助。在此一并表示衷心的感谢!由于笔者水平有限,不当之处在所难免,望读者和专家批评指正。

著　者
2025 年 5 月 22 日

目 录

第一章 绪 论 ………………………………………………………………………… (1)
第二章 区域地质背景 ……………………………………………………………… (6)
  第一节 区域构造演化 ……………………………………………………… (6)
  第二节 基底组成 …………………………………………………………… (8)
  第三节 区域地层 …………………………………………………………… (9)
    一、新元古界 ……………………………………………………………… (9)
    二、下古生界 ……………………………………………………………… (10)
    三、上古生界 ……………………………………………………………… (10)
    四、中生界 ………………………………………………………………… (11)
    五、新生界 ………………………………………………………………… (12)
  第四节 区域构造 …………………………………………………………… (12)
    一、东西向构造 …………………………………………………………… (12)
    二、北北东向构造 ………………………………………………………… (13)
    三、北东向构造 …………………………………………………………… (13)
    四、南北向构造 …………………………………………………………… (13)
    五、北西向构造 …………………………………………………………… (14)
  第五节 区域岩浆岩 ………………………………………………………… (14)
    一、侵入岩 ………………………………………………………………… (14)
    二、火山岩 ………………………………………………………………… (17)
第三章 岩体地质与岩相学 ………………………………………………………… (19)
  第一节 雪花顶岩体 ………………………………………………………… (20)
  第二节 金鸡岭岩体 ………………………………………………………… (21)
  第三节 砂子岭岩体 ………………………………………………………… (23)
  第四节 西山(杂)岩体 ……………………………………………………… (25)
第四章 花岗岩年代学 ……………………………………………………………… (34)
  第一节 雪花顶岩体 ………………………………………………………… (34)
  第二节 金鸡岭岩体 ………………………………………………………… (38)
  第三节 砂子岭岩体 ………………………………………………………… (41)

第四节　西山(杂)岩体	(46)
一、花岗质碎斑熔岩	(46)
二、中细粒似斑状黑云母二长花岗岩	(74)
三、火山碎屑岩	(75)
四、花岗斑岩	(75)
五、英安岩	(75)

第五章　矿物化学 (77)

第一节　橄榄石	(77)
第二节　辉　石	(79)
第三节　角闪石	(82)
第四节　云　母	(86)
第五节　斜长石	(91)
第六节　碱性长石	(94)
第七节　石榴石	(95)

第六章　岩石地球化学 (97)

第一节　雪花顶岩体	(97)
第二节　金鸡岭岩体	(104)
第三节　砂子岭岩体	(105)
第四节　西山(杂)岩体	(109)

第七章　花岗岩成因与构造背景 (119)

第一节　Sr-Nd-Hf 同位素与岩浆源区	(119)
一、金鸡岭岩体	(119)
二、砂子岭岩体	(122)
三、西山(杂)岩体	(124)
四、岩浆源区	(131)
第二节　岩浆物理化学约束	(134)
一、金鸡岭岩体	(134)
二、西山(杂)岩体	(135)
第三节　大地构造背景	(137)
一、加里东期构造背景	(137)
二、燕山期构造背景	(139)
第四节　含铁橄榄石花岗质碎斑熔岩形成机制探讨	(144)
第五节　岩浆演化序列	(145)
一、金鸡岭岩体	(145)
二、西山(杂)岩体	(147)
三、九嶷山复式岩体	(150)

第八章　花岗岩成矿作用分析 (154)

第一节　矿产资源概况 (155)
第二节　典型矿床特征 (156)
　一、矿田地质 (156)
　二、典型矿床特征 (157)
第三节　矿床成因 (162)
　一、成矿时代 (162)
　二、矿床成因 (167)
　三、成矿模式 (172)
第四节　金鸡岭与西山(杂)岩体成矿作用对比研究 (175)
　一、野外地质 (175)
　二、分异演化程度 (181)
　三、岩浆源区 (184)
　四、矿物成分 (187)
　五、成岩深度 (187)
　六、氧逸度 (187)
　七、F、Cl含量 (188)

主要参考文献 (191)

第一章 绪 论

南岭是我国花岗岩与成矿研究程度最高的地区之一。随着战略性关键金属在社会发展和国家安全中的地位不断上升,与钨锡成矿关系极为密切的南岭花岗岩又成为我国花岗岩研究新热点,也是关键金属找矿勘查与突破的重要对象(吴福元等,2023)。举世瞩目的大厂锡多金属矿床、柿竹园钨锡铋钼矿床、大宝山铜多金属矿床、凡口铅锌(银)矿床皆分布于本区;区内大中型矿床数以百计,主要有香花岭、水口山、宝山、黄沙坪、瑶岗仙、新田岭、界牌岭、西华山、大吉山、盘古山、栗木、珊瑚、北山、泗顶、锯板坑、大顶、岩背等。统计表明,南岭成矿带主要矿种占全国保有储量比例为:钨83%、锡63%、铅30%、锌22%,离子吸附型稀土位居全国前列(王登红等,2007)。近年来,又发现了大型—超大型规模白腊水、锡田、荷花坪等钨锡多金属矿床;另外,水口山、香花岭、黄沙坪、宝山、淘锡坑、栗木、珊瑚、大宝山、凡口等老矿区又实现了深部找矿的巨大突破(付建明等,2017)。上述找矿成果显示南岭地区仍具有巨大的找矿潜力。

从大地构造学角度来看,区内中生代花岗岩类与相关的金属矿床在空间上均产于板块内部,是构造运动、岩浆活动及成矿作用耦合的结果;从能量角度来看,花岗岩形成与侵位需要足够热量和空间。因此,南岭花岗岩能够反映板内岩浆活动、深部壳-幔相互作用机制与成矿过程,而这些问题正是当前地球科学研究的热点与前沿。南岭地区存在3条EW向展布的燕山早期花岗岩带(图1-0-1),即骑田岭-九峰山岩带(北花岗岩带)、九嶷山-大东山-桂东岩带(中花岗岩带)和花山-姑婆山-连阳岩带(南花岗岩带);综合地质、地球物理资料证实上述3条花岗岩带与区内EW向深部构造一致,而与NE向"十-杭带"斜交(周新民,2007;秦拯纬等,2022)。大量可靠的地质记录已经揭示出西太平洋板块向中国大陆东南沿海强烈俯冲主要发生在晚侏罗世到早白垩世,略晚于南岭花岗岩主侵入期(燕山早期),而且南岭花岗岩位处华南大陆的内部,远离俯冲带。因此,南岭花岗岩是由地壳拉张减薄、幔源岩浆上涌引起深部地壳重熔而成(陈培荣等,2002;李献华等,2007)?还是由陆内地壳加厚增温引起(洪大卫等,2002)?抑或是其他机制?显然,上述问题是研究华南花岗岩必须回答的基础问题。

南岭地区诸多复式岩体接触带及外围分布着一系列含W、Sn、Bi、Mo、Cu等矿化的燕山早期小岩体,以及许多170~150Ma的大型—超大型W、Sn等关键金属矿床。前人初步研究认为,这些矿床的形成与中生代岩石圈多阶段伸展和深部壳-幔相互作用密切相关,但对其成因机制还存在不同认识(赵振华等,2000;王岳军等,2001;毛景文等,2007)。Gilder等(1996)通过对华南地区岩浆岩全岩Sm-Nd同位素研究发现,在南岭西段存在一条呈NNE向展布的特殊花岗岩带,与邻区相比具较低的Nd模式年龄(>1.8Ga)和较高的$\varepsilon_{Nd}(t)$值(-8~-4)。

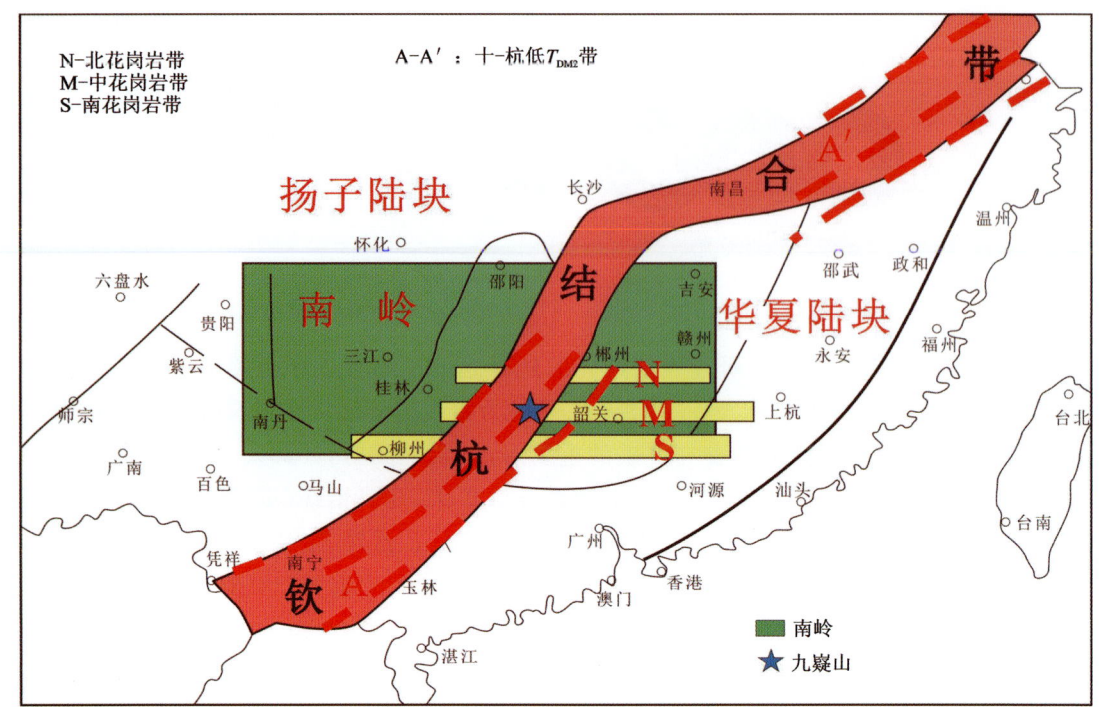

图 1-0-1　南岭地区大地构造位置示意图（据付建明，2005）

随后，Chen 和 Jahn（1998）、付建明等（2004a）及 Zhou 等（2006）进一步确证这条低 Nd 模式年龄花岗岩带的存在。考虑到其产出位置有别于华南沿海地区的低 Nd 模式年龄火山岩带（王德滋等，1995；Zhou and Li，2000；王德滋和周新民，2002；舒徐洁，2014），显然，对其开展系统的研究工作将有助于我们理解华南板块陆内地壳演化与成矿作用过程（陈江峰等，1999；Zhou et al.，2006；张岳桥等，2009；舒良树，2012；Huang 等，2011；舒徐洁，2014；Shu et al.，2014，2015；Li et al.，2016；程顺波等，2018），也为研究板内壳-幔相互作用提供了难得的机遇与天然实验室；进而深化对南岭地区大型—超大型金属矿床和小岩体成因机制的认识，指导区域地质找矿工作。

九嶷山复式岩体大地构造位于扬子陆块与华夏陆块之间的钦杭结合带中部（付建明等，2005），自西到东由加里东期雪花顶岩体及燕山期金鸡岭、砂子岭、西山（杂）岩体组成。从岩石类型来看，区内既有中深成相花岗岩，又有喷出相英安（斑）岩、流纹（斑）岩和流纹质凝灰岩；尤其是西山（杂）岩体，存在典型的中（浅）成花岗岩-次火山-火山岩组合，是研究花岗岩与火山岩的天然实验室和纽带；既有壳-幔物质混合而成的 A 型花岗岩（朱金初等，2008），又有铝质 A 型和 S 型花岗岩（付建明等，2004a，2004b）；既有同期辉绿岩、镁铁质微粒包体等基性岩浆活动记录，又与锡、钨、铷、铀及铅锌等多种金属矿产关系密切（章邦桐等，2001）；另外，还出现特殊矿物铁橄榄石和铁辉石等超熔矿物。总之，九嶷山复式岩体是研究壳幔演化、岩浆侵入-火山活动与成矿作用等科学问题的理想场所和难得范例。

研究表明，金鸡岭及西山（杂）岩体主体由二（正）长花岗岩组成，前人一致认为它们属于典型的 S 型花岗岩（徐克勤等，1982；陈培荣等，2002；范蔚茗等，2003）。最新研究表明，西山和金鸡岭岩体具有高硅、富碱、弱过铝—强过铝、富大离子及高场强元素、没有继承锆石(核)、锆石饱和温度高的地球化学特点,西山(杂)岩体还出现铁橄榄石和铁辉石等镁铁质超熔矿物(付建明等,2003;Guo et al.,2016)等;具有铝质A型花岗岩特征(付建明等,2004a,2004b;李剑锋等,2020,2021)。目前,对铝质A型花岗岩的成因许多学者尽管在看法上有差异,但几乎一致认为铝质A型花岗岩形成于拉张环境,其源区应处在下地壳位置(King et al.,1999),并普遍受到不同程度上地幔物质成分的影响,特别是玄武岩浆的底侵作用提供了A型花岗岩形成所需的热源(800~900℃),其成因与壳-幔相互作用密切相关(徐夕生和周新民,1999)。因此,通过对这些花岗质岩石成因类型的重新认识,对探讨南岭地区甚至整个华南地区中生代地质构造发展具有重要的地质意义。雪花顶和砂子岭岩体以二长花岗岩和花岗闪长岩为主,普遍含有角闪石、镁铁质微粒包体及暗色矿物条带或团块,表现为低硅、高钙,准铝—弱过铝、相对较低的I_{Sr}值和较小的T_{DM2}(Nd)。岩石中的镁铁质微粒包体具有明显的火成结构、构造,普遍含淬冷的针状磷灰石等,很显然这种花岗岩的形成不可能单纯是地壳物质再循环的产物,而可能发生过壳-幔物质的混合(王岳军等,2001;朱金初等,2008)。但是,过去对岩浆混合型花岗岩成因机制的研究十分薄弱,既不清楚其物理化学条件与构造背景,也不能通过其成因机制的研究去认识壳-幔相互作用,进而讨论其形成对地壳结构与演化的影响。

由于测试对象、测试方法和测试精度的限制,对九嶷山部分岩体的形成时代还存在分歧。例如:砂子岭岩体的形成时代归属有印支期(莫柱孙等,1980;湖南省地质矿产局,1988,2016)和燕山早期(陈廷愚等,1986;章邦桐等,2001;付建明等,2004c)两种观点;西山(杂)岩体有燕山晚期(湖南省地质矿产局,1988)和早期(陈廷愚等,1986;湖南省地质矿产局,2016)之说,其分类归属亦有S型(莫柱孙等,1980;湖南省地质矿产局,1988,2016)和A型花岗岩(付建明等,2004b)两种认识。近期研究表明,南岭西段不断发现与A型花岗岩存在密切成因关系的大型—超大型锡矿床,如锡田锡钨矿田、大东山锡多金属矿床、芙蓉锡矿床、柿竹园钨锡多金属矿床、姑婆山锡矿田等(赵振华等,2000;付建明等,2005;Zhou et al.,2015)。根据我们了解的资料,金鸡岭(螃蟹木)和西山(杂)岩体具有典型铝质A型花岗质岩石特征。饶有趣味的是前者与锡(钨)矿、锂矿关系密切,已发现有相关大型矿床的形成;而后者未见明显成矿作用,其原因不清。因此,有必要将两者地球化学、成矿作用与潜力进行系统对比研究。讨论哪些A型花岗岩可以成矿,哪些不成矿。助力南岭A型花岗岩区的找矿突破。

综上所述,本书以九嶷山复式岩体及镁铁质微粒包体作为探测壳-幔相互作用的岩石探针与窗口,通过地质学、岩石学、矿物学、地球化学及年代学等研究工作,对研究区花岗岩形成时代、产生的构造背景和大陆动力学特征进行综合分析研究,并对本区重要的岩浆作用方式——岩浆混合作用进行深入细致的分析,深化我们在华南花岗岩的形成与成矿过程、板内岩浆活动机制等地学基本问题上的认识。与此同时,对独具特色的西山(杂)岩体开展系统研究工作,有益于对岩浆侵入-火山活动完整过程的深入理解,有益于阐明含铁橄榄石花岗岩这种特殊类型岩石的成因,还可以为破火山口与上地壳岩浆系统的演化提供丰富的信息;将成矿作用显著的金鸡岭岩体与不成矿(或成矿差)的西山(杂)岩体进行系统对比研究,可以为九嶷山地区铝质A型花岗岩的成矿作用模式提供新的约束。本书取得的主要研究成果如下。

（1）雪花顶、金鸡岭、砂子岭及西山（杂）岩体的侵位年龄分别为 432.2～416.2Ma、157.3～151.2Ma、157.0～151.9Ma 及 158.5～151.2Ma。其中，西山（杂）岩体中细粒似斑状黑云母二长花岗岩、花岗质碎斑熔岩、英安（斑）岩、火山碎屑岩及花岗斑岩形成年龄依次为 157.3～152.7Ma、156.9～154.0Ma、158.5～151.2Ma、154.5～154.2Ma 及 157.3Ma。

（2）西山（杂）岩体花岗质碎斑熔岩中橄榄石呈微包体、单晶产出，Fa＝88.85～91.75、90.31～92.51，Fo＝5.66～9.18、5.39～7.74，属铁橄榄石；辉石微包体、单晶 Wo＝0.99～2.09、1.10～3.28，En＝18.15～29.28、7.06～26.9，Fs＝69.02～79.79、68.89～89.67，主要为铁辉石，少量属于普通辉石；角闪石$(Ca+Na)_B \geq 1.50$，$Na_B < 0.50$，均属于铁浅闪石，斑晶属于壳源且与中酸性侵入岩有关，暗色微包体中的角闪石明显叠加有幔源的信息；黑云母斑晶属于铁质黑云母，暗色微包体中黑云母属于铁叶云母＋铁黑云母，显示出更加富铁的特点；斜长石 An＝27.53～41.04，成分为更长石-中长石；碱性长石 Or＝70.67～98.32，属正长石。此外，在中细粒似斑状黑云母二长花岗岩、英安岩中发现石榴石单晶；普遍发育碎裂结构，部分存在反应边；其 Alm＝77.20～88.86、Grs＝3.56～9.62、Sps＝1.36～8.06、Prp＝0.21～8.11，属铁铝榴石；可能源自麻粒岩相变质岩源区。

（3）九嶷山复式岩体整体富硅、碱，准铝—过铝质花岗岩；在微量元素上表现为富集 Rb、K、Th、U、Nd、Hf，亏损 Ba、Sr、P、Nb 和 Ti 的特点；除金鸡岭补体外，在稀土元素上表现为轻稀土富集，轻、重稀土呈较强的分馏，具有明显的 Eu 负异常。雪花顶花岗岩镜下出现角闪石，结合地球化学资料判断其属于 I 型花岗岩；形成于华南加里东期挤压向伸展松弛转换环境下古元古代晚期地壳物质重熔；金鸡岭、砂子岭及西山（杂）岩体 FeO＊/MgO 和(Zr＋Nb＋Ce＋Y)值明显高于 A 型花岗岩的下限，锆石饱和温度 T_{Zr} 分别为 708.2～837.3℃、758.9～824.3℃、755.0～892.5℃；鉴于西山（杂）岩体发育有铁橄榄石、铁辉石等超熔矿物的地质事实，结合资料确定其燕山期部分属于 A_2 型花岗岩，形成于太平洋板块低角度侧向俯冲引起的陆内伸展构造环境。结合 Sr-Nd-Hf 同位素研究得出金鸡岭岩体源自地壳物质重熔；砂子岭与西山（杂）岩体主要源自麻粒岩相变质表壳岩，有小于 10％地幔物质贡献的认识。"时、空、源"一致性表明西山（杂）岩体属于一套典型的火山-侵入杂岩，将九嶷山复式岩体侵位顺序厘定为雪花顶＞金鸡岭＞西山＞砂子岭。

（4）金鸡岭粗中粒斑状黑云母正长花岗岩、细粒斑状二长花岗岩锆石饱和温度分别为 736～837℃（平均 797.8℃），743～823℃（平均 809.8℃）。前者黑云母的形成温度为 530～680℃，黑云母全铝压力计估算结晶压力为 277～452MPa，侵位深度大于 10km，氧逸度介于 QFM 和 HM 之间；后者氧逸度介于 NNO 和 HM 之间，较主体氧逸度明显升高；利于锡石、磁铁矿等高氧逸度矿物的结晶与成矿。西山（杂）岩体含铁橄榄石花岗质碎斑熔岩、中细粒似斑状二长花岗岩、流纹岩及英安岩的锆石饱和温度为 700.0～892.5℃（平均 793.0℃）、715.4～857.6℃（平均 787.1℃）、842.0～856.6℃（平均 848.9℃）、830.1～864.1℃（平均 821.5℃）；黑云母全铝压力计、角闪石 P-T 图解估算其结晶压力集中于 120～205MPa 之间；西山（杂）岩体暗色微包体中黑云母 $\lg f_{O_2}$＝－17.28～－15.05，ΔMFQ＝－6.31～－0.94，氧逸度位于 QFM 氧缓冲对以下，斑晶及基质中黑云母的氧逸度介于 QFM 和 NNO 之间；结合地球化学资料证实含铁橄榄石花岗质碎斑熔岩形成于很高的初始岩浆温度(＞铁橄榄石熔点)、不平衡熔融、较低的氧逸度及快速喷发的耦合条件。

（5）金鸡岭岩体粗中粒似斑状二长花岗岩中黑云母为铁叶云母、铁锂云母，细粒斑状正长花岗岩中的黑云母属于岩浆成因黑鳞云母和后期热液蚀成因的铁锂云母；后者为W-Sn-Li-Rb矿化的指示矿物。正冲锡-锂-铷矿床中蚀变花岗岩矿石中铁锂云母 $^{40}Ar-^{39}Ar$ 坪年龄为 $152.1\pm1.4(2\sigma)$ Ma，锡石 U-Pb 年龄为 $151.3\pm2.6(2\sigma)$ Ma；大坳锡矿云英岩-石英脉型矿石辉钼矿 Re-Os 等时线年龄为 151.3 ± 2.4 Ma；形成于南岭地区 160~150Ma 燕山早期大规模成矿爆发期。同为铝质 A 型花岗质岩石的金鸡岭和西山（杂）岩体，它们在岩相学特征、分异演化程度、源区组成、矿物成分、形成的物理化学条件及 F、Cl 含量等方面存在明显差异，研究认为前者具有更好的成矿潜力，建议找矿工作重点关注金鸡岭补体与主体的接触带。

第二章 区域地质背景

在南岭地区诸多复式岩体接触带及外围分布着一系列以 W、Sn 矿化为主的燕山早期小岩体,以及许多 170~150Ma 的大型—超大型矿床。多数学者认为这些矿床的形成与中生代岩石圈多阶段伸展和深部壳-幔相互作用密切相关,但对其成因机制还存在不同认识。本章主要通过归纳总结已有成果和资料,从区域构造演化、基底组成,区域地层、构造、岩浆岩角度系统地梳理区域地质资料,为开展花岗岩与成矿关系研究打下基础。

第一节 区域构造演化

南岭地区位于我国华南中南部,其主体由湘、桂、粤、赣、闽边界的越城岭、都庞岭、萌渚岭、骑田岭、大庾岭等五大花岗岩山岭组成(图 2-1-1)。欲探讨南岭地区的构造-岩浆演化背景,首先要了解华南的地质构造演化史。由于它横跨扬子和华夏两大陆块,因此,研究二者的拼合历史就显得尤为重要。

扬子陆块形成历史较为古老,内部出露较老岩石位于三峡崆岭地区,时代接近 3.0Ga。近期,Lu 等(2022)对华夏板块西部加里东期汤湖花岗闪长岩锆石开展 U-Pb 测年及 Lu-Hf 同位素研究,获得花岗闪长岩中的冥古宙碎屑锆石 2 个点年龄分别为 4102 ± 12Ma、4039 ± 13Ma,是华夏板块乃至全世界火成岩中报道的最古老碎屑锆石之一。扬子陆块内部多被寒武系—奥陶系所覆盖,前寒武纪岩石均分布于板块周缘。近年来,有学者提出新元古代"地幔柱"的模式来解释扬子周边新元古代岩浆岩的成因(Li et al.,2003);但这些元古代岩浆岩的分布形式、岩石类型及其较大的年代间隔并不支持地幔柱的模型。相反,更多的学者仍然认为这些岩浆岩跟扬子周缘的俯冲增生事件有密切关系,且不同时代的岩浆岩是造山前、同造山和造山后不同阶段所形成的(Zhou et al.,2002;Wang et al.,2003)。

目前,我国学者对于华夏陆块一直存在不同认识,其核心是年龄、范围问题。多数学者认为华夏陆块的西、北部以江山-绍兴断裂和萍乡-玉山断裂为界;周金城等(2005)将黔东北—湘西南—桂北地区的元古宙地层和岩浆岩出露区作为其南界(即所谓"江南造山带"的西段);陶奎元等(1998)提出其南界以海南岛南部的九所-陵水断裂带为界,而东界则进入东海和台湾海峡。Xu 等(2007)通过对采自广东北江和浙江瓯江的河流砂碎屑锆石 U-Pb 年龄和 Hf 同位素研究,认为华夏陆块的东部和西部可能具有不同的地壳演化历史;东华夏陆块存在一个古元古代基底,而西华夏陆块的地壳主要形成于新元古代。近年来的研究表明,华夏陆块

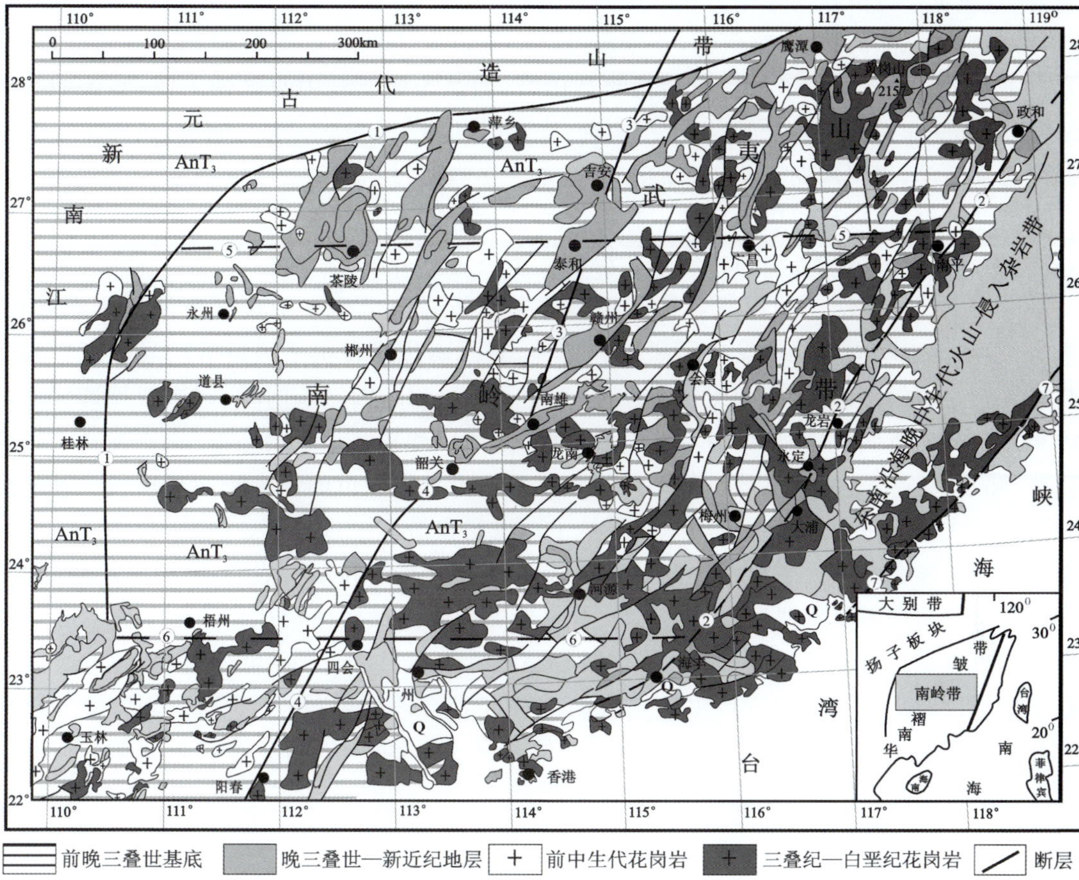

图 2-1-1 南岭成矿带及其邻区构造格架图（据周新民等，2007）

①萍乡-桂林断裂带；②龙岩-大埔-海丰断裂带；③赣江断裂带；④四会-吴川断裂带；⑤茶陵-广昌隐伏断裂；⑥梧州-四会隐伏断裂；⑦长乐-南澳断裂带。

似乎更应该进一步划分为北侧的武夷地块和南侧的南岭-云开地块，二者具有不同的地壳演化史(Yu et al.,2010)。前者具有较多新元古代(0.95~0.80Ga)和古元古代(1.85~1.75Ga)的碎屑锆石，而后者中格林维尔期(1.5~1.0Ga)的锆石逐渐增多，且有1.75~1.50Ga新生地壳的记录。根据区域中—高级变质岩、韧滑流变形迹和近年大批高质量测年数据，普遍认为华南曾经存在过一个前成冰纪的古老基底，由元古宙片岩、片麻岩、混合岩等组成，原岩为碎屑岩、火山岩和深成侵入岩，最老年龄达1.85Ga(Yu et al.,2009)，习称华夏陆块(舒良树,2021)。

在8亿~9亿年间，伴随古华南洋的闭合，华夏陆块与扬子陆块碰撞聚合，成为Rodinia超大陆的一部分。聚合不久，受成冰纪Rodinia超大陆裂解事件的影响，原华夏陆块被肢解成浙南-闽北、赣中-赣南和云开大山3个古陆残块，中间是裂谷或海槽；其裂解残块集中分布在绍兴-江山-萍乡断裂和政和-大埔断裂之间的地带内，结束了其完整古陆块的历史。震旦纪—早古生代，这些海槽进一步扩张变宽，内部充填了巨厚的碎屑岩(含灰岩)、浊积岩层，但缺少同期蛇绿岩和火山岩，暗示拉张强度没有深达上地幔，为一被动陆缘环境。最新年代学结果表明，原定早古生代的蛇绿岩和火山岩均为前震旦纪的年龄，8亿～9亿年居多。到志留纪，华南发生了强烈的构造-热事件，导致震旦纪—早古生代海槽关闭，巨厚沉积物褶皱隆升，在元古宙变质基底上形成了加里东期褶皱造山带；而造山的驱动力目前尚未明确，此期褶皱变形、韧滑流变非常普遍，有推覆与走滑两种，变形峰期为420～400Ma。同时，还发生了强烈的花岗岩浆活动，岩浆峰期为430～400Ma，但绝大多数是过铝质的S型花岗岩，I型花岗岩少见。之后，晚泥盆世砂砾岩层呈角度不整合大规模地覆盖在整个华南前泥盆纪岩层之上。至此，我国华南地区的沉积环境与古地理才得以真正统一。

华南中生代岩浆活动的构造背景和构造体制转折时限也是一个长期争议的焦点问题。在中生代，华南地块周边先后发生了碰撞和俯冲；其西南边缘在早三叠世沿松马缝合带发生了与印支地块的斜向碰撞，即印支造山运动(Lepvrier et al.，2004)；同时，这次碰撞造成华南陆内东西向的构造变形(张岳桥等，2009)，以及华南地块和华北地块沿秦岭-大别造山带的碰撞拼合(郑永飞，2008；郑永飞等，2018)。其东缘是始于早侏罗世的古太平洋板块的俯冲作用带，然而，具大陆弧特征的岩浆活动产物只是于白垩纪在沿海一带产出。因此，华南中生代从印支碰撞构造体系向古太平洋板块俯冲构造体系转换的时间和地质表现还不够清楚。争议的焦点在于华南内部早侏罗世的板内岩浆活动是受制于印支碰撞构造体系还是古太平洋板块俯冲构造体系。目前关于这一问题有多种构造模式被提出，如：①250～190Ma水平俯冲板片在早侏罗世的折断和拆沉所产生的软流圈上涌和岩石圈伸展(Li and Li，2007；Li et al.，2007)；②印支造山运动后的后造山伸展构造(陈培荣等，2002)；③古太平洋板块俯冲早期在中国东南部内陆地区所形成的板内构造环境(Zhou et al.，2006)。

第二节　基底组成

华夏陆块前寒武纪基底变质岩主要出露于浙西南—闽北地区，在其余地区多呈零星分布(沈渭洲，2006)。浙南古元古代八都群变质岩以及同时代的花岗岩和闽西北少量斜长角闪岩是华夏陆块最古老的岩石(Li and Li，2007)，余下出露点主要为新元古代沉积岩、浅变质岩。曾被认为是古元古代的闽北麻源群、迪口群以及中元古代的马面山群和万全群，近来也被锆石SHRIMP U-Pb定年工作证实属于新元古代(Wan et al.，2007)；而且，这些新元古代沉积岩在不同地点的物质组成也不相同(于津海等，2005)，反映了在华夏陆块不同地区的物质组成可能是不同的。碎屑锆石年代学显示八都群很可能形成于1.80Ga，而在华夏陆块尚未发现有其他中元古代前的岩石。

随着研究的深入，学者逐渐关注对江南造山带基底的研究工作。寻找造山带的基底、判别其性质，可为江南造山带的形成过程以及扬子陆块前寒武纪地壳演化研究提供重要信息。显然，对基底的研究首先需要仔细分析江南造山带内所出露的地层。区内元古宙地层大体可以分为上、下两部分：下部地层以冷家溪群、双桥山群、梵净山群和四堡群等为代表，具线性紧闭褶皱；上部地层包括从板溪群、丹洲群等以来的地层，为连续沉积，具开阔的宽缓褶皱。长期以来，下部那套地层被认为是江南造山带的基底，上覆地层为盖层。然而，由于下部的这些地层变质级别低,并不能称之为结晶基底,故而被称为"褶皱基底"。对于这套褶皱基底的时代,早期主要根据侵入该地层中的花岗岩年龄来制约。桂北本洞花岗岩侵入四堡群地层中,其早期的 Rb-Sr 岩石-矿物等时线年龄为 1000Ma 左右,因而限定该套褶皱基底也形成于中元古代。然而,近年来的元古宙花岗岩定年资料表明,沿江南造山带分布的很多花岗岩/花岗闪长岩都是形成于 835~795Ma 之间(Li et al.,2003;Wang et al.,2016)。因此,江南造山带这些褶皱基底地层的年龄从理论上完全有可能"跨入"新元古代,对其年代有必要做进一步的工作。

对前寒武纪浅变质沉积地层的定年工作,主要通过两种方式进行:其一,尽量寻找地层中的夹层火山岩,直接测定其年龄;其二,通过地层中砂质碎屑岩的碎屑锆石年龄来获取其最大沉积年龄,再结合侵入其中的岩浆岩的年龄,来分别限定地层年代的下限和上限。Wang 等(2007)对江南造山带西段四堡群、冷家溪群这些原先被认为是"中元古代"的地层进行了碎屑锆石的年代学研究,认为这套地层的形成不早于 860Ma。接着,又在赣东北双桥山群地层中发现了夹层的角斑岩和凝灰岩,LA-ICP-MS 锆石 U-Pb 定年结果分别为 878±4Ma 和 879±5Ma,侵入这套地层的辉长岩锆石 U-Pb 年龄为 801±4Ma;再结合皖南、九岭地区侵入双桥山群中的元古宙花岗岩的年龄(830~820Ma),限定江西双桥山群地层可能形成于 880~820Ma。Zhou 等(2009)对梵净山群(黔东北)砂岩进行了碎屑锆石 U-Pb 定年和夹层火山岩的锆石定年工作,结果发现这些地层也应形成于 860~820Ma。

江南造山带双桥山群、冷家溪群、星子群及溪口岩群具有相似的碎屑锆石年龄谱和最大沉积年龄(860~820Ma),有较多新元古代早期地壳物质提供物源,其源区既有江南造山带东侧的新生岛弧物质,也有造山带西侧的扬子地体的古老地壳物质,表明这样一套地层应形成于弧后前陆盆地的沉积背景。根据区调资料,这些褶皱基底地层的褶皱样式和上覆新元古代盖层的完全不同,呈线性紧闭褶皱,且与上覆地层之间有一个明显的角度不整合。这表明,这套褶皱基底地层应该形成于造山引起的褶皱之前。因此,地层最大沉积年龄可以限定江南造山带造山过程中弧后盆地关闭的时间下限。

第三节　区域地层

南岭地区发育厚度超过 20km 的前寒武纪基底。区内地层发育比较齐全,志留系缺失,最老地层为新元古界;奥陶系以前以活动型沉积为主,泥盆系以后皆属浅海或陆相稳定型沉积。简述如下。

一、新元古界

青白口系:下部层位在扬子地层区主要为灰色—灰绿色绢云母板岩、条带状板岩、粉砂质板岩与岩屑杂砂岩组成复理石韵律特征的浅变质岩系;局部地段夹有变基性—酸性火山岩系,为板岩砂岩建造,称冷家溪群(湘)、四堡群(桂),为金矿赋矿地层。上部层位在不同地区为丹洲群(桂)、高涧群(湘)、板溪群(湘),是浅变质碎屑岩夹少量碳酸盐岩和变基性—中酸性火山岩,为金、铅、锌、锰、铁的赋矿层位。

南华系:划分为下统富禄组、中统古城组和大塘坡组、上统洪江组,为铁、锰矿赋矿层位。富禄组为砂岩夹板岩建造,以产出"三江式条带状铁矿"为特征;古城组以含砾泥板岩为主;大塘坡组代表间冰期板岩夹碳酸盐岩沉积序列,形成于局限—半局限海湾潟湖或潮下潟湖环境;洪江组为海洋冰筏-冰融泥石流沉积,属砂砾质泥岩夹砂岩建造。郴州地区,下南华统泗洲山组为含砾泥质建造;中统天子地组为近基陆源浊积岩建造;上统正园岭组属近基陆源浊积岩建造。九嶷山地区仅出现正园岭组(Nh_2z),下部为特征明显的杂砾岩,主要表现为砾石含量高、砾径较大、分选及磨圆差、结构成熟度及成分成熟度低,可能为冰碛岩;中上部为灰绿色中-块状浅变质细粒石英杂砂岩、泥质石英粉砂岩,可见向上变细的层序。

震旦系:下部为金家洞组含磷页岩硅质岩建造,偶夹少量的碳酸盐岩;上部老堡组为硅质岩建造。区域震旦系主要为灰绿色石英岩屑杂砂岩与条带状板岩、硅质岩构成韵律序列类复理石沉积建造,分别称为埃歧岭组和丁腰河组(湘南)、培地组(桂东)、坝里组(粤北)和老虎塘组(赣南)。九嶷山地区主要分布于江华县湘江乡至蓝山县牛塘口一带以及蓝山县两江口一带,面积仅206km²,出露于老山冲背斜、两岔河背斜、牛塘口背斜及两江口背斜核部。

二、下古生界

寒武系:划分为香楠组(ϵ_1x)、茶园头组(ϵ_2c)、小紫荆组(ϵ_3x)、爵山沟组(ϵOj),为碎屑岩夹碳酸盐岩建造。其中,香楠组以底部夹硅质板岩及稳定的石煤层为特征,为钒铜铀磷石煤层位;茶园头组以块状砂岩层为特征;小紫荆组较具特征的是夹不稳定的碳酸盐岩层,在铜山岭为铜锌铅矿赋矿层位;爵山沟组为穿时岩石地层单位,以块状砂岩为主。区域寒武系含海绵骨针、无铰纲腕足类及少量三叶虫等大化石,明显有别于以微古植物组合为特征的震旦系,奥陶系以含笔石化石为特征。

奥陶系:划分为桥亭子组($O_{1-2}q$)、烟溪组(O_2y)、天马山组(O_3t)。其中,天马山组可分为3段,未见顶;为一套浅变质复理石-类复理石陆源碎屑沉积夹硅质岩沉积;底部与寒武系为整合接触,顶部与泥盆系为不整合接触,中下部产有丰富的笔石和少量三叶虫、无铰纲腕足类等。桥亭子组下部为千枚状板岩,中部为板岩、粉砂质板岩,上部为纹层状板岩;由下往上粉砂质减少,泥质增多。烟溪组岩性为硅质岩、硅质板岩夹碳质板岩,发育水平纹层理,为深海相沉积。天马山组下段(O_3t^1)底部粉砂岩与板岩构成韵律,中上部为细粒石英杂砂岩、长石石英杂砂岩与板岩构成韵律;中段(O_3t^2):细粒石英杂(粉)砂岩与薄至中层状板岩、粉砂质板岩构成韵律;上段(O_3t^3):厚度大于963m,底部为长石石英杂砂岩,石英杂砂岩与板岩构成旋回,根据细中粒长石石英杂砂岩的出现与第二段分界。

三、上古生界

泥盆系:划分下统源口组(D_1y),中统跳马涧组(D_2t)、易家湾组(D_2y)、黄公塘组(D_2h)、中-上统棋梓桥组（$D_{2-3}q$）、巴漆组（$D_{2-3}b$），上统榴江组（D_3l）、余田桥组（D_3s）、七里江组（D_3ql）、长龙界组（D_3c）、锡矿山组（D_3x）及孟公坳组（D_3m）12个组。该层位是南岭地区锡、钨、铅、锌的重要赋矿层。岩相复杂，厚度变化大，具有向北东逐渐超覆变薄的总趋势，与下伏地层为角度不整合接触。下统：分布于湘南江永、江华、道县等地，以吴川—韶关—吉安一线为界，北西侧为浅海相碳酸盐岩夹碎屑岩建造，东南侧为浅海相-滨海相碎屑岩建造，西南部常夹多层赤铁矿，厚度变化大，一般在几百米至2km；中统：出露范围较下统广泛，岩相变化大，为浅海相碳酸盐岩建造，碳酸盐岩夹碎屑岩及滨海相-浅海相碎屑岩建造，厚数百米至2km不等；上统：分布广泛，但岩相复杂，为浅海相碳酸盐岩和赤铁矿碎屑岩建造及滨海相-陆相碎屑岩建造，厚度数百米至两千余米不等。

石炭系：划分为马栏边组（C_1m）、天鹅坪组（C_1t）、石磴子组（C_1s）、测水组（C_1c）、梓门桥组（C_1z）、大埔组（C_1d）及马平组（CPm），为一套以碳酸盐岩为主间夹陆屑沉积建造。马栏边组下部为粒屑泥晶含泥质灰岩、泥晶灰岩、粒屑泥晶灰岩、泥晶含云质灰岩构成不完全韵律为基本层序；上部以粉细晶粒屑灰岩、粒屑粉泥晶灰岩、粒屑含云质灰岩呈韵律为基本层序。天鹅坪组下部为钙质页岩夹泥质灰岩；上部为含粉砂质、泥质灰岩夹深灰色生物屑泥晶灰岩。石磴子组下部为粉屑泥晶灰岩、生物屑泥晶灰岩、粒屑粉泥晶灰岩，以含硅质条带、团块及硅质层为特征；中部为粒屑泥粉晶灰岩、粒屑泥晶灰岩呈不完全韵律；上部为粉屑泥晶灰岩、生物屑粉泥晶灰岩、粒屑粉晶云质灰岩呈韵律。测水组下部为浅灰色页岩与石英粉砂岩呈往复式韵律；中部为页岩、粉砂质页岩夹含生物屑泥晶灰岩、硅质岩；上部为灰色页岩、粉砂质页岩、碳质页岩、石英粉砂岩呈韵律，夹薄层劣质煤。梓门桥组为含粒屑泥晶灰岩、生物屑泥晶灰岩夹含云质团块灰岩。大埔组为含粒屑粉晶云岩，局部夹云质灰岩团块，一般不显层理，表面呈黑色，具刀砍状溶蚀沟。马平组为含生物屑泥晶灰岩、粒屑泥晶灰岩与块状中细晶云岩、粗中晶云岩呈不等厚韵律，韵律比为1∶2，局部灰岩中见波状层理。

二叠系：划分为栖霞组（P_2q）、孤峰组（P_2g）、龙潭组（P_3l）及大隆组（P_3d）。栖霞组下部为泥晶生物碎屑灰岩、粉晶生物碎屑灰岩、亮晶有孔虫灰岩及生物屑泥晶灰岩，上部为厚层状泥晶灰岩、粉晶泥晶灰岩及含生物屑泥晶灰岩，局部夹泥质灰岩。孤峰组为灰黑色微层状钙质黏土岩、页岩、硅质岩、硅质泥岩、钙质泥岩呈韵律，顶部有时夹有一层褐黑色硅质岩。龙潭组下部为泥质粉砂岩、粉砂质泥岩、粉砂质页岩、页岩及少量细粒石英砂岩呈往复式不完全韵律，具水平层理、透镜状层理；上部为厚层状石英砂岩、长石石英砂岩夹煤层；顶部为薄层状泥岩夹煤层，含菱铁矿条带及结核。大隆组下部为碳质页岩、泥岩、钙质页岩夹含生物屑泥晶灰岩、硅质岩，中部为棕色—灰黑色页岩、泥岩、粉砂质泥岩夹少量泥质硅质岩，上部为硅质灰岩、薄层状硅质岩夹少量含泥晶生物灰岩。

四、中生界

三叠系：区域仅见下统大冶组（T_1d），且顶部出露不全，与下伏大隆组呈整合接触。下部为薄层状、微层状泥晶灰岩夹泥灰岩及粉砂质泥灰岩；上部为薄—中层状泥晶灰岩夹少量泥灰岩。本组水平层理十分发育，层面平直，常呈薄板状、页片状产出，厚度大于153m。

侏罗系：高家坳组（J_1g）以高角度不整合于下伏地层之上，厚度大于456.4m。下部为含砾粗中粒石英砂岩、石英细砂岩、碳质页岩、油页岩夹不稳定的劣质煤层；中部为细—中粒长石石英砂岩夹少量薄层状粉砂质泥岩，发育大型的槽状交错层理；上部为复成分砾岩、含砾长石石英砂岩、细中粒长石石英砂岩呈往复式韵律。零星出露中统千佛岩组（J_2q），下部为石英砂砾岩、石英砂岩、紫红色泥岩呈往复式韵律，上部为厚层状泥岩夹砂砾岩、石英砂岩。

白垩系：自晚侏罗世以来，中国东部进入了环太平洋陆缘构造域的发展阶段，形成了一系列伸展性堑垒式断陷盆地，沉积了厚度巨大的红色碎屑岩建造；划分为石门组（K_1sm）、东井组（K_1d）、栏垅组（K_1l）、神皇山组（K_1s）、会塘桥组（K_1h）。九嶷山地区栏垅组呈角度不整合覆于前白垩纪地层之上，岩性为紫红色、棕红色厚层—块状钙质砾岩、钙质岩屑砾岩夹中—厚层状钙质石英砾岩、钙质含砾岩屑砂岩、钙质含砾砂质粉砂岩等。神皇山组下部为一套厚度较大的砖红色钙质粉砂岩、泥岩夹棕红色陆屑粉晶灰岩、钙质细砂岩以及砾岩，属湖滨-湖泊浅水相沉积；上部为一套砖红色钙质粉砂岩，偶夹棕红色陆屑粉晶砂质灰岩。

五、新生界

古近系：古近纪发育小型断陷盆地，主要有湘南衡阳盆地、赣南池江盆地、广东南雄盆地等。在盆地边缘主要沉积厚度巨大的砾岩、砂砾岩、含砾长石石英砂岩组成的洪积扇相沉积［如衡阳盆地百花亭组（E_1b）、南雄盆地丹霞组（K_1d），盆地内部主要为湖泊相、河湖三角洲相沉积的细碎屑岩，局部夹膏盐岩层（如衡阳盆地枣市组、茶山坳组、高岭组，南雄盆地罗佛寨群］。

第四系：不甚发育，冲积物分布于各主要河流的阶地及河床内，据其发育程度，更新统划分为白沙井组（Qpb）、马王堆组（Qpm）和白水江组（$Qpbs$）；全新统冲积物称为橘子洲组（Qhj）；残坡积物分布零星，统称为峤岭组（Qpq）。

第四节 区域构造

南岭地区位于欧亚大陆东南端，东邻太平洋板块，西与印度板块相接；处于滨太平洋构造域与特提斯构造域的交会部位。在多期次构造运动作用下，南岭地区形成了由隆、坳地块及断褶带组成的极其复杂的地质构造景观。区域地表构造形迹主要有褶皱、断裂、花岗岩带、盆地构造等，局部发育逆冲推覆构造及韧性剪切带。前者主要见于雪峰隆起南缘，后者发育于各隆起区的褶皱基底及部分深断裂带中。根据各种构造形迹的分布及其成生与演化关系，可将区内主要构造按展布方向大致定为5组。

一、东西向构造

东西向构造由一系列东西向展布的褶皱、断裂、岩体及断陷盆地组成。除大瑶山基底隆起带有大黎近东西向断裂出露外,其他大多以基底隐伏断裂、花岗岩带的形式表现,尤以近东西向花岗岩带表现最为突出。该组断裂主要形成于加里东期,部分可追溯到晋宁期;海西期—印支期活动较弱,燕山期有较强的活动。加里东期及前加里东期构造以韧性断裂变形为主,伴有同方向的紧密线状褶皱;燕山期以脆性断裂变形为主,伴有大量中性—酸性花岗岩的侵入,形成3条近东西向平行展布的花岗岩带,它们沿基底隆起分布,岩性以中性—酸性花岗岩岩类为主,被茶陵-郴州-连山断裂带右行扭错。

二、北北东向构造

北北东向构造由一系列北北东走向的断裂及其隆起断块、坳陷盆地构成,构造形迹遍布全区。主要有武夷山、于山、罗霄、诸广山-万洋山隆起带和其所夹的断陷盆地,有自西而东由老变新、由弱增强的特点。

三、北东向构造

北东向构造为本区最重要的构造带,包括江南、武夷-云开隆褶带及其间的湘桂坳陷带。其中,隆褶带成型于加里东期,定型于印支期,构造组分以复式褶皱、断裂、花岗岩和混合岩为主。隆褶带在燕山期活动强烈,形成北北东向深断裂和热动力变质带、花岗岩(火山岩)带和陆盆带,逆冲推覆构造发育。挽近期在太平洋西缘陆棚区,发育北北东向岛弧型复式隆沉带。该组走向断裂分布于全区,由加里东期、海西期—印支期和燕山期以及不同期次的断裂叠加复合,其中:①加里东期断裂的活动特征主要表现为压性或压扭性,局部可见韧性剪切,与加里东期褶皱轴线方向一致,产于前海西期—印支期构造层内;②海西期—印支期断裂主要表现为扭性或压扭性,印支期末主要表现为张性,与海西期—印支期的褶皱轴线方向呈锐角相交,产于海西期—印支期构造层内和贯穿于加里东期与海西期—印支期构造层中,印支期末的拉张断陷活动控制着区内中新生代陆相盆地的沉积;③燕山期的北东向断裂产于燕山期构造层内或贯穿于区内整个构造层中,分布广泛,受印度板块和太平洋板块运动的双重影响,张-压性活动交替发生,燕山早期主要表现为压性或压扭性,与同期褶皱的轴线方向一致,燕山晚期主要表现为张性或张扭性。区内燕山期活动的北东向深、大断裂是重要的导岩导矿构造,其活动对本区乃至整个华南地区大面积花岗岩的侵位及钨锡多金属矿床的形成有着明显的控制作用;前燕山期形成的北东向断裂是区内的基础断裂,它们对后期北东向断裂的形成和发展起着明显的制约作用。自西向东区内分布有三都-南丹、新化-龙胜、邵阳-资源-永福、衡阳-双牌-恭城-荔浦、茶陵-郴州-连山、万安-崇义-仁化-英德、恩平-新丰等7条与南岭地质构造演化和成矿作用关系最为密切的区域性深大断裂(带)。

四、南北向构造

该组构造带规模小,由复式褶皱和冲断裂组成,细分为湘桂构造带和赣闽构造带,后者主要为展布于于山、崇余犹的基底褶皱、断裂或岩浆岩带，它是区内发生时间最早、活动时间长的压性构造带。近南北向深、大断裂主要分布于区内中西部，主要形成于印支期，部分形成于燕山期。受印度板块和太平洋板块运动的双重影响，断裂多期活动显著，张扭-压扭性活动交替发生。形成于印支期的断裂，主要表现为压性或压扭性，发育于晚古生代盖层中，与盖层中的近南北向波状弧形褶皱走向一致，分布于区内中西部的湖南宁远、道县—广西贺县，湖南常宁—蓝山，湖南城步—广西龙胜、永福一带。燕山期形成的断裂较少，其特征主要表现为利用或改造印支期形成的近南北向波状弧形断裂，以平面上的压扭-张扭性活动为主。在同一次构造活动中，同一条断裂、不同方向段的活动性质可能不同，如在弧形北东方向段表现为张扭性时，弧形北西方向段则表现为压扭性。

五、北西向构造

北西向构造由基底褶皱及上覆晚古生代向斜盆地组成，主要由压（张）扭性断裂带组成，局部发育褶皱和花岗岩。在桂西右江地区由复式褶皱和断裂组成（前人曾称"右江系"），向东变为以断裂为主；从西向东等距分布有右江、南丹-博白、桂林-澳门、零陵-韶关、湘乡-潮州、兴国-东山、永丰-泉州等斜列构造带；定型于印支期，燕山期强烈活动。本组断裂在南岭地区表现不明显，但物探推测的基底隐伏断裂众多。与近东西向断裂一样，北西向断裂在区内控制了部分北西向花岗岩体及岩带的分布，如大宁、永和、禾洞、雪花顶、大义山、彭公庙、锡田等岩体及五峰仙-川口-将军庙-吴集镇北西向花岗岩带。该组断裂平面上以脆性压扭与张扭交替活动为主，多期活动明显，主要出露于盖层中，穿切和位错印支期形成的近南北向褶皱和断裂。

上述构造带以南北向、北西向发育最早，东西向其次，北北东向、北东向最新。东西向、北北东向多期次活动明显，以北北东向、东西向构造最醒目，表现为一系列深大断裂和被其切割的地块构成规模宏大的东西向、北北东向隆褶带与断陷带呈网格状分布。它们相互交会、复合，共同控制着区内燕山期成矿岩体以及包括锡钨矿在内的内生矿床的形成与分布。

第五节 区域岩浆岩

一、侵入岩

南岭地区经历多期次强烈的构造运动，各主要构造期均伴有规模不等的岩浆活动，形成了遍布南岭地区的不同时代、类型及规模的岩浆岩。目前，区内还没有确切的新元古代以前的岩浆岩报道，只有少量中元古代—太古宙年代学信息被记录于残留锆石或碎屑锆石中。丁兴等（2005）在粤东古寨花岗闪长岩中发现了 2.7Ga 左右的信息，王晓地等（2016）在眉山、大坑口、水边等早古生代花岗岩中也获得了一些古元古代—太古宙的年代学信息（2.7～

2.2Ga)。需要指出的是,南岭众多花岗岩的 Hf 同位素二阶段模式年龄以及碎屑锆石年龄谱均集中于中元古代—古元古代,这说明华夏陆块最古老的古陆壳可能起源于古元古代甚至更早。

新元古代(晋宁期)花岗岩主要分布于桂北、湖南城步,粤北也有少量发育。桂北花岗岩可以分为两类:一类是中酸性的花岗闪长岩及少量石英/英云闪长岩,代表岩体有本洞、龙有、大寨、寨滚、蒙洞口和峒马等;另一类是酸性的黑云母花岗岩、黑云母二长花岗岩和少量二云母碱长花岗岩,岩体有三防、元宝山、平英、田朋等。湘桂边界苗儿山地区发育一系列新元古代岩株群,普遍发育片麻状构造;湖南城步地区新元古代花岗岩组成复杂,主要为黑云母花岗闪长岩、二长花岗岩,其次为花岗斑岩;粤北地区细坳岩体为一套片麻状中酸性岩类,主要岩性为二长花岗岩,局部发育条纹条带状和眼球状构造。上述岩体基本上处于扬子陆块内,并在其周边形成一个断续分布的晋宁期环形岩浆岩带,主要以强过铝质岩基的形式产出,结晶年龄主要在 830~810Ma 之间。由于普遍含丰富的富铝矿物(如摩天岭岩体含有丰富的电气石、石榴石和白云母),本期花岗岩多被归为 S 型花岗岩类。

新元古代基性—超基性侵入岩主要分布于江南造山带西段融水元宝山—宝坛地区,而在江南造山带东段很少出露。这些基性—超基性岩均遭受了不同程度的蚀变,主要岩石类型为变纯橄榄岩、变辉橄岩、变辉石岩、变辉长岩、变辉绿岩等,它们与同期中酸性花岗岩具有密切的成因联系;在地球化学组成上,这些基性岩均显示"火山弧"特征。尽管近 20 年来,地质学家对新元古代花岗岩做了大量丰富而翔实的工作,但对于新元古代花岗岩的成因和构造背景还存在很大争议。目前主要有 3 种成因观点:①地幔柱模式:新元古代花岗岩被认为是地幔柱活动引发岩石圈地幔和下地壳熔融的产物;②板块俯冲模式:新元古代花岗岩形成于活动大陆边缘,为岛弧岩浆作用的产物;③板块-裂谷成因:新元古代花岗岩被认为是早期弧-陆碰撞造山带拉张垮塌熔融的产物或者是晚期大陆裂谷岩浆活动的产物。

早古生代(加里东期)花岗岩大体上呈零星展布,主要集中于桂北及湘赣粤交界地区;代表岩体有广西海洋山、都庞岭西体、新寨、广东诗洞、广平、大宁、桂岭、永和、太保,湖南雪花顶、彭公庙、万洋山、桂东、益将、扶溪及江西万田、上犹、阳埠、韩坊和安西岩体等。岩体侵位于新元古代—寒武纪地层中,主要岩性为花岗闪长岩、二长花岗岩和少量石英闪长岩、英云闪长岩。大量同位素测年结果显示该期酸性岩石侵位时代介于 460~425Ma 之间;早古生代花岗岩通常具有高硅、过铝以及同位素组成富集的地球化学特征,多被归为 S 型花岗岩类,至今尚未发现 A 型早古生代花岗岩。

早古生代花岗岩通常被认为是古—中元古代基底变沉积岩和变火成岩不同比例重熔的结果,其成岩过程中并不存在明显的壳-幔相互作用。但随着近年来大家对华南加里东期造山过程研究的深入,一些早古生代火山岩和基性岩相继被报道,如粤北韶关地区高镁玄武岩和安山岩以及云开地区龙虎岗辉长岩。然而,近期研究发现早古生代基性岩石与 I 型花岗岩及其中的镁铁质微粒包体形成时间相近,并且在元素和同位素组成上表现出一定的相关性,可能是地幔岩浆与地壳岩浆不同比例混合的结果。目前,有观点认为早古生代可能是华南大陆地壳生长的一个重要时期。依照此观点,南岭广泛存在的早古生代花岗岩不仅仅是地壳再循环的产物,而且是地幔与地壳不同程度混合的结果。对于早古生代花岗岩形成的构造背景同样存有很大争议,主要包括陆内造山模式和板块俯冲模式,二者争议的关键在于早古生代时期有无洋壳俯冲的存在。但一个基本事实是,目前尚无确切的早古生代蛇绿岩被证实。

早中生代(印支期)侵入岩总体上呈面状分布,主要分布于桂北苗儿山、越城岭,湘南的瓦屋塘、五峰仙、将军庙、大义山,湘赣交界的诸广山,赣闽交界的红山,赣南淋洋、大吉山、龙源坝、白面石、粤赣交界的贵东等地。绝大多数为花岗岩类,主要为一套黑云母二长花岗岩、黑云母花岗闪长岩和二云母花岗岩组合,少数为含角闪石I型花岗岩。基性岩仅在湖南宁远、宜章等地出露。早中生代花岗岩的成分、结构构造和组合与燕山期同类型花岗岩几乎没有区别,这也是为何在锆石定年之前,许多早中生代花岗岩依据野外地质特征被归为晚中生代花岗岩。例如,最近的高精度年代学表明,以往认为属于燕山期的锡田岩基相当部分花岗岩形成于早中生代,而以往认为主体属于燕山期的都庞岭岩体可能整体上侵位于印支晚期。此外,早中生代岩体通常表现为多期次岩浆侵入的复式岩体,如苗儿山和越城岭及诸广山岩体是由加里东期、印支期、燕山期多期次岩浆活动构成的复式岩体,锡田岭体由印支期主体、燕山早期补体以及燕山晚期侵入体构造(付建明等,2009)。

长期以来,对南岭早中生代花岗岩的形成机制存在不同看法。华南地区相继发现的晚三叠世(230～200Ma)碱性花岗岩、A型花岗岩以及环斑花岗岩为限定早中生代花岗岩的形成构造背景提供了很好的约束。由于华南早中生代花岗岩主要集中于240～205Ma,明显滞后于华南板块与印支板块碰撞的时限(258～240Ma);因此,多数学者认为早中生代花岗岩形成于造山后伸展构造背景,由加厚的华南地壳在伸展体制下部分熔融形成。五峰仙岩体含有较多表征壳幔相互作用的闪长质包体和副矿物榍石,显示五峰仙岩体可能为岩浆混合成因的I型花岗岩;这说明包括南岭早中生代花岗岩的成因并不相同,当时的地壳厚度可能并不十分均匀。此外,该时期的基性岩以道县辉长岩最为有名,前人对其定年结果为225～224Ma。

晚中生代(燕山期)岩浆活动以花岗岩为主,常伴有流纹岩或英安岩,组成侵入岩-次火山岩复式岩体。依据前人同位素年代学统计,华南燕山期岩浆岩可以划分为早侏罗世(200～180Ma)、中—晚侏罗世(170～150Ma)、早白垩世(140～100Ma)及晚白垩世(100～90Ma)4个时期(毛景文等,2007;付建明等,2013)。该期花岗岩的形成大地构造背景尚存在不同认识,主要观点有:①与太平洋板块北西向俯冲有关的安第斯型大陆边缘或者太平洋板块南西向俯冲,随后北西向俯冲;②碰撞后的拉张环境;③大陆的裂解和拉张;④与中生代地幔柱活动相关。尽管南岭地区中生代岩浆形成的地球动力学机制还存在较大争议,但两个基本事实是:①燕山期岩浆作用具有随时间从内陆向沿海方向迁移的特征,其展布方向与太平洋板块向北西方向的俯冲相耦合;②包括南岭在内的华南地区尚缺乏大规模的溢流玄武岩、逆冲推覆构造等支持地幔柱上升的地质证据。

早侏罗世(200～180Ma)代表着华南从印支期向燕山期的构造体制转换时期,也是岩浆活动的宁静期。然而,过去十几年积累的高精度同位素年代学数据显示,南岭地区零星分布有一系列早侏罗世A型花岗岩、正长岩及辉长岩,指示南岭地区早侏罗世处于地壳拉张、岩石圈伸展的构造背景之下,如赣南柯树北A型花岗岩、黄埠正长岩,桂北圆石山A型花岗岩,湖南沩山巷子口岩体,粤北梅州地区霞岚辉长岩-闪长岩-花岗岩杂岩体等。

中晚侏罗世(170～150Ma)岩浆规模巨大,包括许多出露面积大于500km^{2}的大型花岗岩基,构成南岭燕山期花岗岩的主体。岩石类型以黑云母花岗岩为主,常和规模较小的含角闪石花岗闪长岩、二长花岗岩以及含白云母±(石榴子石)的浅色花岗岩在时空上密切共生,组成典型的"南岭系列"花岗岩,即二长花岗岩-黑云母花岗岩-白云母或二云母花岗岩-花岗斑岩/石英斑岩系列。在地球化学上通常为弱过铝质、高度分异演化的特点;造岩矿物为黑云母、石英、斜长石和钾长石,缺少I型花岗岩的特征矿物角闪石和S型花岗岩中常见的富铝矿物;该时期花岗岩在岩石地球化学上经常显示出I—S型的过渡特征或A型花岗岩属性,造成了成因类型划分上的困难,例如仅粤北的佛冈岩基就有I型与S型之争。前人曾根据岩体的展布、地球化学特征提出南岭地区存在一条北东向的A型花岗岩带:花山-姑婆山-九嶷山-骑田岭花岗岩带。但实际上,在南岭众多"A"型花岗岩中,只有九嶷山西山(杂)岩体含有A型花岗岩直接矿物学证据(付建明等,2003),其他的"A"型花岗岩还有待进一步确认。

早白垩世(140~100Ma)岩体主要分布于南岭东部,如密坑山、恶鸡脑、罗浮和连阳白浆等,而西部相对较少。岩性以二长岩、钾长花岗岩、黑云母花岗岩和黑云母二长花岗岩居多,其中,恶鸡脑碱性正长岩由霞石角闪正长岩、角闪正长岩、方钠石白榴石黑云母正常岩组成,含碱性矿物霞石、方钠石和白榴石等(包志伟和赵振华,2000)。密坑山钾长花岗岩被厘定为铝质A型花岗岩。

晚白垩世(100~90Ma)岩体主要分布于南岭中西部地区,如德庆、杏花岩体等;东部极少发育,常为一些大岩体的补体,岩性以黑云母花岗岩和花岗闪长岩为主,如桂坑南体。

新生代(喜马拉雅期)岩浆活动在南岭地区接近尾声,未见较大规模侵入岩出露,在粤东南发育少量辉绿岩、辉长岩、橄榄岩等岩石出露。

二、火山岩

南岭地区火山岩总体不发育,主要集中在新元古代及晚中生代,少数为古生代。新元古代火山岩主要集中于828~761Ma之间,以基性岩石为主,主要分布于四堡群、冷家溪群、板溪群、鹰扬关组和丹洲群中。四堡群主要是半深海相砂泥质复理石建造夹基性—超基性火山岩;湖南城步黄狮洞组出现一套变火山岩,原岩为基性火山岩和中性—酸性火山岩,构成双峰式火山岩组合,SHRIMP锆石U-Pb测年结果为$828±10$Ma;鹰扬关组为深灰色变质火山岩(细碧角斑岩)、火山碎屑岩、千枚岩、板岩夹变质铁矿,TIMS锆石U-Pb年龄为$819±11$Ma;丹洲群中部三门街组主要由火山岩和少量黑色千枚岩、大理岩等组成,火山岩由细碧岩(约占98%)和流纹岩(约占2%)构成,并伴生有顺层的基性—超基性岩;流纹岩SHRIMP锆石U-Pb年龄为$767±13$Ma(周继彬等,2004),与龙胜地区辉长岩($761±8$Ma)基本一致,可能是初始裂谷阶段产物(葛文春等,2001)。目前,该期火山岩存在岛弧与地幔柱(裂解)环境两种认识。

南岭地区还未发现大规模的早古生代火山岩,仅在粤北地区有少量英安岩-安山岩-高镁玄武岩组合,SHRIMP锆石U-Pb年龄为435Ma。其中玄武岩可能源自岩石圈地幔橄榄岩的部分熔融,被认为是后造山岩石圈拆沉所导致的造山垮塌的岩石学标志(Yao et al.,2012)。此外,在广西武鸣罗圩山及朝阳沟一带发育少量的奥陶纪火山岩,产于奥陶系底部的砾岩和下部的浅变质砂页岩中,呈似层状、透镜状;上部为沉火山角砾岩、沉凝灰角砾岩,下部为角斑岩和少量石英角斑岩、细碧岩;其中,角斑岩属于钙碱性岩系,岩性相当于安山岩类,可能源自玄武质岩浆的分异。

南岭地区较少有早中生代火山岩记录,比较确切的有宁远保安圩中心铺和李宅湘的碱性玄武岩(206~212Ma)。晚中生代火山岩主要出露于湘南、赣南及粤北地区,包括会昌地区、白面石-菖蒲盆地和东坑-临江盆地一带。此外,湘南汝城盆地和吉泰盆地也有少量火山岩出露。会昌地区出露的是一套橄榄玄粗质火山岩,主要岩性为粗面玄武岩、粗面安山岩和粗面岩等,可能由软流圈来源的熔体与富集岩石圈地幔熔融产生的流体相互混合而形成(贺振宇等,2008)。赣南菖蒲盆地、白面石盆地中火山岩主要为玄武岩和英安岩等,多为亚碱性;汝城盆地火山岩组合为玄武岩、玄武安山岩、安山岩和玄武质火山碎屑岩;吉泰盆地玄武岩属于碱性玄武岩,可能源自未经地壳组分混染的亏损地幔源区(余心起等,2005)。

粤北地区侏罗纪火山活动持续时间较长,形成的火山岩分布面积较广。火山岩组合分别对应嵩灵组、吉岭湾组及热水洞组。嵩灵组火山岩主要为玄武岩-流纹岩组合,具有双峰式火山岩特征,玄武岩全岩 Sm-Nd 等时线年龄值为 176 ± 15 Ma,其形成可能与大陆裂谷的拉张环境有关。吉岭湾组火山岩早期主要表现为安山质-玄武质熔岩的喷溢及沉积作用,中期表现为火山强烈爆发,形成大面积的粗面质火山碎屑岩,后期则以潜火山侵入作用为主,形成具有明显碎斑结构的石英二长斑岩小岩体。热水洞组主要为英安质-流纹质火山岩组合,早期以火山爆发为主,形成厚度较大的火山碎屑流相堆积;晚期以酸性火山岩浆的侵出作用为主,形成一系列近南北向链状展布的流纹岩侵出岩穹;K-Ar 同位素测年结果为 154.6Ma,时代为晚侏罗世。

粤北地区白垩纪火山岩主要分布于韶关周田镇平甫村、麻坑村及江口镇水南村—古坑村一带,多以地层夹层产出。伞洞组主要见于曲江马梓坪、曹屋两个早白垩世红色沉积盆地中,岩性有安山岩、安山质凝灰岩、中酸性角砾凝灰熔岩、中酸性凝灰熔岩。韶关黄岗山东侧白虎坳—曲江林场一带也有伞洞组火山岩零星出露,其下部见橄榄玄武岩、玄武岩及凝灰质粉砂岩夹层,上部岩性为安山岩和粗安岩。长坝组主要分布于曲江犁市镇—大桥镇一带,在其底部有火山岩,岩性主要为黏土化英安质熔岩、含角砾凝灰质砂岩及黏土化杏仁状安山岩等。在湘南宁远—道县—新田—江永一带出露众多晚中生代玄武岩,代表性岩体(层)包括道县虎子岩、宁远保安圩和太阳山、宜章长城岭等。

第三章 岩体地质与岩相学

九嶷山复式花岗岩体地处湘、粤交界处,主体分布于湖南省境内;自西到东由雪花顶、金鸡岭、砂子岭和西山(杂)岩体组成(图3-0-1b、c),位于茶陵-郴州-临武断裂西侧(图3-0-1b)。本章对九嶷山复式花岗岩体进行系统的地质学和岩相学研究,岩石分类采用国际地质科学联

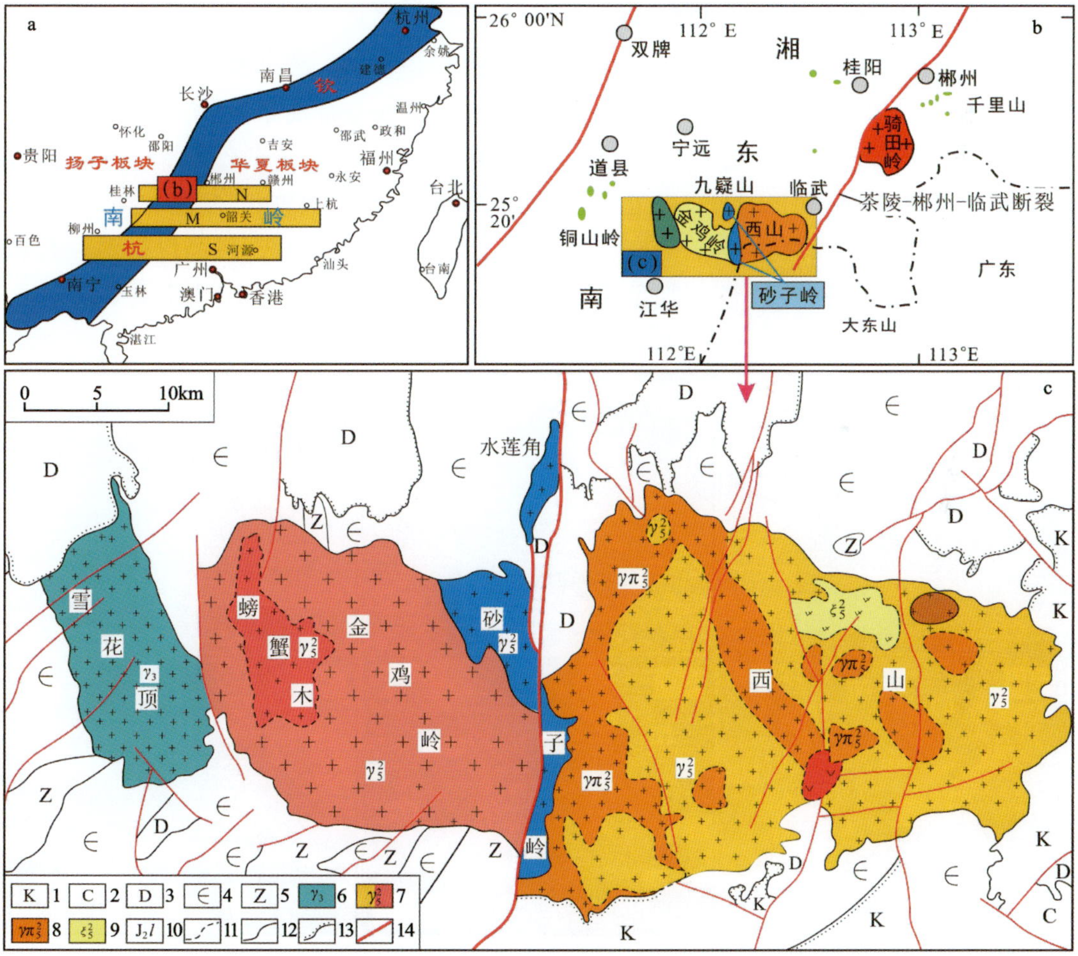

a:S、M、N 分别为南岭南、中、北花岗岩带;c:1.白垩系;2.石炭系;3.泥盆系;4.寒武系;5.震旦系;6.志留纪花岗岩;7.晚侏罗世花岗岩;8.晚侏罗世花岗质碎斑熔岩;9.晚侏罗世英安/流纹(斑)岩;10.中侏罗统;11.岩相界线;12.地质界线;13.不整合界线;14.断层。

图3-0-1 九嶷山地区大地构造位置(a、b)与地质简图(c)

盟(IUGS)火成岩分类学分委会(1989)所推荐的深成岩类岩石实际矿物分类法。当岩石斑晶较多、晶体较大或基质太细小时,结合岩石化学进行分类;粒状结构的粒级划分采用三分法(细粒<2mm,中粒2~5mm,粗粒>5mm),斑晶少于5%称含斑、5%~10%称少斑、10%~30%称斑状、30%~50%称多斑。此外,本书将发育于花岗岩体中的壳幔混合包体称为镁铁质微粒包体(MMEs),将西山岩体中以铁橄榄石等镁铁矿物组成、粒径几毫米到十几毫米的包体统称为暗色微包体①。

第一节 雪花顶岩体

雪花顶岩体位于九嶷山复式岩体最西端,出露面积约127km²(莫柱孙等,1980)(图3-0-1)。岩体呈北北西向展布,主要岩性为中细粒斑状(角闪石)黑云母二长花岗岩,局部地段过渡为中细粒角闪石黑云母二长花岗岩。岩体的东、南、西侧与寒武系、震旦系呈侵入接触,局部被金鸡岭岩体侵入,且岩体与围岩的内接触带未见明显的蚀变分带现象,外接触带发生较强的角岩化接触变质作用;岩体北侧与中泥盆统跳马涧组呈沉积接触。

中细粒斑状(角闪石)黑云母二长花岗岩:新鲜面呈灰白色,似斑状-基质花岗结构、块状构造(图3-1-1)。岩石由斑晶(10%~15%)和基质(85%~90%)组成,斑晶以微斜长石和条纹长石为主;半自形板状,粒径一般介于5~8mm之间,星散状分布。基质主要由斜长石(30%~35%)、钾长石(25%~30%)、石英(20%~25%)、黑云母(5%±)、角闪石(1%~5%)

a、d. 中细粒斑状(角闪石)黑云母二长花岗岩;b、c、e、f. 中细粒角闪石黑云母二长花岗岩。

图3-1-1 雪花顶岩体花岗岩野外及显微照片

① 本书所用的矿物代码为:Fa.铁橄榄石;Fo.铁橄榄石;Opx.斜方辉石;Cpx.单斜辉石;Amp.角闪石;Bi.黑云母;Ms.白云母;Kfs.钾长石;Pl.斜长石;Q.石英;Zr.锆石;Or.更长石;Sa.透长石;Grt.石榴石;Cal.碳酸岩。

组成:斜长石为自形板状,An=14~44,以中、更长石为主,发育聚片双晶,粒径以1~3mm为主;钾长石呈半自形—他形粒状,粒径0.5~3mm;石英呈他形粒状及不规则状,充填于斑晶粒间,粒径0.5~2mm;黑云母呈自形—半自形片状,一组极完全解理,多与角闪石共生,粒径0.5~2mm;角闪石为六边形状或半自形柱状,可见两组完全解理,粒径以0.5~1.5mm为主。岩石蚀变较弱,蚀变矿物为绢云母、绿帘石、绿泥石、高岭土;副矿物有磁铁矿、锆石、榍石等。局部岩性过渡为中细粒角闪石黑云母二长花岗岩,与前者伴生且不存在明显界线。

岩体早期含角闪石的单元中普遍发育镁铁质微粒包体,大小以5~20cm为主,个别达几十厘米;形态整体较规则,以呈椭圆状、长条状为主;与寄主岩石截然或渐变接触(图3-1-1a~c),多数包体边界矿物颗粒很细,形成淬火边结构。此外,该类岩石普遍发育钾长石捕获晶、斜长石斑晶,粒径2~5cm;可见斑晶围绕着暗色包体分布,斑晶中亦可见暗色矿物环带,暗示可能存在强烈的岩浆混合作用。

第二节 金鸡岭岩体

金鸡岭岩体呈长轴为北西走向的不规则椭圆状,位于九嶷山复式花岗岩体的中西部,出露面积约390km²。东侧侵入砂子岭岩体,接触带未见明显矿化、蚀变现象;南、西、北侧侵入南华系、寒武系,接触带附近热变质作用十分强烈,最宽达上千米。岩体内部与周围存在明显的北东走向断层,为北东向茶陵-郴州-临武断裂控制的次级断裂系统。

金鸡岭岩体主体(金鸡岭,330km²)岩性为粗中粒斑状黑云母正长花岗岩,补体(螃蟹木,60km²)岩性以细粒斑状二长花岗岩为主。在金鸡岭岩体的主体中偶见镁铁质微粒包体(图3-2-1a、b),电气石-石英-钾长石伟晶岩脉(团块)(图3-2-1d~f),长石斑晶横跨包体与寄主花岗岩(图3-2-1a、b),围岩捕虏体(图3-2-1c、g),岩浆混染、塑性流动(图3-2-1h、i)和文象结构(图3-2-1d)等现象。此外,岩体内部见北北西走向的辉绿岩脉,其形成时代应略晚于花岗岩体;最近获得其锆石U-Pb年龄为153.1±1.0Ma(杜日俊等,2019)。岩体内岩脉种类多,云英岩化等蚀变多位于海拔较高处,粗中粒结构花岗岩体广泛出露证明该岩体已受一定剥蚀,西部剥蚀程度较浅,东部剥蚀程度较深。

粗中粒似斑状正长花岗岩:呈似斑状花岗结构,块状构造(图3-2-2);斑晶为钾长石,呈自形长柱状,以正长石和微斜长石为主,粒径10~20mm,含量约20%;基质由石英(20%~25%)、斜长石(10%~15%)、钾长石(45%~50%)、黑云母(5%±)和少量角闪石(2%±)组成;钾长石半自形—他形粒状,主要为正长石、微斜长石,粒径以2~6mm为主;斜长石以酸性钠长石-更长石为主,发育聚片双晶及少量环带结构,自形,粒径0.8~3.0mm,含量约15%;石英呈他形粒状及不规则状,充填于斑晶粒间及发育于基质中,粒径0.3~2.0mm,含量约25%;黑云母呈自形—半自形片状,多与角闪石共生,推测为角闪石转变而成,粒径0.3~1mm,含量约5%;角闪石为六边形状或半自形柱状,可见两组完全解理,粒径0.5~1mm,含量约2%;褐帘石为自形,发育于粒间,粒径约0.3mm,含量小于1%。副矿物为锆石和磷灰石,多被包裹于黑云母和角闪石中,粒径0.05~0.15mm,含量小于1%。

a、b. 壳幔混合包体、长石斑晶横跨包体与寄主花岗岩；c. 捕虏体；d~f. 电气石-石英-钾长石伟晶岩；d. 文象结构；
g. 包体被伟晶岩脉错断；h、i. 岩浆混染、塑性流动。

图 3-2-1 金鸡岭岩体野外照片

细粒斑状二长花岗岩：为螃蟹木岩体主体岩性，呈岩株产出于金鸡岭复式岩体内部；似斑状花岗结构，块状构造（图 3-2-2）。斑晶以斜长石（3%~5%）和石英（5%±）为主；斜长石半自形板状，以酸性斜长石为主，粒径 5~8mm，可见聚片双晶、卡钠复合双晶，局部被绢云母交代，表面略脏；石英为半自形粒状，粒径以 3~5mm 为主。基质由斜长石（30%~35%）、钾长石（25%~30%）、石英（20%±）及黑云母（5%±）组成；斜长石为半自形板状，以钠长石为主，粒径以 1.0~1.5mm 居多，可见聚片双晶、卡钠复合双晶；钾长石呈半自形—他形粒状，粒径 1~2mm；石英呈他形粒状，粒径以 1~2mm 为主；黑云母片状，粒径 1.0~1.5mm，局部被绿泥石、白云母交代。副矿物为磁铁矿、锆石和磷灰石，粒径以 0.2mm 为主。

细粒斑状二云母二长花岗岩：主要分布于螃蟹木岩体西北部，与该区钨锡多金属成矿作用关系密切；岩石具有似斑状结构、文象结构、块状构造。斑晶为钾长石（10%~15%），以条纹长石为主，可见卡氏双晶、格子双晶，粒径 1~4mm。基质为细粒花岗结构，粒径以 0.5~1mm 为主，主要由钾长石（30%~35%）、斜长石（20%±）、石英（20%~25%）、黑云母

a、d. 粗中粒似斑状正长花岗岩；b、e. 细粒斑状二长花岗岩；c、f. 细粒斑状二云母二长花岗岩。

图 3-2-2　金鸡岭岩体标本与显微照片

(5%±)及白云母(2%±)组成：钾长石以条纹长石为主，可见卡氏双晶、格子双晶；斜长石主要为钠、更长石。部分黑云母和白云母呈鳞片状分布在石英、长石粒间，呈填隙状，并且黑云母具筛状结构，筛孔中包裹了消光位近于一致的基质长石、石英等，表明其形成较晚。副矿物有磁铁矿、钛铁矿、磷灰石、独居石和锆石。

第三节　砂子岭岩体

砂子岭岩体呈南北向带状产于九嶷山复式岩体中部，明显受南北向区域断裂构造控制，出露面积约 65km²；以岩石中普遍含非定向排列的镁铁质微粒包体为标志(图 3-3-1a～c)，岩石较基性，以闪长质、石英闪长质为主。岩体东、西部分别被西山、金鸡岭岩体侵入；南、北侧侵入破坏南华系、寒武系，东北侧与泥盆系、石炭系侵入、断层接触，岩体与围岩接触带附近热变质作用十分强烈，最宽达上千米。岩体内部发育北北东向、北东向两组断裂，前者为九嶷山地区规模最大的断层系统，其燕山期部分均被其传切破坏；后者控制了部分当今河流的方向，推测为岩体侵位固结之后形成。主要岩石类型分述如下。

含斑中细粒花岗闪长岩：为主体岩性，呈花岗结构，块状构造(图 3-3-1d)。斑晶以斜长石(2%～5%)为主，半自形板状，粒径一般介于 5～10mm 之间。基质为斜长石(50%～55%)、钾长石(15%～20%)、石英(20±)、黑云母(10%±)、角闪石(3%～5%)：斜长石(核：An=29；幔：An=26)半自形板状，粒径以 1～2mm 居多，可见聚片双晶、肖钠双晶、卡钠复合双晶，局部可见韵律环带(图 3-3-1e)，最多 15 环；钾长石半自形—他形粒状，粒径 2～5mm；石英呈他形粒状,粒径以1~2mm为主,局部可见波状消光;黑云母片状,粒径以1~2mm为主,局部被绿泥石、褐铁矿等不透明矿物交代;角闪石柱状,粒径以1~2mm为主。副矿物主要为磁铁矿、锆石和磷灰石。

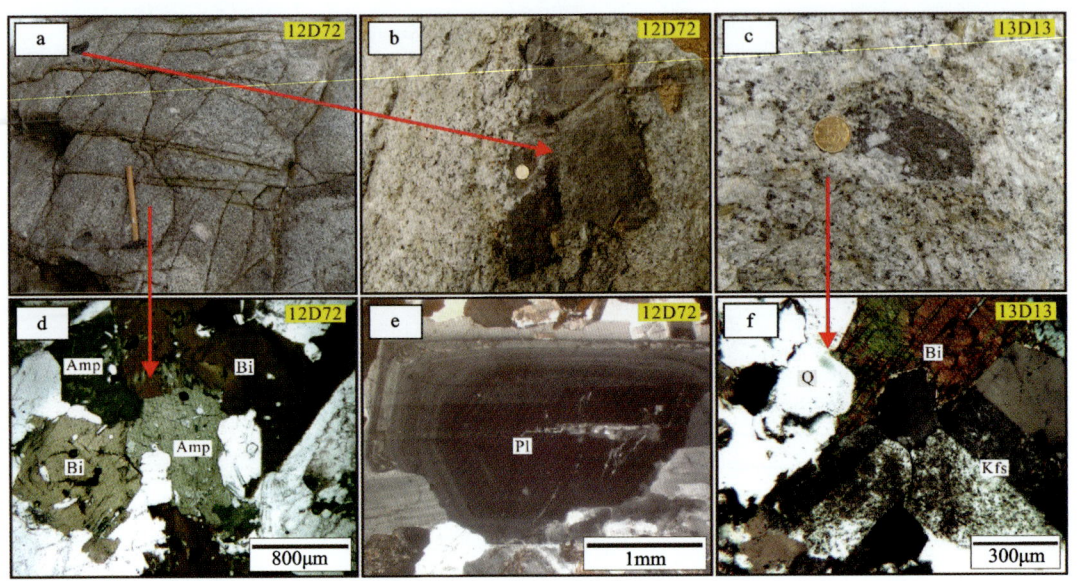

a、b.镁铁质微粒包体;c.中细粒斑状角闪石黑云母二长花岗岩;d.含斑中细粒花岗闪长岩;e.斜长石环带结构;f.中细粒斑状二长花岗岩

图3-3-1 砂子岭岩体、镁铁质微粒包体及显微照片

细中粒花岗闪长岩:主要与含斑中细粒花岗闪长岩伴生,且不存在明显界线;花岗结构,块状构造;主要由石英(20%~25%)、斜长石(45%~50%)、钾长石(15%~20%)、角闪石(3%~5%)和黑云母(5%~10%)组成。斜长石普遍具环带结构,聚片双晶、卡钠双晶发育,An=30~45,以中长石为主,粒径以1~3mm居多;钾长石属微斜长石,格子双晶发育,粒径以1~3mm居多;石英呈他形粒状,粒径以1~2.5mm为主;黑云母片状,粒径1~2mm,局部被绿泥石、褐铁矿等不透明矿物交代;角闪石呈自形柱状,粒径以1~2mm为主。副矿物有钛铁矿、磁铁矿、锆石、磷灰石等,以钛铁矿为主。

中细粒斑状角闪石黑云母二长花岗岩:主要分布于水帘角地区,岩石具似斑状花岗结构、块状构造(图3-3-1c);斑晶和基质所占比例分别为20%~30%和70%~80%。斑晶为斜长石(5%~10%)、钾长石(10±)及石英(5%±),粒径以5~15mm为主,斜长石(核:An=25~30)半自形板状,内可见聚片双晶,可见韵律环带,最多10环;钾长石半自形板状,可见钠质条纹;石英半自形粒状,表面新鲜干净。基质为斜长石(20%~25%)、钾长石(25%~30%±)、石英(25%±)及黑云母(3%~5%),粒径以0.5~1mm居多;斜长石半自形板状,内可见肖钠双晶、聚片双晶、卡钠复合双晶,局部可见环带;钾长石半自形—他形粒状,内可见卡氏双晶、钠质条纹;石英他形粒状;黑云母片状,发育绿泥石化蚀变,星散状分布。副矿物主要为磁铁矿、锆石和磷灰石。

第四节 西山(杂)岩体

西山(杂)岩体位于九嶷山复式岩体的东部,出露面积约 705km²,是华南内陆出露规模最大的火山-侵入杂岩体。该岩体北、西、南侧多处见花岗岩超覆侵入于地层之上,向岩体内倾斜,倾角 30°～50°,总体为一似盆状体(付建明等,2004b)。岩体西侧与砂子岭岩体呈侵入接触;东侧被下白垩统栏垅组+神皇山组(K_1l+s)沉积覆盖(图 3-4-1);岩体南北两侧与南华系、寒武系呈侵入接触,局部与下白垩统栏垅组+神皇山组呈断层接触。该杂岩体岩性复杂,从中浅成花岗岩、花岗斑岩、碎斑熔岩到喷溢火山岩均有发育。基于详细系统的野外地质与岩相学研究,本书将其主要岩石类型划分为中细粒似斑状黑云母二长花岗岩、花岗质碎斑熔岩、流纹(斑)岩、英安(斑)岩及火山碎屑岩(两江口)等。岩体内可见较多的围岩捕虏体。郴州-临武深大断裂从该杂岩体的东部通过,地质构造复杂,主要受东西向和南北向复合构造的控制。各岩石类型分述如下。

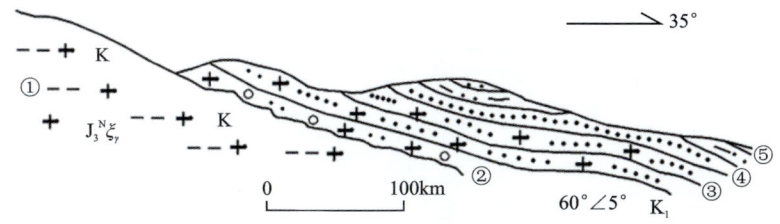

①西山(杂)岩体微细粒斑状黑云母正长花岗岩;②～⑤花岗质砂砾岩、花岗质砂岩、砂岩、粉砂岩。

图 3-4-1 西山(杂)岩体和 K_1 红层沉积接触素描图(据刘耀荣等,2004)

中细粒似斑状黑云母二长花岗岩:为西山(杂)岩体主体岩性,岩石呈灰色,具似斑状结构、块状构造,基质为微—细粒花岗结构(图 3-4-2)。岩石主要由斑晶(20%～30%)、基质(70%～80%)组成。斑晶以长石(15%～20%)和石英(5%～10%)为主,粒径以 3～8mm 居多,偶见斑晶发生韧性弯曲的变形(图 3-4-2h):斜长石以酸性系列(An=25～35)为主,呈半自形板柱状、晶屑状,均发生不同程度的熔蚀,发育聚片双晶、珠边结构,少数晶体发育肖钠双晶及环带结构,部分晶体发生韧性变形(图 3-4-2h);钾长石呈半自形板状,珠边结构发育,局部可见基质贯入其中;石英呈半自形粒状,边缘常受溶蚀呈蚕蚀状;黑云母呈片状,粒径 0.3～1.5mm。基质主要由斜长石(25%～30%)、钾长石(25%～30%)、石英(20%～25%)及黑云母(2%±)组成,粒径以 0.05～0.2mm 为主:斜长石(An=26～30)半自形板状,可见聚片双晶、卡钠复合双晶;钾长石半自形板状,常见钠质条纹,轻土化,表面略脏;石英呈他形粒状杂乱分布;黑云母为片状,局部被绿泥石交代。副矿物包括磁铁矿、钛铁矿、独居石、锆石、磷灰石等。此外,在该岩石单元内还发现少量石榴石单晶和单斜辉石晶体:石榴石,浅棕色,正极高突起,糙面明显,粒径 0.5～1.2mm,石榴石普遍发育碎裂结构,且均已发生不同程度的熔蚀,部分晶体周缘被绿泥石交代(图 3-4-2);单斜辉石晶体,呈肾状,粒径约 1.5mm;单偏镜下呈浅褐色,多色性不明显,正高突起。

a、b、c. 手标本及野外照片；d、e. 椭圆-不规则状镁铁质微粒包体；f. 镁铁质微粒包体正交镜下呈斑状结构,以暗色矿物＋斜长石为主；g. 文象结构,见有副矿物锆石；h. 弯曲的斜长石聚片双晶；i. 细粒花岗岩结构。

图 3-4-2 中细粒似斑状黑云母二长花岗岩标本及显微照片

野外调查发现,该岩石单元中发育少量镁铁质微粒包体。这些暗色微粒包体形状较规则,以圆状、椭圆状为主,与寄主岩石界线明显(图 3-4-2e、f);镜下显示其具有斑状结构、灰绿结构,块状构造;斑晶以普通辉石为主,含量 5%～10%,粒径 0.6～1mm;基质主要由辉石、角闪石、黑云母和斜长石组成,所占比例分别为 20%～25%、10%～15%、5%～10%、25%～30% 及 55%～60%,粒径以 0.2～0.4mm 居多。

花岗质碎斑熔岩：主要分布于该岩体西、中部,具斑状结构、珠边结构、包含结构,基质为微—细粒花岗结构、霏细结构,块状构造;具有喷出—侵入过渡型结构特点(图 3-4-2、图 3-4-3)。斑晶以斜长石(10%～15%)、钾长石(10%～15%)及石英(5%～8%)为主,多呈灰—灰白色;粒径一般 0.5～2mm,星散状随机分布。不同矿物斑晶均有较自形、爆裂状、尖棱角状碎屑及边部再生长晶体 4 种形态(图 3-4-4)。斑晶中常见碎裂结构,晶体虽破碎,但聚而不散,碎片间几乎没移动;推测结晶时岩浆系统压力骤降所致,且后期岩浆流动几乎停滞。斜长石(An＝

图 3-4-3　花岗质碎斑熔岩野外照片

25～30)属更长石,半自形宽板柱状、晶屑状,常见聚片双晶,珠边结构,发育肖钠长石双晶及环带结构,局部被溶蚀;偶见包含结构,斜长石包裹斜方辉石晶体(图 3-4-5g)。钾长石半自形板状,以正长石为主,见微斜长石和高温透长石(图 3-4-5c),珠边结构十分发育,局部有基质沿裂纹贯入其内部。石英半自形粒状,边缘受溶蚀呈蚕蚀状,也见基质沿裂纹溶蚀到内部的现象,个别石英斑晶呈六方双锥状,珠边结构发育。黑云母斑晶(2%～5%)为板条状、鳞片状,0.3～1.5mm;橄榄石和辉石斑晶呈半自形板状,分布不均匀,以 0.3～1.0mm 为主;橄榄石较辉石分布范围广,辉石常常包裹橄榄石形成包含结构,它们与石英的接触部分干净、界线明显,暗示它们是平衡共生的(图 3-4-5)。

基质由斜长石(5%～10%)、钾长石(25%～30%)、石英(20%～25%)及黑云母(2%±)组成,大小一般 0.05～0.2mm;斜长石(An=26～30)半自形板状,以更长石为主,可见聚片双晶、卡钠复合双晶;钾长石半自形板状,常见微斜长石和条纹长石,轻土化,表面略脏;石英呈他形粒状杂乱分布;黑云母为片状,局部被绿泥石交代。副矿物有磁铁矿、钛铁矿、独居石、锆石、磷灰石和金属矿物等,锆石背散射图像多为长柱状、环带结构发育且没有继承锆石(核)。

目前,含铁橄榄石样品产出于西山(杂)岩体西南部,该类岩石中暗色矿物微包体很多,在手标本尺度微包体与寄主岩石均呈深灰绿色,肉眼不易分辨;在偏光显微镜下,微包体与寄主岩石的接触界线清楚,不规则至球状;粒径以 2～5mm 为主,最大 9mm。暗色微包体含量约占 2%,但分布不均匀;由单种矿物或多种矿物集合而成,类型很多,有角闪石-黑云母-石英集

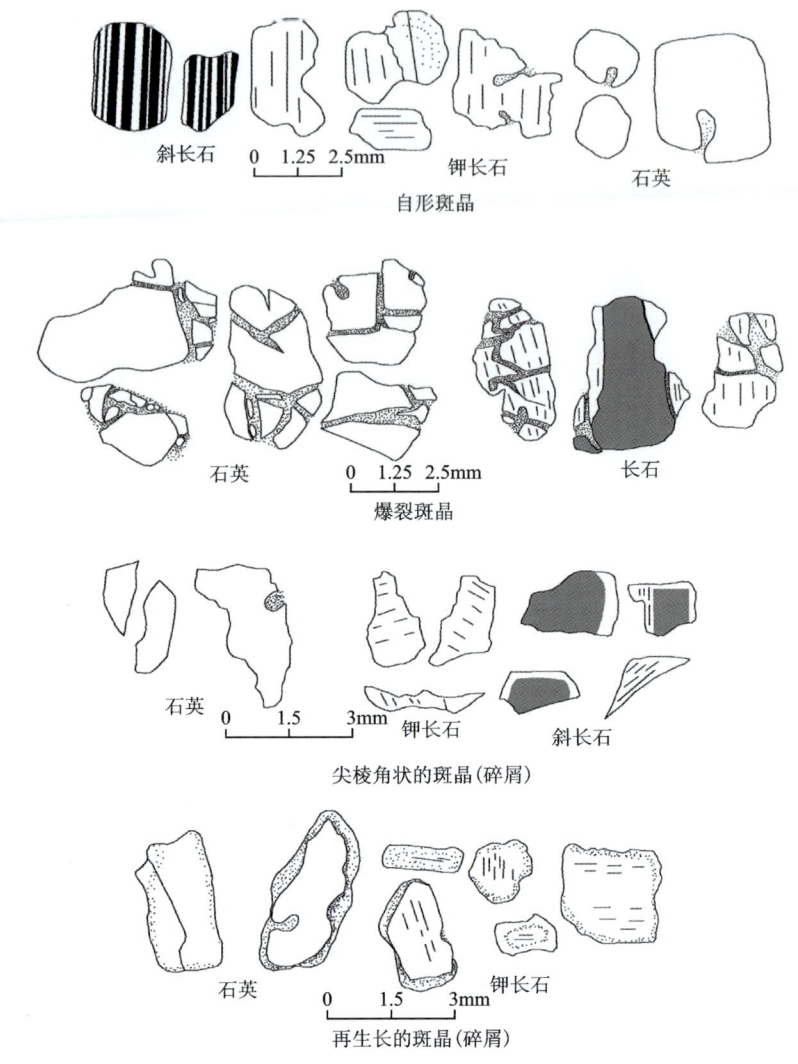

图3-4-4　花岗质碎斑熔岩中斑晶特征(刘耀荣等,2004)

合体、磁铁矿-黑云母集合体、黑云母集合体、黑云母-角闪石-辉石集合体、黑云母-铁橄榄石集合体、铁橄榄石集合体、黑云母斜长石集合体、黑云母-石英集合体、萤石-石英-黑云母-集合体等。其中,橄榄石(25%~35%)无色,二轴晶,负光性,为铁橄榄石;辉石(45%~65%)呈半自形板柱状,平行或近平行消光($c \wedge Ng < 5°$),为铁辉石;黑云母(3%~5%)为鳞片状,磷灰石为短柱状(0.1~0.3mm);磁铁矿多呈他形粒状与黑云母、铁橄榄石共生,可见铁橄榄石和铁辉石被黑云母交代的现象。这些集合体矿物相互间的包裹情况复杂,但多数情况下,铁橄榄石、辉石、角闪石、黑云母等暗色矿物位于中心,浅色矿物或云母围绕其边部分布,中心和外侧矿物间存在反应边;位于中心的暗色矿物常包裹有自形程度很高的锆石、磷灰石、磁铁矿等矿物(图3-4-5)。部分集合体与寄主岩石中矿物呈渐变过渡关系,暗色大部分包体可能是岩浆早期在宁静环境中结晶分异出的暗色矿物集合体。

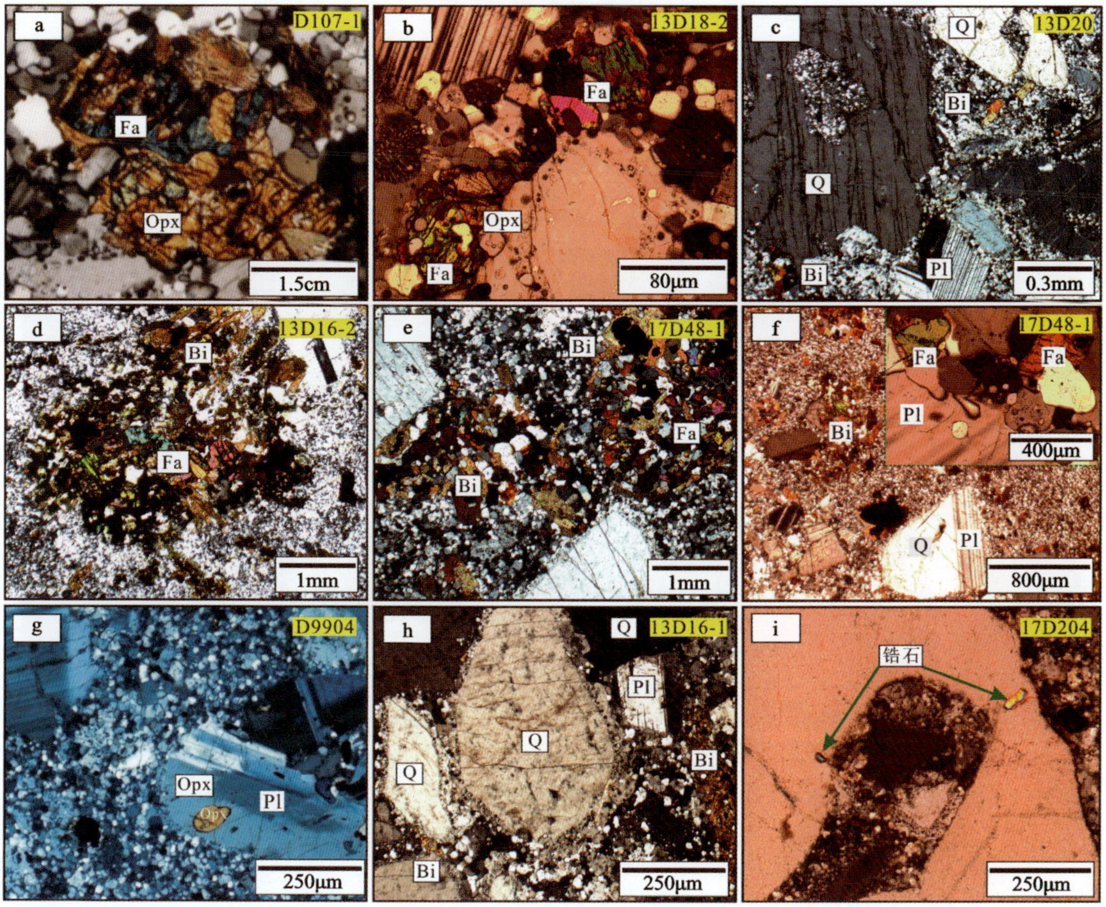

a. 包含结构，斜方辉石沿着边缘与裂隙交代铁橄榄石；b. 铁橄榄石、铁辉石与石英平衡共生；c、i. 石英斑晶中发育熔体包体，成分与基质相同，副矿物锆石以包体和基质矿物形式产出；d～f. 暗色微包体成本变化较大，有的以橄榄石、辉石为主，有的以黑云母为主，甚至以单晶形式出现；g. 包含结构，斜长石斑晶包裹铁辉石；h. 透长石及石英斑晶普遍发育珠边结构。

图 3-4-5　花岗质碎斑熔岩典型结构、构造照片（正交偏光）

花岗斑岩：西山（杂）岩体中较常见，呈岩枝（脉）产出；岩石呈斑状结构，块状构造；主要由斑晶、基质组成（图 3-4-6）。斑晶含量 10%～20%，由斜长石、钾长石、石英、黑云母、单斜辉石等组成；大小一般 2～5mm，部分 0.2～2mm，杂乱分布。斜长石半自形板状，部分呈碎斑状，常见聚片双晶、卡钠复合双晶，波状消光普遍，被绢云母交代，表面略显脏，斜长石牌号：An＝25～30 [垂直(010)晶带最大消光角法测定]；钾长石半自形板状，部分为碎斑状，常见钠质条纹（固溶体出溶），局部可见珠边结构和碎而不散、散而不离的现象；石英半自形粒状，表面新鲜干净，边界不规则状；黑云母片状，星散状分布，黑云母多色性：Ng'＝褐色，Np'＝浅褐黄色；单斜辉石半自形柱状，星散状分布，局部被次闪石、微晶黑云母、绿帘石交代，单斜辉石多色性：Ng'＝浅褐绿色，Np'＝浅绿色。基质由斜长石、钾长石、石英、黑云母组成，大小一般

0.01～0.03mm,因粒径较小很难统计矿物含量；在高倍镜下,斜长石半自形板状杂乱分布,被绢云母交代,表面脏,双晶不清晰；钾长石半自形板状,轻土化,表面略脏；石英他形粒状分布,随机分布；黑云母片状、星散状分布,被绿泥石交代,部分为假象,黑云母多色性：Ng'=褐色, Np'=浅褐黄色。

a、b. 花岗斑岩野外照片,局部钾长石斑晶含量达到40%左右；c、f. 正长石、微斜长石斑晶,斑晶中存在碎裂现象,裂隙中为基质充填；正长石普遍具高岭土化蚀变；d、e. 多颗石英晶体形成聚斑晶,普遍发育碎裂结构。

图 3-4-6 花岗斑岩标本(a、b)及显微照片(c～f)

英安(斑)岩(两江口火山岩)：主要分布于西山(杂)岩体东北部西山林场、枫木山村,呈灰—紫灰色；斑状结构,块状构造、弱流纹构造。岩石主要由斑晶、基质组成,斑晶由斜长石(3%～5%)、钾长石(5%～8%)和石英(2%～3%)组成(图 3-4-7、图 3-4-8)。斜长石(An=25～40)半自形板状,粒径一般 2～3mm,局部被绢云母、方解石交代,可见聚片双晶、卡钠复合双晶；钾长石半自形板状,以高温透长石、正长石为主,粒径一般 1～3mm；石英半自形粒状,粒径以 2～3mm 居多,星散状分布。基质为霏细结构,矿物组成与斑晶相同,但具体含量不能估计,粒径以 0.01～0.03mm 为主；石英为主晶,近等轴粒状,内有霏细状长石分布,构成包含霏细结构；斜长石、钾长石及黑云母均呈霏细—微晶状。岩石轻碎裂,后期热液蚀变发育；岩内可见少量裂隙及孔隙,内有方解石、石英、不透明矿物充填交代。

经岩矿鉴定工作发现该类岩石含较多的石榴石单晶,偏光镜下呈浅棕色、灰黄色,正极高突起,糙面明显,多呈椭圆状、不规则状,普遍发育碎裂结构；正交镜下全消光,多数石榴石与周围矿物直接接触,与中细粒似斑状黑云母二长花岗岩中石榴石单晶有所区别(图 3-4-8)。

流纹(斑)岩：主要分布于粤北丰阳公社。岩石新鲜面呈灰白色,风化面呈浅灰色；斑状结构、镶嵌结构、碎裂结构,基质为隐晶质结构、霏细结构,流纹构造、块状构造。岩石由斑晶(20%～30%)和基质(70%～80%)组成。斑晶由斜长石(<5%)、钾长石(5%～10%)、石英

图 3-4-7 英安岩与火山碎屑岩接触关系

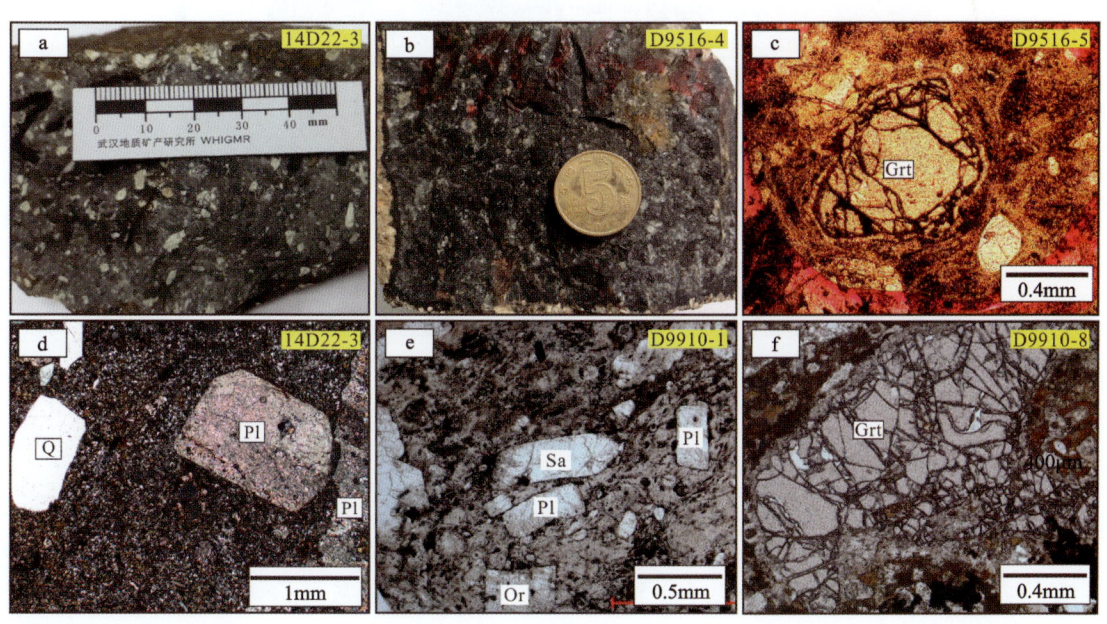

a、b.英安岩标本照片,取自图 3-4-7 位置;c、f.呈碎裂结构产出的石榴石,与寄主岩石直接接触;d、e.斑状结构。

图 3-4-8 英安标本(a、b)及显微照片(c~f)

(10%~15%)、黑云母(3%~5%)组成;斜长石呈灰白色自形—半自形柱状,以中-拉长石为主,粒径 0.2~2.5mm;钾长石为灰白色半自形板状,以正长石和微斜长石为主,粒径一般 0.2~2mm;石英呈灰色半自形粒状,粒径 0.2~2.0mm;黑云母为黑色片状,粒径 0.2~1.0mm。基质由隐晶的长英质组成,镜下矿物组成与斑晶相同,多呈霏细—微晶状,粒径以 0.01~0.03mm 为主,具体含量难以估计。岩石轻度碎裂,后期热液蚀变发育;微裂隙内常被方解石、石英等矿物充填(图 3-4-9a、b)。

火山碎屑岩:主要分布于西山(杂)岩体东南部粤北丰阳公社和东北部两江口。前者代表性的火山碎屑岩为流纹质玻屑晶屑凝灰岩,岩石新鲜面呈灰白色—灰色,风化面呈浅灰色;晶屑玻屑凝灰结构,块状构造。岩石由岩屑(<5%)、玻屑(5%~10%)、晶屑(35%~50%)及火山灰(45%~55%)组成。岩屑为灰色棱角状—次棱角状,成分为花岗岩、流纹岩、流纹质火山碎屑岩,大小0.2~2mm;玻屑多呈深灰色—黑色,成分为流纹质,具体矿物组成难以辨认,粒径0.2~1.5mm;晶屑,成分为长石、石英,少许黑云母,棱角状—次棱角状,粒径0.2~1.5mm;填隙物为火山灰,细小难辨(图3-4-9c、d)。

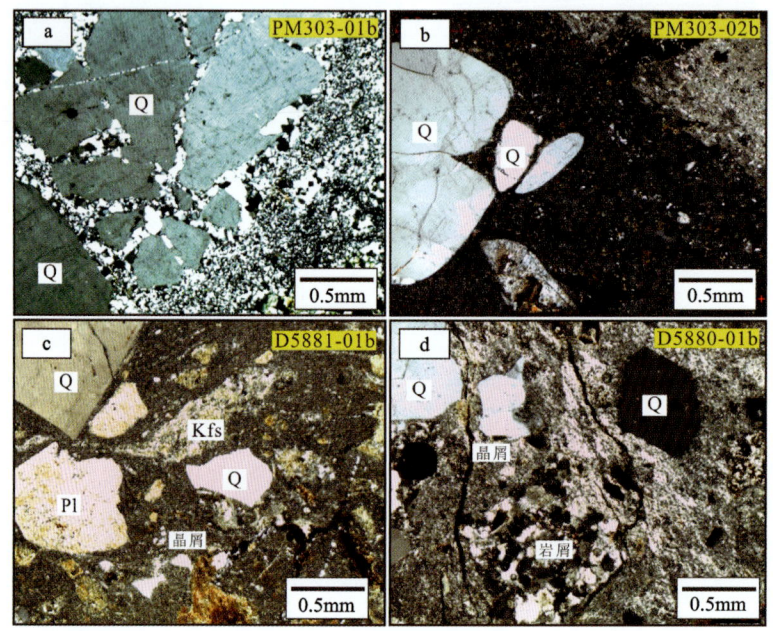

a、b.流纹岩,具有斑状结构、流纹构造;石英斑晶发育碎裂结构,晚期熔体沿着裂隙溶蚀、充填孔隙;斜长石斑晶普遍发育绢云母化;c、d.流纹质玻屑晶屑凝灰岩,岩石具有微弱的流纹构造;长石、石英晶屑呈现破碎状、火焰状等不规则状;岩屑以酸性岩浆岩为主。

图3-4-9 粤北丰阳公社火山碎屑岩显微照片

两江口地区火山碎屑岩以流纹质(含角砾)岩屑晶屑熔结凝灰岩为代表,岩石新鲜面呈灰白色—灰色,风化面呈灰色—浅灰色,含角砾岩屑晶屑熔结凝灰结构,块状构造(图3-4-10、图3-4-11)。岩石由火山角砾(5%~10%)、岩屑(25%~30%)、晶屑(25%~30%)、浆屑(10%~15%)、火山灰(30%~35%)组成。火山角砾呈灰黑色、紫色,棱角状—次棱角状,成分为英安岩、花岗岩、灰岩及粉砂岩等,大小2~50mm;岩屑多呈灰色—灰黑色,棱角状—次棱角状,成分为英安岩、花岗岩、石英砂岩、粉砂岩及石灰岩等,大小0.2~2mm;晶屑成分为斜长石、钾长石、石英,少许黑云母,灰白色—灰色,棱角状—次棱角状,粒径0.2~2mm;浆屑,灰色、紫色,多呈火焰状、撕裂状、不规则带状、透镜状,成分为流纹岩,大小0.5~4mm;填隙物为火山灰,细小难辨。

a. 火山岩中的泥岩角砾; b. 火山角砾被风化成孔洞; c. 火山岩中不规则状灰岩角砾; d. 火山碎屑结构。

图 3-4-10　两江口火山碎屑岩标本照片

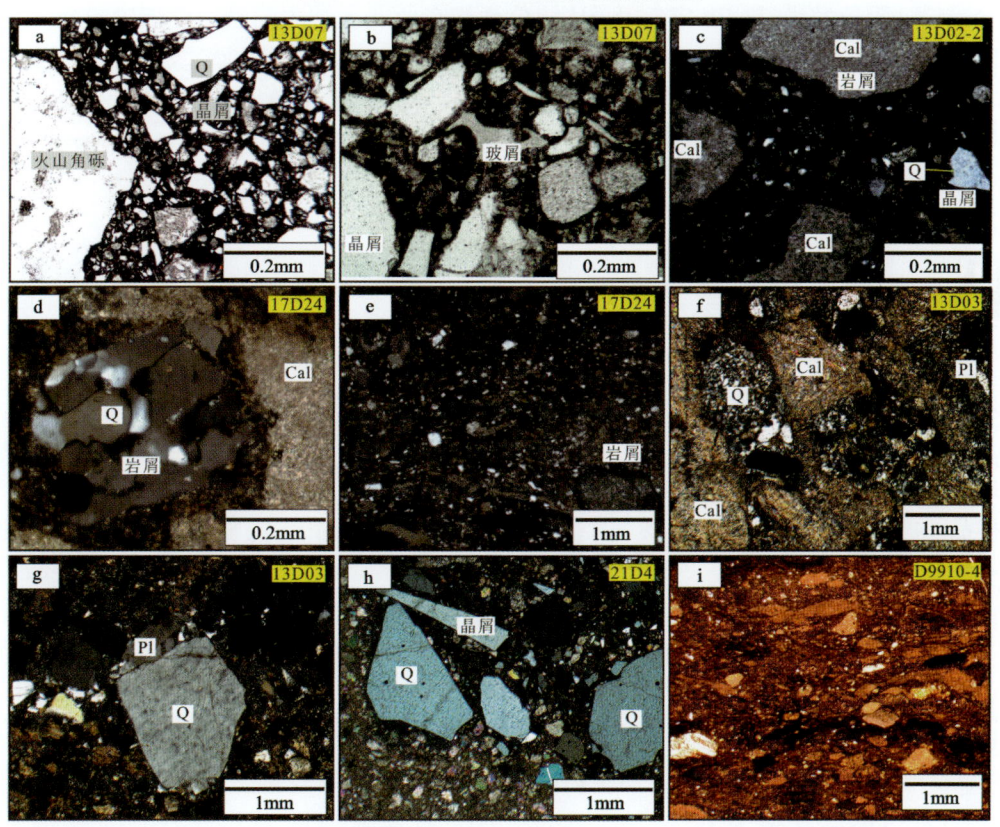

a、b、g、h. 含角砾岩屑晶屑熔结凝灰结构, 破碎的长石、石英斑晶形状各异; c、d、f. 钙质、硅质岩屑; e、i. 岩石具有微弱的流纹构造。

图 3-4-11　两江口流纹质(含角砾)岩屑晶屑熔结凝灰岩显微照片

第四章 花岗岩年代学

成岩时代是花岗岩研究的基础。南岭地区积累了大量的地质年代学资料,但这些年龄显示,同一研究对象采用相同或不同的测年方法(K-Ar 法、Rb-Sr 法、U-Pb 法等)测年结果却相差较大。测年误差和测试方法自身的局限性都会造成上述现象,例如:全岩和黑云母 K-Ar 年龄往往只反映最后一次热事件发生的时间,对经历过多次构造热事件的岩体而言,它们可能不代表岩体的形成年龄;全岩 Rb-Sr 等时线年龄常常因同位素体系封闭温度较低而易受后期构造-热事件影响,导致其年龄晚于岩体的形成时代。锆石 U-Pb 同位素体系的封闭温度高(>750℃),能够获得更可靠的微区同位素信息,能够代表花岗岩体的结晶时代,发展至今已经成为花岗岩年代学研究的首选方法。本书锆石单矿物分选在廊坊市诚信地质服务有限公司完成,制靶、阴极发光、U-Pb 定年及 Hf 同位素均在西北大学大陆动力学国家重点实验室完成。采用的激光剥蚀系统为 GeoLas 2005,ICP-MS 为 Agilent 7500a,采用国际标准锆石 91500 作外标进行校正,测试流程见文献 Yuan 等(2008)。运用 Andersen(2002)介绍的方法对 Pb 同位素组成进行普通 Pb 校正后,采用 Glitter 软件计算样品的同位素比值及元素含量;锆石 U-Pb 年龄谐和图绘制与年龄权重计算采用 Isoplot 4.0 完成。

第一节 雪花顶岩体

九嶷山复式花岗岩体定年采样点分布见图 4-1-1,本书在雪花顶岩体东北部采集 2 件样品用于定年研究。其中,14Y020-1 采自道县洪塘营乡老何家新村,14Y022-1 采自道县洪塘营乡盘山公路边的山上;岩性均为中细粒(角闪石)黑云母二长花岗岩。

样品 14Y020-1 中锆石呈自形—半自形状,主要为长柱状、短柱状,少量呈等轴状(长 100~230μm,宽 75~100μm)。CL 图像揭示多数锆石具有明显的振荡环带(图 4-1-2a),所测 20 个锆石晶体 Th/U 比值为 0.18~2.27(表 4-1-1),证实所测锆石均为岩浆锆石;分析数据见表 4-1-1。依据其中 13 颗谐和锆石计算其 $^{206}Pb/^{238}U$ 年龄加权平均值为 416.2±5.1Ma(MSWD=2.0;图 4-1-2c),可代表其形成时代。

样品 14Y022-1 中锆石呈自形—半自形状,主要为长柱状,少量短柱状(150~240μm,宽 70~100μm),部分锆石为碎片。CL 图像揭示绝大多数锆石具有较清楚的振荡环带(图 4-1-2b),20 粒锆石样 Th/U 比值为 0.36~0.94(表 4-1-1);属典型的岩浆锆石。14 颗锆石样品 $^{206}Pb/^{238}U$ 表面年龄变化范围为 397±7~446±6Ma,获得其加权平均年龄为 432.2±6.6Ma(MSWD=3.9;图 4-1-2d),代表了花岗岩的形成时代。

第四章 花岗岩年代学

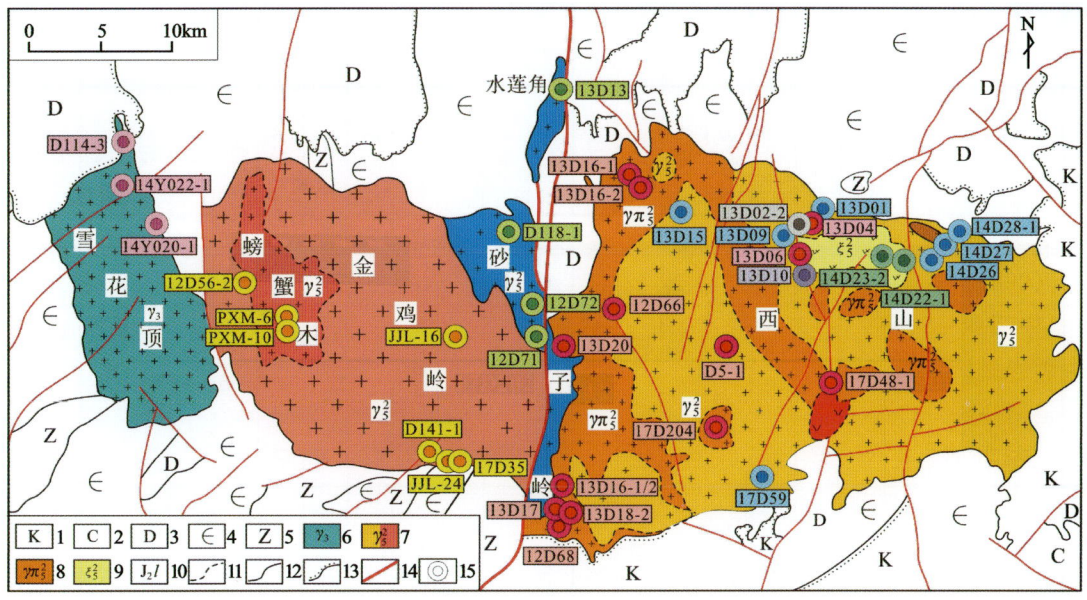

1.白垩系；2.石炭系；3.泥盆系；4.寒武系；5.震旦系；6.志留纪花岗岩；7.晚侏罗世花岗岩；8.晚侏罗世花岗质碎斑熔岩；9.晚侏罗世英安/流纹(斑)岩；10.中侏罗统；11.岩相界线；12.地质界线；13.不整合界线；14.断层；15.采样点。

图 4-1-1 九嶷山复式岩体锆石定年采样位置图

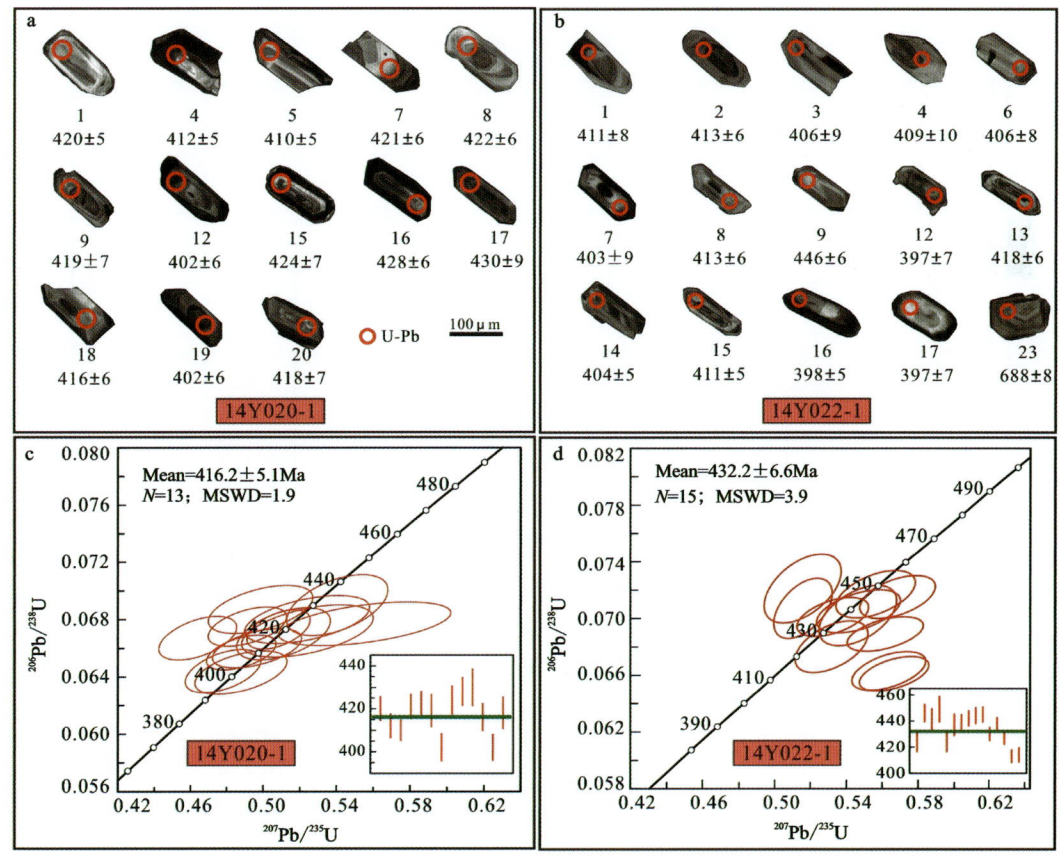

图 4-1-2 雪花顶岩体锆石阴极发光(CL)图像(a、b)和 U-Pb 年龄谐和图(c、d)

35

表 4-1-1 雪花顶岩体 LA-ICP-MS 锆石 U-Pb 定年数据

测点号	Th/U	同位素比值及误差							年龄及误差/Ma					
		$^{207}Pb/^{206}Pb$	±1σ	$^{207}Pb/^{235}U$	±1σ	$^{206}Pb/^{238}U$	±1σ	$^{207}Pb/^{206}Pb$	±1σ	$^{207}Pb/^{235}U$	±1σ	$^{206}Pb/^{238}U$	±1σ
4Y020-1Z-01	0.52	0.055 58	0.001 25	0.505 10	0.010 46	0.065 76	0.000 95	413	50	417	8	420	5
14Y020-1Z-02	1.26	0.058 77	0.001 30	0.520 91	0.010 64	0.064 32	0.000 70	472	44	389	8	376	5
14Y020-1Z-03	0.65	0.058 34	0.001 75	0.511 56	0.015 83	0.063 21	0.000 67	383	50	364	8	363	5
14Y020-1Z-04	1.39	0.139 48	0.010 89	1.775 31	0.172 37	0.079 35	0.002 00	413	70	409	11	412	5
14Y020-1Z-05	0.67	0.056 29	0.000 98	0.509 48	0.008 97	0.065 23	0.000 58	372	46	404	9	410	5
14Y020-1Z-06	2.27	0.078 68	0.001 70	0.509 24	0.011 14	0.046 72	0.000 55	1017	61	388	10	296	5
14Y020-1Z-07	0.68	0.056 35	0.001 40	0.510 55	0.012 37	0.065 27	0.000 69	343	45	406	10	421	6
14Y020-1Z-08	0.84	0.056 64	0.001 46	0.510 05	0.012 24	0.065 04	0.000 92	594	104	448	20	422	6
14Y020-1Z-09	1.74	0.057 89	0.001 54	0.525 96	0.013 51	0.065 61	0.000 98	487	75	428	16	419	7
14Y020-1Z-10	0.18	0.072 40	0.001 51	1.466 31	0.028 72	0.146 27	0.001 81	857	52	854	21	863	13
14Y020-1Z-11	0.56	0.057 81	0.001 51	0.521 69	0.016 26	0.064 81	0.001 08	744	82	432	17	382	7
14Y020-1Z-12	0.74	0.057 85	0.001 36	0.523 66	0.010 98	0.065 44	0.000 78	456	54	403	11	402	6
14Y020-1Z-13	0.67	0.056 61	0.002 27	0.507 51	0.018 04	0.064 76	0.000 97	361	68	370	10	376	6
14Y020-1Z-14	0.76	0.056 63	0.001 27	0.503 12	0.010 79	0.064 07	0.000 75	432	63	389	11	385	6
14Y020-1Z-15	1.04	0.057 37	0.001 92	0.521 81	0.016 64	0.065 55	0.000 86	483	94	428	15	424	7
14Y020-1Z-16	1.12	0.058 52	0.002 48	0.525 23	0.018 66	0.065 16	0.000 86	367	91	411	13	428	6
14Y020-1Z-17	1.34	0.059 93	0.001 34	0.577 05	0.011 66	0.069 84	0.000 82	522	72	439	12	430	9
14Y020-1Z-18	1.31	0.057 61	0.001 32	0.507 95	0.010 25	0.064 02	0.000 88	232	64	387	10	416	6
14Y020-1Z-19	0.82	0.058 27	0.001 36	0.516 36	0.011 96	0.063 86	0.000 87	383	56	397	10	402	6
14Y020-1Z-20	1	0.057 95	0.001 49	0.523 60	0.013 14	0.065 21	0.000 99	456	73	419	11	418	7
14Y022-1Z-01	0.67	0.092 58	0.004 13	0.840 54	0.037 50	0.065 80	0.001 25	1480	85	619	21	411	8
14Y0221-1Z-02	0.78	0.055 09	0.001 86	0.504 81	0.015 84	0.066 21	0.000 98	417	81	415	11	413	6

续表 4-1-1

测点号	Th/U	同位素比值及误差						年龄及误差/Ma					
		$^{207}Pb/^{206}Pb$	±1σ	$^{207}Pb/^{235}U$	±1σ	$^{206}Pb/^{238}U$	±1σ	$^{207}Pb/^{206}Pb$	±1σ	$^{207}Pb/^{235}U$	±1σ	$^{206}Pb/^{238}U$	±1σ
14Y022-1Z-03	0.46	0.055 37	0.001 28	0.494 81	0.010 15	0.064 99	0.001 44	428	52	408	7	406	9
14Y022-1Z-04	0.43	0.057 56	0.002 40	0.514 48	0.016 94	0.065 45	0.001 67	522	95	421	11	409	10
14Y022-1Z-05	0.80	0.084 23	0.001 98	2.384 84	0.062 53	0.204 86	0.004 14	1298	46	1238	19	1201	22
14Y022-1Z-06	0.36	0.057 82	0.001 55	0.518 92	0.013 54	0.064 94	0.001 35	524	64	424	9	406	8
14Y022-1Z-07	0.42	0.056 24	0.001 66	0.503 03	0.015 01	0.064 47	0.001 50	461	67	414	10	403	9
14Y022-1Z-08	0.66	0.056 47	0.001 94	0.519 59	0.016 73	0.066 16	0.000 99	472	76	425	11	413	6
14Y022-1Z-09	0.51	0.068 04	0.001 75	0.676 85	0.015 95	0.071 63	0.000 97	878	53	525	10	446	6
14Y022-1Z-10	0.40	0.085 44	0.002 14	0.674 68	0.015 25	0.056 75	0.000 81	1326	49	524	9	356	5
14Y022-1Z-11	0.94	0.120 05	0.004 13	1.119 98	0.039 13	0.066 85	0.001 07	1967	61	763	19	417	6
14Y022-1Z-12	0.55	0.058 45	0.001 90	0.519 68	0.015 87	0.063 57	0.001 07	546	70	425	11	397	7
14Y022-1Z-13	0.83	0.058 59	0.001 90	0.549 02	0.017 95	0.067 05	0.001 07	554	70	444	12	418	6
14Y022-1Z-14	0.63	0.059 01	0.001 55	0.533 00	0.013 33	0.064 63	0.000 78	569	62	434	9	404	5
14Y022-1Z-15	0.64	0.056 26	0.001 56	0.516 08	0.013 40	0.065 81	0.000 85	461	63	423	9	411	5
14Y022-1Z-16	0.73	0.085 77	0.001 70	0.762 86	0.015 49	0.063 62	0.000 76	1333	39	576	9	398	5
14Y022-1Z-17	0.82	0.058 24	0.001 58	0.516 59	0.013 75	0.063 57	0.001 18	539	59	423	9	397	7
14Y022-1Z-18	0.54	0.093 90	0.002 01	0.808 33	0.014 96	0.061 93	0.000 78	1506	41	602	8	387	5
14Y022-1Z-19	0.58	0.057 96	0.002 83	0.520 27	0.023 33	0.064 56	0.001 24	528	107	425	16	403	8
14Y022-1Z-20	0.77	0.092 48	0.002 18	0.758 47	0.018 69	0.058 70	0.000 81	1477	45	573	11	368	5
14Y022-1Z-21	0.65	0.061 61	0.002 34	0.503 16	0.023 30	0.058 39	0.001 68	661	81	414	16	366	10
14Y022-1Z-22	0.39	0.091 45	0.001 90	0.519 42	0.010 72	0.040 77	0.000 56	1457	39	425	7	258	3
14Y022-1Z-23	0.61	0.063 78	0.001 58	0.998 15	0.022 80	0.112 58	0.001 36	744	54	703	12	688	8
14Y022-1Z-24	0.68	0.081 74	0.002 46	0.694 13	0.019 72	0.061 33	0.001 01	1239	55	535	12	384	6

本书获得的两件样品年龄接近,并与付建明等(2004b)利用SHRIMP法测定的雪花顶岩体年龄(432±21Ma)基本一致;证实雪花顶岩体的侵位时间为432～416Ma之间,形成于志留纪,与中泥盆统跳马涧组沉积不整合接触吻合,属加里东晚期岩浆活动的产物。

第二节 金鸡岭岩体

选取粗中粒斑状黑云母正长花岗岩样品(17D35)和细粒少斑黑云母二长花岗岩样品(12D56-2)进行LA-ICP-MS锆石U-Pb年代学分析。前者采自大岔村采石场(图4-1-1);后者采自湘源锡矿区正冲矿段,岩相学特征见图3-2-2,数据结果见表4-2-1。

样品17D35中的锆石晶体多数呈灰色,多呈自形—半自形柱状,粒径介于120～200μm之间;锆石CL图像显示该样品明显发育岩浆振荡环带,20颗锆石Th/U比值为0.52～0.88,具备典型岩浆成因锆石的振荡环带特征。具体分析结果见表4-2-1,其中8、13、16、18号测点普通铅含量较高,导致其协和度较低,故对其测试数据不予采用;其余参与计算的16个点均落在协和曲线上,所测锆石样品 $^{206}Pb/^{238}U$ 表面年龄变化范围为150.3±3.4～161.9±4.5Ma,谐和年龄为156.4±0.7Ma(MSWD=2.3);说明粗中粒斑状黑云母正长花岗岩侵位于晚侏罗世。

样品12D56-2中锆石晶体颜色较黑,锆石多数呈自形—半自形粒状或柱状,粒径介于100～180μm之间。较高的U含量致使其晶型较差,阴极发光图像较暗,部分岩浆环状振荡带不发育;20颗锆石Th/U比值为0.14～0.64,上述特征证实这些锆石属于岩浆成因(吴元保等,2004)。分析结果见表4-2-1,其中18、19测点协和度较低,故对其测试数据不予采用;余下18颗锆石样品 $^{206}Pb/^{238}U$ 表面年龄变化范围为141.9±3.3～161.8±2.2Ma,谐和年龄为153.0±2.2Ma(MSWD=2.3)(图4-2-1d),揭示细粒斑状二长花岗岩的成岩时代同属晚侏罗世。

陈廷愚等(1986)采用Rb-Sr等时线法获得金鸡岭岩体粗中粒斑状黑云母正长花岗岩形成时代为142±8.5Ma,章邦桐等(2001)采上述方法获得其粗中粒斑状黑云母正长花岗岩、细粒斑状二长花岗岩形成时代分别为150.2±6.2Ma、150.7±2.8Ma;湖南省地质矿产局(1998,2016)基于1:5万区域地质调查及Rb-Sr年代学成果,认为金鸡岭岩体属燕山早期岩浆活动的产物。本书采用LA-ICP-MS锆石U-Pb法对金鸡岭岩体粗中粒斑状黑云母正长花岗岩和细粒斑状二长花岗岩测试结果为156.40±0.66Ma、153.0±2.2Ma,这分别与付建明等(2004b)报道的锆石SHRIMP U-Pb年龄156±2Ma、舒徐洁(2014)报道的锆石U-Pb年龄152.1±1.1Ma相一致。结合苏红中(2017)、Liu等(2019)报道的数据,可以将金鸡岭岩体主体与补体的形成时代分别约束在159.0±0.45～156.4±0.66Ma、153.0±2.2～146.0±0.86Ma之间;上述统计结果确定二者成岩年代同为燕山早期,也明确了其形成序列。

第四章 花岗岩年代学

表 4-2-1 金鸡岭岩体 LA-ICP-MS 锆石 U-Pb 定年数据

测点号	Th/U	同位素比值							年龄及误差			
		$^{207}Pb/^{206}Pb$	±1σ	$^{207}Pb/^{235}U$	±1σ	$^{206}Pb/^{238}U$	±1σ	$^{207}Pb/^{206}Pb$	σ	年龄/Ma	σ	年龄/Ma	σ
17D35-01	0.26	0.051 234	0.002 042	0.165 713	0.005 854	0.023 751	0.000 403	250	86	156	5	151	3
17D35-02	0.3	0.052 989	0.002 65	0.173 539	0.009 556	0.023 592	0.000 54	328	115	163	8	150	3
17D35-03	0.64	0.052 791	0.001 973	0.177 484	0.006 373	0.024 534	0.000 428	320	118	166	6	156	3
17D35-04	0.43	0.049 911	0.001 351	0.168 398	0.004 307	0.024 644	0.000 312	191	63	158	4	157	2
17D35-05	0.35	0.051 516	0.003 091	0.179 554	0.009 613	0.025 428	0.000 717	265	137	168	8	162	5
17D35-06	0.68	0.052 764	0.002 192	0.175 79	0.007 601	0.024 341	0.000 414	320	94	164	7	155	3
17D35-07	0.35	0.052 414	0.002 017	0.179 895	0.006 927	0.024 937	0.000 471	302	89	168	6	159	3
17D35-08	0.3	0.087 393	0.002 575	0.317 292	0.008 309	0.026 286	0.000 348	1369	51	280	6	167	2
17D35-09	0.55	0.050 877	0.002 424	0.171 105	0.007 68	0.024 449	0.000 51	235	111	160	7	156	3
17D35-10	0.49	0.050 858	0.001 555	0.171 38	0.005 048	0.024 423	0.000 341	235	70	161	4	156	2
17D35-11	0.38	0.049 925	0.002	0.171 161	0.006 766	0.024 758	0.000 396	191	94	160	6	158	3
17D35-12	0.63	0.053 544	0.003 378	0.176 054	0.010 026	0.024 288	0.000 549	350	138	165	9	155	4
17D35-13	0.29	0.056 066	0.001 309	0.201 215	0.004 44	0.025 927	0.000 302	454	19	186	4	165	2
17D35-14	0.59	0.050 681	0.002 504	0.175 414	0.008 464	0.025 199	0.000 573	233	118	164	7	160	4
17D35-15	0.42	0.049 243	0.001 737	0.168 73	0.005 991	0.024 715	0.000 342	167	82	158	5	157	2
17D35-16	0.31	0.063 214	0.001 681	0.224 699	0.005 921	0.025 665	0.000 364	717	57	206	5	163	2
17D35-17	0.35	0.051 977	0.001 555	0.176 082	0.004 844	0.024 456	0.000 357	283	69	165	4	156	2
17D35-18	0.59	0.065 319	0.004 325	0.218 303	0.013 307	0.024 888	0.000 735	783	139	201	11	159	5
17D35-19	0.31	0.051 832	0.001 584	0.176 025	0.004 953	0.024 652	0.000 391	280	70	165	4	157	3
17D35-20	0.14	0.050 225	0.002 059	0.173 817	0.006 009	0.024 937	0.000 404	206	96	163	5	159	3
12D56-2-01	0.55	0.046 187	0.002 825	0.155 701	0.008 597	0.024 287	0.000 35	6	144	147	8	155	2

续表 4-2-1

测点号	Th/U	同位素比值						年龄及误差				
		$^{207}Pb/^{206}Pb$	$\pm 1\sigma$	$^{207}Pb/^{235}U$	$\pm 1\sigma$	$^{206}Pb/^{238}U$	$\pm 1\sigma$	$^{207}Pb/^{206}Pb$	σ	年龄/Ma	σ	年龄/Ma	σ
12D56-2-02	0.52	0.047 112	0.006 481	0.152 12	0.014 984	0.024 112	0.000 733	54	300	144	13	154	5
12D56-2-03	0.68	0.049 257	0.003 046	0.163 273	0.009 351	0.024 004	0.000 37	167	144	154	8	153	2
12D56-2-04	0.52	0.048 668	0.003 555	0.164 264	0.012 365	0.024 09	0.000 311	132	163	154	11	154	2
12D56-2-05	0.62	0.046 205	0.002 045	0.164 449	0.006 884	0.025 42	0.000 344	9	113	155	6	162	2
12D56-2-06	0.76	0.046 626	0.002 826	0.155 546	0.008 633	0.024 115	0.000 394	32	137	147	8	154	3
12D56-2-07	0.57	0.049 376	0.002 635	0.163 76	0.008 211	0.023 847	0.000 357	165	126	154	7	152	2
12D56-2-08	0.8	0.051 112	0.005 67	0.158 945	0.014 781	0.023 115	0.000 59	256	228	150	13	147	4
12D56-2-09	0.88	0.046 227	0.003 469	0.150 412	0.010 709	0.023 315	0.000 506	9	180	142	10	149	3
12D56-2-10	0.56	0.053 161	0.006 103	0.163 952	0.015 894	0.023 387	0.000 647	345	261	154	14	149	4
12D56-2-11	0.57	0.056 6	0.009 711	0.174 832	0.023 94	0.024 068	0.000 781	476	387	164	21	153	5
12D56-2-12	0.86	0.049 886	0.004 321	0.165 135	0.013 311	0.023 396	0.000 463	191	198	155	12	149	3
12D56-2-13	0.59	0.047 066	0.005 559	0.152 993	0.017 499	0.024	0.000 666	54	269	145	15	153	4
12D56-2-14	0.55	0.051 617	0.003 006	0.179 1	0.010 464	0.024 703	0.000 41	333	135	167	9	157	3
12D56-2-15	0.56	0.046 542	0.004 895	0.143 019	0.012 597	0.022 261	0.000 525	33	228	136	11	142	3
12D56-2-16	0.6	0.049 453	0.005 396	0.157 529	0.013 58	0.024 356	0.000 65	169	237	149	12	155	4
12D56-2-17	0.61	0.046 732	0.004 414	0.149 012	0.012 196	0.023 639	0.000 482	35	220	141	11	151	3
12D56-2-18	0.66	0.043 05	0.002 638	0.140 844	0.008 175	0.023 648	0.000 363	error	error	134	7	151	2
12D56-2-19	0.62	0.065 218	0.004 068	0.222 944	0.013 182	0.024 829	0.000 419	781	126	204	11	158	3
12D56-2-20	0.55	0.053 287	0.004 663	0.172 642	0.012 183	0.023 792	0.000 546	343	200	162	11	152	3

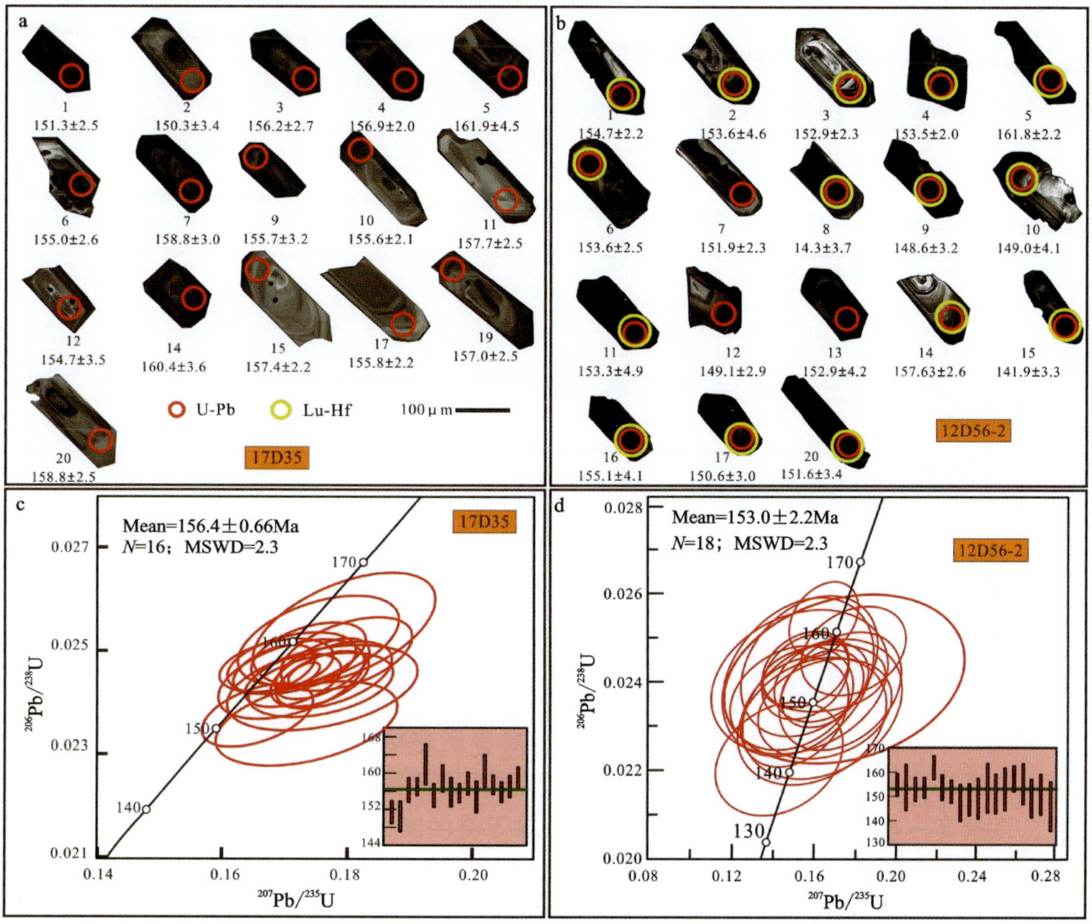

图 4-2-1　金鸡岭岩体锆石阴极发光（CL）图像（a、b）和 U-Pb 年龄谐图（c、d）

第三节　砂子岭岩体

对砂子岭岩体 3 件样品开展了定年工作，其中 12D71、12D72 为含斑中细粒花岗闪长岩，13D13 为中细粒斑状角闪石黑云母二长花岗岩；采样位置见图 4-1-1，岩相学特征见图 3-3-1。锆石的 CL 图像显示 3 件样品多数锆石为自形—半自形粒状或柱状，粒径以 80～180μm 为主，显示韵律环带，锆石的 Th/U 介于 0.12～4.26 之间，暗示所测锆石为岩浆成因；分析结果见表 4-3-1。采用 $^{206}Pb/^{238}U$-$^{207}Pb/^{235}U$ 谐和曲线投影，并对 $^{206}Pb/^{238}U$ 年龄进行加权平均。

样品 12D71 第 16 号测点 $^{206}Pb/^{238}U$ 年龄为 445±10Ma，Th/U 为 0.12，属捕获岩浆锆石；1、2、10、19 号测点锆石表面 $^{206}Pb/^{238}U$ 与 $^{207}Pb/^{235}U$ 年龄不谐和，作谐和图时未采用。余下 15 颗有效锆石 $^{206}Pb/^{238}U$ 年龄值介于 148±3～156±5Ma 之间，Th/U 为 0.45～1.09；加权平均年龄为 151.9±1.1Ma（MSWD=1.18），确定其成岩年龄为晚侏罗世（图 4-3-1）。

表 4-3-1 砂子岭岩体 LA-ICP-MS 锆石 U-Pb 定年数据

测点号	Th/U	同位素比值								年龄及误差			
		$^{207}Pb/^{206}Pb$	±1σ	$^{207}Pb/^{235}U$	±1σ	$^{206}Pb/^{238}U$	±1σ	$^{207}Pb/^{206}Pb$	σ	年龄/Ma	σ	年龄/Ma	σ
12D71-1	0.56	0.049 12	0.006 13	0.162 12	0.019 93	0.023 97	0.000 68	154	220	153	17	153	4
12D71-2	0.49	0.049 22	0.004 81	0.165 32	0.015 88	0.024 4	0.000 63	158	167	155	14	155	4
12D71-3	0.85	0.048 94	0.002 47	0.160 75	0.007 91	0.023 86	0.000 51	145	75	151	7	152	3
12D71-4	0.59	0.049 1	0.008 85	0.157 93	0.028 21	0.023 36	0.000 71	153	303	149	25	149	4
12D71-5	0.58	0.049 21	0.005 18	0.159 9	0.016 57	0.023 6	0.000 61	158	184	151	15	150	4
12D71-6	1.09	0.049 29	0.001 83	0.165 82	0.005 97	0.024 43	0.000 49	162	48	156	5	156	3
12D71-7	0.57	0.049 07	0.007 38	0.160 73	0.023 78	0.023 71	0.000 74	151	257	151	21	151	5
12D71-8	0.56	0.048 78	0.004 55	0.163 22	0.014 67	0.023 83	0.000 61	137	157	151	13	152	4
12D71-9	0.81	0.049 17	0.005 18	0.159 77	0.016 58	0.023 59	0.000 61	156	184	151	15	150	4
12D71-10	0.32	0.048 99	0.003 35	0.151 39	0.010 14	0.022 44	0.000 51	147	109	143	9	143	3
12D71-11	0.45	0.049 17	0.005 39	0.160 73	0.017 28	0.023 73	0.000 67	156	188	151	15	151	4
12D71-12	0.54	0.049 53	0.011 48	0.163 22	0.037 5	0.023 92	0.000 88	173	365	154	33	152	6
12D71-13	0.55	0.050 15	0.007 34	0.160 84	0.023 13	0.023 27	0.000 79	202	257	151	20	148	5
12D71-14	0.46	0.049 06	0.003 23	0.162 21	0.010 47	0.023 99	0.000 54	151	105	153	9	153	3
12D71-15	1.07	0.050 19	0.002 52	0.163 52	0.008 02	0.023 64	0.000 51	204	74	154	7	151	3
12D71-16	0.12	0.055 93	0.003 02	0.550 59	0.029 01	0.071 42	0.001 62	450	77	445	19	445	10
12D71-17	0.76	0.049 14	0.004 52	0.163 83	0.014 77	0.024 18	0.000 65	155	152	154	13	154	4
12D71-18	0.63	0.049 1	0.006 24	0.160 76	0.020 2	0.023 75	0.000 64	153	229	151	18	151	4
12D71-20	0.57	0.049 25	0.009 68	0.162 82	0.031 63	0.023 98	0.000 86	160	308	153	28	153	5
12D72-01	1.67	0.049 69	0.004 55	0.164 38	0.014 53	0.023 97	0.000 46	181	163	155	13	153	3

续表 4-3-1

测点号	Th/U	同位素比值							年龄及误差				
		$^{207}Pb/^{206}Pb$	±1σ	$^{207}Pb/^{235}U$	±1σ	$^{206}Pb/^{238}U$	±1σ	$^{207}Pb/^{206}Pb$	σ	年龄/Ma	σ	年龄/Ma	σ
12D72-02	1.66	0.048 52	0.004 07	0.158 79	0.012 85	0.023 71	0.000 38	125	151	150	11	151	2
12D72-03	2.11	0.050 13	0.008 54	0.165 17	0.027 54	0.023 87	0.000 82	201	285	155	24	152	5
12D72-04	1.67	0.050 82	0.002 57	0.165 8	0.007 66	0.023 64	0.000 32	233	82	156	7	151	2
12D72-05	1.17	0.049 76	0.004 45	0.162 42	0.014	0.023 65	0.000 45	184	159	153	12	151	3
12D72-06	1.72	0.049 25	0.004	0.163 94	0.012 78	0.024 12	0.000 42	160	143	154	11	154	3
12D72-07	3.15	0.050 44	0.002	0.165 72	0.005 75	0.023 81	0.000 28	215	58	156	5	152	2
12D72-08	1.41	0.049 51	0.006 35	0.165 71	0.020 71	0.024 26	0.000 64	172	228	156	18	155	4
12D72-09	1.42	0.050 12	0.005 27	0.164 5	0.016 76	0.023 79	0.000 53	201	188	155	15	152	3
12D72-10	1.9	0.048 67	0.003 3	0.159 18	0.010 27	0.023 71	0.000 35	132	118	150	9	151	2
12D72-11	4.26	0.047 47	0.002 32	0.157 22	0.007 02	0.024 02	0.000 31	73	75	148	6	153	2
12D72-12	2.34	0.056 64	0.002 01	0.544 31	0.016 43	0.069 7	0.000 8	478	46	441	11	434	5
12D72-13	1.46	0.053 08	0.003 29	0.172 88	0.010 1	0.023 63	0.000 33	332	108	162	9	151	2
12D72-14	2.29	0.060 65	0.006 18	0.197 54	0.019 45	0.023 63	0.000 54	627	175	183	16	151	3
12D72-15	1.17	0.049 33	0.003 86	0.160 67	0.012 08	0.023 63	0.000 39	164	139	151	11	151	2
12D72-16	3.62	0.045 48	0.002 35	0.151 7	0.007 23	0.024 2	0.000 32	−30	76	143	6	154	2
12D72-17	1.67	0.047 48	0.003 32	0.155 98	0.010 41	0.023 84	0.000 37	73	118	147	9	152	2
12D72-18	1.92	0.052 61	0.003 26	0.171 83	0.010 02	0.023 7	0.000 35	312	106	161	9	151	2
12D72-19	1.94	0.050 2	0.002 68	0.167 22	0.008 29	0.024 18	0.000 31	204	91	157	7	154	2
12D72-20	1.82	0.051 43	0.004 14	0.170 81	0.013 19	0.024 11	0.000 44	260	142	160	11	154	3
13D13-01	0.68	0.060 89	0.004 58	0.200 98	0.014 66	0.023 94	0.000 59	635	115	186	12	153	4
13D13-02	0.74	0.049 04	0.003 81	0.162 25	0.012 31	0.023 99	0.000 56	150	127	153	11	153	4

续表 4-3-1

测点号	Th/U	同位素比值							年龄及误差					
		$^{207}Pb/^{206}Pb$	±1σ	$^{207}Pb/^{235}U$	±1σ	$^{206}Pb/^{238}U$	±1σ	$^{207}Pb/^{206}Pb$	σ	年龄/Ma	σ	年龄/Ma	σ
13D13-03	0.6	0.049 16	0.003 33	0.163 52	0.010 8	0.024 12	0.000 52	155	110	154	9	154	3
13D13-04	0.51	0.049 11	0.002 97	0.161 26	0.009 51	0.023 81	0.000 49	153	96	152	8	152	3
13D13-05	0.65	0.049 28	0.003 45	0.162 41	0.011 11	0.023 9	0.000 51	161	115	153	10	152	3
13D13-06	0.49	0.048 92	0.003 38	0.159 37	0.010 73	0.023 63	0.000 52	144	111	150	9	151	3
13D13-07	0.31	0.049 15	0.002 06	0.161 09	0.006 49	0.023 77	0.000 46	155	58	152	6	151	3
13D13-08	0.63	0.049 11	0.003 9	0.167 61	0.013 01	0.024 76	0.000 58	153	131	157	11	158	4
13D13-09	0.39	0.049 15	0.003 28	0.168 41	0.010 97	0.024 85	0.000 53	155	108	158	10	158	3
13D13-10	0.66	0.048 98	0.003 32	0.164 23	0.010 84	0.024 32	0.000 53	147	108	154	9	155	3
13D13-11	0.64	0.049 02	0.002 78	0.163 43	0.008 99	0.024 18	0.000 49	149	88	154	8	154	3
13D13-12	0.69	0.049 09	0.002 96	0.165 63	0.009 72	0.024 47	0.000 5	152	96	156	8	156	3
13D13-13	0.61	0.048 73	0.005 18	0.164	0.017 06	0.024 41	0.000 66	135	182	154	15	155	4
13D13-14	0.46	0.049 12	0.002 48	0.163 72	0.008	0.024 17	0.000 48	154	77	154	7	154	3
13D13-15	0.6	0.049 22	0.003 67	0.163 54	0.011 92	0.024 1	0.000 53	158	123	154	10	154	3
13D13-16	0.71	0.049 11	0.002 64	0.162 81	0.008 5	0.024 04	0.000 48	153	83	153	7	153	3
13D13-17	0.67	0.049 79	0.003 5	0.163 81	0.011 22	0.023 86	0.000 53	185	114	154	10	152	3
13D13-18	0.66	0.049 17	0.003 65	0.170 12	0.012 33	0.025 09	0.000 56	156	122	160	11	160	4
13D13-19	0.55	0.048 7	0.008 14	0.168 58	0.027 68	0.025 11	0.000 91	133	270	158	24	160	6
13D13-20	0.71	0.049 09	0.004 36	0.165 25	0.014 34	0.024 41	0.000 61	152	148	155	12	155	4

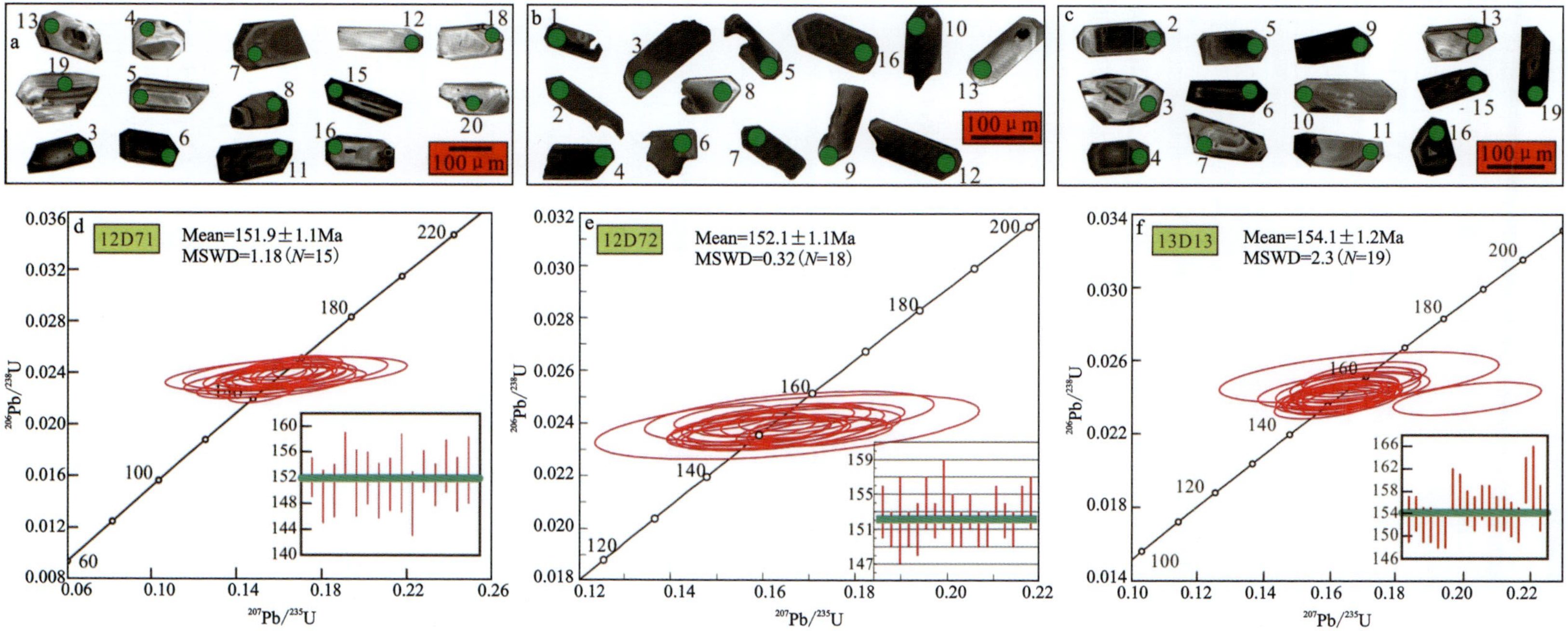

图 4-3-1 砂子岭岩体锆石阴极发光(CL)图像(a、b、c)与U-Pb年龄谐和图(d-f)

样品 12D72 总计 20 个测点。其中，14 号测点锆石表面 $^{206}Pb/^{238}U$ 与 $^{207}Pb/^{235}U$ 年龄不谐和；12 号测点 $^{206}Pb/^{238}U$ 年龄为 434±5Ma，Th/U 为 2.34，应为围岩捕获岩浆锆石；作谐和图时均未采用。余下 18 粒有效锆石 $^{206}Pb/^{238}U$ 年龄值介于 151±2～154±4Ma 之间，Th/U 为 1.17～4.26；加权平均年龄为 152.1±1.1Ma（MSWD＝0.32），形成于晚侏罗世（图 4-3-1）。

样品 13D13 总计 20 个测点。1 号测点锆石表面 $^{206}Pb/^{238}U$ 与 $^{207}Pb/^{235}U$ 年龄不谐和，作谐和图时未采用；余下 19 粒有效锆石 $^{206}Pb/^{238}U$ 年龄值介于 151±3～160±6Ma 之间，Th/U 为 0.31～0.74；加权平均年龄为 154.1±1.2Ma（MSWD＝2.3），可以代表中细粒斑状二长花岗岩的成岩年龄，为晚侏罗世（图 4-3-1）。

目前，对砂子岭岩体开展的地质年代学研究较少，已报道年龄多采用全岩 Rb-Sr 等时线法获得。陈廷愚等（1986）和章邦桐等（2001）采用上述方法测得该岩体的侵位时代分别为 168.3±3.7Ma、169.5±4.4Ma，将其时代归属划为燕山早期。湖南省地质矿产局（1995，2016）基于区域地质调查和 Rb-Sr 年代学资料，推断砂子岭岩体属印支期岩浆活动的产物。本书采用 LA-ICP-MS 锆石 U-Pb 法获得的成岩年龄与前人所测结果差异较大，确定其成岩年代为燕山早期，而非印支期。付建明等（2004b）采用 SHRIMP 锆石 U-Pb 法测得砂子岭岩体年龄为 157±1Ma，显然，本次定年结果与之很接近。此外，12D71-16、12D72-12 号测点 $^{206}Pb/^{238}U$ 年龄分别为 445±10Ma 与 434±5Ma，与雪花顶岩体成岩时代颇为接近，应为本期岩浆活动过程中捕获的加里东期岩浆锆石。

第四节 西山（杂）岩体

重点对西山（杂）岩体的年代学进行了研究，开展了 11 件花岗质碎斑熔岩、7 件中细粒似斑状黑云母二长花岗岩、1 件花岗斑岩、2 件火山碎屑岩及 3 件英安岩的锆石 U-Pb 年龄研究，尝试构建西山（杂）岩体的岩浆演化序列。采样位置见图 4-1-1，分析结果见表 4-4-1～表 4-4-4。整体来讲，CL 图像显示所测锆石样品以自形—半自形粒状或柱状为主，长宽比一般在 1～3 之间；粒径以 100～180μm 为主，显示岩浆锆石所特有的韵律环带，锆石的 Th/U 介于 0.21～1.15 之间，暗示所测锆石为岩浆成因。选用 $^{206}Pb/^{238}U$ 年龄进行加权平均计算（图 4-4-1～图 4-4-4），计算结果可靠，可以代表所测样品的成岩时代。

一、花岗质碎斑熔岩

样品 12D66 总计 19 个测点（表 4-4-1），$^{206}Pb/^{238}U$ 年龄值介于 143±2～204±5Ma 之间，锆石 U-Pb 年龄谐和图分为 4 组。其中，1 号测点锆石表面 $^{206}Pb/^{238}U$ 年龄为 204±5Ma，Th/U 为 0.56，应为捕获岩浆锆石；2、3、4、5、12 号测点 $^{206}Pb/^{238}U$ 年龄为集中于 165±3～173±2Ma 之间，Th/U 为 0.21～0.90，推测为捕获岩浆锆石；18、19 号测点 $^{206}Pb/^{238}U$ 年龄为 143±3Ma、143±2Ma，Th/U 为 0.71、0.59，其地质意义尚不明确。余下 11 颗锆石年龄值集中于 153±2～156±2Ma 之间，Th/U 为 0.35～0.74；加权平均年龄为 154.0±1.2Ma，MSWD＝0.21（图 4-4-1a）。

表 4-4-1 花岗质碎斑熔岩 LA-ICP-MS 锆石 U-Pb 定年数据

点号	Th/U	同位素比值及误差						年龄及误差/Ma					
		$^{207}Pb/^{206}Pb$	±1σ	$^{207}Pb/^{235}U$	±1σ	$^{206}Pb/^{238}U$	±1σ	$^{207}Pb/^{206}Pb$	±1σ	$^{207}Pb/^{235}U$	±1σ	$^{206}Pb/^{238}U$	±1σ
12D66-01	0.56	0.050 7	0.005 67	0.224 57	0.024 35	0.032 1	0.000 82	227	197	206	20	204	5
12D66-02	0.21	0.051 42	0.001 62	0.184 84	0.004 64	0.026 05	0.000 28	260	38	172	4	166	2
12D66-03	0.9	0.050 01	0.003 07	0.179 3	0.010 3	0.026	0.000 41	195	103	167	9	165	3
12D66-04	0.65	0.050 97	0.003 12	0.187 98	0.010 78	0.026 74	0.000 41	239	104	175	9	170	3
12D66-05	0.58	0.049 09	0.004 02	0.182 43	0.014 32	0.026 94	0.000 51	152	141	170	12	171	3
12D66-06	0.35	0.048 43	0.001 8	0.162	0.005 14	0.024 26	0.000 28	120	53	152	4	155	2
12D66-07	0.63	0.049 1	0.002 29	0.163 97	0.006 93	0.024 22	0.000 31	153	75	154	6	154	2
12D66-08	0.74	0.049 49	0.002 9	0.166 81	0.009 11	0.024 44	0.000 36	171	98	157	8	156	2
12D66-09	0.64	0.049 54	0.003 4	0.166 15	0.010 79	0.024 33	0.000 4	173	117	156	9	155	3
12D66-11	0.72	0.049 16	0.002 16	0.164 08	0.006 46	0.024 21	0.000 29	155	70	154	6	154	2
12D66-12	0.65	0.050 16	0.004 12	0.180 17	0.014 2	0.026 06	0.000 49	202	143	168	12	166	3
12D66-13	0.61	0.050 04	0.003 06	0.166 93	0.009 58	0.024 2	0.000 36	197	104	157	8	154	2
12D66-14	0.63	0.050 83	0.002 7	0.169 57	0.008 33	0.024 2	0.000 33	233	88	159	7	154	2
12D66-15	0.44	0.050 03	0.002 03	0.167 01	0.005 94	0.024 21	0.000 29	196	60	157	5	154	2
12D66-16	0.67	0.050 96	0.002 05	0.168 25	0.005 92	0.023 95	0.000 28	239	59	158	5	153	2
12D66-17	0.66	0.051 66	0.002 84	0.171 29	0.008 71	0.024 05	0.000 34	270	91	161	8	153	2
12D66-18	0.71	0.049 3	0.004 97	0.152 21	0.014 8	0.022 4	0.000 52	162	175	144	13	143	3
12D66-19	0.59	0.049 2	0.002 62	0.151 91	0.007 46	0.022 39	0.000 3	157	88	144	7	143	2
12D66-20	0.71	0.049 66	0.002 45	0.164 98	0.007 44	0.024 09	0.000 32	179	80	155	6	153	2

续表 4-4-1

点号	Th/U	同位素比值及误差						年龄及误差/Ma					
		$^{207}Pb/^{206}Pb$	±1σ	$^{207}Pb/^{235}U$	±1σ	$^{206}Pb/^{238}U$	±1σ	$^{207}Pb/^{206}Pb$	±1σ	$^{207}Pb/^{235}U$	±1σ	$^{206}Pb/^{238}U$	±1σ
12D68-01	0.68	0.049 89	0.003 51	0.176 46	0.011 79	0.025 65	0.000 44	190	120	165	10	163	3
12D68-02	0.51	0.049 68	0.007 43	0.194 78	0.028 60	0.028 43	0.000 77	180	261	181	24	181	5
12D68-03	0.57	0.050 00	0.004 13	0.172 65	0.013 68	0.025 04	0.000 46	195	145	162	12	159	3
12D68-04	0.65	0.047 39	0.002 63	0.166 84	0.008 62	0.025 53	0.000 35	69	88	157	8	163	2
12D68-05	0.71	0.051 22	0.002 74	0.181 29	0.008 97	0.025 67	0.000 36	251	88	169	8	163	2
12D68-06	0.68	0.050 24	0.002 83	0.176 60	0.009 28	0.025 49	0.000 36	206	95	165	8	162	2
12D68-07	0.68	0.050 19	0.003 02	0.175 09	0.009 88	0.025 30	0.000 38	204	103	164	9	161	2
12D68-08	0.68	0.048 49	0.004 36	0.175 45	0.015 20	0.026 23	0.000 54	123	155	164	13	167	3
12D68-09	0.68	0.050 29	0.003 65	0.177 41	0.012 28	0.025 58	0.000 42	208	127	166	11	163	3
12D68-10	0.77	0.049 73	0.002 96	0.171 16	0.009 53	0.024 96	0.000 37	182	100	160	8	159	2
12D68-11	0.52	0.050 43	0.003 27	0.175 53	0.010 76	0.025 24	0.000 39	215	112	164	9	161	2
12D68-12	0.62	0.048 98	0.003 42	0.161 19	0.010 69	0.023 87	0.000 40	147	118	152	9	152	3
12D68-13	0.66	0.050 26	0.004 74	0.169 68	0.015 43	0.024 48	0.000 53	207	165	159	13	156	3
12D68-14	0.37	0.049 85	0.001 72	0.173 66	0.005 02	0.025 26	0.000 28	188	47	163	4	161	2
12D68-15	0.71	0.049 39	0.003 12	0.172 92	0.010 28	0.025 39	0.000 40	166	106	162	9	162	3
12D68-16	0.65	0.049 78	0.003 81	0.168 26	0.012 31	0.024 51	0.000 43	185	133	158	11	156	3
12D68-17	0.29	0.049 85	0.002 65	0.167 77	0.008 21	0.024 41	0.000 35	188	87	157	7	155	2
12D68-18	1.14	0.050 13	0.004 29	0.173 06	0.014 20	0.025 04	0.000 50	201	148	162	12	159	3
12D68-19	0.51	0.050 93	0.003 24	0.176 74	0.010 56	0.025 17	0.000 40	238	108	165	9	160	3
12D68-20	0.64	0.050 24	0.004 83	0.187 22	0.017 38	0.027 02	0.000 57	206	170	174	15	172	4

续表 4-4-1

点号	Th/U	同位素比值及误差								年龄及误差/Ma						
		$^{207}Pb/^{206}Pb$	±1σ	$^{207}Pb/^{235}U$	±1σ	$^{206}Pb/^{238}U$	±1σ	$^{207}Pb/^{206}Pb$	±1σ	$^{207}Pb/^{235}U$	±1σ	$^{206}Pb/^{238}U$	±1σ
13D04-1	0.39	0.049 06	0.003 52	0.163 84	0.011 55	0.024 23	0.000 58	151	114	154	10	154	4
13D04-2	0.74	0.049 03	0.004 11	0.164 39	0.013 57	0.024 32	0.000 59	149	140	155	12	155	4
13D04-3	0.59	0.048 90	0.005 98	0.163 89	0.019 71	0.024 31	0.000 72	143	214	154	17	155	5
13D04-4	0.72	0.047 59	0.010 64	0.161 70	0.035 66	0.024 65	0.001 07	79	324	152	31	157	7
13D04-5	0.37	0.049 13	0.003 21	0.164 70	0.010 56	0.024 32	0.000 56	154	103	155	9	155	4
13D04-6	0.61	0.049 15	0.004 34	0.163 38	0.014 21	0.024 12	0.000 60	155	149	154	12	154	4
13D04-7	0.51	0.048 90	0.012 63	0.162 78	0.041 66	0.024 15	0.001 00	143	390	153	36	154	6
13D04-8	0.50	0.049 10	0.004 53	0.164 34	0.014 91	0.024 28	0.000 63	153	155	154	13	155	4
13D04-9	0.27	0.049 20	0.003 31	0.164 39	0.010 82	0.024 24	0.000 57	157	106	155	9	154	4
13D04-10	0.57	0.049 11	0.004 17	0.166 86	0.013 97	0.024 65	0.000 59	153	143	157	12	157	4
13D04-11	0.76	0.048 96	0.007 31	0.165 60	0.024 32	0.024 54	0.000 84	146	250	156	21	156	5
13D04-12	0.72	0.049 30	0.006 06	0.164 67	0.019 88	0.024 23	0.000 75	162	213	155	17	154	5
13D04-13	0.75	0.049 19	0.005 04	0.166 75	0.016 82	0.024 59	0.000 66	157	176	157	15	157	4
13D04-14	0.63	0.048 98	0.004 64	0.164 13	0.015 37	0.024 30	0.000 59	147	164	154	13	155	4
13D04-15	0.59	0.049 20	0.007 26	0.163 56	0.023 84	0.024 11	0.000 74	157	255	154	21	154	5
13D04-16	0.83	0.047 79	0.030 66	0.179 99	0.114 49	0.027 32	0.002 48	89	950	168	99	174	16
13D04-17	0.55	0.049 22	0.003 69	0.165 13	0.012 16	0.024 34	0.000 59	158	121	155	11	155	4
13D04-18	0.15	0.049 10	0.002 81	0.165 14	0.009 24	0.024 39	0.000 55	153	87	155	8	155	3
13D04-19	0.83	0.049 37	0.004 30	0.164 57	0.014 12	0.024 18	0.000 59	165	147	155	12	154	4
13D04-20	0.63	0.049 07	0.004 36	0.164 30	0.014 37	0.024 28	0.000 61	151	149	154	13	155	4

续表 4-4-1

点号	Th/U	同位素比值及误差							年龄及误差/Ma					
		$^{207}Pb/^{206}Pb$	±1σ	$^{207}Pb/^{235}U$	±1σ	$^{206}Pb/^{238}U$	±1σ	$^{207}Pb/^{206}Pb$	±1σ	$^{207}Pb/^{235}U$	±1σ	$^{206}Pb/^{238}U$	±1σ
13D04-21	0.83	0.048 97	0.006 00	0.163 08	0.019 71	0.024 15	0.000 67	146	216	153	17	154	4
13D06-1	0.40	0.049 17	0.008 35	0.163 87	0.027 44	0.024 17	0.000 80	156	283	154	24	154	5
13D06-2	0.73	0.048 20	0.007 22	0.160 65	0.023 71	0.024 18	0.000 77	109	248	151	21	154	5
13D06-3	0.58	0.049 07	0.009 29	0.162 42	0.030 49	0.024 01	0.000 74	151	306	153	27	153	5
13D06-4	0.67	0.049 14	0.004 87	0.164 21	0.016 00	0.024 24	0.000 59	155	173	154	14	154	4
13D06-5	0.74	0.049 17	0.011 77	0.170 13	0.040 25	0.025 10	0.001 03	156	362	160	35	160	6
13D06-6	0.33	0.049 71	0.003 98	0.165 13	0.012 91	0.024 10	0.000 59	181	131	155	11	154	4
13D06-7	0.72	0.049 15	0.004 94	0.163 67	0.016 14	0.024 16	0.000 63	155	172	154	14	154	4
13D06-8	0.69	0.049 07	0.008 38	0.164 44	0.027 62	0.024 31	0.000 87	151	279	155	24	155	4
13D06-9	0.37	0.049 38	0.005 05	0.168 30	0.016 82	0.024 72	0.000 69	166	172	158	15	157	4
13D06-10	0.39	0.049 34	0.004 11	0.166 56	0.013 54	0.024 49	0.000 60	164	137	156	12	156	4
13D06-11	0.74	0.049 08	0.011 45	0.167 61	0.038 80	0.024 77	0.000 85	152	361	157	34	158	5
13D06-12	0.65	0.049 15	0.005 11	0.162 97	0.016 65	0.024 05	0.000 61	155	181	153	15	153	4
13D06-13	0.35	0.049 11	0.003 88	0.165 06	0.012 76	0.024 38	0.000 56	153	131	155	11	155	4
13D06-14	0.41	0.049 18	0.005 40	0.162 88	0.017 47	0.024 02	0.000 69	156	187	153	15	153	4
13D06-15	0.39	0.049 03	0.003 99	0.161 76	0.012 92	0.023 93	0.000 54	149	137	152	11	152	3
13D06-16	0.56	0.049 37	0.006 31	0.169 18	0.021 27	0.024 85	0.000 71	165	226	159	18	158	4
13D06-17	0.67	0.049 12	0.007 41	0.165 38	0.024 57	0.024 42	0.000 75	154	258	155	21	156	5
13D06-18	0.56	0.049 23	0.005 63	0.163 21	0.018 35	0.024 04	0.000 64	159	202	154	16	153	4
13D06-19	0.67	0.044 67	0.007 48	0.146 78	0.024 26	0.023 83	0.000 75	(36)	240	139	21	152	5

续表 4-4-1

点号	Th/U	同位素比值及误差						年龄及误差/Ma					
		$^{207}Pb/^{206}Pb$	±1σ	$^{207}Pb/^{235}U$	±1σ	$^{206}Pb/^{238}U$	±1σ	$^{207}Pb/^{206}Pb$	±1σ	$^{207}Pb/^{235}U$	±1σ	$^{206}Pb/^{238}U$	±1σ
13D20-5	0.25	0.049 17	0.002 5	0.166 02	0.008 3	0.024 49	0.000 53	156	76	156	7	156	3
13D20-6	0.95	0.048 39	0.004 98	0.160 68	0.016 27	0.024 08	0.000 66	118	175	151	14	153	4
13D20-7	0.52	0.048 82	0.007 15	0.166 43	0.023 98	0.024 72	0.000 83	139	248	156	21	157	5
13D20-8	0.73	0.049 19	0.004 67	0.160 91	0.015 03	0.023 72	0.000 61	157	161	151	13	151	4
13D20-9	0.60	0.049 71	0.012 08	0.167 03	0.039 99	0.024 36	0.001 16	181	366	157	35	155	7
13D20-10	0.79	0.049 3	0.006 3	0.166 93	0.020 97	0.024 55	0.000 76	162	221	157	18	156	5
13D20-11	0.44	0.049 1	0.003 95	0.163 29	0.012 89	0.024 12	0.000 61	153	131	154	11	154	4
13D20-12	0.79	0.049 64	0.006 05	0.164 75	0.019 88	0.024 07	0.000 62	178	223	155	17	153	4
13D20-13	0.76	0.048 77	0.008 55	0.166 19	0.028 59	0.024 71	0.000 98	137	275	156	25	157	6
13D20-14	0.48	0.049 48	0.006 5	0.166 99	0.021 54	0.024 48	0.000 8	171	225	157	19	156	5
13D20-15	0.46	0.049 12	0.003 25	0.159 53	0.010 38	0.023 55	0.000 52	154	107	150	9	150	3
13D20-16	0.72	0.049 06	0.004 43	0.165 36	0.014 71	0.024 44	0.000 59	151	154	155	13	156	4
13D20-17	0.51	0.048 58	0.010 61	0.163 17	0.035 05	0.024 36	0.001 1	128	323	153	31	155	7
13D20-18	0.77	0.049 18	0.008 82	0.167 4	0.029 59	0.024 69	0.000 9	156	291	157	26	157	6
13D20-19	0.61	0.049 44	0.011 81	0.169	0.039 84	0.024 8	0.001 1	169	364	159	35	158	7
13D20-20	0.75	0.049 17	0.006 65	0.166 9	0.022 27	0.024 63	0.000 73	156	241	157	19	157	5
17D48-01	0.96	0.167 26	0.010 97	0.679 02	0.039 92	0.030 36	0.000 74	2531	110	526	24	193	5
17D48-02	0.57	0.056 48	0.005 3	0.189 65	0.014 74	0.025 15	0.000 64	472	208	176	13	160	4
17D48-03	0.63	0.046 61	0.003 13	0.158 36	0.010 02	0.024 59	0.000 41	28	156	149	9	157	3
17D48-04	0.82	0.046 34	0.003 72	0.151 8	0.011 03	0.024 39	0.000 47	17	181	143	10	155	3

续表 4-4-1

点号	Th/U	同位素比值及误差						年龄及误差/Ma					
		$^{207}Pb/^{206}Pb$	±1σ	$^{207}Pb/^{235}U$	±1σ	$^{206}Pb/^{238}U$	±1σ	$^{207}Pb/^{206}Pb$	±σ	$^{207}Pb/^{235}U$	±1σ	$^{206}Pb/^{238}U$	±1σ
17D48-05	0.7	0.053 52	0.006 36	0.166 83	0.015 8	0.024 77	0.000 66	350	270	157	14	158	4
17D48-06	0.54	0.046 46	0.003 41	0.160 08	0.010 47	0.025 2	0.000 42	20	167	151	9	160	3
17D48-07	0.67	0.049 99	0.003 68	0.168 72	0.011 63	0.024 49	0.000 43	195	177	158	10	156	3
17D48-08	1.06	0.054 04	0.005 47	0.185 23	0.017 55	0.025 54	0.000 61	372	230	173	15	163	4
17D48-09	0.81	0.048 62	0.003 55	0.169 69	0.011 06	0.025 37	0.000 45	128	172	159	10	162	3
17D48-10	0.57	0.056 01	0.004 78	0.184 71	0.014 17	0.024 54	0.000 5	454	191	172	12	156	3
17D48-11	0.6	0.047 78	0.005 02	0.163 18	0.015 36	0.024 82	0.000 61	87	233	153	13	158	4
17D48-12	0.62	0.047 25	0.004 19	0.157 97	0.011 35	0.024 62	0.000 65	61	200	149	10	157	4
17D48-13	0.75	0.048 29	0.004 05	0.165 14	0.012 29	0.024 51	0.000 43	122	180	155	11	156	3
17D48-14	0.72	0.054 53	0.005 69	0.167 34	0.014 14	0.023 53	0.000 47	394	237	157	12	150	3
17D48-15	0.37	0.046 71	0.002 81	0.159 04	0.008 94	0.024 88	0.000 38	35	137	150	8	158	2
17D48-16	0.71	0.052 15	0.004 76	0.170 12	0.011 99	0.025 03	0.000 71	300	205	160	10	159	4
17D48-17	0.7	0.049 83	0.003 62	0.162 96	0.011 27	0.023 65	0.000 44	187	168	153	10	151	3
17D48-18	0.61	0.046 43	0.003 41	0.151 64	0.009 66	0.023 97	0.000 39	20	167	143	9	153	2
17D48-19	0.52	0.049 26	0.003 37	0.164 32	0.010 06	0.024 05	0.000 42	167	156	154	9	153	3
17D48-20	0.71	0.047 06	0.004 37	0.150 15	0.010 9	0.023 82	0.000 57	54	207	142	10	152	4
17D204-01	0.2	0.052 95	0.003 04	0.182 86	0.010 1	0.025 08	0.000 32	328	131	171	9	160	2
17D204-02	0.13	0.049 77	0.001 99	0.173 26	0.006 92	0.025 06	0.000 28	183	94	162	6	160	2
17D204-03	0.71	0.048 75	0.004 87	0.159 21	0.013 78	0.024 31	0.000 51	200	154	150	12	155	3
17D204-04	0.42	0.053 35	0.003 06	0.180 66	0.010 07	0.024 55	0.000 33	343	134	169	9	156	2

续表 4-4-1

点号	Th/U	同位素比值及误差							年龄及误差/Ma					
		$^{207}Pb/^{206}Pb$	±1σ	$^{207}Pb/^{235}U$	±1σ	$^{206}Pb/^{238}U$	±1σ	$^{207}Pb/^{206}Pb$	±1σ	$^{207}Pb/^{235}U$	±1σ	$^{206}Pb/^{238}U$	±1σ
17D204-05	0.79	0.046 86	0.003 96	0.158 29	0.013 07	0.024 65	0.000 43	43	189	149	11	157	3
17D204-06	0.28	0.049 04	0.002 6	0.166 23	0.008 61	0.024 53	0.000 32	150	156	156	7	156	2
17D204-07	0.47	0.049 69	0.002 88	0.169 05	0.009 66	0.024 66	0.000 33	189	135	159	8	157	2
17D204-08	0.37	0.046 62	0.002 58	0.166 88	0.008 95	0.025 11	0.000 3	28	139	157	8	160	2
17D204-09	1.15	0.046 97	0.002 35	0.153 5	0.007 05	0.023 72	0.000 33	56	109	145	6	151	2
17D204-10	0.84	0.036 48	0.003 86	0.122 89	0.010 64	0.025 43	0.000 56	error	error	118	10	162	4
17D204-11	0.41	0.046 68	0.003 75	0.166 76	0.012 25	0.026 07	0.000 46	32	185	157	11	166	3
17D204-12	0.62	0.046 32	0.005 23	0.162 97	0.016 14	0.025 11	0.000 57	13	252	153	14	160	4
17D204-13	0.85	0.049 13	0.004 17	0.155 21	0.010 95	0.023 85	0.000 51	154	189	147	10	152	3
17D204-14	0.73	0.050 96	0.006 08	0.152 6	0.014 96	0.023 47	0.000 64	239	256	144	13	150	4
17D204-15	0.86	0.074 28	0.034 39	0.232 59	0.138 73	0.024 89	0.000 65	1050	727	212	114	158	4
17D204-16	0.76	0.046 89	0.004 48	0.154 99	0.013 31	0.024 1	0.000 48	43	215	146	12	153	3
17D204-17	0.60	0.047 36	0.003 73	0.158 64	0.012 42	0.023 88	0.000 45	78	178	150	11	152	3
17D204-18	0.30	0.054 31	0.003 56	0.171 27	0.010 31	0.023 08	0.000 42	383	148	161	9	147	3
17D204-19	0.41	0.046 06	0.002 6	0.155 34	0.008 36	0.024 26	0.000 35	400	268	147	7	155	2
17D204-20	0.72	0.047 64	0.003 91	0.155 99	0.011 65	0.024 07	0.000 44	80	185	147	10	153	3

表 4-4-2 中细粒似斑状黑云母二长花岗岩 LA-ICP-MS 锆石 U-Pb 定年数据

点号	Th/U	同位素比值及误差							年龄及误差/Ma					
		$^{207}Pb/^{206}Pb$	±1σ	$^{207}Pb/^{235}U$	±1σ	$^{206}Pb/^{238}U$	±1σ	$^{207}Pb/^{206}Pb$	±1σ	$^{207}Pb/^{235}U$	±1σ	$^{206}Pb/^{238}U$	±1σ
13D01-1	0.51	0.049 03	0.004 2	0.163 49	0.013 83	0.024 19	0.000 59	149	144	154	-2	154	4
13D01-2	0.67	0.049 02	0.006 11	0.160 54	0.019 8	0.023 76	0.000 65	149	223	151	17	151	4
13D01-3	0.87	0.049 04	0.006 35	0.162 4	0.020 76	0.024 02	0.000 7	150	229	153	18	153	4
13D01-4	0.76	0.049 84	0.009 41	0.163 61	0.030 42	0.023 81	0.000 96	188	303	154	27	152	6
13D01-5	0.36	0.049 17	0.005 44	0.164 76	0.018 05	0.024 31	0.000 62	156	198	155	16	155	4
13D01-6	0.48	0.049 12	0.002 81	0.161 22	0.009 08	0.023 81	0.000 53	154	88	152	8	152	3
13D01-7	0.43	0.05	0.005 88	0.163 77	0.018 97	0.023 76	0.000 69	195	206	154	17	151	4
13D01-8	0.68	0.049 12	0.006 7	0.162 68	0.021 89	0.024 02	0.000 73	154	242	153	19	153	5
13D01-9	0.30	0.049 07	0.006 71	0.164 23	0.022 19	0.024 28	0.000 72	151	242	154	19	155	5
13D01-10	0.60	0.048 89	0.007 03	0.161 61	0.023	0.023 98	0.000 7	143	250	152	20	153	4
13D01-11	1.10	0.049 11	0.007 89	0.159 73	0.025 22	0.023 59	0.000 85	153	263	150	22	150	5
13D01-12	0.49	0.049 15	0.007 94	0.161 82	0.025 81	0.023 88	0.000 79	155	269	152	23	152	5
13D01-13	0.67	0.049 43	0.006 65	0.163 72	0.021 69	0.024 02	0.000 75	168	236	154	19	153	5
13D01-14	0.59	0.048 99	0.004 9	0.161 05	0.015 83	0.023 84	0.000 65	147	169	152	14	152	4
13D01-15	0.36	0.048 59	0.006 07	0.160 61	0.019 79	0.023 97	0.000 68	128	220	151	17	153	4
13D01-16	0.58	0.049 29	0.005 82	0.164 62	0.019 14	0.024 21	0.000 69	162	208	155	17	154	4
13D01-17	0.55	0.049 07	0.007 73	0.160 54	0.024 87	0.023 72	0.000 84	151	263	151	22	151	5
13D01-18	0.66	0.048 84	0.006 22	0.162 84	0.020 37	0.024 17	0.000 75	140	219	153	18	154	5
13D01-19	0.55	0.049 03	0.007 19	0.161 59	0.023 41	0.023 89	0.000 71	149	252	152	20	152	4

续表 4-4-2

点号	Th/U	同位素比值及误差						年龄及误差/Ma					
		$^{207}Pb/^{206}Pb$	±1σ	$^{207}Pb/^{235}U$	±1σ	$^{206}Pb/^{238}U$	±1σ	$^{207}Pb/^{206}Pb$	±σ	$^{207}Pb/^{235}U$	±1σ	$^{206}Pb/^{238}U$	±1σ
13D01-20	0.31	0.049 11	0.006 2	0.163 43	0.020 33	0.024 12	0.000 69	153	223	154	18	154	4
13D09-1	0.51	0.036 01	0.006 05	0.118 5	0.019 74	0.023 87	0.000 67	−33	248	114	18	152	4
13D09-2	0.67	0.049 08	0.009 88	0.163 3	0.032 44	0.024 13	0.000 9	152	312	154	28	154	6
13D09-3	0.87	0.030 87	0.007 38	0.104 84	0.024 92	0.024 62	0.000 75	−246	244	101	23	157	5
13D09-4	0.76	0.036 05	0.005 8	0.120 51	0.019 14	0.024 24	0.000 75	−31	244	116	17	154	5
13D09-5	0.36	0.049 07	0.004 14	0.162 56	0.013 42	0.024 02	0.000 57	151	141	153	12	153	4
13D09-6	0.48	0.049 29	0.011 18	0.164 91	0.036 93	0.024 27	0.001	162	348	155	32	155	6
13D09-7	0.43	0.048 72	0.016 3	0.162 81	0.053 7	0.024 23	0.001 46	134	470	153	47	154	9
13D09-8	0.68	0.049 62	0.010 88	0.169 71	0.036 8	0.024 8	0.000 93	177	341	159	32	158	6
13D09-9	0.30	0.049 41	0.003 83	0.164 83	0.012 45	0.024 19	0.000 57	167	127	155	11	154	4
13D09-10	0.60	0.048 96	0.009 63	0.162 09	0.031 31	0.024 01	0.000 99	146	304	153	27	153	6
13D09-11	1.10	0.049 19	0.005 74	0.164 48	0.018 8	0.024 25	0.000 7	157	202	155	16	154	4
13D09-12	0.49	0.049 13	0.005 49	0.160 13	0.017 49	0.023 64	0.000 68	154	191	151	15	151	4
13D09-13	0.67	0.049 15	0.005 63	0.165 66	0.018 56	0.024 44	0.000 72	155	196	156	16	156	5
13D09-14	0.59	0.049 23	0.006 13	0.166 35	0.020 43	0.024 51	0.000 65	159	223	156	18	156	4
13D09-15	0.36	0.049 14	0.004 68	0.163 44	0.015 23	0.024 12	0.000 62	155	161	154	13	154	4
13D09-16	0.58	0.048 72	0.014 29	0.165 12	0.047 88	0.024 58	0.001 21	134	429	155	42	157	8
13D09-17	0.55	0.049 78	0.008 93	0.165 96	0.029 37	0.024 18	0.000 83	185	295	156	26	154	5
13D09-18	0.66	0.049 21	0.012 3	0.167 88	0.041 48	0.024 75	0.001 06	158	375	158	36	158	7
13D09-19	0.55	0.049 16	0.007 65	0.165 79	0.025 43	0.024 46	0.000 77	155	267	156	22	156	5

续表 4-4-2

点号	Th/U	同位素比值及误差						年龄及误差/Ma					
		207Pb/206Pb	±1σ	207Pb/235U	±1σ	206Pb/238U	±1σ	207Pb/206Pb	±1σ	207Pb/235U	±1σ	206Pb/238U	±1σ
13D09-20	0.31	0.049 13	0.003 33	0.162 77	0.010 8	0.024 03	0.000 52	154	110	153	9	153	3
13D15-1	0.78	0.049 19	0.004 36	0.159 81	0.013 93	0.023 58	0.000 57	157	151	151	12	150	4
13D15-2	0.69	0.049 19	0.015 09	0.162 94	0.049 59	0.024 04	0.001 05	157	455	153	43	153	7
13D15-3	0.61	0.049 17	0.005 09	0.162 85	0.016 62	0.024 03	0.000 62	156	181	153	15	153	4
13D15-4	0.56	0.049 00	0.011 76	0.146 56	0.034 61	0.021 71	0.001 04	148	354	139	31	138	7
13D15-5	0.86	0.049 11	0.004 3	0.162 74	0.014 01	0.024 05	0.000 58	153	148	153	12	153	4
13D15-6	0.77	0.049 35	0.011 52	0.164 45	0.037 95	0.024 18	0.000 97	164	361	155	33	154	6
13D15-7	0.69	0.048 47	0.013 1	0.160 83	0.042 99	0.024 07	0.001 09	122	395	151	38	153	7
13D15-8	0.3	0.049 27	0.002 51	0.163 75	0.008 14	0.024 12	0.000 51	161	76	154	7	154	3
13D15-9	0.71	0.049 65	0.005 53	0.164 63	0.018 06	0.024 06	0.000 65	179	196	155	16	153	4
13D15-10	0.64	0.048 81	0.017 2	0.162 39	0.056 48	0.024 14	0.001 49	139	494	153	49	154	9
13D15-11	0.32	0.049 21	0.002 72	0.163 28	0.008 79	0.024 07	0.000 53	158	84	154	8	153	3
13D15-12	0.57	0.049 61	0.008 78	0.156 19	0.027 16	0.022 84	0.000 89	177	286	147	24	146	5
13D15-13	0.56	0.049 19	0.003 25	0.165 51	0.010 69	0.024 41	0.000 56	157	104	156	9	155	4
13D15-14	0.39	0.049 04	0.003 19	0.162 31	0.010 34	0.024 01	0.000 55	150	103	153	9	153	3
13D15-15	0.7	0.049 16	0.005 08	0.163 44	0.016 67	0.024 12	0.000 61	155	181	154	15	154	4
13D15-16	0.78	0.048 99	0.004 14	0.163 81	0.013 57	0.024 25	0.000 61	147	139	154	12	154	4
13D15-17	0.74	0.048 85	0.008 24	0.160 11	0.026 54	0.023 77	0.000 88	141	272	151	23	151	6
13D15-18	0.69	0.049 36	0.005 69	0.162 6	0.018 54	0.023 89	0.000 61	165	208	153	16	152	4
13D15-19	0.54	0.049 17	0.003 04	0.164 7	0.009 97	0.024 29	0.000 54	156	97	155	9	155	3

续表 4-4-3

点号	Th/U	同位素比值及误差						年龄及误差/Ma					
		$^{207}Pb/^{206}Pb$	±1σ	$^{207}Pb/^{235}U$	±1σ	$^{206}Pb/^{238}U$	±1σ	$^{207}Pb/^{206}Pb$	±1σ	$^{207}Pb/^{235}U$	±1σ	$^{206}Pb/^{238}U$	±1σ
14D22-1-03	0.62	0.058 28	0.009 48	0.176 11	0.023 28	0.024 18	0.001 34	539	331	165	20	154	8
14D22-1-04	0.43	0.049 65	0.005 74	0.178 04	0.022 56	0.025 85	0.001 75	189	239	166	19	165	11
14D22-1-05	0.63	0.101 25	0.008 59	0.313 33	0.019 21	0.024 98	0.000 82	1647	158	277	15	159	5
14D22-1-06	0.43	0.055 45	0.005 27	0.183 29	0.014 22	0.025 63	0.000 96	432	209	171	12	163	6
14D22-1-07	1.03	0.122 94	0.012 05	0.340 42	0.025 00	0.023 40	0.001 05	2000	175	297	19	149	7
14D22-1-08	0.57	0.051 76	0.002 76	0.172 10	0.009 11	0.024 66	0.000 49	276	124	161	8	157	3
14D22-1-09	0.74	0.054 99	0.009 80	0.186 82	0.032 37	0.025 16	0.001 55	413	356	174	28	160	10
14D22-1-10	0.46	0.054 85	0.005 97	0.180 64	0.016 54	0.025 60	0.001 14	406	244	169	14	163	7
14D22-1-11	0.86	0.105 37	0.018 16	0.274 59	0.019 86	0.024 04	0.001 18	1721	322	246	16	153	7
14D22-1-12	0.21	0.051 83	0.002 49	0.173 83	0.007 86	0.024 51	0.000 45	276	109	163	7	156	3
14D22-1-13	0.36	0.055 04	0.008 45	0.189 28	0.032 21	0.026 01	0.001 10	413	348	176	28	166	7
14D22-1-14	0.26	0.057 17	0.004 22	0.181 92	0.011 37	0.024 83	0.000 75	498	163	170	10	158	5
14D22-1-15	0.39	0.054 03	0.005 00	0.182 88	0.014 60	0.025 77	0.000 98	372	209	171	13	164	6
14D22-1-16	0.43	0.087 52	0.006 88	1.930 06	0.134 08	0.161 77	0.005 03	1372	152	1092	46	967	28
14D22-3-01	0.55	0.075 16	0.004 41	0.238 24	0.014 51	0.023 62	0.000 65	1072	119	217	12	151	4
14D22-3-02	0.70	0.103 45	0.010 25	0.308 17	0.024 03	0.024 17	0.001 14	1687	185	273	15	154	7
14D22-3-03	0.53	0.055 18	0.004 80	0.168 35	0.013 86	0.023 73	0.000 75	420	199	158	15	151	5
14D22-3-04	0.27	0.052 26	0.004 12	0.171 72	0.011 48	0.024 53	0.000 70	298	186	161	10	156	4
14D22-3-05	0.73	0.075 03	0.006 16	0.224 82	0.016 94	0.023 77	0.001 03	1133	167	206	14	151	6
14D22-3-06	0.64	0.119 88	0.009 22	0.410 11	0.026 25	0.027 45	0.001 02	1955	138	349	19	175	6
14D22-3-07	0.71	0.069 86	0.006 74	0.218 58	0.017 21	0.025 35	0.000 97	924	194	201	14	161	6

续表 4-4-3

点号	Th/U	同位素比值及误差						年龄及误差/Ma					
		$^{207}Pb/^{206}Pb$	±1σ	$^{207}Pb/^{235}U$	±1σ	$^{206}Pb/^{238}U$	±1σ	$^{207}Pb/^{206}Pb$	±1σ	$^{207}Pb/^{235}U$	±1σ	$^{206}Pb/^{238}U$	±1σ
14D22-3-08	0.42	0.050 70	0.002 39	0.170 67	0.008 03	0.024 37	0.000 57	228	105	160	7	155	4
14D22-3-09	0.37	0.052 11	0.002 54	0.177 35	0.008 85	0.024 72	0.000 53	300	111	166	8	157	3
14D22-3-10	0.27	0.053 31	0.003 17	0.173 70	0.009 93	0.024 26	0.000 51	343	131	163	9	155	3
14D22-3-11	0.20	0.050 46	0.002 23	0.169 10	0.006 80	0.024 51	0.000 37	217	104	159	6	156	2
14D22-3-12	0.64	0.077 45	0.002 80	0.750 27	0.026 23	0.070 68	0.001 43	1133	72	568	15	440	9
14D22-3-13	0.26	0.050 97	0.003 01	0.174 15	0.009 97	0.025 05	0.000 49	239	135	163	9	160	3
14D22-3-14	0.56	0.065 42	0.003 59	0.233 71	0.012 07	0.026 31	0.000 53	787	82	213	10	167	3
14D23-2-01	0.43	0.052 99	0.003 97	0.161 14	0.010 52	0.022 76	0.000 69	328	175	152	9	145	4
14D23-2-02	0.61	0.077 53	0.008 03	0.238 7	0.018 63	0.025 03	0.000 85	1144	203	217	15	159	5
14D23-2-03	0.79	0.055 9	0.007 66	0.177 72	0.015 21	0.023 83	0.001 52	450	303	166	13	152	10
14D23-2-04	0.47	0.054 63	0.002 98	0.174 89	0.008 52	0.024 15	0.000 51	398	94	164	7	154	3
14D23-2-05	0.48	0.052 74	0.003 49	0.166 93	0.010 05	0.024 01	0.000 55	317	147	157	9	153	3
14D23-2-06	0.72	0.187 57	0.028 01	0.527 34	0.042 92	0.023 84	0.001 36	2721	248	430	29	152	9
14D23-2-07	0.59	0.119 08	0.016 26	0.303 64	0.025 3	0.022 99	0.001 07	1942	246	269	20	147	7
14D23-2-08	0.38	0.051 32	0.003 36	0.162 44	0.009 83	0.023 51	0.000 47	254	150	153	9	150	3
14D23-2-09	0.55	0.074 19	0.011 2	0.256 75	0.036 79	0.025 11	0.001 43	1056	307	232	30	160	9
14D23-2-10	0.66	0.063 75	0.007 7	0.188 34	0.016 48	0.024 1	0.001 54	744	258	175	14	154	10
14D23-2-11	0.71	0.218 4	0.029 1	0.685 55	0.088 72	0.024 9	0.001 61	2969	216	530	53	159	10
14D23-2-12	0.43	0.055 11	0.007 16	0.166 83	0.018 23	0.023 32	0.001 35	417	293	157	16	149	8
14D23-2-13	0.64	0.100 85	0.012 81	0.267 93	0.016 21	0.024 38	0.000 98	1640	238	241	13	155	6
14D23-2-14	0.65	0.057 07	0.012 69	0.174 99	0.034 17	0.023 61	0.002 06	494	426	164	30	150	13
14D23-2-15	0.72	0.054 09	0.008	0.169 94	0.020 23	0.024 89	0.001 3	376	138	159	18	158	8

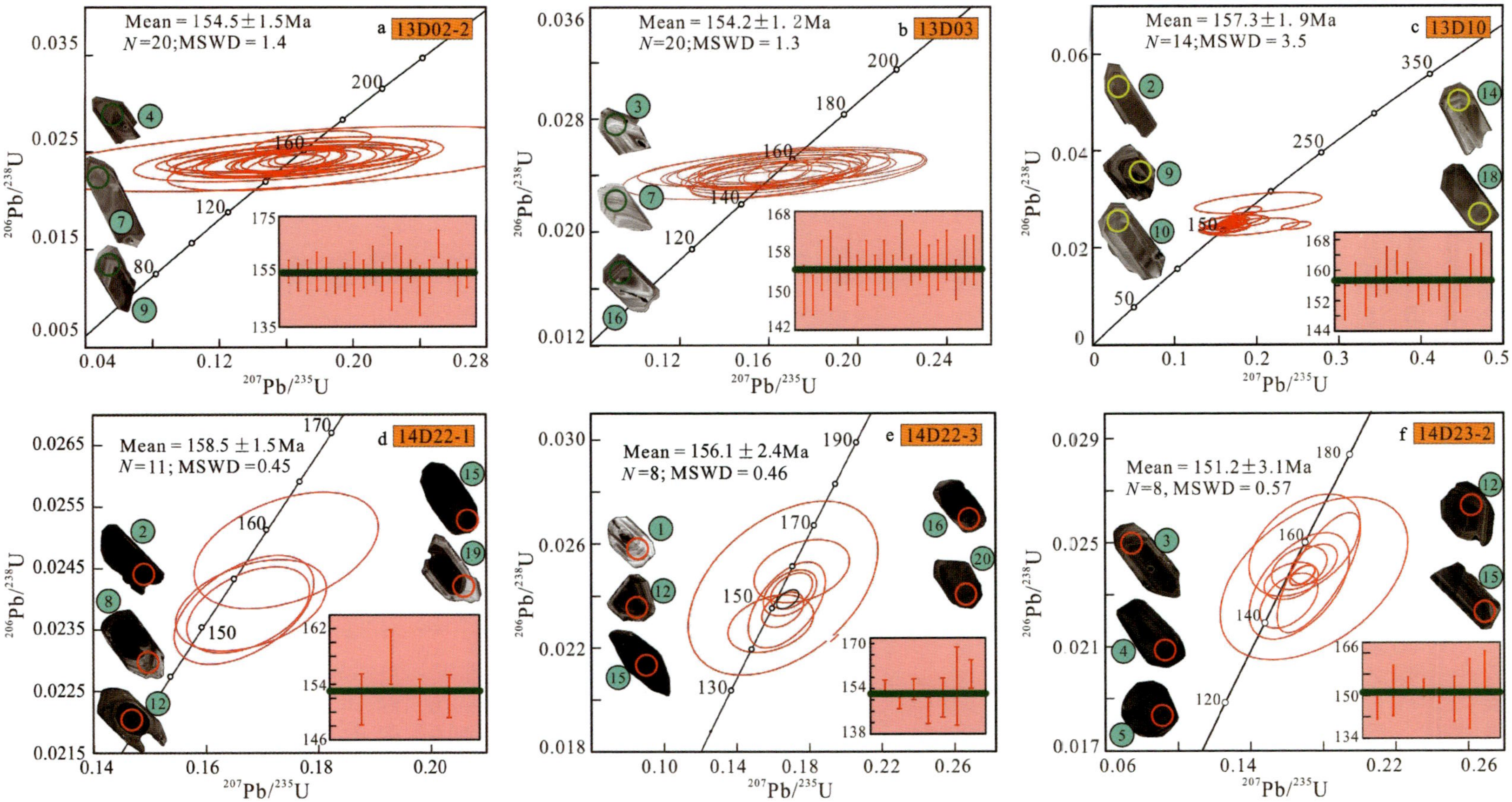

图 4-4-4 火山碎屑岩（a、b）、花岗斑岩（c）及英安岩（d~f）锆石U-Pb年龄谱和图与锆石阴极发光（CL）图像

样品 12D68 总计 20 个测点。其中，2 号测点 $^{206}Pb/^{238}U$ 年龄为 181±5Ma，Th/U 为 0.51，为捕获岩浆锆石；8 号测点 $^{206}Pb/^{238}U$ 年龄为 167±3Ma，Th/U 为 0.68，因 $^{207}Pb/^{235}U$ 误差过大而未采用；12 号测点 $^{206}Pb/^{238}U$ 年龄为 152±3Ma，Th/U 为 0.62，因年龄明显偏低而未采用。余下 17 颗锆石表面 $^{206}Pb/^{238}U$ 年龄为 152±3～163±3Ma，Th/U 为 0.29～1.14；加权平均年龄为 154.2±1.0Ma，MSWD=0.69（图 4-4-1b）。

样品 13D04 总计 21 个测点，锆石表面 $^{206}Pb/^{238}U$ 年龄为 154±4～157±4Ma，Th/U 为 0.15～0.83；加权平均年龄为 154.9±0.9Ma，MSWD=0.22（图 4-4-1c）。

样品 13D06 总计 20 个测点，锆石表面 $^{206}Pb/^{238}U$ 年龄为 152±3～160±6Ma，Th/U 为 0.32～0.74；加权平均年龄为 154.6±0.9Ma，MSWD=0.94（图 4-4-1d）。

样品 13D16-1 总计 15 个测点。其中，7 号测点 $^{206}Pb/^{238}U$ 年龄为 594±12Ma，Th/U 为 0.61，为捕获岩浆锆石；余下 14 颗有效锆石 $^{206}Pb/^{238}U$ 年龄值介于 150±4～162±5Ma 之间，Th/U 为 0.40～0.88；加权平均年龄为 155.0±2.0Ma，MSWD=0.64（图 4-4-1e）。

样品 13D16-2 总计 20 个测点。其中，7 号测点 $^{206}Pb/^{238}U$ 年龄为 144±6Ma，Th/U 为 0.64，因年龄明显偏低而未采用；12 号测点 $^{206}Pb/^{238}U$ 年龄为 167±7Ma，Th/U 为 0.70，因 $^{207}Pb/^{235}U$ 误差过大而未采用；13 号测点 $^{206}Pb/^{238}U$ 年龄为 160±7Ma，Th/U 为 0.68，因谐和度较低而未采用。余下 17 颗锆石表面 $^{206}Pb/^{238}U$ 年龄为 152±3～163±3Ma，Th/U 为 0.53～1.22；加权平均年龄为 154.0±1.2Ma，MSWD=0.21（图 4-4-1f）。

样品 13D17 总计 20 个测点。其中，8 号测点 $^{206}Pb/^{238}U$ 年龄为 424±9Ma，Th/U 为 0.27，属捕获岩浆锆石，因年龄明显偏高而未采用；余下 19 颗锆石表面 $^{206}Pb/^{238}U$ 年龄为 152±5～159±4Ma，Th/U 为 0.43～1.14；加权平均年龄为 156.9±1.0Ma，MSWD=0.36（图 4-4-2a）。

样品 13D18-2 总计 20 个测点，锆石表面 $^{206}Pb/^{238}U$ 年龄为 153±5～160±4Ma，Th/U 为 0.30～0.93；加权平均年龄为 155.9±0.9Ma，MSWD=0.73（图 4-4-2b）。

样品 13D20 总计 20 个测点，锆石表面 $^{206}Pb/^{238}U$ 年龄为 150±3～158±7Ma，Th/U 为 0.25～0.93；加权平均年龄为 154.7±1.1Ma，MSWD=1.18（图 4-4-2c）。

样品 17D48 总计 20 个测点。其中，1 号测点 $^{206}Pb/^{238}U$ 年龄为 193±5Ma，Th/U 为 0.96，因年龄明显偏高而未采用；余下 19 粒有效锆石 $^{206}Pb/^{238}U$ 年龄值介于 151±3～160±4Ma 之间，Th/U 为 0.52～1.06；加权平均年龄为 156.1±1.7Ma，MSWD=1.4（图 4-4-2d）。

样品 17D204 总计 20 个测点。其中，10、15 号测点 $^{206}Pb/^{238}U$ 年龄为 162±4Ma、158±4Ma，Th/U 为 0.40、0.86，因谐和度较低而未采用；余下 18 粒有效锆石 $^{206}Pb/^{238}U$ 年龄值介于 151±2～166±3Ma 之间，Th/U 为 0.13～1.15；加权平均年龄为 156.1±2.0Ma，MSWD=2.9（图 4-4-2e）。

二、中细粒似斑状黑云母二长花岗岩

样品 13D01 总计 20 个测点（表 4-4-2），锆石表面 $^{206}Pb/^{238}U$ 年龄为 151±4～155±4Ma，Th/U 为 0.31～1.10；加权平均年龄为 152.7±0.9Ma，MSWD=0.39（图 4-4-3a）。

样品13D09总计20个测点。其中,1、2、4号测点$^{206}Pb/^{238}U$年龄分别为152±4Ma、157±5Ma、154±5Ma,Th/U分别为0.51、0.87、0.76,因谐和度较低而未采用;余下17颗有效锆石表面$^{206}Pb/^{238}U$年龄为151±4~158±7Ma,Th/U为0.31~1.20;加权平均年龄为154.2±1.1Ma,MSWD=0.56(图4-4-3b)。

样品13D15总结20个测点。其中,4号测点$^{206}Pb/^{238}U$年龄为138±7Ma,Th/U为0.56,因年龄明显偏低而未采用;余下19粒有效锆石$^{206}Pb/^{238}U$年龄值介于146±6~155±4Ma之间,Th/U为0.30~0.86;加权平均年龄为153.2±0.9Ma,MSWD=0.73(图4-4-3c)。

样品14D26总计16个测点。其中,1、8、9号测点$^{206}Pb/^{238}U$年龄分别为154±6Ma、157±4Ma、151±7Ma,Th/U分别为0.58、0.62、0.55,因谐和度较低而未采用;余下13颗有效锆石表面$^{206}Pb/^{238}U$年龄为151±4~158±7Ma,Th/U为0.36~0.85;加权平均年龄为156.4±2.3Ma,MSWD=0.48(图4-4-3d)。

样品14D27总计17个测点。其中,3、4、12、13、16、17号测点$^{206}Pb/^{238}U$年龄分别为153±8Ma、137±8Ma、192±8Ma、156±5Ma、159±4Ma、146±6Ma,Th/U分别为0.64、0.58、0.56、0.76、0.96、1.01,因谐和度较低而未采用;余下11粒有效锆石$^{206}Pb/^{238}U$年龄值介于149±9~166±6Ma之间,Th/U为0.46~0.79;加权平均年龄为157.3±3.2Ma,MSWD=0.39(图4-4-3e)。

样品17D59总结20个测点。其中,20号测点$^{206}Pb/^{238}U$年龄为667±11Ma,Th/U为0.52,因年龄明显偏高而未采用;余下19粒有效锆石$^{206}Pb/^{238}U$年龄值介于150±4~161±2Ma之间,Th/U为0.35~1.06;加权平均年龄为155.3±1.4Ma,MSWD=1.03(图4-4-3f)。

三、火山碎屑岩

样品13D02-2总计20个测点(表4-4-3),锆石表面$^{206}Pb/^{238}U$年龄为148±9~165±5Ma,Th/U为0.34~0.81;加权平均年龄为154.5±1.5Ma,MSWD=1.4(图4-4-4a)。

样品13D03总计20个测点,锆石表面$^{206}Pb/^{238}U$年龄为151±4~155±4Ma,Th/U为0.31~1.10;加权平均年龄为154.2±1.2Ma,MSWD=1.3(图4-4-4b)。

四、花岗斑岩

样品13D10总计20个测点。其中,3、4、15、16、19、20号测点$^{206}Pb/^{238}U$年龄分别为156±4Ma、153±5Ma、154±7Ma、153±4Ma、161±3Ma、162±5Ma,Th/U分别为0.80、0.70、0.52、0.45、0.59、0.49,因谐和度较低而未采用;余下11粒有效锆石$^{206}Pb/^{238}U$年龄值介于152±5~187±9Ma之间,Th/U为0.24~0.66;加权平均年龄为157.3±1.9Ma,MSWD=3.5(图4-4-4c)。

五、英安岩

样品14D22-1总计16个测点。其中,2、5、7、11号测点$^{206}Pb/^{238}U$年龄分别为179±

8Ma、159±5Ma、149±7Ma、153±7Ma,Th/U 分别为 0.73、0.63、1.03、0.86,因谐和度较低而未采用;16 号测点 $^{206}Pb/^{238}U$ 年龄为 967±28Ma,Th/U 为 0.43,属捕获岩浆锆石;余下 11 粒有效锆石 $^{206}Pb/^{238}U$ 年龄值介于 154±8~166±7Ma 之间,Th/U 为 0.21~0.86;加权平均年龄为 158.5±1.5Ma,MSWD=0.45(图 4-4-4d)。

样品 14D22-3 总计 16 个测点。其中,1、2、5、6、14 号测点 $^{206}Pb/^{238}U$ 年龄分别为 151±4Ma、154±7Ma、151±6Ma、175±6Ma、167±3Ma,Th/U 分别为 0.55、0.70、0.73、0.64、0.64,因谐和度较低而未采用;12 号测点 $^{206}Pb/^{238}U$ 年龄为 440±9Ma,Th/U 为 0.56,属捕获岩浆锆石;余下 8 粒有效锆石 $^{206}Pb/^{238}U$ 年龄值介于 151±5~161±6Ma 之间,Th/U 为 0.20~0.71;加权平均年龄为 156.1±2.4Ma,MSWD=0.46(图 4-4-4e)。

样品 14D23-2 总计 16 个测点。其中,2、6、7、9、10、11、13 号测点 $^{206}Pb/^{238}U$ 年龄分别为 159±5Ma、152±9Ma、147±7Ma、160±9Ma、154±10Ma、159±10Ma、155±6Ma,Th/U 分别为 0.61、0.72、0.59、0.55、0.66、0.71、0.64,因谐和度较低而未采用;余下 8 粒有效锆石 $^{206}Pb/^{238}U$ 年龄值介于 145±4~158±6Ma 之间,Th/U 为 0.38~0.72;加权平均年龄为 151.2±3.1Ma,MSWD=0.57(图 4-4-4f)。

前人对西山(杂)岩体开展过较多的成岩时代研究,代表性成果有付建明等(2004c)采用全岩 Rb-Sr 法测得西山(杂)岩体中细粒似斑状黑云母二长花岗岩、花岗质碎斑熔岩和流纹岩的成岩年龄依次为 156±6Ma、159±2Ma 和 154±11Ma。本书采用 LA-ICP-MS 锆石 U-Pb 法对西山(杂)岩体开展系统定年研究工作,统计结果见表 4-4-4;获得 6 件中细粒似斑状黑云母二长花岗岩的形成年龄介于 157.3±3.2~152.7±0.9Ma 之间,11 件花岗质碎斑熔岩成岩时代集中于 156.9±1.0~154.0±1.2Ma 之间,3 件英安(斑)岩成岩时代集中于 158.5±3.0~151.2±3.1Ma 之间,2 件火山碎屑岩形成时代集中于 154.5±1.5~154.2±1.2Ma 之间及 1 件花岗斑岩的形成时代为 157.3±1.9Ma;整体介于 158.5±3.0~151.2±3.1Ma 之间,属燕山早期。

相对而言,前人对该杂岩体中花岗质碎斑熔岩的定年研究开展最多;本书结果与 Huang 等(2011)报道的 154±1Ma 一致。Guo 等(2016)采用锆石 U-Pb 法获得花岗质碎斑熔岩 142 个锆石测点年龄集中于 156.6±0.5Ma 和 151.5±0.4Ma 两个区间;本书定年结果与之较早的成岩时间相同。广东省地质调查院在 1:5 万矿产地质调查大路边幅测得西山(杂)岩体东南部流纹岩、凝灰岩锆石 U-Pb 年龄为 155.3~155.0Ma;西山(杂)岩体不同岩相的形成时代在误差范围几乎一致,集中于 157.3±3.2~153.2±0.9Ma 之间,整体具由外向内年龄逐渐变小的趋势;岩浆快速侵位固结可能是对上述定年结果较合理的解释。显然,在锆石微区原位定年分辨率范围内,难以构建西山(杂)岩体的岩浆活动序列。

第五章 矿物化学

本章通过对金鸡岭、西山(杂)岩体及暗色微包体中主要造岩矿物成分的研究,为花岗岩形成的物理化学条件、岩浆混合作用以及花岗岩的成因研究提供矿物学依据。电子探针分析在自然资源部中南矿产资源监督检测中心完成。采用日本 JEOL-JXA-8100 型分析仪,分析 Si、Al、Ti、Ca、Mg、Mn、Fe、Cr、K、Na 等元素;所采用标样来自美国 Spectronis(SP)公司,测试条件如下:加速电压 15kV,探针电流 20nA,电子束直径 5μm。

第一节 橄 榄 石

橄榄石仅出现于西山(杂)岩体花岗质碎斑熔岩中,其结构参数为:$a_0=4.815\,0\text{Å}(1\text{Å}=0.1\text{nm})$、$b_0=6.088\,0\text{Å}$、$c_0=10.458\,0\text{Å}$;$\alpha=90°$、$\beta=90°$、$\gamma=90°$,属于正交晶系(付建明,2005)。主要有 3 种产出方式:①呈单晶、粒状分布在岩石中,常具熔蚀结构、碎裂结构,与周围浅色矿物共生(图 3-4-5b,f,图 5-1-1a,d,h,i),可见二者是在平衡体系中结晶,粒径以 0.3~1.0mm 为主;②呈柱状、粒状或浑圆状包裹于辉石中,即包含结构(图 3-4-3a,图 5-1-1e);③与辉石、黑云母、磷灰石、磁铁矿等构成微包体,橄榄石粒径以 0.5~2mm 居多,微包体粒径以 1~3mm 为主,含量 3%~8%,这也是部分花岗质碎斑熔岩呈灰黑色的根本原因(图 3-4-3,图 3-4-5d,e,图 5-1-1c,e)。

根据电子探针分析(表 5-1-1),微包体及单晶橄榄石 MgO、CaO、FeO、MnO 含量分别为 2.20%~3.59%、2.16%~3.15%、0.01%~0.12%、0.03%~0.05%、61.98%~65.22%、61.90%~66.06%、1.39%~1.72%、1.38%~1.65%,二者成分极为相近;整体为铁橄榄石(Fa=88.85~91.75、90.31~92.51;Fo=5.66~9.18、5.39~7.74),并有少量锰橄榄石(Tp1.96~2.59、1.95~2.32);在 $Fe^{2+}/(Mg+Fe^{2+})$ vs $Mg/(Mg+Fe^{2+})$ 橄榄石分类图解中,本书样品均落入铁橄榄石范围(图 5-1-2)。上述成分特点说明不同产状的橄榄石是在相近物理化学条件下形成的,微弱的差异可能为周围结晶矿物的影响。本书报道的两类橄榄石 $M^\#$ 值(5.81~9.37、5.51~7.89)非常低,明显不同于幔源包体中橄榄石组成,应为岩浆早期结晶的矿物相。

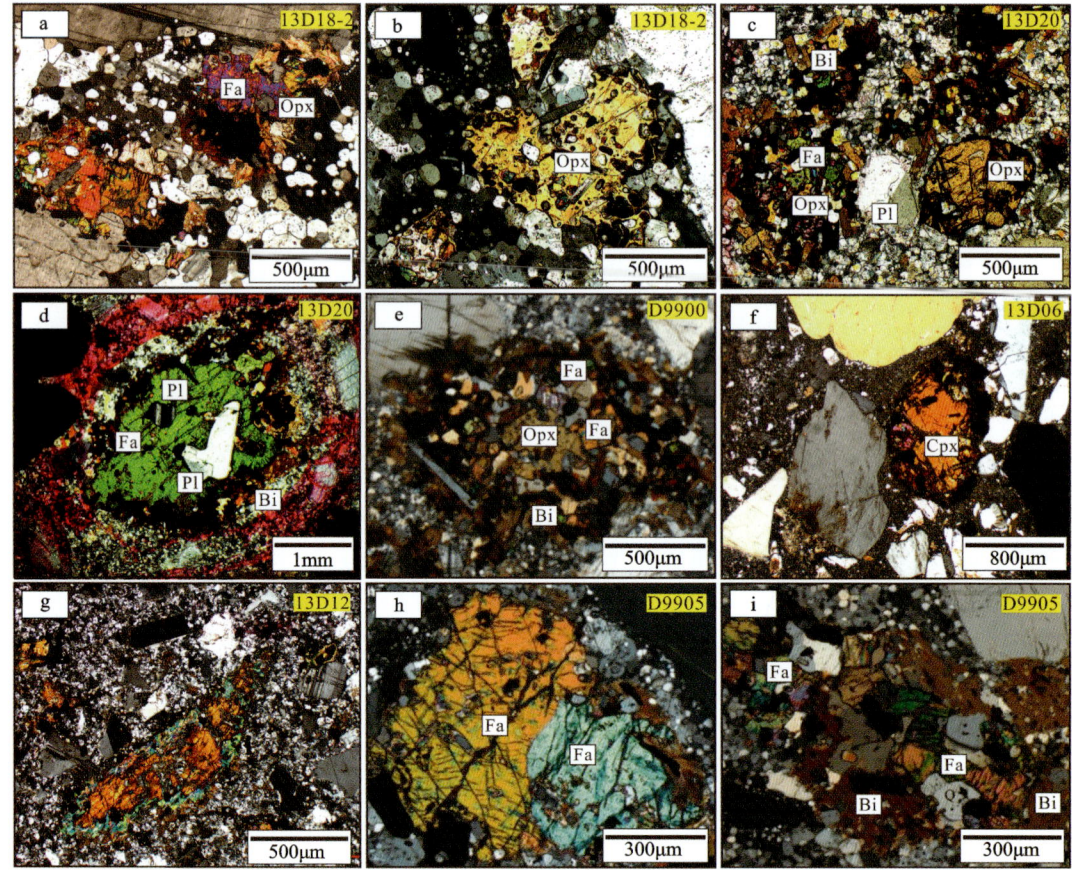

a、c、e、i. 含铁橄榄石铁辉石黑云母暗色微包体；b. 铁辉石斑晶；d、h. 铁橄榄石斑晶；f. 单斜辉石捕获晶；g. 铁辉石斑晶，周围遭受蚀变。

图 5-1-1　西山（杂）岩体典型橄榄石、辉石类矿物显微照片（正交偏光）

表 5-1-1　橄榄石电子探针分析结果（按 4 个氧原子计算离子数）

样品号	D107-1	D23-1		D301		13D18-2-8	13D20-1	13D20-2	13D20-3	13D20-16	13D20-17	13D20-18	13D20-20	13D20-23	13D20-27
产状	微包体	单晶	单晶	微包体	单晶			微包体						单晶	
SiO_2	29.59	30.95	31.30	31.09	31.53	32.57	31.71	30.28	28.91	31.18	30.60	30.39	30.98	30.76	30.23	29.59	29.35
TiO_2	0.01	0.02	0.02	0.01	0.03	0.01	0.00	0.02	0.00	0.11	0.04	0.01	0.08	0.00	0.03	0.02	0.01
Al_2O_3	0.00	0.10	0.00	0.00	0.10	0.00	0.00	0.03	0.00	0.00	0.01	0.00	0.04	0.01	0.00	0.01	0.02
FeO	64.34	61.98	66.06	65.59	61.90	63.74	63.56	65.50	64.94	63.06	63.50	65.22	64.13	64.23	65.09	65.22	65.26
MnO	1.52	1.57	1.48	1.38	1.53	1.67	1.77	1.40	1.52	1.54	1.54	1.43	1.39	1.46	1.72	1.65	1.52
MgO	2.49	2.30	2.16	2.62	2.84	2.97	2.20	3.15	2.96	3.39	3.54	3.78	3.50	3.59	2.82	2.86	2.88
CaO	0.01	0.12	0.03	0.03	0.05	0.07	0.04	0.01	0.00	0.00	0.04	0.06	0.03	0.01	0.05	0.04
Si	1.00	1.04	1.02	1.02	1.05	1.05	1.04	1.00	0.98	1.03	1.01	0.99	1.01	1.01	1.00	0.99	0.99
Fe^{2+}	1.82	1.74	1.81	1.80	1.72	1.71	1.75	1.81	1.84	1.73	1.76	1.79	1.76	1.76	1.81	1.83	1.84

续表 5-1-1

样品号	D107-1		D23-1		D301			13D 18-2-8	13D 20-1	13D 20-2	13D 20-3	13D 20-16	13D 20-17	13D 20-18	13D 20-20	13D 20-23	13D 20-27
Mn	0.04	0.04	0.04	0.04	0.04	0.05	0.05	0.04	0.04	0.04	0.04	0.04	0.04	0.04	0.05	0.05	0.04
Mg	0.13	0.12	0.11	0.13	0.14	0.14	0.11	0.15	0.15	0.17	0.17	0.18	0.17	0.18	0.14	0.14	0.14
Total	3.00	2.96	2.98	2.98	2.95	2.95	2.96	3.00	3.02	2.97	2.99	3.01	2.98	2.99	3.00	3.01	3.01
Fo	6.31	6.06	5.39	6.52	7.39	7.49	5.66	7.74	7.34	8.55	8.85	9.18	8.69	8.88	6.99	7.08	7.14
Fa	91.50	91.59	92.51	91.53	90.35	90.12	91.75	90.31	90.51	89.25	88.96	88.85	89.35	89.08	90.59	90.60	90.73
Tp	2.19	2.35	2.10	1.95	2.26	2.39	2.59	1.95	2.15	2.20	2.19	1.97	1.96	2.05	2.42	2.32	2.14
Mg#	6.45	6.20	5.51	6.65	7.56	7.67	5.81	7.89	7.51	8.74	9.05	9.37	8.87	9.06	7.16	7.25	7.29

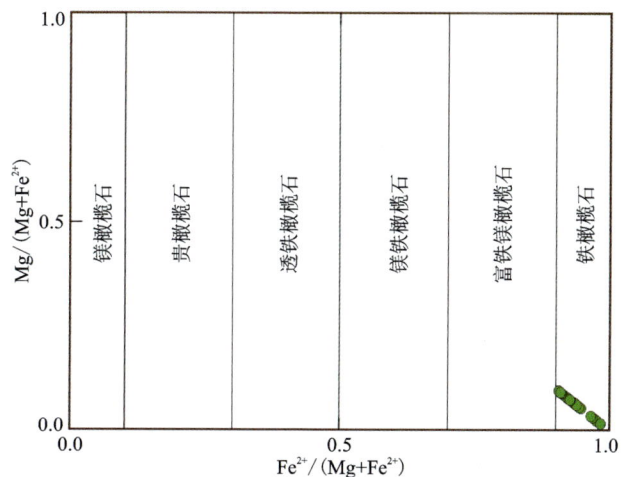

图 5-1-2 西山(杂)岩体橄榄石分类图解

第二节 辉 石

辉石产出于西山(杂)岩体花岗质碎斑熔岩中。镜下无色,平行或近平行消光($c \wedge Ng <$ 50°);$a_0 = 5.2334\text{Å}$、$b_0 = 9.0233\text{Å}$、$c_0 = 18.4560\text{Å}$;$\alpha = \beta = \gamma = 90°$,为正交晶系;属于斜方辉石亚类。有 3 种产出方式:①呈单晶分布在岩石中(图 3-4-5b,图 5-1-1g),常呈尖棱角状、板状,裂纹多,具有溶蚀结构,大小以 0.5~2.0mm 为主,最大达 7mm;②呈半自形—他形板柱状或粒状,包裹有粒状、浑圆状的铁橄榄石,形成包含结构,并与黑云母、磷灰石、磁铁矿构成微包体(图 3-4-5a、d、e,图 5-1-1b、c、e、i);③目前仅发现一颗斜方辉石呈椭圆形包体产于花岗质碎斑熔岩之中(图 5-1-1f)。

辉石的矿物化学成分列于表 5-2-1 中,微包体及单晶辉石 MgO、CaO、FeO、MnO 含量分别为 5.32%~9.83%、1.75%~8.74%、0.43%~9.90%、0.49%~1.48%,26.67%~48.39%、

表 5-2-1 辉石电子探针分析结果(按 6 个氧原子计算离子数)

样品号	13D12-1	13D12-2	13D12-3	13D12-4	13D18-2-1-1	13D18-2-1-2	13D18-2-5-3	13D18-2-5-4	13D18-2-1	13D18-2-2	13D18-2-3	13D18-2-4	13D18-2-5	13D18-2-6	13D18-2-7	13D18-2-9	13D20-6	13D20-19
产状	单晶			微包体			单晶						微包体					单晶
SiO_2	47.27	46.75	41.22	41.32	45.62	44.51	50.99	48.63	48.08	48.20	48.17	47.36	48.44	47.99	42.89	48.34	48.41	46.73
TiO_2	0.14	0.14	0.61	0.41	0.23	0.28	0.06	0.00	0.21	0.23	0.13	0.19	0.16	0.15	0.11	0.04	0.20	0.18
Al_2O_3	0.76	1.00	7.84	7.46	0.68	0.70	3.13	3.68	0.57	0.60	0.68	0.34	0.34	0.41	0.36	0.25	0.95	0.86
Cr_2O_3	0.00	0.00	0.00	0.00	0.00	0.00	0.00	0.00	0.00	0.00	0.01	0.00	0.02	0.00	0.03	0.00	0.01	0.04
FeO	39.42	38.80	27.50	26.67	40.47	40.96	38.46	36.85	42.88	42.55	42.35	43.20	43.25	42.72	48.39	42.30	41.62	43.49
MnO	1.25	1.38	0.53	0.41	1.24	1.19	1.31	1.15	1.20	1.15	1.05	1.14	1.16	1.06	0.66	1.25	1.19	1.19
MgO	8.43	8.74	5.32	6.01	9.73	9.83	3.37	1.75	7.02	6.91	7.07	6.81	6.56	6.33	6.08	7.19	6.68	6.52
CaO	1.04	1.48	9.64	9.90	0.78	0.80	0.87	0.82	0.73	0.71	0.76	0.89	0.84	0.92	0.72	0.75	0.43	0.49
Na_2O	0.25	0.23	1.55	1.40	0.01	0.00	0.20	0.17	0.05	0.05	0.02	0.00	0.01	0.00	0.13	0.01	0.03	0.06
K_2O	0.01	0.05	0.95	0.84	0.01	0.01	0.40	0.32	0.02	0.00	0.01	0.02	0.01	0.01	0.01	0.01	0.00	0.13
Si	1.97	1.95	1.75	1.76	1.91	1.89	2.08	2.09	1.98	1.99	1.99	1.98	2.00	2.00	1.87	2.00	2.00	1.96
Al^{IV}	0.03	0.00	0.25	0.24	0.01	0.01	0.00	0.00	0.02	0.01	0.01	0.01	0.00	0.00	0.00	0.00	0.05	0.04
Al^{VI}	0.01	0.00	0.15	0.14	0.01	0.02	0.15	0.19	0.01	0.02	0.02	0.01	0.01	0.02	0.02	0.01	0.01	0.00
Ti	0.00	0.00	0.02	0.01	0.00	0.01	0.00	0.00	0.00	0.00	0.00	0.01	0.00	0.00	0.00	0.00	0.00	0.01
Fe^{3+}	0.06	0.10	0.35	0.34	0.19	0.25	0.00	0.00	0.01	0.00	0.00	0.03	0.00	0.00	0.36	0.01	0.00	0.06
Fe^{2+}	1.31	1.24	0.60	0.59	1.21	1.17	1.36	1.39	1.47	1.47	1.46	1.47	1.49	1.49	1.36	1.46	1.45	1.46
Mn	0.04	0.05	0.02	0.01	0.04	0.04	0.05	0.04	0.04	0.04	0.04	0.04	0.04	0.04	0.02	0.04	0.04	0.04
Mg	0.52	0.54	0.34	0.38	0.61	0.62	0.20	0.11	0.43	0.42	0.43	0.42	0.40	0.39	0.40	0.44	0.41	0.41

续表 5-2-1

样品号	13D12-1	13D12-2	13D12-3	13D12-4	13D18-2-1-1	13D18-2-1-2	13D18-2-5-3	13D18-2-5-4	13D18-2-1	13D18-2-2	13D18-2-3	13D18-2-4	13D18-2-5	13D18-2-6	13D18-2-7	13D18-2-9	13D20-6	13D20-19
Ca	0.05	0.07	0.44	0.45	0.03	0.04	0.04	0.04	0.03	0.03	0.03	0.04	0.04	0.04	0.03	0.03	0.02	0.02
Na	0.02	0.02	0.13	0.12	0.00	0.00	0.02	0.01	0.00	0.00	0.00	0.00	0.00	0.00	0.01	0.00	0.00	0.01
K	0.00	0.00	0.05	0.05	0.00	0.00	0.02	0.02	0.00	0.00	0.00	0.00	0.00	0.00	0.00	0.00	0.00	0.01
Wo	2.31	3.28	23.46	23.94	1.67	1.71	2.29	2.39	1.63	1.59	1.71	1.99	1.88	2.09	1.54	1.68	0.99	1.10
En	26.15	26.90	18.00	20.22	29.18	29.28	12.32	7.06	21.72	21.54	22.07	21.11	20.40	20.00	18.15	22.32	21.40	20.44
Fs	70.52	68.89	51.72	49.72	69.10	69.02	84.42	89.67	76.45	76.67	76.14	76.91	77.67	77.91	79.79	75.97	77.50	78.20
Ac	1.01	0.93	6.82	6.12	0.05	0.00	0.97	0.88	0.21	0.20	0.08	0.00	0.04	0.00	0.52	0.03	0.10	0.26

36.85%～43.49%、0.41%～0.25%、1.15%～1.38%,多数为富铁、贫镁的铁辉石(Wo＝0.99～2.09、2.12、1.10～3.28;En＝18.15～29.28、7.06～26.9;Fs＝69.02～79.79、68.89～89.67),2个微包体测点落入普通辉石的范围(图 5-2-1a)。上述矿物化学特征与中国东部及世界幔源包体中富镁斜方辉石成分明显不同,排除源自地幔的可能性;结合岩相学上铁辉石与铁橄榄石密切共生的事实,笔者认为二者同为岩浆早期分离结晶的矿物相。

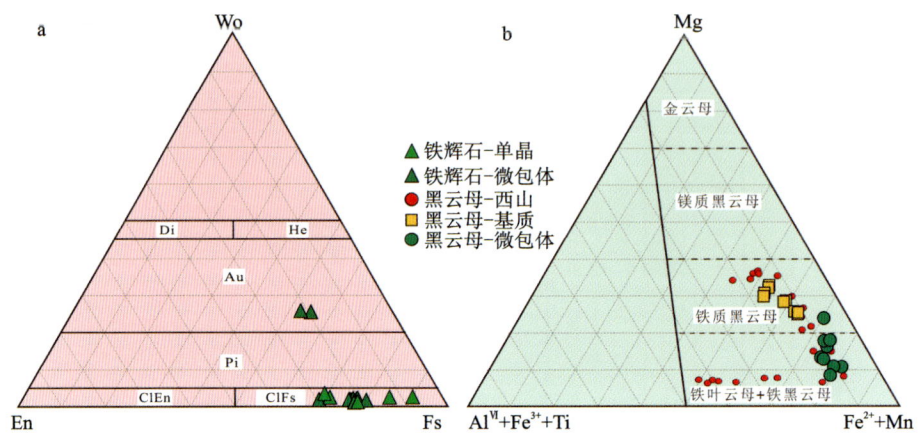

图 5-2-1 西山(杂)岩体铁辉石(a)和黑云母(b)分类图解

第三节 角闪石

角闪石是西山(杂)岩体中花岗质碎斑熔岩和细粒似斑状黑云母二长花岗岩中的常见暗色矿物。据镜下观察,角闪石呈绿色—暗绿色,正中突起,斜切面消光角 15°～25°,正延长,2V＝60°～80°,{100}简单双晶常见。含量不等,在岩石中一般小于 3%;在暗色微包体中含量在 5%～20%之间。角闪石形态特征及其产出形式主要有 3 种:①呈自形—半自形短柱状晶体与其他造岩矿物镶嵌伴生,常见溶蚀结构,为岩浆早期晶出的矿物相;该种类型在两类岩石中均有产出。②多个自形—半自形柱状或针柱状角闪石晶体与黑云母、磁铁矿等一起构成 5～15mm 大小暗色矿物团块或斑点;主要出现于细粒似斑状黑云母二长花岗岩中。③与橄榄石、辉石、黑云母、磁铁矿等一起构成 1～3mm 的微包体,在两类岩石中均有产出,但以花岗质碎斑熔岩为主。根据电子探针分析,以 23 个氧原子为标准计算阳离子系数及有关特征参数值列于表 5-3-1。花岗质碎斑熔岩和中细粒似斑状黑云母二长花岗岩中角闪石化学成分变化不大,CaO 的含量 8.96%～10.60%,TiO_2 的含量较高(>0.75%);MF 值较低,变化在0.12～0.24 之间。所测角闪石样品$(Ca+Na)_B≥1.50$,$Na_B<0.50$,按照 Leake 等(1997)的最新角闪石分类方法,本区角闪石都属于钙质角闪石组,属铁浅闪石;角闪石斑晶属与中酸性侵入岩有关的壳源成因,暗色包体中角闪石明显叠加有幔源物质的印记(图 5-3-1)。

表 5-3-1 角闪石电子探针分析结果（按 ^{22}O 计算离子数）

样品号	13D09-1	13D09-2*	13D18-1*	13D18-2*	13D18-3	14D27-1*	14D27-2*	14D28-1	14D28-2*	14D28-3	14D28-4	14D28-4
SiO_2	42.33	44.07	44.86	42.23	44.63	44.47	46.44	42.85	41.55	43.14	42.60	40.82
TiO_2	1.40	0.44	0.81	1.34	1.48	0.53	1.26	1.39	0.76	1.57	2.05	1.48
Al_2O_3	8.64	7.46	5.71	8.15	7.57	5.53	5.68	7.95	8.74	7.66	8.13	8.49
Fe_2O_3	0.00	10.45	7.06	4.99	6.78			5.49	2.39	1.70	1.08	1.76
FeO	25.44	18.80	19.74	24.93	21.29	27.48	26.25	21.77	24.44	21.78	21.31	25.03
MnO	0.78	0.47	0.75	0.72	1.04	0.53	0.44	0.69	0.79	0.96	0.48	0.79
MgO	4.43	4.49	5.71	3.28	4.79	7.66	6.75	5.33	4.19	5.84	6.70	3.99
CaO	10.50	8.96	9.97	10.33	10.11	9.64	9.73	10.55	10.60	10.02	10.25	10.21
Na_2O	2.86	1.59	1.43	2.08	1.68	1.49	1.58	2.02	2.36	2.46	2.53	2.64
K_2O	1.53	1.01	0.65	1.24	0.97	0.98	0.98	1.26	1.46	1.19	1.38	1.67
Total	97.91	97.73	96.69	99.27	100.34	98.31	99.11	99.30	97.28	96.32	96.51	96.88
Si	6.69	6.93	7.01	6.62	6.78	6.70	6.98	6.62	6.62	6.81	6.69	6.57
$Al^{(IV)}$	1.31	1.17	0.99	1.38	1.22	0.98	1.01	1.38	1.38	1.19	1.31	1.43
$Al^{(VI)}$	0.30	0.19	0.07	0.13	0.13	0.00	0.00	0.07	0.26	0.23	0.20	0.18
Fe^{3+}	0.00	1.22	0.83	0.59	0.77	1.75	0.96	0.64	0.29	0.20	0.13	0.21
Ti	0.17	0.05	0.10	0.13	0.17	0.06	0.14	0.16	0.09	0.19	0.24	0.18
Fe^{2+}	3.36	2.44	2.58	3.27	2.70	1.71	2.34	2.81	3.26	2.87	2.80	3.37
Mn	0.10	0.06	0.10	0.09	0.13	0.07	0.06	0.09	0.11	0.13	0.06	0.11
Mg	1.04	1.04	1.33	0.77	1.08	1.72	1.51	1.23	1.00	1.37	1.57	0.96
Ca	1.78	1.49	1.67	1.73	1.65	1.56	1.57	1.75	1.81	1.69	1.73	1.76

续表 5-3-1

样品号	13D09-1	13D09-2*	13D18-1*	13D18-2*	13D18-3	14D27-1*	14D27-2*	14D28-1	14D28-2*	14D28-3	14D28-4	14D28-4
Na	0.88	0.48	0.43	0.63	0.49	0.44	0.46	0.61	0.73	0.75	0.77	0.82
K	0.31	0.20	0.13	0.25	0.19	0.19	0.19	0.25	0.30	0.24	0.28	0.34
Total	15.93	15.27	15.23	15.61	15.33	15.18	15.22	15.60	15.84	15.69	15.77	15.93
P	4.65	3.47	2.00	4.16	3.44	1.67	1.78	3.88	4.80	3.77	4.15	4.65
MF	0.15	0.19	0.22	0.12	0.18	0.22	0.20	0.20	0.15	0.21	0.24	0.14
深度/km	15.34	11.46	6.59	13.71	11.35	5.50	5.86	12.82	15.85	12.45	13.71	15.35

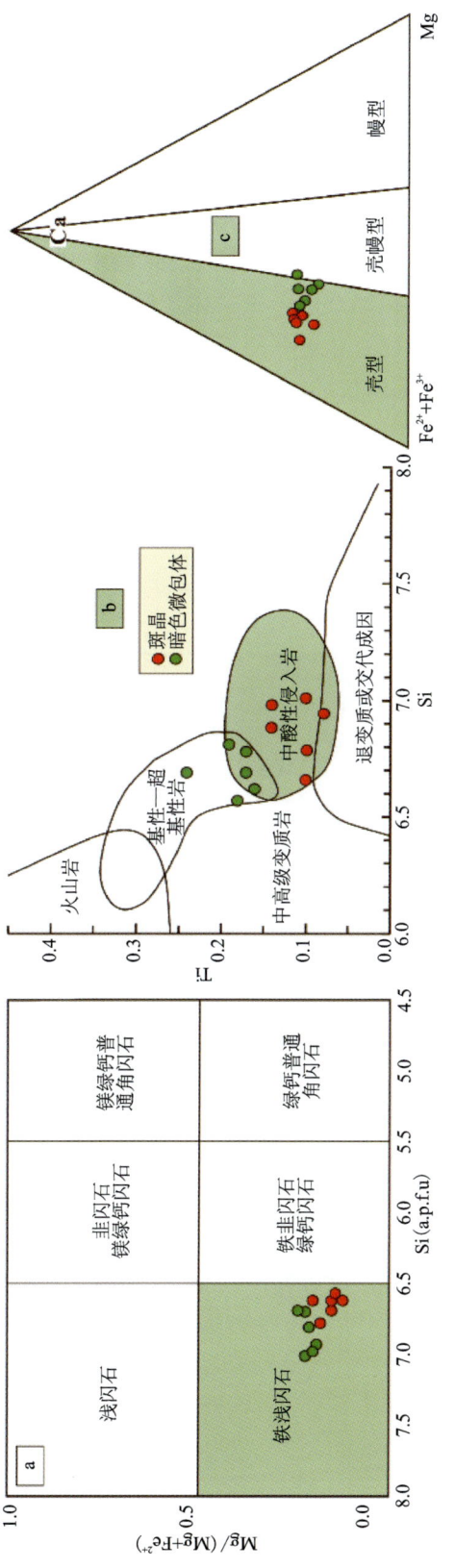

图 5-3-1 角闪石 Si-Mg/(Mg+Fe^{2+})、Si-Ti 及 Ca-(Fe^{3+}+Fe^{2+})-Mg 图解

第四节 云 母

西山(杂)岩体:黑云母普遍具有明显的多色性,棕褐—浅黄色,部分为黄绿-无色。常见的蚀变为绿泥石化。主要形态特征和产出形式有:①呈自形—半自形板片状单晶随机分布,局部被溶蚀呈蚕蚀状,常常包裹有早期结晶的锆石、磁铁矿和磷灰石副矿物等(图5-4-1b~d);②作为基质填隙于长石、石英斑晶及暗色微包体粒间,是岩浆系统中晚期结晶的直接证据(图5-4-1b、g);③作为角闪石、橄榄石和辉石的反应边与磁铁矿伴生(图5-4-1a);④暗色微包体中的黑云母,局部见仅由黑云母组成的暗色微包体;部分基质中的黑云母具有叶片状构造。根据电子探针分析(表5-4-1),所有的黑云母 SiO_2、Al_2O_3、FeO、MgO、K_2O 含量依次为 32.10%~38.67%、11.81%~14.23%、24.35%~34.89%、2.02%~7.73%、7.31%~9.65%。在 Mg-Al^{VI}+Fe^{3+}+Ti-Fe^{2+}+Mn 黑云母的分类图上,基质黑云母样品主要落入铁质黑云母的范围,微包体中黑云母样品为铁叶云母+铁黑云母(图5-2-1b);较前者更富集 Fe^{2+}、贫 Mg。

图5-4-1 西山(杂)(a~g)、金鸡岭(h、i)岩体典型云母类矿物显微照片(正交偏光)

表 5-4-1 西山(杂)岩体黑云母电子探针分析结果(按 ^{22}O 计算离子数)

样品号	D102-1	D107-1	D107-2	13D01-1-3	13D01-3-1	13D01-3-2	13D16-1-1	13D16-1-2	13D16-2-1	13D16-2-2	13D20-1	13D20-2	13D09-2-1	13D09-2-2	13D20-5	13D20-21	13D20-22	13D20-28
SiO_2	34.56	38.27	33.98	33.44	36.01	35.83	33.27	33.31	32.69	32.10	34.10	35.22	34.17	34.15	38.67	37.78	36.02	37.40
TiO_2	1.41	3.29	1.87	2.38	4.03	3.72	3.27	3.11	3.34	3.02	3.36	4.13	2.79	2.77	4.06	3.95	5.27	4.50
Al_2O_3	13.52	12.13	13.47	12.13	13.09	12.97	13.03	12.97	12.68	12.67	11.81	12.31	13.00	14.23	12.36	12.61	12.89	13.02
FeO	34.77	26.25	32.99	31.56	28.74	29.22	31.53	32.10	31.28	31.77	28.35	26.19	33.80	34.89	24.73	24.62	24.35	24.61
MnO	0.52	0.11	0.44	0.31	0.27	0.15	0.41	0.43	0.40	0.39	0.21	0.17	0.59	0.59	0.20	0.17	0.16	0.13
MgO	2.54	6.58	3.92	5.92	6.28	6.05	3.06	2.96	4.16	4.26	5.96	6.59	2.53	2.02	7.73	7.52	7.22	6.94
Na_2O	0.22	0.12	0.10	0.08	0.28	0.23	0.06	0.10	0.10	0.09	0.10	0.10	0.22	0.16	0.11	0.15	0.14	0.00
K_2O	8.87	9.65	8.20	8.23	8.53	8.27	8.92	8.72	8.65	8.64	7.31	8.54	8.61	8.52	9.07	8.71	8.98	9.10
SrO	0.93	0.80	0.89	0.84	0.82	0.83	0.91	0.92	0.88	0.88	0.83	0.80	0.93	0.95	0.76	0.77	0.77	0.78
Li_2O^*	0.37	1.43	0.20	0.04	0.78	0.73	0.00	0.01	0.00	0.00	0.24	0.56	0.25	0.25	1.55	1.29	0.79	1.18
H_2O^*	3.68	3.92	3.66	3.62	3.87	3.84	3.58	3.59	3.57	3.54	3.60	3.73	3.66	3.72	4.00	3.93	3.86	3.92
Total	100.4	101.7	98.83	97.78	101.90	101.01	97.14	97.30	96.87	96.48	95.03	97.54	99.62	101.30	102.47	100.73	99.67	100.80
Si	5.63	5.85	5.57	5.54	5.57	5.60	5.56	5.57	5.48	5.43	5.68	5.66	5.60	5.51	5.80	5.77	5.60	5.72
Al^{IV}	2.37	2.15	2.43	2.37	2.39	2.39	2.44	2.43	2.51	2.53	2.32	2.33	2.40	2.49	2.19	2.23	2.36	2.28
Al^{VI}	0.23	0.03	0.18	0.00	0.00	0.00	0.13	0.13	0.00	0.00	0.00	0.00	0.11	0.21	0.00	0.04	0.00	0.07
Ti	0.17	0.38	0.23	0.30	0.47	0.44	0.41	0.39	0.42	0.38	0.42	0.50	0.34	0.34	0.46	0.45	0.62	0.52
Fe^{3+}	0.09	0.25	0.13	0.07	0.21	0.22	0.15	0.15	0.11	0.07	0.24	0.24	0.14	0.16	0.30	0.30	0.28	0.32

续表 5-4-1

样品号	D102-1	D107-2	13D01-1-3	13D01-3-1	13D01-3-2	13D16-1-1	13D16-1-2	13D16-2-1	13D16-2-2	13D20-1	13D20-2	13D09-2-1	13D09-2-2	13D20-5	13D20-21	13D20-22	13D20-28
Fe^{2+}	4.65	3.11	4.40	4.30	3.51	3.60	4.26	4.34	4.28	4.43	3.70	3.28	4.49	4.55	2.80	2.84	2.89	2.83
Mn	0.07	0.01	0.06	0.04	0.04	0.02	0.06	0.06	0.06	0.06	0.03	0.02	0.08	0.08	0.03	0.02	0.02	0.02
Mg	0.62	1.50	0.96	1.46	1.45	1.41	0.76	0.74	1.04	1.07	1.48	1.58	0.62	0.49	1.73	1.71	1.67	1.58
Li*	0.24	0.88	0.13	0.03	0.49	0.46	0.00	0.01	0.00	0.00	0.16	0.36	0.17	0.16	0.93	0.79	0.49	0.73
Na	0.07	0.04	0.03	0.02	0.08	0.07	0.02	0.03	0.03	0.03	0.03	0.03	0.07	0.05	0.03	0.04	0.04	0.00
K	1.84	1.88	1.72	1.74	1.68	1.65	1.90	1.86	1.85	1.87	1.55	1.75	1.80	1.75	1.74	1.70	1.78	1.78
OH*	4.00	4.00	4.00	4.00	4.00	4.00	4.00	4.00	4.00	4.00	4.00	4.00	4.00	4.00	4.00	4.00	4.00	4.00
Total	19.98	20.08	19.83	19.88	19.89	19.86	19.70	19.71	19.78	19.87	19.61	19.75	19.82	19.79	20.00	19.91	19.76	19.84

*指计算的含量。

金鸡岭岩体：黑云母为棕褐—浅黄色，主要呈自形—半自形板片状单晶随机分布，局部被溶蚀呈蚕蚀状，部分基质中的黑云母具有叶片状构造；在粗中粒斑状黑云母正长花岗岩、细粒斑状二长花岗岩均有产出。白云母主要分布于晚期的细粒斑状二长花岗岩中，分为原生和次生两类，前者作为岩浆晚期结晶产物；后者为后期热液蚀变产物，多呈鳞片状的绢云母产出，与九嶷山地区钨锡成矿作用关系密切。该岩体云母类矿物电子探针分析结果见表5-4-2，表现出富Fe的特征，MgO含量均低于检测下限；黑云母中SiO_2、TiO_2含量变化分别介于37.81%～39.03%、0.88%～1.41%之间，Al_2O_3=19.19%～20.68%，K_2O含量变化范围为8.20%～9.23%，Mg-Li=-0.80～-1.00，$Fe^{2+}+Mn+Ti-Al^{VI}$=1.71～1.89；白云母中SiO_2含量变化范围42.10%～50.78%，Al_2O_3含量变化于19.81%～23.87%之间，K_2O含量变化范围为9.21%～10.10%，Mg-Li=-1.64～-1.22，$Fe^{2+}+Mn+Ti-Al^{VI}$=-0.49～1.11。

表5-4-2 金鸡岭岩体云母类电子探针分析结果(%)及相关参数数据

样品号	SiO_2	TiO_2	Al_2O_3	FeO	MnO	CaO	Na_2O	K_2O	F	Cl	Li_2O^*	Total	Mg-Li	$Fe+Mn+Ti-Al^{VI}$	P
18D205-3	38.53	1.41	19.70	23.05	0.48	1.55	0.26	8.20	0.28		3.49	1.51	100.45	-0.93	1.73	4.23
18D210-3-1	38.95	0.91	20.68	24.17	0.44	1.38	0.19	8.93	—		1.48	1.63	102.05	-0.98	1.71	4.52
18D210-3-2	38.43	1.41	20.35	24.06	0.61	1.57	0.14	9.26	—		1.58	1.48	102.12	-0.89	1.88	4.40
18D210-3-3	39.03	0.88	19.85	24.62	0.60	1.50	0.11	9.23	—		1.41	1.65	102.20	-1.00	1.89	4.12
18D210-3-4	37.81	1.34	19.19	26.03	0.62	1.45		9.23	—		1.46	1.30	101.80	-0.80	2.33	3.94
18D205-1	42.19	1.20	20.86	15.44	0.95	1.51	0.09	9.92	0.01		5.96	2.56	101.91	-1.51	0.35	—
18D205-2	50.48	1.24	19.81	12.61	0.78	1.76	0.03	10.10	0.02		2.94	4.94	107.84	-2.61	-0.11	—
18D206-1-1	42.10	1.11	20.69	19.28	1.25	0.08	0.06	9.46	0.41		3.35	2.53	102.46	-1.48	0.93	—
18D206-1-2	42.48	1.29	21.41	18.86	1.16	0.07		9.20	0.03		3.82	2.64	103.50	-1.53	0.81	—
18D206-1-3	42.45	1.49	20.99	18.88	1.13	0.06	0.14	9.53	0.01		3.44	2.63	103.25	-1.53	0.89	—
18D206-1-4	40.34	2.67	20.28	18.23	1.16	0.05	0.08	9.29	0.13		5.11	2.03	100.80	-1.22	1.11	—
18D206-1-5	45.51	1.70	20.02	16.50	0.99	0.04	0.05	9.21	—		4.66	3.51	104.22	-1.98	0.53	—
18D206-1-6	41.59	1.17	20.80	18.09	1.12	0.02	0.13	9.49	0.02		5.71	2.38	101.82	-1.42	0.73	—
18D208-1	50.78	0.32	20.61	16.77	0.94	0.51	0.04	9.38	—		1.05	5.02	109.55	-2.61	0.23	—
18D208-2-1-1	48.67	0.10	20.92	16.76	1.70	0.05	0.11	9.51			1.26	4.42	107.39	-2.37	0.30	—
18D208-2-1-2	47.65	0.13	21.25	15.03	1.69	0.08	0.04	9.51			2.67	4.12	105.30	-2.26	0.02	—
18D208-2-1-3	50.66	0.12	20.84	13.15	1.44	0.05	0.06	9.70			1.24	4.99	106.20	-2.64	-0.29	—
18D208-2-1-4	50.62	0.11	23.87	12.98	1.63	0.05	0.07	9.63			1.04	4.98	109.17	-2.56	-0.49	—
18D208-2-1-5	48.96	0.15	22.05	14.17	1.63	0.06		9.63			1.84	4.50	106.63	-2.40	-0.18	—
18D208-2-1-6	49.69	0.04	23.15	13.28	1.58	0.08	0.03	9.53			1.92	4.71	107.68	-2.47	-0.42	—
18D208-2-2-1	50.48	0.09	20.57	15.22	1.58	0.06	0.02	9.29			0.90	4.94	107.28	-2.61	0.04	—
18D208-2-2-2	47.08	0.14	21.81	14.97	1.76	0.05	0.07	9.51			1.02	3.96	104.27	-2.18	-0.01	—
18D208-2-2-3	49.63	0.14	20.76	13.24	1.60	0.06	0.05	9.45			1.34	4.69	104.79	-2.53	-0.25	—
18D208-2-2-4	45.56	0.13	22.06	15.56	1.89	0.07	0.13	9.66			0.97	3.52	103.41	-1.97	0.10	—
18D208-2-2-5	46.79	0.15	21.56	14.12	1.59	0.10	0.10	9.86			1.25	3.88	103.14	-2.15	-0.14	—
18D208-2-2-6	48.92	0.08	20.72	15.39	1.62	0.06	0.03	9.79			0.05	4.49	105.60	-2.42	0.09	—

续表 5-4-2

样品号	SiO_2	TiO_2	Al_2O_3	FeO	MnO	CaO	Na_2O	K_2O	F	Cl	Li_2O^*	Total	Mg-Li	$Fe+Mn+Ti-Al^{VI}$	P
18D208-4	45.01	0.44	22.08	15.85	1.33	0.41	0.21	9.51	—	1.24	3.37	103.15	−1.89	0.14	—
18D208-5	47.53	0.25	22.53	13.58	1.13	0.57	0.06	9.71		0.86	4.09	104.33	−2.22	−0.33	
18D208-6	46.38	0.31	22.60	14.73	1.21	0.57	0.10	9.66		1.15	3.76	104.30	−2.07	−0.12	
18D208-7	47.53	0.25	22.53	13.58	1.13	0.57	0.06	9.71		0.86	4.09	104.33	−2.22	−0.33	
18D208-8	46.38	0.31	22.60	14.73	1.21	0.57	0.10	9.66	—	1.15	3.76	104.30	−2.07	−0.12	—

黑云母按照成因可分为岩浆黑云母和热液黑云母,研究表明:前者高 TiO_2、K_2O,低 Al_2O_3 含量(Parsapoor 等,2015),而后者则具高 Mg/(Mg+Fe)值(Beane,1974)。如前所述,本书所得粗中粒斑状黑云母正长花岗岩与细粒斑状二长花岗岩样品 MgO 含量极低,分别为 0.08%~0.18%、0.03%~0.09%;与本书分析的 31 个电子探针测点 MgO 含量低于检测限度相吻合。在岩相学上,热液黑云母一般呈弥散状、脉状结构,鳞片状集合体,多色性弱,褐色不明显或者出现浅绿色(Nachit et al.,2005;唐攀等,2017)。而本次研究中的黑云母主要分为半自形深褐色的黑云母,具多色性明显、干涉色鲜艳的岩相学特征,表现出岩浆黑云母的特征。在云母(Mg-Li)-(Fe^{2+}+Mn+Ti-Al^{VI})分类图解中,5 个黑云母属于黑鳞云母,26 个绢云母测点则多数落入铁锂云母范围,图 5-4-2。将前人数据投入上述图解中,31 个粗中粒斑状黑

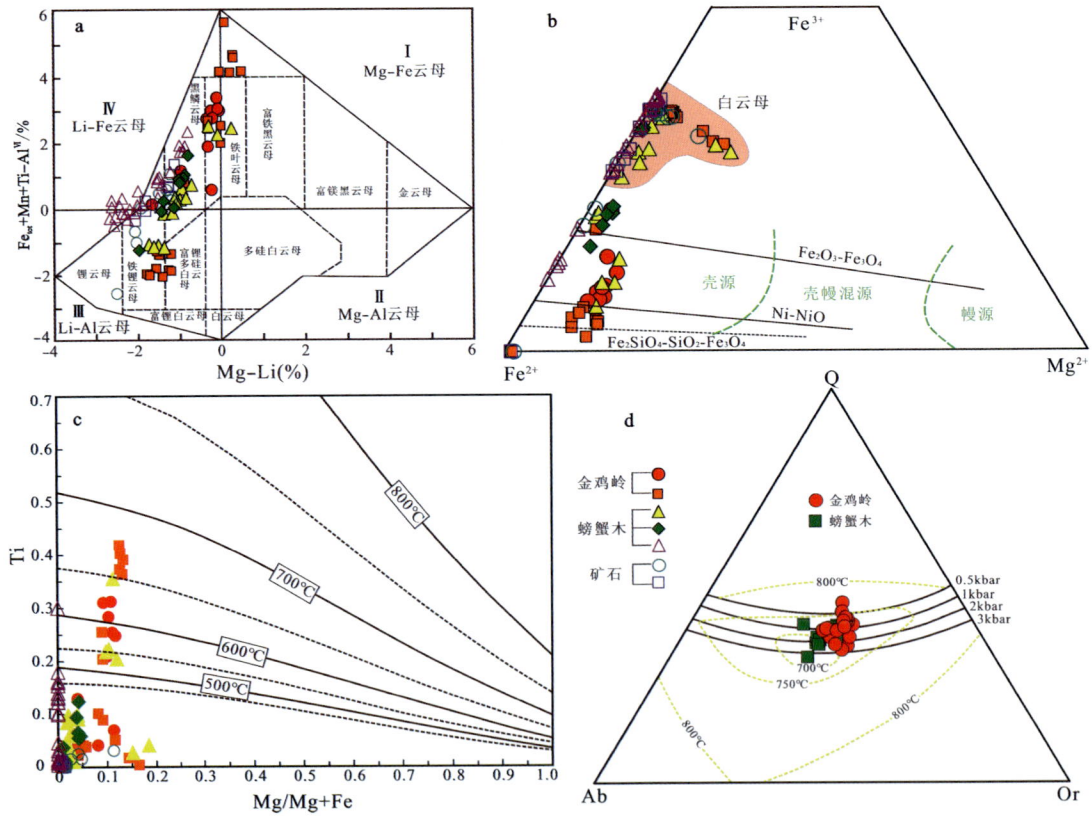

图 5-4-2 金鸡岭岩体云母类 Mg-Li vs Fe^{2+}+Mn+Ti-Al^{VI}(a)、Fe^{3+}-Fe^{2+}-Mg^{2+}(b) Mg/(Mg+Fe)-Ti(c) 与岩体 Q-Ab-Or(d)图解(部分数据引自苏红中,2017;Liu et al.,2019)

第七节 石榴石

本书在西山(杂)岩体中细粒似斑状黑云母二长花岗岩中发现3颗石榴石单晶,被溶蚀为椭圆状且发育碎裂结构;2颗石榴石周围发育毛发状绿泥石,后者应为后期蚀变的产物(图5-7-1)。于英安岩中同样发现较多具碎裂结构的石榴石,产状与前者相同。背散射图像及矿物化学分析显示:两类岩石中石榴石无明显成分环带,由核部到边部具有 Mg# 依次降低的趋势,反映岩浆结晶时石榴石与相邻矿物(如黑云母)进行 Fe-Mg 离子交换作用;Alm>Grs>Sps≈Prp,具体含量分别为 77.20%～88.86%、3.56%～9.62%、1.36%～8.06%、0.21%～8.11%(表5-7-1);在石榴石三端元判别图解中,本书石榴石样品均源自角闪岩相变质岩(图5-7-2)。

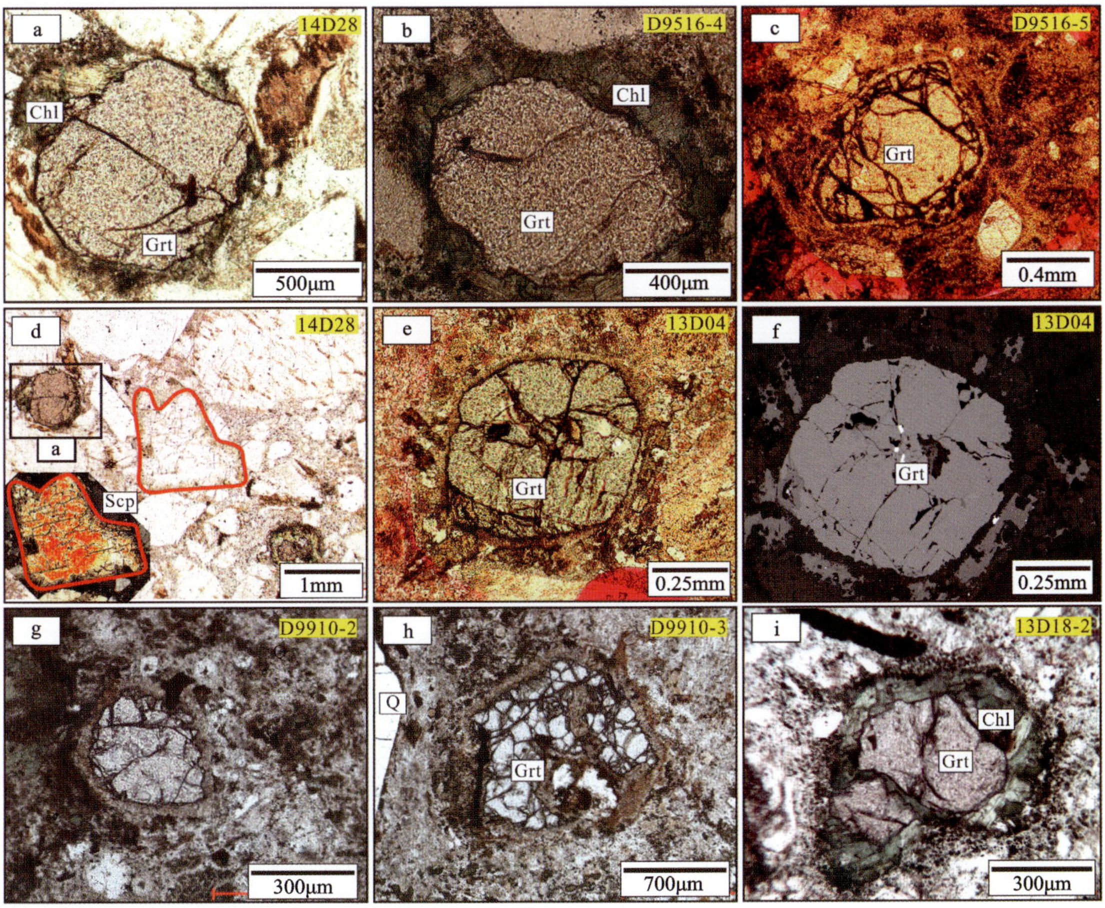

图5-7-1 西山(杂)岩体典型石榴石显微照片

表 5-7-1　石榴石电子探针分析结果（按 ^{22}O 计算离子数）

样品号	13D04-1	13D04-2	13D04-3	13D04-4	14D28-2-1	14D28-2-2	14D28-2-3	14D28-2-4	14D28-2-5	14D28-2-6	14D28-2-7
SiO_2	37.24	37.49	36.74	35.89	36.21	36.80	37.43	36.22	36.95	37.21	37.40
TiO_2	0.03	0.02	0.00	0.01	0.05	0.00	0.01	0.01	0.00	0.07	0.03
Al_2O_3	20.33	20.78	19.81	19.79	20.43	19.87	20.97	20.98	21.01	20.86	20.57
FeO	37.34	37.43	37.51	37.66	38.19	38.40	35.66	34.66	34.85	34.03	37.51
MnO	3.00	3.33	4.05	4.03	1.70	1.68	1.56	1.63	1.56	1.58	3.13
MgO	0.55	0.48	0.33	0.32	0.66	0.74	1.83	1.99	1.97	1.99	0.61
CaO	0.85	0.62	0.85	0.40	1.27	1.35	2.57	2.63	2.81	2.76	0.69
Si	3.06	3.06	3.04	3.02	3.01	3.05	3.02	2.98	3.01	3.04	3.06
Ti	0.00	0.00	0.00	0.00	0.00	0.00	0.00	0.00	0.00	0.00	0.00
Al	1.97	2.00	1.93	1.96	2.00	1.94	2.00	2.04	2.02	2.00	1.98
Fe^{2+}	0.00	0.00	0.04	0.03	0.00	0.03	0.00	0.00	0.00	0.00	0.00
Mn	2.57	2.55	2.56	2.62	2.66	2.63	2.41	2.39	2.37	2.32	2.56
Mg	0.21	0.23	0.28	0.29	0.12	0.12	0.11	0.11	0.11	0.11	0.22
Ni	0.07	0.06	0.04	0.04	0.08	0.09	0.22	0.24	0.24	0.24	0.07
Ca	0.07	0.05	0.08	0.04	0.11	0.12	0.22	0.23	0.25	0.24	0.06
Sps	2.28	1.94	1.36	1.36	2.73	3.10	7.35	7.99	7.91	8.06	2.52
Grs	7.07	7.68	9.61	9.62	3.99	3.98	3.57	3.72	3.56	3.64	7.28
Prp	2.54	1.82	0.56	0.21	3.76	2.43	7.42	7.59	8.11	8.03	2.03
Alm	86.90	85.23	86.49	87.81	88.43	88.86	80.44	78.14	78.48	77.20	86.27
Other	1.21	3.33	0.00	0.00	1.09	0.00	1.22	2.54	1.94	3.08	1.90

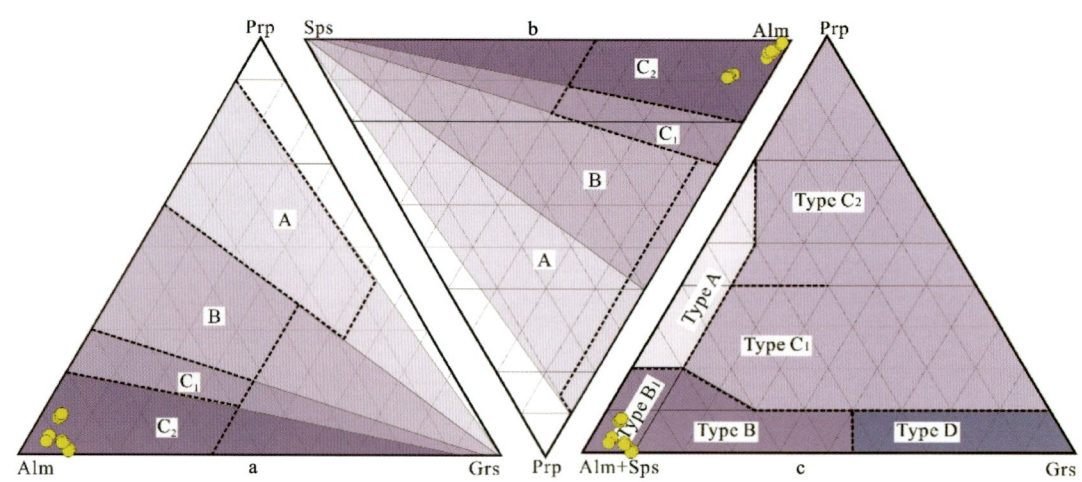

图 5-7-2　西山（杂）岩体石榴石判别图解

第六章 岩石地球化学

本章主要介绍了九嶷山复式岩体不同期次岩体样品主量、微量和稀土元素的元素特征。所采集的样品首先经薄片显微镜下观察与鉴定,然后选择具有代表性且无蚀变的样品用于测试分析。所用测试均在自然资源部中南矿产资源监督检测中心完成。样品均在无污染设备中破碎、研磨至200目以上以供后续测试。全岩主量元素采用熔片-X荧光光谱法,所用仪器为荷兰Pandlytical公司生产的AXIOS型X荧光光谱仪,对主量元素检出限一般大于0.005%,分析精度为0.1%~1.0%。微量和稀土元素则主要采用混合酸溶矿制样、等离子体质谱法检测完成。所用仪器为美国Thermofisher公司生产的XⅡSeries型等离子体质谱仪,检出限一般大于$0.01\mu g/g$,其测定精密度:短期稳定性小于1.5%,长期稳定性小于3%。

第一节 雪花顶岩体

本书对雪花顶岩体中细粒含斑二长花岗岩花样品进行岩石地球化学分析,结果表明:5件样品SiO_2、Al_2O_3、MgO、K_2O、Na_2O含量依次为66.09%~68.06%(平均67.12%)、14.00%~14.99%(平均14.49%)、1.65%~2.16%(平均1.83%)、4.01%~5.15%(平均4.57%)和2.86%~3.01%(平均2.93%),具体分析数据见表6-1-1。在TAS图解上,所测样品落入石英二长岩和花岗闪长岩之间;K_2O/SiO_2图解中,属高钾钙碱性—钾玄岩系列;A/CNK=0.96~1.05,在A/NK-A/CNK图解中落入准铝质—弱过铝质范围(图6-1-1)。所有样品$\Sigma REE=302.0\times10^{-6}$~$525.6\times10^{-6}$(平均$420.2\times10^{-6}$),高于世界花岗岩均值($254.3\times10^{-6}$;Taylor and McLennan,1985);$(La/Yb)_N=4.03$~7.93(平均5.46),属轻稀土富集型;$\delta Eu=0.45$~0.71(平均0.57),具中度铕负异常,显示岩浆经历斜长石分离结晶过程;在稀土元素球粒陨石标准化图解中,样品具有一致的右倾式配分曲线(图6-1-2)。

表 6-1-1 雪花顶、金鸡岭岩体主量元素(%)和微量、稀土元素(10^{-6})分析数据

岩体	雪花顶岩体						金鸡岭岩体									
岩性	中细粒含斑二长花岗岩						细粒斑状二长花岗岩					粗中粒斑状黑云母正长花岗岩				
样品号	14Y017	14Y019	14Y020	14Y021	14Y022	平均	12D56-2	12D57	12D58	范围(11)	平均	12D70	17D11	17D35	范围(18)	平均
SiO_2	67.91	67.03	66.09	66.51	68.06	67.12	75.3	75.03	75.31	75.03~77.38	75.28	75.87	76.84	75.51	74.62~78.36	76.03
TiO_2	0.54	0.52	0.48	0.5	0.52	0.51	0.23	0.04	0.01	0.01~0.1	0.03	0.18	0.25	0.05	0.04~0.25	0.22
Al_2O_3	14	14.42	14.94	14.99	14.08	14.49	11.89	12.93	13.01	12.2~13.22	12.8	11.36	11.1	12.47	11.1~13.33	11.45
Fe_2O_3	0.75	0.71	0.94	0.78	0.61	0.76	0.18	0.17	0.05	0.03~0.25	0.14	0	0.66	0.21	0~0.66	0.28
FeO	3.86	3.85	3.5	3.72	3.56	3.70	2.75	1.9	1.97	0.61~2.32	2.06	3.33	2.23	2.32	1.02~3.33	2.77
FeO*	4.53	4.49	4.35	4.42	4.11	4.38	2.91	2.05	2.01	0.62~2.05	2.19	3.33	2.83	2.51	0.82~3.33	3.02
MnO	0.08	0.09	0.08	0.08	0.1	0.09	0.04	0.07	0.06	0.03~0.07	0.06	0.03	0.04	0.04	0.01~0.04	0.04
MgO	1.75	1.89	1.69	1.65	2.16	1.83	0.18	0.23	0.01	0.01~0.23	0.09	0.12	0.25	0.03	0.01~0.25	0.18
CaO	2.73	2.98	3	2.65	1.78	2.63	1.14	0.68	0.4	0.21~0.70	0.58	1.03	1.13	0.67	0.57~1.14	1.1
Na_2O	2.96	2.9	3.01	2.86	2.93	2.93	2.68	3.09	4.36	2.53~4.51	3.78	2.77	2.64	3.88	2.64~3.55	2.7
K_2O	4.01	4.41	4.63	5.15	4.65	4.57	5.13	4.68	4.57	3.57~5.17	4.57	4.91	4.41	4.47	4.41~5.51	4.82
P_2O_5	0.16	0.16	0.15	0.15	0.15	0.15	0.04	0.01	0.01	0.01~0.02	0.01	0.03	0.06	0.01	0.01~0.06	0.04
LOI	0.71	0.48	0.92	0.37	0.84	0.66	0.04	0.93	<0.001	0~1.45	0.33	<0.001	0.06	0.07	0~0.93	0.03
Total	98.74	98.95	98.51	99.03	98.6	98.77	99.61	99.76	99.75	98.47~99.87	99.75	99.63	99.68	99.73	99.24~100.43	99.64
A/CNK	0.99	0.96	0.97	0.99	1.07	1.00	0.99	1.14	1.01	1.00~1.18	1.05	0.97	0.99	1	0.97~1.21	0.98
Ba	593	759	1100	1190	790	886.4	427	25.7	5.86	2.5~85.80	13.41	279	215	8.68	31.09~427	307
Rb	250	256	260	292	268	265.2	150	949	1230	710.0~1370	963	285	133	710	133~653.64	189.33
Sr	135	150	159	156	175	155	47.9	3.36	2.15	1.18~14.20	2.6	30.5	43.2	2.28	9.26~47.9	40.53

续表 6-1-1

岩体	雪花顶岩体						金鸡岭岩体									
岩性	中细粒含斑二长花岗岩						细粒斑状二长花岗岩					粗中粒斑状黑云母正长花岗岩				
样品号	14Y017	14Y019	14Y020	14Y021	14Y022	平均	12D56-2	12D57	12D58	范围(11)	平均	12D70	17D11	17D35	范围(18)	平均
Y	27.9	21.9	26.9	22.9	28.6	25.64	53.8	155	150	54.60~188.65	146.67	61	57.2	135	41.7~155.4	57.33
Zr	207	210	202	170	218	201.4	189	78.2	62	57.70~155.00	79.67	211	250	98.8	106.38~250	216.67
Nb	14.2	12.4	12.3	12.4	13.6	12.98	19.9	52.7	12	12.00~62.37	36.3	19.1	23.7	44.2	16.7~39.79	20.9
Th	33.5	22.9	15.5	18.4	23.6	22.78	53.7	27.1	7.35	7.35~64.60	23.02	51.7	73.8	34.6	27.75~77.51	59.73
Ga	15.7	15.1	15.5	15.2	15.6	15.42	21.4	32.3	28.6	22.60~34.10	30.1	30.2	18.9	29.4	17.04~30.20	23.5
Hf	6.96	6.86	6.31	7.93	13.8	8.37	5.88	6.92	6.04	5.96~8.54	6.6	8	7.67	6.84	5.06~9.14	7.18
Ta	1.73	1.97	1.78	2.4	2.45	2.07	1.32	20.3	6.14	5.40~28.60	13.71	2.43	2.37	14.7	1.32~9.03	2.04
U	9.27	4.08	6.45	6.14	4.12	6.01	6.78	25.6	9.42	6.13~34.91	22.34	10.9	14.3	32	6.14~32	10.66
FeO^T/MgO	2.59	2.37	2.57	2.68	1.9	2.42	16.33	8.84	245.4	4.27~245.40	111.71	28.23	11.3	80.88	11.30~163.76	18.62
10000Ga/Al	2.12	1.98	1.96	1.92	2.09	2.01	3.4	4.72	4.15	3.48~4.90	4.44	5.02	3.22	4.46	2.66~5.02	3.88
Zr+Nb+Y+Ce	350.1	336.9	304	255.6	341.8	317.68	525.7	347.4	255.5	199.32~406.10	317.17	502.1	554.9	348.6	211.91~565.60	527.57
Rb/Sr	1.85	1.71	1.64	1.87	1.53	1.72	3.13	282.4	572.1	141.96~779.72	388.64	9.34	3.08	311.4	3.13~7.57	5.18
Zr/Hf	28.09	30.17	29.45	26.94	27.49	28.43	32.14	11.3	10.26	10.26~23.13	12	26.38	32.59	14.44	19.19~32.14	30.37
Sm/Nd	0.55	0.53	0.66	0.67	0.6	0.60	0.18	0.37	0.46	0.25~0.46	0.4	0.19	0.19	0.36	0.14~0.29	0.19
t(zr)	761.8	754.7	750.7	739.9	780.9	757.6	811	821	801	743~823	809.8	780	802	808	736~837	797.8
La	29.86	27.26	18.63	14.1	24.17	22.80	125	34.3	13.1	9.13~55	25.87	109	103	30.2	16.69~125	112.33
Ce	61.81	56.67	38.43	30.78	49.94	47.53	263	61.5	31.5	29.30~122.00	54.53	211	224	70.6	34~263	232.67
Pr	7.57	6.85	4.82	3.93	6.14	5.86	26.3	12.9	5.22	2.89~12.90	9.41	25.8	22.4	10.1	4.77~26.30	24.83

续表 6-1-1

岩体	雪花顶岩体						金鸡岭岩体									
岩性	中细粒含斑二长花岗岩						细粒斑状二长花岗岩					粗中粒斑状黑云母正长花岗岩				
样品号	14Y017	14Y019	14Y020	14Y021	14Y022	平均	12D56-2	12D57	12D58	范围(11)	平均	12D70	17D11	17D35	范围(18)	平均
Nd	26.29	22.56	17.47	14.52	22.18	20.60	95.1	48.4	21.3	12.62～51.00	35.97	88.9	80.4	38.2	20.11～95.10	88.13
Sm	4.7	3.89	3.76	3.2	4.33	3.98	17.2	17.9	9.85	4.21～17.90	13.78	17.1	15	13.6	5.28～17.20	16.43
Eu	0.64	0.68	0.77	0.7	0.66	0.69	1	0.12	0.03	0.01～0.27	0.08	0.91	0.68	0.09	0.15～1.00	0.86
Gd	3.9	3.45	3.1	2.69	3.58	3.34	14.6	16.1	9.7	6.01～16.69	13.2	15.6	12.9	13.8	5.70～20.5	14.37
Tb	0.65	0.51	0.52	0.46	0.6	0.55	2.13	3.82	2.87	1.56～3.82	3.38	2.41	2.02	3.44	1.19～2.98	2.19
Dy	3.81	2.74	3.2	2.74	3.63	3.22	11.8	25.2	21.5	11.13～25.20	23.5	13	11.7	23.8	7.86～20.46	12.17
Ho	0.78	0.59	0.73	0.61	0.79	0.70	2.27	5.19	4.6	2.35～5.56	4.91	2.53	2.28	4.95	2.05～3.00	2.36
Er	2.13	1.63	1.92	1.66	2.09	1.89	5.98	15.8	14.6	7.16～18.53	14.9	6.73	6.2	14.3	5.80～8.85	6.3
Tm	0.37	0.26	0.3	0.26	0.34	0.31	0.89	3.54	3.38	1.62～3.54	3.25	1.15	0.97	2.82	0.74～1.79	1
Yb	2.65	1.77	2.14	1.8	2.45	2.16	5.66	26.9	24.9	8.02～26.90	23.67	7.61	6.24	19.2	4.71～14.17	6.5
Lu	0.38	0.26	0.33	0.27	0.36	0.32	0.74	3.84	3.78	1.51～3.84	3.43	1.03	0.84	2.66	0.69～2.09	0.87
LREE	404.8	365.1	267.3	215.2	335.4	317.56	527.6	175.12	81	47.77～254.07	139.64	452.71	445.48	162.79	81～527.6	475.26
HREE	120.8	90.69	101.2	86.76	113.8	102.65	44.07	100.39	85.33	47.01～100.39	90.23	50.06	43.15	84.97	27.37～82.20	45.76
(La/Yb)$_N$	5.79	7.93	4.47	4.03	5.08	5.46	15.84	0.91	0.38	0.25～1.18	0.81	10.27	11.84	1.13	1.91～15.84	12.65
δEu	0.45	0.55	0.66	0.71	0.5	0.57	0.063	0.007	0.003	0.003～0.021	0.006	0.056	0.049	0.007	0.025～0.180	0.056
REE	525.6	455.79	368.5	301.96	449.2	420.21	571.67	275.51	166.33	94.78～314.05	229.87	502.77	488.63	247.76	108.36～571.67	521.02

注：范围数据引自李剑锋等, 2021。

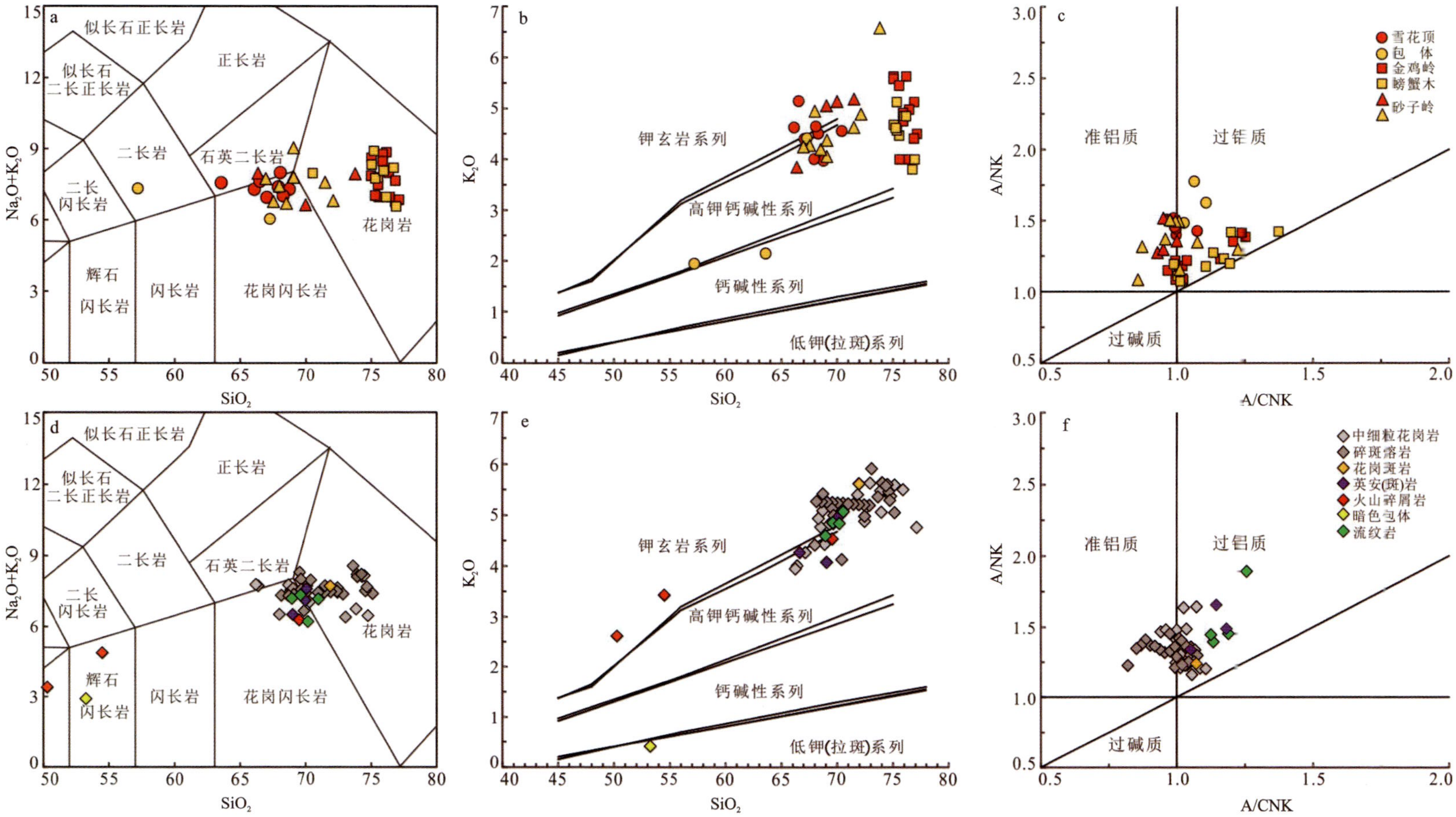

图 6-1-1 九嶷山复式岩体与西山(杂)岩体 Na_2O+K_2O/SiO_2 (a、d)、K_2O-SiO_2 图解 (b、e) 和 A/NK-A/KNC 图解 (c、f)

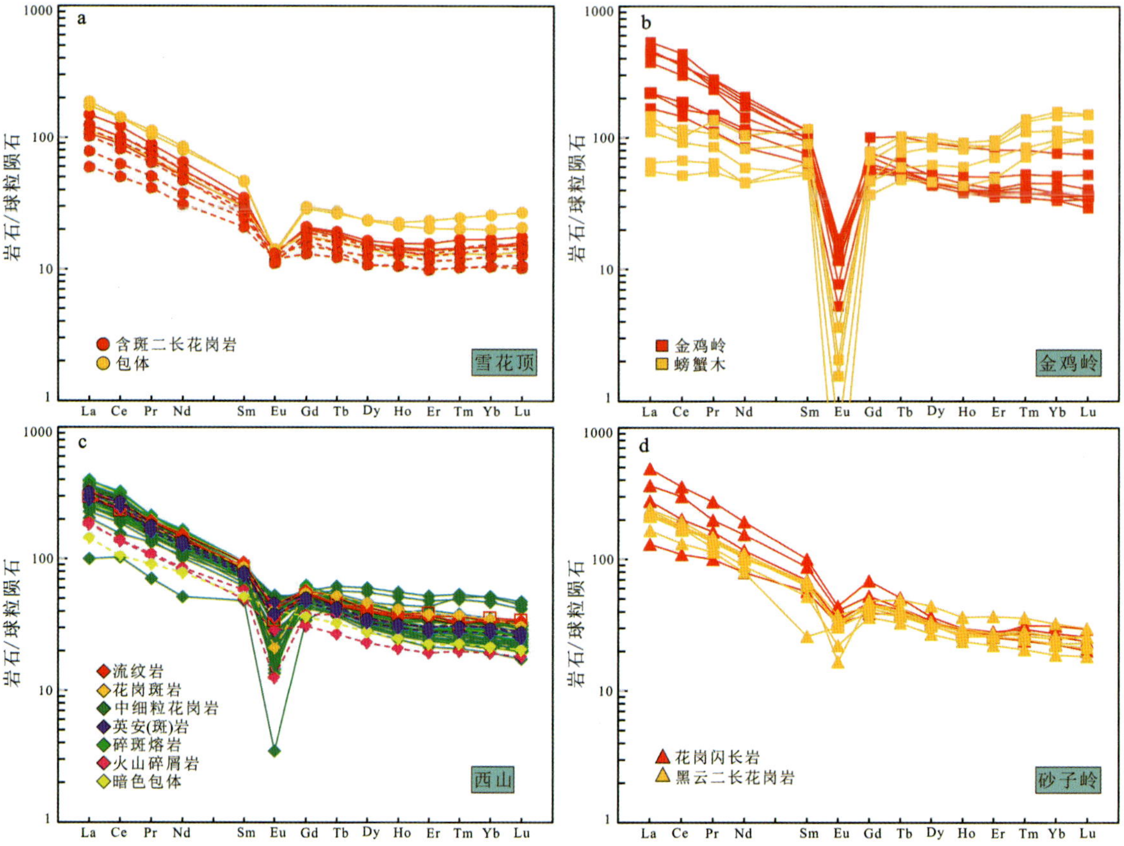

图 6-1-2 九嶷山复式岩体 REE 配分图

微量元素方面,大离子亲石元素 Rb($250\times10^{-6}\sim292\times10^{-6}$)、Ba($593\times10^{-6}\sim1190\times10^{-6}$)含量明显高于大陆地壳丰度($32\times10^{-6}$、$250\times10^{-6}$),而 Sr($135\times10^{-6}\sim175\times10^{-6}$)含量则低于其大陆地壳丰度($260\times10^{-6}$);放射性热元素 Th($15.5\times10^{-6}\sim33.5\times10^{-6}$)、U($4.08\times10^{-6}\sim9.27\times10^{-6}$)含量高于大陆地壳丰度($3.5\times10^{-6}$、$0.91\times10^{-6}$);高场强元素 Hf($6.31\times10^{-6}\sim13.80\times10^{-6}$)、Nb($12.3\times10^{-6}\sim14.2\times10^{-6}$)、Zr($170\times10^{-6}\sim218\times10^{-6}$)含量略高于地壳丰度($3\times10^{-6}$、$11\times10^{-6}$、$100\times10^{-6}$),Ta($1.73\times10^{-6}\sim2.45\times10^{-6}$)含量与地壳丰度($2\times10^{-6}$)相仿;样品 Rb/Sr、Zr/Hf、Sm/Nd 比值分别介于 $1.53\sim1.87$、$26.94\sim30.17$ 及 $0.53\sim0.67$ 之间(表 6-1-1)。在原始地幔标准微量元素蛛网图上,整体具有富集 Rb、Th、U、Nd、Hf,亏损 Ba、Sr、P、Nb 和 Ti 的特点(图 6-1-3)。Rb、Th、U 元素富集,Ba、Sr 元素亏损暗示岩浆可能发生分异演化;高场强元素 P、Ti 元素的亏损可能与磷灰石和钛铁矿的分离结晶有关。使用 Watson(1983)计算公式获得其锆石饱和温度(T_{Zr})为 $739.9\sim780.9$℃(平均 757.6℃),低于 I 型花岗岩平均温度 781℃,与 S 型花岗岩平均温度 764℃接近(King et al.,2001)。

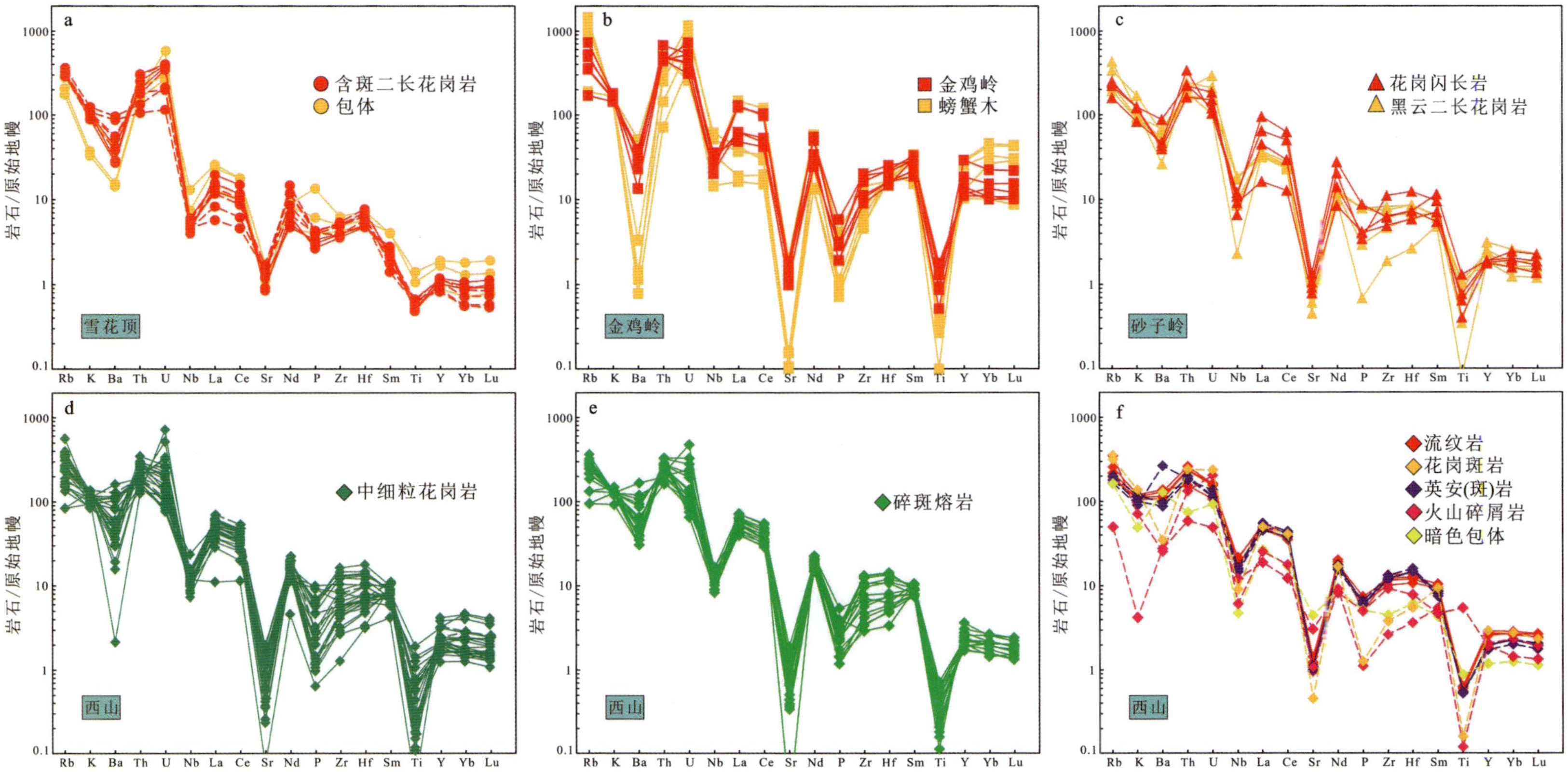

图 6-1-3 九嶷山复式岩体稀土元素蛛网图

第二节　金鸡岭岩体

本书对金鸡岭岩体粗中粒斑状黑云母正长花岗岩（3件）、细粒斑状二长花岗岩（3件）开展岩石地球化学分析工作，并统计已有数据（李剑锋等，2021），分述如下。

粗中粒斑状黑云母正长花岗岩 SiO_2、Al_2O_3、MgO、K_2O、Na_2O 含量依次为 $74.62\%\sim78.36\%$（平均 76.03%）、$11.10\%\sim13.33\%$（平均 11.45%）、$0.01\%\sim0.25\%$（平均 0.18%）、$4.41\%\sim5.51\%$（平均 4.82%）和 $2.64\%\sim3.55\%$（平均 2.70%），具体分析数据见表 6-1-1。在 TAS、K_2O/SiO_2 图解中，本类样品分别落入花岗岩、高钾钙碱性—钾玄岩系列范围；本书样品 A/CNK 分布于 $0.97\sim1.21$ 之间，在 A/NK-A/CNK 图解中全部落入准铝质—弱过铝质范围（图 6-1-1）。该类岩石 $\Sigma REE=108.36\times10^{-6}\sim571.67\times10^{-6}$（平均 521.02×10^{-6}），高于世界花岗岩均值（254.3×10^{-6}）；$(La/Yb)_N=1.91\sim15.84$（平均 12.65），属轻稀土富集型；$\delta Eu=0.03\sim0.18$（平均 0.06）（表 6-1-1），暗示源区可能含有石榴石，侵位过程伴随斜长石分离结晶，即岩浆经历高度分异演化。在稀土元素球粒陨石标准化图解中，本类岩石具一致的右倾式配分曲线；与砂子岭、西山（杂）岩体（李剑锋等，2020，Li et al.，2025）极为相近（图 6-1-2），暗示它们可能存在成因联系。

粗中粒斑状黑云母正长花岗岩样品大离子亲石元素 Rb（$133\times10^{-6}\sim654\times10^{-6}$）、Ba（$31\times10^{-6}\sim427\times10^{-6}$）含量明显高于大陆地壳丰度（$32\times10^{-6}$、$250\times10^{-6}$），而 Sr（$9.3\times10^{-6}\sim47.9\times10^{-6}$）含量则低于其大陆地壳丰度（$260\times10^{-6}$）；放射性热元素 Th（$27.8\times10^{-6}\sim77.5\times10^{-6}$）、U（$6.14\times10^{-6}\sim32.00\times10^{-6}$）含量高于大陆地壳丰度（$3.5\times10^{-6}$、$0.91\times10^{-6}$）；高场强元素 Hf（$5.06\times10^{-6}\sim9.14\times10^{-6}$）、Nb（$16.7\times10^{-6}\sim39.8\times10^{-6}$）、Zr（$106\times10^{-6}\sim250\times10^{-6}$）含量略高于地壳丰度（$3\times10^{-6}$、$11\times10^{-6}$、$100\times10^{-6}$），Ta（$1.32\times10^{-6}\sim9.03\times10^{-6}$）含量与地壳丰度（$2\times10^{-6}$）相仿；样品 Rb/Sr、Zr/Hf、Sm/Nd 比值为 $3.13\sim7.57$、$19.19\sim32.14$ 及 $0.14\sim0.29$（表 6-1-1）。在原始地幔标准微量元素蛛网图上，整体具有富集 Rb、K、Th、U、Nd、Hf，亏损 Ba、Sr、P、Nb 和 Ti 的特点（图 6-1-3）。Rb、K、Th、U 等元素的富集，Ba、Sr 等元素的亏损暗示岩浆发生高度分异演化；高场强 P、Ti 元素的亏损可能受控于磷灰石和钛铁矿的分离结晶。

细粒斑状二长花岗岩 SiO_2、Al_2O_3、MgO、K_2O、Na_2O 含量依次为 $75.03\%\sim77.38\%$（平均 75.28%）、$12.20\%\sim13.22\%$（平均 12.80%）、$0.01\%\sim0.23\%$（平均 0.09%）、$3.57\%\sim5.17\%$（平均 4.57%）和 $2.53\%\sim4.51\%$（平均 3.78%），具体分析数据见表 6-1-1。在 TAS、K_2O/SiO_2 图解中，本类样品分别落入花岗岩、高钾钙碱性—钾玄岩系列范围；细粒斑状二长花岗岩样品 A/CNK 分布于 $1.00\sim1.18$ 之间，在 A/NK-A/CNK 图解中落入准铝质—过铝质范围（图 6-1-1）。细粒斑状二长花岗岩 $\Sigma REE=94.78\times10^{-6}\sim314.05\times10^{-6}$（$229.87\times10^{-6}$）；略低于世界花岗岩均值（$254.3\times10^{-6}$）；$(La/Yb)_N=0.25\sim1.18$（平均 0.81），$\delta Eu=0.003\sim0.021$（平均 0.006）（表 6-1-1），明显低于粗中粒斑状黑云母正长花岗岩；暗示岩浆演化过程伴有极为强烈的斜长石分离结晶；相比于金鸡岭岩体主体具有更高度程度的分异作

用。在稀土元素球粒陨石标准化图解中,细粒斑状二长花岗岩样品无明显的轻、重稀土分馏且具明显的四分组效应,暗示强烈的熔体—流体作用过程;其稀土配分模式与粗中粒斑状黑云母正长花岗岩相差较大。

细粒斑状二长花岗岩大离子亲石元素 Rb($710×10^{-6}$~$1370×10^{-6}$)含量明显高于大陆地壳丰度($32×10^{-6}$),而 Sr($1.18×10^{-6}$~$14.2×10^{-6}$)、Ba($2.5×10^{-6}$~$85.8×10^{-6}$)含量则低于其大陆地壳丰度($260×10^{-6}$、$250×10^{-6}$);放射性热元素 Th($7.35×10^{-6}$~$64.6×10^{-6}$)、U($6.13×10^{-6}$~$34.91×10^{-6}$)含量高于大陆地壳丰度($3.5×10^{-6}$、$0.91×10^{-6}$);高场强元素 Hf($5.96×10^{-6}$~$8.54×10^{-6}$)、Nb($12.0×10^{-6}$~$62.4×10^{-6}$)、Zr($58×10^{-6}$~$155×10^{-6}$)、Ta($5.40×10^{-6}$~$28.60×10^{-6}$)含量略高于地壳丰度($3×10^{-6}$、$11×10^{-6}$、$100×10^{-6}$、$2×10^{-6}$);样品 Rb/Sr、Zr/Hf、Sm/Nd 比值分别介于 141.96~779.72、10.26~23.13 及 0.25~0.46 之间,明显高于九嶷山复式岩体其他岩性的 Rb/Sr 比值指示岩浆系统的高度分异演化,与稀土元素地球化学特征自洽印证。在原始地幔标准微量元素蛛网图上,整体具有富集 Rb、K、Th、U、Nd、Hf,亏损 Ba、Sr、P、Nb 和 Ti 的特点(图 6-1-3)。Rb、K、Th、U 等元素的富集,Ba、Sr 等元素的亏损与岩浆发生斜长石分离结晶、高度分异演化有关;高场强 P、Ti 元素的亏损可能受控于磷灰石和钛铁矿的分离结晶。

使用 Watson(1983)计算公式获得粗中粒斑状黑云母正长花岗岩、细粒斑状二长花岗岩锆石饱和温度(T_{Zr})为 743~823℃(平均 797.8℃)、736~837℃(平均 809.8℃),低于典型的 A 型花岗岩(839℃),高于 S、I 型花岗岩平均温度 764℃及 781℃(King et al.,2001)。本书报道的金鸡岭岩体两类花岗岩 Zr/Hf 比值分别为 26.38~32.59、10.26~14.44,低于正常花岗岩的对应值(33~40);显然,其低的 Zr/Hf 值是由锆石的结晶分异作用导致;据此判断后者的锆石饱和温度可能低于实际结晶温度(付建明,2005)。此外,已报道的金鸡岭岩体 10 件测年样品中均未见继承锆石,暗示锆石饱和温度可以代表初始岩浆的最低温度(Miller et al.,2003);因此,其初始岩浆温度要比理论计算值更高。岩石地球化学资料显示,粗中粒斑状黑云母正长花岗岩、细粒斑状二长花岗岩 FeO*/MgO(FeO* = FeO+0.9Fe$_2$O$_3$)比值为 11.30~163.74(平均 18.62)、4.27~245.40(平均 111.71),明显高于 I 型(2.27)、S 型(2.38)、M 型(2.37)及 A 型花岗岩平均值(13.40)(Turner et al.,1992);10000×Ga/Al 值和(Zr+Nb+Ce+Y)组合值分别为 3.48~4.90(平均 3.88)、2.66~5.02(平均 4.44),211.91×10^{-6}~565.60×10^{-6}(平均 527.57×10^{-6})、199.32×10^{-6}~406.10×10^{-6}(平均 317.17×10^{-6}),整体高于 A 型花岗岩的下限值 $2.6×10^{-4}$ 与 $350×10^{-6}$(Whalen et al.,1987),均显示出 A 型花岗岩的地球化学特征。此外,粗中粒斑状黑云母正长花岗岩与细粒斑状二长花岗岩样品具有非常一致的微量元素配分曲线,但是稀土元素特征明显不同;暗示二者可能是同源岩浆演化至不同阶段的产物。

第三节 砂子岭岩体

本书对细粒斑状角闪石黑云母二长花岗岩(5 件)、含斑中细粒花岗闪长岩(4 件)开展岩石地球化学分析工作,简述如下。

中细粒斑状角闪石黑云母二长花岗岩 SiO_2、Al_2O_3、MgO、K_2O、Na_2O 含量依次为 69.02%～73.38%（平均71.28%）、12.82%～13.52%（平均13.13%）、0.15%～0.60%（平均0.42%）、4.89%～6.58%（平均5.37%）和2.48%～2.92%（平均2.68%），具体分析数据见表6-3-1。在 TAS、K_2O/SiO_2 图解中，本类样品分别落入花岗岩、高钾钙碱性—钾玄岩系列范围；本书样品 A/CNK 分布于0.93～1.08之间，在 A/NK-A/CNK 图解中全部落入准铝质—弱过铝质范围（图6-1-1）。中细粒斑状二长花岗岩 $\Sigma REE = 186.75 \times 10^{-6} \sim 413.17 \times 10^{-6}$（平均 284.67×10^{-6}），略高于世界花岗岩均值（254.3×10^{-6}）；$(La/Yb)_N = 4.16 \sim 16.10$（平均9.80），属轻稀土富集型；$\delta Eu = 0.10 \sim 0.22$（平均0.18）（表6-3-1），暗示源区可能含有石榴石，侵位过程伴随斜长石分离结晶；即岩浆经历较高程度的分异演化，在稀土元素球粒陨石标准化图解中，本类岩石具一致的右倾式配分曲线（图6-1-2）。

表6-3-1 砂子岭岩体主量元素（%）和微量、稀土元素（10^{-6}）分析数据

样品号	13D13	12D71	12D73	D116-1	HD86	均值	12D72	D117-1	D118-1	HD38	均值
岩性	中细粒斑状二长花岗岩						含斑中细粒花岗闪长岩				
SiO_2	71.49	69.02	69.98	73.78	72.11	71.28	66.35	69.06	68.52	67.53	67.87
TiO_2	0.366	0.592	0.52	0.11	0.33	0.38	0.883	0.64	0.78	0.75	0.76
Al_2O_3	13.52	13.11	13.23	12.96	12.82	13.13	13.36	13.16	13.22	13.33	13.27
Fe_2O_3	0.472	0.804	0.312	0	0.54	0.43	0.416	0.22	0.41	0.41	0.36
FeO	2.86	4.91	4.44	2.3	3.72	3.65	6.94	5.26	5.28	5.9	5.85
FeO*	3.285	5.634	4.721	2.3	4.206	4.03	7.314	5.458	5.649	6.269	6.17
MnO	0.049	0.08	0.065	0.03	0.06	0.06	0.109	0.09	0.09	0.09	0.09
MgO	0.356	0.548	0.596	0.15	0.44	0.42	1.17	0.94	1.04	1.04	1.05
CaO	1.95	2.1	2.04	0.88	1.32	1.66	2.89	2.34	2.45	2.65	2.58
Na_2O	2.64	2.92	2.82	2.48	2.56	2.68	2.81	2.67	2.6	2.56	2.66
K_2O	5.19	5.06	5.14	6.58	4.89	5.37	3.85	4.06	4.2	4.28	4.10
P_2O_5	0.134	0.154	0.151	0.04	0.12	0.12	0.269	0.25	0.25	0.25	0.25
LOI	0.458	<0.001	0.084	0.20	1.00	0.44	<0.001	0.36	0.32	1.20	0.63
Total	99.44	99.22	99.35	99.51	99.91	99.49	99.01	99.05	99.16	99.99	99.30
A/CNK	1.00	0.93	0.95	1.01	1.08	0.99	0.95	1.01	1.00	0.98	0.99
Ba	1120	614	652	869.6	457	742.52	696	736.1	768.8	937	784.48
Rb	217	224	204	283.1	338	253.22	159	186	183.8	207	183.95
Sr	123	98.2	110	81.32	65	95.50	147	127.3	130.2	131	133.88
Y	39.1	40.8	39.5	40.62	60	44.00	41.1	51.12	48.3	40.99	45.38
Zr	380	248	206	101.6	199	226.92	243	303.2	255.7	281	270.73
Nb	25.6	20.4	16.4	7.493	35.8	21.22	23.9	19.91	21.54	34.1	24.86
Th	27.8	21.5	27.2	23.61	29.3	25.88	37.5	22.49	25.78	22.6	27.09
Ga	21.8	26.5	28.6	16.77	25.7	23.87	41.1	18.49	18.86	21.8	25.06

续表 6-3-1

样品号	13D13	12D71	12D73	D116-1	HD86	均值	12D72	D117-1	D118-1	HD38	均值
Hf	11.40	7.67	6.46	3.607	6.6	7.15	7.6	8.606	7.208	8.7	8.03
Ta	1.94	1.94	1.64	0.858	3.7	2.02	2.23	1.683	2.013	3	2.23
U	4.26	5.03	5.88	3.80	6.5	5.09	3.82	5.01	8.35	5	5.55
FeO^T/MgO	9.23	10.28	7.92	15.33	9.56	10.46	6.25	5.81	5.43	6.03	5.88
10000Ga/Al	3.05	3.82	4.09	2.45	3.79	3.44	5.82	2.66	2.70	3.09	3.57
Zr＋Nb＋Ce＋Y	630.70	376.60	386.90	256.81	399.10	410.02	528.00	486.13	445.24	468.09	481.87
Rb/Sr	1.764	2.281	1.855	3.481	5.200	2.92	1.082	1.461	1.412	1.580	1.38
Zr/Hf	33.33	32.33	31.89	28.17	30.15	31.18	31.97	35.23	35.47	32.30	33.74
Sm/Nd	0.185	0.235	0.195	0.193	0.215	0.20	0.170	0.208	0.197	0.196	0.19
t(zr)	824.3	768.7	758.9	718.9	780.4	770.2	762.8	800.1	780.5	781.5	781.2
La	87.1	31.1	66.4	52.62	51.40	57.72	117	53.17	57.87	56.53	71.14
Ce	186	67	125	107.1	104.3	117.88	220	111.9	119.7	112	140.90
Pr	19.1	9.58	15.6	11.75	13.87	13.98	26.3	12.94	13.79	13.49	16.63
Nd	72.8	37.4	54.9	42.02	48.99	51.22	91.3	48.7	51.74	49.75	60.37
Sm	13.5	8.8	10.7	8.121	10.55	10.33	15.5	10.12	10.2	9.76	11.40
Eu	2.38	1.89	2.01	1.307	0.98	1.71	2.58	1.81	1.891	1.99	2.07
Gd	10.9	8.06	9.79	7.583	10.02	9.27	14.2	9.613	9.324	8.84	10.49
Tb	1.62	1.46	1.57	1.246	1.88	1.56	1.93	1.516	1.478	1.43	1.59
Dy	8.8	8.38	8.63	6.968	11.41	8.84	9.38	8.622	8.29	8.21	8.63
Ho	1.66	1.68	1.62	1.366	2.09	1.68	1.71	1.709	1.636	1.49	1.64
Er	4.29	4.47	4.39	3.736	6.18	4.61	4.71	4.608	4.321	4.36	4.50
Tm	0.62	0.81	0.71	0.535	0.93	0.72	0.76	0.68	0.636	0.64	0.68
Yb	3.88	5.36	4.48	3.238	5.61	4.51	4.69	4.288	3.954	3.85	4.20
Lu	0.52	0.76	0.61	0.473	0.77	0.63	0.66	0.668	0.594	0.55	0.62
LREE	380.88	155.77	274.61	222.918	230.09	252.85	472.68	238.64	255.191	243.52	302.51
HREE	32.29	30.98	31.8	25.145	38.89	31.82	38.04	31.704	30.233	29.37	32.34
(La/Yb)N	16.102	4.162	10.631	11.657	6.572	9.82	17.894	8.894	10.498	10.532	11.95
δEu	0.195	0.224	0.196	0.166	0.095	0.18	0.174	0.183	0.194	0.214	0.19
REE	413.17	186.75	306.41	248.063	268.98	284.67	510.72	270.344	285.424	272.89	334.84

中细粒斑状角闪石黑云母二长花岗岩大离子亲石元素 Rb($204×10^{-6}$～$338×10^{-6}$)、Ba($457×10^{-6}$～$1120×10^{-6}$)含量明显高于大陆地壳丰度($32×10^{-6}$、$250×10^{-6}$)，而 Sr($65.0×10^{-6}$～$123.0×10^{-6}$)含量则低于其大陆地壳丰度($260×10^{-6}$)；放射性热元素 Th($21.5×10^{-6}$～$29.3×10^{-6}$)、U($3.80×10^{-6}$～$6.50×10^{-6}$)含量高于大陆地壳丰度($3.5×10^{-6}$、

$0.91×10^{-6}$);高场强元素 Hf($3.61×10^{-6}$~$11.40×10^{-6}$)、Nb($7.5×10^{-6}$~$35.8×10^{-6}$)、Zr($101×10^{-6}$~$380×10^{-6}$)含量略高于地壳丰度($3×10^{-6}$、$11×10^{-6}$、$100×10^{-6}$),Ta($0.86×10^{-6}$~$3.70×10^{-6}$)含量与地壳丰度($2×10^{-6}$)相仿;样品 Rb/Sr、Zr/Hf、Sm/Nd 比值分别介于1.76~5.20、28.17~33.33 及 0.18~0.24 之间(表 6-3-1)。在原始地幔标准微量元素蛛网图上,整体具有富集 Rb、K、Th、U、Nd、Hf,亏损 Ba、Sr、P、Nb 和 Ti 的特点(图 6-1-3);与金鸡岭(付建明等,2005)、西山(杂)岩体(付建明等,2004a)及典型铝质 A 型花岗岩(刘昌实等,2003)具有相近的特点;Rb、K、Th、U 等元素的富集,Ba、Sr、Nb 等元素的亏损可能与岩浆发生高度分异演化有关;高场强 P、Ti 元素的亏损可能与磷灰石和钛铁矿的分离结晶有关。

含斑中细粒花岗闪长岩 SiO_2、Al_2O_3、MgO、K_2O、Na_2O 含量依次为 66.35%~69.06%(平均 67.87%)、13.16%~13.36%(平均 13.27%)、0.94%~1.17%(平均 1.05%)、3.85%~4.20%(平均 4.10%)和 2.56%~2.81%(平均 2.66%),具体分析数据见表 6-3-1。在 TAS、K_2O/SiO_2 图解中,本类样品分别落入花岗闪长岩、高钾钙碱性—钾玄岩系列范围;本书样品 A/CNK 分布于 0.95~1.01 之间,在 A/NK-A/CNK 图解中全部落入准铝质—弱过铝质范围(图 6-1-1)。含斑中细粒花岗闪长岩 $\Sigma REE=270.34×10^{-6}$~$510.72×10^{-6}$(平均 $334.84×10^{-6}$),略高于世界花岗岩均值($254.3×10^{-6}$);$(La/Yb)_N$=8.89~17.89(平均 11.95),属轻稀土富集型;δEu=0.11~0.21(平均 0.19)(表 6-1-1),暗示源区可能含有石榴石,侵位过程伴随斜长石分离结晶;在稀土元素球粒陨石标准化图解中,呈现与中细粒斑状二长花岗岩相同的右倾式配分曲线(图 6-1-2)。

含斑中细粒花岗闪长岩大离子亲石元素 Rb($159×10^{-6}$~$207×10^{-6}$)、Ba($696×10^{-6}$~$937×10^{-6}$)含量明显高于大陆地壳丰度($32×10^{-6}$、$250×10^{-6}$),而 Sr($127.3×10^{-6}$~$147.0×10^{-6}$)含量则低于其大陆地壳丰度($260×10^{-6}$);放射性热元素 Th($22.5×10^{-6}$~$37.5×10^{-6}$)、U($3.82×10^{-6}$~$8.35×10^{-6}$)含量高于大陆地壳丰度($3.5×10^{-6}$、$0.91×10^{-6}$);高场强元素 Hf($7.60×10^{-6}$~$8.60×10^{-6}$)、Nb($19.9×10^{-6}$~$34.1×10^{-6}$)、Zr($243×10^{-6}$~$300×10^{-6}$)含量略高于地壳丰度($3×10^{-6}$、$11×10^{-6}$、$100×10^{-6}$),Ta($1.68×10^{-6}$~$3.10×10^{-6}$)含量与地壳丰度($2×10^{-6}$)相仿;样品 Rb/Sr、Zr/Hf、Sm/Nd 比值分别介于 1.08~1.58、31.97~35.47 及 0.17~0.21 之间(表 6-3-1)。在原始地幔标准微量元素蛛网图上,样品具有富集 Rb、K、Th、U、Nd、Hf,强烈亏损 Ba、Sr、P、Nb 和 Ti 的特点(图 6-1-3);与砂子岭岩体中细粒斑状二长花岗岩、西山(杂)岩体具有相近的配分形式,高场强 P、Ti 元素的亏损可能与磷灰石和钛铁矿的分离结晶有关。

使用 Watson(1983)计算公式获得中细粒斑状二长花岗岩及含斑中细粒花岗闪长岩锆石饱和温度(T_{Zr})为 718.9~824.3℃(平均 770.2℃)、762.8~800.1℃(平均 781.27℃),明显低于典型的 A 型花岗岩(839℃),高 S 型花岗岩(764℃),与 I 型花岗岩(781℃)相同(King et al.,2001)。该岩体已有测年样品中均未见继承锆石,暗示锆石饱和温度可以代表初始岩浆的最低温度(Miller et al.,2003);因此,其初始岩浆温度要高于理论计算值。岩石地球化学资料显示,两类花岗岩 FeO^*/MgO($FeO^*=FeO+0.9Fe_2O_3$)比值为 7.23~15.33(平均 10.46)、5.43~6.25(平均 5.88),明显高于 I 型(2.27)、S 型(2.38)、M 型(2.37),但低于 A 型花岗岩平均值(13.40)(Whalen et al.,1987;Turner et al.,1992);10000×Ga/Al 值、(Zr+Nb+Ce+Y)组合值分别为 2.45~4.09(平均 3.44)、2.66~5.82(平均 3.57),$256.81×10^{-6}$~

630.70×10^{-6}(平均410.02×10^{-6})、$445.24\times10^{-6}\sim528.00\times10^{-6}$(平均$481.87\times10^{-6}$),整体高于A型花岗岩的下限值$2.6\times10^{-4}$与$350\times10^{-6}$(Whalen et al.,1987)。总之,二者具有相似的稀土、微量元素特征及比值,均显示出A型花岗岩地球化学属性;暗示中细粒斑状二长花岗岩及含斑中细粒花岗闪长岩具有相同的源区与成因。

与金鸡岭岩体相比,砂子岭岩体样品轻重稀土的分馏程度更明显,$(La/Yb)_N$值和LREE/HREE值较大,但是铕负异常没有金鸡岭岩体明显。付建明(2005)分析了δEu与SiO_2的关系,砂子岭、金鸡岭主体和补体随着SiO_2的增加,铕亏损渐趋明显,这一特点可以用斜长石的分离结晶来圆满解释。但金鸡岭较砂子岭岩体重稀土含量高、轻重稀土比值较小的特点,指示它们之间存在一定的分异演化关系,但又非单一岩浆演化的结果。

第四节 西山(杂)岩体

本书对西山(杂)岩体花岗质碎斑熔岩(13件)中细粒似斑状黑云母二长花岗岩(12件)、花岗斑岩(1件)、英安岩(3件)、火山碎屑岩(3件)及暗色包体(1件)进行岩石地球化学分析工作,分述如下。

含铁橄榄石花岗质碎斑熔岩SiO_2、Al_2O_3、MgO、K_2O、Na_2O含量依次为$68.13\%\sim74.30\%$(平均71.07%)、$10.92\%\sim14.45\%$(平均12.03%)、$0.17\%\sim0.94\%$(平均0.56%)、$4.83\%\sim5.64\%$(平均5.27%)和$2.05\%\sim3.04\%$(平均2.37%),具体分析数据见表6-4-1。在TAS、K_2O/SiO_2图解中,本类样品分别落入花岗岩、高钾钙碱性—钾玄岩系列范围;其A/CNK介于$0.82\sim1.04$之间,在A/NK-A/CNK图解中全部落入准铝质—弱过铝质范围(图6-1-1)。含铁橄榄石花岗质碎斑熔岩$\Sigma REE=322.05\times10^{-6}\sim441.54\times10^{-6}$(平均$386.39\times10^{-6}$),高于世界花岗岩均值($254.3\times10^{-6}$);$(La/Yb)_N=8.65\sim16.08$(平均12.30),属轻稀土富集型;$\delta Eu=0.09\sim0.25$(平均0.17)(表6-1-1),暗示源区可能含有石榴石,侵位过程伴随大量的斜长石分离结晶;在稀土元素球粒陨石标准化图解中,本类岩石具一致的右倾式配分曲线(图6-1-2)。

微量元素分析显示,含铁橄榄石花岗质碎斑熔岩大离子亲石元素Rb($107\times10^{-6}\sim311\times10^{-6}$)、$Ba$($506\times10^{-6}\sim1800\times10^{-6}$)含量明显高于大陆地壳丰度($32\times10^{-6}$、$250\times10^{-6}$),而$Sr$($63.3\times10^{-6}\sim190.0\times10^{-6}$)含量则低于其大陆地壳丰度($260\times10^{-6}$);放射性热元素$Th$($21.4\times10^{-6}\sim36.8\times10^{-6}$)、$U$($3.28\times10^{-6}\sim11.9\times10^{-6}$)含量高于大陆地壳丰度($3.5\times10^{-6}$、$0.91\times10^{-6}$);高场强元素$Hf$($4.29\times10^{-6}\sim12.6\times10^{-6}$)、$Nb$($19.4\times10^{-6}\sim31.6\times10^{-6}$)、$Zr$($140\times10^{-6}\sim432\times10^{-6}$)含量略高于地壳丰度($3\times10^{-6}$、$11\times10^{-6}$、$100\times10^{-6}$),$Ta$($1.13\times10^{-6}\sim2.73\times10^{-6}$)含量与地壳丰度($2\times10^{-6}$)相仿;样品$Rb/Sr$、$Zr/Hf$、$Sm/Nd$比值分别介于$0.83\sim4.43$、$27.50\sim39.42$及$0.18\sim0.21$之间(表6-4-1)。在原始地幔标准微量元素蛛网图上,整体具有富集Rb、K、Th、U、Nd、Hf,亏损Ba、Sr、P、Nb和Ti的特点(图6-1-3);与金鸡岭(付建明等,2005)及典型铝质A型花岗岩(刘昌实等,2003)具有相近的特点;Rb、K、Th、U等元素的富集,Ba、Sr、Nb等元素的亏损可能受控于岩浆分异与演化过程;高场强P、Ti元素的亏损可能与磷灰石和钛铁矿的分离结晶有关。

表 6-4-1 酉山（杂）岩体火山碎屑岩、花岗质碎斑熔岩主量元素（%）和微量、稀土元素（10⁻⁶）分析数据

样品号	13D02-2	13D03	13D07-2	12D66	12D67	12D68	13D04	13D06	13D12	13D16-1	13D16-2	13D17	13D18-2	13D20	17D48-1	17D204
岩性	火山碎屑岩								花岗质碎斑熔岩							
SiO_2	50.26	69.52	54.47	73.62	71.91	71.44	73.98	74.30	70.97	70.49	69.30	72.58	69.55	69.08	68.61	68.13
TiO_2	0.67	0.47	0.15	0.24	0.32	0.34	0.19	0.20	0.36	0.39	0.48	0.31	0.44	0.46	0.48	0.51
Al_2O_3	14.77	12.86	9.08	12.65	11.71	11.61	12.64	12.82	11.51	11.41	14.45	13.35	11.22	11.12	11.02	10.92
Fe_2O_3	3.1	0.72	0.72	0.22	0.94	1.07	0.17	0.56	1.21	1.35	0.70	0.57	1.62	1.75	1.89	2.03
FeO	2.67	3.74	1.29	2.92	3.07	3.13	1.71	1.54	3.18	3.24	3.31	2.37	3.35	3.41	3.46	3.52
FeO*	5.46	4.39	1.94	3.12	3.91	4.09	1.86	2.05	4.27	4.45	3.94	2.88	4.81	4.98	5.16	5.34
MnO	0.16	0.05	0.05	0.04	0.05	0.05	0.03	0.03	0.05	0.06	0.06	0.05	0.06	0.06	0.06	0.07
MgO	1.71	0.35	4.96	0.17	0.51	0.56	0.25	0.21	0.62	0.67	0.50	0.31	0.78	0.83	0.89	0.94
CaO	14.22	2.29	11.35	1.29	1.59	1.68	1.19	1.06	1.77	1.86	2.33	1.60	2.05	2.14	2.24	2.33
Na_2O	0.79	1.76	1.45	2.62	2.26	2.23	2.49	2.66	2.21	2.18	3.04	2.82	2.13	2.10	2.07	2.05
K_2O	2.62	4.54	3.43	5.36	5.21	5.22	5.64	5.58	5.22	5.23	4.83	5.16	5.25	5.26	5.26	5.27
P_2O_5	0.18	0.21	0.06	0.08	0.10	0.11	0.06	0.07	0.11	0.12	0.17	0.12	0.13	0.14	0.14	0.15
LOI	8.3	2.82	12.77	0.3	0.02	0.00	1.34	0.67	0.79	0.24	0.19	0.36	0.11	0.19	2.51	0.06
Total	91.15	96.51	87	99.52	97.65	97.44	98.34	99.02	97.22	97.00	99.17	99.24	96.56	96.35	96.13	95.91
A/CNK	0.49	1.07	0.34	1.01	0.95	0.94	1.02	1.04	0.92	0.90	1.00	1.01	0.87	0.85	0.84	0.82
Ba	1490	1360	443	560	842.0	898.0	563	512	1400.0	857.0	1800	856	1290.0	1100.0	506.0	741.0
Rb	162	213	289	248	219.0	178.0	168	293	156.8	295.0	243	311	222.0	201.5	107.0	138.0
Sr	369	103.0	125	85.1	88.30	101.00	65.9	66.2	190.00	104.00	158.0	97.2	140.00	116.00	70.69	63.30
Y	29.2	47.1	44.3	45	41.20	41.50	57.5	62.8	38.50	51.50	38.0	50.4	37.70	42.40	47.00	46.50

续表 6-4-2

样品号	12D69	13D01	13D09	13D12	13D15	14D25	14D26	14D27	14D28-1	14D28-2	17D48-2	17D59	13D10	14D22-1	14D22-3	14D23-2	D9517
Zr	256	437	152	426	141	183	198	232	270	176	311	132	304.0	433.0	400.0	408	334
Nb	22.6	26.6	25.2	27.7	24	20.6	23.3	22.3	23.8	25.6	30.6	19.8	27.3	31.0	29.8	32.1	26
Th	19.5	23.2	25.4	22.5	26.2	31.2	34.9	30.9	33.9	18.2	23.6	39	24.8	25.1	23.9	23.3	10.1
Ga	30.5	21.5	22.5	22.0	21.4	20.4	21.8	20.8	22.4	24.5	30	23.4	21.0	19.9	20.9	20.7	21.3
Hf	8.33	12.60	5.77	12.40	5.65	7.16	7.40	8.21	9.64	4.14	4.29	4.31	8.12	13.00	7.47	13	7.37
Ta	2.02	1.89	2.38	1.91	2.52	1.89	2.13	2.22	2.06	3.58	1.13	1.3	1.63	2.38	1.36	2.46	2.44
U	4.14	4.00	9.42	3.28	9.03	6.79	6.98	6.07	6.25	16.60	9.86	5.03	2.18	4.07	5.06	4.68	10.3
FeO*/MgO	6.23	6.80	9.87	7.17	10.56	21.56	19.52	14.88	15.92	37.86	7.72	10.57	22.62	11.61	20.17	11.76	3.4
10000Ga/Al	4.41	2.88	3.37	2.94	3.3	3.06	3.24	3.07	3.22	3.98	4.10	3.54	3.05	2.88	3.13	2.95	2.87
Zr+Nb+Y+Ce	416.7	670.8	366.4	666.2	370	387.7	441.1	452.5	480.0	224.8	528.2	370.2	579.7	671.9	620.6	652.5	467.1
Rb/Sr	0.97	0.79	7.57	1.45	4.11	2.93	3.46	2.82	1.63	25.80	0.66	3.06	1.63	1.49	1.28	1.47	0.24
Zr/Hf	30.73	34.68	26.34	34.35	24.96	25.56	26.76	28.26	28.01	18.26	41.63	30.63	31.31	31.38	30.77	31.38	41.13
Sm/Nd	0.22	0.18	0.23	0.18	0.24	0.21	0.20	0.19	0.19	0.31	0.19	0.19	0.19	0.19	0.19	0.19	0.21
t(zr)	765.4	829.3	756.2	836.2	804.79	772.6	778.9	791.99	801.3	715.4	787.6	858.7	811.2	864.1	830.0	770.43	890.1
La	48.20	83.00	60.00	84.80	58.1	64.90	76.10	72.7	72.60	23.60	65.2	79	93.50	71.70	57.10	78.2	34.8
Ce	94.70	172.00	119.00	174.00	130	143.00	171.00	162	156.00	62.30	148	174	198.00	165.00	152.00	170	65.2
Pr	12.60	17.80	14.30	18.20	14.3	14.30	17.00	16.2	15.30	6.68	15.8	17.9	20.40	16.10	15.40	17.4	8.76
Nd	48.90	68.80	54.10	70.30	54.5	53.10	61.50	59.6	56.40	23.90	63.7	68.1	78.50	62.00	59.10	64.8	37.1
Sm	10.70	12.60	12.40	13.00	13.1	10.90	12.50	11.6	10.60	7.32	12.1	13.2	14.70	11.90	11.40	12.4	7.97
Eu	2.48	3.05	0.90	2.96	0.78	1.14	1.34	1.53	1.64	0.20	2.59	1.24	2.64	2.27	2.17	2.72	2.35
Gd	9.96	10.40	11.10	10.80	11.7	9.56	10.90	9.98	9.11	7.01	10.5	11.5	12.10	10.40	9.83	10.6	7.52

续表 6-4-2

样品号	12D69	13D01	13D09	13D12	13D15	14D25	14D26	14D27	14D28-1	14D28-2	17D48-2	17D59	13D10	14D22-1	14D22-3	14D23-2	D9517
Tb	1.69	1.50	2.13	1.56	2.3	1.57	1.84	1.56	1.37	1.69	1.52	1.74	1.85	1.59	1.49	1.64	1.23
Dy	9.34	8.08	14.10	8.50	15.2	8.85	10.30	8.55	7.19	11.80	8.26	9.68	10.80	9.07	8.36	9.07	7.16
Ho	1.81	1.52	2.90	1.62	3.15	1.76	2.08	1.65	1.38	2.51	1.58	1.86	2.18	1.85	1.71	1.84	1.41
Er	4.86	3.93	7.94	4.20	8.64	4.58	5.41	4.35	3.54	7.16	4.13	4.82	6.01	5.04	4.63	5.06	3.74
Tm	0.87	0.57	1.25	0.60	1.37	0.69	0.83	0.65	0.53	1.30	0.62	0.71	0.93	0.79	0.72	0.8	0.58
Yb	5.37	3.64	7.94	3.85	8.64	4.18	5.02	4.05	3.30	8.80	3.97	4.39	6.10	5.13	4.69	5.16	3.65
Lu	0.79	0.50	1.06	0.51	1.14	0.56	0.67	0.54	0.44	1.20	0.56	0.58	0.85	0.69	0.64	0.72	0.52
LREE	217.58	357.25	260.70	363.26	270.78	287.34	339.44	323.63	312.54	124.00	307.39	353.44	407.74	328.97	307.17	345.52	156.18
HREE	34.69	30.14	48.42	31.64	52.14	31.75	37.05	31.33	26.86	41.47	31.14	35.28	40.82	34.56	32.07	34.89	25.81
$(La/Yb)_N$	6.44	16.36	5.42	15.80	4.82	11.14	10.87	12.88	15.78	1.92	11.78	12.91	10.99	10.03	10.26	10.87	6.84
δEu	0.24	0.27	0.08	0.25	0.06	0.11	0.11	0.14	0.17	0.03	0.23	0.1	0.20	0.09	0.20	0.24	0.3
REE	252.3	387.4	309.1	394.9	32.92	319.1	376.5	354.96	339.4	165.5	338.5	388.7	448.56	363.53	339.24	380.41	181.99

英安岩 SiO_2、Al_2O_3、MgO、K_2O、Na_2O 含量依次为 67.98%～70.09%（平均 69.03%）、12.61%～13.24%（平均 12.96%）、0.26%～0.49%（平均 0.42%）、4.04%～4.98%（平均 4.49%）和 2.00%～2.64%（平均 2.37%），具体分析数据见表 6-4-2。在 TAS、K_2O-SiO_2 图解中，本类样品分别落入花岗闪长岩、高钾钙碱性—钾玄岩系列范围（图 6-1-1）；其 A/CNK 介于 1.02～1.18 之间，在 A/NK-A/CNK 图解中全部落入弱/过铝质范围（图 6-1-1）。样品 $\Sigma REE=339.24\times10^{-6}\sim380.41\times10^{-6}$（平均 361.14×10^{-6}），高于世界花岗岩均值（254.3×10^{-6}）；$(La/Yb)_N=10.03\sim10.87$（平均 10.39），属轻稀土富集型；$\delta Eu=0.09\sim0.24$（平均 0.22）（表 6-4-2），暗示源区可能含有石榴石，侵位过程中伴随斜长石分离结晶；在稀土元素球粒陨石标准化图解中，英安岩与西山（杂）岩体其他岩性、金鸡岭及砂子岭岩体具一致的右倾式配分曲线（图 6-1-2）。

微量元素分析显示，英安岩大离子亲石元素 $Rb(163\times10^{-6}\sim189\times10^{-6})$、$Ba(1120\times10^{-6}\sim2570\times10^{-6})$ 含量明显高于大陆地壳丰度（32×10^{-6}、250×10^{-6}），而 $Sr(118\times10^{-6}\sim127\times10^{-6})$ 含量则低于大陆地壳丰度（260×10^{-6}）；放射性热元素 $Th(23.3\times10^{-6}\sim25.1\times10^{-6})$、$U(4.07\times10^{-6}\sim4.68\times10^{-6})$ 含量高于大陆地壳丰度（3.5×10^{-6}、0.91×10^{-6}）；高场强元素 $Hf(6.29\times10^{-6}\sim9.71\times10^{-6})$、$Nb(10.0\times10^{-6}\sim13.8\times10^{-6})$、$Zr(400\times10^{-6}\sim433\times10^{-6})$ 含量略高于地壳丰度（3×10^{-6}、11×10^{-6}、100×10^{-6}），$Ta(2.38\times10^{-6}\sim2.46\times10^{-6})$ 含量与地壳丰度（2×10^{-6}）相仿；样品 Rb/Sr、Zr/Hf、Sm/Nd 比值分别介于 1.28～1.49、30.77～31.39 及 0.19～0.20 之间（表 6-4-2）。在原始地幔标准微量元素蛛网图上，整体具有富集 Rb、K、Th、U、Nd、Hf，亏损 Ba、Sr、P、Nb 和 Ti 的特点；与西山（杂）岩体其他岩性具有相近的微量元素特征（图 6-1-3）。

火山碎屑岩 SiO_2、Al_2O_3、MgO、K_2O、Na_2O 含量依次为 50.26%～59.62%（平均 58.08%）、9.08%～14.77%（平均 12.24%）、0.35%～4.96%（平均 2.34%）、2.62%～4.54%（平均 3.53%）和 1.37%～2.50%（平均 2.33%），具体分析数据见表 6-4-2。火山碎屑岩 $\Sigma REE=210.1\times10^{-6}\sim410.5\times10^{-6}$（平均 280.7×10^{-6}），高于世界花岗岩均值（254.3×10^{-6}）；$(La/Yb)_N=5.98\sim10.86$（平均 8.90），属轻稀土富集型；$\delta Eu=0.09\sim0.24$（平均 0.18）（表 6-4-1），具重度铕负异常；在稀土元素球粒陨石标准化图解中，该类岩石与西山（杂）岩体其他岩性具一致的右倾式配分曲线（图 6-1-2）。微量元素分析显示，火山碎屑岩大离子亲石元素 $Rb(162\times10^{-6}\sim289\times10^{-6})$、$Ba(443\times10^{-6}\sim1490\times10^{-6})$ 含量明显高于大陆地壳丰度（32×10^{-6}、250×10^{-6}），而 $Sr(103\times10^{-6}\sim369\times10^{-6})$ 含量则低于大陆地壳丰度（260×10^{-6}）；放射性热元素 $Th(12.1\times10^{-6}\sim25.3\times10^{-6})$、$U(3.97\times10^{-6}\sim7.13\times10^{-6})$ 含量高于大陆地壳丰度（3.5×10^{-6}、0.91×10^{-6}）；高场强元素 $Hf(6.29\times10^{-6}\sim15.10\times10^{-6})$、$Nb(13.0\times10^{-6}\sim30.8\times10^{-6})$、$Zr(131\times10^{-6}\sim512\times10^{-6})$ 含量略高于地壳丰度（3×10^{-6}、11×10^{-6}、100×10^{-6}），$Ta(1.97\sim2.37\times10^{-6})$ 含量与地壳丰度（2×10^{-6}）相仿；样品 Rb/Sr、Zr/Hf、Sm/Nd 比值分别介于 0.44～2.31、28.48～33.91 及 0.19～0.22 之间（表 6-4-1），在原始地幔标准微量元素蛛网图上，具有富集 Rb、K、Th、U、Nd、Hf，亏损 Ba、Sr、P、Nb 和 Ti 的特点；与西山（杂）岩体其他岩性具有相近的微量元素特征（图 6-1-3）。

此外，中细粒似斑状黑云母二长花岗岩中发现 1 件镁铁质微粒包体；其 SiO_2、Al_2O_3、MgO、K_2O 含量依次为 53.22%、14.02%、3.41%、0.42%，Na_2O 含量为 2.51%（表 6-4-2）；在 TAS、K_2O/SiO_2 图解中，该样品分别落入辉石闪长岩、低钾拉斑系列范围（图 6-1-1）。样品 $\Sigma REE=181.99\times10^{-6}$，$\delta Eu=0.30$，$(La/Yb)_N=6.84$；在稀土元素球粒陨石标准化图解中，具右倾配分曲线（图 6-1-2）。大离子亲石元素 $Rb(67\times10^{-6})$、$Ba(496\times10^{-6})$、$Sr(276\times10^{-6})$ 含量明显高于大陆地壳丰度（32×10^{-6}、250×10^{-6}、260×10^{-6}）；放射性热元素 $Th(10.1\times10^{-6})$、$U(10.3\times10^{-6})$ 含量高于大陆地壳丰度（3.5×10^{-6}、0.91×10^{-6}）；高场强元素 $Hf(7.37\times10^{-6})$、$Nb(26.0\times10^{-6})$、$Zr(334\times10^{-6})$ 含量明显高于地壳丰度（3×10^{-6}、11×10^{-6}、100×10^{-6}），$Ta(2.44\times10^{-6})$ 含量略高于地壳丰度（2×10^{-6}）；样品 Rb/Sr、Zr/Hf、Sm/Nd 比值分别为 0.24、41.13 及 0.21（表 6-4-2），在原始地幔标准微量元素蛛网图上，具有富集 Rb、Ba、U、Nd、Hf，亏损 K、Sr、Nb 和 Ti 的特点（图 6-1-3）。总的来讲，镁铁质微粒包体和寄主岩石稀土、微量元素配分曲线相似；表明在岩浆混合过程中稀土、大离子亲石及高场强元素的交换能力相对较强而趋于均一。

使用 Watson(1983) 计算公式获得花岗质碎斑熔岩、中细粒似斑状黑云母二长花岗岩、花岗斑岩及英安岩锆石饱和温度（T_{Zr}）为 755.0～826.8℃（平均 791.2℃）、715.4～858.7℃（平均 791.5℃）、811.2℃ 和 770.4～864.1℃（平均 821.5℃），低于典型的 A 型花岗岩（839℃），高于 S、I 型花岗岩平均温度 764℃ 及 781℃（King et al.，2001）。已报道的西山（杂）岩体测年样品中均未见继承锆石，暗示锆石饱和温度可以代表初始岩浆的最低温度（Miller et al.，2003）；因此，其初始岩浆温度要比理论计算值更高。岩石地球化学资料显示，上述花岗岩类 FeO^*/MgO（$FeO^*=FeO+0.9Fe_2O_3$）比值为 5.68～17.94（平均 8.06）、6.23～37.86（平均 14.06）、22.62、11.61～20.17（平均 14.51），明显高于 I 型（2.27）、S 型（2.38）、M 型（2.37）及 A 型花岗岩平均值（13.40）（Turner et al.，1992）；$10000\times Ga/Al$ 值和（$Zr+Nb+Ce+Y$）组合值分别为 2.99～5.00（平均 3.91）、2.88～4.41（平均 3.43）、3.05、2.88～3.13（平均 2.99），367.1×10^{-6}～666.2×10^{-6}（平均 527.7×10^{-6}）、224.8×10^{-6}～670.8×10^{-6}（平均 447.9×10^{-6}）、579.71×10^{-6}、620.6×10^{-6}～671.9×10^{-6}（平均 648.3×10^{-6}）；整体高于 A 型花岗岩的下限值 2.6×10^{-4} 与 350×10^{-6}（Whalen et al.，1987），均显示出 A 型花岗岩的地球化学特征。综上所述，西山（杂）岩体整体具有极为相同的稀土、微量元素地球化学特点，它们极可能来自同源岩浆不断演化形成的不同岩相。

第七章 花岗岩成因与构造背景

本章结合前面章节的资料和讨论,参考资料系统讨论九嶷山复式花岗岩体不同组成单元的 Sr-Nd-Hf 同位素组成、岩浆物理化学条件、岩浆源区属性、大地构造背景、含铁橄榄石花岗质碎斑熔岩的成因和岩浆演化序列问题。

第一节 Sr-Nd-Hf 同位素与岩浆源区

一、金鸡岭岩体

金鸡岭岩体两种岩性具相近的 Sr、Nd 同位素统计结果表明,整体具有较高且较分散的 I_{Sr} 初始值(0.712 58~0.732 51),粗中粒斑状黑云母正长花岗岩 I_{Sr}=0.712 58~0.732 51,整体分成 0.712 58~0.720 62、0.732 07~0.732 35 两组;细粒斑状二长花岗岩 I_{Sr}=0.728 04~0.732 51,与前者较高组相仿。除 D123-1 号样品 $\varepsilon_{Nd}(t)$=−11.63 外,金鸡岭岩体余下 17 件样品 $\varepsilon_{Nd}(t)$ 值集中于−8.23~−5.83 之间,粗中粒斑状黑云母正长花岗岩与细粒斑状二长花岗岩 $\varepsilon_{Nd}(t)$ 分别集中于−8.23~−6.36、−7.80~−5.83 之间;揭示区内岩浆岩源自富集源区特征,高的 SiO_2 含量及负的 $\varepsilon_{Nd}(t)$ 值表明岩浆主要来源于地壳。除个别样品外,粗中粒斑状黑云母正长花岗岩、细粒斑状二长花岗岩源二阶段 Nd 模式年龄变化不大,$T_{DM2}(Nd)$ 分别集中于 1566~1389Ma、1532~1278Ma 之间(表 7-1-1,图 7-1-1)。

表 7-1-1 金鸡岭岩体 Sr-Nd 同位素数据

样品号	Rb (10^{-6})	Sr (10^{-6})	$^{87}Rb/^{86}Sr$	$^{87}Sr/^{86}Sr$	I_{Sr}	Sm (10^{-6})	Nd (10^{-6})	$^{147}Sm/^{134}Nd$	$^{143}Nd/^{144}Nd$	$\varepsilon_{Nd}(t)$	T_{DM2} (Nd)
12D56-2	1109	6.537	550.1	1.495 12	0.720 62	16.08	43.69	0.222 7	0.512 339	−6.36	1532
12D70	279	38.48	21.02	0.762 2	0.715 47	15.28	83.21	0.111 1	0.512 224	−6.38	1465
D123-1	437.9	26.23	48.67	0.822 03	0.713 82	7.35	37.85	0.117 5	0.511 961	−11.63	1891
D131-1	615.1	23.86	75.61	0.880 69	0.712 58	16.15	55.45	0.176 5	0.512 265	−6.86	1496
D141-1	296.6	43.24	19.87	0.759 02	0.714 84	15.24	84.84	0.108 7	0.512 164	−7.49	1556
D142-1	393.1	35.45	32.22	0.787 14	0.715 50	10.72	47.84	0.135 6	0.512 218	−6.98	1512

续表 7-1-1

样品号	Rb (10^{-6})	Sr (10^{-6})	$^{87}Rb/^{86}Sr$	$^{87}Sr/^{86}Sr$	I_{Sr}	Sm (10^{-6})	Nd (10^{-6})	$^{147}Sm/^{134}Nd$	$^{143}Nd/^{144}Nd$	$\varepsilon_{Nd}(t)$	T_{DM2}(Nd)
JJL-04	555.1	15.3	107.69	0.939 554	0.732 33	13.32	49.72	0.162	0.512 275	−7.08	1389
JJL-07	643.1	17.8	107.08	0.939 87	0.732 07	15.81	64.6	0.148	0.512 262	−7.33	1412
JJL-10	631	23.1	80.64	0.897 224	0.732 13	13.54	52.54	0.155 8	0.512 263	−7.32	1409
JJL-12	601	18.1	97.76	0.893 002	0.732 28	13.21	52.57	0.151 9	0.512 254	−7.49	1424
JJL-17	525.1	20.1	76.72	0.883 109	0.732 18	15.32	69.98	0.132 4	0.512 252	−7.53	1430
JJL-19	269.4	30.8	25.44	0.762 935	0.732 35	7.38	39.63	0.112 6	0.512 223	−8.1	1478
JJL-20	346.9	48.2	20.95	0.763 008	0.732 22	12.15	68.17	0.107 8	0.512 216	−8.23	1489
12D57	721.5	5.104	448.8	1.730 35	0.732 51	4.549	12.94	0.212 7	0.512 335	−6.24	1084
12D58	1187	4.839	835.9	2.586 54	0.728 04	9.105	20.86	0.264 1	0.512 361	−6.75	1513
PXM-01	897.1	3.2	896.33	1.886 938	0.732 28	6.17	23.29	0.160 2	0.512 238	−7.80	1448
PXM-03	891.7	6.3	443.07	1.510 617	0.732 38	9.45	31.95	0.178 8	0.512 322	−6.16	1310
PXM-05	1181.2	4.8	789.18	1.839 174	0.732 13	15.42	49.43	0.188 6	0.512 339	−5.83	1278

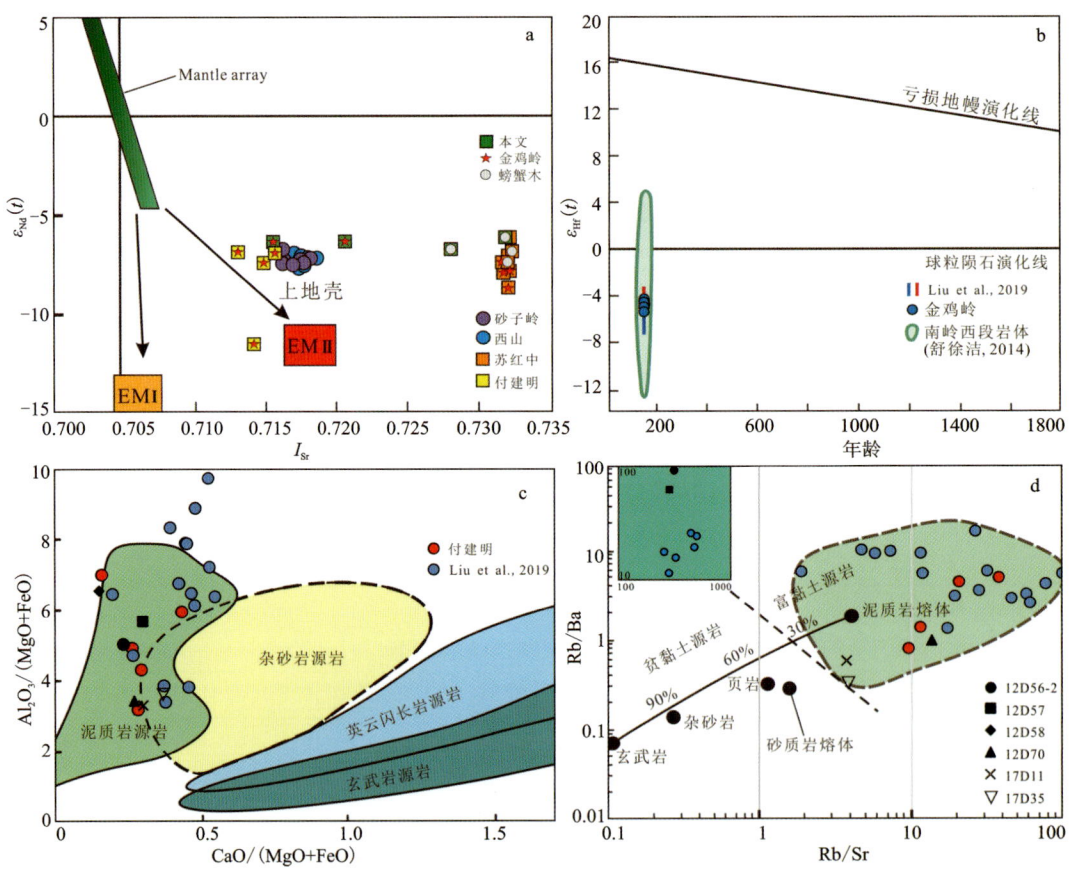

图 7-1-1　金鸡岭岩体 $\varepsilon_{Nd}(t)$-I_{Sr}(a)、$\varepsilon_{Hf}(t)$-Age(b)、
CaO/(MgO+FeO)-Al_2O_3/(MgO+FeO)(c) 及 Rb/Sr-Rb/Ba(d) 图解

金鸡岭岩体样品在 I_{Sr}-1/Sr、$\varepsilon_{Nd}(t)$-1/Nd(图 7-1-2a、c)图解中没有线性关系,在 I_{Sr}-SiO$_2$、$\varepsilon_{Nd}(t)$-SiO$_2$(图 7-1-2b、d)相关图解中同样没有线性关系;佐证金鸡岭岩体在侵位过程中未遭受强烈的地壳混染。Sr 同位素研究表明,金鸡岭岩体 I_{Sr}=0.712 58～0.732 51,这与 A 型花岗岩普遍具有较高的 Rb-Sr 比值相匹配;细粒斑状二长花岗岩样品均具有更高的 I_{Sr} 值,为 0.728 04～0.732 51(5 件);粗中粒斑状黑云母正长花岗岩则明显分成 0.712 58～0.720 62(6 件)、0.732 07～0.732 35(7 件)两组,较高组与补体的 Sr 同位素组成相似;较低组与西山(杂)岩体 I_{Sr}=0.716 13～0.718 53、砂子岭岩体 I_{Sr}=0.716 03～0.718 17(李剑锋等,2020)相对应,但具略大的变化区间。需要指出的是,金鸡岭岩体较高组的 I_{Sr} 值可能与岩浆结晶分异演化、Rb/Sr 升高有关,因而不能代表其源区的 Sr 同位素组成。Nd 同位素分析表明,金鸡岭岩体主体与补体 $\varepsilon_{Nd}(t)$ 值分别为 －8.23～－6.38、－7.80～－5.83,前者略低。在 $\varepsilon_{Nd}(t)$-I_{Sr} 图解中,砂子岭与西山(杂)岩体的分布范围极为接近,而金鸡岭岩体具较大的变化区间,证实金鸡岭整体与砂子岭、西山(杂)岩体的源区组成、性质接近,其源区均以上地壳为主(图 7-1-1a)。

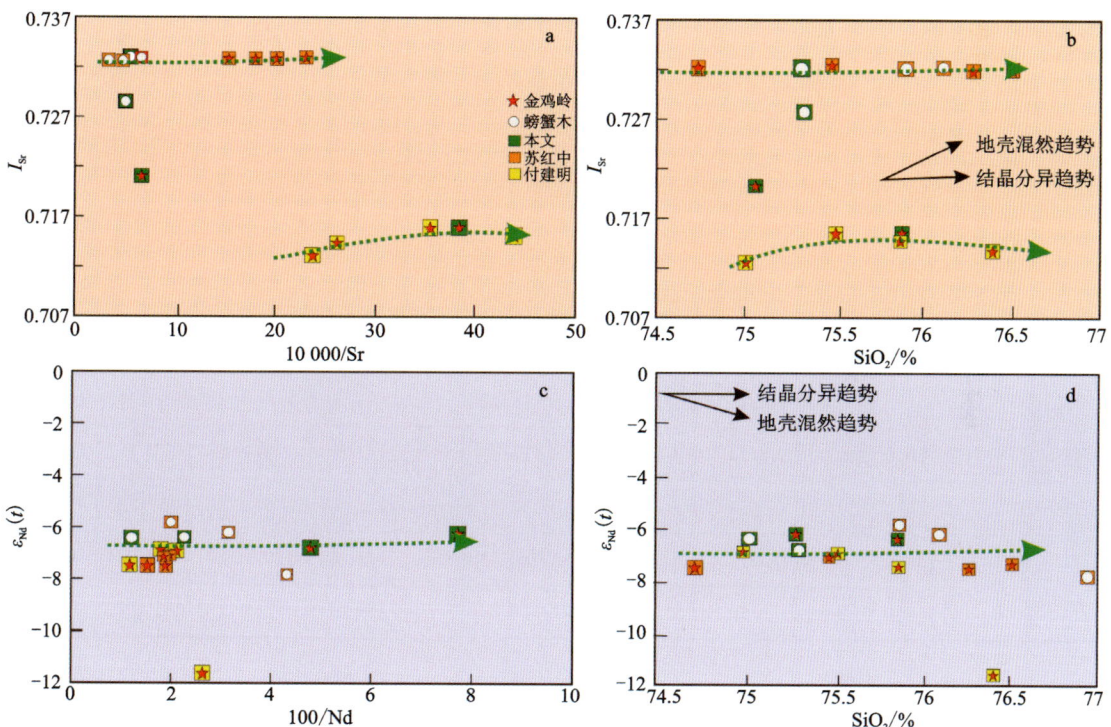

图 7-1-2 金鸡岭岩体 I_{Sr}-100 00/Sr(a)、$\varepsilon_{Nd}(t)$－100/Nd(c) 及 I_{Sr}、$\varepsilon_{Nd}(t)$ 与 SiO$_2$(b、d)相关图解

在已准确测定锆石 U-Pb 同位素年龄的点位或其旁用较大斑束(44μm)进行锆石 Hf 同位素测定;计算 T_{2DM}(Hf)采用上地壳平均值为 0.008(Taylor and McLennan,1985)。本书报道细粒斑状二长花岗岩(补体)15 个测点 ^{176}Hf/^{177}Hf 比值为 0.000 496-0.001 440、$\varepsilon_{Hf}(t)$=－5.5～－4.2,具体数据见表 7-1-2。Liu et al.(2019)报道金鸡岭岩体主体、补体样品 $\varepsilon_{Hf}(t)$

值分别介于−7.1～−3.6、−7.3～−4.5之间。在$\varepsilon_{Hf}(t)$-Age图解(图7-1-1b)中,上述数据均落入南岭西段典型岩体范围(舒徐洁,2014),同样证明其源岩以陆壳物质为主。在$CaO/(MgO+FeO)$-$Al_2O_3/(MgO+FeO)$及Rb/Sr-Rb/Ba图解(图7-1-1c、d)中,几乎所有样品均落入泥质岩源区,暗示金鸡岭岩体源自泥质岩熔融。金鸡岭岩体$T_{DM2}(Nd)$=1566～1412Ma,$T_{2DM}(Hf)$=1541～1459Ma;表明其源岩从地幔储库中脱离的时间为中元古代。

表7-1-2 金鸡岭岩体Hf同位素数据

测点号	$^{176}Hf/^{177}Hf$	σ	$^{176}Lu/^{177}Hf$	σ	$^{176}Yb/^{177}Hf$	$\varepsilon_{Hf}(0)$	Age	$\varepsilon_{Hf}(t)$	2σ	T_{DM2}(Hf)	2σ	T_{DM2}(Hf)	2σ
17D35-01	0.282 530	0.000 008	0.000 944	0.000 006	0.034 770	−8.6	154.7	−5.3	0.28	1021	22	1536	36
17D35-02	0.282 528	0.000 008	0.000 543	0.000 006	0.019 343	−8.6	153.6	−5.3	0.28	1013	22	1538	36
17D35-03	0.282 526	0.000 007	0.001 339	0.000 039	0.049 596	−8.7	152.9	−5.5	0.25	1037	20	1547	32
17D35-04	0.282 549	0.000 008	0.000 893	0.000 006	0.032 404	−7.9	153.5	−4.6	0.28	993	23	1494	36
17D35-05	0.282 546	0.000 008	0.001 268	0.000 020	0.048 711	−8.0	161.8	−4.6	0.27	1006	22	1496	35
17D35-06	0.282 545	0.000 007	0.001 440	0.000 007	0.054 381	−8.0	153.6	−4.8	0.26	1013	21	1506	32
17D35-08	0.282 540	0.000 008	0.000 882	0.000 014	0.031 666	−8.2	147.3	−5.1	0.28	1005	22	1516	35
17D35-09	0.282 564	0.000 008	0.000 867	0.000 030	0.032 399	−7.3	148.6	−4.2	0.27	971	22	1461	34
17D35-10	0.282 543	0.000 009	0.000 637	0.000 007	0.022 653	−8.1	149.0	−4.9	0.30	994	24	1507	38
17D35-11	0.282 533	0.000 008	0.000 801	0.000 027	0.028 681	−8.4	153.3	−5.2	0.29	1013	23	1528	37
17D35-14	0.282 557	0.000 008	0.001 099	0.000 005	0.041 128	−7.6	157.3	−4.3	0.28	987	23	1474	36
17D35-15	0.282 566	0.000 008	0.000 496	0.000 003	0.017 355	−7.3	141.9	−4.2	0.28	958	22	1459	36
17D35-16	0.282 526	0.000 008	0.000 573	0.000 005	0.020 078	−8.7	155.1	−5.4	0.27	1016	21	1541	34
17D35-17	0.282 538	0.000 008	0.000 572	0.000 003	0.020 286	−8.3	150.6	−5.0	0.27	1000	21	1518	34
17D35-20	0.282 551	0.000 007	0.000 549	0.000 001	0.019 250	−7.8	151.6	−4.5	0.25	981	20	1487	32

二、砂子岭岩体

砂子岭岩体Sr-Nd同位素分析结果见表7-1-3,I_{Sr}=0.716 03～0.718 17,说明其源区具有相似Sr同位素组成;$\varepsilon_{Nd}(t)$值显示出较低的负值但变化范围小(−7.38～−6.80)、$T_{DM2}(Nd)$=1546～1498Ma,暗示区内岩浆岩源自富集源区特征,而高的SiO_2和低的$\varepsilon_{Nd}(t)$表明岩浆主要来源于地壳。

石 $\varepsilon_{Hf}(t)$ 值为 $-6.37\sim-4.03$，T_{DM2}(Hf)分布于 $1610\sim1463$Ma 之间；17D59-20 号测点 $\varepsilon_{Hf}(t)$ 和 T_{DM2}(Hf)分别为 4.46Ma 和 1313Ma。英安岩样品 14D23-2 所测 12 颗有效锆石 $\varepsilon_{Hf}(t)$ 值为 $0.53\sim-4.19$，T_{DM2}(Hf)分布于 $1470\sim1251$Ma 之间；14D23-2-1 号测点 $\varepsilon_{Hf}(t)$ 和 T_{DM2}(Hf)分别为 0.53Ma 和 1174Ma(表 7-1-6，图 7-1-4)。

表 7-1-6　西山(杂)岩体 Hf 同位素数据

测点号	^{176}Hf/^{177}Hf	^{176}Lu/^{177}Hf	2σ	^{176}Yb/^{177}Hf	2σ	Age	$\varepsilon_{Hf}(0)$	$\varepsilon_{Hf}(t)$	T_{DM}	T_{DM2}	T_{Chur}	$f_{Lu/Hf}$
12D66-1	0.074 307	0.002 375	0.000 014	0.282 668	0.000 014	204	-3.66	0.48	858	1211	180	-0.93
12D66-2	0.062 214	0.002 057	0.000 015	0.282 447	0.000 018	166	-11.49	-8.06	1170	1725	556	-0.94
12D66-3	0.060 088	0.001 999	0.000 014	0.282 561	0.000 023	165	-7.46	-4.05	1004	1470	361	-0.94
12D66-4	0.032 343	0.001 033	0.000 004	0.282 584	0.000 015	170	-6.65	-3.02	946	1409	312	-0.97
12D66-5	0.028 72	0.000 913	0.000 002	0.282 472	0.000 012	171	-10.61	-6.96	1100	1659	495	-0.97
12D66-6	0.051 619	0.001 595	0.000 009	0.282 458	0.000 01	155	-11.12	-7.88	1141	1706	530	-0.95
12D66-7	0.032 843	0.001 04	0.000 002	0.282 561	0.000 012	154	-7.45	-4.19	978	1470	350	-0.97
12D66-8	0.029 217	0.000 917	0.000 006	0.282 591	0.000 01	156	-6.4	-3.08	934	1402	300	-0.97
12D66-9	0.023 005	0.000 746	0.000 006	0.282 591	0.000 01	155	-6.41	-3.07	930	1402	298	-0.98
12D66-11	0.023 807	0.000 763	0.000 001	0.282 614	0.000 011	166	-5.59	-2.01	898	1343	260	-0.98
12D66-12	0.025 451	0.000 824	0.000 006	0.282 61	0.000 012	154	-5.74	-2.46	905	1360	268	-0.98
12D66-13	0.022 581	0.000 729	0.000 004	0.282 455	0.000 013	154	-11.23	-7.94	1119	1708	521	-0.98
12D66-14	0.031 123	0.000 994	0.000 019	0.282 476	0.000 01	154	-10.45	-7.16	1096	1660	489	-0.97
12D66-15	0.039 68	0.001 244	0.000 019	0.282 739	0.000 009	153	-1.15	2.09	731	1071	54	-0.96
12D66-16	0.032 111	0.001 013	0.000 005	0.282 488	0.000 013	153	-10.03	-6.76	1080	1634	470	-0.97
12D66-17	0.040 905	0.001 258	0.000 022	0.282 592	0.000 01	143	-6.37	-3.33	941	1410	301	-0.96
12D66-18	0.035 58	0.001 123	0.000 009	0.282 505	0.000 011	143	-9.44	-6.41	1060	1604	444	-0.97
12D66-19	0.028 787	0.000 918	0.000 006	0.282 591	0.000 009	153	-6.41	-3.15	934	1404	300	-0.97
14D23-2-1	0.039 153	0.000 889	0.000 005	0.282 653	0.000 031	145	-4.2	-1.1	845	1267	196	-0.97
14D23-2-2	0.066 35	0.001 441	0.000 023	0.282 692	0.000 028	159	-2.81	0.53	802	1174	134	-0.96
14D23-2-3	0.048 264	0.001 203	0.000 024	0.282 588	0.000 024	152	-6.49	-3.28	944	1411	306	-0.96
14D23-2-4	0.025 221	0.000 655	0.000 023	0.282 56	0.000 027	154	-7.49	-4.19	970	1470	347	-0.98
14D23-2-5	0.047 294	0.001 068	0.000 004	0.282 597	0.000 023	153	-6.18	-2.94	929	1391	291	-0.97
14D23-2-6	0.041 5	0.000 956	0.000 005	0.282 602	0.000 024	152	-6.03	-2.78	920	1381	282	-0.97
14D23-2-7	0.041 921	0.000 9	0.000 011	0.282 587	0.000 024	147	-6.56	-3.43	939	1417	307	-0.97
14D23-2-8	0.054 569	0.001 324	0.000 01	0.282 66	0.000 031	150	-3.95	-0.78	845	1251	187	-0.96

续表 7-1-6

测点号	$^{176}Hf/^{177}Hf$	$^{176}Lu/^{177}Hf$	2σ	$^{176}Yb/^{177}Hf$	2σ	Age	$\varepsilon_{Hf}(0)$	$\varepsilon_{Hf}(t)$	T_{DM}	T_{DM2}	T_{Chur}	$f_{Lu/Hf}$
14D23-2-9	0.027 711	0.000 678	0.000 006	0.282 568	0.000 024	160	−7.21	−3.78	960	1450	335	−0.98
14D23-2-10	0.029 534	0.000 668	0.000 008	0.282 572	0.000 029	154	−7.06	−3.78	954	1444	328	−0.98
14D23-2-11	0.034 969	0.000 815	0.000 007	0.282 585	0.000 03	159	−6.61	−3.2	939	1412	308	−0.98
14D23-2-12	0.042 894	0.000 971	0.000 014	0.282 588	0.000 026	149	−6.52	−3.35	940	1414	306	−0.97
14D23-2-13	0.057 488	0.001 338	0.000 007	0.282 659	0.000 028	155	−3.99	−0.73	847	1251	189	−0.96
14D27-1	0.025 857	0.000 616	0.000 004	0.282 533	0.000 026	158	−8.44	−5.02	1006	1527	391	−0.98
14D27-2	0.029 139	0.000 689	0.000 002	0.282 574	0.000 034	158	−7.01	−3.61	952	1438	325	−0.98
14D27-3	0.026 551	0.000 622	0.000 002	0.282 548	0.000 025	153	−7.9	−4.61	985	1496	366	−0.98
14D27-4	0.023 31	0.000 536	0.000 004	0.282 541	0.000 02	137	−8.17	−5.2	994	1524	377	−0.98
14D27-5	0.030 719	0.000 706	0.000 005	0.282 594	0.000 027	159	−6.28	−2.87	924	1391	292	−0.98
14D27-6	0.031 3	0.000 692	0.000 002	0.282 57	0.000 023	156	−7.15	−3.79	957	1447	332	−0.98
14D27-7	0.027 032	0.000 635	0.000 015	0.282 592	0.000 024	166	−6.38	−2.79	926	1393	296	−0.98
14D27-8	0.023 044	0.000 552	0.000 003	0.282 597	0.000 033	153	−6.19	−2.87	916	1387	286	−0.98
14D27-9	0.048 898	0.001 137	0.000 054	0.282 681	0.000 03	156	−3.23	0.07	812	1201	152	−0.97
14D27-10	0.027 592	0.000 629	0.000 003	0.282 554	0.000 022	157	−7.69	−4.29	977	1480	356	−0.98
14D27-11	0.028 005	0.000 656	0.000 003	0.282 58	0.000 024	149	−6.78	−3.6	942	1428	315	−0.98
14D27-12	0.041 467	0.000 945	0.000 066	0.282 622	0.000 033	192	−5.32	−1.23	891	1311	249	−0.97
14D27-13	0.066 976	0.001 509	0.000 06	0.282 739	0.000 029	156	−1.16	2.11	737	1072	55	−0.95
14D27-14	0.029 254	0.000 666	0.000 016	0.282 549	0.000 019	157	−7.87	−4.51	985	1492	365	−0.98
14D27-15	0.028 223	0.000 638	0.000 019	0.282 594	0.000 019	158	−6.3	−2.9	923	1393	292	−0.98
17D59-01	0.029 452	0.000 826	0.000 009	0.282 516	0.000 008	152	−9.07	−5.82	1037	1573	423	−0.98
17D59-02	0.026 331	0.000 752	0.000 021	0.282 514	0.000 007	150	−9.12	−5.9	1037	1577	424	−0.98
17D59-03	0.031 124	0.000 864	0.000 016	0.282 511	0.000 008	156	−9.22	−5.89	1044	1581	430	−0.97
17D59-04	0.039 034	0.001 103	0.000 025	0.282 524	0.000 008	158	−8.75	−5.41	1032	1551	411	−0.97
17D59-05	0.042 963	0.001 191	0.000 019	0.282 543	0.000 009	160	−8.1	−4.7	1008	1509	382	−0.96
17D59-06	0.058 105	0.001 593	0.000 039	0.282 501	0.000 007	152	−9.6	−6.42	1079	1610	458	−0.95
17D59-07	0.024 22	0.000 689	0.000 004	0.282 502	0.000 008	156	−9.56	−6.2	1052	1600	444	−0.98
17D59-08	0.026 512	0.000 774	0.000 007	0.282 564	0.000 01	155	−7.35	−4.03	968	1463	342	−0.98
17D59-09	0.038 864	0.001 099	0.000 007	0.282 508	0.000 008	155	−9.33	−6.05	1055	1590	438	−0.97
17D59-10	0.037 923	0.001 076	0.000 009	0.282 501	0.000 008	153	−9.57	−6.33	1064	1606	449	−0.97

续表 7-1-6

测点号	$^{176}Hf/^{177}Hf$	$^{176}Lu/^{177}Hf$	2σ	$^{176}Yb/^{177}Hf$	2σ	Age	$\varepsilon_{Hf}(0)$	$\varepsilon_{Hf}(t)$	T_{DM}	T_{DM2}	T_{Chur}	$f_{Lu/Hf}$
17D59-11	0.028 298	0.000 8	0.000 007	0.282 536	0.000 009	157	−8.34	−4.98	1008	1525	389	−0.98
17D59-12	0.034 628	0.000 982	0.000 013	0.282 516	0.000 008	160	−9.04	−5.64	1040	1567	424	−0.97
17D59-13	0.023 751	0.000 685	0.000 005	0.282 518	0.000 008	159	−8.97	−5.58	1029	1562	416	−0.98
17D59-14	0.044 606	0.001 224	0.000 023	0.282 547	0.000 009	154	−7.97	−4.72	1004	1504	376	−0.96
17D59-15	0.051 782	0.001 443	0.000 009	0.282 501	0.000 008	153	−9.58	−6.37	1074	1608	455	−0.96
17D59-16	0.040 468	0.001 147	0.000 022	0.282 525	0.000 01	152	−8.73	−5.5	1032	1553	411	−0.97
17D59-17	0.024 356	0.000 7	0.000 005	0.282 515	0.000 007	151	−9.08	−5.85	1034	1574	421	−0.98
17D59-18	0.052 418	0.001 479	0.000 008	0.282 502	0.000 008	161	−9.54	−6.16	1074	1602	454	−0.96
17D59-19	0.037 67	0.001 072	0.000 008	0.282 513	0.000 008	158	−9.14	−5.81	1047	1576	429	−0.97
17D59-20	0.044 034	0.001 243	0.000 021	0.282 497	0.000 008	667	−9.72	4.46	1074	1313	459	−0.96
17D204-01	0.064 596	0.001 802	0.000 046	0.282 43	0.000 007	160	−12.09	−8.77	1187	1766	580	−0.95
17D204-02	0.088 266	0.002 412	0.000 05	0.282 442	0.000 007	160	−11.66	−8.42	1189	1743	570	−0.93
17D204-03	0.033 023	0.000 907	0.000 018	0.282 469	0.000 007	155	−10.7	−7.39	1104	1676	500	−0.97
17D204-04	0.064 13	0.001 763	0.000 003	0.282 456	0.000 007	156	−11.17	−7.92	1148	1709	536	−0.95
17D204-05	0.033 268	0.000 923	0.000 004	0.282 482	0.000 008	157	−10.24	−6.88	1086	1645	478	−0.97
17D204-06	0.073 316	0.002	0.000 01	0.282 443	0.000 008	156	−11.63	−8.42	1174	1739	562	−0.94
17D204-07	0.032 572	0.000 918	0.000 015	0.282 469	0.000 008	157	−10.73	−7.38	1105	1675	501	−0.97
17D204-08	0.055 964	0.001 535	0.000 009	0.282 471	0.000 008	160	−10.63	−7.28	1120	1673	506	−0.95
17D204-09	0.062 257	0.001 742	0.000 026	0.282 496	0.000 009	151	−9.77	−6.62	1091	1624	468	−0.95
17D204-10	0.028 564	0.000 789	0.000 009	0.282 501	0.000 008	162	−9.59	−6.14	1056	1599	446	−0.98
17D204-11	0.038 976	0.001 105	0.000 018	0.282 486	0.000 008	166	−10.11	−6.58	1086	1632	475	−0.97
17D204-12	0.040 07	0.001 104	0.000 013	0.282 488	0.000 009	160	−10.05	−6.68	1084	1633	472	−0.97
17D204-13	0.031 914	0.000 881	0.000 019	0.282 534	0.000 008	152	−8.41	−5.15	1012	1531	393	−0.97
17D204-14	0.028 741	0.000 817	0.000 007	0.282 501	0.000 008	150	−9.6	−6.41	1057	1607	447	−0.98
17D204-16	0.040 169	0.001 135	0.000 007	0.282 501	0.000 007	153	−9.58	−6.32	1066	1607	451	−0.97
17D204-17	0.045 896	0.001 264	0.000 022	0.282 493	0.000 008	152	−9.86	−6.63	1080	1625	465	−0.96
17D204-18	0.042 998	0.001 241	0.000 016	0.282 505	0.000 008	147	−9.45	−6.36	1063	1602	446	−0.96
17D204-19	0.040 939	0.001 16	0.000 016	0.282 502	0.000 007	155	−9.56	−6.3	1066	1605	450	−0.97
17D204-20	0.029 382	0.000 838	0.000 004	0.282 515	0.000 007	153	−9.08	−5.8	1038	1573	423	−0.97

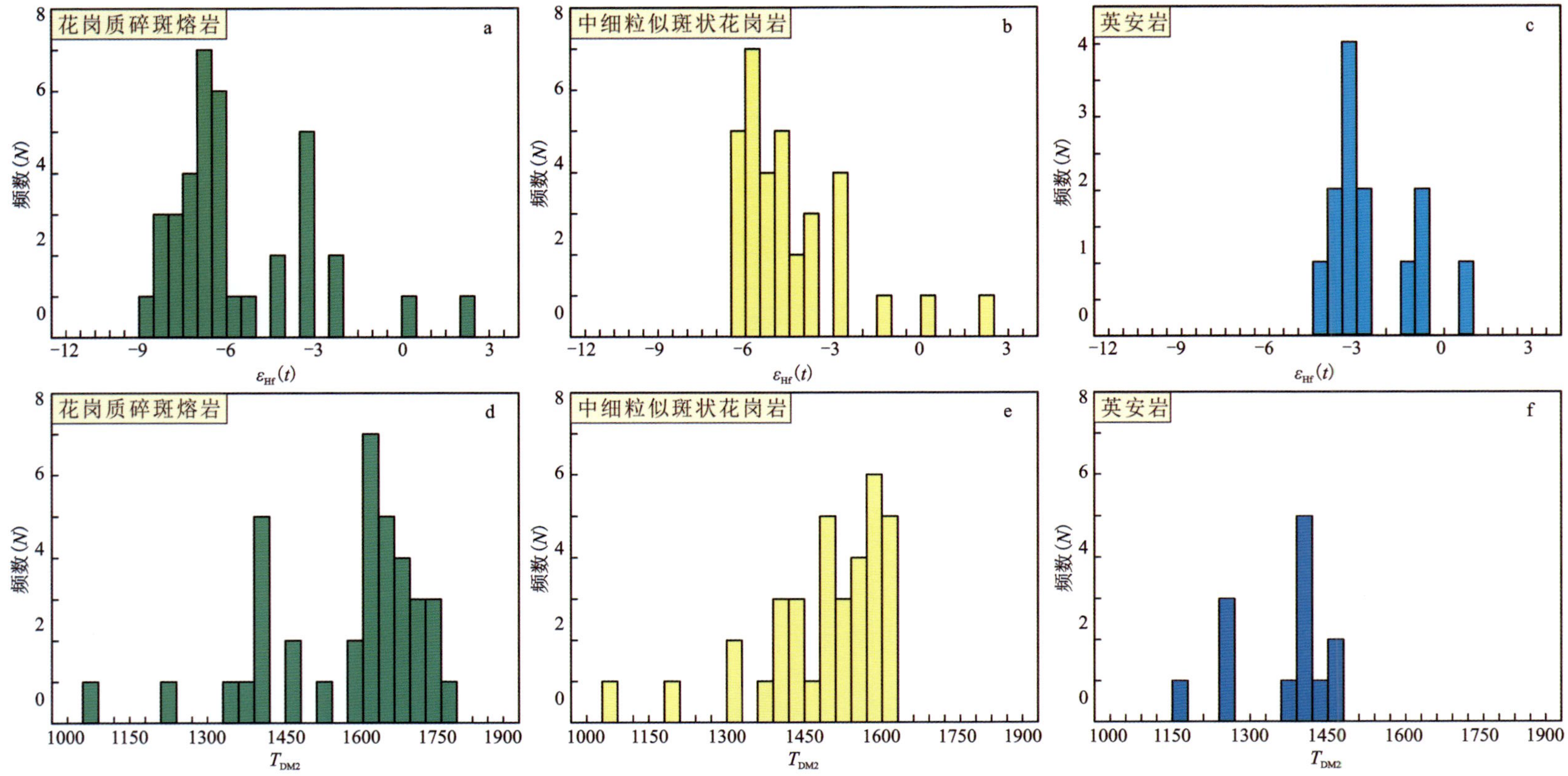

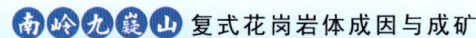

图 7-1-4 西山(杂)岩体单颗粒锆石 $\varepsilon_{Hf}(t)$、T_{DM2} (Hf) 频数直方图

二、西山(杂)岩体

本书采用第六章第四节估算的花岗质碎斑熔岩、中细粒似斑状黑云母二长花岗岩的锆石饱和温度为 755.0~826.8℃(平均 791.2℃)、715.4~858.7℃(平均 791.5℃)作为铁橄榄石、铁辉石的结晶温度。黑云母中 Ti 含量对温度敏感,可以有效估算火成岩中黑云母形成温度(Robert,1976;Patino,1993);本书结合资料采用 Henry 等(2005)提出 Ti 饱和温度计算公式获得含铁橄榄石花岗质碎斑熔岩中黑云母的形成温度具有较大的变化范围,为 500~770℃;与暗色矿物微包体共生的黑云母集中在 680~735℃之间,基质中的黑云母主要分布于 640~690℃之间;矿物学及岩石地球化学显示含铁橄榄石花岗质碎斑熔岩属高温、缺水的 A 型花岗岩,而岩浆系统在缺水条件下会导致黑云母较晚结晶,这一认识可以得到岩相学、结晶温度的印证。在 Q-Ab-Or 等温线图中,本书所测样品主要集中于 700~770℃之间(图 7-2-1b),对应含铁橄榄石花岗质碎斑熔岩的基质(主体)结晶温度。

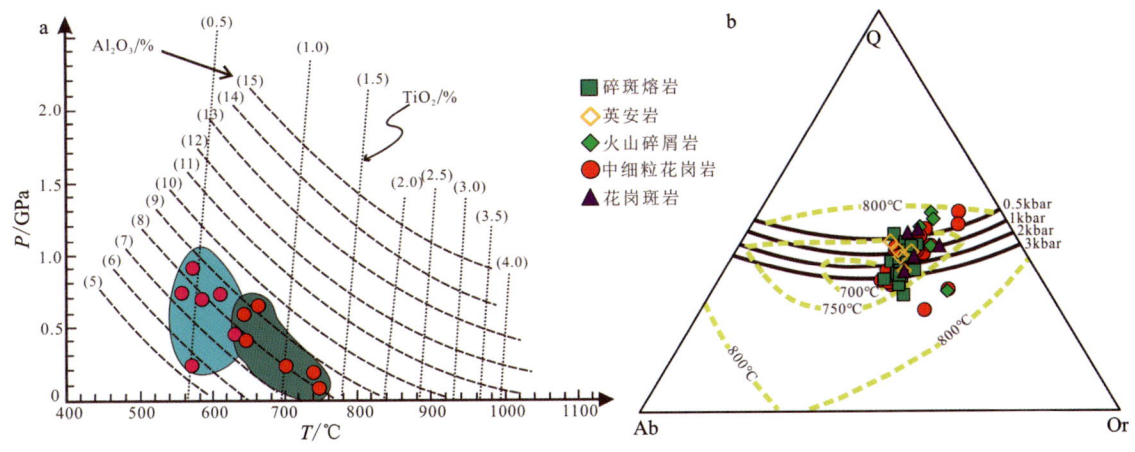

图 7-2-1　西山(杂)岩体角闪石 P-T(a)、Q-Ab-Or(b)图解

在西山(杂)岩体中存在由铁橄榄石、铁辉石等矿物组成且与石英共生的微包体,基本符合 Smith(1971)的实验条件;据此推测铁橄榄石和铁辉石形成压力为 $7.5×10^8$~$8.0×10^8$Pa,相当于 24~26km 中下地壳位置;该结论与其角闪岩相源区的深度一致,二者相互印证。利用 Uchida 等(2007)总结的西山(杂)岩体黑云母全铝此压力计估算其结晶压力为 66~238MPa,集中于 120~205MPa 之间;按 1kbar(100MPa)=3.3km 压力梯度估算结晶深度为 2.18~7.85km,主要集中于 3.96~6.77km 之间。人们很早就注意到中酸性深成岩中钙质角闪石总铝含量与结晶压力之间存在明显的相关关系,Schmidt(1992)在对前人的经验公式进行修正的基础上,得出角闪石全 Al 压力计算公式:$P(1×10^8Pa±0.6×10^8Pa)=4.76Al^T-3.01, r^2=0.99$。据此公式计算的区内角闪石形成压力为 $1.67×10^8$~$4.80×10^8$Pa(表 5-3-1),按 $1×10^8$Pa=3.3km 压力梯度计算两类角闪石形成深度在 5.50~15.85km 范围内,集中在 10~15km 之间,相当于中地壳位置。在角闪石 P-T 图解中,全部样品集中于 0.2~0.8GPa、

775～550℃(图 7-2-1a);前者略高于角闪石全铝压力计估算结果。此外,本书采用标准矿物 Q-Ab-Or 图解法估算西山(杂)岩体整体的结晶压力区间变化很大,50～300MPa 均有分布,中细粒似斑状黑云母二长花岗岩、花岗质碎斑熔岩、花岗斑岩及英安(斑)岩的形成压力均主要集中于 100～300MPa 之间,流纹岩形成压力集中于 50～100MPa 之间(图 7-2-1b);换算侵位深度为 3.3～9.9km、1.7～3.3km;整体与次火山岩相的产状相吻合。

Wones 和 Eugster(1965)、Wones(1989)通过研究与磁铁矿和钾长石共生的黑云母的 Fe^{2+}、Mg^{2+} 和 Fe^{3+} 原子百分数来估算结晶时的氧逸度。在黑云母 Fe^{2+}-Mg^{2+}-Fe^{3+} 图解中(图 7-2-2),与铁橄榄石、铁辉石等共生的黑云母主要位于 Fe_2SiO_4-SiO_2-Fe_3O_4 缓冲对以下,余下产状的黑云母主要落入 Fe_2SiO_4-SiO_2-Fe_3O_4 和 Ni-NiO 之间;无独有偶,使用 Trail 等(2012)锆石 Ce 氧逸度公式获得所测锆石样品绝大多数氧逸度为 $\lg f_{O_2}=-15.05$～-17.28、$\triangle MFQ=-0.94$～-6.31;同样说明本书所测样品整体具有较低的氧逸度以保证二价铁的稳定性。相对而言,含铁橄榄石等微包体和锆石形成于早期更低的氧逸度环境;后期的低氧逸度除形成少量超镁铁质矿物微晶外,还利于早期微包体的保存。

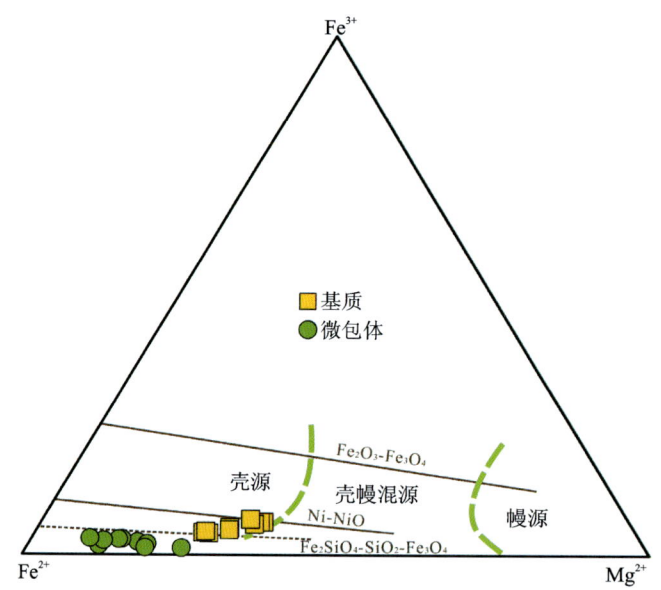

图 7-2-2　黑云母 Fe^{3+}-Fe^{2+}-Mg^{2+}(a)、花岗岩 Q-Ab-Or(b)图解

岩矿鉴定表明,本书研究样品无论暗色矿物铁橄榄石、铁辉石、黑云母,还是浅色矿物长石、石英,均可以分为 2 个世代;暗色矿物斑晶可以包裹早期的长石、石英微晶,后者形成的斑晶也包裹超镁铁质微包体、微晶甚至晚期熔体;基质中也可见铁橄榄石、铁辉石等微晶;上述岩相学特征表明,暗色矿物和浅色矿物斑晶虽有不同的初始结晶温度,但整体却是在相近的物理化学条件下近同时结晶的;受源区组成的复杂性、基性岩缓冲剂及快速侵位的影响,矿物原位氧同位素显示不同矿物是在非化学平衡状态下结晶的(Guo et al.,2016)。

第三节 大地构造背景

一、加里东期构造背景

目前,华南地区内已被厘定的早古生代花岗岩体超过100个,总面积超过22 000km²,单个岩体大者超过3000km²,小者不足10km²(孙涛,2006),分布在武夷—云开一线到江南古陆南缘的广袤区域内,集中出露于南岭越城岭、万洋山—诸广山及云开大山—武夷山等地,以后者最为宏大。南岭地区花岗岩体分布主要受NE向断裂带的控制,岩体走向以NE向为主;其中,诸广山、万洋山、彭公庙岩体为SN走向,雪花顶、永和、大宁岩体为NW走向,可能受赣南隆起和湘桂坳陷交接地带的复杂断裂系统所控制(南京大学地质系,1981)。传统观一般把南岭加里东期花岗岩划入陆壳改造型(即S型花岗岩)(南京大学地质学系,1981),并认为该期花岗岩与成矿的关系不大;因此,它一直以来是华南地区花岗岩研究的薄弱环节。2000年以来,随着现代测试技术的广泛运用和岩基找矿思路的逐步扩展,湘桂内陆越来越多的加里东期花岗岩岩体或含加里东花岗岩的多旋回复式岩体被报道(楼法生等,2002;许德如等,2006;程顺波等,2009;王彦斌等,2010),为广大学者研究华南加里东期造山带提供了丰富的基础资料。研究表明,花岗岩的形成不仅是地壳物质再循环作用的结果,还可能有地幔组成的渗入;最常见的就是基性和酸性岩浆的混合作用(Pitcher,1997),可以形成多种花岗岩类型(Leake,1990)。目前,加里东期花岗岩研究已经向纵深发展,主要表现在:①地质大调查以来的系列研究工作证实很多花岗岩中都不同程度存在壳幔相互作用(楼法生等,2002;Xu et al.,2007;程顺波等,2009);②其形成的大陆动力学背景及与之有关的大规模成矿作用已引起广大学者的关注(华仁民等,2013)。

雪花顶岩体在微量元素上表现为富集大离子亲石元素,相对亏损相容元素Cr、Ni和高场强元素Nb、Ta、P等,具明显的Nb、P、Ti、Ba、Sr负异常;在稀土元素上表现为轻稀土富集,轻重稀土呈较强的分馏并具有中等的Eu负异常;I_{Sr}值为0.719 12~0.720 65、$\varepsilon_{Nd}(t)$值为-8.6~-7.9,$T_{DM2}(Nd)$为1.82~1.88Ga(程顺波等,2009);结合出现角闪石的岩相学证据,判断其属于高钾钙碱性I型花岗岩。此外,雪花顶岩体大量发育镁铁质暗色包体,岩石地球化学研究表明,包体与寄主岩石具有极为类型的稀土、微量元素配分曲线,$I_{Sr}=0.718\ 56$~0.721 57,$\varepsilon_{Nd}(t)$值为-7.8~-5.8,$T_{DM2}(Nd)$为1.64~1.81Ga,几乎与寄主岩石达到锶、钕同位素平衡(程顺波等,2009),是岩浆混合作用的直接证据。

华南地区自新元古代碰撞造山后,成为新元古代Rodnian超大陆裂解作用的一部分;但是华南内部裂解成洋而进入新的威尔逊旋回,还是自此进入陆内演化阶段,是目前区内学者研究的重点问题(张菲菲等,2010)。关键问题在于,华南内部是否存在早古生代蛇绿岩套?李继亮等(1993)曾根据赣南加里东期逆冲推覆体中含超基性—基性岩,将华南早古生代造山带归入为碰撞造山带。该模式对后面加里东期花岗岩的构造背景研究产生了深远影响,如曾勇和廖群安(2000)提出西武夷山地区加里东造山作用经历了碰撞前—主碰撞—碰撞后伸展—走滑等4个阶段；许德如等(2006)认为早古生代可能的陆-弧-陆碰撞是导致湘东板杉铺埃达克质花岗闪长岩产生的重要机制；沈渭洲等(2008)指出宁冈岩体很可能形成于华夏古陆残块与扬子地块陆—陆碰撞拼贴而引发的地壳伸展-减薄的构造背景下。然而，最近的高精度锆石U-Pb年代学研究显示(Shu et al.,2006；Li et al.,2005；舒良树等,2008)，沿政和-大浦断裂带、江绍断裂带、皖南-赣东北断裂带分布、原认为属于早古生代蛇绿岩的基性—超基性岩石多为新元古代形成的，这使得板块俯冲-碰撞造山模式不再令人信服。舒良树等(2008)还以带内花岗岩以S型花岗岩为主，沉积具有稳定大陆边缘属性，高压变质岩和火山岩匮乏，构造事件穿时性明显等证据进行论证，但是他们没有对华南早古生代造山带的构造属性下一个明确的定义。在上述研究的基础上，Li等(2010)根据武夷地区的峰期变质类型为石榴石角闪岩相、P-T-t轨迹具有顺时针演化等特征，将华南加里东期造山带归入板内造山带。

已有的资料表明，华南加里东期造山带地壳460～440Ma发生快速褶皱缩短和逆冲加厚(李继亮等,1993；舒良树等,2008)，中地壳(即陈蔡群所在位置)进变质峰期达到石榴石角闪岩相(Li et al.,2010)，下地壳层次也达到高压麻粒岩相(于津海等,2005)。造山带在440Ma左右快速转入伸展垮塌阶段，可能伴随地幔物质(软流圈)发生广泛的底侵作用，进而引起强烈的区域壳幔相互作用；下、中地壳发生部分熔融形成大面积的中酸性岩浆侵入活动(440～420Ma)(年龄数据来自Wang et al.,2007；Wan et al.,2010；Li et al.,2010；徐先兵等,2009；张菲菲等,2010；程顺波等,2013)。随后，造山带逐渐调整到正常地壳厚度，伴随近等压降温退变质作用。从野外地质来看，雪花顶岩体呈长条状(包括北部黄家塘隐伏部分)，长轴方向为NNW方向，斜切加里东期NE向构造线，岩体内叶理、线理组构不发育，残留体也不显定向，指示岩体为拉张环境下的被动就位。雪花顶岩体为高钾钙碱性花岗岩，在Y-Nb、Yb-Ta、Yb+Ta-Rb及Rb/30-Hf-3Ta判别图解中均落入碰撞后范围(图7-3-1)；基于此，程顺波等(2009)提出雪花顶岩体形成于华南加里东期造山带伸展垮塌背景下早元古代晚期长英质岩浆岩重熔，诱导因素可能为加里东早期沿赣东北、湘南、粤西一线发生的地幔物质底侵事件。

华南加里东期花岗岩早期为钙碱性英云闪长岩-花岗闪长岩集中在华夏陆块内，数量少，规模小，持续时间长(510～430Ma)，伴随有武夷山地区绿片岩相变质作用(舒良树等,1999)，代表不太强烈的挤压环境；晚期为过铝质二长花岗岩-二云母花岗岩，遍布华南各区，规模大、数量多，形成时代集中于430～390Ma(舒良树,2006)，同时伴随有遍布全区的韧性剪切带(舒良树等,1999、2008；张桂林等,2002)和雪峰山地区的低角度滑脱构造(侯光久等,1998)，代表挤压峰期之后的伸展-剪性松弛(Barbarin,1999)。从空间分布视角，华南加里东期花岗岩呈面状分布于武夷—云开、湘赣及湘桂边界地区(周新民,2003)；实际上，在大型花岗岩体的附近总能找到同时期的(深)大断裂(带)，如云开地区花岗岩体都被局限于吴川-四会断裂带和博白-岑溪断裂带之间，彭公庙、诸广山-万洋山岩基群被夹持在郴州-茶陵、桂东-汝城和万安-遂川3条断裂之间，苗儿山-越城岭岩基的中部也正好被邵阳-资源断裂穿过；换而言之，造山带可能通过断裂构造实现松弛垮塌过程。

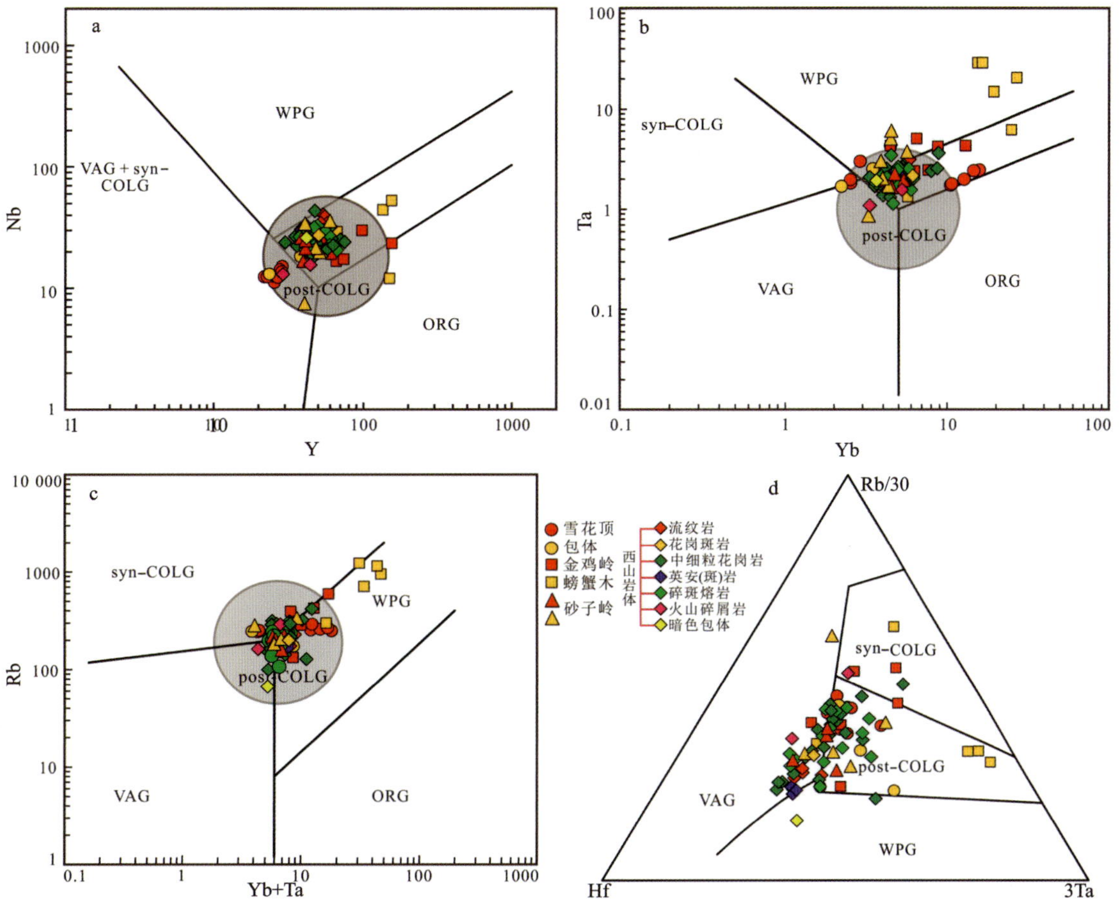

图 7-3-1　九嶷山复式岩体 Y-Nb、Yb-Ta、Yb+Ta-Rb 及 Rb/30-Hf-3Ta 判别图解

二、燕山期构造背景

华南中生代岩浆活动的构造背景和构造体制转折时限也是一个长期争议的焦点问题。目前,已积累大量高精度年代学及地球化学数据帮助我们厘清华南地区中生代时空格架与地质发展史:华南地块周边先后发生了碰撞和俯冲作用;其西南边缘在早三叠世沿松马缝合带发生了与印支地块的斜向碰撞,即印支造山运动(Cart-er et al.,2001;Lepvrier et al.,2004),同时形成华南陆内东西向的构造变形(张岳桥等,2009),华南地块北缘和华北地块沿秦岭-大别造山带的碰撞拼合(郑永飞,2008);东部边缘是始于早侏罗世的古太平洋板块的俯冲作用带(Jahn et al.,1974),然而,具大陆弧特征的岩浆活动产物只是于白垩纪在沿海一带产出(Chen et al.,2008)。因此,华南中生代从印支碰撞构造体系向古太平洋板块俯冲构造体系转换的时间和地质表现还不够清楚。争议的焦点在于华南内部早侏罗世的板内岩浆活动是受制于印支碰撞构造体系还是古太平洋板块俯冲构造体系。目前关于这一问题有多种构造

模式被提出,如:①250～190Ma水平俯冲板片在早侏罗世的折断和拆沉所产生的软流圈上涌和岩石圈伸展(Li and Li,2007;Li et al.,2007);②印支造山运动后的后造山伸展构造(陈培荣等,2002);③古太平洋板块俯冲早期在中国东南部内陆地区所形成的板内构造环境(Zhou et al.,2006)。中国东南部中生代的大地构造演化历史是重要的基础地质问题,构造环境演变和构造体制转折过程的澄清直接关系到对区内大规模火成岩的成因及相关的成矿规律的认识。因而,构造-岩浆成因模式的建立,以合理解释观察到的客观地质现象,仍需要进一步研究和完善。

尽管南岭地区已经报道大量A型花岗岩的存在,但很多岩体只是具有与之相似的地球化学特征,缺乏直接的矿物学证据。西山(杂)岩体为华南地区少数具有典型岩相学标志的铝质A型花岗岩(付建明等,2004a;Huang et al.,2011;Guo et al.,2016),其地球化学特征具有较大的参考意义。岩石地球化学研究表明,九嶷山燕山期复式岩体整体具有富硅、碱,贫钙、镁,准铝—弱过铝质,富含稀土元素和高场强元素(Y、Zr、Nb)的特点;与A型花岗岩(Turner et al.,1992)相近。金鸡岭、砂子岭及西山(杂)岩体测样品FeO^*/MgO比值为8.84～245.40(平均65.16)、5.43～15.33(平均8.43)、8.33～19.02(平均12.94),明显高于I型(2.27)、S型(2.38)、M型(2.37)花岗岩,与A型花岗岩均值(13.40)相仿(Whalen et al.,1987;Turner et al.,1992);Ga/Al值3.22×10^{-4}～5.02×10^{-4}(平均4.16×10^{-4})、2.45×10^{-4}～5.81×10^{-4}(平均3.49×10^{-4})、2.95×10^{-4}～4.95×10^{-4}(平均3.42×10^{-4})和(Zr+Nb+Ce+Y)组合值255.5×10^{-6}～554.9×10^{-6}(平均422.4×10^{-6})、256.8×10^{-6}～630.7×10^{-6}(平均442.0×10^{-6})、370.0×10^{-6}～652.5×10^{-6}(平均463.5×10^{-6})明显高于A型花岗岩的下限值2.6×10^{-4}与350×10^{-6}(Whalen et al.,1987)。三者锆石饱和温度T_{zr}分别为708.2～837.3℃(平均809.8℃)、758.9～824.3℃(平均782.2℃)、755.0～892.5℃(平均810.0℃);与A型花岗岩接近(839℃),高于S型花岗岩平均温度764℃和I型花岗岩平均温度781℃(King et al.,1997)。在$(10000\times Ga/Al)$ vs $[(FeO^*/MgO)/Ce/[(Na_2O+K_2O)/CaO]$及(Zr+Nb+Ce+Y)vs$(FeO^*/MgO)$分类图解上,所有样品均落在A型花岗岩区域(图7-3-2a～d);在Nb-Y-Ce和Nb-Y-Ga判别图解(图7-3-2e,f)上,金鸡岭、砂子岭及西山(杂)岩体均落在A_2区;代表其形成于碰撞后或造山后的张性构造环境。

发展至今,A型花岗岩已成为判断地壳伸展背景的重要标志(Whalen et al.,1987,1996;Sylvester,1989;Eby,1990,1992;贾小辉等,2009)。统计显示,南岭地区晚中生代A型花岗岩主要形成于195～175Ma和165～150Ma两个阶段,且均以A_2型为主;前者主要分布于南岭成矿带东段,如温公、黄沙坪、柯树北、寨背等;后者主要分布于南岭西段,即与钦杭成矿带叠加部位——湘南-桂北段高$\varepsilon_{Nd}(t)$、低钕模式年龄A型花岗岩带,自南西到北东依次有花山、姑婆山、九嶷山、骑田岭及千里山等岩体(Jiang et al.,2006;朱金初等,2006,2008;舒徐洁,2014)。考虑到南岭西段A型花岗岩体均形成于163～152Ma,因此,该区于彼时发生一次强烈的岩石圈拉张、软流圈上涌事件;与此同时,鉴于花岗岩形成时代由SW向→NE向逐渐变年轻,地幔物质贡献比例依次降低,蒋少涌等(2008)、Zhao等(2012)认为此次区域拉张事件由SW向→NE向进行,拉张程度亦逐渐减弱。

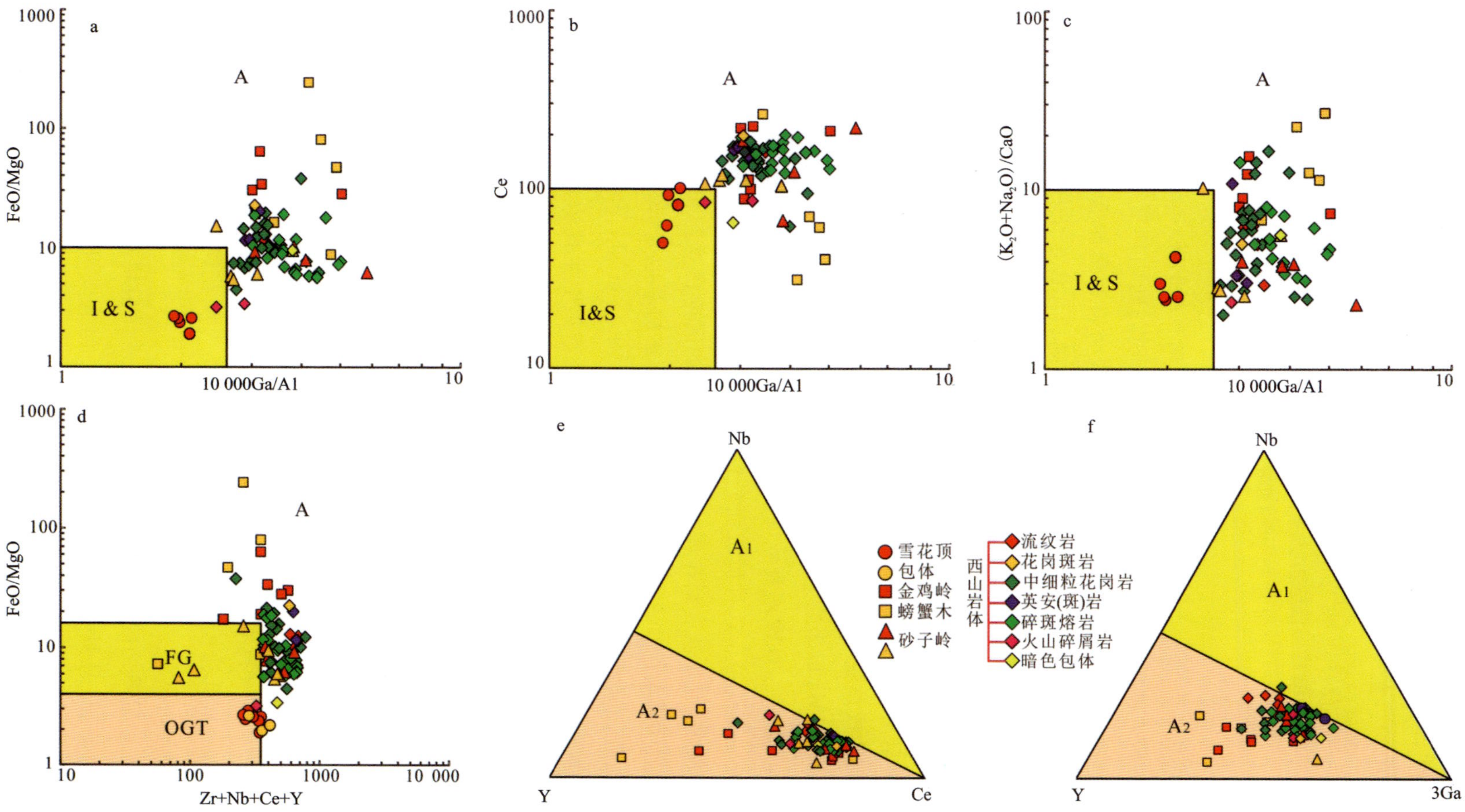

图 7-3-2 九嶷山复式岩体（10 000×Ga/Al）VS（FeO*/MgO）/Ce/[（Na_2O+K_2O）/CaO]、（Zr+Nb+Ce+Y）VS（FeO*/MgO）、Nb-Y-Ce及Nb-Y-Ga图解

燕山期华南地区已属陆内造山作用阶段,所处构造体系亦由特提斯构造域向古太平洋构造域转换;在太平洋板块西北向的俯冲作用下,导致华南晚中生代盆岭构造的形成(周新民,2007;舒良树,2012)。在 Y-Nb、Yb-Ta、Yb+Ta-Rb 及 Rb/30-Hf-3Ta 判别图解中,九嶷山燕山期复式岩体全部落入碰撞后环境(图 7-3-1)。有关南岭地区燕山早期花岗岩形成的构造背景,前人提出了不同的模式:①与古太平洋俯冲有关的活动大陆边缘模式(Jahn et al.,1976;Zhou and Li,2000);②陆-陆碰撞模式(Hsü et al.,1988,1990);③陆内伸展-裂谷模式(Gilder et al.,1991、1996;Li et al.,2003,2004)。活动大陆边缘模式虽然可以较好地解释东南沿海白垩纪钙碱性岩浆岩的成因,但很难解释南岭燕山早期宽阔的花岗岩及共生碱性系列岩石的形成;陆-陆碰撞模式缺乏必要的沉积地质和蛇绿岩证据;陆内伸展-裂谷模式虽然可以解释华南的盆岭构造和板内岩浆活动,但仍没有很好地说明岩石圈伸展的机制。Zhou 等(2006)认为南岭地区在早中生代时先受特提斯构造域控制,随后在晚中生代时受到太平洋构造域的控制。

最近,Li 和 Li(2007)、Li 等(2007,2013)则采用古太平洋板块平板俯冲和板片拆沉结合模式来解释华南中生代岩浆岩省的成因(图 7-3-3);并陆续提供了一些相关证据:广东南昆山 A 型花岗岩为碱性软流圈地幔高度部分熔融的产物,长江中下游的"C"型埃达克质岩更可能源自由拆沉的俯冲板片脱水交代的富集地幔源区。这种平板俯冲与拆沉相结合的模式,可以很好地解释华南 195Ma 以来岩浆岩的时空分布规律和区内一系列埃达克质岩和超钾质岩等的形成(Li et al.,2013),该模式有效促进了华南燕山期岩浆岩形成机制的探讨,南岭燕山早期的岩浆岩可能主要受控于这种拆沉而导致的岩石圈伸展作用。此外,燕山早期的伸展作用虽然跨度大、期次多,但并未达到拉张-裂解的程度,如区内白垩纪仍存在一些指示地壳加厚的埃达克质岩,表明南岭至少在局部地区白垩纪仍存在加厚地壳(Xiong et al.,2003;蔡志勇等,2004;毛建仁等,2002,2004;Wang et al.,2012)。Zhou et al.,(2006)、Li 和 Li(2007)、Li 等(2007,2013)两种模式都认为太平洋板块的俯冲是产生中生代岩浆岩最主要的原因;在南岭中西段,太平洋板块的俯冲可能只是提供了让中下地壳物质发生部分熔融的热量。

研究表明,古太平洋板块于晚侏罗世(175～160Ma)呈低角度向欧亚大陆东南缘持续俯冲(Maruyama et al.,1997;Mao et al.,2013;Suo et al.,2019),造成本区印支期形成的近东西向断裂重新活化拉张、软流圈减压上涌,促使局部下地壳发生脱水、麻粒岩相变质作用;同时,形成区域性约 175Ma 基性岩浆侵位(蒋少涌等,2008)。从 160Ma 开始,俯冲板片的倾角增大(Zhou and Li,2000),造成岩浆带向海洋方向迁移,板片后撤引起钦杭成矿带重新活化形成局部拉张环境;进而导致地幔物质上涌及底侵作用(Zhou and Li,2000;Mao et al.,2013;周佐民,2015),加热已经麻粒岩化的下地壳并使之发生部分熔融,幔源、壳源岩浆不同比例的混合即形成具高 $\varepsilon_{Nd}(t)$、低钕模式年龄特点的南岭西部 A 型花岗岩带(Li et al.,2004;朱金初等,2006;Zhao et al.,2012)。

总之,中国东南部燕山晚期岩浆活动形成于古太平洋板块对华南板块俯冲消减作用的构造背景逐步成为共识,且具有俯冲角度随时间由小向大变化的演变规律(俯冲板片的后退——rollback)。

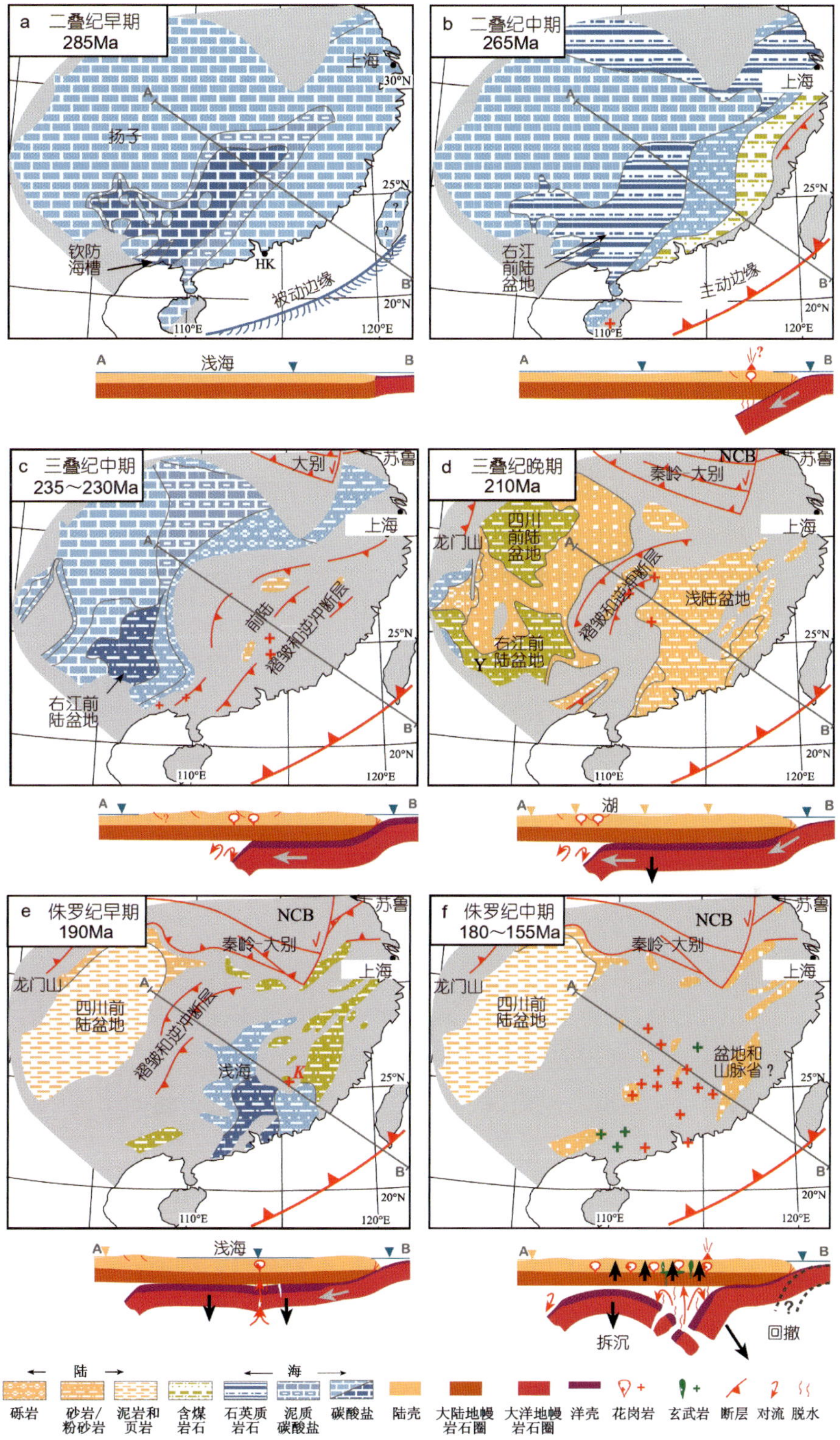

第七章 花岗岩成因与构造背景

a~c.造山带向陆内迁移过程;d,e.造山带后侧拗陷盆地发育过程;f.为俯冲板片拆沉及俯冲弧重置引发的造山后岩浆作用。

图7-3-3 燕山期华南褶皱造山带演化示意图(据Li and Li,2007)

143

第四节 含铁橄榄石花岗质碎斑熔岩形成机制探讨

目前,含铁橄榄石花岗岩类的成因机制主要有 3 种:①由深部地壳物质部分熔融而成(Frost et al.,1999;Clemens and Finger,2012;Sharygin et al.,2015);②由岩浆分离结晶作用演化而成(Turner et al.,1992;Srinivasan,2006;Vásquez et al.,2009);③由富 Fe^{2+} 的流体或熔体交代变沉积岩而成(Harrison et al.,1990)。结合上文讨论可知西山(杂)岩体含铁橄榄石花岗质碎斑熔岩主要形成于角闪岩相变质表壳岩的重熔,分离结晶对岩浆系统有一定的影响,但不是形成铁橄榄石、铁辉石等暗色矿物的必然因素(Huang et al.,2011);随着研究不断深入,高温(757~857℃)、低氧逸度($\lg f_{O_2}$ = -17.28~-15.05;ΔMFQ = -0.94~-6.31)及缺水(3%~5%)的物理化学条件被认为是控制九嶷山含铁橄榄石花岗质碎斑熔岩形成的根本原因(Huang et al.,2011;Guo et al.,2016)。

西山(杂)岩体其他岩相与花岗质碎斑熔岩具有近乎一致的源区组成,为何仅在次火山相中出现铁橄榄石、铁辉石等超熔矿物呢?从本书获得的西山(杂)岩体不同岩性的锆石饱和温度计算结果统计来看,花岗质碎斑熔岩甚至略低于其他岩性。花岗质碎斑熔岩局部含有铁橄榄石、铁辉石等暗色矿物微包体,反映岩浆体系并不均一;而后者的结晶温度甚至超过锆石。换而言之,锆石饱和温度计能否有效估计西山岩体的初始岩浆温度?实验岩石学研究表明,在相近的含水量、氧逸度条件下,温度控制着岩浆体系的氧化还原状态。因此,西山(杂)岩体源区不断熔融,逐渐汇聚为规模巨大、缺水且高温的 A 型花岗岩岩浆房;其初始岩浆温度高于相当条件下铁橄榄石的熔点,系统氧化还原状态位于 Fe_2SiO_4-SiO_2-Fe_3O_4 平衡反应线以下,使得铁橄榄石等矿物依次结晶。随着岩浆系统温度的降低,系统氧化还原状态位越过 Fe_2SiO_4-SiO_2-Fe_3O_4 到达磁铁矿-赤铁矿反应区间;抑或岩浆系统的氧逸度升高至 Fe_2SiO_4-SiO_2-Fe_3O_4~Ni-NiO 之间;使得铁橄榄石不再稳定,只能形成花岗质碎斑熔岩基质矿物组合。如果岩浆系统初始温度低于相当条件下铁橄榄石的熔点,无论体系的氧化还原状态如何,铁橄榄石等矿物也不能晶出。因此,铁橄榄石、铁辉石等超熔矿物的出现,是西山(杂)岩体属高温 A 型花岗岩的直接证据。

岩矿鉴定结果表明,西山(杂)岩体花岗质碎斑熔岩、中细粒似斑状黑云母二长花岗岩、花岗斑岩及英安岩的长石和石英斑晶普遍发育碎裂结构,呈现碎而不散、散而不离的现象;且前两种岩石普遍具有珠边结构,是形成于火山喷发活动的直接矿物学证据。岩石地球化学研究表明,花岗质碎斑熔岩 SiO_2 含量 68.13%~74.30%(平均 71.07%),为除英安(斑)岩外最低;ΣREE=308.3×10^{-6}~441.1×10^{-6},平均 371.8×10^{-6};δEu=0.08~0.25(平均 0.18)及高 Zr/Hf(26.2~39.42)、Nb/Ta(8.48~18.70)、K/Rb(177.3~381.9)、K/Ba(29.11~103.95)、Y/Ho(23.41~29.72)比值均暗示碎斑熔岩为西山(杂)岩体分异程度最低的岩相。根据图 7-2-1 显示,西山(杂)岩体碎斑熔岩、中细粒似斑状二长花岗岩、流纹(斑)岩及英安(斑)岩具有类似的温、压条件;花岗质碎斑熔岩快速侵位导致源区岩浆房未能达到地球化学均一,未能高度分异(Guo et al.,2016);因此,高的初始岩浆温度(>铁橄榄石熔点)、不平衡熔融、氧化还原状态及快速喷发可能为上述问题的答案。那么一个有趣的问题油然而生:西山(杂)岩体不同岩性是由统一的高温岩浆源区(>铁橄榄石熔点)演化而来,还是形成于不同源区侵位到同空间?抑或形成于同源岩浆不同批次侵入累积组装而成(马昌前等,2020)这一问题将在下一节系统讨论。

综上所述,本书将含铁橄榄石花岗质碎斑熔岩的形成过程概括如下:燕山早期区域性伸展环境导致地幔物质发生底侵作用,九嶷山地区中-下地壳因地幔热流导致中元古代麻粒岩相变质泥岩、杂砂岩等物质发生部分熔融形成花岗质岩浆,其初始温度大于相当条件下铁橄榄石的熔点;底侵的基性岩浆为花岗质岩浆提供热源和一定的物质贡献,并作为缓冲剂控制源区的低氧逸度环境。花岗质岩浆在适宜的构造条件侵位,于中地壳 24~26km、757~857℃形成铁橄榄石、铁辉石及铁黑云母微包体、单晶及浅色矿物斑晶,于近地表 3.3~9.9km、650~750℃形成基质中长石、石英及黑云母等矿物组合。

第五节 岩浆演化序列

一、金鸡岭岩体

本书系统收集了金鸡岭岩体粗中粒斑状黑云母正长花岗岩(主体,145 个)、细粒斑状二长花岗岩(补体,73)单颗粒锆石测点年龄,以 1Ma 为间隔绘制了锆石年龄频谱图,见图 7-5-1。统计显示,粗中粒斑状黑云母正长花岗岩样品形成时代集中于 158~153Ma 之间,细粒斑状二长花岗岩形成时代集中于 154~150Ma 之间;确定二者成岩年代同为燕山早期,明确了形成序列。

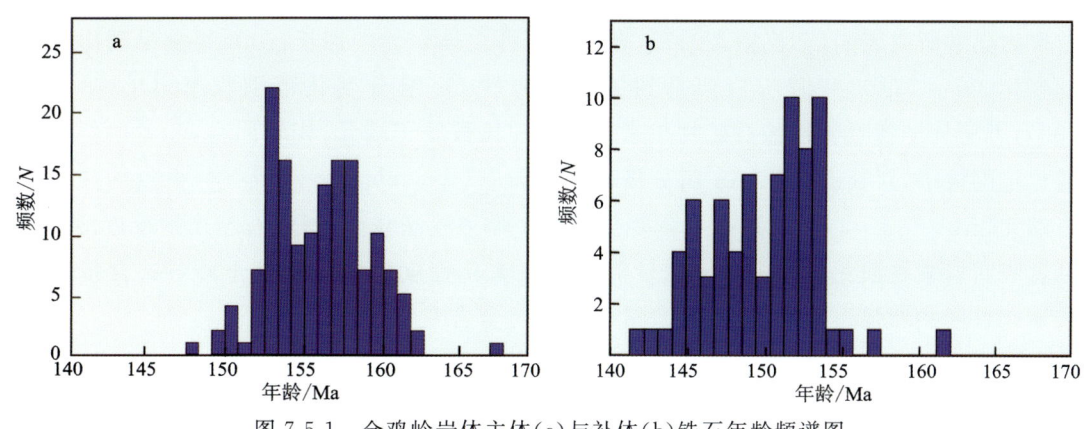

图 7-5-1 金鸡岭岩体主体(a)与补体(b)锆石年龄频谱图

金鸡岭岩体整体具有富 SiO_2、Na_2O+K_2O,贫 CaO、MgO,准铝—过铝质(A/KNC=0.98~1.19)等特点;粗中粒斑状黑云母正长花岗岩(主体)、细粒斑状二长花岗岩(补体)无明显差别。

本书绘制了金鸡岭岩体哈克图解,可以清晰地揭示主体、补体主量元素的演化规律:它们均随着岩体向富硅方向演化,K_2O、Na_2O、FeO^*、MnO 含量迅速降低,Al_2O_3 含量微弱降低,其余元素无明显变化规律(图 7-5-2)。

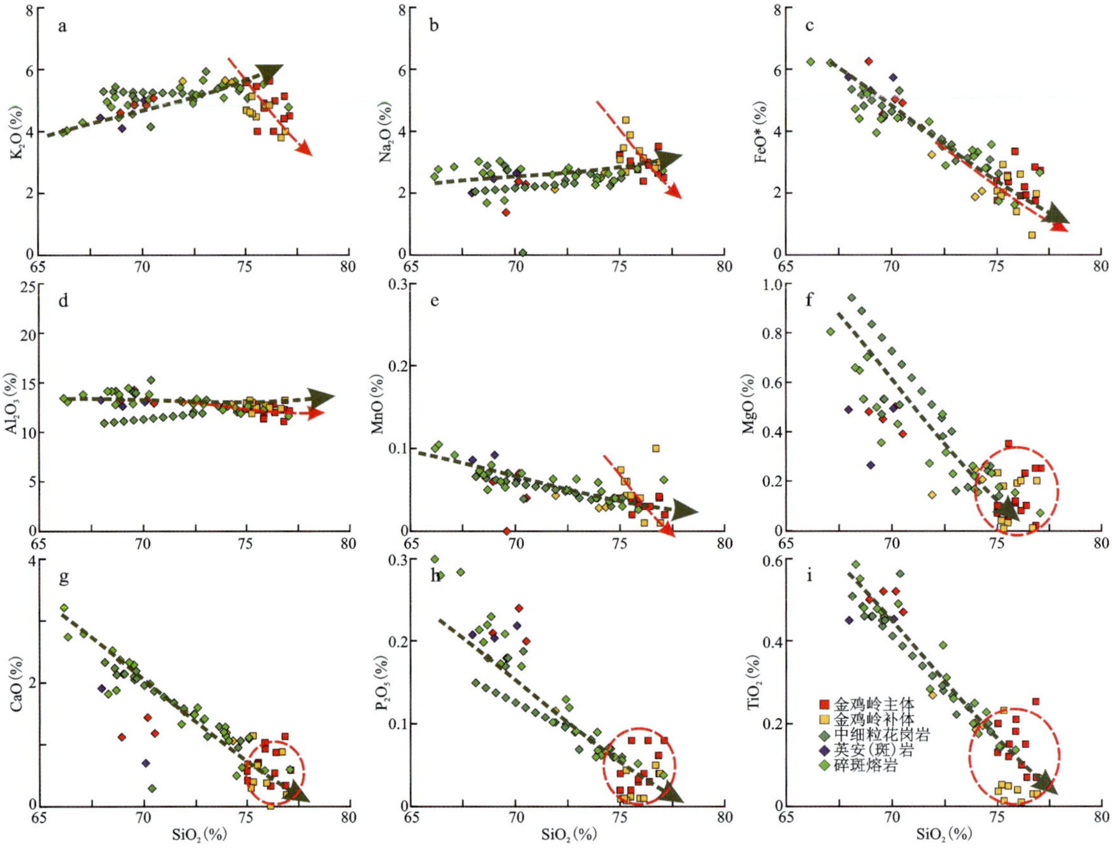

图 7-5-2　金鸡岭、西山(杂)岩体哈克图解

矿物化学研究表明(苏红中,2017),金鸡岭岩体主体岩性中钾长石 Or 组分呈现出一定范围的变化(Or=73.68～97.7),但是到了补体岩性 Or 组分变化范围收窄(Or=94.39～98.09),可见从早到晚碱性长石矿物越来越接近钾长石分子端元;相较而言,二者的斜长石成分变化范围极小,斜长石均为 An 组分极低的钠长石($An_1Ab_{98}Or_1$),所有分析点均接近于钠长石端元(An=0.1～1.59),即从早到晚岩体 An 牌号逐渐减少,斜长石越来越接近钠长石端元。这表明岩浆在演化过程中,Ca 含量随着岩浆演化程度的增强逐渐下降,Na 含量则随着岩浆演化程度的增强逐渐上升,元素含量的变化与全岩变化一致。

相对而言,金鸡岭补体相比主体岩石具有较低的稀土含量和强烈的四分组效应,更强烈的 Eu 负异常(图 7-5-3a);它们均富集 Rb、K、Th、U、Nd、Hf,亏损 Ba、Sr、Nb、Ti 等元素(图 7-5-3b),属于铝质 A_2 型花岗岩;补体具有远高于主体的 Rb/Sr 比值和远低于主体的 Nb/Ta、Zr/Hf 比值。主体、补体 I_{Sr}、$\varepsilon_{Nd}(t)$ 分别为 0.712 58～0.732 51、0.728 04～0.732 51、-8.23～-6.36、-7.80～-5.83;暗示它们源自相同的源区。总之,金鸡岭岩体粗中粒斑状黑云母正长花岗岩（主体）、细粒斑状二长花岗岩（补体）属于同源岩浆演化至不同阶段的产物。

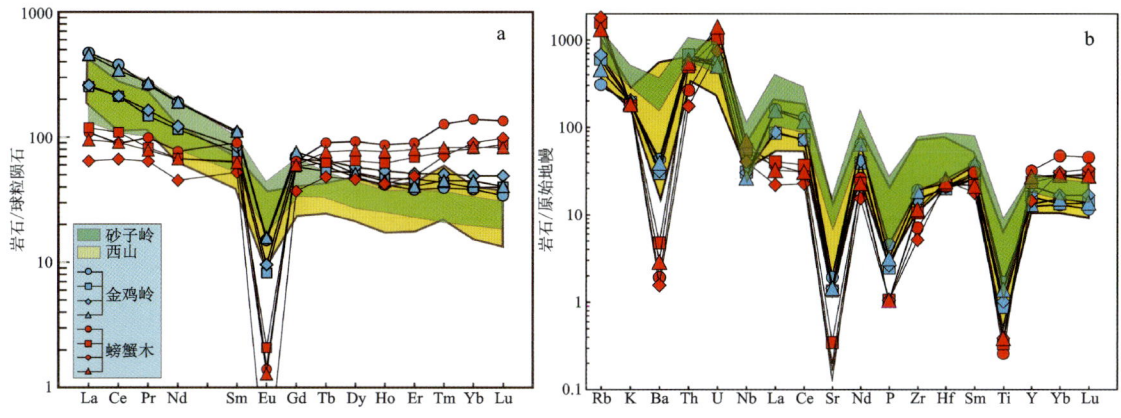

图 7-5-3　金鸡岭岩体主体与补体 REE 配分图（a）和微量元素蛛网图（b）

二、西山（杂）岩体

本书采用 LA-ICP-MS 锆石 U-Pb 法获得 6 件中细粒似斑状黑云母二长花岗岩的形成年龄为 $157.3±3.2 \sim 152.7±0.9$ Ma，11 件花岗质碎斑熔岩成岩时代集中于 $156.9±1.0 \sim 154.0±1.2$ Ma 之间，3 件英安（斑）岩成岩时代介于 $158.5±3.0 \sim 151.2±3.1$ Ma 之间，2 件火山碎屑岩形成时代为 $154.5±1.5 \sim 154.2±1.2$ Ma，1 件花岗斑岩的形成时代为 $157.3±1.9$ Ma，属燕山早期。上述定年结果标注于图 7-5-4 上，显然，仅依靠锆石谐和年龄不能构建西山（杂）岩体的岩浆活动序列。佘宏全等（2012）认为单个岩石（矿石）的同位素测年结果不仅代表了岩矿石的形成（或蚀变）时代，同时也是区域构造（热）事件影响的结果，如果有足够多的同位素年代学资料，就可以采用统计学方法来测定研究区主要构造事件的高峰时间和时代范围。本书系统收集了西山（杂）岩体中细粒花岗岩、花岗质碎斑熔岩、花岗斑岩及英安（斑）岩锆石 U-Pb 测点年龄数据，以 2Ma 为间距绘制其频数分布（图 7-5-5）。统计表明，西山（杂）岩体花岗质碎斑熔岩、中细粒似斑状黑云母二长花岗岩、花岗斑岩、英安（斑）岩的峰期年龄整体具有依次降低的趋势，依次为 156Ma、155Ma、154Ma、152Ma（图 7-5-2b、e、h）。

西山（杂）岩体整体具有富 SiO_2、K_2O，贫 CaO、MgO，准铝—过铝质等特点；两类主体岩性整体接近花岗闪长岩—花岗岩的地球化学组成。哈克图解显示西山（杂）岩体均随着岩体向富硅方向演化趋势与金鸡岭岩体明显不同，前者表现为 K_2O、Na_2O 含量逐渐升高，Al_2O_3 含量无变化，余下元素含量均降低的趋势（图 7-5-2）。不同岩性具有相近的稀土含量、$(La/Yb)_N$ 和 δEu 值，普遍富集轻稀土，在球粒陨石标准化图解中均呈右倾式配分曲线（图 6-1-2）。在微量元素地球化学方面，西山（杂）岩体整体富集 Rb、K、Th、U、Nd、Hf，亏损 Ba、Sr、P、Nb 和 Ti 的特点（图 6-1-3）；暗示不同岩性之间可能具有相同的成因。

1. 白垩系；2. 石炭系；3. 泥盆系；4. 寒武系；5. 震旦系；6. 志留纪花岗岩；7. 晚侏罗世花岗岩；8. 晚侏罗世花岗质碎斑熔岩；9. 晚侏罗世英安/流纹(斑)岩；10. 中侏罗统；11. 岩相界线；12. 地质界线；13. 不整合界线；14. 断层。

图 7-5-4　九嶷山复式岩体成岩时代统计

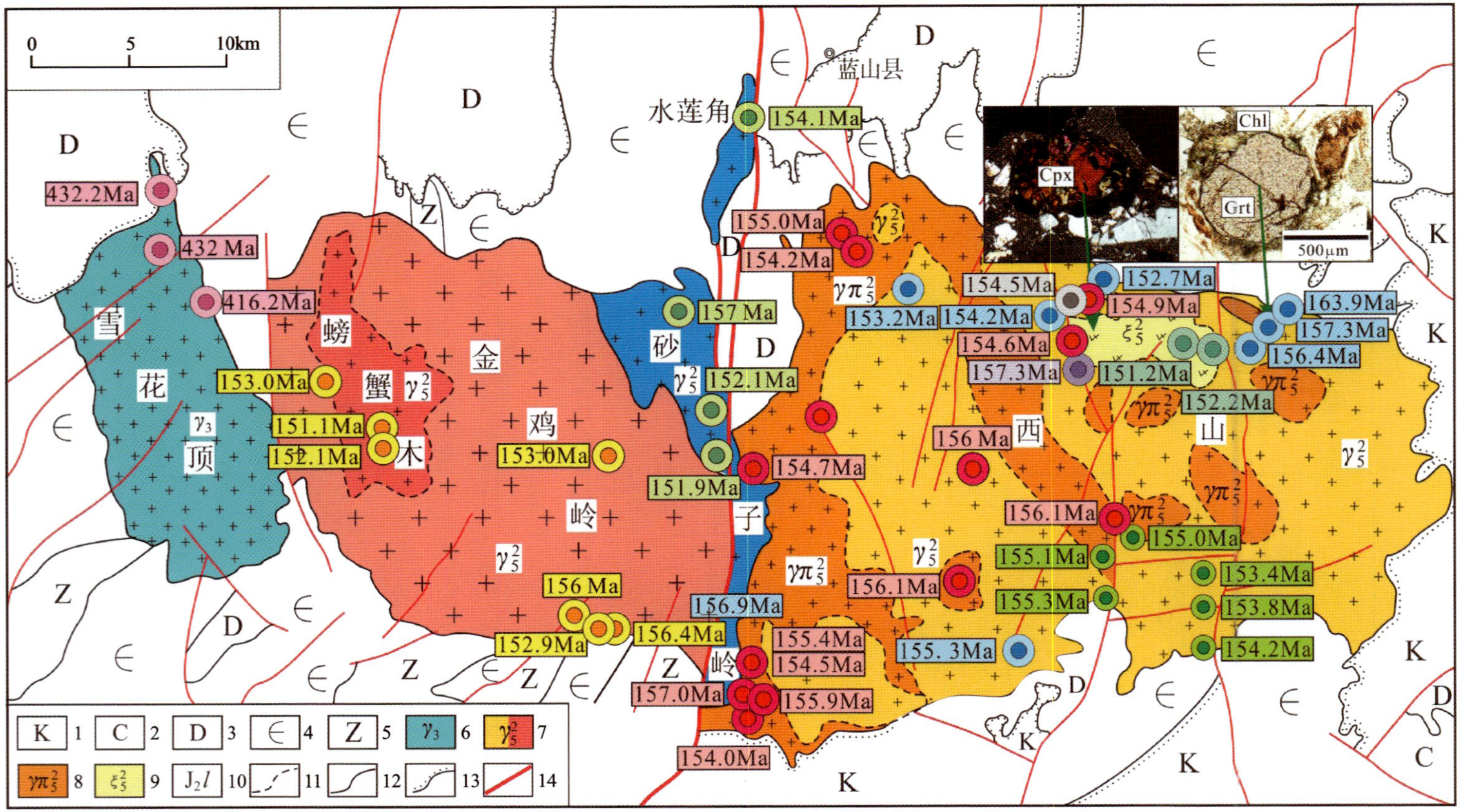

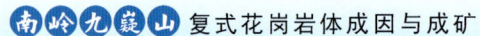

Sr、Nd同位素显示花岗质碎斑熔岩、中细粒似斑状黑云母二长花岗岩、花岗斑岩、火山碎屑岩及英安岩具有极为相似的组成。Hf同位素显示花岗质碎斑熔岩、中细粒似斑状黑云母二长花岗岩及英安（斑）岩 $\varepsilon_{Hf}(t)$ 具有逐渐变大的趋势，反映了新生地壳物质贡献的比例逐渐增加；相应地，在图 7-5-5c、f、i 中其二阶段铪模式年龄具有逐渐变年轻的趋势。不同岩性的 $\varepsilon_{Hf}(t)$ 相对 $\varepsilon_{Nd}(t)$ 有更明显的变化范围是因为锆石 Lu-Hf 体系具有较高的保存温度，能够保留更多的源区印迹，反映不同岩相的源区组成差异，而后者可能在岩浆作用过程中达到均一化。虽然缺少中南部的流纹质火山岩详细的数据，但是根据定年结果（155.0～155.3Ma）推测其与中细粒似斑状黑云母二长花岗岩同期。因此，本书将西山（杂）岩体不同岩相的形成序列厘定为：花岗质碎斑熔岩＞中细粒似斑状黑云母二长花岗岩＝流纹岩/火山碎屑岩＞花岗斑岩＞英安（斑）岩。

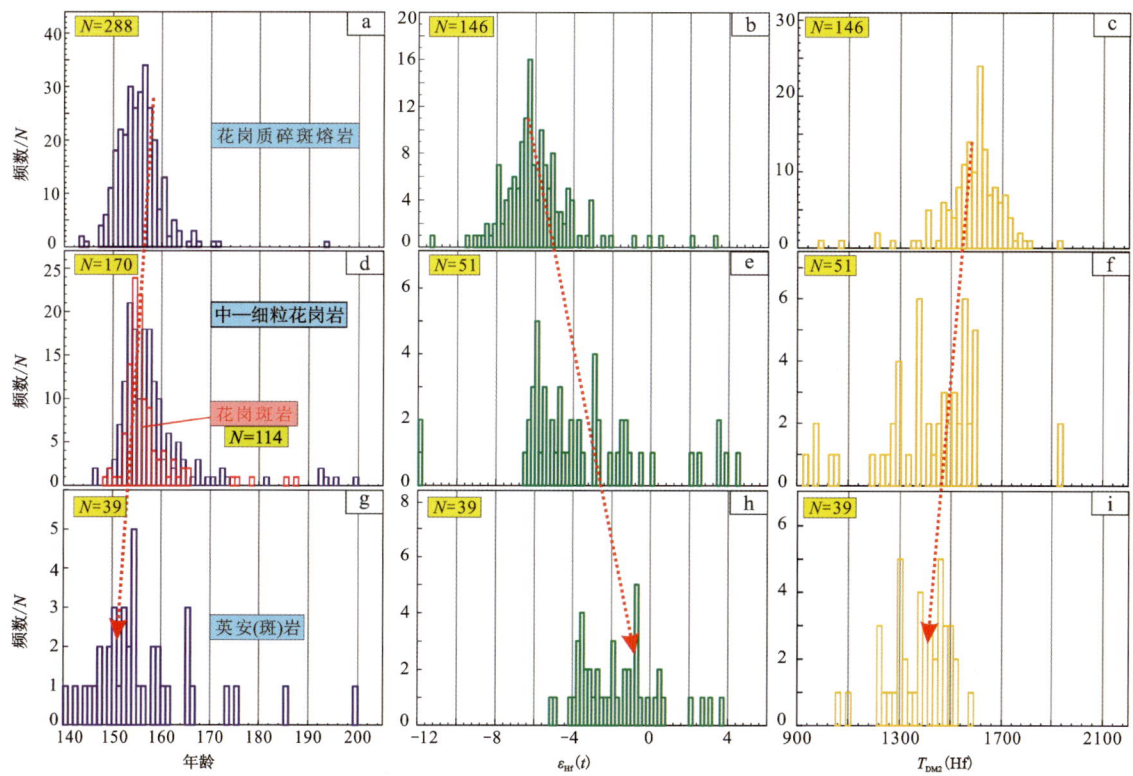

图 7-5-5　西山（杂）岩体不同岩性单颗粒锆石 U-Pb、$\varepsilon_{Hf}(t)$ 及 $T_{DM2}(Hf)$ 频数直方图

行文至此，西山（杂）岩体不同岩性主要源自中元古代麻粒岩相变质沉积岩部分熔融，幔源物质从早到晚的贡献逐渐增大，但比例不超过 10%；是一个相同源区不同期次侵位至相同空间的结果。如是如此，那么花岗质岩浆的初始温度由早到晚应该是升高的，这一趋势与前文锆石饱和温度估算的结果一致；进而推测西山（杂）岩体多数岩性的初始岩浆温度都应该高于相当条件下铁橄榄石的结晶温度，鉴于只有部分花岗质碎斑熔岩有铁橄榄石、铁辉石等暗色矿物，那么制约其能否晶出的关键就是岩浆系统的氧逸度条件。

三、九嶷山复式岩体

雪花顶岩体形成于加里东期,明显早于其他岩体(图 7-5-4)。结合李剑锋等(2019)报道的 3 个砂子岭岩体锆石 U-Pb 年龄为 151.9±1.1Ma、152.1±1.1Ma 及 154.1±1.2 Ma,2 个金鸡岭岩体年龄 153.0±2.2Ma、156.4±0.66Ma;舒徐洁(2014)报道的金鸡岭岩体年龄 152.1±1.1Ma;大量的高精度定年结果显示九嶷山地区西山、砂子岭、金鸡岭岩体的侵位时代厘定为 151.2±3.1~157.3±3.2Ma、151.9±1.1~157±1Ma 及 152.1±1.1~156.4±0.66Ma,同属燕山早期岩浆活动的产物(图 7-5-4)。略显遗憾的是,依靠系统的 LA-ICP-MS 锆石 U-Pb 年龄仍不足以区分三者的成岩时代、建立其岩浆演化序列。

九嶷山燕山期复式岩体整体具有富 SiO_2、K_2O,贫 CaO、MgO,准铝—过铝质等特点;除了金鸡岭岩体补体以外,其余岩石类型稀土含量、$(La/Yb)_N$ 和 δEu 值相仿,普遍富集轻稀土,在球粒陨石标准化图解中均呈右倾式配分曲线(图 6-1-2)。在微量元素地球化学方面,同样呈整体富集 Rb、K、Th、U、Nd、Hf,亏损 Ba、Sr、P、Nb 和 Ti 的特点(图 6-1-3);Sr、Nd 同位素显示金鸡岭主体、砂子岭及西山(杂)岩体整体具有相似的组成;上述岩石地球化学特征暗示不同岩体之间可能具有相似的源区与演化过程。

本书系统收集了九嶷山燕山期复式岩体的锆石测点年龄、$\varepsilon_{Hf}(t)$ 及 T_{DM2}(Hf)数据,以 2Ma 为间距绘制其频数分布(图 7-5-6a、d、g)。统计表明,金鸡岭两期岩相存在 2 个峰值,分别为 158Ma 和 154Ma;西山及砂子岭岩体存在单一峰期年龄,分别为 155Ma 和 152Ma;整体具有依次降低的趋势。在图 7-5-6b、e、h 中,金鸡岭、西山及砂子岭岩体 $\varepsilon_{Hf}(t)$ 峰值具有先降低后升高的趋势,后两者存在近乎一致的 $\varepsilon_{Hf}(t)$ 正值范围;反映了新生地壳物质贡献的比例逐渐增加;相应地,在图 7-5-6c、f、i 中,其二阶段铪模式年龄具有先变老、后变年轻的趋势。不同岩体的 $\varepsilon_{Hf}(t)$ 相对 $\varepsilon_{Nd}(t)$ 显示出更细致的源区信息是因为锆石 Lu-Hf 体系具有较高的保存温度,成功记录了地幔物质的贡献。结合前文讨论,金鸡岭、砂子岭及西山(杂)岩体主要源自中元古代麻粒岩相变质沉积岩部分熔融,但幔源物质比例有所不同(<10%);九嶷山燕山期复式岩体是一个变化的源区、不同期次侵位至相同空间的结果。

无论是金鸡岭岩体还是西山(杂)岩体,它们整体的成岩时间跨度都比较大。鉴于大型的岩体通常是多次累积组装的过程,而非一次结晶成岩("大水缸"式的成岩过程);这启示我们,它们可能经历了一个多期次脉冲成岩的过程。近期,花岗岩晶粥储库模型(mush model)显示,一个岩体是多次累积组装(incremetal assembly)而成的,对传统的"大水缸模型"或岩浆分异演化模型,即大多数侵入体均是单一的岩浆房储库固结而成的模式提出了挑战(马昌前等,2020)。最新的晶粥模型也得到了地球物理证据的支持。通常岩浆中熔体的含量对地震 V_p 具有非常大的影响,比如上地幔中熔体含量如果达到了 2%,就可以使得地震波 V_p 速度降低约 7%,V_s 降低 16%。然后,通过对大量活火山地区开展地球物理探测,发现活火山深部并不存在以熔体为主的大型岩浆房,而是以晶粥体的形式为主(图 7-5-7a、b)。近期,Cashman 等(2017)提出了多层岩浆储库的模型,这就暗示了一个大型的花岗岩体或者岩基是多层岩浆

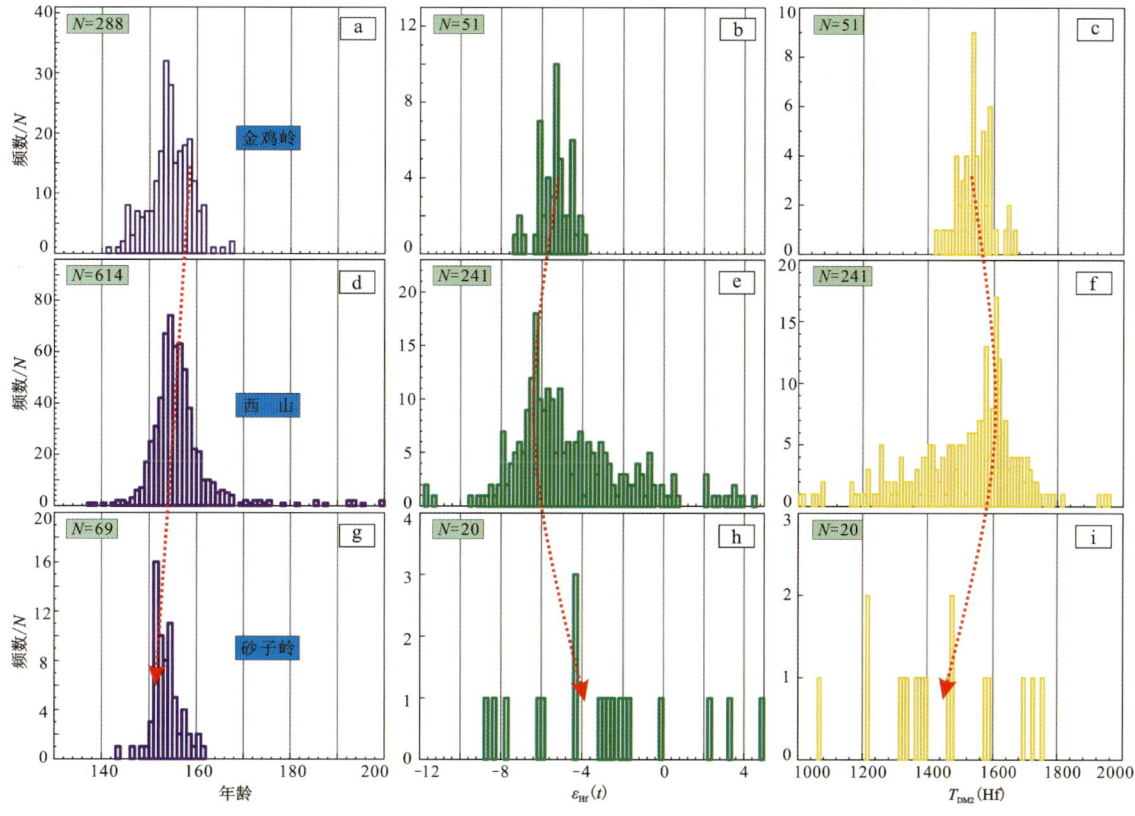

图 7-5-6 九嶷山复式花岗岩体单颗粒锆石 U-Pb、$\varepsilon_{Hf}(t)$ 及 $T_{DM2}(Hf)$ 频数直方图

系统反复聚积而成(图 7-5-7b～d)。因此,九嶷山燕山期复式花岗岩体可以很好地使用花岗岩晶粥储库模型来解释。

燕山早期古太平洋板块的侧向俯冲导致华南内陆局部出现伸展环境,在局部软流圈上涌发生强烈的壳幔作用影响下,软流圈或与岩石圈交界部位发生部分熔融,积累玄武岩浆。南岭同时代少量玄武岩、辉绿岩脉及镁铁质微粒包体等均是幔源物质的直接记录。由于玄武岩浆底侵提供大量的热量,又引起岩石圈不同层圈,特别是地壳的熔融形成大量的花岗质岩浆。根据地幔物质的贡献程度,付建明等(2013)将南岭燕山期花岗岩细分为 3 种类型:①幔源岩浆与壳源岩浆接触,由于它们在物理化学状态差异巨大,必然发生物质和能量的交换,幔源物质大量进入壳源岩浆,形成壳幔混合的 H 型花岗岩;②幔源岩浆与壳源岩浆没有直接接触,仅活动性强的碱金属、高场强元素等进入壳源岩浆,形成铝质 A 型花岗岩;③玄武岩的底侵体远离壳源岩浆房,仅提供热能,没有提供或提供少量物质,则形成壳源重融的 C(S)型花岗岩。九嶷山地区金鸡岭、砂子岭和西山(杂)岩体主体上述第二种情况,由于大量的热量供给方可保障形成高温的 A 型花岗岩。

在上述分析和模型的基础上,参考区域地质及岩相学研究成果可知:金鸡岭岩体的主体岩性以中粗粒结构为主,而西山、砂子岭岩体则以中细粒为主,上述结构差异意味着它们在成岩阶段应具有不同的侵位深度;鉴于当前三者共空间产出的事实,结合 Sr、Nd、Hf 同位素及

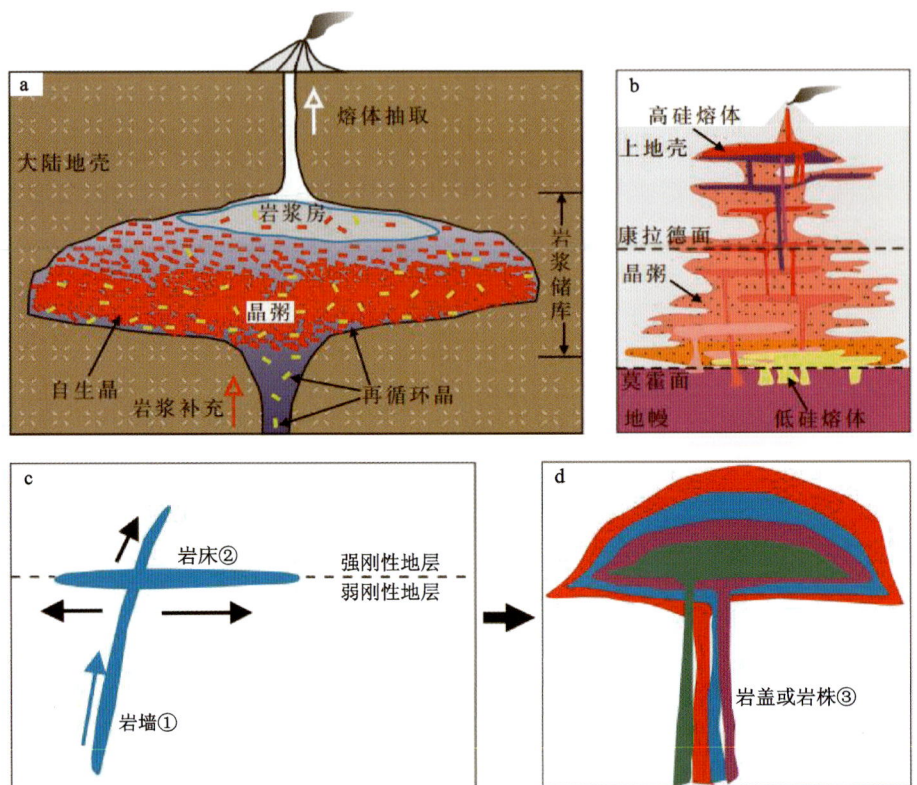

图 7-5-7　岩浆储库和岩浆房（熔体）的关系（a）；岩浆通道系统模型（b）；从岩墙到岩床及最后形成大的侵入体示意图（c、d）（据孟元库等，2022）

源区组成特点判断区内不同岩体的侵位深度差异即意味着时间差；即：金鸡岭为3个岩体中最先侵位。区域地质资料显示区内断裂构造以NNE向为主，砂子岭岩体因受其控制而呈NNE走向展布；而西山、金鸡岭岩体形态均呈卵形，长轴方向与断裂近似垂直，且在局部地区被断裂破坏，可见后者形成时代早于NNE向断裂与砂子岭岩体；显然，砂子岭岩体的侵位即为该区构造运动加强的直接标志。据此，笔者将九嶷山燕山期复式花岗岩体的侵位顺序定为：金鸡岭＞西山＞砂子岭（图7-5-8）。

对模式图进行如下说明：

（1）九嶷山燕山期复式岩体集中于燕山早期活动，它们形成于统一的大地构造背景：太平洋板块侧向俯冲引起的局部伸展环境。

（2）软流圈的上涌导致基性岩浆发生底垫作用，高热流诱发地壳最易熔融的组分发生大规模熔融形成金鸡岭岩体，低于10%的基性岩浆与麻粒岩相变沉积岩熔融形成的壳源岩浆混合形成西山和砂子岭岩体。

（3）①、②、③、④分别对应雪花顶、金鸡岭、西山及砂子岭岩体及其侵位顺序。

（4）基性岩浆存在的证据是辉绿岩脉、暗色包体及西山（杂）岩体后期偏基性火山岩的爆发。

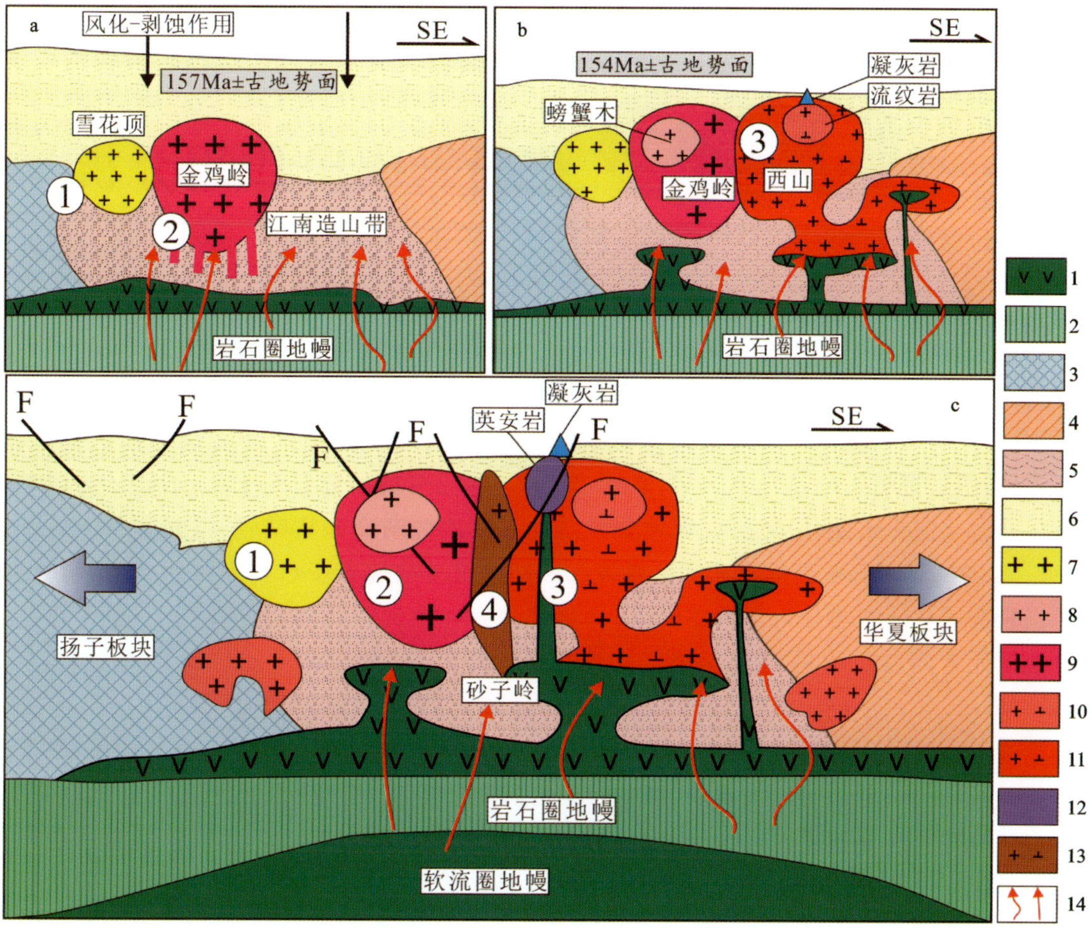

1.新生地壳;2.软流圈;3.扬子陆块;4.华夏陆块;5.江南造山带;6.沉积盖层;7.螃蟹木岩体;8.金鸡岭岩体;9.英安/流纹(斑)岩;10.西山(杂)岩体;11.英安岩;12.砂子岭岩体。

图 7-5-8　九嶷山复式花岗岩体形成模式卡通图

第八章 花岗岩成矿作用分析

在"中国制造 2025"国家战略中,钨、锡是洁净能源、信息产业、航空航天和国家安全等许多重要高新技术领域不可或缺的关键金属。南岭成矿带内钨、锡等关键金属矿化类型包括云英岩型、石英脉型、斑岩型、蚀变花岗岩型、矽卡岩型等,矿体或直接产于花岗岩体内部,或发育在岩体、围岩接触带和围岩中(裴荣富等,2008)。从已有的研究资料来看,通常认为成矿作用发生在岩浆演化末期,即经历高程度分异演化形成的晚期高硅富碱岩浆,充分萃取成矿元素(W、Sn、Nb、Ta 等)后聚集成矿。陈骏等(2008)系统总结前人资料将南岭地区与矿化相关的花岗岩按成矿元素类分为含钨花岗岩、含锡花岗岩和含铌钽花岗岩 3 种类型,但往往存在几种金属元素同时矿化构成多元素共生组合,比如 W-Sn-Mo、Nb-Ta-Zr-U-Sn-W 和 Li-Be-Sn-Ta-Nb 等。

宏观上,南岭钨、锡矿床具有"东钨西锡"的空间分布规律,即:东段钨矿密集产出,中段钨锡并重,西段则以锡矿化为主(蒋少涌等,2020)。Wang 等(2017)论述了该区中生代含锡花岗岩的多样性及其显著的矿物特征差异;陈骏等(2008,2013)开展了该区含钨花岗岩和含锡花岗岩的对比研究;王登红等(2012)提出华南"南钨北扩""东钨西扩"的找矿方向;华仁民等(2010)则分析了华南钨和锡大规模成矿作用差异的原因。鉴于 W、Sn、U、Th 等元素与源自变质沉积岩部分熔融而成的长英质岩浆具有亲和性(Robb,2005),南岭孕育丰富的钨、锡、铌、钽、铀等稀有金属矿产,大都与源于壳源变沉积岩重熔而成的花岗岩体有关(毛景文等,2007;陈骏等,2008;华仁民等,2010)。

已有资料显示,金鸡岭与西山(杂)岩都具有 A 型花岗岩地球化学特征(付建明等,2004,2005;李剑锋等,2020,2021);前者已发现一批与之相关大中型矿床,如大坳钨锡矿、正冲铷锂多金属矿、湘源锡矿及大湾铀矿等(付建明等,2007;Zhao et al.,2014;苏红中,2017),整体与金鸡岭岩体的高分异补体有关(李剑锋等,2021),W-Sn-Mo 等高温成矿元素矿化与绢英岩化关系密切;而后者为公认且典型的铝质 A 型花岗岩仅发现了一些铀矿(化)点,尚未发现有规模锡多金属矿,是没有成矿还是成矿了没有找到? 显然,不同认识直接影响下一步工作部署。基于此,本书在探讨金鸡岭岩体成矿作用的基础上,通过金鸡岭、西山(杂)岩体岩石学、矿物学及地球化学对比,并与南岭地区公认的 S 型花岗岩(九万大山)、I 型花岗岩(佛冈岩体)进行岩石地球化学对比研究,进而实现对西山(杂)岩体的找矿潜力评价。

第八章 花岗岩成矿作用分析

第一节 矿产资源概况

区域1:50万重力测量表明,九嶷山金鸡岭岩体北西部重力异常呈向北有膨大的趋势,异常范围远大于岩体出露范围,反映金鸡岭岩体向北隐伏延伸于围岩之下;同时,在枫木坪—大坳一带发育局部剩余重力中心,与水系Sn、W、As等元素异常及云英岩型钨锡矿床吻合。区域1:50万航空磁测圈出10余处异常,总体为10~50nT的正磁异常场区;主要围绕九嶷山、姑婆山、禾洞、铜山岭等岩体接触带和祥霖铺斑岩脉群分布。九嶷山岩体接触带及姑婆山岩体北西接触带均发育磁异常,且后者具浅源特征;祥霖铺地区外侧环绕岩体发育小规模航磁异常,呈北东向椭圆形,面积达$10km^2$,ΔT_{max}为20nT,位于剩余重力零值区,推断为磁性体及矿化体引起,花岗斑岩的根部位于祥霖铺西部。

区域1:20万水系沉积物测量在九嶷山地区圈出Li、W、Sn、Mo、Bi、Pb、Zn、Ag等元素综合异常47处,区内化探异常与构造部位、岩浆岩及矿化分布密切相关,并呈明显的分带性。从金鸡岭岩体中心到岩体接触带,异常具水平分带特征,元素组合从以Sn、W、Bi为主向以Pb、Zn、Ag为主,伴随Sn、W、Bi、Mo、As逐渐变化,从简单的高温元素组合—较复杂的中高温元素组合的变化趋势,与矿化分布规律一致,也反映了岩浆热液对区内成矿的重要作用。岩体内大坳—螃蟹木一带W、Sn等异常发育,各异常浓集中心明显分布于区域性控矿断裂间或两组断裂的交会处;主要沿螃蟹木、羊角冲、大坳、枫木坪一带呈北西向展布,与岩体侵位方向及重磁异常分布一致;各元素异常吻合较好,异常规模大,衬度高,各元素衬度分别为Sn 2.5~7.8、W 4.04~13.4、Bi 1.24~19、Ag 1.5~4.4、Cu 1.7~9.6、Pb 1.28~2.3、As 1.7~1.9。

目前,与雪花顶有关的矿产主要为产在岩体接触带附近的大理岩;与西山(杂)岩体有关矿产,主要为一些铀矿(化)点,天鹅寨铀矿规模相对较大;未见与砂子岭岩体有关的矿床(点)报道。金鸡岭岩体成矿作用主要集中于其西北部的湘源(九嶷山)多金属矿田,以坦水坪锡矿为主要矿区,周围分布着狮子头、螃蟹木、尚家坪、挂沟冲、大坳等钨锡矿和砂子冲、小蓬江、黑洞古等铅锌银矿以及正冲大型铷矿等19处大小矿床、矿点,面积约$96km^2$(图8-1-1)。

较具代表性的矿产类型简述如下。

钨锡:以大坳大型钨锡矿为代表,矿体类型主要有云英岩(体)型、破碎带蚀变岩型、变花岗岩型和云英岩-石英脉型等;其中,云英岩体型钨锡矿具有品位低、规模大(厚度大于100m)的特点。

铷锂:以正冲铷锂多金属矿为代表,矿石矿物以铁锂云母为主,含铁的锂云母次之,属易选矿石;矿石中以锂为主,伴生铷、钨、锡、铯等矿产,已探明铷、锂储量均达大型,铯储量为中型,钨、锡等为小型。Li_2O平均品位0.45%,已探明资源量超过30万t;Rb_2O资源量127 726t,平均品位0.19%;Cs_2O资源量7366t,平均品位0.011%。Sn金属量36 124t,平均品位0.05%;WO_3资源量26 854t,平均品位0.04%。

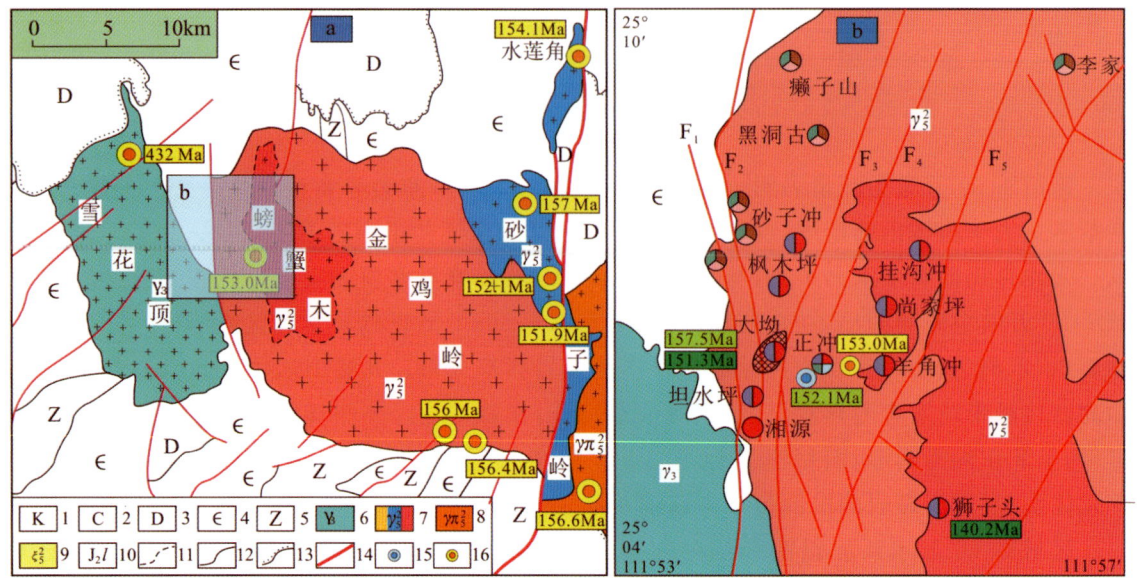

1.白垩系;2.石炭系;3.泥盆系;4.寒武系;5.震旦系;6.志留纪花岗岩;7.晚侏罗世花岗岩;8.晚侏罗世细粒花岗岩;9.晚侏罗世英安/流纹(斑)岩;10.中侏罗统;11.岩相界线;12.地质界线;13.不整合界线;14.断层;15.本次取样位置;16.已有资料。

图 8-1-1 湘源锡矿田地质简图

铀、稀土:铀矿主要分布在金鸡岭花岗岩体周缘,如牛头江、庙冲、香草、大湾、大桥等地,以中小型为主。在金鸡岭花岗岩体南部大湾铀矿整装勘查区内,存在多个铀矿床、矿点,但规模不大,其周边岩浆岩风化壳内存在离子吸附型稀土矿民采点;与粗中粒斑状黑云母正长花岗岩关系密切。

石材:金鸡岭中粗粒二长花岗岩是重要的建筑材料。

第二节 典型矿床特征

一、矿田地质

湘源锡矿田地处扬子与华夏陆块接合带上,南岭纬向构造带中段北缘、NE 向炎陵-蓝山基底断裂与 EW 向都庞岭-九嶷山断隆带交汇部位。不同矿床具有相同的地层和岩浆岩特征,即:矿区范围内除第四系外,没有其他地层出露;只出露花岗岩类,主体岩性为粗中粒斑状黑云母正长花岗岩、细粒斑状二长花岗岩,前者为主要赋矿围岩,后者为九嶷山地区最重要的成矿地质体;在大坳矿区钻探揭露深部晚期细粒斑状二长花岗岩,呈岩株状隐伏产出。两类岩石中微量元素 W、Sn 含量高,分别是其他单元的 24~419 倍和 2~12 倍,富集系数分别为 476 和 88.2。岩石中低熔组分或活性组分 SiO_2、Al_2O_3、Na_2O、K_2O 含量较高(占 95% 以上),

基性组分 FeO、MgO、CaO 较低，TiO$_2$ 极低；挥发分 F 含量较高，为 1650×10^{-6}；重砂矿物黑钨矿含量达 192.06g/t，锡石为 2.00g/t；为成矿提供了丰富的矿化剂和成矿物质。

区内经历了加里东、印支、燕山等多期构造活动，不同期次形成的构造形迹彼此交截、叠加、改造，呈现以 EW 向隆起为基底，NNE—近 SN 向断裂为主体，伴随 NE 向、NW 向、近 EW 向断裂的复杂构造格局。矿田内断裂构造发育，依走向可分为 NNE—近 SN 向、NE 向及 NW 向等 3 组；其中，NNE—近 SN 向断裂最重要（图 8-1-1），自西向东主要有砂子冲-香草冲断裂（F$_1$）、砂子冲-邓家断裂（F$_2$）、癞子山-正冲断裂（F$_3$）及正冲-麻江园断裂（F$_4$）、黄河-狮子头断裂（F$_5$）等。NNE—近 SN 向断裂为区内形成最早，活动延续的时间较长；断裂内硅化、钠长石化、云英岩化等蚀变较强，局部可见钨锡、铅锌等矿化，其次级断裂可见钨锡铅锌矿脉；是区内最重要的控矿作用。其中，F$_2$、F$_3$ 断裂为主要导矿构造，区域上沿断裂带从南往北依次分布了狮子头、大坳钨锡矿和沙子岭、小蓬江、癞子山铅锌多金属矿等高中温矿床；断裂走向 300°～355°，倾向 E—SEE；倾角较陡，为 50°～65°；破碎带宽 2～15m，由硅化花岗岩、次生石英岩、构造角砾岩、碎裂化花岗岩及网状石英脉等组成，局部发育断层泥；镜下见构造角砾岩具二次破碎，角砾略显定向排列，其间为糜棱质的长石、石英等细小矿物及次生石英脉（团块）充填，石英见强波状消光、变形纹等亚结构，黑云母变形亚结构如膝折等十分发育，表现出断裂以压性或压扭性为主的多次活动特征。

二、典型矿床特征

1. 大坳钨锡矿床

该矿床位于湖南省南部蓝山县境内，以锡矿为主，伴有钨矿；是国土资源大调查以来在南岭地区发现的大型钨锡矿之一。矿化类型以云英岩体型为主，其次为破碎带蚀变岩型、变花岗岩型和云英岩-石英脉型。矿体分布于含矿蚀变体中，与围岩呈逐渐过渡。蚀变体是一个由云英岩、蚀变花岗岩及长英质脉等组成的含钨锡多金属矿的矿化蚀变体，地表仅出露 3 处（GS1～GS3）（图 8-2-1），往深部汇成一体；呈似穹状产出，走向近 SN，向四周倾斜，倾角较平缓，顶部一般 15°～35°，往两侧变陡，为 45°～52°（图 8-2-2）；主要分布于沿 F$_2$ 与 F$_3$ 断裂所夹持的断块展布，地表为 NE 向断裂切割（图 8-2-1）。控制走向长 950m，倾向最大宽 495m，倾斜延深最大达 600m 左右。

云英岩和蚀变花岗岩在垂向上和走向上相互更替、逐渐过渡，沿走向或倾斜方向呈似层状，并呈指状分叉尖灭。云英岩多分布于 600m 标高以上，共有 6 个云英岩，呈脉状或透镜状，由地表向深部重叠分布；可作为钨锡矿体的主要载体，可直接构成矿体。蚀变花岗岩对称分布于云英岩的两侧，蚀变类型主要有云英岩化、钠化、钾化等。其中见菱块状花岗岩残留体，岩性主要为早期的粗中粒斑状黑云母正长花岗岩。蚀变体顶部发育近水平产出的含钨锡长英质岩脉构成的似伟晶岩壳，脉带厚数十厘米至数十米不等，由粗晶石英（80%～95%）、微斜长石（5%～15%）、白云母（2%～5%）、锡石、黑钨矿（1%～5%）等组成，常破碎成角砾状。镜下见石英呈粗大的粒状变晶，彼此紧密相嵌，并大致作定向分布；石英变形亚结构十分发育，见一组波状消光的变形纹,显示压扭成因特征。

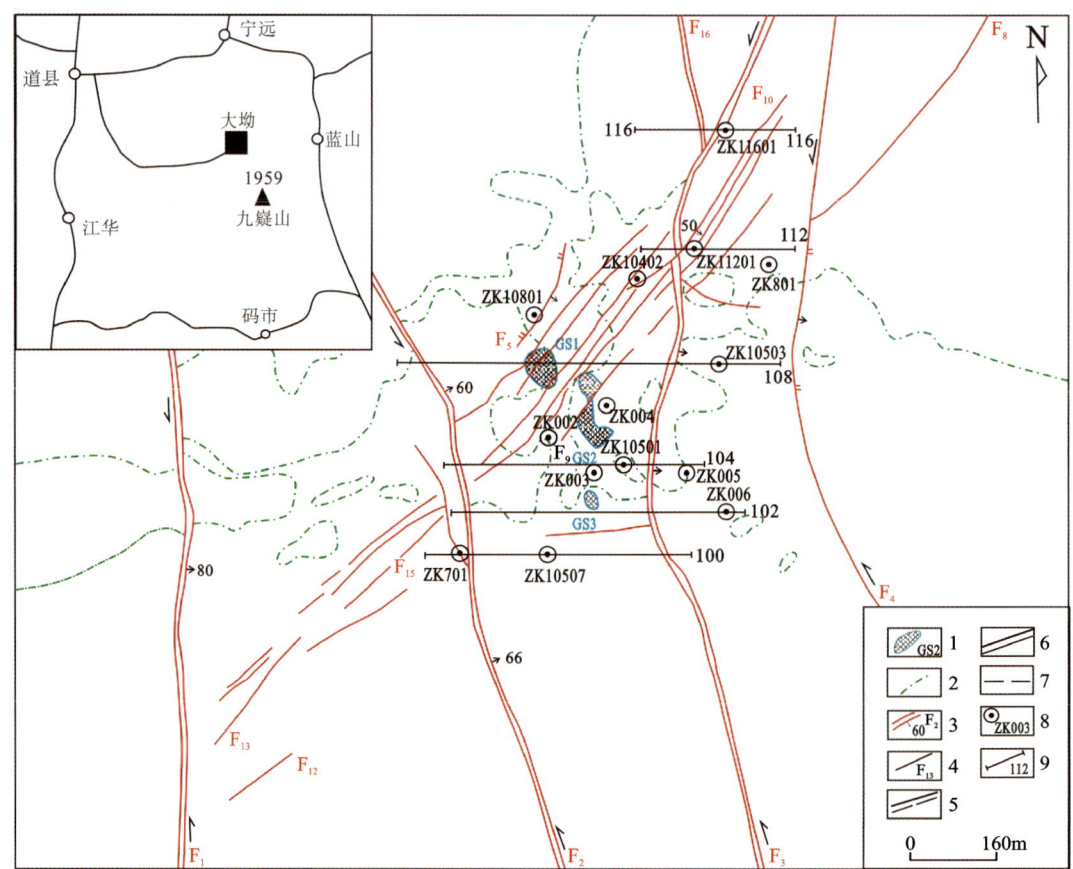

1.英岩体露头及编号;2.花岗岩脉动接触界线;3.硅化破碎带编号及产状;4.性质不明断层及编号;5.壳断层;6.基底断裂;7.断隆带;8.钻孔及编号;9.勘探线及编号。

图 8-2-1 大坳钨锡矿区地质简图(据付建明等,2007)

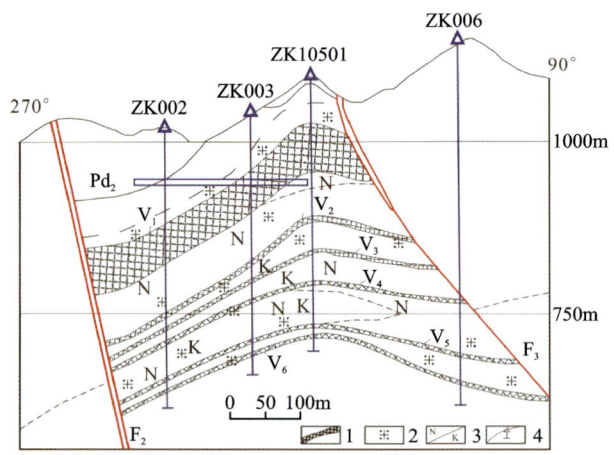

1.钨锡矿体;2.英岩化;3.钠化/钾化;4.钻孔位置;$V_1 \sim V_6$-矿体编号。

图 8-2-2 大坳矿区 104 线剖面图(据苏红中等,2017)

目前已控制矿体 11 个,除 V_1 号矿体呈半隐伏状产出外,其余矿体均隐伏于深部。在平面上主要出露于 F_2 与 F_3 断裂间,各露头呈近 SN 向展布。在剖面上,矿体分别以 F_3 与 F_2 为东、西边界,发育于两断裂间的蚀变体内(图 8-2-1)。在垂向上矿化深度较大,矿体垂向延伸达 600m 以上。矿体形态、产状与蚀变体具一致性。矿体主要由含钨锡长英质脉、云英岩及蚀变花岗岩等组成,三者呈现出规律性变化,长英质脉分布于蚀变体顶部。走向上常为 NE 向断裂切错,破坏了其完整性。

矿体规模较大,单条矿体沿走向延长一般 600~760m,最长可达 940m;倾向控制长 120~370m,最长 444m;平均厚 221m;规模小的矿体走向长仅数十米,倾向延深数米,厚 1~2m(图 8-2-2)。矿体沿走向和倾向厚度、品位变化较大。沿走向单个矿体厚度可相差数十倍,如 V_1 号矿体最厚达 78.29m,较薄处仅为 1.40m,矿体胀缩现象明显;两个样品之间的 Sn、WO_3 含量相差可达 10 多倍,且两者呈此消彼长,钨、锡矿体出现显著重叠;在长英质脉发育地段,矿石品位呈现局部增高,显示其后期矿化叠加作用。沿厚度方向,脉幅与品位一般表现为正相关。矿体呈透镜状、板状、脉状,沿走向分支复合,尖灭侧现、再现现象可见。剖面上,矿体呈带状分布,自上而下可分为 3 个脉带,脉带间距 50~60m,上带(V_1 号矿体)呈巨厚板状—凸透镜体状,矿化以钨为主;中带(V_2~V_4 号矿体)为厚板状,钨锡共生;下带(V_5~V_{11} 号矿体)为脉状、薄—厚板状,以锡为主。由此形成上富钨、下富锡的分带现象。

刘树生等(2007)根据区内矿脉(体)穿插关系,矿石矿物共生组合、结构构造和围岩蚀变等因素,将本区钨锡矿化划分为岩体型云英岩期(Ⅰ)、云英岩-石英脉期(Ⅱ)和硫化物期(Ⅲ)3 个成矿期。其中,第Ⅰ期矿化为主成矿期,规模和分布范围较大,矿化较强;细分为铁锂云母-黄玉-锡石-黑钨矿阶段(1)与黑钨矿-锡石-石英-长石脉阶段(2);矿物组合为铁锂云母、石英、黄玉、白云母、黑钨矿、锡石,其次见辉钼矿、方铅矿、黄铜矿、黄铁矿等少量硫化物;第 2 阶段矿物组合与第 1 阶段基本相同,但硫化物极少见。Ⅱ期矿物组合为石英、铁锂云母、黄玉、白云母、钾长石、黄铁矿、黄铜矿、铁闪锌矿、黑钨矿、锡石。Ⅲ期以硫化物为主,发育少量锡石、黑钨矿,分为锡石黄铁矿-铁闪锌矿阶段(4)和黄铁矿-铅锌矿化阶段(5);矿物组合为黄铁矿、黄铜矿、铁闪锌矿、毒砂、萤石、黄玉、黑钨矿、锡石,矿化不均匀、规模不大、品位不富,局部富集成透镜体状。

矿石类型主要有云英岩型和石英脉型(钨)锡矿石两类,前者主要分布于蚀变体顶部,往下逐渐不发育;后者主要分布于蚀变体上部。在空间上,由上而呈现出石英脉型(钨)锡矿石→云英岩型钨(锡)矿石→云英岩型(钨)锡矿石的变化规律。云英岩型(钨)锡矿石沿走向或倾向与蚀变岩体呈相互过渡,局部还可见相互包含的现象,即:云英岩型矿石间分布蚀变花岗岩型(钨)锡矿石。矿石具鳞片变晶结构、变余斑状结构与交代结构,自形—半自形结构,他形晶结构;块状构造、浸染状构造等。

大坳矿区围岩蚀变类型主要有云英岩化(矿化阶段)、钾长石化、钠长石化、黄玉化、硫化物化、硅化、绢云母化、绿泥石化等。云英岩化与钨锡矿化关系最为密切,主要呈面状沿缓倾斜节理裂隙分布,其次呈脉状发育于陡倾裂隙中,蚀变深度可达数十米至百余米,宽可达数百米。钠化、钾化往往与云英岩化密切共生,由云英岩向外依次分布。

2. 正冲锂铷矿床

道县正冲铷、锂多金属矿位于道县南东方位 45km 处,面积 1.76km²;以铷为主,共生锂、铯,伴生钨、锡,锂矿平均品位:Li_2O 0.557%;已探明铷、锂储量均达大型,铯储量为中型,钨、锡等为小型规模。矿区断裂构造发育,主要有北东向、南北向和北西向 3 组。北东向断裂构造为区内控岩控矿构造,从坦水坪至正冲中部近东西向略偏北,自正冲中部起转向北东;既是控岩构造,也是成矿热液活动的主要通道。云英岩体形态较简单,为一巨厚的似层状、板状体。云英岩和云英岩化岩石在垂直方向上往往互相更替,逐渐过渡,重叠分布;沿走向或倾斜方向呈似层状,并以指状分叉尖灭。岩体规模巨大,走向 NW 310°～340°,地表长 300m,深部控制长 525m,宽一般 20～40m,最宽超 60m,倾向最大宽 495m,倾斜延深最大 600m 以上。

以铷为主的多金属矿体赋存于云英岩体中,云英岩体即是矿体。矿体形态、产状及规模等与云英岩体基本一致。根据云英岩体中 Rb_2O 的品位,按工业指标,结合地质因素可将矿体划分为工业矿体和非工业矿体两类。两类矿体在垂直方向相互更替重叠,沿走向或倾斜方向呈指状分叉过渡;这是因为矿体中主要组分 Rb_2O 的富集与云英岩化程度有关。一般云英岩和强云英岩化花岗岩及部分云英岩化花岗岩可形成工业矿体,部分云英岩化花岗岩和弱云英岩化花岗岩及其间的未蚀变花岗岩、钾长石化花岗岩多为非工业矿体。

锂多金属矿正冲矿段分布于 112～113 线和 16～17 线之间,赋存标高 434～1083m。目前控制规模不等的 3 个矿化带(编号 1、2、3),以及 6 个矿体(编号 Ⅰ、Ⅱ、Ⅲ、Ⅳ、Ⅴ、Ⅵ)。其中,锂 1 号矿化带赋存 Ⅰ、Ⅱ、Ⅲ 号矿体,锂 2 号矿化带仅赋存 Ⅳ 号矿体,锂 3 号矿化带赋存 Ⅴ、Ⅵ 号矿体。矿化带主要由云英岩岩体和碱长花岗岩组成,呈自上而叠层状产出;主要的 6 个矿体除 1 号矿体呈半隐伏状产出外,其余矿体均隐伏于深部,呈自上而下叠置的楼层式产出,自上而下依次为Ⅰ号至Ⅵ号矿体,其中Ⅰ号至Ⅳ号为云英岩型矿体,Ⅴ号和Ⅵ号为花岗岩型矿体。

Ⅰ号矿体是本区储量最大的矿体。矿体赋存于近地表部位的云英岩体中,矿体底板标高:走向最低 642m,最高 666m;倾斜最低 582m,最高 790m 标高以上。矿体形态简单,为一巨厚的似层状、板状体。工业矿体铷金属储量占表内铷总金属储量的 92.4%,工业矿体多集中分布在 104～105 线之间,矿体中心厚度大且连续,向四周呈指状分叉过渡为非工业矿体的夹石。矿体产状与云英岩体产状基本一致,走向 320°左右,倾向北东,倾角较平缓,15°～35°。已控制走向长 525m,倾向宽 495m,倾斜延深 600m 以上,且未控制到矿体边界,厚度一般 270～370m,最厚 448.21m,平均 353.21m。其中工业矿体最小厚度 2m,最大厚度 278.4m,平均厚度 126.38m;矿石质量最好,Rb_2O 平均品位 0.224%。

矿石矿物主要有铁锂云母、锡石、黑钨矿,其次是钨铅矿、白钨矿等;稀有放射性矿物主要有钛石、独居石、铅铀云母、硅铅铀矿,其次是锆石、磷钇矿。脉石矿物主要为石英,其次是微斜长石、微斜纹长石、斜长石、黄玉等。微量矿物有赤铁矿、褐铁矿、黄铜矿、黄铁矿、闪锌矿、辉钼矿、辉铜矿、辉铋矿、毒砂、方铅矿、黝铜矿、硫铜铋矿、钒铜铅矿、铜蓝、斑铜矿、蓝辉铜矿、砷铜铅矿、硬锰矿、孔雀石、泡铋矿、白钛石、萤石、高岭石、黝帘石、绿泥石、榍石、磷灰石、金红石、褐帘石、电气石、阳起石、黏土等。矿石分为铁锂云母-石英型矿石和钾长石-铁锂云母-石英型矿石两种;具有鳞片花岗变晶结构、变余斑状结构与交代结构;块状构造、星散浸染构造等。

本区蚀变种类主要有钾长石化、云英岩化、硅化、绢云母化、泥化、绿泥石化、钠长石化等，其中，云英岩化为成矿标志，绢云母化、泥化、绿泥石化是一种次生蚀变。它们的蚀变顺序：原岩花岗岩→钾长石化→云英岩化→硅化→次生蚀变。

3. 挂沟冲钨锡矿床

区内出露均为岩浆岩，主要为螃蟹木岩体，其次为金鸡岭岩体的一部分；大致以小道堂-羊角冲-凉亭坳-道流坪岭-狮子头一线为界，东侧为螃蟹木岩体，西侧为金鸡岭岩体。

区内主要有断裂和挤压带构造。断裂构造以 NNE—近 SN 向为主，其次发育 NE 向、NW 向组。NNE—近 SN 向组断裂：主要有 F_4、F_3 及 12 号、14 号矿脉断裂等；其中，F_4 断裂为区内规模最大的断裂，自北往南斜贯矿区，走向 25°，倾向 SEE、局部反倾，倾角 70°～84°；区内走向长 7800m，往两端延出矿区；破碎带厚 0.5～1.30m，由次生石英岩、钾化花岗岩、石英网脉等组成，沿断裂发育羽状次级断裂；控矿作用明显，区内钨锡矿脉多沿断裂分布。NW 向组断裂：主要有 F_{20}、F_{21}，分布于螃蟹木—狮子头一带，为主要破矿构造，左行切错 30 号矿化带；断裂走向 305°～345°，倾向 SW，倾角 67°～83°；破碎带由次生石英岩、石英脉、钾化花岗岩等组成。挤压构造带：由螃蟹木岩体主动侵位拓展空间过程中挤压早期侵入体而形成，沿接触带分布，控制了云英岩型钨锡矿的产出。早期金鸡岭超单元中发育劈理化、碎裂化花岗岩及平缓节理带，宽 0.5m 至数米不等，平缓节理中充填含钨锡伟晶岩脉、石英脉，构成石英-伟晶岩带。镜下可见石英中发育变形亚结构，如强波状消光、变形纹等，显示挤压成因特征；倾角一般为 5°～45°，因受后期构造影响而变陡，可达 70°～80°；区内挤压带构造主要有 10 号、30 号矿化挤压带两条。

矿区已发现云英岩型钨锡矿化带 3 条（30、13、10 号）及构造蚀变带型钨锡矿脉 5 条（12、14、20、25、40 号）。前者主要分布于矿区南部羊角冲—狮子头一带，其次分布于北部挂沟冲一带；为区内主要矿化类型。狮子头地区云英岩型钨锡矿化带受挤压构造带控制，已发现和控制 30、10、13 号等 3 条矿化带；其中，30 号矿化带规模较大，简介如下。

地表进行了稀疏的槽、坑探揭露，中深部有 7 条剖面 11 个钻孔进行了验证。矿化带呈近 SN 向弧形展布，倾向 W—NW，倾角平缓，一般 10°～15°，最缓处仅 5°；自东往西倾角变化较大，在 21、23、辅 15 及 15 等剖面线变化较缓，并形成局部平缓凸起，岩体凸起处矿体厚度较大，矿化较好；而在 7、17 线及附近处倾角呈急剧突变，矿化较差。矿化带主要由云英岩、蚀变花岗岩组成，其次发育含矿石英脉等，蚀变类型主要为云英岩化，其次为钠化、萤石化、黄玉化及辉钼矿、黄铜矿等硫化物化；顶部发育厚数十厘米至数米的似伟晶岩壳，由花岗伟晶岩、黄玉伟晶岩等组成，伟晶岩多呈近水平脉状或透镜体状产出，脉幅 2～15cm，脉间距 0.20～1.0m，多呈角砾状，其中充填黑钨矿、锡石、辉钼矿等。

矿化带出露长约 3000m，展布宽 75～1000m，倾向延深 120～240m。地表一般见矿脉 1～2 条，往深部钻孔中可见 1～8 条，如 ZK2301 自上而下可见 8 条规模不等的矿脉。除 30-1 号矿体连续性较好，有 5 个钻孔进行了揭露外，其余矿体均只有 1～2 个钻孔进行了揭露，沿走向矿化连续性较差。自地表往深部各矿体呈楼层状叠置分布，富集于两超单元接触带往下 70～80m 范围内的狮子头单元顶部；矿体产出标高一般为 1000～1100m，最低标高可达 870m

左右。矿体分布具等间距性,间距一般 5~10m。

矿体在地表厚度较大,品位较富,以锡为主;往深部厚度变薄、品位变低,以钨为主。矿体厚度、品位沿走向变化较大,单条矿脉平均厚 0.38~5.83m;单工程平均品位 Sn0.029%~0.25%,WO_3 0.13%~0.371%;以 30-1 号矿脉规模较大,其余矿脉规模均较小,仅有少量工程进行了揭露。

构造蚀变带型钨锡矿受断裂控制,主要有近 SN 向和 NE 向两组。近 SN 向组:主要有 12、14 号矿脉,长 650~2350m,地表平均厚 0.50~2.33m,平均品位 Sn0.49%~0.74%,WO_3 0.13%~0.20%。矿体产状严格受断裂破碎带控制,呈脉状,局部呈透镜体状;由蚀变花岗岩、伟晶岩脉、云英岩脉、石英脉、构造角砾岩等组成,伟晶岩呈透镜体状、脉状。NE 向组规模较大的仅发现 20 号矿脉,走向 65°,倾向 SSE,倾角 80°;矿脉控制长 500m,厚 0.50m,品位 Sn 0.74%;由云英岩、石英脉、蚀变花岗岩等组成,局部发育块状锡石,充填于后期裂隙中,厚 5~15cm。

第三节 矿床成因

一、成矿时代

1. 大坳钨锡矿床

定年样品 05DA6-3 采自大坳钨矿云英岩-石英脉型钨锡矿,坐标为北纬 25°13′09.5″,东经 111°53′41.9″。辉钼矿从手标本上剥离后在实体显微镜下做进一步的检查与选纯,送测样品纯度达 98% 以上。Re-Os 同位素分析测试工作在国家地质实验测试中心完成,采用 Carius 管封闭溶样分解样品,样品分解以及 Re 和 Os 的分离等化学处理过程参见(杜安道等,2001)。采用美国 TJA 公司生产的电感耦合等离子体质谱仪 TJA X-series ICP-MS 测定 Re 同位素和 Os 同位素比值,分析结果见表 8-3-1。

表 8-3-1 大坳云英岩-石英脉中辉钼矿的 Re-Os 同位素组成(据付建明等,2007)

样品号	Re/(ng/g)		C 普 Os/(ng/g)		^{187}Re/(ng/g)		^{187}Os/(ng/g)		模式年龄(Ma)	
	测定值	不确定度	测定值	不确定度	测定值	不确定度	测定值	不确定度	测定值	不确定度
05DA6-3-1	107.43	0.82	0.001 6	0.000 9	67.53	0.51	0.1734	0.0017	154.0	2.3
05DA6-3-2	331.66	2.70	0.000 1	0.000 7	208.47	1.69	0.535 9	0.004 5	154.1	2.2
05DA6-3-3	1 174.56	9.21	0.002	0.001 1	738.28	5.79	1.859	0.013 9	151.0	2.0
05DA6-3-4	98.42	0.75	0.000 1	0.000 0	61.86	0.47	0.156 4	0.001 5	151.6	2.2
05DA6-3-5	57.71	0.44	0.008 2	0.000 2	36.27	0.28	0.097 5	0.001 6	161.1	3.1
05DA6-3-6	29.33	0.42	0.000 9	0.001 3	18.44	0.26	0.046 8	0.000 8	152.1	3.6

分析结果显示本书所测辉钼矿模式年龄为 161.1~151.0Ma,在误差范围内近于一致。用 Isoplot 软件计算了所测 6 个点的等时线年龄(图 8-3-1)和模式年龄的加权平均值,结果分别为 151.3±2.4Ma(MSWD=9.6)和 153.3±3.2Ma(MSWD=2.7),两者在误差范围内是一致的(付建明等,2007)。等时线年龄及加权平均模式年龄都比较可靠。等时线的截距为 0.003 1±0.005 9,接近 0 点,说明辉钼矿中不存在普通锇,^{187}Os 都是 ^{187}Re 的衰变产物,这符合计算模式年龄的条件。因而也说明了所获得的模式年龄也是有效的。这一结果与螃蟹木岩体的成岩时代极为吻合,略低于云英岩型钨矿床 ^{40}Ar-^{39}Ar 年龄 157.5±0.98Ma(苏红中,2017)。

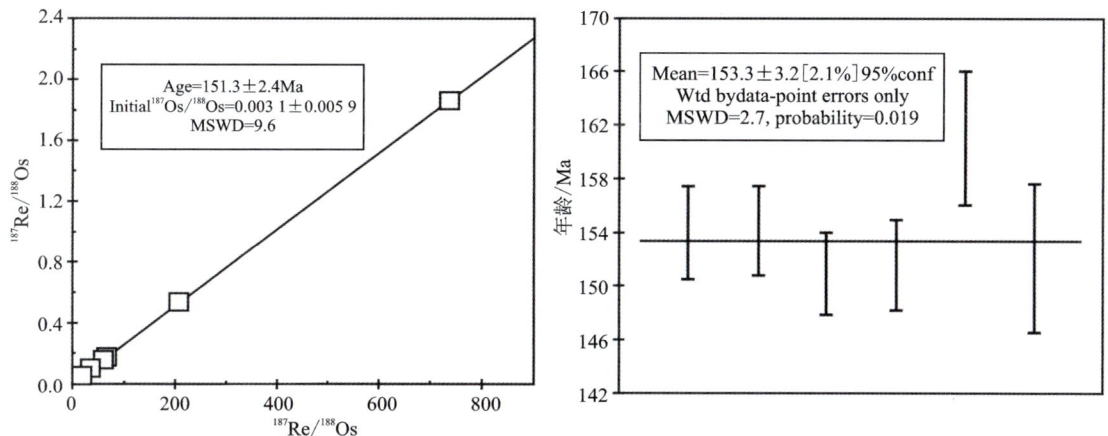

图 8-3-1 大坳钨锡矿床辉钼矿 Re-Os 等时线与模式年龄(据付建明等,2007)

2. 正冲锂铷矿床

锡石 U-Pb 定年被广泛被用来确定稀有金属伟晶岩矿床的成矿年龄。本书锡石定年工作在南京大学内生金属成矿机制国家重点实验室完成,测试结果见表 8-3-2。计算获得 18 个有效测点的谐和年龄为 151.3±2.6(2σ)Ma,31 个测点加权平均年龄为 152.9±3.5Ma,见图 8-3-2。

表 8-3-2 正冲锂铷矿床 LA-ICP-MS 锡石 U-Pb 定年数据

测点号	^{207}Pb/^{235}U	1s/%	^{206}Pb/^{238}U	1s/%	^{207}Pb/^{206}Pb	1s/%	^{206}Pb/^{238}U	2s	^{207}Pb/^{206}Pb	2s
18D206-1	3.911 034	3.162 764	0.056 456	3.080 307	0.577 80	4.30	352	21	3956	118
18D206-2	0.057 495	31.396 33	0.022 536	5.666 24	0.066 20	13.40	143	16	3023	153
18D206-3	0.353 214	30.754 13	0.023 213	11.277 34	0.165 13	5.60	131	28	3061	15
18D206-4	0.234 416	25.30 129	0.024 419	8.052 967	−0.356 30	−11.37	153	24	4321	363
18D206-6	0.143 386	21.97 655	0.022 104	5.490 075	−1.422 99	−109.78	140	15	3798	225
18D206-7	0.019 707	69.584 16	0.022 612	7.712 907	0.026 38	27.93	142	22	−34	515

续表 8-3-2

测点号	$^{207}Pb/^{235}U$	1s/%	$^{206}Pb/^{238}U$	1s/%	$^{207}Pb/^{206}Pb$	1s/%	$^{206}Pb/^{238}U$	2s	$^{207}Pb/^{206}Pb$	2s
18D206-8	0.121 555	31.544 33	0.024 352	8.389 369	0.069 87	14.82	152	25	1252	78
18D206-9	0.306 541	11.264 09	0.025 584	4.452 193	0.100 02	15.19	163	15	3419	237
18D206-10	0.718 457	15.870 71	0.032 901	7.392 396	28.190 87	30.80	205	30	4512	171
18D206-11	0.061 968	30.128 95	0.022 77	4.948 488	0.398 46	14.77	144	14	3838	382
18D206-12	5.018 631	7.189 168	0.066 024	6.771 679	−7.68 756	−23.51	407	54	4209	151
18D206-13	0.162 659	15.81 699	0.022 944	5.069 875	0.073 97	17.55	147	15	3411	322
18D206-14	0.074 923	48.799 52	0.018 915	11.977 08	0.000 56	573.52	118	28	4664	0
18D206-15	0.273 463	22.141 31	0.023 974	7.590 409	0.047 16	29.47	151	23	4085	445
18D206-16	0.206 716	13.917 13	0.022 973	4.651 715	0.083 86	15.36	146	13	3675	261
18D206-17	0.073 21	39.816 45	0.025 5	8.835 176	0.014 92	39.63	159	28	4254	505
18D206-18	0.421 177	12.764 36	0.027 682	5.579 417	−3.103 16	−58.17	174	19	3699	249
18D206-19	0.342 305	17.983 89	0.023 939	6.920 185	10.948 35	70.65	151	21	4176	288
18D206-20	0.984 386	16.103 25	0.030 261	10.763 69	−24.157 79	−21.42	185	39	2978	193
18D206-21	0.4328 02	15.803 56	0.0263 58	7.4298 46	−1.621 40	−40.38	168	25	4039	318
18D206-22	0.463 211	17.672 7	0.022 988	9.083 185	0.071 29	22.45	144	26	4436	198
18D206-23	0.260 179	13.68 223	0.024 623	4.548 485	0.082 46	15.97	158	14	3111	482
18D206-24	3.554 396	6.527 987	0.051 376	5.611 676	−1.029 78	−49.48	322	36	3948	166
18D206-25	2.092 5	7.715 484	0.043 626	5.694 968	−21.454 17	−23.54	271	30	3776	210
18D206-26	0.250 466	33.442 4	0.030 935	11.676 89	−0.353 28	−7.19	188	43	4658	0
18D206-27	0.268 487	19.240 79	0.022 613	6.907 816	59.715 71	638.09	143	20	4510	176
18D206-28	0.285 758	9.893 492	0.026 648	3.682 372	0.117 12	13.76	169	12	2832	217
18D206-29	0.697 956	14.999 63	0.030 618	8.372 621	−18.165 48	−36.76	190	31	4209	244
18D206-30	0.085 397	40.592 35	0.028 184	9.378 869	−0.001 64	−417.41	175	32	4211	591
18D206-31	0.194 854	27.464 71	0.024 825	8.932 081	100.990 56	40.08	155	27	−258	1302
18D206-32	0.172 064	26.833 6	0.023 144	8.461 498	0.018 02	42.09	145	24	4275	376
18D206-34	1.774 674	15.772 38	0.043 267	8.998 679	56.048 50	22.90	264	46	864	355
18D206-35	0.147 712	15.068 05	0.023 584	4.137 08	0.069 63	15.44	151	13	2776	345
18D206-36	0.149 229	24.397 77	0.026 207	6.183 191	0.048 77	23.21	165	20	−627	772
18D206-37	16.448 12	4.478 224	0.170 843	4.056 773	18.049 24	93.70	992	74	4057	124

续表 8-3-2

测点号	$^{207}Pb/^{235}U$	1s/%	$^{206}Pb/^{238}U$	1s/%	$^{207}Pb/^{206}Pb$	1s/%	$^{206}Pb/^{238}U$	2s	$^{207}Pb/^{206}Pb$	2s
18D206-38	−0.008 46	−153.584	0.022 348	11.108 26	−82.168 05	−143.29	139	31	4655	0
18D206-39	0.243 036	21.059 63	0.026 082	9.166 765	−70.469 55	−60.37	162	29	4363	208
18D206-40	0.172 061	23.419 81	0.022 934	7.389 721	87.637 29	31.34	144	21	2762	270
18D206-41	13.003 67	3.445 585	0.139 057	3.384 539	0.873 81	6.00	828	53	4095	119
18D206-42	1.105 902	7.414 461	0.031 342	4.967 271	−3.285 59	−33.33	197	19	3728	163
18D206-43	0.331 381	19.550 96	0.027 858	7.658 053	0.160 02	11.38	177	27	3268	352
18D206-44	1.151 908	14.422 35	0.037 942	8.695 82	278.422 65	23.24	248	43	4127	288
18D206-45	0.586 569	12.672 07	0.025 264	5.979 571	−18.849 75	−51.72	159	19	3767	273
18D206-46	0.070 187	29.394 79	0.020 195	6.501 976	−3.283 68	−102.80	128	16	3891	185
18D206-47	0.223 546	16.245 12	0.024 279	5.529 754	−116.170 04	−32.54	153	17	3745	357
18D206-48	0.456 463	10.833 19	0.026 587	5.447 997	−15.013 90	−62.03	168	18	3814	236

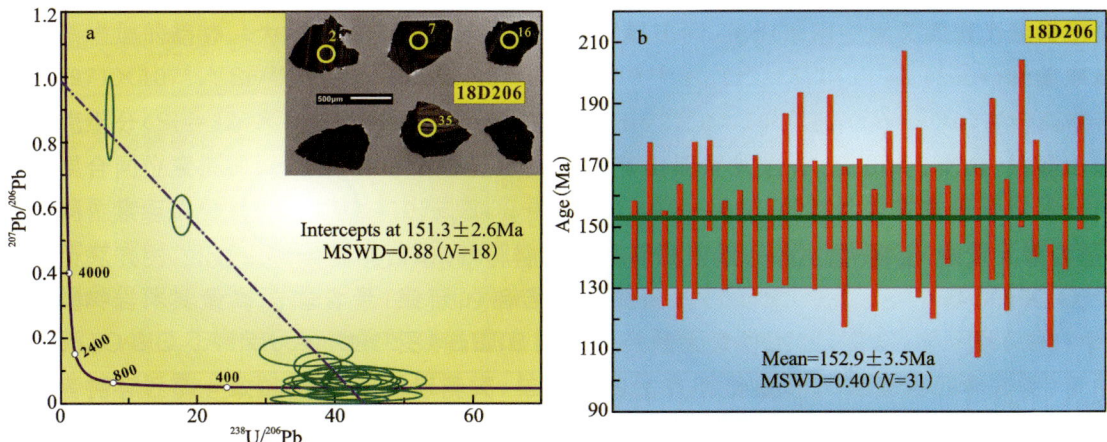

图 8-3-2 正冲锂铷矿床锡石 U-Pb 年龄

区内铁锂云母样品 ^{40}Ar-^{39}Ar 年龄分析结果见表 8-3-3。样品经过 12 个阶段的分步加热，加热区间为 940～1120℃，其中第 4～8 加热阶段样品的年龄谱形成较平坦的年龄坪，其累积 ^{39}Ar 占总释放量的 95.54%；采用加权平均获得其坪年龄为 152.1±1.4（2σ）（图 8-3-3a），以线性回归计算出等时线年龄为 151.6±1.8Ma（MSWD=0.45）（图 8-3-3b）。从上述结果可知正冲锂铷铯矿床中铁锂云母坪年龄和等时线年龄的测试结果在误差范围内一致，并且 $^{40}Ar/^{36}Ar$ 初始比值为 327±6.7Ma；暗示所测样品自结晶作用以来很少受到后期扰动。因此，结合锡石定年结果，将该矿床的形成年龄确定在约 152.1±1.4Ma。

表 8-3-3　正冲锂铷矿床云英岩型矿石绢云母 ^{40}Ar-^{39}Ar 同位素年龄分析结果

T(℃)	(^{40}Ar/^{39}Ar)$_m$	(^{36}Ar/^{39}Ar)$_m$	(^{37}Ar/^{39}Ar)$_m$	(^{38}Ar/^{39}Ar)$_m$	^{40}Ar(%)	F	^{39}Ar(×10^{14})	^{39}Ar(%)	Age(Ma)	±1σ
700	517.654 7	1.046 2	0.000 0	0.004 0	40.28	208.503 1	0.00	0.05	479	91
800	106.673 3	0.062 8	0.638 6	0.026 3	82.65	88.210 5	0.08	1.15	218.5	3.0
900	64.014 2	0.003 8	0.027 5	0.014 3	98.23	62.885 2	2.35	34.49	158.5	1.5
940	61.111 6	0.001 8	0.062 2	0.013 9	99.14	60.587 6	0.94	47.76	152.9	1.5
980	60.686 5	0.002 2	0.035 1	0.014 2	98.91	60.026 4	1.32	66.50	151.6	1.5
1020	61.313 8	0.004 4	0.039 6	0.015 0	97.94	60.050 8	1.17	83.07	151.6	1.5
1060	62.718 2	0.008 7	0.000 0	0.014 4	95.90	60.148 5	0.35	88.10	151.8	1.6
1120	63.670 8	0.011 0	0.000 0	0.015 4	94.90	60.421 0	0.52	95.54	152.5	1.5
1180	64.140 1	0.019 6	0.759 1	0.017 8	91.06	58.443 6	0.13	97.38	147.7	1.8
1260	65.001 2	0.007 4	0.000 0	0.012 9	96.64	62.815 0	0.15	99.53	158.3	1.7
1340	84.850 5	0.086 1	5.051 0	0.048 3	70.43	60.004 1	0.02	99.79	151.5	7.3
1400	187.073 5	0.112 2	2.218 0	0.034 5	82.36	154.342 3	0.01	100.00	366.6	9.1

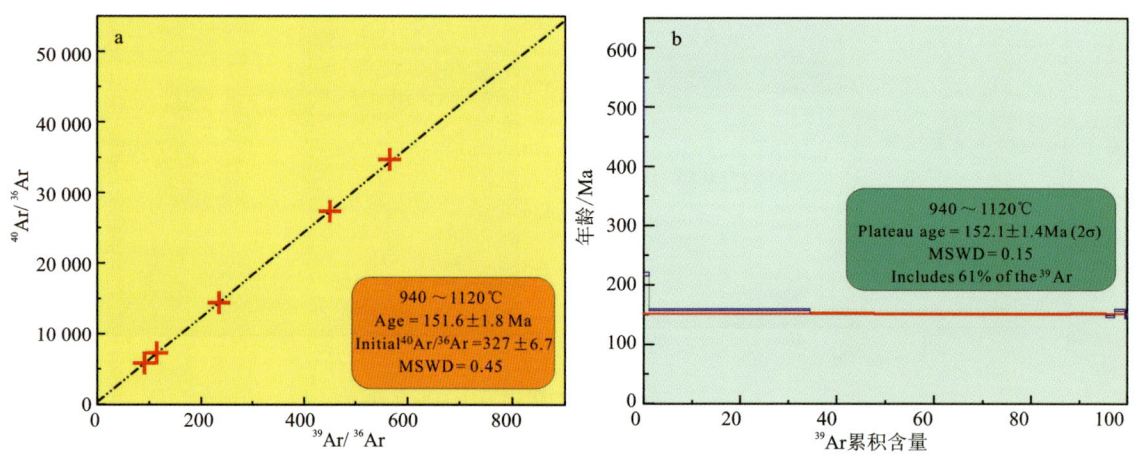

图 8-3-3　正冲锂铷矿区铁锂云母等时线年龄（a）、^{40}Ar-^{39}Ar 坪年龄（b）

3. 成矿时代讨论

研究表明，金鸡岭岩体粗中粒斑状黑云母正长花岗岩样品形成时代集中于 158～153Ma 之间，细粒斑状二长花岗岩形成时代集中于 154～150Ma 之间；与本书报道的成矿年代学数据非常吻合。与金鸡岭地区丰富的矿化类型相比，成矿时代研究相对薄弱。除了本书报道的高精度成矿年代学资料以外，较具代表性的成果有：苏红中（2017）通过狮子头钨锡矿床石英脉辉钼矿 Re-Os 定年获得等时线年龄为 140.2±1.5Ma,加权平均年龄 141.5±0.94Ma;通过大坳矿区云英岩白云母 ^{40}Ar-^{39}Ar 定年获得等时线年龄为 157.0±1.8Ma,坪年龄为 157.5±0.98Ma;虽然具体年代学数据与本书及已有成岩、成矿时代资料吻合度较低,但其成矿主体集中于燕山早期。

通过系统收集骑田岭、千里山、西华山、瑶岗仙、九龙脑、诸广山、天眉山及佛冈岩体的大量锆石 U-Pb 年龄(测点),统计了各成矿岩体的辉钼矿 Re-Os、云母 ^{40}Ar-^{39}Ar 及石英 Rb-Sr 年龄,统计结果见表 8-3-4 和图 8-3-4。结果显示,钨锡成矿作用主要发生于成岩过程的中、晚期,且成钨时代略早于成锡时代。此外,广东石人嶂、师姑山钨锡矿、宝山铜-钼多金属矿床、黄沙坪铅锌矿辉钼矿 Re-Os 年龄分别为 159.1±2.2Ma、154.2±2.7Ma、160±2Ma、157.6±2.3Ma(路远发等,2006;Peng et al.,2006;雷泽恒等,2010);尖峰岭锡矿、淘锡坑锡矿、锡田锡矿及猫仔山锡矿云母 ^{40}Ar-^{39}Ar 坪年龄分别为 158.7±1.2Ma、152.7±1.5~153.4±1.3Ma、152.6±0.7~154.7±1.1Ma(毛景文等,2004;Peng et al.,2006;Yuan et al.,2007);猫仔山锡矿、湘东钨矿锡石 U-Pb 年龄分别为 156.5±2.8~158.0±1.8Ma、154.4±2.1Ma(Sun et al.,2018;何苗等,2018)。上述高质量的成矿年龄数据显示,160~150Ma 可能为南岭地区中生代大规模成矿作用的高峰期,形成于与太平洋板块俯冲有关的陆内伸展环境;九嶷山地区钨锡矿床正是这构造背景之下,大规模成矿作用高峰期的产物。

二、矿床成因

苏红中(2017)开展的矿物化学研究表明,从金鸡岭岩体云母→螃蟹木岩体云母→石英脉云母→云英岩云母,矿物成分的变化可看出如下规律:①花岗岩中 SiO_2 含量变化范围较大,且平均含量也低;云英岩、石英脉中 SiO_2 含量较高且变化范围较小;②TiO_2 含量逐渐降低,在云英岩及石英脉中含量比较接近,但明显低于花岗岩;③花岗岩云母中 Al_2O_3 含量逐渐升高,与主量元素变化一致;④FeO 含量逐渐降低且变化范围也越来越小;⑤Rb_2O、F 含量逐渐升高且在云英岩中的含量明显高于其他部分;⑥P_2O_5 整体含量均比较低,但大致呈现出下降的趋势;⑦Cs 整体含量非常低在花岗岩云母中几乎未检出,主要存在于石英脉、云英岩中。上述变化规律说明岩浆演化程度是逐渐增强的,螃蟹木岩体岩浆演化程度明显要高于金鸡岭岩体,此外 SiO_2 与 Al_2O_3 含量也在逐渐升高,与全岩变化相一致。结合前人讨论,金鸡岭岩体属同源岩浆不断分异、演化而成的杂岩体;高度分异演化的花岗质岩浆利于 W、Sn、Li/Rb 等成矿元素的充分迁移与富集。

流体包裹体研究表明,含矿石英脉中 120 个包裹体的均一温度在 135~425℃之间,主要集中在 260~390℃之间,仅一个包体均一温度达 425℃;其算术平均值为 280℃,基本上属于中高温范畴。均一温度是矿物形成可能的下限温度,而矿物结晶的温度肯定高于此温度区间,所以估计大量流体被捕获的温度居于中高温热液矿床的范围。从温度分布范围来看,石英的形成大致有两期,即高中温阶段(320~425℃),相当于含矿云英岩形成阶段,此阶段为主成矿阶段,黑钨、锡石自热液中析出;中低温阶段(135~320℃),相当于硫化物形成阶段,形成了黄铁矿、黄铜矿、毒砂、铁闪锌矿等硫化物。利用刘斌和沈坤(1999)提出的压力计算公式,

表 8-3-4 南岭典型岩体、矿床定年数据统计（Li et al., 2024）

序号	岩体	矿床	矿种	矿体类型	测试对象	测试方法	成岩、成矿时代/Ma	资料来源
1	骑田岭	新田岭	W-Mo	矽卡岩-石英脉型	辉钼矿	Re-Os	161.7±9.3	Yuan et al., 2012
					黑云母	Ar-Ar	157.1±0.3	蔡明海等, 2006
		荷花坪	Sn	蚀变碎裂岩型	辉钼矿	Re-Os	224.0±1.9	蔡明海等, 2016
					白云母	Ar-Ar	151.88±1.8	章荣清等, 2010
					石英		156.94±1.64～155.39±7.04	
					花岗斑岩	锆石 U-Pb	154～156	
		芙蓉	Sn	矽卡岩-云英岩-绿泥石型	金云母	Ar-Ar	157.3±1.0～150.6±1.0	Peng et al., 2007
					角闪石		156.9±1.1	
					白云母		159.9±0.5～154.8±0.6	李华芹等, 2006
					弱蚀变花岗岩		155±6～155±6	
					花岗斑岩	锆石 U-Pb	146±5	Yuan et al., 2011
					花岗岩		158.2±0.4	王敏等, 2016
		柿竹园	W-Sn-Mo	云英岩-矽卡岩型	白云母	Ar-Ar	153.7±0.9	Liao et al., 2021
					白云母		154.2±1.0	毛景文等, 2004
					斑状黑云母花岗岩	锆石 U-Pb	153.4±0.2～134±1.2	Li et al., 2004
							153±3	
2	千里山	金船塘	W-Sn-Mo-Bi	矽卡岩型	辉钼矿	Re-Os	162.3±3.9～157.2±2.8	刘晓菲等, 2012
		红旗岭	Sn-W-Pb-Zn	石英脉型	白云母	Ar-Ar	153.3±1.0	袁顺达等, 2012
				岩体	微粒斑状黑云母花岗岩	锆石 U-Pb	152.5±1.2～152.3±1.2	Guo et al., 2014
					花岗岩		158.9±1.1～157.8±1.4	Yu et al., 2020
					花岗斑岩		144.5±1.0	

168

续表 8-3-4

序号	岩体	矿床	矿种	矿体类型	测试对象	测试方法	成岩、成矿时代/Ma	资料来源
3	西华山	西华山	W	石英脉型	辉钼矿	Re-Os	158.4±2.4~150.7±2.3	Hu et al.,2012
					白云母	Ar-Ar	152.8±1.6	Wang et al.,2011
					辉钼矿	Re-Os	157.6±1.6~155.6±1.4	Wang et al.,2011
					中粒斑状黑云母花岗岩	锆石 U-Pb	155.5±0.4	Yang et al.,2012
					细粒二云母花岗岩		152.8±0.9	
					中粒黑云母花岗岩		153±0.6	
		漂塘	W-Sn	黑钨矿-锡石石英大脉-细脉带型	独居石	U-Pb	158.7±0.7	Li et al.,2013
					白云母		159.3±1.5	白秀娟等,2011
					锡石		159.1±1.8	张文兰等,2009
		木梓园	W-Sn	隐伏石英大脉型	白云母		153±1.6	张文兰等,2009
					黑云母花岗岩	锆石 U-Pb	159.5±1.5	Zhang et al.,2016
					钨矿中的辉钼矿	Re-Os	155.0±2.1~142.4±2.3	张文兰等,2009
					钨矿中的辉钼矿		157.5±4.1~152±3.5	
4	瑶岗仙	瑶岗仙	W	矽卡岩-石英脉型	金云母	Ar-Ar	153±1.08	Peng et al.,2006
					白云母		155.1±1.1	
					石英	Rb-Sr	156±3	
					钨矿中的辉钼矿	Re-Os	154±1.5	Wang et al.,2009
					钨矿中的辉钼矿		241.9±2.1~227.5±4.6	
					中粒黑云母花岗岩		159.4±2.6~149.5±2.3	Wang et al.,2008
					细粒斑状花岗岩		155.4±2.2	
					石英斑岩		157.6±2.6	李顺庭等,2011
					中粗粒二云母花岗岩	锆石 U-Pb	158.4±2.1	
					细粒白云母花岗岩		170.7±1.5~161.6±0.7	董少花等,2014
							157.1±0.7~156.9±0.7	

续表 8-3-4

序号	岩体	矿床	矿种	矿体类型	测试对象	测试方法	成岩、成矿时代/Ma	资料来源
5	九龙脑	淘锡坑	W-Zn-Pb	石英大脉型-云英岩型	煌斑岩	锆石 U-Pb	170~150	Lu et al.,2017
					辉钼矿	Re-Os	156.4±3.5~155.1±2.3	Chen et al.,2006
					白云母	Ar-Ar	155±1.4~152.7±1.5	Guo et al.,2008,2011
					花岗岩	锆石 U-Pb	153.4±2.2~153.4±2.2	
							158.7±3.9	
		洪水寨	W	云英岩型	辉钼矿	Re-Os	157.9±2.3~154.4±2.5	Feng et al.,2011
					花岗岩	锆石 U-Pb	155.8±1.2	
		樟东坑	W-Mo	黑钨矿石英脉型	辉钼矿	Re-Os	156.5±2.6~154.2±2.2	李光来等,2014
		高凹背	W-Mo	黑钨矿石英脉型	辉钼矿		154.2±2.1~152.3±2.3	Wang et al.,2010
					黑云母二长花岗岩	锆石 U-Pb	233.9±2.8~222.1±2.0	
		将军寨	W	石英脉型	黑钨矿石中的辉钼矿	Re-Os	163.6±2.3~151.3±2.5	Wang et al.,2009
6	诸广山	八仙脑		断裂带型	黑钨矿(白)云母二长花岗岩		159.91~153.79	梁军等,2014
					细粒花岗闪长岩		210.39	
					细粒石英二云母花岗岩		424	
					中粗粒黑云母二长花岗岩		239±4~231±3	Deng et al.,2012
		茅坪	W-Sn-Mo	云英岩型	辉钼矿	Re-Os	159.4±2.3~156.9±2.2	Feng et al.,2011
		牛岭		外接触带石英脉型	钨锡矿中的辉钼矿		155.9±2.4~153.9±2.3	
		樟斗		内接触带石英脉型	钨锡矿中的辉钼矿		149.7±2.4~147.4±3.4	
		摇篮寨		外接触带石英脉型	钨锡矿中的辉钼矿		156.1±4.2~153.7±3.2	
							168±2.1~155.6±1.8	
7	天门山-红桃岭			岩体	似斑状黑云母二长花岗岩	锆石 U-Pb	156.5±2.1~155.2±2.3	丰成友等,2007
				云英岩型	黑云母花岗岩		151.8±2.9	
				岩体			151.4±3.1	

* 注：所引文献列表见 Li et al.,2024。

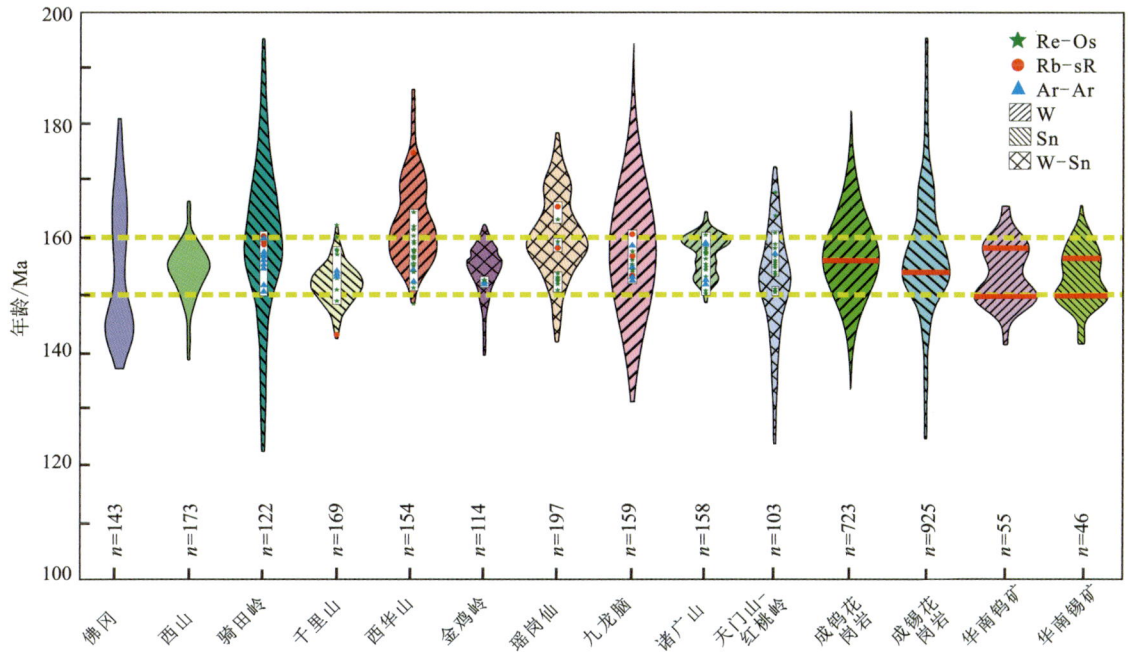

图 8-3-4 华南典型燕山期花岗岩体成岩、成矿时代统计

求得流体包裹体均一压力为 $6×10^5 \sim 209×10^5$ Pa，如果按以往对石英测定的均一温度和爆裂温度（起爆温度）分别代表形成温度的下限和上限，那么流体捕获温度较均一温度高 30℃ 是合理的，如果按均一温度增加 30℃ 视为流体的捕获温度（310℃），经试算得到约 $862×10^5$ Pa 的成矿压力，大约相当于 2.5km 的静岩压力。43 个包裹体的冷冻法冰点温度为 $-7.6 \sim -0.5$℃，所计算的盐度（NaCl）主要集中于 2.24%～9.34% 之间；最低为 0.88%，最高为 11.22%，平均 5.37%；因此，成矿热液为较低盐度。成矿流体密度低于 1.00g/cm³，为 0.756～0.968g/cm³，平均 0.854g/cm³。

H、O 同位素研究表明，大坳矿区矿石中石英 $δ^{18}O_{H_2O}$ 值为 9.7‰～12.4‰，平均为 10.9‰，为岩浆来源，与金鸡岭主体花岗岩相近（9.19‰～11.18‰）；但锡石为 4.9‰，显示混合水来源特征。按平均捕获温度 310℃ 求得矿物包裹体水 $δ^{18}O_{SMOW}$ 值为 -1.6‰～5.9‰；$δD_{SMOW}=-92$‰～-54‰。苏红中（2017）测得 2 件主体岩石中石英 $δD_{SMOW}$ 值较高，分别为 -142‰、-123‰（平均 -132.5‰）；$δ^{18}O_{SMOW}$ 值相对集中，分别为 11.8‰、11.6‰（平均 11.7‰），使用石英-水分馏方程 $1000\ln α=3.38×10^6 T^{-2}-3.40$（Clayton et al., 1972）和对应云英岩石英样品中流体包裹体均一温度平均值，均一温度使用王永强等测定的 350℃，计算出石英的 $δ^{18}O_{H_2O}$ 值分别为 6.3‰、6.5‰（平均 6.4‰）。2 件补体花岗岩中石英的 $δD_{SMOW}$ 值分别为 -96‰ 和 -91‰（平均 -93.5‰）；$δ^{18}O_{SMOW}$ 值分别为 11.6‰ 和 11.0‰（平均 11.3‰）；$δ^{18}O_{H_2O}$ 值分别为 6.3‰ 和 5.7‰（平均 6.0‰）。5 件大坳矿区云英岩和石英脉中石英 $δD_{SMOW}$ 值分别为 -96‰ 和 -108‰（平均 -99.2‰）；$δ^{18}O_{SMOW}$ 值分别为 12.1‰ 和 13.0‰（平均 12.1‰）；$δ^{18}O_{H_2O}$ 值分别为 6.0‰ 和 7.7‰（平均 6.8‰）。4 件狮子头矿区云英岩和石英脉的 $δD_{SMOW}$ 值分别为 -104‰ 和 -112.5‰（平均 -102.5‰）；$δ^{18}O_{SMOW}$ 值分别为 11.1‰ 和 12.0‰（平均

11.5‰);$\delta^{18}O_{H_2O}$值分别为 5.8‰和 6.7‰(平均为 6.0‰)。上述大量同位素数据揭示区内钨锡多金属成矿流体主要源自岩浆水,晚期有少量大气降水加入。

综上所述,九嶷山地区钨锡多金属矿化与细粒斑状正长花岗岩具有成因联系,属于中高温岩浆热液矿床。

三、成矿模式

矿床学研究表明,全球钨锡资源主要来自与花岗岩有关的岩浆热液矿床,以往对这类矿床的研究主要集中在岩浆的性质和演化过程对成矿的影响(Ishihara,1977,1981;Lehmann,1990,2020;Meinert et al.,2005)。侵位在上地壳中的中长英质岩浆代表了各种类型岩浆热液矿床的来源,例如斑岩铜(Mo、Au)矿床(Richards,2005;Sillitoe,2010)、斑岩钼矿床(White et al.,1981;Keith et al.,1993),以及侵入岩相关金矿床(Sillitoe and Thompson,1998;Lang and Baker,2001),还有锡钨矿床(Webster et al.,1996,1997;Audétat et al.,2000)甚至各种矽卡岩矿床(Meinert et al.,2005;Li et al.,2014)。基于此,付建明等(2011)进一步完善了南岭西段燕山期锡钨成矿模式(图8-3-4)。明确指出来自核幔边界的锡通过地幔柱作用(基于软流圈上涌的事实),形成富含 F、Cl、CO_2、Sn 的地幔流体(统称幔源流体),是该时期成矿的初次富集;显然,这些流体可以溶解、携带幔源源区和同期基性岩浆中活动性强的不相容元素;同时,流体加入还益于壳源岩浆的形成并与之混合。壳源岩浆通过部分熔融选择性携带源区的钨、铜、锂、铷、铅、锌等不相容元素,并通过同化作用不断浓集围岩、运移通道的成矿元素,这是壳源岩浆活动对成矿元素的二次富集作用;随后,上述铝质 A 型花岗质岩浆分异演化出溶出富含 W、Sn 等多种成矿元素的壳幔混源成矿流体。显然,壳、幔源流体联合控制成矿元素的比例与组合:①如果前者富 W、后者富 Sn,可能形成 W、Sn 共生的矿床,大坳钨锡矿床即为此实例;②如果前者富 W、后者不富 Sn,易形成钨矿床,如新田岭钨矿;③如果前者不富 W、后者富 Sn,形成以 Sn 为主的锡矿,湘源锡矿即为此例;④如果前者不富 W、后者不富 Sn,则不能形成钨、锡矿床,如西山(杂)岩体。需要补充的是,无论岩浆和成矿流体的源区是什么,W、Sn 初始条件如何,只是利于成矿导向,不能决定有益元素能否沉淀成矿。

我们不难发现,只有少数侵入体会形成大规模的金属矿,而大多数侵入体仍然是碌碌无为或只是弱矿化。成矿或不成矿,这是事关花岗岩炙手可热的问题,人们通常利用地球化学数据来推断成矿岩浆具有有利于成矿的独特地球化学特征。对于斑岩-铜系统,成矿岩浆通常是与钙碱性弧相关的中间岩浆,通常具有高 Sr/Y 比(Richards,2011;Loucks,2014)、氧逸度(Wang et al.,2014;Sun et al.,2015)和含水量(Richards et al.,2012;Wang et al.,2014)、富含成矿金属和/或硫(Core et al.,2006;Stern et al.,2007)及密集的流体流动(Zhang and Audétat,2019)等。然而,这些矿床特有的化学特征是否也允许区分贫瘠系统和矿化系统尚不清楚。研究表明斑岩铜矿受中下地壳产生岩浆房的体积,岩浆上升到浅部发生流体出溶及矿质沉淀的持续时间控制,前者控制了斑岩铜矿的金属总量,后者决定斑岩铜矿的最终规模;富金的斑岩铜矿要求 Au 在流体中有很高的沉淀效率,富铜的斑岩铜矿需要深部有富水的大规模岩浆房以提供足够的 Cu。但在找矿实践中,岩浆中金属和挥发物的原始含量这两个潜

在的、非常重要的参数尤其难以重建,因为这一信息不能可靠地从岩石成分中得出,挥发物和金属通常在岩浆凝固过程中丢失。

理论上讲,岩浆作用肯定会伴随不相容成矿元素的富集,但是随着系统演化能否富集到形成矿床的程度呢?显然,我们并不指望任何一个花岗岩体都能找到矿;我们把岩浆源区预富集 W、Sn 等成矿元素视为成矿作用的"家庭条件"或"先天条件",充分的分异演化应该视为花岗岩"自身努力"或"后天条件",从这个角度,那么"能否成才"和"能否成矿"是何其相似。显然,对于找矿而言,花岗岩高度分异演化是必要条件,也是我们方便操作的重要找矿标志。针对岩浆源区钨锡预富集是否是形成钨锡矿的必要条件这一长期争论的焦点问题(Lehmann,1990,2020;Romer and Kroner,2015,2016;Mao et al.,2019),Zhao 等(2021)结合部分熔融和结晶分异过程定量模拟发现,当岩浆源区为平均地壳组分时,即使岩浆经历了极端程度的结晶分异(99%)也无法富集钨锡至成矿的水平;显然,这一认识支持岩浆源区预富集之余成矿的重要性。

与之相反,部分学者提出金属含量一般的岩浆仍然可以成矿,决定因素在于岩浆的硫含量、氧逸度、含水量、地壳中岩浆房的大小等(Steinberger et al.,2013;Hou et al.,2015;Zhang and Audétat,2017;Chiaradia and Caricchi,2017)。Du 和 Aédetat(2020)通过模拟岩浆中硫化物与岩浆结晶程度的关系,表明长江中下游铜陵地区成矿岩浆经历了中下部地壳含硫化物捕房体的早阶段分馏作用,仍然形成大规模斑岩型矿床,这一事实表明,岩浆产生斑岩铜(金、钼)矿床的潜力取决于金属含量以外的因素。另外,高 Sr/Y 岩浆与斑岩型 Cu(Au、Mo)岩浆的全球对比也可以得出同样的结论,因为高 Sr/Y 表明高压角闪石±石榴石分馏,导致相应的弧环境堆积物富含硫化物。值得注意的是,角闪石堆积物的部分重熔不能产生高 Sr/Y 岩浆,因为角闪石含有非常低的 Sr/Y。因此,高 Sr/Y 岩浆的高成矿潜力可能是由高压分离结晶过程中岩浆 H_2O 含量和可移动岩浆体积的再次富集造成的(Loucks,2005)。

最新的研究发现,部分熔融条件对钨锡成矿具有重要的控制作用(Yuan et al.,2019),通过对全球最主要的钨锡成矿带内成矿岩体进行系统的研究,发现成矿带尺度钨、锡成矿解耦现象普遍存在,并且成钨与成锡花岗岩均具有高分异、低氧逸度的特征,但是成钨花岗岩熔融温度明显比成锡花岗岩低,表明部分熔融温度对花岗岩浆形成钨、锡矿潜力差异性具有重要的控制作用。为了进一步解析部分熔融过程控制钨锡成矿解耦作用的机制,Zhao 等(2021)选取成钨锡花岗岩的原岩——变沉积岩,进行了部分熔融过程钨锡分配行为的定量模拟。结果显示,部分熔融过程中钨锡的分配行为主要受残余矿物和熔体的比例以及钨锡在矿物/熔体间分配系数的影响,而与原岩中钨锡的载体矿物无关。在压力为 0.7GPa 时,随着部分熔融温度升高,白云母首先发生脱水熔融,伴随白云母的不断分解,熔体中钨的含量快速升高,当白云母全部分解后,熔体中钨的含量比原岩中富集了 4 倍,原岩中 41% 的钨释放进入熔体中。相比之下,原岩中只有 11% 的锡分配进入了熔体中,熔体中锡的含量与原岩相比变化不大。温度升高到 780℃ 左右时,开始黑云母脱水熔融。随着黑云母的分解,熔体中锡的含量不断升高,而钨的含量则不断降低。当黑云母全部分解后,原岩中 93% 的锡释放进入了熔体中。如果体系中低温白云母脱水熔融形成的熔体被抽离,残余体在高温熔融形成的熔体中锡的含量会更高,与原岩相比富集了近 3 倍。因此,部分熔融过程中云母类矿物的分解对形成的熔体中钨锡含量具有重要控制作用。并且,初始熔体中钨锡含量的差异会在后期结晶分异过程中进一步放大。以不同温度条件下部分熔融形成熔体中钨锡含量为初始值开展结晶分异模拟,并将模拟结果与成钨锡矿熔体包裹体中钨锡浓度进行对比,结果显示低温白云母脱水熔融形成的熔体经过一定程度(<90%)的结晶分异后即可达到成钨花岗岩浆中钨含量,而锡的含量较低,难以形成成锡花岗岩。相比之下,高温黑云母脱水熔融形成的熔体经过一定程度结晶分异后其锡的含量可达到成锡花岗岩浆中锡的含量,而钨的含量则较低。因此,低温白云母脱水熔融、高温黑云母脱水熔融分别有利于形成钨、锡花岗岩。

因此,与花岗岩有关钨锡矿的形成是富集钨锡的岩浆源区,适宜的部分熔融条件以及强烈的结晶分异等多因素耦合、共同作用的结果。野外地质调查表明,成钨、成锡花岗岩在岩石学和地球化学等方面有时具有明显的区别,有时很难区分;后者可能与岩浆系统自身不断分异、演化有关。饶有趣味的是,即便是形成于同时代岩体的不同部位(岩相)还可以独立形成锡矿、钨矿或钨锡矿;除本书的金鸡岭岩体以外,骑田岭岩体一致被认为是 A 型花岗岩,其北侧形成大型矽卡岩型钨矿床(新田岭),而其南部则形成著名的大型脉状锡矿床(芙蓉);笔者认为造成上述地质事实的原因是:①不同岩相可能具有不同的源区,本质是该岩体属于复式岩体还是杂岩体的问题;②壳幔混源成矿流体的不混溶和演化可能控制或影响不同成矿元素的沉淀机制,当然,这需要对成矿流体进行更精细的刻画;③岩浆源区部分熔融条件、不一致熔融导致。另外,岩体能否形成有价值的钨矿、锡矿抑或钨-锡矿是基于矿床学的经济属性圈定的矿体,并不能代表其矿石矿物共生组合的排斥。总之,付建明等建立的成矿模式强调了第一期幔源流体的成矿元素富集作用,至于这些元素能否形成矿化和矿床,还需要第二期壳幔混合流体演化。尽管地壳的 Sn 含量远低于地幔,但是不意味着可以否定它在局部能够提供大量的 Sn 的可能性;相应地,我们也不能定量评估幔源流体中 W 对矿床的贡献;Zhao 等(2019)等对岩浆源区部分熔融条件的研究工作,间接约束了源区对不同成矿元素的控制作用。此外,随着质谱技术的进步,W、Sn 金属同位素的研究工作有望为上述讨论提供定量的约束。

随花岗岩浆上升,在地壳浅层的构造薄弱带(如成矿前断裂、裂隙和层间滑脱构造等)配套组成巨大的岩浆-流体-成矿系统。成矿流体借助构造薄弱带侵位到浅部并成矿,其成矿类型受构造、围岩岩性、花岗岩浆的演化程度等多种因素的制约。如果岩浆及热流体在岩体顶部受盖层的阻挡,具有较好的圈闭条件,则岩浆熔融体冷却缓慢,在温度下降过程中,岩浆得以进行成分的演化,岩浆熔离结晶作用使富含成矿物质、碱质及 SiO_2 的流体进一步富集并往岩体上部运移,最后富集在岩凸、岩脊顶部、岩体超覆部位及其附近的围岩中,形成壳层状、鞍状、透镜状和囊状含锡云英岩;在极高的封闭条件下,运移缓慢的流体未能全部从岩体中分离,热液中的碱质及 SiO_2 将对早先形成的花岗质岩石进行交代,发生钠长石化、钾长石化、云英岩化、绢英岩化等,形成变花岗岩型锡矿床;在侵位处因上覆围岩受外部应力、岩浆挤压及热胀冷缩作用影响产生构造裂隙时,含矿热液便进入这些构造裂隙,向上或向裂隙带四周移动,并对围岩进行交代,发生萤石化、锂石母化、硅化等,主要形成脉状云英岩和石英脉型锡矿床。

如果上覆围岩(地层)破碎带发育,围岩蚀变及矿化受围岩岩性影响:围岩为碳酸盐岩时,因其化学性质活泼、渗透性好，热液中的碱质及 SiO_2 将与围岩发生化学反应，使围岩发生矽卡岩化。在交代过程中由于流体 pH 值、温度梯度的急剧变化，W、Sn 等成矿物质的溶解度急剧降低，在其与成矿花岗岩的接触带多形成矽卡岩型或云英岩-矽卡岩复合型矿床，并发育较为清晰的蚀变分带：从近岩体到远离岩体依次为石榴石化带、透辉石化带、透闪石化带到大理岩化带。围岩为碎屑岩时，因其化学性质不活泼、渗透性差，有利于石英脉型、破碎带蚀变岩型等锡矿的形成。

南岭地区钨矿多与壳源的 S 型花岗岩有关；而以锡为主的矿床多有地幔物质参与，与 A 型花岗岩关系密切。就九嶷山地区而言，依据矿床内普遍存在黄玉、萤石等蚀变矿物及多种金属硫化物和碱金属等判断，区内成矿流体富含 Sn、W、Li、Rb 等成矿元素及 F、H_2S、OH^- 等挥发分。据晚期岩体结晶温度判断，早期温度接近 505℃，处于临界—超临界状态；此时，气液矿化度极高，离子强度很大；因此，具有很强的迁移能力，在裂隙中向旁侧扩散渗滤并与围岩发生强烈的交代作用。由于初始阶段碱质交代的不断进行，溶液中 Na^+、K^+ 的浓度降低，气液酸度升高，破坏含锡氟-氢氧络合物平衡；通过高温水解作用，形成锡石和游离 HF，引起热液迅速酸化，酸性热液作用于花岗岩，导致碱态，气液大量聚集，交代较充分，从而形成厚大的云英岩型矿体，且品位较高；而往深部，围压较大，裂隙较难开启，气液难于扩散，形成规模较小的脉状矿体，围岩蚀变相对较弱，以钾化、钠化为主。由于岩浆的不断演化，在最后阶段形成了非均匀的富含成矿元素 W、Sn 及挥发分和 SiO_2 的熔浆溶液，并沿 NNE—近 SN 向断裂上升，充填于弧形裂隙带顶部，形成富含黑钨、锡石长石-石英脉。随着温度的降低，含矿热液化学性质发生变化，由富 W、Sn 为主转变为以富硫为主，并沿 NE 向断裂带和弧形裂隙构造带充填，形成富含黄铁矿、铅锌矿等硫化物的矿脉（体），局部伴随黑钨矿、锡石。

第四节　金鸡岭与西山（杂）岩体成矿作用对比研究

前已提及，华南地区 A 型花岗岩与锡多金属矿密切相关是近年来花岗岩与成矿研究重大进展之一。同为铝质 A 型花岗岩的金鸡岭花岗岩和西山（杂）岩体，为什么后者没有发现有规模的锡、锂铷多金属矿，其原因值得研究。本书对金鸡岭与西山（杂）岩体开展对比（表 8-4-1、表 8-4-2），二者存在以下差异。

一、野外地质

金鸡岭岩体主、补体分别由粗中粒斑状黑云母正长花岗岩、细粒斑状二长花岗岩组成。西山岩体的主体岩性为花岗质碎斑熔岩、中细粒似斑状黑云母二长花岗岩，地球化学资料显示它们具有极为相似的组成，仅在 $\varepsilon_{Hf}(t)$ 值上有微弱区别；属同源岩浆不同期次侵位的结果，不具演化与成因联系。相对而言，金鸡岭岩体发育有更多的后期脉体与矿化蚀变现象。野外调查表明，在南岭成矿花岗岩体内部、周围经常出露切割早期主体花岗岩的细晶岩脉（群）；后者通常富含挥发分和钨锡稀有金属元素，为高演化的强过铝质酸性岩石（朱金初等，2002）。

表 8-4-1 典型岩体主量元素(%)和微量、稀土元素(10^{-6})分析数据统计

样品号	金鸡岭 主体(18)	金鸡岭 补体(11)	西山 流纹岩(4)	西山 花岗岩(19)	西山 英安岩(3)	西山 碎斑熔岩(25)	砂子岭(9)	九嶷山/典型岩体 雪花顶(11)	九嶷山/典型岩体 十万大山(26)	九嶷山/典型岩体 佛冈(13)	A型花岗岩均值* 变化范围	A型花岗岩均值* 均值
岩性												
SiO_2	74.62~78.36	75.03~77.38	68.94~70.53	66.2~77.07	67.98~70.09	67.13~75.1	66.95~73.78	57.18~70.38	66.47~73.25	66.72~77.47	60.4~79.8	73.81
TiO_2	0.04~0.25	0.01~0.1	0.47~0.52	0.067~1.19	0.45~0.46	0.14~0.763	0.11~0.88	0.42~0.96	0.34~0.91	0.07~0.65	0.04~1.25	0.26
Al_2O_3	11.1~13.33	12.2~13.22	12.92~14.25	11.64~14.45	12.61~13.24	10.92~15.25	12.38~13.81	13.27~16.13	12.75~15.11	12.49~15.41	7.3~17.5	12.4
Fe_2O_3	0~0.66	0.03~0.25	1.82~3.95	0.033~1.44	0.92~4.46	0.03~2.026	0~1.43	0.12~3.06	0.005~4.38	0.35~4.6	0.14~8.7	1.24
FeO	1.02~3.33	0.61~2.32	1.26~3.38	1.38~7.23	1.57~4.91	2.3~5.47	2.3~6.94	3.5~5.56	1.87~4.79	0.12~3.59	0.33~6.1	1.58
FeO*	0.82~3.33	0.62~2.05	4.54~6.24	1.61~7.54	5.31~5.74	2.62~6.19	2.3~7.31	3.72~8.31	2.302~5.645	0.625~4.715		
MnO	0.01~0.04	0.03~0.07	0.04~0.07	0.03~0.11	0.06~0.09	0.03~0.09	0.03~0.11	0.07~0.12	0.02~0.08	0.02~0.11	0.01~0.24	0.06
MgO	0.01~0.25	0.01~0.23	0.39~0.5	0.07~1.39	0.26~0.49	0.14~0.94	0.15~1.17	1.33~3.79	0.45~1.94	0.08~1.44	<0.01~0.26	0.2
CaO	0.57~1.14	0.21~0.70	1.12~2.1	0.50~3.21	0.70~2.14	0.29~2.79	0.33~2.89	1.78~3.23	0.8~3.01	0.21~3.12	0.08~3.7	0.75
Na_2O	2.64~3.55	2.53~4.51	1.37~2.5	1.68~3.04	2~2.64	0.07~2.89	2.48~3.88	2.75~4.74	1.69~2.71	2.58~4.21	2.8~6.1	4.07
K_2O	4.41~5.51	3.57~5.17	4.6~5.07	3.95~5.63	4.08~4.98	4.13~5.91	4.06~6.58	1.95~5.15	3.11~5.39	3.75~5.54	2.4~6.5	4.65
P_2O_5	0.01~0.06	0.01~0.02	0.18~0.24	0.04~0.3	0.20~0.22	0.06~0.28	0.04~0.33	0.11~0.38	0.04~0.22	0~0.21	<0.01~0.46	0.04
LOI	0~0.93	0~1.45	0~0	0.01~2.82	0.702~2.59	0.001~2.51	0.24~0.81	0.365~0.919	0.58~2.15	0.19~2.04		
Total	99.24~100.43	98.47~99.87	98.27~98.6	96.51~100.14	96.61~98.85	95.91~99.61	97.7~100.02	96.43~99.031	88.37~100.84	99.68~99.97		99.06
A/CNK	0.97~1.21	1.00~1.18	1.12~1.26	0.94~1.11	1.02~1.183	0.82~1.19	0.86~1.22	0.96~1.11	0.98~1.55	0.94~1.46		0.95
F	0.12~0.25	0.36~0.61	0.02~0.08	0.04~0.16	0.05~0.08	0.05~0.16	0.06~0.11					
Cl	0.003~0.022	0.007~0.014	0.001~0.009	0.009~0.036	0.004~0.005	0.008~0.030	0.006~0.024					
Ba	31.09~427	2.5~85.80	1308.49~1570	69.8~1800	1120~2570	505.3~1800	457~1120	293~1190	188~842	16.6~1510	2~1530	352
Rb	133~653.6	710~1370	174~228	142~418	163~189	99.6~295	183.8~338	174~292	159~311	164.3~327.1	40~475	169
Sr	9.26~47.9	1.18~14.20	115.13~155.54	16.2~198	118~127	7.69~190	65~147	103.8~183.9	61.9~142	6.2~242	0.5~250	48

续表 8-4-1

样品号	金鸡岭		西山		九嶷山/典型岩体		A型花岗岩均值*
Y	41.7~155.4	54.60~188.65	52.07~57.34	30.2~75	38.8~42.9	37.7~66.73	40.62~60	21.9~42.23	30.3~51.4	4.3~64.7	9~190	75
Zr	106.38~250	57.7~155.0	356.88~438	75.6~512	400~433	140~432	101.6~380	161.1~252.2	219.5~349	82.4~276	82~3530	528
Nb	16.7~39.79	12.00~62.37	34.23~40.1	17.94~43.2	29.8~32.1	19.4~32.7	7.493~35.8	11.15~28	12.3~11.9	7.4~63.1	11~348	37
Th	27.75~77.51	7.35~64.60	20.8~31.01	18.2~39	23.3~25.1	21.4~36.8	22.49~37.5	15.5~34.28	18.1~46.3	10.1~39.1	<1~87	23
Ga	17.04~30.20	22.60~34.10	21.1~26.03	19~30.5	19.9~20.9	19.98~31	16.77~41.1	15.1~15.7	17.30~18.60	/	14.0~49.5	24.6
Hf	5.06~9.14	85.96~8.54	10.27~12.5	4.14~15.1	13~13.8	4.29~12.6	3.607~11.4	5.48~7.93	4.43~9.62	3.08~8.38		
Ta	1.32~9.03	5.40~28.60	2.01~3.1	1.3~3.58	2.38~2.46	1.13~3.4	0.858~3.7	1.68~4.25	1.01~1.55	0.58~4.36		
U	6.14~32	6.13~34.91	3.9~5.33	3.084~16.6	4.07~4.68	3.2~11.9	3.8~8.345	4.08~14.06	3.1~8.21	3.57~16	0.05~25.0	5
FeO*/MgO	11.30~163.764	4.27~245.40	10.~13.01	4.48~37.86	11.61~20.17	5.68~19.02	4.88~15.33	1.90~2.9	2.78~7.02	2.24~7.81		7.33
10000Ga/Al	2.66~5.02	3.48~4.90	3.09~3.45	2.70~4.41	2.88~3.13	2~5.00	0~5.81	0~2.12	2.26~2.41	/		
Zr+Nb+Y+Ce	211.9~565.6	199.3~406.1	587.72~676.22	224.8~769.9	620.6~671.9	363.8~666.2	0~630.7	255.6~410.21	275.7~534.5	137.1~446.1		
Rb/Sr	3.13~70.57	141.96~779.7	1.12~1.71	8.66~25.80	1.28~1.49	0.45~13.91	1.41~5.2	1.08~2.47	1.21~4.69	0.92~52.58		3.75
T_{Zr}	19.19~32.14	10.26~23.13	34.75~35.21	18.26~36.96	30.77~31.387	26.90~41.63	28.17~35.47	26.94~33.05	32.88~39.10	14.18~48.87		
Sm/Nd	0.14~0.29	0.25~0.46	0.18~0.21	0.18~0.31	0.197~0.197	0.18~0.21	0.11~0.24	0.18~0.67	0.03~0.23	0.15~0.29		
La	736~837	743~823	842.01~856.6	715.4~857.6	830.07~864.1	701~892	718.9~824.3	739.9~784.6	/	731~824		777
Ce	16.69~125	9.13~55	68.82~77.78	23.6~87	67.1~78.2	59.29~94.4	39.9~117	25.41~126	38~62.7	14.05~93.58	31~115.8	73.37
Pr	34~263	29.30~122.00	144.1~160.76	62.3~182	152~170	122.9~200	81.6~220	50.3~101	71~127	23.5~107	18~560*	137*
Nd	4.77~26.30	2.89~12.90	16.96~18.62	6.68~18.7	15.4~17.4	14.76~20.4	10.9~26.3	6.351~79.7	8.65~14.1	2.6~19.96	6.08~24.8	16.37
	20.11~95.10	12.62~51.00	65.45~72.42	23.9~73	59.1~64.8	53.79~78.2	37.6~91.3	23.89~56.3	35.4~50.7	9.72~74.54	20.31~99.99	65.55

续表 8-4-1

样品号	金鸡岭		西山			九嶷山/典型岩体		A型花岗岩均值*
Sm	5.28~17.20	4.21~17.90	12.66~14.47	7.32~14.1	11.4~12.4	11.19~14.5	4.03~15.5	4.5~30.7	7.63~9.66	2.03~14.71	3.96~24.39	15.63
Eu	0.15~1.00	0.01~0.27	1.99~2.59	0.2~3.05	2.17~2.72	0.85~3.02	0.98~2.58	0.76~13.2	0.81~1.39	0.06~1.74	0.13~1.58	1.13
Gd	5.70~20.5	6.01~16.69	10.99~11.86	7.01~11.8	9.83~10.6	9.98~13	7.58~14.2	3.7~19	4.76~9.52	2.04~14.04	3.91~27.02	14.24
Tb	1.19~2.98	1.56~3.82	1.66~1.93	1.37~2.3	1.49~1.64	1.46~1.96	1.246~1.93	0.61~17.4	0.89~1.48	0.32~2.24	0.64~4.32	2.67
Dy	7.86~20.46	11.13~25.20	10.1~11.04	7.19~15.2	8.36~9.07	7.78~11.68	6.97~11.41	3.67~15	4.92~9.04	1.21~9.41	3.79~25.33	15.18
Ho	2.05~3.00	2.35~5.56	2.03~2.17	1.38~3.15	1.71~1.85	1.49~2.31	1.366~2.09	0.72~13.1	0.88~1.75	0.2~2.14	0.90~5.44	3.6
Er	5.80~8.85	7.16~18.53	5.9~6.46	3.54~8.64	4.63~5.06	3.99~6.44	3.736~6.18	2.16~12.9	2.19~5.09	0.57~6.51	2.80~13.10	9.9
Tm	0.74~1.79	1.62~3.54	0.82~0.94	0.53~1.37	0.72~0.8	0.59~0.94	0.535~0.93	0.34~14.5	0.28~0.72	0.072~1.05	0.47~1.86	1.56
Yb	4.71~14.17	8.02~26.90	5.71~6.12	3.3~8.8	4.69~5.16	3.61~5.95	3.238~5.61	2.21~15.6	2.4~4.64	0.45~7.09	3.28~10.80	10.03
Lu	0.69~2.09	1.51~3.84	0.81~0.88	0.44~1.2	0.64~0.72	0.51~0.84	0.473~0.77	0.35~13.4	0.2~0.68	0.065~1.14	0.48~1.57	1.31
LREE	81~527.6	47.77~254.07	310.98~346.43	124~375.52	307.17~345.52	267.52~406.43	0~472.68	115.8~404.8	130.36~266.07	65.3~303.08	115.61~410.5	308.67
HREE	27.37~82.20	47.01~100.39	38.47~40.24	26.86~52.14	32.07~34.89	29.47~40.51	0~38.89	13.76~120.8	14.75~51.06	5.837~42.18	16.27~89.43	58.48
$(La/Yb)_N$	2.87~13.22	0.25~1.18	8.28~9.778	1.92~16.36	10.03~10.87	7.15~16.08	6.46~17.89	4.03~10.08	7.27~59.53	0.94~54.69	3.97~7.72	6.89
δEu	0.025~0.180	0.003~0.021	0.168~0.218	0.030~0.271	0.20~0.24	0.08~0.25	0.10~0.29	0.12~0.71	0.096~1.791	0.024~0.383	0.06~0.46	0.22
REE	94.78~314.05	0~510.72	349.45~386.6	165.47~410.45	339.24~380.41	305.23~441.54	131.0~525.6	145.11~298.59	68.74~267.69	165.47~448.56	131.88~499.93	310.47

表 8-4-2　金鸡岭与西山(杂)岩体综合指标对比

序号	指标	金鸡岭(主)	螃蟹木(补)	西山
1	岩石类型	二长花岗岩、正长花岗岩	二长花岗岩、正长花岗岩、二云母花岗岩	中细粒似斑状黑云母二长花岗岩、花岗质碎斑熔岩、英安(斑)岩、火山碎屑岩及花岗斑岩等
2	结构构造	中粗粒结构、似斑状结构、文象结构；块状构造	细粒结构、似斑状结构；块状构造	中细粒结构、似斑状结构、霏细结构、火山碎屑结构、斑状结构、包含结构、碎裂结构、反应边结构等；块状构造、流纹构造
3	暗色矿物	角闪石+黑云母(铁叶云母、铁锂云母、黑鳞云母)	黑云母(铁叶云母、铁锂云母)	铁橄榄石、铁辉石、铁浅闪石、黑云母(铁叶云母+铁黑云母)、铁铝榴石
4	浅色造岩矿物	钾长石：$Or=73.68\sim97.70$；斜长石：$An=0.1\sim1.59$	钾长石：$Or=94.39\sim98.09$；斜长石：$An=0.1\sim1.59$	钾长石：$Or=70.68\sim77.47$；斜长石：$Or=70.68\sim77.47$
5	挥发分	F 含量 $0.12\%\sim0.25\%$，Cl 含量 $0.007\%\sim0.014\%$；萤石较发育	F 含量 $0.36\%\sim0.61\%$，Cl 含量 $0.003\%\sim0.022\%$；萤石最为发育	F 含量 $0.02\%\sim0.16\%$，Cl 含量 $0.001\%\sim0.036\%$；萤石较少出现
6	副矿物	锆石、磷灰石	磁铁矿、钛铁矿、磷灰石、独居石、锆石	磁铁矿、钛铁矿、磷灰石、锆石
7	镁铁质微粒包体	偶见	无	偶见
8	主量元素	$SiO_2>72\%$ 为主，高钾钙碱性；$A/CNK=0.97\sim1.21$，准铝质—弱过铝质	$SiO_2>75\%$ 为主，高钾钙碱性；$A/CNK=1.00\sim1.18$，准铝质—弱过铝质	$SiO_2=66.2\%\sim77.07\%$，钾玄岩；$A/CNK=0.82\sim1.21$，准铝质—弱过铝质
9	稀土元素	$(La/Yb)_N=2.87\sim13.22$，$\delta Eu=0.025\sim0.180$；右倾式	$(La/Yb)_N=0.25\sim1.1$，$\delta Eu=0.003\sim0.021$；四分组效应	$(La/Yb)_N=1.92\sim16.36$，$\delta Eu=0.030\sim0.271$；右倾式
10	微量元素	富集 Rb、K、Th、U、Nd、Hf，亏损 Ba、Sr、P、Nb、Ti		
11	同位素	$I_{Sr}=0.712\,58-0.732\,51$；$\varepsilon_{Nd}(t)=-8.23\sim-5.83$；$\varepsilon_{Hf}(t)=-7.1\sim-3.6$	$I_{Sr}=0.728\,04-0.732\,51$；$\varepsilon_{Nd}(t)=-8.2\sim-5.83$；$\varepsilon_{Hf}(t)=-7.3\sim-4.2$	$I_{Sr}=0.716\,12\sim0.718\,23$；$\varepsilon_{Nd}(t)=-7.4\sim-6.8$；$\varepsilon_{Hf}(t)=-11.78\sim-3.8$

续表 8-4-2

序号	指标	金鸡岭（主）	螃蟹木（补）	西山
12	锆石饱和温度	743～823℃（平均797.8℃）	736～837℃（平均809.8℃）	701～892℃（平均784.5℃）
13	幔源物质	无	无	少，低于10%
14	源区性质	麻粒岩相变泥质岩	麻粒岩相变沉积岩+少量地幔	麻粒岩相变沉积岩+少量地幔
15	压力	277～452MPa，>10km	100～200MPa，3.3～6.6km	100～300MPa，3.3～9.9km
16	氧逸度	Fe_2SiO_4-SiO_2-Fe_3O_4 ～ Fe_2O_3-Fe_3O_4	Ni-NiO～Fe_2O_3-Fe_3O_4	主体：Fe_2SiO_4-SiO_2-Fe_3O_4 ～ Ni-NiO；铁橄榄石、铁辉石：Fe_2SiO_4-SiO_2-Fe_3O_4氧缓冲对以下
17	时代	158～153Ma	154～150Ma	157～151Ma
18	成因类型	A	A	A
19	分异程度	较高	最高	一般
20	矿化蚀变	弱	强：硅化、云英岩化、钠化、钾化、萤石化等	弱：云英岩化等
21	典型	无	大坳钨锡矿床、湘源锡矿、正冲锂铷矿床等；	铀矿化点

尽管对这些晚期岩脉与寄主花岗岩是否属于同一时期的产物还存在不同的认识，但毫无疑问，南岭地区钨锡稀有金属矿床大都显示出与晚期长英质细晶岩脉（群）的密切关系。谢磊等（2013）对湘南矿集区代表性长英质岩脉的系统研究表明，晚期密集发育的长英质岩脉群对寻找成矿花岗岩具有重要指示意义；特别是本身即为矿体的岩脉，可以指示深部或周围存在成矿作用。柏道远等（2007）认为千里山岩体之所以相比于王仙岭岩体发生更加有效的成矿作用，关键在于千里山岩体边缘岩脉发育，成矿物质能随流体沿断裂向周围有效扩散并于局部聚集、沉淀而成矿；在西华山钨矿区，细晶岩脉群常成群出现，南京大学地质系同行在1964年就曾统计出200余条，它们与钨矿脉有着非常复杂的相互穿插关系，指示两者存在非常紧密的成因联系。

在南岭地区，锡成矿作用虽被证实通常与晚期细粒黑云母花岗岩有关（如骑田岭芙蓉锡矿），但这些成锡花岗岩的早期主体一般都含有角闪石，岩性为含角闪石花岗岩；晚期黑云母含量较高，一般在4%～6%之间，局部更加富集。成锡花岗岩的另外一个突出特征是：常见浑球状镁铁质微粒包体，包体直径从几厘米到几十厘米大小，有的甚至可达几米；在包体边缘，黑云母、角闪石、斜长石沿包体边界一致的方向排列,表现出高温条件下塑性活动导致定向的特点(秦拯纬等,2022)。大多数包体与寄主花岗岩接触界线是截然的,少数呈过渡关系,个别包体具冷凝边现象;其成分多为闪长质,多呈浑圆状、椭圆状,在包体与寄主岩界线处通常含有寄主岩石的钾长石斑晶,并被熔蚀成浑圆状。研究表明,上述镁铁质微粒包体形成年龄与寄主岩相近,但具有相对更高的 $\varepsilon_{Nd}(t)$ 和 $\varepsilon_{Hf}(t)$ 值以及更年轻的 Nd/Hf 同位素二阶段模式年龄,最典型的如骑田岭岩体芙蓉单元(Zhao et al.,2012)和姑婆山岩体(朱金初等,2006)。

近年来,南岭地区与锡多金属矿化有关的花岗岩多被归入 A 型花岗岩,后者多沿"十-杭带"呈 NE 向分布。众所周知,"十-杭带"是新元古代时期扬子与华夏陆块碰撞的缝合带,它作为一条应力薄弱带在之后可能经历了多次拉张,成为地幔物质上涌加入地壳的一条重要通道(华仁民等,2010),这可能解释了为何与锡矿化有关的 A 型花岗岩或多或少都显示地幔岩浆的物质贡献(付建明等,2013;秦拯纬等,2022)。结合本章第三节的讨论,从岩浆源区角度,金鸡岭和西山(杂)岩体均与强烈的壳幔作用有关,均满足形成锡、钨矿的源区条件;而有无高度分异演化的补体,可能是它们能否成矿的重要指标。

二、分异演化程度

花岗岩演化程度高,有利于成矿,这是成矿花岗岩普遍规律。在复式花岗岩中,钨锡多金属矿的形成与岩浆分异晚期花岗岩关系有关已得到广泛共识。调查研究显示,金鸡岭补体比主体岩浆经历了更为充分的演化,补体岩浆演化过程中钾长石(亲 K、Sr、Ba、Eu)、独居石和磷灰石(富集 La、Ce、Th、Nd、P、F 等)以及锆石(亲 Zr、Hf)等矿物常常发生了较为明显的分离结晶作用。补体比主体显示出更为显著的四分组效应和 non-CHARAC 现象,也暗示补体经历了更充分的熔体/流体相互作用。补体花岗岩具有高分异岩浆的特征,这些岩浆是 Li-Be-F 饱和的体系,这种挥发分能够大大延长岩浆的结晶温度区间,促使岩浆演化更为充分,造成残余岩浆具有显著的稀土元素四分组效应和 non-CHARAC 特征,同时更有利于亲石和成矿元素(W、Sn、Mo、Bi、Ta、F 等)随岩浆的演化而逐渐富集与成矿。

主量元素地球化学统计表明,金鸡岭岩体与典型的 A 型西山、S 型十万大山和 I 型佛冈岩体相比,具有明显较高的硅含量,在 (Na_2O+K_2O)-SiO_2 图解中(图 8-4-1a),金鸡岭岩体全部落入花岗岩范围,其余三个代表性岩体均落入花岗闪长岩-花岗岩范围。在 K_2O-SiO_2 图解中(图 8-4-1b),本书大部分样品与佛冈岩体和十万大山岩体相似,落于高钾钙碱性系列区,只有个别样品落于钾玄岩系列区附近;相较而言,西山(杂)岩体具有更高的 K_2O,多数落入钾玄岩系列,只有少数落入高钾钙碱性系列,证实西山(杂)岩体具有富钾的特点。在 A/CNK-A/NK 图解上(图 8-4-1c),所有均投落在准铝—弱过铝质区域,但西山(杂)岩体整体具有略低的 A/CNK 值,金鸡岭、十万大山和佛冈岩体以过铝质为主。哈克图解清晰地揭示金鸡岭与西山(杂)岩体主量元素的演化差异:前者随着岩体向富硅方向演化,K_2O、Na_2O、FeO^*、MnO 含量迅速降低,Al_2O_3 含量微弱降低,其余元素无明显变化规律;后者呈现 K_2O、Na_2O 含量逐渐升高,Al_2O_3 含量无变化,余下元素含量均降低的趋势(图 7-5-2)。上述对比结果显示,二者主量元素具有完全不同的演化轨迹。

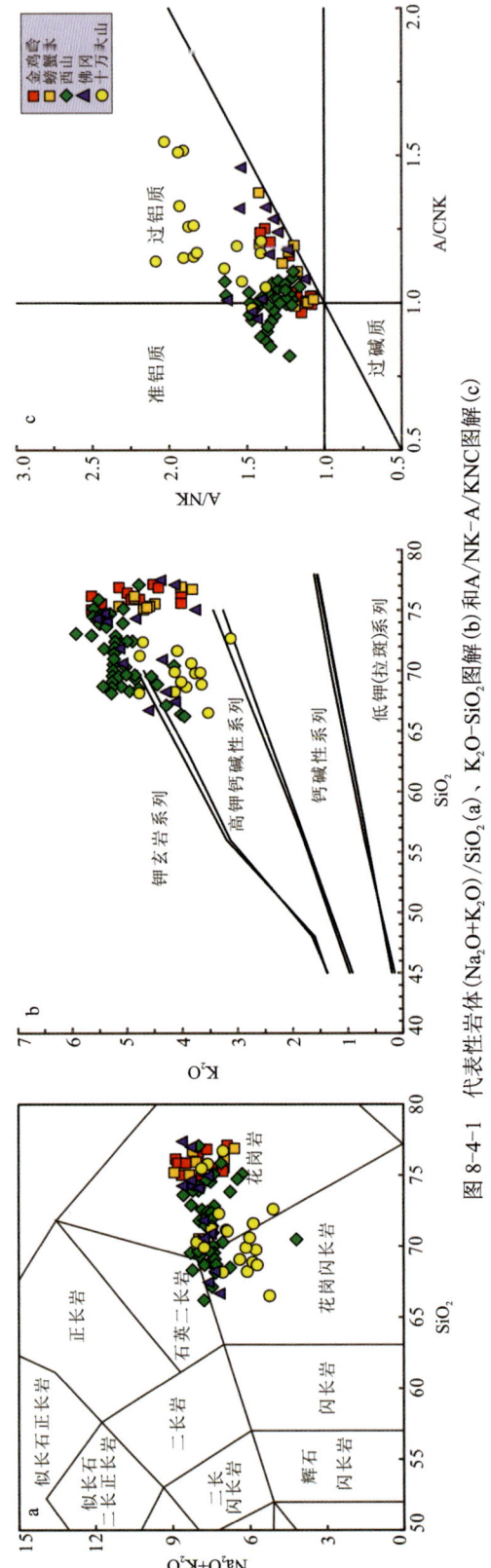

图 8-4-1 代表性岩体 $(Na_2O+K_2O)/SiO_2$ 图解(a)、K_2O-SiO_2 图解(b) 和 A/NK-A/KNC 图解(c)

稀土元素地球化学方面,金鸡岭主(补)体、西山、十万大山和佛冈岩体(La/Yb)$_N$依次为2.87~13.22(0.25~1.18)、1.92~16.36、7.27~59.53、0.94~54.69,除了金鸡岭补体以外,余下岩体属轻稀土富集型;δEu分别为0.025~0.180(0.003~0.021)、0.030~0.271、0.096~1.791、0.024~0.383(表8-4-1),金鸡岭主体略低于其他岩体,有基本一致的稀土元素配分模式(图8-4-3a);而补体相比于其他岩体低了一个数量级,具有明显的四分组效应和更深的"铕谷",暗示更强的斜长石分离与强烈的熔体-流体作用;扩大的南岭地区,钨锡多金属矿化多与大岩体晚期高分异补体具有耦合关系,也可作为成矿的判别标志。在微量元素方面,4个岩体均具有相似的特征,即:具有富集Rb、K、Th、U、Nd、Hf,亏损Ba、Sr、P、Nb和Ti的特点(图8-4-3b);金鸡岭补体具有更加明显的亏损Ba、Sr、P、Nb和Ti的特点,余下指标无法区别4个岩体的差异。

微量元素的比值在衡量岩浆结晶分异程度方面有明显的优势,金鸡岭岩体相比于西山、十万大山和佛冈岩体具有极高的分异指数、低CaO/(Na$_2$O+K$_2$O)比值和高Rb/Sr比值(图8-4-3a),Ba、Sr、P、Ti等元素强烈亏损,Eu负异常非常明显(图8-4-2),说明它具有更高的分异演化程度,属于高分异花岗岩。地球锆、铪、铌、钽的地球化学行为一致,Zr/Hf、Nb/Ta比值在一般的岩浆体系中并不发生数值的变化;但当岩浆发生结晶分异而使岩浆性质发生改变时,这些比值都将显著变小;因而常被视为花岗岩结晶分异程度的指示剂。本书统计显示,金鸡岭、西山、十万大山和佛冈岩体的Rb/Sr、Zr/Hf、Sm/Nd分别为3.13~70.57(141.96~779.7)、0.45~25.80、1.21~4.69、0.92~52.58、19.19~32.14(10.26~23.13)、18.26~41.63、32.88~39.10、14.18~48.87、0.14~0.29(0.25~0.46)、0.18~0.31、0.03~0.23、0.15~0.29;金鸡岭岩体有更低的Zr/Hf和Nb/Ta比值(图8-4-3b),说明其经历了显著的结晶分异作用。按照Ballouard等(2016)提出的超分异花岗岩的地球化学标准(Nb/Ta<5),金鸡岭补体属于超分异的(图8-4-3b);相应地,在金鸡岭补体中常见到高Th、U含量的黑锆石,也是高分异花岗岩中晚期结晶锆石的一种特有形式。相对而言,西山、十万大山和佛冈岩体具有明显高的Zr/Hf和Nb/Ta比值,说明其结晶分异作用较弱(图8-4-3b)。总之,金鸡岭岩体演化程度明显高于西山(杂)岩体,这可能就是与前者有关的稀有金属矿产丰富,而与后者有关矿产较少的原因之一。

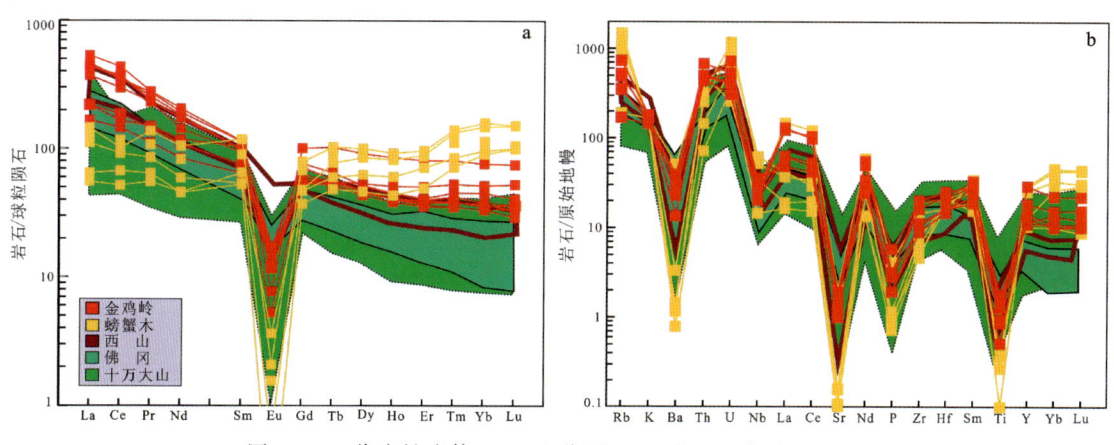

图8-4-2 代表性岩体REE配分图(a)和微量元素蛛网图(b)

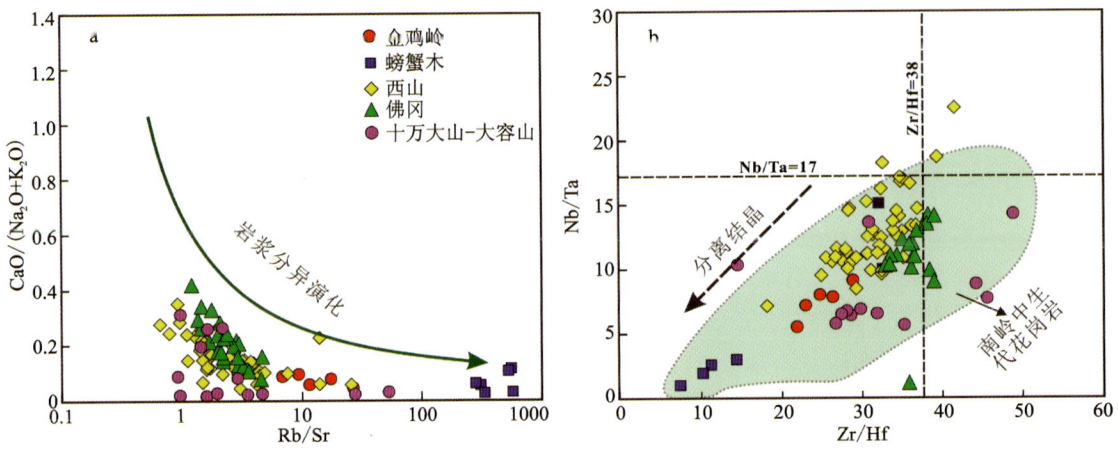

图 8-4-3 代表性岩体 CaO/(Na$_2$O+K$_2$O)-Rb/Sr(a)和 Nb/Ta-Zr/Hf(b)图解

秦拯纬等(2022)系统总结了成钨、成锡、成铅锌铜 3 类花岗岩在岩浆分异程度上的差异,并强调其对成矿的重要作用。需要补充的是,华南成矿花岗岩大多经历了显著的分离结晶过程,属于高分异花岗岩类(吴福元等,2017)。但是为什么有的就可以形成矿床,有的不能?为什么形成不同的矿种组合呢?本书认为,不同成矿元素在不同岩体或同一岩体不同期次的岩相中富集程度并不完全相同,那些初始丰度较低的不相容元素需要更有效、更高程度的结晶分异演化,才有可能富集成矿;初始丰度较高的不相容元素不需要这么苛刻的条件即可形成工业矿体。最近,袁顺达(2017)通过对芙蓉锡矿的野外考察发现,骑田岭岩体南部早期粗粒角闪石黑云母花岗岩与碳酸盐岩接触带广泛发育大理岩而缺失矽卡岩,而晚期细粒的黑云母花岗岩与围岩接触带发育矽卡岩型矿化,形成了芙蓉矿田最大规模的 19 号矽卡岩型矿体;镜下观察可见细粒黑云母花岗岩不含角闪石和榍石,指示芙蓉锡矿与晚期高分异细粒黑云母花岗岩存在密切的成因联系。同样地,骑田岭岩体北缘的新田岭大型钨钼矿床的成矿花岗岩也并非骑田岭岩体早阶段主体中粗粒角闪石黑云母花岗岩,而是晚阶段高分异细粒白云母花岗岩(陈骏等,2008;付建明等,2004)。这些基本地质事实说明,钨锡成矿作用是相关花岗岩高度分异,金属元素和挥发分高度富集的结果。这些晚阶段高分异花岗岩往往呈小岩株(枝)侵入南岭地区出露的大型花岗岩基内。因此,在南岭大花岗岩基周缘找矿勘查过程中应注重这类晚期的细粒花岗岩及其与围岩接触带的勘查工作。

三、岩浆源区

金鸡岭、西山(杂)岩体 I_{Sr} 分别为 0.712 58~0.732 51、0.716 13~0.718 53,整体具较高的 Sr 同位素初始值;Nd 同位素资料显示,二者的 $\varepsilon_{Nd}(t)$ 分别为 −7.0~−6.2 和 −7.4~−6.8,显示出负值且集中的特点(李剑锋等,2021);在 $\varepsilon_{Nd}(t)$-I_{Sr} 图解中金鸡岭岩体变化区间较大,主体花岗岩除部分样品与西山(杂)岩体类型落于 Lachlan 褶皱带 S 型花岗岩分布范围内,其余岩石样品分布范围与补体花岗岩相似,分布于华夏基底物质上方,可能与岩浆高度演化导致的同位素分馏有关,但是均指示它们的源区以地壳为主。佛冈岩体分布与 Lachlan 褶皱带 I、

S型花岗岩组成叠加范围,十万大山岩体样品明显靠近、落入华夏陆块基底的范围(图8-4-4a);它们分别代表华南地区典型的I、S型花岗岩的锶钕同位素组成特点,那么相对而言,金鸡岭和西山岩体组成介于佛冈、十万大山岩体的组成中间,反映出幔源岩浆可能有少量混入,且已经达到锶钕同位素平衡。

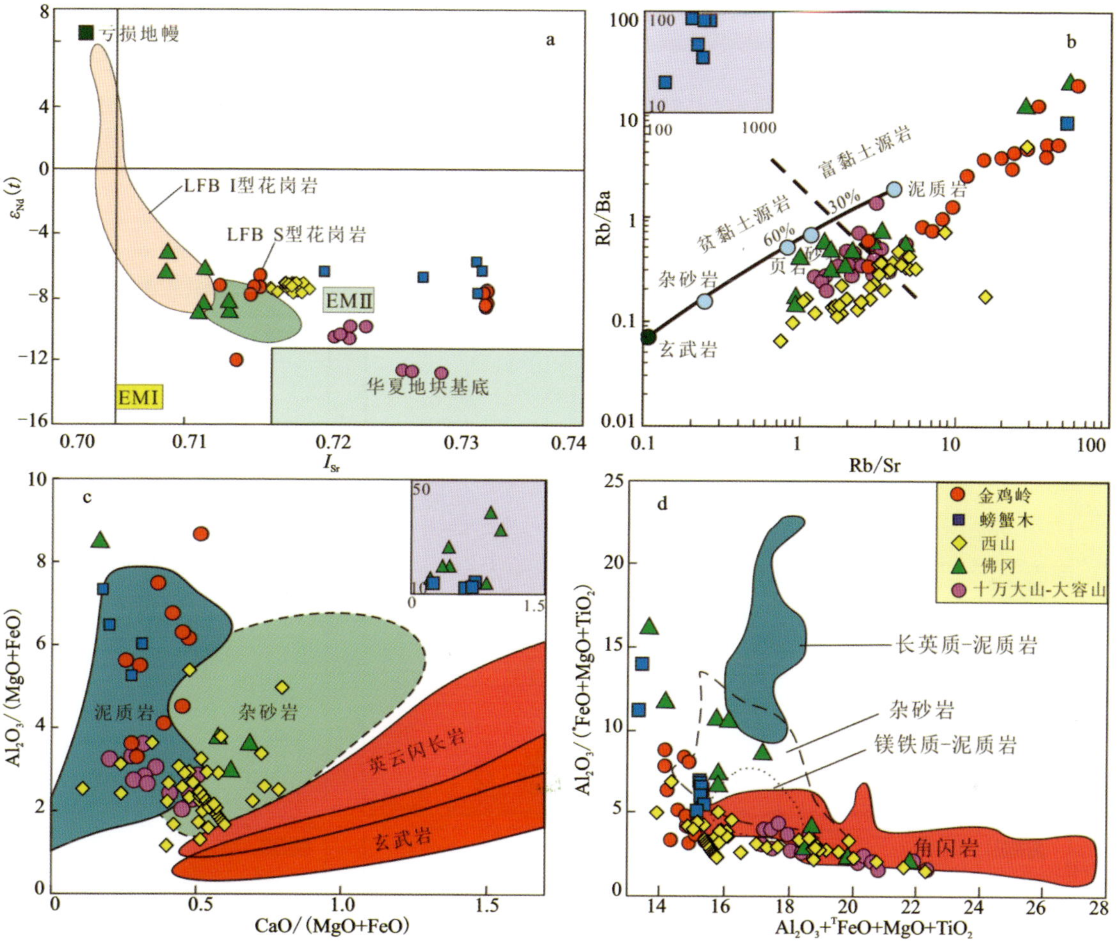

图8-4-4 代表性岩体 $\varepsilon_{Nd}(t)$-I_{Sr}(a)、Rb/Sr-Rb/Ba(b)、CaO/(MgO+FeO)-Al_2O_3/(MgO+FeO)(c)和 Al_2O_3+FeO^*+MgO+TiO_2-Al_2O_3/(FeO^*+MgO+TiO_2)(d)图解

金鸡岭岩体在Rb/Sr-Rb/Ba图解集中于泥质岩范围,十万大山、佛冈和西山(杂)岩体均落入砂岩+页岩+泥质岩范围(图8-4-4b);CaO/(MgO+FeO)-Al_2O_3/(MgO+FeO)图解中,金鸡岭岩体以泥质岩为主,十万大山和西山(杂)岩体以杂砂岩+泥质岩为主,佛冈岩体主体未能投到图上(图8-4-4c);在 Al_2O_3+FeO^T+MgO+TiO_2-Al_2O_3/(FeO^T+MgO+TiO_2) 图解中,金鸡岭岩体整体以泥质岩、杂砂岩为主;十万大山和西山(杂)岩体主体落入角闪岩范围,而佛冈岩体落入长英质+角闪岩为主的区域(图8-4-4d)。上述微量元素源区判别图解金鸡岭岩体的源区以泥质岩+角闪岩为主,西山岩体以杂砂岩+泥质岩+角闪岩为主,佛冈岩体以杂砂岩+角闪岩(镁铁质?)为主,而十万大山主要为泥质岩+角闪岩源区。结合前文讨论,金鸡岭岩体为高热背景下中下地壳最易熔部分熔融而成,西山岩体具有较复杂的源区构

成,甚至有地幔物质直接与花岗质岩浆发生混合作用。

Hf 同位素数据显示,金鸡岭主、补体花岗岩的 $\varepsilon_{Hf}(t)$ 值分别为 $-7.1\sim-3.6$、$-7.3\sim-4.2$,T_{DM2}(Hf)分别为 $1649\sim1427$Ma、$1661\sim1459$Ma,印证这两类岩石在组成上接近,这也得到了 Sr-Nd 同位素数据的支持。此外,本书系统 4 个岩体的 $\varepsilon_{Hf}(t)$ 和 T_{DM2}(Hf)值(图 8-4-5)对比结果显示,金鸡岭(51 件)、西山(241 件)、佛冈(23 件)和十万大山(111 件)花岗岩样品 $\varepsilon_{Hf}(t)$ 值依次降低,分别集中于 $-7.3\sim-3.6$、$-11.78\sim-3.8$、$-10.3\sim-4.3$、$-12\sim3.4$ 之间;T_{DM2}(Hf)值逐渐升高,依次为 $1661\sim1427$Ma、$1960\sim1400$Ma、$1858\sim1471$Ma 及 $2110\sim1450$Ma;具有 $\varepsilon_{Hf}(t)$ 愈高,对应的 T_{DM2}(Hf)愈年轻的特点。金鸡岭 $\varepsilon_{Hf}(t)$ 和 T_{DM2}(Hf)与西山(杂)岩体表现出相似性,但前者均源自地壳物质;后者变化范围较大,暗示其他源区的贡献。总之,金鸡岭与西山(杂)岩体的源区组成差异:前者与幔源岩浆没有直接接触,仅活动性强的碱金属、高场强元素等混入形成铝质 A 型花岗岩;后者由低于 10% 的幔源物质与壳源岩浆混合而成。

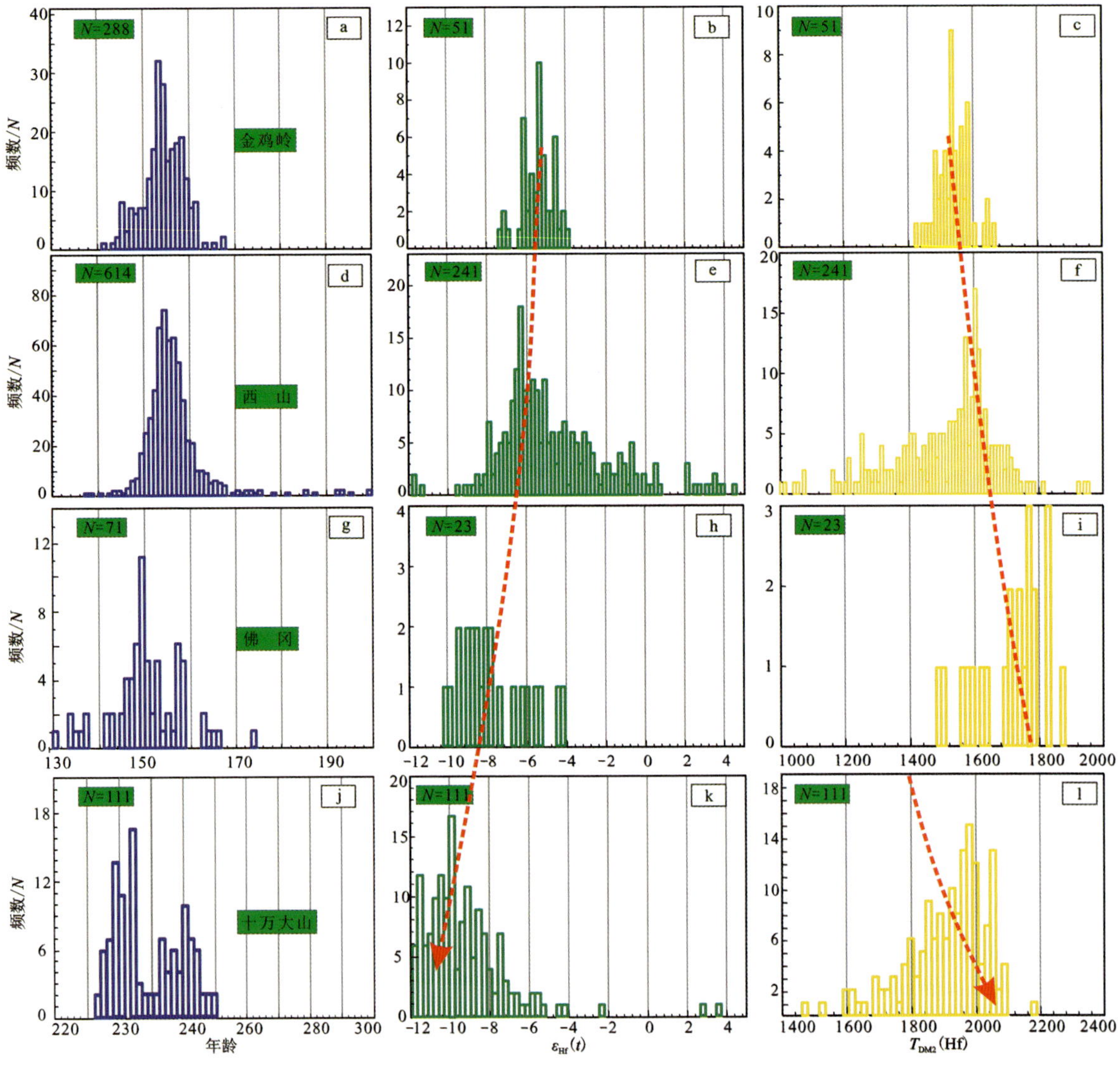

图 8-4-5　代表性岩体单颗粒锆石 U-Pb、$\varepsilon_{Hf}(t)$ 及 T_{DM2}(Hf)频数直方图

四、矿物成分

矿物学表明,金鸡岭主体中黑云母属于岩浆成因铁叶云母(16件)、铁锂云母(12件)和黑鳞云母(3件),补体中的黑云母属于岩浆成因黑鳞云母(18件)和铁锂云母(8件)(图5-4-2a);其中,铁锂云母应为后期热液活动形成的。在两种岩相接触带的补体一侧,局部存在强烈的绢英岩化、钾化等蚀变指示钨锡成矿作用(图8-1-1)。西山(杂)岩体黑云母普遍具有明显的多色性,棕褐—浅黄色,均属岩浆成因铁质、铁叶-铁黑云母(图5-2-1b);由此可见,是否存在蚀变而成的铁锂云母也是二者的显著区别。金鸡岭岩体主体岩性中钾长石 $Or=73.68\sim97.7$,补体岩性 $Or=94.39\sim98.09$,可见从早到晚碱性长石矿物越来越接近钾长石分子端元;相较而言,二者斜长石均为 An 组分极低的钠长石($An=0.1\sim1.59$),从早到晚岩体越来越接近钠长石端元。西山(杂)岩体火山碎屑岩 $Or=91.93\sim98.34$,花岗质碎斑熔岩、中细粒似斑状黑云母二长花岗岩中 $Or=70.68\sim77.47$,整体落入正长石的范围;花岗质碎斑熔岩石 $An=27.53\sim41.04$,属于钠长石-中长石,且以奥、中长石为主。同样证实金鸡岭岩体演化程度更高,且发育矿化与蚀变。

五、成岩深度

金鸡岭主体岩性为粗中粒斑状黑云母正长花岗岩,岩石粒度以 3～7mm 为主(图 3-2-2a),呈现长轴北西走向的椭圆形产出(图3-0-1);大量的高精度定年结果显示为九嶷山燕山期复式岩体侵位最早的岩性,从边缘到岩体内部具有逐渐变年轻的趋势:由 156Ma→153Ma(图 7-5-4)。黑云母全铝压力计估算其形成压力为 277～452MPa;换算其结晶深度大于 10km,拥有足够长的分异演化时间;它较早侵位也能与后期西山(杂)岩体浅侵位-次火山相的花岗岩类共空间的地质事实相符合,否则很难从侵位深度角度解释上述现象。金鸡岭补体岩性为细粒斑状二长花岗岩,粒度以 0.5～1mm 为主;呈北西走向的纺锤状展布,其长轴方向与主体岩性基本相同,标准矿物 Q-Ab-Or 图解法估算其形成压力均主要集中于 100～200MPa,换算侵位深度为 3.8～7.6km。西山(杂)岩体以细粒结构和斑状结构为主,黑云母全铝压力计获得其侵位深度 2.18～7.85km,主要集中于 3.96～6.77km 之间;属于浅成-次火山相,明显浅于金鸡岭岩体。

六、氧逸度

氧逸度条件是岩浆-热液系统的重要参数。金鸡岭主体粗中粒斑状黑云母正长花岗岩黑云母样品在黑云母 $Fe^{2+}-Mg^{2+}-Fe^{3+}$ 图解中(图5-4-2b)落入 $Fe_2SiO_4-SiO_2-Fe_3O_4$ 和 $Fe_2O_3-Fe_3O_4$ 之间,补体细粒斑状二长花岗岩落入 $Ni-NiO$ 和 $Fe_2O_3-Fe_3O_4$ 之间;西山(杂)岩体与铁橄榄石、铁辉石等共生的黑云母主要 $Fe_2SiO_4-SiO_2-Fe_3O_4$ 氧缓冲对以下,余下产状的黑云母主要落入 $Fe_2SiO_4-SiO_2-Fe_3O_4$ 和 $Ni-NiO$ 之间(表 8-4-2);结合高精度锆石 U-Pb 定年结果暗示金鸡岭岩体的补体氧逸度升高利于锡石、磁铁矿等高氧逸度矿物的结晶与成矿。西山(杂)岩体与铁橄榄石、铁辉石等共生的黑云母主要 Fe_2SiO_4-SiO_2-Fe_3O_4 氧缓冲对以下,余下产状的黑云母主要落入 Fe_2SiO_4-SiO_2-Fe_3O_4 和 Ni-NiO 之间(图5-4-2);相较而言,金鸡岭岩体整体具有高于西山(杂)岩体的氧逸度,更低的氧逸度环境益于西山(杂)岩体超镁铁质矿物的晶出保存。

研究表明,熔体中硫元素的氧化还原价态主要受控于氧逸度,当熔体中氧逸度较高时,硫主要以 SO_4^{2-} 和 SO_2 的形式溶解在硅酸盐熔体中,不产生饱和的硫化物。因此,亲硫元素在岩浆演化过程中逐渐在熔体相中富集,最终进入流体相,从而有利于铜的富集成矿;而当氧逸度较低时,硫主要以 S^{2+} 形式存在,不利亲硫元素在残留熔体中富集(Sun et al.,2015)。一系列的实验岩石学也表明,铜、钼、金等金属元素的硅酸盐熔体/黄铁矿分配系数与熔体中氧逸度成正比,因此高的氧逸度环境有助于铜等金属元素向熔体中富集。相反,在高氧逸度环境下,锡主要以 Sn^{4+} 形式存在,容易替代磁铁矿、角闪石、黑云母中的 Ti^{4+} 而进入早期结晶的镁铁质矿物晶体中,不利于岩浆演化晚期富集成矿;在低氧逸度环境下,锡主要以 Sn^{2+} 形式存在,具有大的离子半径,在岩浆阶段不易形成络合物而"流失",倾向于在残留熔体甚至是岩浆期后热液流体中富集(Linnen et al.,1996)。因此,低的氧逸度有助于锡的富集成矿。相对于锡,岩浆氧逸度对"钨"的化学行为的影响十分微弱。无论氧逸度高低,钨元素在硅酸盐熔体中始终作为不相容元素存在,因此,我们经常可以看到钨在较高氧逸度条件下单独富集成矿,也可以看到在低氧逸度条件下与锡矿化相伴生(Li et al.,2017)。

七、F、Cl 含量

众所周知,华南以及世界各地与钨锡等稀有金属有关的花岗岩是普遍富含 F、B、P、Li 等挥发组分的(熊小林等,1996;王联魁等,2000;李福春等,2000;朱金初等,2002;张德会等,2004)。南岭地区复式岩体中,尤其是补体花岗岩中普遍出现黄玉和萤石,表明其岩浆具有富 F 特征,补体花岗岩中的 F 含量明显高于主体花岗岩,并且 W、Sn 多金属矿与之关系密切。研究表明,F 会对花岗质熔体的流变性质产生显著的作用,会使熔体的密度和黏度降低(Dingwell et al.,1985),这会使得晶体的沉淀更加容易。另外,硅酸盐熔体中 F 含量的增加会把熔体的固相线温度降低至 450~550℃(F=4‰~5‰;Manning,1981;Dingwell et al.,1985),这会使得熔体的分离结晶时间大大增长。这两个因素使得花岗质岩浆发生强烈分异演化,使得花岗质岩浆最终具有极低的 CaO、MgO、FeO、TiO_2、Sr、Zr、V、Co、Cr 等含量。补体花岗岩具有高分异岩浆的特征,高温、贫水、富集 Li、Be、F 等挥发分,指示这些岩浆是 Li-Be-F 饱和的体系,这种挥发分能够大大延长岩浆的结晶温度区间,促使岩浆演化更为充分,造成残余岩浆具有显著的稀土元素四分组效应和 non-CHARAC 特征,同时更有利于亲石和成矿元素(W、Sn、Mo、Bi、Ta、F 等)随岩浆的演化而逐渐富集与成矿(Chen 等,2014)。

锡在岩浆热液成矿作用中,因岩浆 F 含量高而多半与 F 和 Cl 结合,呈易挥发的卤化物或卤络合物等形式迁移,迁移的动力主要受构造驱动,迁移的场所主要是花岗岩类岩体的内外接触带及附近的构造断裂带。

在富 F 岩浆侵入过程中,锡以 SnF_4、$SnCl_4$ 的形式从岩浆热液迁移到构造裂隙中,并在水的参与作用下,水解成锡石。

$$SnF_4 + 2H_2O = SnO_2 \downarrow + 4HF \qquad SnCl_4 + 2H_2O = SnO_2 \downarrow + 4HCl$$

在 Na 的作用下,SnF_4 和 NaF 结合,生成 $Na_2[SnF_6]$,进而形成 $Na_2[Sn(OH \cdot F)_6]$,由于热液中 pH 值的变化,$Na_2[Sn(OH \cdot F)_6]$ 发生水解而生成 $Sn(OH)_4 \cdot Sn(OH)_4$,经脱水形成锡石。

$$Na_2[SnF_6] + 2H_2O = SnO_2 \downarrow + 2NaF + 4HF \qquad Na_2[Sn(OH_6F_2)] = SnO_2 \downarrow + 2NaF + 2H_2O$$

金鸡岭岩体主、补体岩性及西山(杂)岩体的 F 含量为 0.12%～0.25%(平均 0.17%)、0.36%～0.61%(平均 0.45%)、0.02%～0.16%(平均 0.08%);成矿花岗岩 F 含量、萤石含量明显高于粗中粒斑状黑云母正长花岗岩和西山(杂)岩体(图 8-4-6a);Cl 含量 0.007%～0.014%(平均 0.012%)、0.003%～0.022%(平均 0.010%)、0.001%～0.036%(平均 0.014%);成矿岩体 Cl 含量与其他两类地质体区别不大(表 8-4-1、表 8-4-2,图 8-4-6b)。随岩浆的演化,金鸡岭补体花岗岩 F 含量增加,固相线温度显著下降。文春华等(2016)对与螃蟹木花岗岩有关的正冲稀有金属矿床研究,认为花岗岩浆演化到晚期阶段发生了强烈的岩浆不混溶作用,促使富挥发分熔体在岩体顶部大量富集。

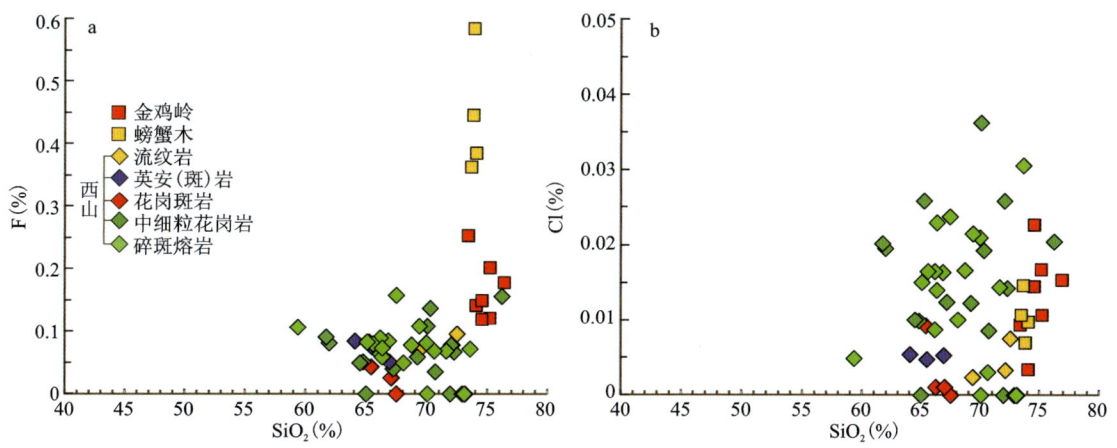

图 8-4-6　金鸡岭、西山(杂)岩体 SiO_2-F(a)、SiO_2-Cl(b)图解

F、H_2O、P、CO_2 等挥发分具强解聚特性,并且,能够与稀有金属组成各类卤化物或卤络合物,携带成矿元素一起迁移和富集。如 F 与稀有金属组成 $(NbF_7)^{3-}$、$(TaF_7)^{2-}$、SnF_4、LiF 等络合物而一起迁移,有利于 Sn、Li、Nb、Ta 等成矿元素逐渐富集成矿。而西山杂岩 F 含量不高,未见萤石等蚀变,岩浆分异作用不强,成矿条件差。与此同时,很多锡矿床中常见富氟副矿物黄玉、萤石,这可能与锡的元素地球化学性质有关:锡在成矿热液中易与氟结合形成羟基氟络合物,显示既富锡又富氟的地质特征(华仁民等,2010)。在野外,金鸡岭岩体经常可以见到萤石,相对富集 F。由此可见,项目组以往统计结果显示南岭地区成钨锡花岗岩的 F 含量大多在 1000×10^{-6} 以上,B 含量大多在 130×10^{-6} 以上,在成锡花岗岩中 F 含量更高,而成钨花岗岩中 B 含量更高,可以促进成锡和成钨花岗岩的结晶分异作用,有助于钨锡成矿元素最终富集成矿。研究表明,金鸡岭岩体具有与成矿流体一致的 H、O 同位素信息,暗示它能够分

异出钨锡多金属成矿流体;与区内钨锡多金属成矿具有成因联系。略显遗憾的是,本书采集西山(杂)岩体大量岩石样品尝试进行包裹体分析,均未获得有效的测温数据,可能与后者为典型的缺水的 A 型花岗岩且未强烈分异有关。

鉴于金鸡岭与西山(杂)岩体在岩石学、矿物学、地球化学、分异演化及矿化蚀变等诸多方面存在显著的差异,金鸡岭岩体具有更好的成矿潜力(表 8-4-1、表 8-4-2);九嶷山地区应该重点关注细粒斑状二长花岗岩与粗中粒斑状黑云母正长花岗岩的接触带。

主要参考文献

包志伟,赵振华,2000.广东恶鸡脑碱性正长岩的地球化学及其地球动力学意义[J].地球化学,29(5):462-468.

蔡志勇,熊小林,孙三才,2004.江西会昌盆地晚白垩世站塘高钠埃达克质岩石的地球化学特征及岩石成因[J].大地构造与成矿学,28(4):255-369.

陈江峰,郭新生,汤加富,等,1999.中国东南地壳增长与 Nd 同位素模式年龄[J]..南京大学学报(自然科学),35(6):649-658.

陈骏,陆建军,陈卫锋,等,2008.南岭地区钨锡铌钽花岗岩及其成矿作用[J].高校地质学报,14(4):459-473.

陈骏,王汝成,朱金初,等,2014.南岭多时代花岗岩的钨锡成矿作用[J].中国科学(地球科学),44(1):459-473.

陈培荣,华仁民,章邦桐,2002.南岭燕山早期后造山花岗岩类:岩石学制约和地球动力学背景[J].中国科学(地球科学),32(4):279-289.

陈廷愚,王雪英,任纪舜,等,1986.湖南九嶷山及白马山复式花岗岩体的同位素地质年代测定[J].地质论评,32(5):433-439.

程顺波,付建明,崔森,等,2018.湘桂边界越城岭岩基北部印支期花岗岩锆石 U-Pb 年代学和地球化学特征[J].地球科学,43(7):2330-2349.

程顺波,付建明,马丽艳,等,2013.桂东北越城岭-苗儿山地区印支期成矿作用:油麻岭和界牌矿区成矿花岗岩锆石 U-Pb 年龄和 Hf 同位素制约[J].中国地质,40(4):1189-1201.

程顺波,付建明,徐德明,等,2009.湖南雪花顶花岗岩及其包体的地质地球化学特征和成因分析[J].大地构造与成矿学,33(4):588-597.

杜安道,赵敦敏,工淑贤,等,2001.Carzus 管溶样-负离子热表面电离质谱准确测定辉钼矿铼-锇同位素地质年龄[J].岩矿测试,20(4):247-252.

范蔚茗,王岳军,郭锋,等,2003.湘赣地区中生代镁铁质岩浆作用与岩石圈伸展[J].地学前缘(3):160-170.

付建明,2005.华南骑田岭—九嶷山地区燕山早期花岗类与壳-幔相互作用[D].武汉:中国地质大学(武汉).

付建明,李华芹,屈文俊,等,2007.湘南九嶷山大坳钨锡矿的 Re-Os 同位素定年研究[J].中国地质,34(4):651-656.

付建明,卢友月,牛志军,等,2017.南岭成矿带地质矿产调查"十二五"成果集[M].武汉:

中国地质大学出版社.

付建明,马昌前,谢才富,等,2003.湘南西山花岗岩质火山岩-侵入杂岩中发现超镁铁岩包体[J].矿物岩石,23(3):13-15.

付建明,马昌前,谢才富,等,2004a.湘南西山铝质A型花岗质火山-侵入杂岩的地球化学及其形成环境[J].地球科学与环境学报,26(4):15-23.

付建明,马昌前,谢才富,等,2004b.湖南九嶷山复式花岗岩体SHRIMP锆石定年及其地质意义[J].大地构造与成矿学,28(4):370-378.

付建明,马昌前,谢才富,等,2004c.湘南西山花岗质火山-侵入杂岩形成时代的确定.地球学报,25(3):303-308.

付建明,马昌前,谢才富,等,2005.湖南金鸡岭铝质A型花岗岩的厘定及构造环境分析[J].地球化学,34(3):215-226.

付建明,马丽艳,程顺波,等,2013.南岭地区锡(钨)矿成矿规律及找矿[J].高校地质学报,19(2),202-212.

付建明,伍式崇,徐德明,等,2009,湘东锡田钨锡多金属矿区成岩成矿时代的再厘定[J].华南地质(3):1-7.

广东省地质调查院,2016.大路边等四幅矿产地质调查报告[R].广州:广东省地质调查院.

何苗,刘庆,侯泉林,等,2018.湘东邓阜仙花岗岩成因及对成矿的制约:锆石/锡石U-Pb年代学、锆石Hf-O同位素及全岩地球化学特征[J].岩石学报,34(3):637-655.

洪大卫,谢锡林,张季生,2002.试析杭州-诸广山-花山高ε_{Nd}值花岗岩带的地质意义[J].地质通报,21(6):348-354.

侯光久,索书田,魏启荣,等.1998.雪峰山地区变质核杂岩与沃溪金矿[J].地质力学学报,4(1):58-62.

湖南省地质矿产局,1988.湖南省区域地质志[M].北京:地质出版社.

湖南省地质矿产局,2016.湖南省区域地质志[M].北京:地质出版社.

华仁民,李光来,张文兰,等,2010.华南钨和锡大规模成矿作用的差异及其原因初探[J].矿床地质,29(1):9-23.

华仁民,张文兰,陈培荣,等,2013.初论华南加里东花岗岩与大规模成矿作用的关系[J].高校地质学报.19(1):1-11.

贾小辉,王强,唐功建,2009.A型花岗岩的研究进展及意义[J].大地构造与成矿学,33(3):465-480.

蒋少涌,赵葵东,姜海,等,2020.中国钨锡矿床时空分布规律、地质特征与成矿机制研究进展[J].科学通报,65(33):86-101.

蒋少涌,赵葵东,姜耀辉,等,2008.十杭带湘南—桂北段中生代A型花岗岩带成岩成矿特征及成因讨论[J].高校地质学报,14(4):496-509.

雷泽恒,陈富文,陈郑辉,等,2010.黄沙坪铅锌多金属矿成岩成矿年龄测定及地质意义[J].地球学报,31(4):532-540.

李福春,朱金初,金章东,等,2000.华南富锂氟含稀有金属花岗岩的成因分析[J].矿床地质,19(4):376-385.

李继亮,1993.东南大陆岩石圈结构与地质演化[M].北京:冶金工业出版社.

李剑锋,付建明,马昌前,等,2020.南岭九嶷山地区砂子岭岩体成因与构造属性:来自锆石 U-Pb 年代学、岩石地球化学及 Sr、Nd、Hf 同位素证据[J].地球科学,45(2):374-388.

李剑锋,付建明,马昌前,等,2021.南岭金鸡岭岩体锆石 U-Pb 年龄、地球化学特征及地质意义[J].地球科学,46(4):1231-1247.

李献华,李武显,李正祥,2007.再论南岭燕山早期花岗岩的成因类型与构造意义[J].科学通报,62(9):981-991.

刘斌,沈坤,1999.流体包裹体热力学[M].北京:地质出版社.

刘耀荣,彭学军,马爱军,等,2004.1:25 万道县幅区域地质调查报告[R].长沙:湖南省地质调查院.

楼法生,舒良树,于津海,等,2002.江西武功山穹隆花岗岩岩石地球化学特征与成因[J].地质论评,48(1):80-88.

路远发,马丽艳,屈文俊,等,2006.湖南宝山铜-钼多金属矿床成岩成矿的 U-Pb 和 Re-Os 同位素定年研究[J].岩石学报,22(10):2483-2492.

马昌前,邹博文,高珂,等,2020.晶粥储存、侵入体累积组装与花岗岩成因[J].地球科学,45(12):4332-4351.

毛建仁,陶奎元,李寄嵎,等,2002.闽西南晚中生代四方岩体同位素年代学、地球化学及其构造意义[J].岩石学报,18(4):449-458.

毛建仁,许乃政,胡青,等,2004.福建省上杭-大田地区中生代成岩成矿作用与构造环境演化[J].岩石学报,20(2):285-296.

毛景文,李晓峰,BERND L,等,2004.湖南芙蓉锡矿床锡矿石和有关花岗岩的 ^{40}Ar-^{39}Ar 年龄及其地球动力学意义[J].矿床地质,23(2):164-175.

毛景文,谢桂青,郭春丽,等,2007.南岭地区大规模钨锡多金属成矿作用:成矿时限及地球动力学背景[J].岩石学报,23(10):2329-2338.

孟元库,袁昊岐,魏友卿,等,2022.藏南冈底斯岩浆带研究进展与展望[J].高校地质学报,28(1):1-31.

莫柱孙,叶伯丹,潘维祖,等,1980.南岭花岗岩地质学[M].北京:地质出版社.

南京大学地质学系,1981.华南不同时代花岗岩类及其与成矿关系[M].北京:科学出版社.

裴荣富,王永磊,李莉,等,2008.华南大花岗岩省及其与钨锡多金属区域成矿系列[J].中国钨业,23(1):10-13.

秦拯纬,付建明,邢光福,等,2022.南岭成矿带中-晚侏罗世成钨、成锡、成铅锌(铜)花岗岩的差异性研究[J].中国地质,49(2):518-539.

沈渭州,张芳荣,舒良树,等,2008.江西宁冈岩体的形成时代、地球化学特征及其构造意义[J].岩石学报,24(10):2244-2254.

舒良树,2006.华南前泥盆纪构造演化:从华夏地块到加里东期造山带[J].高校地质学报,12(4):418-431.

舒良树,2012.华南构造演化基本特征[J].地质通报,31(7):1035-1053.

舒良树,2021.陆内造山带特征及其动力学讨论[J].地质学报,95(1):98-106.

舒良树,卢华复,贾东,等,1999.华南武夷山早古生代构造事件的$^{40}Ar/^{39}Ar$同位素年龄研究[J].南京大学学报(自然科学版),35(6):26-32.

舒良树,于津海,贾东,等,2008.华南东段早古生代造山带研究[J].地质通报,27(10):1581-1593.

舒徐洁,2014.华南南岭地区中生代花岗岩成因与地壳演化[D].南京:南京大学.

苏红中,2017.湖南中生代湘源钨锡矿床及相关花岗岩成因研究[D].北京:中国地质大学(北京).

孙涛,2006.新编华南花岗岩分布图及其说明[J].地质通报,25(3):332-335.

唐攀,唐菊兴,郑文宝,等,2017.岩浆黑云母和热液黑云母矿物化学研究进展[J].矿床地质,36(4):935-950.

陶奎元,毛建仁,杨祝良,等,1998.中国东南部中生代岩石构造组合和复合动力学过程的记录[J].地学前缘(4):2-9.

王德滋,赵广涛,邱检生,1995.中国东部晚中生代A型花岗岩的构造制约[J].高校地质学报(2):13-21.

王德滋,周新民,2002.中国东南部晚中生代花岗质火山-侵入杂岩成因与地壳演化[M].北京:科学出版社.

王登红,陈毓川,陈郑辉,等,2007.南岭地区矿产资源形势分析和找矿方向研究[J].地质学报,81(7):882-890.

王登红,陈郑辉,黄国成,等,2012.华南"南钨北扩"、"东钨西扩"及其找矿方向探讨[J].大地构造与成矿学(36):322-329.

王丽丽,2015.华南赣州地区早古生代晚期-中生代花岗岩类地球化学与岩石成因[D].北京:中国地质大学(北京).

王联魁,黄智龙,2000.Li-F花岗岩液态分离的微量元素地球化学标志[J].岩石学报,16(2):145-152.

王汝成,朱金初,张文兰,等,2008.南岭地区钨锡花岗岩的成矿矿物学:概念与实例[J].高校地质学报,14(4),485-495.

王彦斌,王登红,韩娟,等,2010.湖南益将稀土-钪矿的石英闪长岩锆石U-Pb定年和Hf同位素特征:湘南加里东期岩浆活动的年代学证据[J].中国地质,37(4):1062-1070.

王岳军,范蔚茗,郭锋,等,2001.湘东南中生代花岗闪长岩锆石U-Pb法定年及其成因指示[J].中国科学(地球科学),31(9):745-751.

吴福元,郭春丽,胡方泱,等,2023.南岭高分异花岗岩成岩与成矿[J].岩石学报,39(1):1-36.

吴福元,刘小驰,纪伟强,等,2017.高分异花岗岩的识别与研究[J].中国科学(地球科学)

(47):745-765.

熊小林,朱金初,饶冰,1996.黄玉云英岩成因的初步实验研究[J].科学通报,41(10):917-919.

徐克勤,胡受奚,孙明志,等,1982.华南两个成因系列花岗岩及其成矿特征[J].矿床地质(2):1-14.

徐夕生,周新民,1999.壳幔作用与花岗岩成因:以中国东南沿海为例[J].高校地质学报,5(3):241-250.

徐先兵,张岳桥,舒良树,等,2009.闽西南玮埔岩体和赣南菖蒲混合岩锆石 LA-ICPMS U-Pb 年代学:对武夷山加里东运动时代的制约[J].地质论评,55(2):277-285.

许德如,陈广浩,夏斌,等,2006.湘东地区板杉铺加里东期埃达克质花岗闪长岩的成因及地质意义[J].高校地质学报,12(4):507-521.

于津海,周新民,Reily Y S O,等,2005.南岭东段基底麻粒岩相变质岩的形成时代和原岩性质:锆石的 U-Pb-Hf 同位素研究[J].科学通报,50(16):1758-1767.

余心起,舒良树,邓国辉,等,2005.江西吉泰盆地碱性玄武岩的地球化学特征及其构造意义[J].现代地质,19(1):133-140.

袁顺达,2017.南岭钨锡成矿作用几个关键科学问题及其对区域找矿勘查的启示[J].矿物岩石地球化学通报(5):736-749.

曾勇,廖群安,2000.西武夷地区加里东期花岗岩与造山过程[J].地质通报,19(4):344-349.

张德会,张文淮,许国建,等,2004.富F熔体溶液体系流体地球化学及其成矿效应:研究现状及存在问题[J].地学前缘(2):159-170.

张菲菲,王岳军,范蔚茗,等,2010.湘东—赣西地区早古生代晚期花岗岩体的 LA-ICPMS 锆石 U-Pb 定年研究[J].地球化学,39(5):414-426.

张桂林,梁金城,冯佐海,等,2002.越城岭花岗岩体西侧滑脱型韧性剪切带的发现及其形成的构造体制[J].大地构造与成矿学,26(2):131-137.

张岳桥,徐先兵,贾东,等,2009.华南早中生代从印支期碰撞构造体系向燕山期俯冲构造体系转换的形变记录[J].地学前缘,16(1):234-247.

章邦桐,戴永善,王驹,等,2001.南岭西段金鸡岭复式花岗岩基地质及岩浆动力学特征[J].高校地质学报,7(1):50-61.

赵振华,包志伟,张伯友,等,2000.柿竹园超大型钨多金属矿床形成的壳幔相互作用背景[J].中国科学(地球科学),30(Z1):161-168.

郑永飞,2008.超高压变质与大陆碰撞研究进展:以大别-苏鲁造山带为例[J].科学通报,53(18):2129-2152.

郑永飞,徐峥,赵子福,等,2018.华北中生代镁铁质岩浆作用与克拉通减薄和破坏[J].中国科学(地球科学),48(4):379-414.

周金城,王孝磊,邱检生,2005.江南造山带西段岩浆作用特性[J].高校地质学报,11(4):521-533.

周新民,2003.对华南花岗岩研究的若干思考[J].高校地质学报,9(4):556-565.

周新民,2007.南岭地区晚中生代花岗岩成因与岩石圈动力学演化[M].北京:科学出版社.

周佐民,2015.华南晚中生代多旋回构造-岩浆演化及地热成因机制:来自广东典型岩体的制约[D].武汉:中国地质大学(武汉).

朱金初,陈骏,王汝成,等,2008.南岭中西段燕山早期北东向含锡钨A型花岗岩带[J].高校地质学报,14(4),474-484.

朱金初,饶冰,熊小林,等,2002.富锂氟含稀有矿化花岗质岩石的对比和成因思考[J].地球化学,31(2):141-152.

朱金初,张佩华,谢才富,等,2006.南岭西段花山-姑婆山A型花岗质杂岩带:岩石学,地球化学和岩石成因[J].地质学报,14(4):474-484.

AUDETAT A, GVNTHER D, HEINRICH C A, 2000. Magmatic-hydrothermal evolution in a fractionating granite: A microchemical study of the Sn-W-Fmineralized mole granite (Australia) [J]. Geochimica et Cosmochimica Acta, 64:3373-3393.

BARBARIN B,1999. A review of the relationships between granitoid types, their origins and their geodynamic environments[J]. Lithos,46(3):605-626.

BEANE R E,1974. Biotite stability in the porphyry copper environment[J]. Economic Geology,69(2):241-256.

CAO J T, YANG X Y, DU J G, et al.,2018. Formation and geodynamic implication of the Early Yanshanian granites associated with W-Sn mineralization in the Nanling range, south China: An overview[J]. International Geology Review,60:1744-1771.

CARTER A, ROQUES D, BRISTOW C, et al.,2001. Understanding Mesozoic accretion in southeast Asia: Significance of Triassic thermotectonism (Indosinian orogeny) in Vietnam [J]. Geology,29(3):211-214.

CASHMAN K V, SPARKS R S J, BLUNDY J D,2017. Vertically extensive and unstable magmatic systems: a unified view of igneous processes [J]. Science,355:eaag3055.

CHEN B, MA XH, WANG Z Q, 2014. Origin of the fluorine-rich highly differentiated granites from the Qianlishan composite plutons (south China) and implications for polymetallic mineralization[J]. Journal of Asian Earth Sciences,93:301-314.

CHEN C H, LEE C Y, LU H Y, et al.,2008. Generation of Late Cretaceous silicic rocks in SE China: Age, major element and numerical simulation constraints[J]. Journal of Asian Earth Sciences,31(4-6):479-498.

CHEN J F, JAHN B M,1998. Crust evolution of southeast China: Sr and Nd isotopic evidence [J]. Tectonophysics,284:101-133.

CHIARADIA M, CARICCHI L, 2017. Stochastic modelling of deep magmatic controls on porphyry copper deposit endowment[J]. Scientific Reports,7:44523.

CLEMENS J D, FINGER F,2012. Formation of high $\delta 18O$ fayalite-bearing A-type granite by high-temperature melting of granulitic metasedimentary rocks, southern China: comment[J]. Geology, 40: 277.

CORE E, KESLER S E, ESSENE E J, 2006. Unusually Cu rich magmas associated with giant porphyry copper deposits: Evidence from Bingham, Utah[J]. Geology, 34: 41-44.

DINGWELL D B, MYSEN B O, 1985. Effects of water and fluorine on the viscosity of albite melt at high pressure: A preliminary investigation [J]. Earth and Planetary Science Letters, 74: 266-274.

DU J, AUDETAT Y A, 2020. Early sulfide saturation is not detrimental to porphyry Cu-Au formation[J]. Geology, 48(5): 519-524.

EBY G N, 1990. The A-type granitoids: A review of their occurrence and chemical characteristics and speculations of their petrogenesis[J]. Lithos, 26: 115-134.

EBY G N, 1992. Chemical Subdivision of the A-type granitoids: Petrogenetic and tectonic implications[J]. Geology, 20: 641-644.

FROST C D, FROST B R, CHAMBERLAIN K R, et al., 1999. Petrogenesis of the 1.43 Ga Sherman batholith, SE Wyoming, USA: a reduced rapakivi-type anorogenic granite[J]. Journal of Petrology, 40(12): 1771-1802.

GILDER S A, GILL J, COE R S, et al., 1996. Isotopic and paleomagnetic constraints on the Mesozoic tectonic evolution of south China [J]. Jour. Geophys. Res, 101 (B7): 16137-16154.

GILDER S A, KELLER G R, LUO M, et al., 1991. Eastern Asia and the Western Pacific timing and spatial distribution of rifting in China[J]. Tectonophysics, 197 (2-4): 225-243.

GUO C L, ZENG L S, LI Q L, et al., 2016. Hybrid genesis of Jurassic fayalite-bearing felsic subvolcanic rocks in South China: Inspired by petrography, geochronology, and Sr-Nd-O-Hf isotopes [J]. Lithos, 264: 175-188.

HAMMOND W C, HUMPHREYS E D, 2000. Upper mantle seismic wave velocity: Effects of realistic partial melt geometries[J]. Journal of Geophysical Research: Solid Earth, 105(B5): 10975-10986.

HARRISON T N, PARSONS I, BROWN P E, 1990. Mineralogical evolution of fayalite-bearing rapakivi granites from the Prins Christians Sund Pluton, south Greenland [J]. Mineralogical Magazine, 54(374): 57-66.

HENRY D J, 2005. The Ti-saturation surface for low-to-medium pressure metapelitic biotite: implications for geothermometry and Ti-substitution mechanisms [J]. Journal of American Mineralogist, 90: 316-328.

HOU Z Q, YANG Z M, Lu Y, et al., 2015. A genetic linkage between subduction- and collision-related porphyry Cu deposits in continental collision zones [J]. Geology, 43: 247-250.

HSV K J, LI J L, CHEN H H, et al., 1990. Tectonics of south China: Key to understanding west Pacific geology[J]. Tectonophysics,183(1):9-39.

HSV K J, SHU S, LI J L, et al., 1988. Mesozoic over thrust tectonics in South China. Geology,16(5):418-421.

HUANG H Q, LI X H, LI W X, et al., 2011. Formation of high δ^{18}O fayalite-bearing A-type granite by high-temperature melting of granulitic metasedimentary rocks, southern China[J]. Geology,39(10):903-906.

ISHIHARA S,1977. The magnetite-series and ilmenite-series granitic rocks[J]. Mining Geology,27:293-305.

ISHIHARA S,1981. The granitoid series and mineralization[J]. Economic Geology, 75th Anniversary Volume:458-484.

JAHN B M, 1974. Mesozoic thermal events in southeast China[J]. Nature, 248: 480-483.

JIANG Y H, JIANG S Y, DAI B Z, et al., 2009. Middle to late Jurassic felsic and mafic magmatism in southern Hunan province, southeast China: Implications for a continental arc to rifting[J]. Lithos,107:185-204.

JIANG Y H, JIANG S Y, ZHAO K D, et al., 2006. Petrogenesis of Late Jurassic Qianlishan granites and mafic dikes, southeast China: implications for a back-arc extension setting[J]. Geological Magazine,143:457-474.

KEITH J D, CHRISTIANSEN E H, CARTEN R B, 1993. The genesis of giant porphyry molybdenum deposits[J]. Society of Economic Geologists Special Publication,2: 285-317.

KING P L, CHAPPELL B W, ALLEN C M, et al., 2001. Are A-type granites the high-temperature felaic granites? Evidence from fractionated granites of the Wengrah Suite. Australian[J]. Journal of Earth Sciences,48:501-514.

LANG J R, BAKER T, 2001. Intrusion-related gold systems: The present level of understanding[J]. Mineralium Deposita,36:477-489.

LEAKE B E, 1990. Granite magmas: their sources, initiation and consequences of emplacement[J]. Journal of the Geological Society,147:579-589.

LEHMANN B,1990. Metallogeny of Tin[M]. Berlin: Heidelberg, Springer.

LEHMANN B, 2020. Formation of tin ore deposits: A reassessment[J]. Lithos, 402:105756.

LEPVRIER C, MALUSKI H, TICH V, et al., 2004. The Early Triassic Indosinian orogeny in Vietnam (Truong Son Belt and Kontum Massif):Implications for the geodynamic evolution of Indochina[J]. Tectonophysics,393(1-4):87-118.

LI W X, LI X H, LI Z X. 2005. Neoproterozoic bimodal magmatism in the Cathaysia block of south China and its tectonic significance[J]. Precambrian Research,136(1):51-66.

LI X H,CHEN Y,LI J,et al.,2016. New isotopic constraints on age and origin of Mesoarchean charnockite,trondhjemite andamphibolites in the Ntem Complex of NW Congo Craton,southern Cameroon[J]. Precambrian Research,276:14-23.

LI X H,LI W X,LI Z X,2007. On the genetic classification and tectonic implications of the Early Yan-shanian granitoids in the naming range, south China[J]. Chinese Science Bulletin,62(9):981-991.

LI X H,LI X W,WANG X C,et al.,2009. Role of mantle-derived magma in genesis of early Yanshanian granites in the naming range, south China:in situ zircon Hf-O isotopic constraints[J]. Science China (Earth Series),52(9):1262-1278.

LI X H,LI Z X,GE W C,et al.,2003. Neoproterozoic granitoids in south China:crustal melting above a mantle plume at ca. 825 Ma? [J]. Precambrian Research,122:45-83.

LI X H,LI Z X,GE W,2003. Neoproterozoic granitoids in south China:crustal melting above a mantle plume at ca. 825Ma? [J]. Precambrian Research,122,45-83.

LI X H,LI Z X,LI W X,et al.,2013. Revisiting the "C-type adakites" of the lower Yangtze River belt, central eastern China:In-situ zircon Hf-O isotope and geochemical constraints[J]. Chemical Geology,345:1-15.

LI X Y,CHI G X,ZHOUY Z,et al.,2017. Oxygen fugacity of Yanshanian granites in south China and implications for metallogeny[J]. Ore Geology Reviews,88:690-701.

LI Z X,LI X H,WARTHO J,et al.,2010. Magmatic and metamorphic events during the early Paleozoic Wuyi-Yunkai orogeny,southeastern south China:New age constraints and pressure-temperature conditions[J]. GSA Bulletin,122(5-6):772-793.

LI Z X, LI X H. 2007. Formation of the 1300-km-wide intracontinental orogen and postorogenic magmatic province in Mesozoic south China:a flat-slab subduction model[J]. Geology,35 (2):179-182.

LIJ F,MA K M,LU Y Y,et al.,2024. Timing and tectonic setting of the Gaoaobei tungsten-molybdenum deposit in nanling range,south China[J]. Journal of Earth Science,35(3):890-904.

LINNEN R L,PICHAVANT M,HOLTZ F,1996. The combined effects of f_{O_2} and melt composition on SnO_2 solubility and Tin diffusivity in haplogranitic melts[J]. Geochim Cosmochim Acta,60:4965-4976.

LIU Y.,LAI J Q,XIAO W Z,et al.,2019. Petrogenesis and mineralization of two-stage A-type granites in Jiuyishan, south China:Constraints from whole-rock geochemistry, mineral composition and zircon U-Pb-Hf isotopes [J]. Acta Geologica Sinica (English Edition),93(4):874-900.

LOUCKS R R,2014. Distinctive composition of copper-ore-forming arc magmas[J]. Australian Journal of Earth Sciences,61:5-16.

LU Y Y,CAO J Y,FU J M,et al.,2022. Discovery of a Hadean xenocrystic zircon in the

Cathaysia Block[J]. Science Bulletin,76(23):2416 -2419.

MANNING D A C,1981. The effect of fluorine on liquidus phase relationships in the system Qz-Ab-Or with excess water at 1kb [J]. Contributions to Mineralogy and Petrology,76(2):206-215.

MAO J W, CHENG Y B, CHEN M H, et al., 2013. Major types and time-space distribution of Mesozoic ore deposits in south China and their geodynamic settings[J]. Miner Deposita,48:267-294.

MAO J W,OUYANG H G,SONG S,et al., 2019. Geology and metallogeny of tungsten and tin deposits in China, in Chang, Z. S., and Goldfarb, R. J., eds., mineral deposits of China[J]. Society of Economic Geologists Special Publication 22:411-482.

MARUYAMA S,ISOZAKI Y,KIMURA G,et al., 1997. Paleogeographic maps of the Japanese Islands:plate tectonic synthesis from 750 Ma to the present[J]. The Island Arc,6:121-142.

MEINERT L D, DIPPLE G M, NICOLESCU S, 2005. World skarn deposits [J]. Economic Geology,100,299-336.

MILLER C F, MCEOWELL S M, MAPES R W, 2003. Hot and cold granites? Implications of zircon saturation temperatures and preservation of inheritance[J]. Geology,31(6):529-532.

NACHIT H, IBHI A, ABIA E H, et al., 2005. Discrimination between primary magmatic biotites, reequilibrated biotites and neoformed biotites [J]. Comptes Rendus Geoscience,337(16):1415-1420.

PARSAPOOR A,KHALILI M,TEPLEY F,et al.,2015. Mineral chemistry and isotopic composition of magmatic, re-equilibrated and hydrothermal biotites from darreh-zar porphyry copper deposit,kerman (southeast of Iran) [J]. Ore Geology Reviews,66:200-218.

PATINO D A E, 1993. Titanium substitution in biotite:An empirical model with applications to thermometry, O_2 and H_2O barometers, and consequence for biotite stability [J]. Chemical Geology,108:132-162.

PENG J T,ZHOU M F,Hu R Z,et al.,2006. Precise molybdenite Re-Os and mica Ar-Ar dating of the mesozoic yaogangxian tungsten deposit,central nanling district,south China [J]. Mineralium Deposita,41:661-669.

PITCHER W S,1997. Appinites,diatremes and granodiorites:The interaction of 'wet' basalt with granite. In:The Nature and Origin of Granite[M]. Netherlands:Springer.

RICHARDS J P,2011. High Sr/Y arc magma and porphyry Cu ± Mo ± Au deposits: Just add water[J]. Economic Geology,106:1075-1081.

RICHARDS J P,SPELL T,RAMEH E,RAZIQUE A,et al., 2012. High Sr/Y magmas reflect arc maturity,high magmatic water content,and porphyry Cu ± Mo ± Au potential: Examples from the Tethyan arcs of central and eastern Iran and western Pakistan[J].

Economic Geology,107:295-332.

ROBERT J L,1976. Titanium solubility in synthetic phlogopite solid solutions[J]. Chemical Geology,17(3):213-227.

ROMER R L,KRONER U,2016. Phanerozoic tin and tungsten mineralization-tectonic controls on the distribution of enriched protoliths and heat sources for crustal melting[J]. Gondwana Research,31:60-95.

SCHMIDT M W,1992. Amphibole compostion in tonalite as a function of pressure:an experimental calibration of the Al-in-hornbleende barometer[J]. Contrib Mineral, 110: 304-310.

SHU L S, JAHN B M, CHARVET J, et al., 2014. Early Paleozoic depositional environment and Intraplate tectono-magmatism in the Cathaysia Block (south China): Evidence from stratigraphic,structural,geochemical and geochronological investigations[J]. American Journal of Science,B14:1:i4-186.

SHU L S, WANG B, CAWOOD P A, 2015. Early Paleozoic and Early Mesozoic intraplate tectonic and magmatic events in the Cathaysia Block,South China[J]. Tectonics, 34:1600-1621.

SILLITOE R H,2010. Porphyry copper systems[J]. Economic Geology,105:3-41.

SILLITOE R H, THOMPSON J F, 1998. intrusion-related vein gold deposits: Types, tectono-magmatic settings and difficulties of distinction from orogenic gold deposits[J]. Resource Geology,48:237-250.

SMITH D,1971. Stability of the assemblage iron-rich orthopyroxene-olivine-quartz[J]. American Journal of Science,271:370-382.

SRINIVASAN T P, 2006. Significance of fayalite-quartz assemblage in Gokanakonda fayalite syenite complex, Cuddapah alkaline province, Andra Pradesh, South India [J]. Goldschmidt Conference Abstracts,70(18):A609-A609.

STEINBERGER I, HINKS D, DRIESNER T , et al. , 2013. Source plutons driving porphyry copper ore formation: combining geomagnetic data, thermal constraints, and chemical mass balance to quantify the magma chamber beneath the bingham canyon deposit [J]. Economic geology,108:605-624.

STERN C R,FUNK J A,SKEWES M A,et al. ,2007. Magmatic anhydrite in plutonic rocks at the El Teniente Cu-Mo deposit, Chile, and the role of sulfur- and copper-rich magmas in its formation[J]. Economic Geology,102:1335-1344.

SUN H,ZHAO Z,YAN G,et al. ,2018. Geological and geochronological constraints on the formation of the Jurassic Maozaishan Sn deposit,Dayishan Orefield,South China[J]. Ore Geology Reviews,94:212-224.

SUO Y H,LI S Z,Jin C,et al. ,2019. Eastward tectonic migration and transition of the Jurassic-Cretaceous Andean-type continental margin along southeast China[J]. Earth-Science

Reviews,196:102884.

TAYER S R,MCLENNAN S M,1985. The cnntinantal crust: Its composition and evolution [M]. London:Blackwell Scientific pablications.

TURNER S P,FODEN J D,MORRISON R S,1992. Derivation of some A-type magmas by fractionation of basaltic magama:an example from the Padthaway Ridge,south Austalia [J]. Lithos,28:151-179.

UCHIDA E,ENDO S,MAKINO M,2007. Relationship between solidification depth of granitic rocks and formation of hydrothermal ore deposits[J]. Resource Geology. 57(1): 47-56.

VASQUEZ P,GLODNY J,FRANZ G,et al.,2009. Origin of fayalite granitoids new insights from the Cobquecura Pluton,Chile,and its metapelitic xenoliths[J]. Lithos,110(1-4):181-198.

WAN Y S,LIU D Y,WIDE S A,et al.,2010. Evolution of the Yunkai Terrane,south China:Evidence from SHRIMP zircon U-Pb dating,geochemistry and Nd isotope[J]. Journal of Asian Earth Sciences,37(2):140-153.

WANG G G,NI P,ZHAO C,et al.,2017. A combined fluid inclusion and isotopic geochemistry study of the Zhilingtou Mo deposit,South China:Implications for ore genesis and metallogenic setting[J]. Ore Geology Reviews,81(2):884-897.

WANG R,RICHARDS J P,HOU Z Q,et al.,2014. Increased magmatic water content: the key to Oligo-Miocene porphyry Cu-Mo ± Au formation in the eastern Gangdese belt, Tibet[J]. Economic Geology,109:1315-339.

WANG W,ZHOU M F,ZHAO J H,et al.,2016. Neoproterozoic active continental margin in the southeastern Yangtze Block of south China:evidence from the ca. 830-810 Ma sedimentary strata[J]. Sedimentary Geology,342:254-267.

WANG X L,SHU X J,XU X S,et al.,2012. Petrogenesis of the Early Cretaceous adakite-like porphyries and associated basaltic andesites in the Jiangnan orogen,southern China[J]. Journal of Asian Earth Sciences 61,243-256.

WANG X L,ZHOU J C,GRIFFIN W L,et al.,2007. Detrital zircon geochronology of Precambrian basement sequences in the Jiangnan orogen:dating the assembly of the Yangtze and Cathaysia blocks[J]. Precambrian Research 159,117-131.

WANG Y J,FAN W M,GUO F,2003. Geochemistry of early Mesozoic potassium-rich diorites-granodiorites in southeastern Hunan Province,south China:Petrogenesis and tectonic implications[J]. Geochemical Journal,37:427-448.

WANG Y J,FAN W M,PENG T P,et al.,2008. Sr-Nd-Pb isotopic constraints on multiple domains for Mesozoic mafic rocks beneath the south China Block hinterland[J]. Lithos,106,297-308.

WANG Y J,FAN W M,ZHAO G C,et al.,2007. Zircon U/Pb geochronology of gneissic rocks in the Yunkai Massif and its implications on the Caledonian event in the South China Block[J]. Gondwana Research,12(4):404-416.

WEBSTER J D, BURT D M, AGUILLON R A, 1996. Volatile and lithophile trace element geochemistry of Mexican tin rhyolite magmas deduced from melt inclusions[J]. Geochimica et Cosmochimica Acta,60:3267-3284.

WEBSTER J D,THOMAS R,RHEDE D,et al.,1997. Melt inclusions in quartz from an evolved peraluminous pegmatite:Geochemical evidence for strong tin enrichment in fluorine-rich and phosphorus-rich residual liquids [J]. Geochimica et Cosmochimica Acta, 61: 2589-2604.

WHALEN J B,CARRIE K L,CHAPPELL B W,1987. A-type granites:Geochemical characteristics, discrimination and petrogenesis [J]. Contributions to Mineralogy and Petrology,95:407-419.

WHALEN J B,JENNER G A,LONGSTAFFE,et al.,1996. Geochemical and isotopic (O, Nd, Pb and Sr) constraints on A-type granite: Petrogenesis based on the Topsails igneous suite,Newfoundl and Appalach ians[J]. Journal of Petrology,37:1463-1489.

WONES D R, 1989. Significance of the assemblage titanite + magnetite + quartz in granitic rocks[J]. American Mineralogist,74(7):744-749.

WONES D R, EUGSTER H P, 1965. Stability of biotite-experiment theory and application[J]. American Miner? alogist,50(9):1228-1272.

XIONG X L,LI X H,XU J F,et al.,2003. Extremely high-Na adakite-like magmas derived from alkali-rich basaltic underplate[J]. Geochemical Journal,37:233-252.

XU X S,O'REILLY S Y,GRIFFIN W L,et al.,2007. The crust of Cathaysia:Age, assembly and reworking of two terranes[J]. Precambrian Research,158(1-2):51-78.

YAO J L,SHU L S,SANTOSH,M.,et al.,2012. Precambrian crustal evolution of the south China Block and its relation to supercontinent history:constraints from U-Pb ages,Lu-Hf isotopes and REE geochemistry of zircons from sandstones and granodiorite [J]. Precambrian Research,208,19-48.

YU J H,O'REILLY S Y,WANG L J,et al.,2010. Components and episodic growth of Precambrian crust in the Cathaysia Block, South China: Evidence from U-Pb ages and Hf isotopes of zircons in Neoproterozoic sediments[J]. Precambrian Research,181(1-4):97-114.

YU J H,WANG L J,O'REILLY S Y,et al.,2009. A Paleoproterozoic orogeny recorded in a long-lived cratonic remnant (Wuyishan terrane), eastern Cathaysia Block, China[J]. Precambrian Research,174(3-4):347-363.

YUAN H L,GAO S,DAI M N,et al.,2008. Simultaneous determinations of U-Pb age, Hf isotopes end trice element compositions of zircon by excimer laser-ablation quadrupole and multiple-collector ICP-MS[J]. Chemical Geology,247(1-2):100-118.

YUAN S D, PENG J T, SHEN N P, et al., 2007. ^{40}Ar-^{39}Ar Isotopic Dating of the

Xianghualing Sn-polymetallic orefield in southern Hunan, China and its geological implications[J]. Acta Geologica Sinica (English Edition),81(2):278-286.

YUAN S D, WILLIAMS J A E, ROMER R L, et al. ,2019. Protolith-related thermal controls on the decoupling of Sn and W in Sn-W metallogenic provinces:Insights from the Nanling region,China[J]. Economic Geology,114(5):1005-1012.

ZHANG D H, AUDETAT A,2019. Magmatic-Hydrothermal Evolution of the barren Huangshan Pluton,Anhui Province,China:A melt and fluid inclusion study[J]. Economic Geology,113(4):803-824.

ZHANG Z J, ZHANG X, BADAL J,2008. Composition of the crust beneath southeastern China derived from an integrated geophysical data set [J]. Journal of Geophysical Research,113(B4):B04417.

ZHAO K D, JIANG S Y, CHEN W F, et al. ,2014. Mineralogy, geochemistry and ore genesis of the Dawan uranium deposit in southern Hunan Province,South China[J]. Journal of Geochemical Exploration,138,59-71.

ZHAO K D, JIANG S Y, YANG S Y, et al. ,2012. Mineral chemistry, trace elements and Sr-Nd-Hf isotope geochemistry and petrogenesis of Cailing and Furong granites and mafic enclaves from the Qitianling batholith in the Shi-Hang zone, South China[J]. Gondwana Research,22:310-324.

ZHOU J C, WANG X L, QIU J S,2009. Geochronology of Neoproterozoic mafic rocks and sandstones from northeastern Guizhou, south China:Coeval arc magmatism and sedimentation [J]. Precambrian Research,170,27-42.

ZHOU M F, YAN D P, ALLEN K, et al. ,2002. SHRIMP U-Pb zircon geochronological and geochemical evidence for Neoproterozoic arc-magmatism along the western margin of the Yangtze Block, south China[J]. Earth and Planetary Science Letters,196(1-2):51-67.

ZHOU X M, LI W X,2000. Origin of Late Mesozoic igneous rocks of southeastern China:implications for lithosphere subduction and underplating of mafic magma [J]. Tectonophysics,326:269-287.

ZHOU X M, SUN T, SHEN W Z, et al. ,2006. Petrogenesis of Mesozoic granitoids and volcanic rocks in south China:a response to tectonic evolution [J]. Episodes,29 (1):26-33.

ZHOU Y, LIANG X Q, WU S C, et al. ,2015. Isotopic geochemistry, zircon U-Pb ages and Hf isotopes of A-type granites from the Xitian W-Sn deposit, SE China:Constraints on petrogenesis and tectonic significance[J]. Journal of Asian Earth Sciences,105:122-139.

第五分册『百字文言』

『思辨国文』课程系列

前言

党的十八大以来,以习近平同志为核心的党中央把生态文明建设摆在全局工作的突出位置。新时代新征程对地质工作提出了新的要求,在深入推进绿美广东生态建设,打造人与自然和谐共生的广东样板工作探索中,广东省自然资源厅依托广东省地质勘查与城市调查专项,部署实施了南岭国家公园生态保护区生态地质调查试点示范项目,旨在为国土空间规划与用途管制、山水林田湖草沙整体保护与系统修复等提供理论指导和技术支撑。

通过近3年的工作实践,以现代地球系统科学理论为指导,通过地质测量、地球化学勘查、遥感监测等多学科研究方法的交替、渗透、综合应用,梳理了以广东韶关乳源为典型的南方丘陵山地带的主要生态地质问题,查明了区域生态地质条件,综合评价了区域生态地质脆弱性,对南方丘陵山地带的石漠化成因机理、典型历史遗留矿山生态修复和天然富硒土地资源开发利用等进行了创新性探索。在分析和研究典型南方丘陵山地带地质条件与生态系统的相互作用机制的基础上,初步构建了一套适用于南方丘陵山地带的生态地质调查与评价方法理论体系。本书的主要内容由上述成果提炼而成。

本书共分为8章,由刘子宁统稿完成。具体分工如下:第一章 绪论,简要介绍了南方丘陵山地带及本次研究区自然地理条件,由刘子宁、赵艺执笔;第二章 生态地质调查方法概述,简述生态地质调查的基本工作方法,由刘子宁、欧阳渊执笔;第三章 生态地质背景,从生态地质条件角度,详述各地质要素与生态环境的相互作用机制,由刘子宁、窦磊执笔;第四章 主要生态地质问题调查评价,主要梳理了乳源地区的生态地质问题,并有针对性地作出评价,由刘子宁、莫滨执笔;第五章 生态地质分区,在划分成土母质单元和地表基质单元的基础上,划定生态地质单元,进行生态地质分区,由刘子宁、刘洪执笔;第六章 生态地质脆弱性与分区评价,通过筛选生态地质条件、生态地质问题等指标,对生态地质脆弱性进行评价,由贾磊、赵立波执笔;第七章 生态地质调查研究与应用,针对研究区主要生态地质问题,开展石漠化成因机理和历史遗留矿山生态修复探索研究,并在生态地质调查的基础上,提出天然富硒土地资源调查的新方法,由刘子宁、陈恩执笔;第八章 国土空间用途管制及生态保护修复建议,在生态地质调查的基础上,为国土空间规划与用途管制、山水林田湖草沙整体保护与系统修复提供科学依据和地球系统科学解决方案,由窦磊、朱鑫执笔。

本书的编写工作是在广东省地质调查院的关心领导下完成的。在统编定稿的过程中,广东省地质局赖启宏教授级高级工程师、游远航教授级高级工程师,提出了宝贵的意见和建议,在此一并表示衷心的感谢！

在本书编写过程中，我们深感生态地质学作为一门新兴的交叉学科，其调查研究具有极强的探索性。因此，我们在调查方法、图件编制和成果表达等方面，均进行了新的尝试，但限于笔者现有水平，书中不足之处在所难免，热忱希望各位专家读者批评指正！

编 者

2024 年 6 月 30 日

目 录

第一章　绪　论 …………………………………………………………………………（1）
　　第一节　南方丘陵山地带 ………………………………………………………（1）
　　第二节　自然地理条件 …………………………………………………………（3）
第二章　生态地质调查方法概述 ………………………………………………………（5）
　　第一节　资料收集 ………………………………………………………………（5）
　　第二节　遥感地质解译 …………………………………………………………（5）
　　第三节　生态地质条件调查 ……………………………………………………（7）
　　第四节　样品加工及测试分析 …………………………………………………（14）
第三章　生态地质背景 …………………………………………………………………（18）
　　第一节　地形地貌特征 …………………………………………………………（18）
　　第二节　区域地质背景 …………………………………………………………（20）
　　第三节　水文地质特征 …………………………………………………………（25）
第四章　主要生态地质问题调查评价 …………………………………………………（30）
　　第一节　石漠化 …………………………………………………………………（30）
　　第二节　水土流失 ………………………………………………………………（36）
　　第三节　历史遗留矿山地质环境问题 …………………………………………（42）
　　第四节　土壤环境质量 …………………………………………………………（44）
第五章　生态地质分区 …………………………………………………………………（54）
　　第一节　成土母质单元划分 ……………………………………………………（54）
　　第二节　地表基质单元划分 ……………………………………………………（57）
　　第三节　成土母质与地表基质单元对生态环境的制约 ………………………（61）
　　第四节　四级生态地质分区 ……………………………………………………（67）
第六章　生态地质脆弱性与分区评价 …………………………………………………（71）
　　第一节　生态地质脆弱性评价 …………………………………………………（71）
　　第二节　生态地质分区评价 ……………………………………………………（94）
第七章　生态地质调查研究与应用 ……………………………………………………（101）
　　第一节　石漠化成因机理研究 …………………………………………………（101）
　　第二节　历史遗留矿山生态修复探索 …………………………………………（117）
　　第三节　天然富硒土地资源调查应用 …………………………………………（129）

第八章　国土空间用途管制及生态保护修复建议 ……………………………………（138）
　第一节　国土空间用途管制建议 ………………………………………………（138）
　第二节　生态保护修复建议 ……………………………………………………（140）
主要参考文献 ………………………………………………………………………（146）

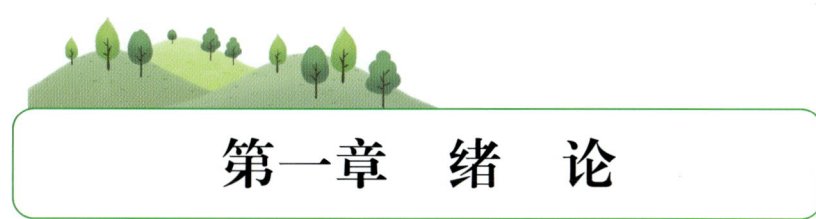

第一章 绪 论

第一节 南方丘陵山地带

一、南方丘陵山地带的划定

南方丘陵山地带主要涉及广东、福建、湖南、江西、广西五省（区），含南岭山地森林及生物多样性国家重点生态功能区和武夷山等重要山地丘陵区。本区具有世界同纬度带上面积最大、保存最完整的中亚热带森林生态系统，是我国南方的重要生态安全屏障，也是我国重要的动植物种质基因库。在该区带开展生态地质调查，对细化落实国家南方丘陵山地带生态保护和修复重大工程部署、推进生态文明建设具有积极意义。

二、工作范围与选区依据

广东省韶关市乳源瑶族自治县，地处广东省北部，韶关市西北部，南岭山脉骑田岭南麓，东临韶关市浈江区、武江区，西接清远市阳山县，南连曲江区罗坑镇、英德市波罗镇，北与乐昌市及湖南省郴州市宜章县相接，地理坐标介于东经112°52′—113°28′，北纬24°28′—25°09′之间，县域总面积约2299km²（图1-1）。在全国生态功能区划中，乳源属于南岭山地水源涵养与生物多样性保护重要区，是粤北生态保护区的重要组成部分和珠三角重要饮用水源北江上游地。乳源属于国家四大重大战略中"粤港澳大湾区"的粤北生态屏障区，也是广东"一核一带一区"战略发展中的生态文明建设重大战略实施区，在该地区开展生态地质调查与研究，对提升生态环境质量、保护生物多样性以及涵养区域水源具有重要的积极意义。

乳源是全国重要生态系统保护和修复重大工程规划布局——南方丘陵山地带的重要组成部分，处于拟建南岭国家公园生态保护区的核心区域，生态区位重要，也拥有得天独厚的自然地理条件优势。区内保存着完整的亚热带常绿阔叶林系统，拥有多样的生物基因，形成了丰富多样的地质特色和生态风景；保持着地理环境的自然性、生态系统的原始性、生物种类的原生性、自然遗迹和景观的原真性；孕育着完备的生态系统：由森林生态系统、草地生态系统，过渡到湿地生态系统、农田生态系统和城镇生态系统，是开展生态地质调查与研究的理想区域。

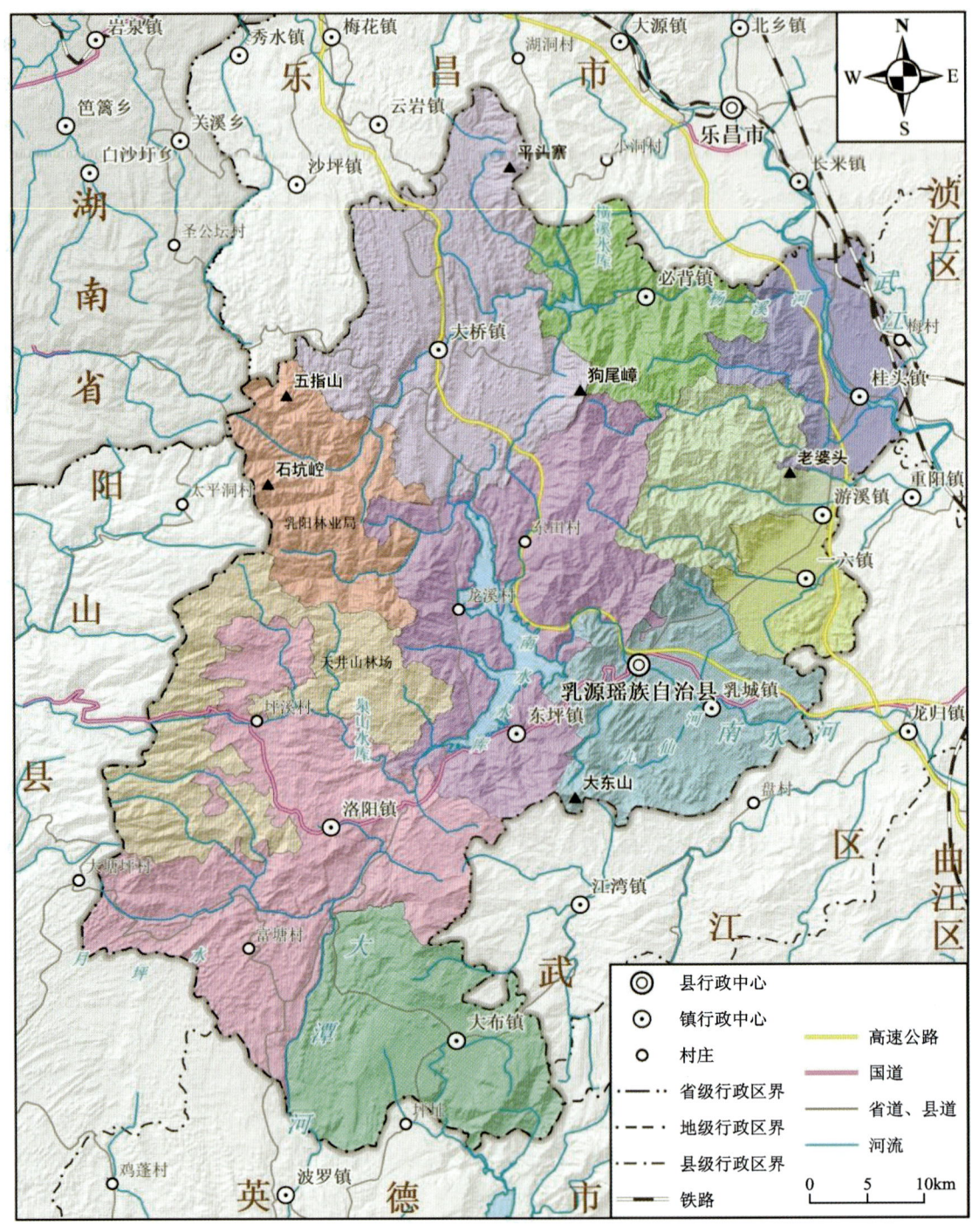

图 1-1 调查区交通位置图

第二节　自然地理条件

一、地势地貌

区内地势西北高、东南低,自西向东倾斜。五指山、平头寨、大东山、瑶山狗尾嶂、老婆头等五大山脉横亘,山峦连绵,交错纵横。海拔1000~1500m的山峰82座,1500~1902m的山峰20座,南粤第一山峰——石坑崆(猛坑石),坐落于西北部边缘。东部有老婆头山,主峰老婆头海拔1241m;南部有大东山,东西横亘,主峰大东山海拔1390m;西北部有五指山,南北走向,与湖南宜章县交界处的主峰石坑崆海拔1902m,为广东省第一高峰;北部有瑶山主峰狗尾嶂和平头寨山,其中狗尾嶂海拔1684m,东西走向的平头寨山,主峰平头寨山海拔1534m。

地貌方面,地处新构造间歇上升地区,境内溶蚀地貌显著,地形切割强烈,山谷生成明显。以纵横划分,西部是海拔1000~1902m的山区,是调查区的最高地带;中部是海拔600~1200m的山区,是次高地带;东北部至东南部是海拔300m以下的丘陵平原地带。山溪小流密布县境西部和北部山区,9条主要河流纵横县境。

二、水文气候

调查区集雨总面积为869km²,长104km,平均坡降为4.83‰,最大流量481m³/s,平均流量27.9m³/s。其中集雨面积大于100km²的河流有4条:①由东北角乐昌流入,经桂头镇流向韶关的武江河;②发源于调查区西北部与阳山交界的丫叉顶,由西向东流入南水水库,穿过乳源县城,汇入北江的乳江河(又称南水河);③发源于区境西北面与湖南省宜章县交界的猛坑石东麓,由西北向东南经大坪、大桥、必背、桂头,流入武江的杨溪河;④发源于天井山北麓的蚁岩,由北向南流经洛阳、大布,汇入英德市的大潭河。其余集雨面积为50~100km²的河流有9条。区内有大型的南水水库,控制面积为608km²,总库容为121500×10⁴m³;中型的泉水水库,控制面积为189km²,总库容为2160×10⁴m³。

调查区地处中亚热带季风性湿润气候区,全区气候温和,四季分明,年平均气温20.6℃。春季气温极不稳定,冷暖交替频繁,空气较潮湿,平均气温为19.5℃;夏季呈现高温,平均气温为27.8℃;秋季往往出现阴雨连绵的天气,平均气温为21.3℃;冬季多呈现干冷少雪,平均气温为10.8℃。一般最高温度出现在7月,最低温度出现在1月。

三、矿产资源

调查区矿产共发现有28种,矿床69处,矿化点25个,主要是铁、铜、铅、锌、钨、锡、铋、锑、汞、金、稀土(钇族)、钽铌、锗、铀、烟煤、无烟煤、泥炭土、耐火黏土、硅、萤石、水晶、硫、磷、重晶石、锰等。

四、动植物资源

区内林地属广东省动植物科考研究基地之一。境内发现野生植物共计216科946属

2572种,其中蕨类植物43科100属211种,裸子植物9科22属32种,被子植物164科824属2329种,约占广东省已查明野生维管束植物总数的36%。发现野生动物多达1500种,较大的野生动物700多种,其他较小的野生昆虫类超过1100种。

五、森林、草原、湿地

根据第三次全国国土调查数据,调查区中林地面积为1 930.72km²,占总面积的83.98%,其中以乔木林地面积最大,为1 668.16km²;湿地面积73.74km²,占总面积的3.21%;草地面积27.79km²,占总面积的1.21%。调查区林地、草地、湿地种类及面积见表1-1。

表1-1 调查区林地、湿地、草地种类及面积

林地		湿地		草地	
种类	面积(km²)	种类	面积(km²)	种类	面积(km²)
灌木林地	10.04	河流水面	21.46	其他草地	27.79
乔木林地	1 668.16	坑塘水面	8.66		
其他林地	225.25	内陆滩涂	1.56		
竹林地	27.27	水库水面	42.06		

7. 调查精度

各类生态地质条件分布范围，凡能在图上表示出其面积和形状者，应实地勾绘在图上或根据遥感解译检验结果，经野外核实后勾绘在图上，不能表示实际面积、形状者，用规定的符号表示；观测点和取样点密度取决于地区类别与工作区交通地理状况、地质地貌条件的复杂程度，遥感可解译程度以能控制生态地质条件为原则。

（二）生态地质调查路线样品采集

在生态地质路线调查点采集土壤化学和土壤质地分析样品。选取土质层较厚且垂向分层明显的点位进行分层，主要采集点位垂向剖面上部的土壤层（包括腐殖层＋有机质层＋淀积层），不采集成土母质层。将土壤层由上至下充分均匀采集混合，土壤样品原始质量大于2000g，以路线点位号＋样品性质代号命名，例如土壤化学样品为LX01-1H，土壤质地样品为LX01-Z。为便于野外质量检查和异常检查，各调查采样点均建立醒目、易找的牢固标志，标志用红油漆写在取样点附近的基岩、大转石、大树干、电杆、房屋等处，写明样品编号，书写正确、工整。标志要便于查找，建标过程要考虑山洪、人为破坏等因素，还应做好保护标志的宣传工作；对无法建标的在记录卡备注栏中加以说明。所有采样点均用相机或智能手机拍照4张［周边环境、取样剖面（坑）、样品形态、标志等］，每天野外工作完成后，将照片导出并重命名保存，文件名称为对应样品号＋拍照顺序号。

调查采样小组每日采样结束后，填好样品清单并将样品交野外样品加工组加工。交接时双方要对样品数量、质量、样品清单进行核对，确定无误后分别在样品清单上签字。对编号不清、质量不足、样袋破损、受玷污的样品，组织重新采集。

（三）生态地质路线编制

利用路线调查点记录表和素描图所记录的重要信息，刻画生态地质现状的水平及垂向分带，区域调查比例尺采用1∶250 000，重点工作区采用1∶50 000。剖面图上反映了地质体、成土母质、土壤、土地覆被等信息，在调查点上以"开天窗"的形式展示调查点土壤构型照片、植被覆盖照片、土壤垂向剖面等信息（图2-1）。

二、生态地质调查垂向剖面

（一）剖面测制

生态地质剖面测制目的是确定各成土母质单元垂向结构，查明其物质组成、理化性质，研究其由岩到土的地表作用过程等，提高对生态地质属性的认知。根据生态地质环境初步分区框架，在小区域单元内选择有代表性的、能够揭示出调查单元内生态系统与地质环境间内在联系的、反映调查单元的生态环境地质特点的地段，测绘生态地质垂向剖面，突出反映植被-岩石-土壤的依存关系，力求做到每一个生态地质剖面具真正的代表性。

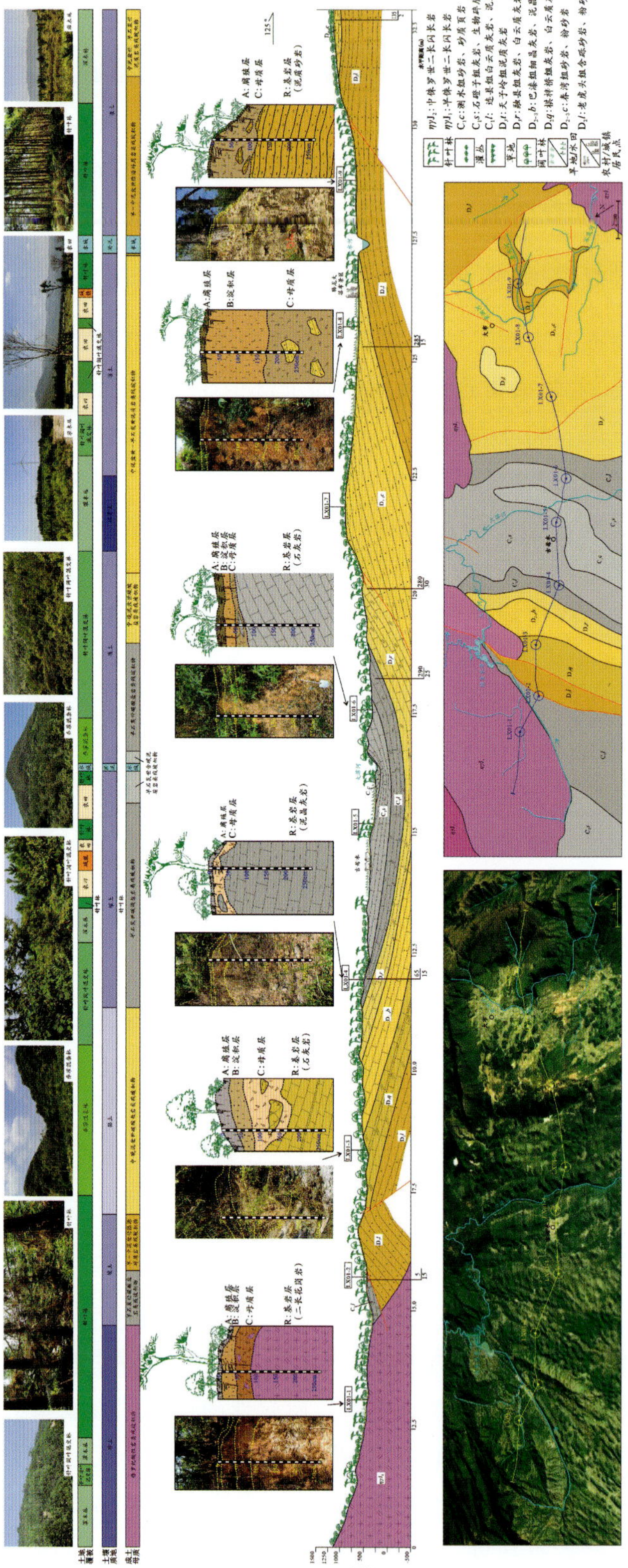

图2-1 乳源源江村东—叠水河生态地质路线图

本次剖面比例尺根据实际情况,确定为1:200,覆盖了调查区大部分成土母质类型。选取岩石-成土母质-土壤构型完整,并具有代表性的地段测制。与主要依靠收集钻孔资料的平原地区不同,在丘陵山地区选用自然或人工露头作为剖面观测点,同时辅以必要的剥土或浅井作业,深度以达到基岩为准。剖面分层以基本土壤发生层为基础,主要划分岩石层(R)、成土母质层(C)、淀积层(B)和腐殖层+有机质层(A+O),在其内部根据质地、成分及其他特征作进一步划分。

实测剖面的野外作业完毕后,及时进行资料整理和样品处理。对各项实测数据进行计算,对各种样品进行分析鉴定。进一步整理、研究剖面资料,根据室内鉴定成果对野外资料进行修正补充,绘制有关图件,编写剖面小结。

剖面调查信息参考路线地质调查点,填写剖面记录卡。剖面记录主要包括地表基质类型、成因类型、质地及矿物组成、湿度、酸碱度、样品、素描、照片等内容,并绘制生态地质剖面图(图2-2)。

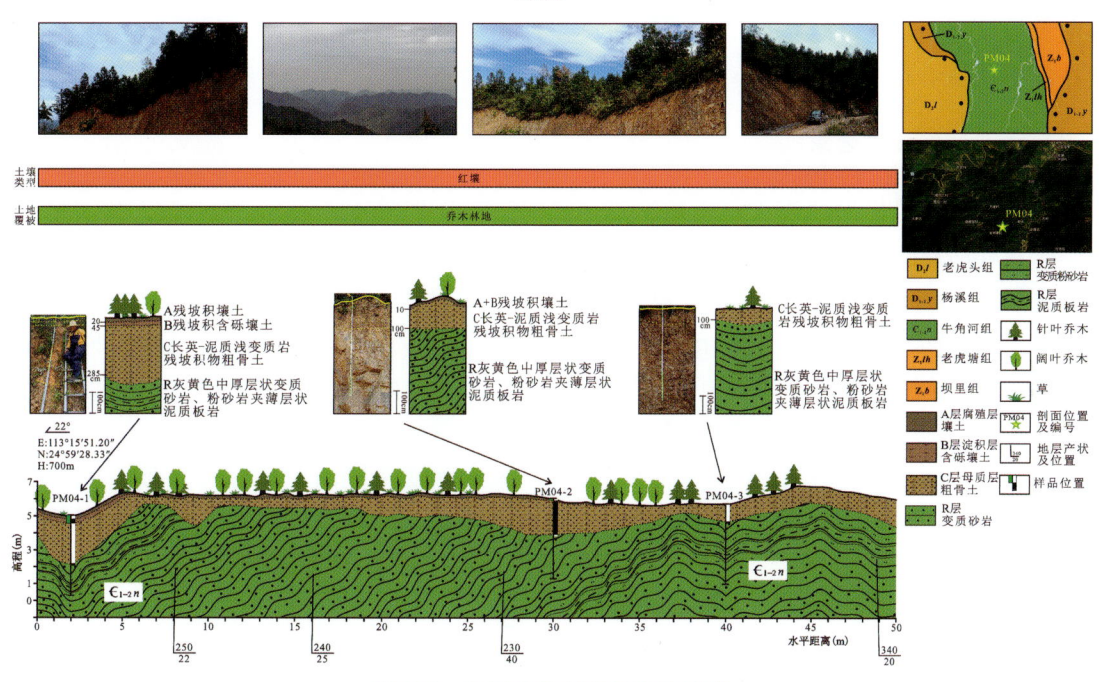

图2-2　生态地质剖面图表达形式

（二）生态地质调查垂向剖面样品采集

测制生态地质综合剖面时,在剖面中选取3～5处具有代表性的位置进行垂向剖面样品采集。主要选取土质层较厚且垂向分层明显的垂向剖面进行分层样品采集,并兼顾产状、构造发育、植被覆盖等要素差异。采用手持GPS定位垂向剖面采集点,并在采样点附近用红油漆作标记。

按分层控制取样:主要在垂向剖面中的①土壤层(腐殖层+有机质层+淀积层)、②成土母质层、③基岩层中采集各类样品。化探分析样品则由上至下分别采集腐殖层＋有机质层、淀积层、成土母质层和基岩层(由表至深编号依次为 PM01-1A、PM01-1B、PM01-1C、PM01-1R)，土壤样品原始质量应大于 1000g；土壤质地样品则将全部由土壤层从上至下充分均匀采集混合(编号为 PM01-1Z)，土壤样品原始质量应大于 2000g；土壤容重样品用环刀采集土壤层中 100cm³ 土壤样品，用密封袋保存(编号为 PM01-1RZ)。

三、天然富硒土地资源调查

利用韶关市土壤环境背景值调查项目成果，以成土母质单元精确圈定富硒土地为调查范围，探索开展富硒土地资源调查新路径，剖析土壤富硒特征，开发利用天然富硒土地资源。

(一)土壤样品采集

1. 采样点布设

在第三次全国国土调查图斑的基础上，借助高清遥感影像图，以大型田埂为界线，对农用地图斑加以分割，划分地块，每一个地块布设1件土壤样，所有土壤样点针对农用地布设，样点布设于地块中心。

2. 样点采集技术要求

土壤样品的采样深度为0~20cm。
采集样品严格按照《土地质量地球化学评价规范》(DZ/T 0295—2016)执行。
采用"一点多坑"采样方法，在布设的采样点上，以GPS定位点为主样坑，向四周辐射确定2~3个分样点，等分组合成一个混合样。主样和子样同一地块内采集，子样距主样距离为10~30m。主样坑通常位于地块中心，采样地块为长方形时，采用"S"形采集子样点；采样地块近似正方形时，采用"X"形或"棋盘"形采集子样点。

野外采样时每个主样坑、子样坑的采样部位、采样深度及样品质量保持一致。采集时去除地表杂物，垂直采集0~20cm深处的土柱，保证了上下均匀采集。样品去除草根、石块、虫体等杂物。采样时避开沟渠、林带、田埂、路边、旧房基、粪堆及微地形高低不平无代表性地段。

3. 采样记录及编号

采用专门、统一的记录卡，实地调查并记录影响土地质量的其他指标，如土壤质地、土地利用、土壤颜色等内容。在底图上对采样地块单元从左向右、自上而下连续顺序编号。样品编号：代号＋样点顺序号。

4. 样品加工及送样

样品摆放在通风、防雨、防潮、整洁卫生的样品仓库进行晾晒风干，经干燥揉碎后充分过10目尼龙筛，弃掉筛上部分，将筛下部分拌匀收集于塑料瓶和纸袋中，每过完一个样品用毛刷清理样品筛和碎样区域,防止样品交叉污染,加工后的样品重复过筛时,筛上残留量不超过1g。纸袋中装入分析样,样重大于200g,送广东省地质实验测试中心分析。

（二）农作物样品采集

本次调查区,大宗作物主要为水稻和黄豆。样品采集时,在采样点30～50m半径范围内,以梅花形采集5～10个点,每个点取10～15株合并为一个样,采集完后晾干脱壳送样,干样重1.0～1.5kg。对种植田块的土壤特性、周围环境等做仔细调查和记录,并初步调查水稻的品种、产量、施肥等情况。样品编号:代号＋点位号＋农产品样标识(ZW)。

四、矿山生态保护与修复调查

调查区北部现存一座历史遗留的大理岩采石场废弃地,该采石场于2008年开采,2016年关停。2018年1月,在该采石场下游水系采集河漫滩样品时,发现存在严重的砷超标,砷含量达1323mg/kg,超出韶关市地方标准约10倍、国家标准40倍。本次调查,有针对性地部署土壤剖面、底泥和植物样品,对矿场的影响范围和程度进行调查。

（一）土壤剖面

垂直矿区下游水系径流方向,布置土壤剖面,采集土壤样品,样品位置由高到低依次为残积物、坡积物、河漫滩沉积物。

（二）底泥

在矿区下游水系按照《地球化学普查规范(1∶50 000)》(DZ/T 0011—2015)要求,采集水系沉积物样品,追溯重金属来源,控制影响范围。

（三）植物样

1. 蜈蚣草

蜈蚣草是我国首次发现的超富集植物,对砷具有很强的富集作用。本次调查工作,采集蜈蚣草样品4件,对照植物高羊茅草1件、马尾松枯枝1件、豚草1件。

2. 树木年轮地球化学样品

选择树龄21年的杉树,按年轮分层采集21件树木年轮地球化学样品,重塑矿山土壤重金属含量历史变化。

五、水质分析

水文分析调查的目的是揭示区域水文地质规律,查找与地下水有关的环境地质问题,提高水文地质调查程度和研究水平,评价地下水对生态环境的影响。本次调查在收集前期区域水文地质调查成果的基础上,根据调查区的基岩裂隙水类型和成土母质单元划分,将区内的三大类地下水细分为碎屑岩类裂隙水、浅变质岩类裂隙水、块状岩类裂隙水、碳酸盐岩类裂隙溶洞水和松散岩类孔隙水5类,并有针对性地采集了样品,作水质全分析。

水质全分析测试项目包括常规项目、金属项目、铁离子和侵蚀性CO_2等45项。

(1)原水(常规项目):2L聚四氟乙烯瓶。用原水洗瓶子2~3遍,装满原水(有效期24h)。

(2)酸化水(金属项目):250mL聚四氟乙烯瓶。用0.45μm的滤膜过滤水样,将采样瓶用过滤的水样(不能用原水润洗)润洗2遍后装样,加入2.5mL(1+1)硝酸摇匀(保证pH<2)(有效期7d,现场添加保护剂)。

(3)Fe^{2+}和Fe^{3+}:100mL聚四氟乙烯瓶,取水样后加(1+1)硫酸溶液1mL,硫酸铵0.2~0.4g,送实验室检测(有效期30d,现场添加保护剂)。

(4)侵蚀性CO_2:250mL聚四氟乙烯瓶,取水样后加入约2g经过纯制的碳酸钙,轻摇助溶,瓶内应留有10~20mL容积的空间,密封(有效期30d,现场添加保护剂)。

第四节 样品加工及测试分析

一、样品加工及分析项目

(一)样品加工

用于土壤物理分析的样品,对照所送样品编号和试验项目逐个逐项进行检查验收后,将原状土壤样品及时送样,室内保存时间不超过3周。

进行化学分析的岩石、母质、土壤等样品,晾干和加工场地应确保无污染,对从野外采回的样品及时进行清理、登记后,置于干净整洁的室内通风场地晾干,或于阴凉处悬挂在样品架上自然风干,严禁暴晒和烘烤,并注意防止雨淋及被酸、碱等气体和灰尘污染。母质及土壤在风干过程中,适时翻动,并将大土块用木棒敲碎以防止黏结成块,加速干燥,同时剔除杂物。

(二)测试分析

垂向剖面的岩石样品进行岩矿分析主要测试Cd、Pb、Hg、Cr、As、Cu、Zn、Ni、Se、Cl、S、Mo、B、F、I、N、P_2O_5、K_2O、CaO、Na_2O、MgO、Al_2O_3、SiO_2、TFe共24项。

调查路线及垂向剖面的土壤样品的化探分析主要测试pH值、有机质、总碳、Cd、Pb、Hg、Cr、As、Cu、Zn、Ni、Se、Cl、S、Mo、B、F、I、N、P、K、Ca、Na、Mg、Al、Si、Fe共27项。土壤的物理分析主要测试土壤质地、土壤容重2项。

富硒土地土壤样品化探分析主要测试pH值、有机质、Cd、Pb、Hg、Cr、As、Cu、Zn、Ni、Se、N、P、K共14项。

农作物样品主要测试As、Cd、Pb、Hg、Cr、Se共6项。

矿区土壤剖面和底泥化探分析主要测试Cd、Pb、Hg、Cr、As、Cu、Zn、Ni、pH值共9项。

矿区植物样品主要测试Cd、As、Pb共3项。

水质分析测试项目包括常规项目、金属项目、铁离子和侵蚀性CO_2等45项。

二、样品分析方法

(一)土壤样品

根据《地质矿产实验室测试质量管理规范》(DZ/T 0130—2006)和《地球化学普查规范(1∶50 000)》(DZ/T 0011—2015)等标准、规范要求,以波长色散 X 射线荧光光谱法、电感耦合等离子体质谱法、电感耦合等离子体原子发射光谱法、原子荧光光谱法、发射光谱法、容量法和离子选择电极法等方法组合成先进、准确度和精密度高的分析体系与配套方案(表 2-1)。

表 2-1 测试分析方法配套方案

测定项目	标准规范编号	分析方法
As	DZ/T 0279.13—2016	原子荧光光谱法
Hg	DZ/T 0279.17—2016	
Se	DZ/T 0279.14—2016	
Na_2O、MgO、Al_2O_3、SiO_2、K_2O、CaO、Fe_2O_3、P、Pb、Zn、(Cu、Ni)	DZ/T 0279.1—2016	波长色散 X 射线荧光光谱法
Cl	DZ/T 0279.10—2016	
S	HJ 780—2015	
Cr、Cu、Ni、(K_2O、P、Zn)	DZ/T 0279.2—2016	电感耦合等离子体原子发射光谱法
B(大于 200 μg/g)	JY/T 0567—2020	
Pb	DZ/T 0279.3—2016	电感耦合等离子体质谱法
Cd	DZ/T 0279.5—2016	
Mo	DZ/T 0279.7—2016	
B	DZ/T 0279.11—2016	发射光谱法
TC	DZ/T 0279.25—2016	红外吸收光谱法
N	DZ/T 0279.29—2016	容量法
有机质	DZ/T 0279.27—2016	
F	DZ/T 0279.21—2016	离子选择电极法
pH 值	DZ/T 0279.34—2016	
I	GDWL/E-HJ-003-2021	比色法
土壤质地	GB/T 50123—2019	筛析法和密度计法
容重	GB/T 50123—2019	环刀法
29 个项目	11 种方法	

备注:括号中项目对应方法为补充验证方案。

（二）岩石样品

根据《地质矿产实验室测试质量管理规范》（DZ/T 0130—2006）的要求，结合样品的性质和含量以及项目类别，采用原子荧光光谱法、X射线荧光光谱法、电感耦合等离子体质谱法、电感耦合等离子体原子发射光谱法、发射光谱法、原子吸收光谱法、比色法、容量法、重量法和离子选择电极法等方法组合成先进、准确度和精密度高的分析体系与配套方案（表2-2）。

表2-2 测试分析方法配套方案

测定项目	标准规范编号	分析方法
SiO_2	GB/T 14506.3—2010（>90.36%）	重量法
Na_2O、MgO、Al_2O_3、SiO_2、K_2O、CaO、Fe_2O_3、P_2O_3	GB/T 14506.28—2010	X射线荧光光谱法
SiO_2、Fe_2O_3、P_2O_5、Al_2O_3	DZG 20.01—1991	比色法
Al_2O_3、CaO、MgO	DZG 20.01—1991	容量法
MgO、Na_2O、K_2O	DZG 20.01—1991	原子吸收光谱法
S	DZG 20.01—1991	容量法
S	GB/T 14506.13—2010	容量法
Cl	DZ/T 0279.10—2016	X射线荧光光谱法
N	DZ/T 0279.29—2016	容量法
Pb	DZ/T 0279.3—2016	电感耦合等离子体质谱法
Cd	DZ/T 0279.5—2016	电感耦合等离子体质谱法
Mo	DZ/T 0279.7—2016	电感耦合等离子体质谱法
Cu、Zn、Cr、Ni	DZ/T 0279.2—2016	电感耦合等离子体原子发射光谱法
B	JY/T 0567—2021（>200μg/g）	电感耦合等离子体原子发射光谱法
B	DZ/T 0279.11—2016	发射光谱法
F	DZ/T 0279.21—2016	离子选择电极法
I	GDWL/E-HJ-003—2021	比色法
As	DZ/T 0279.13—2016	原子荧光光谱法
Hg	DZ/T 0279.17—2016	原子荧光光谱法
Se	DZ/T 0279.14—2016	原子荧光光谱法
24个项目		16种方法

（三）生物样品

根据中国地质调查局《生态地球化学评价样品分析技术要求（试行）》(DD 2005-03)等标准、规范要求，以电感耦合等离子体质谱法(ICP-MS)和原子荧光光谱法(AFS)等方法组合成先进、正确度和精密度高的分析体系与配套方案（表2-3）。

表2-3 生物样品分析测试配套方案

分析方法	指标数（项）	测定元素
电感耦合等离子体质谱法(ICP-MS)	4	As、Cd、Cr、Pb
原子荧光光谱法(AFS)	2	Hg、Se

（四）水样品

根据《地下水质分析方法》(DZ/T 0064—2021)、《水质 65 种元素的测定 电感耦合等离子体质谱法》(HJ 700—2014)、《水质 32 种元素的测定 电感耦合等离子体发射光谱法》(HJ 776—2015)、《水和废水监测分析方法》（第四版）（增补版）和《地质矿产实验室测试质量管理规范》(DZ/T 0130—2006)对水质样品进行分析和质量监控，选择符合元素检出限要求的分析方法。

三、分析测试质量

分析测试工作由具有国家检验检测机构资质认定证书（CMA）的广东省地质实验测试中心承担，以密码形式插入的国家一级标准物质（GBW 系列）与试样同时分析，进行质量控制。通过分析方法的检出限、准确度、精密度、重复性检验合格率和异常抽查合格率等控制分析测试质量。结果合格率均为100%，满足质量控制要求。

第三章 生态地质背景

生态地质背景是地形地貌、构造与结构、成土母质（岩）、土壤、地表水与地下水等对生态有影响的地质要素的总称，是开展生态地质调查研究的基础和前提。

第一节 地形地貌特征

调查区地处南岭山脉南麓，地势由西北向东南倾斜。区内西北部、西部峰峦环峙，总体上属中低山丘陵区，西北部溶蚀地貌显著，是粤北韶关市主要石灰岩地区之一。东北部属丘陵地带，河流两岸地势平缓。区内1000m以上山峰102座，主要山体有北部呈东西走向的平头寨山、瑶山主峰狗尾嶂，南部东西横亘大东山，北部石坑崆主峰，海拔1902m，是广东省境内最高峰。根据地貌成因类型和形态特征，将区内地貌分为5种类型：侵蚀剥蚀中山、侵蚀剥蚀低山、溶蚀侵蚀低山、溶蚀侵蚀丘陵、侵蚀平原（图3-1）。

一、侵蚀剥蚀中山

侵蚀剥蚀中山分布于调查区西部的洛阳镇五指山、中部必背镇一带，面积约400km²。山顶标高1000～1902m，最大标高1902m（石坑崆主峰），相对高差500～900m，沟谷深切呈"V"字形，自然坡度40°～50°，植被较发育。构成山体的地层岩性较为复杂，主要由侏罗纪二长花岗岩、泥盆纪碎屑岩、震旦纪及寒武纪变质岩等构成，基岩多裸露，残坡积层厚一般小于1.0m，部分坡脚地带厚2～4m，岩浆岩区风化层厚度一般大于5m，其他地层强风化层厚度一般为2～5m。

二、侵蚀剥蚀低山

侵蚀剥蚀低山主要分布于调查区东侧天门坳、洛阳镇西南角一带，面积相对较小。山顶标高一般为500～800m，相对高差为200～700m，沟谷大都呈"V"字形，山坡坡度一般为30°～40°，植被较发育。山体主要由泥盆纪碎屑岩构成，残坡积层厚度一般为1～5m，强风化层厚度一般为2～5m。

三、溶蚀侵蚀低山

溶蚀侵蚀低山主要分布于调查区东侧一六镇南部和洛阳镇西南角一带，面积相对较小，与侵蚀剥蚀低山分布范围相似。山顶标高一般为500～800m，相对高差为200～700m，沟谷大都呈"V"字形，山坡坡度一般为30°～40°，植被较发育。山体主要由石炭纪碳酸盐岩构成，残坡积层厚度一般为1～5m，强风化层厚度一般为2～5m。

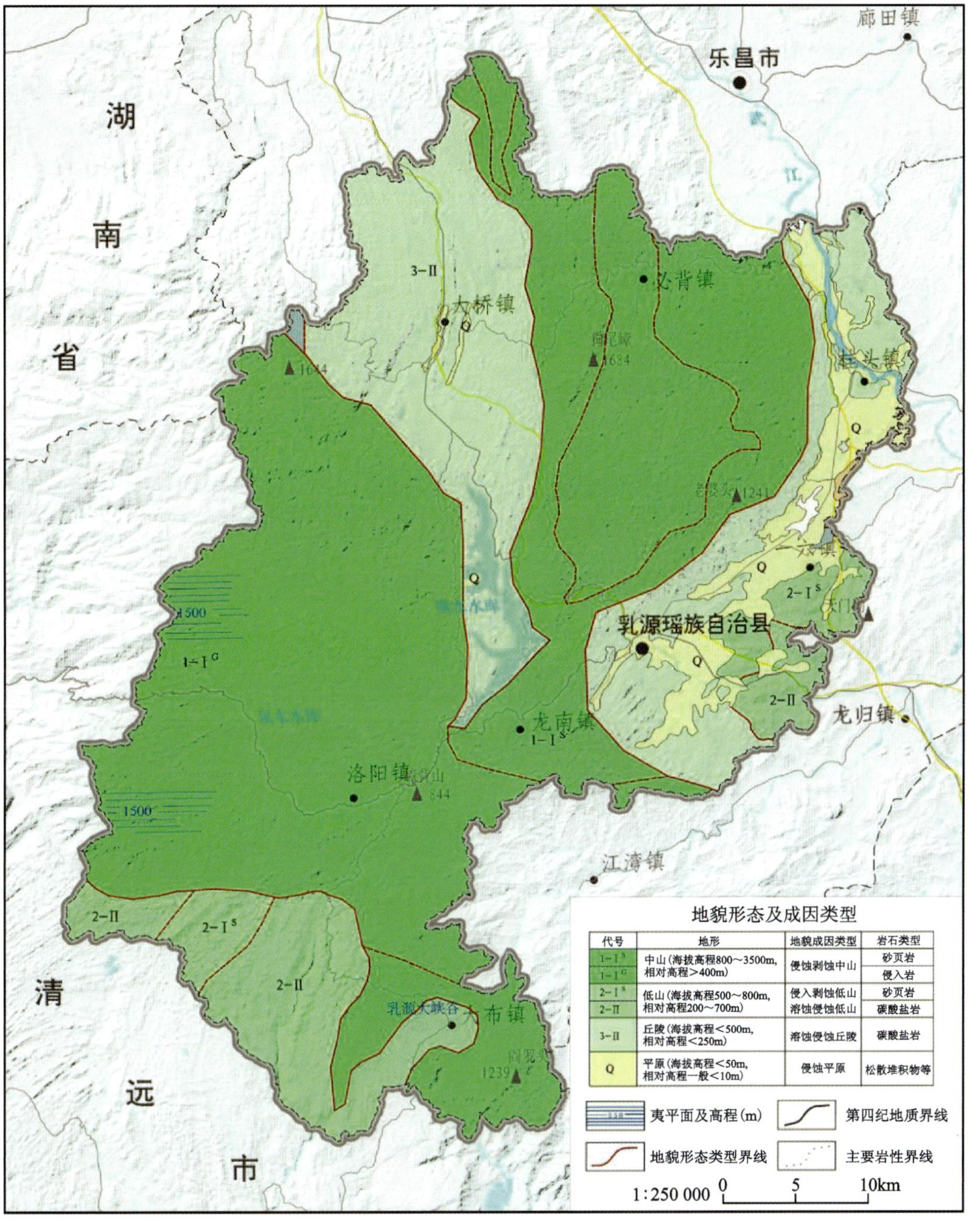

图 3-1　调查区地势地貌图

四、溶蚀侵蚀丘陵

溶蚀侵蚀丘陵主要分布于北部大桥镇一带、乳源县城周边。丘顶标高一般为 200～500m，相对高差一般小于 250m，丘谷平缓呈"U"字形，山坡坡度一般小于 25°，植被较发育。

出露的地层主要为石炭纪碳酸盐岩,残坡积层主要发育在山坡下部,山坡中、上部基岩多裸露,强风化层厚度一般为2～4m,部分基岩裸露地段小于1m。

五、侵蚀平原

侵蚀平原主要分布于武江河、南水河等河流两岸,面积为211.30km²,占全县总面积的9.19%。分布的地层主要为全新统冲积层,厚2～20m,部分地段按其形成时期和相对高程,可分为Ⅰ级、Ⅱ级阶地。

第二节　区域地质背景

一、地层

调查区隶属华南地层大区的东南地层区的桂湘赣地层分区,分属韶关地层小区及阳山小区,区内地层发育较为齐全,从老到新出露有震旦系、寒武系、泥盆系、石炭系、二叠系、三叠系、侏罗系和第四系(图3-2)。

(一)震旦系

震旦系在区内主要出露坝里组(Z_1b)和老虎塘组(Z_2lh),分布于调查区东北部必背镇一带,出露面积较小。坝里组岩性为灰色、灰绿色变余长石石英杂砂岩、凝灰质砂岩、粉砂岩与砂质板岩、千枚岩等。老虎塘组岩性组合为细粒砂岩—粉砂岩(或粉砂质板岩)—板岩、硅质岩的基本层序,顶部为中厚层硅质岩、条带状硅质岩。

(二)寒武系

寒武系在区内主要出露牛角河组($C_{1-2}n$),分布于调查区北部必背镇以南的中山区域。岩性由灰黑色、灰绿色、青灰色中厚层状—薄层条带状粉砂质泥质板岩、绿帘绢云板岩、绢云千枚岩、粉砂岩夹变质细粒长石石英杂砂岩、碳质千枚岩、硅质岩等组成。

(三)泥盆系

泥盆系在区内大面积出露,由南部大布镇向北至桂头镇一线的东侧均有广泛的分布。地层从老到新如下。

杨溪组($D_{1-2}y$):砾岩、砂砾岩夹砂岩、粉砂岩,以含有复成分砾岩为特征。与下伏地层呈角度不整合接触。

老虎头组(D_2l):灰白色石英质砾岩、含砾砂岩、粉砂岩及粉砂质页岩。

易家湾组(D_2yj):泥岩、粉砂质泥岩、粉砂岩、钙质页岩等,局部夹泥灰岩或生物碎屑灰岩,岩层呈薄层状或条带状,水平层理发育。

棋梓桥组(D_2q):灰白色、灰黑色巨厚—厚层状灰岩,夹白云质灰岩及白云岩。

2）富水性贫乏区

主要为早侏罗世、早白垩世细—中粒斑状花岗岩及细粒黑云母花岗岩，风化带较薄，裂隙不发育，含水较贫乏，地下水露头较少。枯季地下径流模数小于 6L/(s·km^2)，泉流量一般小于 0.1L/s，单井涌水量小于 100m^3/d。主要分布于洛阳镇北部及大桥镇西南部，分布面积 352.07km^2。

（二）碳酸盐岩类裂隙溶洞水

包括泥盆系（棋梓桥组、巴漆组、天子岭组、帽子峰组）、石炭系（连县组、石磴子组、梓门桥组、壶天组）、二叠系（栖霞组）等碳酸盐岩。裸露型面积 641.06km^2，覆盖型面积 45.49km^2，埋藏型面积 0.67km^2，总面积 687.22km^2，分述如下。

1. 碳酸盐岩裂隙溶洞水（碳酸盐岩厚度大于 70%）

（1）裸露型（水位埋深小于 100m），面积 370.42km^2。

①富水性丰富区。

主要为泥盆系棋梓桥组、巴漆组、天子岭组、帽子峰组，石炭系连县组、石磴子组、梓门桥组、壶天组，二叠系栖霞组，岩性为白云质灰岩或灰岩，大泉流量一般大于 100L/s，单井涌水量大于 1000m^3/d，枯季地下径流模数大于 6L/(s·km^2)。主要分布于大桥镇及大布镇，出露面积 198.36km^2。

②富水性中等区。

主要为泥盆系棋梓桥组、巴漆组，石炭系连县组、石磴子组、梓门桥组、壶天组，二叠系栖霞组白云质灰岩或灰岩，大泉流量一般 10～100L/s，单井涌水量 100～1000m^3/d，枯季地下径流模数 3～6L/(s·km^2)。主要分布于大桥镇、大布镇、桂头镇及游溪镇，出露面积 172.06km^2。

（2）覆盖型（碳酸盐岩顶板埋深小于 50m），面积 19.81km^2。

①富水性丰富区。

单井涌水量大于 1000m^3/d，主要分布于桂头镇西部和东南部，面积 16.31km^2。

②富水性中等区。

单井涌水量 100～1000m^3/d，主要分布于大布镇镇中心，出露面积 3.50km^2。

（3）埋藏型，面积 0.67km^2。

富水性中等区单井涌水量 100～1000m^3/d，碳酸盐岩顶板埋深大于 100m。上部为上三叠统艮口群砂岩、粉砂岩夹砾岩、粉砂质页岩，为基岩裂隙水，富水性为贫乏；下部为裂隙溶洞水，富水性中等，呈条带状分布于桂头镇北部，面积 0.67km^2。

2. 碳酸盐岩夹碎屑岩裂隙溶洞水（碳酸盐岩厚度 50%～70%）

（1）裸露型（水位埋深小于 100m），面积 270.64km^2。

①富水性丰富区。

主要为泥盆系东坪组、天子岭组、长垅组及石炭系大赛坝组灰岩、白云质灰岩夹砂岩等，大泉流量一般大于100L/s,单井涌水量大于1000m³/d,枯季地下径流模数大于6L/(s·km²)。主要分布于大桥镇西南部及西北部,分布面积32.24km²。

②富水性中等区。

主要为泥盆系东坪组、巴漆组、天子岭组及石炭系大赛坝组灰岩、白云质灰岩夹砂岩等,大泉流量一般10～100L/s,单井涌水量100～1000m³/d,枯季地下径流模数3～6L/(s·km²),主要分布于大桥镇、乳城镇、游溪镇、桂头镇,零星分布,分布面积238.40km²。

(2)覆盖型(顶板埋深小于50m),面积25.68km²。

富水性中等区主要分布于桂头镇南部、北部及乳城镇镇中心,呈条带状,面积25.68km²。单井涌水量100～1000m³/d。

(三)松散岩类孔隙水

包括更新统及全新统冲积层和少量洪积层及坡残积层孔隙水。分布面积130.08km²,分布于南水水库周边、沿河流两岸及山前平原,呈条带状分布,组成漫滩及阶地。松散岩厚度0.2～26m,水位埋深0.50～4.80m。总的特点为范围窄,厚度不稳定,岩性变化较大,富水性差异悬殊。

1)富水性中等区

单井涌水量100～1000m³/d(为降深5m,口径203mm的换算涌水量),主要分布在桂头镇武江西岸、一六镇一带。分布面积47.15km²。

2)富水性贫乏区

单井涌水量小于100m³/d(为降深5m,口径203mm的换算涌水量),主要分布在桂头镇杨溪圩武江东岸、游溪镇、乳城镇一带。分布面积82.93km²。

二、地下水补径排特征

(一)地下水补给条件

调查区降水量丰沛,致使地下水循环交替较强烈,地下水的补给形式,主要接收大气降水的垂向补给,次为地表水、农田灌溉回归水渗入及其他类型地下水越流侧向补给,补给强度受降水量、降水形式、地势陡缓程度、岩石透水性、构造断裂、植被条件制约。

1. 松散岩类孔隙水

该地下水类型主要补给来源是大气降水,在平原山前地带还得到地表水的渗入补给,但不同岩组接受的补给量不同,砂土、砂砾石岩组和砾石类黏土岩组的降雨入渗系数大,黏土岩组入渗系数小,据粤北岩溶石山地区地下水资源勘查与生态环境地质调查项目资料,砂土、砾石岩组入渗系数0.16～0.17,黏土岩组入渗系数仅0.07～0.08。

2. 基岩裂隙水

基岩裂隙水补给来源同样是大气降水。从地貌上看,区内丘陵地形起伏小、表层岩石风化强烈,通常有一层较厚的残积土覆盖于基岩上,构造裂隙被充填堵塞,降水不易入渗补给地下水,其补给条件相对较差;在调查区西北部中山、低山地貌区,地形陡、坡降大、构造裂隙贯穿地表,降水易补给地下水,则补给条件较好。根据本区长观资料,基岩裂隙降雨入渗系数为0.056～0.314,平均0.183。基岩裂隙入渗能力受降雨量大小、岩性、风化层厚度、构造裂隙发育程度、植被条件等影响。

3. 碳酸盐岩类裂隙溶洞水(岩溶水)

岩溶水的补给形式多样,以大气降水垂向入渗补给为主,次为地表水集中入渗或垂向、侧向渗漏等。在非岩溶覆盖或包容式的岩溶区岩溶水,非岩溶区地下水以垂直或侧向补给岩溶水,在密集的峰丛山区以降雨直接入渗或地表散流直接入渗,在峰丛山区除直接接受大气降水外,可与地表水相互转化、互补,在平原区除大气降水入渗补给外,还有越流侧向补给,或农田灌溉回归入渗,在丰水季节,近江河边,河水倒灌补给也是一种补给方式。

(二)地下水径流条件

地下水径流形式主要以潜水在裂隙及孔隙中径流,岩溶水的径流形式在峰丛、峰林区多呈集中的管道流形式,而在平原区多以管隙流形式,但在白云岩或不纯碳酸盐岩中,多以隙流或管隙流形式径流;孔隙水则具有一定的潜水面在孔隙中缓流;基岩裂隙水在各种形式的裂隙中以分散流形式径流。

(三)地下水排泄条件

地下水排泄方式主要排向地表江河及构造、断裂汇水带。松散岩类孔隙水以蒸发排泄为主,但在河流切割地段均以渗流方式补给河水,在丰、枯水期,松散岩类孔隙水与地表水有互补现象;基岩裂隙水沿纵横裂隙汇集,径流途径短,在沟谷两侧呈散流状排泄于地表汇成溪沟,但局部岩石较坚硬、构造裂隙发育、汇水条件较好地段,部分地下水则以泉的形式集中泄露地表;岩溶水的排泄多以地下河及泉的形式集中于岩溶盆地边缘、与非岩溶地层接触带、江河边或构造富水破碎带排泄。

第四章 主要生态地质问题调查评价

调查区地处粤北生态屏障中的南岭山地森林及生物多样性保护区,也是广东省北部生态发展区,保存着完整的亚热带常绿阔叶林系统,拥有多样的生物基因,具有明显的喀斯特地貌和丹霞地貌景观特征,形成了丰富多样的地质特色和生态景观。然而,随着区域发展、资源开发以及人民群众的环境保护意识逐步增强,石漠化、水土流失、矿山环境地质、土壤环境质量、地质灾害等生态环境问题也逐渐显露出来。在全面推进生态文明建设、构建人与自然和谐共处的进程中,这些问题也日益成为影响地区发展的重大阻碍。因此,对区内的典型生态地质问题的调查显得尤为重要。本次工作,着重对区内生态环境产生重要影响的石漠化、水土流失、历史遗留矿山环境地质和土壤环境质量4类典型生态地质问题开展针对性调查评价。

第一节 石漠化

调查区北部大桥和西南大布镇,发育着大片碳酸盐岩,属于广东省北部的粤北岩溶山区。该区域岩溶地貌发达,有峰林石山、溶蚀谷地、石芽、溶蚀漏斗、落水洞、天坑、溶洞等典型岩溶地貌类型。根据广东省2011年开展的第二次石漠化监测结果,这里也是广东省土地石漠化程度较为严重且集中的主要区域之一(图4-1)。

一、石漠化的概念与划分方案

石漠化概念是20世纪90年代提出的,一直以来,对石漠化概念和内涵认识不一,存在着较大的争议。近年来,通过对石漠化的形成原因、特点、地域、机制进行研究,形成比较统一的认识,认为石漠化是指土地石质荒漠化,是一种土地退化过程。石漠化分为广义石漠化(rock desertification)和狭义石漠化(karst rock desertification),广义石漠化泛指一切土地石质荒漠化,而狭义石漠化指岩溶石漠化,即在温暖湿润的碳酸盐岩发育的岩溶脆弱生态环境下,因人为干扰致使植被持续退化,甚至丧失,进而引发水土流失、土地生产力下降,基岩大面积裸露于地表,呈现类似荒漠景观的土地退化过程。本次工作开展的石漠化调查评价,针对的是狭义石漠化,即岩溶石漠化。

目前,石漠化分类分级尚未有统一的标准,但相关文献中石漠化分类分级的划分方案基本都与基岩裸露率和植被、土被覆盖率这两个指标有关,因此,在参照前人划分方案的基础上,结合本次工作的实际情况,采用基岩裸露率和植被、土被覆盖率为指标,构建本次石漠化遥感调查的分类分级方案(表4-1)。

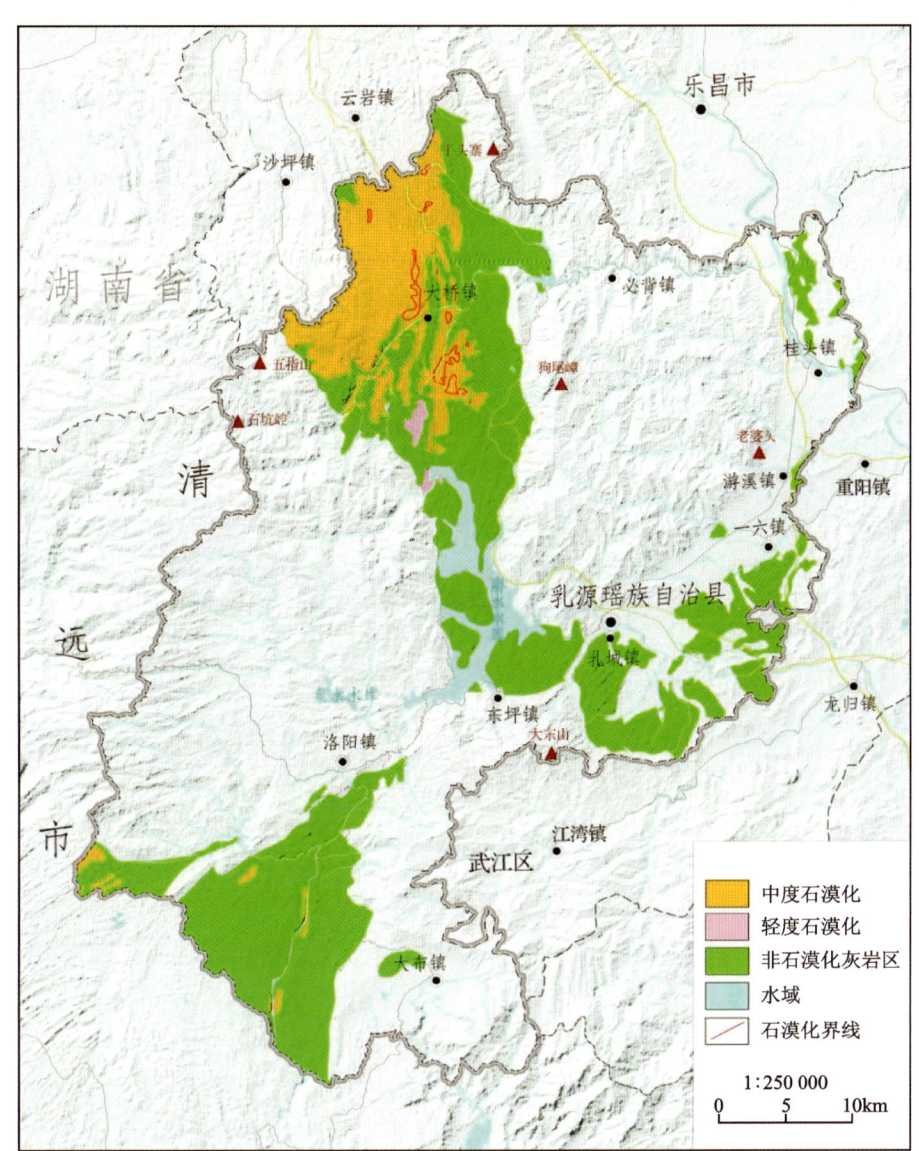

图 4-1 乳源地区石漠化分布示意图

(据广东省林业厅,2011 有修改)

表 4-1 调查区石漠化强度划分表

石漠化强度	基岩裸露率(%)	植被+土被覆盖率(%)
无石漠化	<10	>90
潜在石漠化	10～30	70～90
轻度石漠化	30～50	50～70
中度石漠化	50～70	30～50
重度石漠化	>70	10～30

二、石漠化遥感影像特征

(一)无石漠化

无石漠化土地,在遥感影像图上表现为峰丛地貌特征,斑状纹理,丘状山包,为典型的碳酸盐岩地貌形态,植被保护完好的土地利用类型通常为有林地,以阔叶林为主,主体色调为绿色、墨绿色(图4-2),可清楚辨识树冠;植被较差的则多为灌木林地、草地,灌木林地主体色调为绿色,草地视成像季节而不同,生长季多呈绿色,枯萎季多呈褐色、黄褐色。

图 4-2　调查区无石漠化土地影像图和实地照片

无石漠化的土地几乎没有人为扰动或少有人为扰动,植被覆盖率高,基岩几乎不裸露,尽管峰丛山体坡度较陡,但植被保水固土能力强,没有发生石漠化,未来如果没有人为破坏或大的自然灾害,预计也不会产生石漠化。

(二)潜在石漠化

潜在石漠化土地在遥感影像图上,表现为峰丛地貌特征,有时见有漏斗、落水洞等,主体色调为灰褐色夹杂浅绿色,略微可见灰色、灰白色斑点(图4-3),植被覆盖度较好,人类活动迹象较少,沟谷内多分布有耕地,山坡耕地多少则不一,有的已经退耕还林、还草,或自然封育。

图 4-3　调查区潜在石漠化土地影像图和实地照片

（三）轻度石漠化

轻度石漠化土地在遥感影像图上表现为峰丛洼地、峰丛谷地等岩溶地貌特征，有时见有漏斗、落水洞等，主体色调为墨绿色、绿色、灰褐色，见有灰色、灰白色斑点、斑纹（图 4-4），植被覆盖以灌木、草地为主，植被覆盖度一般，人类活动迹象较多，沟谷内多分布有耕地，山坡耕地多少则不一。

图 4-4　调查区轻度石漠化土地影像图和实地照片

（四）中度石漠化

中度石漠化土地在遥感影像图上，主体色调为墨绿色、绿色、灰褐色与灰色、灰白色斑点、斑纹间杂，基岩裸露明显（图 4-5），植被覆盖以灌木、草地为主，植被覆盖度较差，人类活动迹象较多，沟谷内与山坡均分布较多耕地。

图 4-5　调查区中度石漠化土地影像图和实地照片

（五）重度石漠化

从遥感图像并结合野外调查，调查区基本少有大片重度石漠化区域，仅局部见有零星分布的小块重度石漠化土地。重度石漠化土地在遥感影像图上主体色调为灰色、灰白色，基岩裸露,植被覆盖度极差,基本不见植被(图 4-6),由于生态环境恶劣,人类活动迹象少,仅沟谷内分布有少量耕地,山坡鲜有耕地。

图 4-6　调查区重度石漠化土地影像图和实地照片

三、石漠化分布与动态变化

(一)石漠化分布

按照本次石漠化遥感调查的分类分级方案,结合遥感解译和实地验证,调查区现有石漠化土地约 31.61km^2,其中轻度石漠化 28.73km^2,占 90.89%;中度石漠化 2.56km^2,占 8.08%;重度石漠化 0.32km^2,仅占 1.03%(表 4-2)。石漠化土地面积仅占全域面积的 1.37%,石漠化土地面积不论是数量还是占比,均较低;石漠化发生率也低,仅为 4.87%(石漠化发生率=石漠化面积/岩溶石山面积×100%),不到 5%。因此,不论是从石漠化土地面积还是从石漠化发生率来看,调查区整体石漠化并不严重。

表 4-2　调查区石漠化面积统计表

石漠化程度	面积(km^2)	占比(%)
轻度石漠化	28.73	90.89
中度石漠化	2.56	8.08
重度石漠化	0.32	1.03
合计	31.61	100.00

注:石漠化土地面积占全域面积的 1.37%,石漠化发生率 4.87%。

调查区石漠化空间分布整体呈零散、零星散布(图 4-7),局部呈集中分布,大部分石漠化土地分布在县域西北部的大桥镇,另有少量石漠化土地零星分布于大布镇、乳城镇、洛阳镇和一六镇。从程度而言,以大桥镇西北部的岩溶石山区最为严重(图 4-8),全区中度、重度石漠化主要分布于此,其他地区以轻度为主。

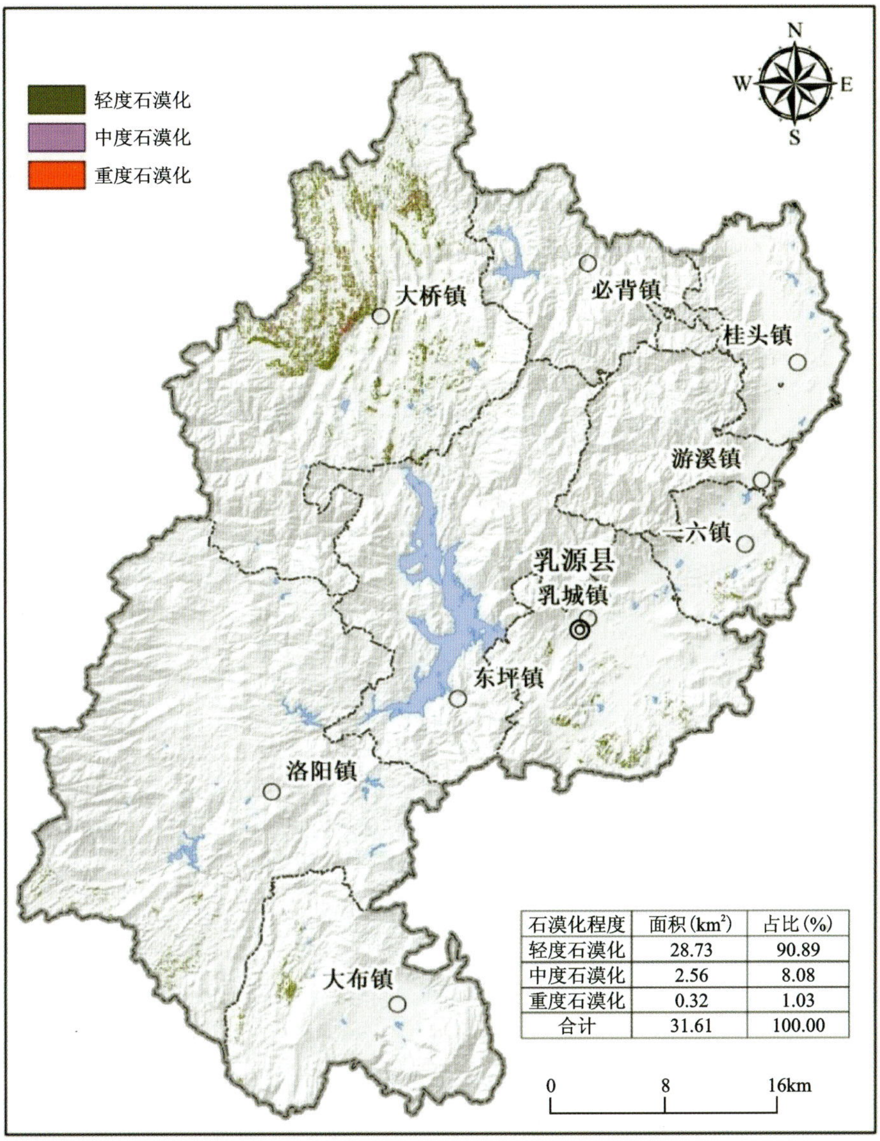

图 4-7 调查区石漠化分布图

石漠化程度	面积(km²)	占比(%)
轻度石漠化	28.73	90.89
中度石漠化	2.56	8.08
重度石漠化	0.32	1.03
合计	31.61	100.00

图 4-8　大桥镇局部石漠化实地照片

(二)石漠化动态变化

据前人研究,调查区曾经发生石漠化的土地面积为 86.50km²,其中极重度石漠化 0.24km²、重度石漠化 54.56km²、中度石漠化 48.15km²、轻度石漠化 14.06km²。截至 2022 年,调查区通过封山育林、人工造林、油茶种植等措施,共完成石漠化区域治理 8.225 万亩(约 54.84km²),全区石漠化总体恶化趋势得到有效遏制,有力促进了岩溶地区经济、社会、生态协调发展。

本次工作通过遥感解译获得的调查区石漠化土地面积约 31.61km²(与据前人资料获得的石漠化治理后的剩余石漠化土地面积 31.66km² 极为接近,这是对遥感解译结果准确性、可靠度的有效验证),其中轻度石漠化 28.73km²,占 90.89%;中度石漠化 2.56km²,占 8.08%;重度石漠化 0.32km²,仅占 1.03%。从石漠化土地面积来说,治理后累计减少 63.40%;从程度来说,已经没有极重度石漠化,而且重度石漠化和中度石漠化面积也大量减少,实现了"石漠化面积缩减、石漠化程度减轻、植被盖度提高"三大变化,表明调查区前期石漠化综合治理已初见成效。综上所述,从石漠化土地面积和石漠化发生率来看,调查区整体石漠化并不严重,总体以轻度石漠化为主。然而,从石漠化分布的角度来看,调查区重度石漠化主要集中于大桥镇西北部的岩溶石山区,与 2011 年石漠化位置高度重合,这一现象应引起重视,石漠化治理不能完全靠自然恢复的思路,必须通过人为干预,进行石漠化综合治理,对退化土地进行生态重建,构建绿水青山的生态景观。

第二节　水土流失

水土流失对山地丘陵区农业的持续发展影响巨大,一方面,水土流失会引起滑坡、崩塌、地面塌陷和沉降及地裂缝,致使基岩完全裸露,反过来又引起土壤侵蚀加剧,从而进入恶性循环;另一方面,水土流失还会引起地下水疏干和地表水流失干枯,造成局部缺水;在碳酸盐岩出露区,水土流失还会造成土地退化,导致局部形成石漠化。调查区地处亚热带季风性湿润气候区,地形地貌多属丘陵山地区,湿热的气候条件、利于侵蚀剥蚀的丘陵山地地形、叠加大片发育出露的石灰岩地层等,导致土壤侵蚀较为强烈,水土流失成为该区主要的生态地质问题。

一、土壤侵蚀强度计算

土壤侵蚀强度是水土流失危害的重要表征,通过遥感调查,查明土壤侵蚀强度分级与分布,评价水土流失的生态风险。

通过遥感信息提取方法获得土地利用和植被覆盖度,由数字高程模型(DEM)通过坡度分析获得地形坡度,然后根据《土壤侵蚀分类分级标准》(SL 190—2007)中面蚀强度综合判断的有关规定,综合判定土壤侵蚀强度,并进行强度分级。

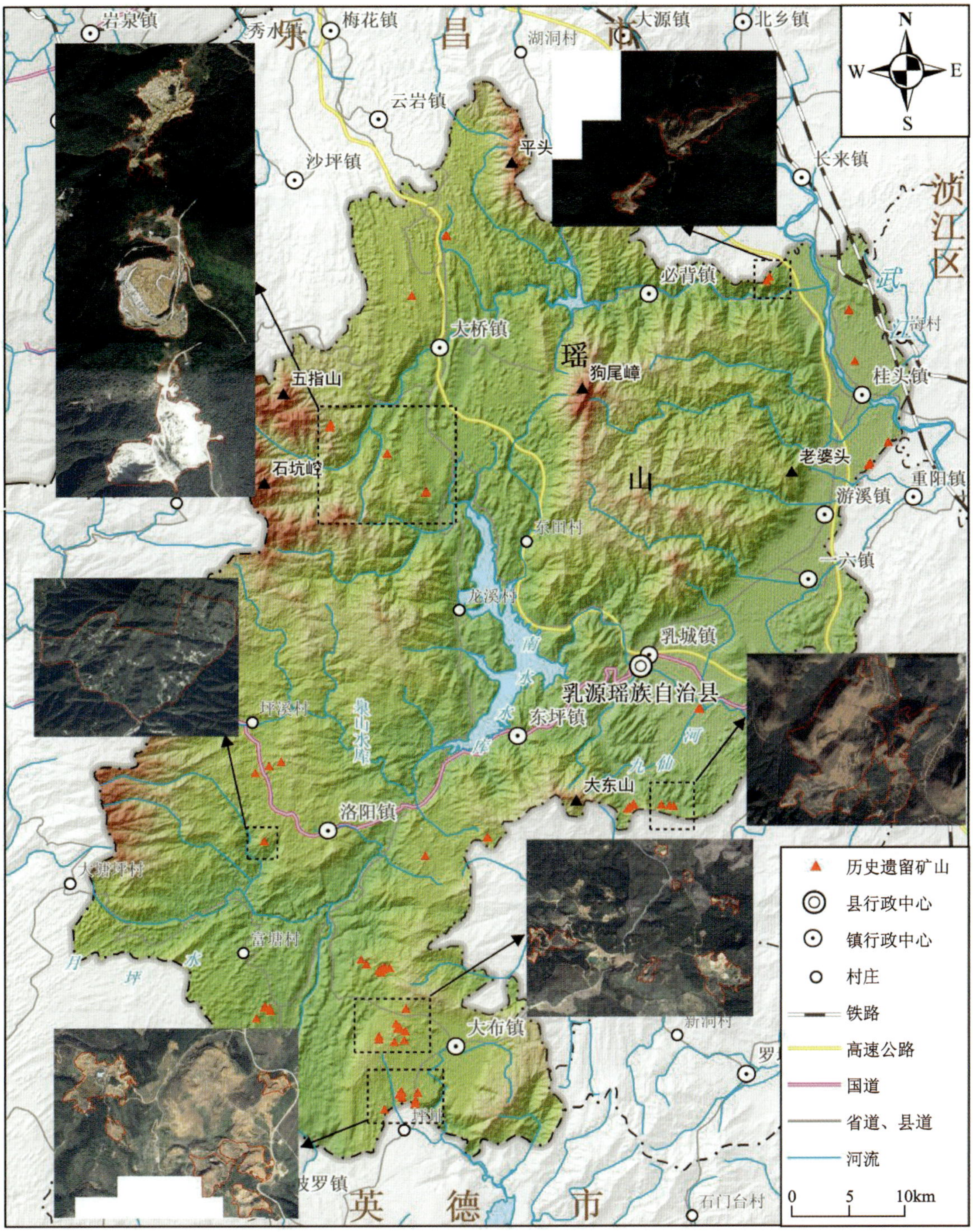

第四章 主要生态地质问题调查评价

图 4-14 乳源第一批历史遗留矿山位置分布图
（据乳源瑶族自治县自然资源局 2022 年 2 月公示资料编制）

第四节　土壤环境质量

一、土壤单元素环境质量等级价

生态环境部2018年颁布了《土壤环境质量 农用地土壤污染风险管控标准(试行)》(GB 15618—2018)。标准规定了农用地中重金属元素在不同酸碱度条件下的土壤污染风险的筛选值和管制值(表4-5)。本次土壤环境质量评价,参照该标准的对土壤污染风险筛选值和管制值的划分,将土壤环境质量分为3个等级:当土壤中污染物含量等于或低于标准规定的风险筛选值,农用地土壤污染风险低,环境质量等级为一等,土地归为优先保护级别;当土壤中污染物含量高于标准规定的风险筛选值时,但低于管制值时,可能存在农用地土壤污染风险,环境质量等级为二等,对应土地质量等级为安全利用;当土壤中Cd、Hg、As、Pb、Cr的含量高于标准规定的风险管制值时,农用地土壤污染风险较高,环境质量等级为三等,土地质量应当进行严格管控。

表4-5　农用地重金属筛选值与管制值划分标准　　　　　　　　（单位：mg/kg）

元素项目		水田				其他			
		pH≤5.5	5.5<pH≤6.5	6.5<pH≤7.5	pH>7.5	pH≤5.5	5.5<pH≤6.5	6.5<pH≤7.5	pH>7.5
As	筛选值	30	30	25	20	40	40	30	25
	管制值	200	150	120	100	200	150	120	100
Cd	筛选值	0.3	0.3	0.3	0.8	0.3	0.3	0.3	0.6
	管制值	1.5	2.0	3.0	4.0	1.5	2.0	3.0	4.0
Cr	筛选值	250	250	300	350	150	150	200	250
	管制值	800	850	1000	1300	800	850	1000	1300
Hg	筛选值	0.5	0.5	0.6	1.0	1.3	1.8	2.4	3.4
	管制值	2.0	2.5	4.0	6.0	2.0	2.5	4.0	6.0
Pb	筛选值	80	100	140	240	70	90	120	170
	管制值	400	500	700	1000	400	500	700	1000
Cu	筛选值	150	150	200	200	50	50	100	100
Ni	筛选值	60	70	100	190	60	70	100	190
Zn	筛选值	200	200	250	300	200	200	250	300

韶关地区2019年完成了"韶关市土壤环境背景调查"项目。本次生态地质调查,收集乳源境内422件地球化学样品数据资料,结合本次生态地质路线调查的样点,共计588件土壤地球化学样品,获取包括酸碱度和8个重金属元素在内的约5300个地球化学数据,对调查区进行土壤环境质量等级评价。需要特别说明的是,现行国家只有农用地和建设用地的土壤环

境质量标准,林地暂未有相应的环境质量标准,按照从严原则,林地土壤环境质量评价执行相较于建设用地更为严格的农用地标准。

(一)土壤 As 元素环境质量

As 是影响调查区土壤环境质量最主要的重金属元素,平均含量为 42.54mg/kg,最高含量达 2893mg/kg(pH 值 8.03),超出管制值将近 30 倍。单元素土壤环境质量评价结果表明(图 4-15),区内土壤环境质量主体属于优先保护级别,优先保护类土壤面积为 1 501.98km²,占全区面积的 65.3%,主要分布于中部乳城镇至洛阳镇大片区域,以及东北部必背镇—游溪镇一带;安全利用类土壤面积 723.45km²,占全区总面积的 31.5%,主要分布在大桥镇镇区外

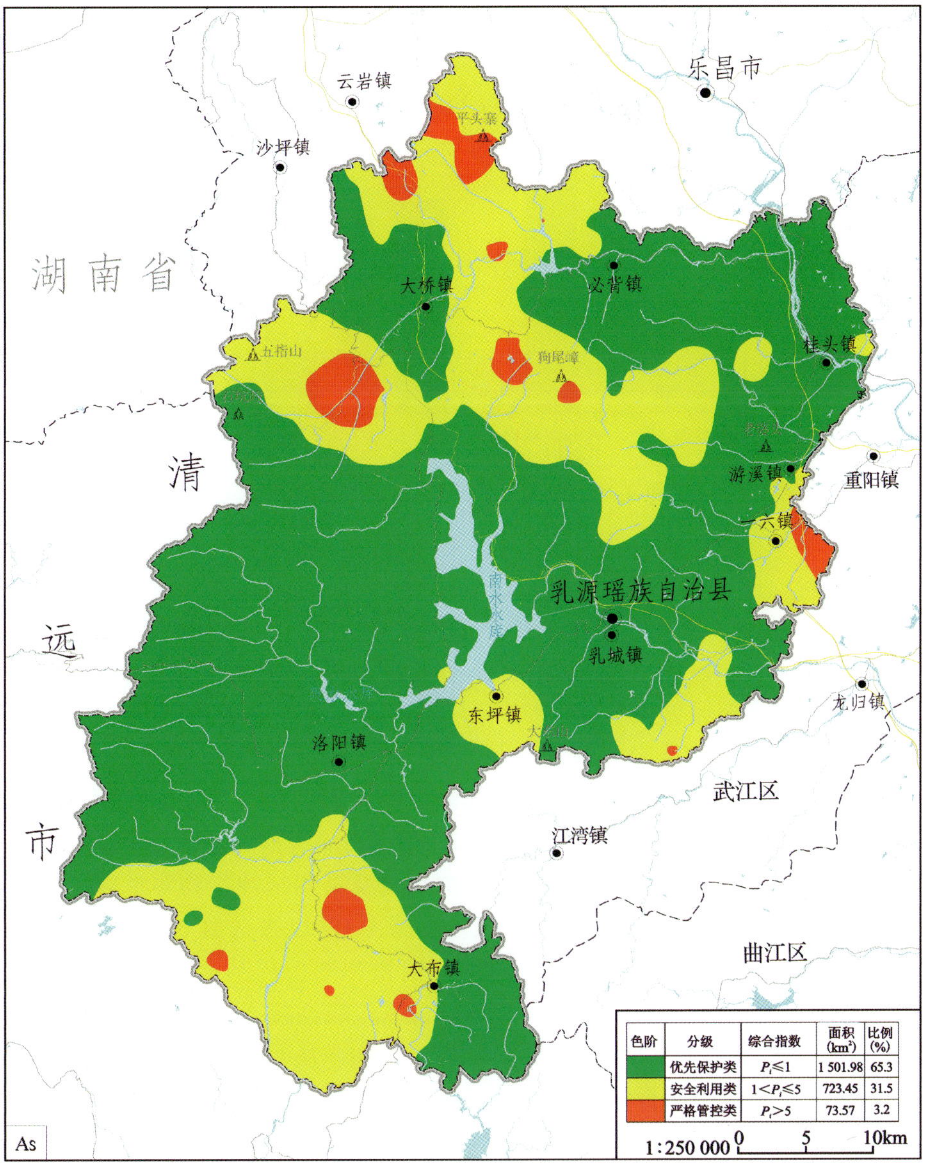

图 4-15 土壤 As 元素环境质量等级评价图

缘以及大布镇西部等地区；需严格管控类土壤面积有 73.57km²，占全区面积的 3.2%，呈块状分布在大桥镇北部、西南部、东南部等山前区域及一六镇东部等地区。

全区各成土母质单元表土 As 平均含量比较见图 4-16，以 30mg/kg 为界，总体分两个含量级：高含量土壤为碳酸盐岩母质，As 平均含量为 66.18mg/kg；长英质-泥质变质岩、第四纪冲积物、陆源碎屑岩母质含量居中，含量分别为 45.28mg/kg、38.74mg/kg、33.33mg/kg，这 4 类成土母质 As 含量均不同程度地超出了筛选值范围，构成调查区 As 含量高地质背景；低含量土壤为花岗岩母质，含量为 17.27mg/kg。从 As 的区域分布来看，区内 As 的高含量区域主要位于大桥镇与大布镇碳酸盐岩分布区，严格管控区域多出现在花岗岩与碳酸盐岩地层的垂直蚀变带、多期褶皱或断裂构造叠加交互的区域以及低温热液矿点周边的冲积层，表明土壤砷高含量与母质母岩的分布关系密切，构造岩浆岩活动以及采矿活动加剧了高含量的 As 从原岩析出，并富集于表生土壤中。

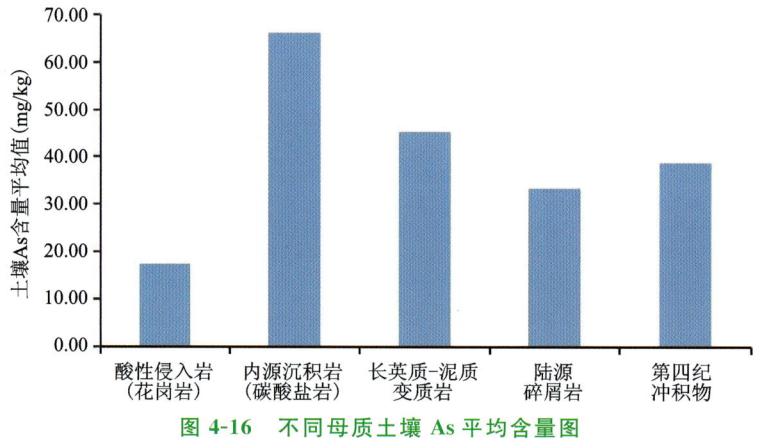

图 4-16　不同母质土壤 As 平均含量图

（二）土壤 Cd 元素环境质量

Cd 是调查区土壤环境质量相对较差的重金属元素，平均含量为 0.487mg/kg，最高含量达 13.3mg/kg（pH 值 7.21），为对应管制值的 4.4 倍。土壤环境质量评价结果表明（图 4-17），全区土壤环境质量以优先保护为主，面积达 1 675.99km²，占全区总面积的 72.9%，主要分布于乳城镇至必背镇一带的变质岩区及粗碎屑岩区、东坪镇至洛阳镇西部一带的酸性侵入岩区；安全利用的土壤面积 603.01km²，占调查区总面积的 26.2%，主要分布在乳源县大桥镇附近及大布镇西部的碳酸盐岩区；严格管控的土壤面积 20km²，占调查区面积的 0.9%，局部零星点状分布在大桥镇、大布镇、一六镇周边的碳酸盐岩及第四纪冲积物等地区。

全区各成土母质单元表土 Cd 平均含量比较见图 4-18，以筛选值 0.3mg/kg 为界，总体可分两个量级：高含量土壤包括碳酸盐岩、第四纪冲积物和陆源碎屑岩 3 类母质母岩，Cd 平均含量分别为 0.728mg/kg、0.541mg/kg 和 0.434mg/kg，酸性侵入岩与长英质-泥质变质岩成土母质含量较低，含量分别为 0.256mg/kg、0.243mg/kg。从 Cd 的区域分布来看，土壤 Cd 高含量与母质母岩及沉积物质来源有明显关系。区内 Cd 的高含量主要为碳酸盐岩母质区，以及第四纪冲积物区域，冲积物（主要农用地）以一六镇一带含量最高，其次为大桥镇碳酸盐岩丘陵山间的冲积物区域。

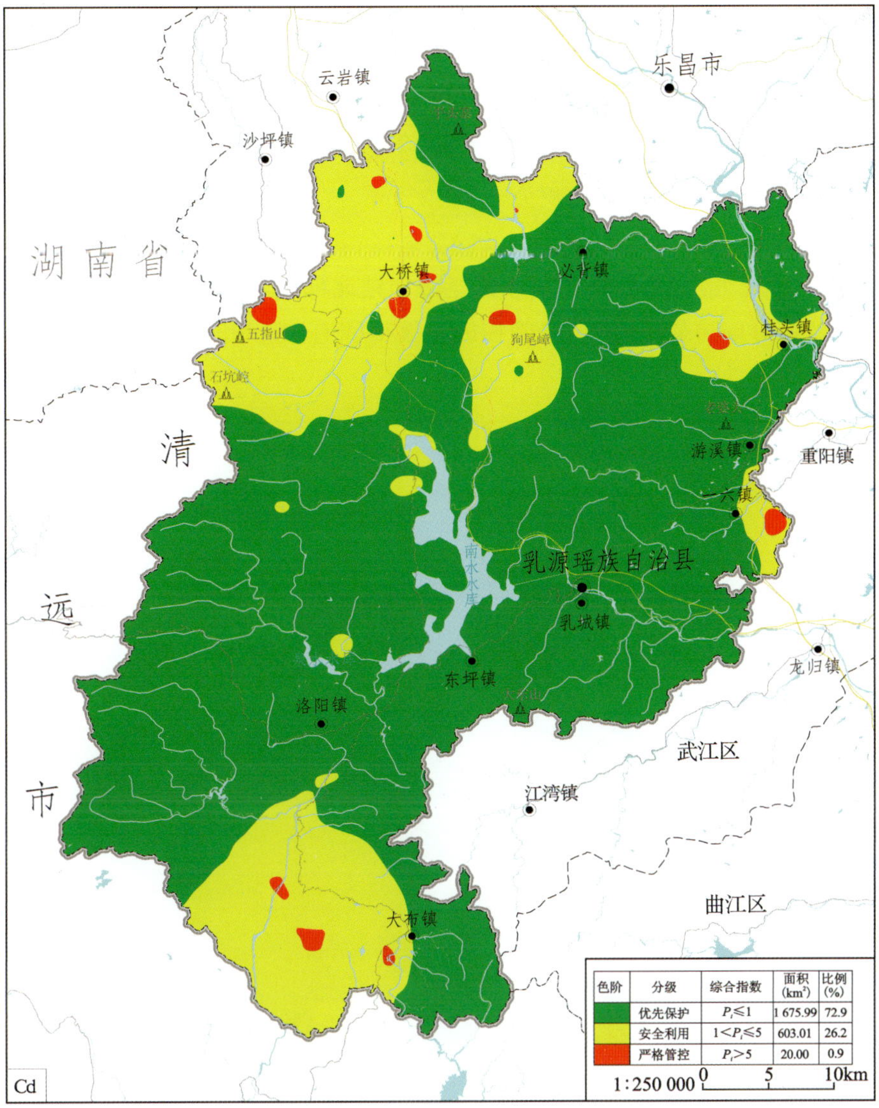

图 4-17 土壤 Cd 元素环境质量等级评价图

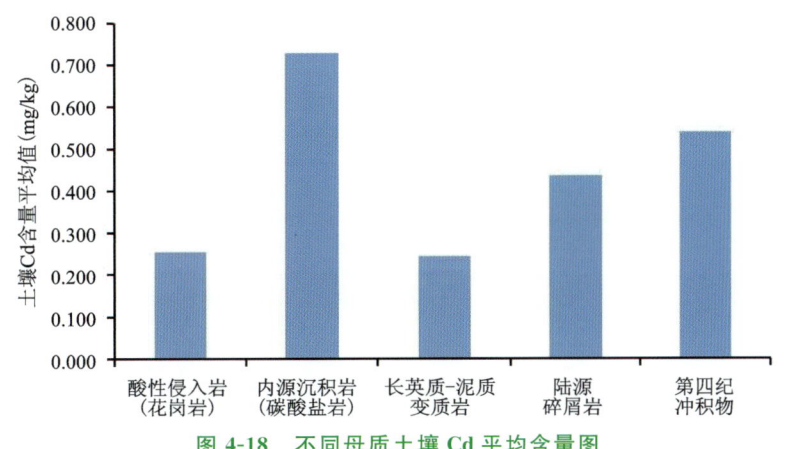

图 4-18 不同母质土壤 Cd 平均含量图

(三)土壤 Pb 元素环境质量

Pb 是乳源县内土壤环境质量相对较差的重金属元素,平均含量为 77.41mg/kg,最高含量达 4377mg/kg(pH 值 6.08),超管制值 8.8 倍。单元素土壤环境质量评价结果表明(图 4-19),区内土壤环境质量以优先保护为主,面积为 1 709.37km²,占总面积的 74.4%,广泛分布于大桥镇至必背镇至乳城镇一带的碳酸盐岩、变质岩区及碎屑岩区;安全利用级别的土壤面积 573.03km²,占调查区总面积的 24.9%,主要分布在东坪镇至洛阳镇北部一带的酸性侵入岩区以及大布镇西部的碳酸盐岩及部分碎屑岩区;需严格管控的土壤面积有 16.60km²,占全区面积的 0.7%,主要集中分布在大布镇西部。

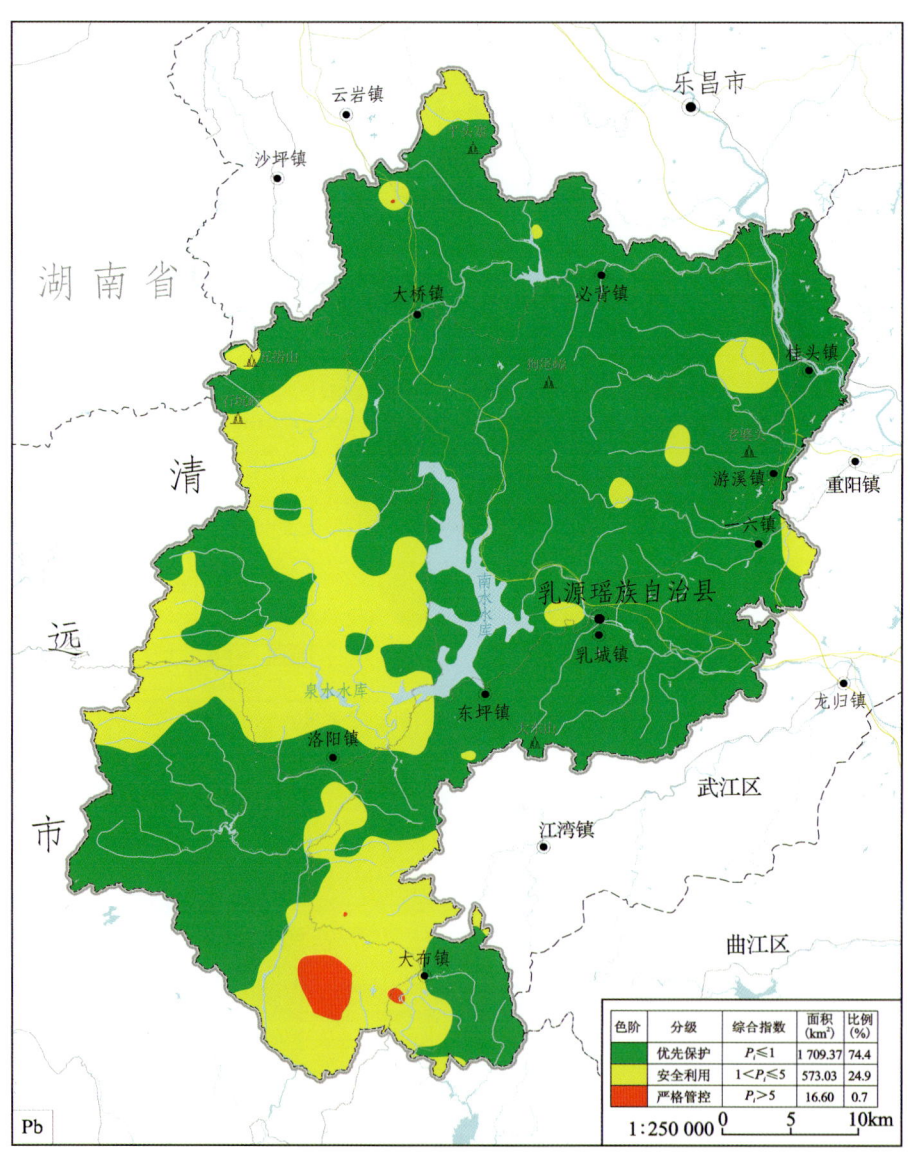

图 4-19　土壤 Pb 元素环境质量等级评价图

全区各成土母质单元表土 Pb 平均含量见图 4-20,总体含量比较稳定,各类母质平均含量介于 50～100mg/kg 之间,最高为碳酸盐岩母质,Pb 平均含量为 97.98mg/kg。从 Pb 的区域分布来看,土壤 Pb 含量与中低温热液成矿及断裂构造关系较密切,其次为母质母岩。Pb 土壤环境质量需严格管控的主要为大布镇西部多期叠加的成矿断裂上。

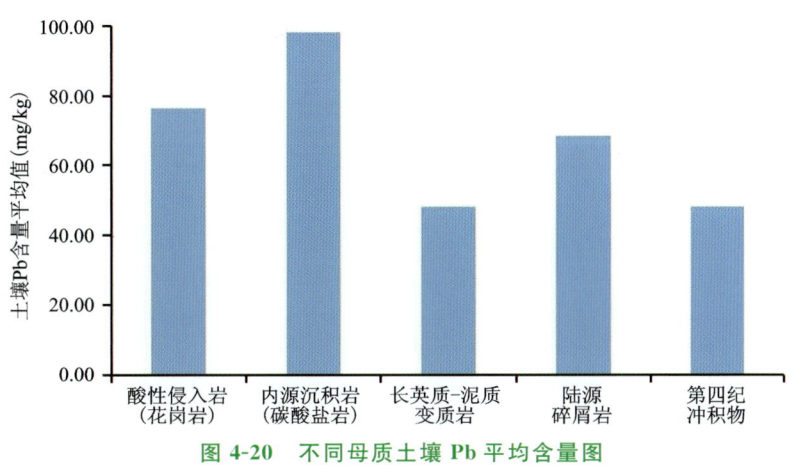

图 4-20 不同母质土壤 Pb 平均含量图

（四）土壤 Hg 元素环境质量

Hg 是乳源县内土壤环境质量较好的重金属元素,平均含量为 0.27mg/kg,最高含量达 48.7mg/kg(pH 值 6.83),为对应管制值 12.2 倍。环境质量评价结果表明(图 4-21),调查区 Hg 土壤环境质量以优先保护为主,面积为 2 254.06km²,占调查区总面积的 98.0%,分布区域遍及乳源全域;安全利用的土壤面积 33.93km²,占调查区总面积的 1.5%,主要分布在大桥镇东北部以及一六镇南部等地区;需严格管控的土壤面积有 11.01km²,占调查区面积的 0.5%,分布区域主要位于安全利用区域核部,集中在大桥镇东北部及一六镇南部。

全区各成土母质单元 Hg 表土平均含量比较见图 4-22,除碳酸盐岩含量偏高,平均含量为 0.486mg/kg 外,其余母质单元酸性侵入岩、长英质-泥质变质岩、第四纪冲积物、陆源碎屑岩母质含量稳定:含量分别为 0.119mg/kg、0.194mg/kg、0.158mg/kg、0.226mg/kg;从调查内 Hg 的高值点位分布来看,土壤汞高含量与人为影响关系较密切,其次为母质母岩。Hg 土壤环境质量需严格管控的主要为矿区采石场或者露天开挖破坏的碳酸盐岩母质区域以及周边的坡冲积层。

（五）土壤 Cr 元素环境质量

Cr 是乳源县内土壤环境质量最好的重金属元素,平均含量为 66.01mg/kg,最高含量达 433mg/kg(pH 值 5.41),为对应筛选值 2.9 倍,远低于管制值。环境质量评价结果表明(图 4-23),调查区 Cr 土壤环境质量以优先保护为主,面积为 2 295.39km²,占调查区总面积的 99.8%,清洁土壤基本全域覆盖;仅在大桥镇镇区周边,零星分布少量二等的土壤,面积 3.61km²,占调查区总面积的 0.2%,此外,所有土壤样品无超 Cr 管制值的样品检出,区内 Cr 土壤环境质

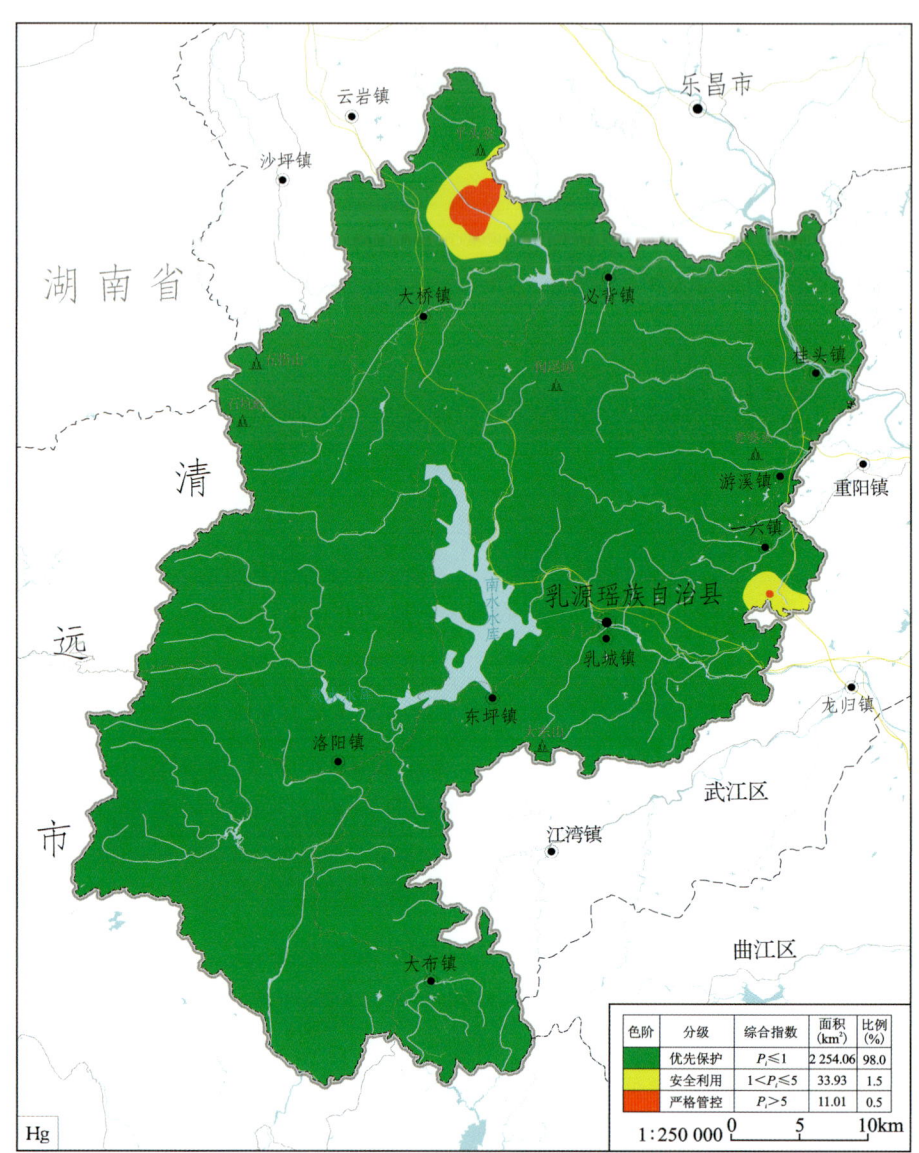

图 4-21　土壤 Hg 元素环境质量等级评价图

量无须严格管控的区域。

全区各成土母质单元表土 Cr 平均含量比较见图 4-24,总体可分两个含量级:高含量母质单元为碳酸盐岩、变质岩、陆源碎屑岩及第四纪冲积物母质,平均含量分别为 87.35mg/kg、81.07mg/kg、84.22mg/kg、61.32mg/kg;低含量土壤为花岗岩母质,含量为 17.25mg/kg。从铬的区域分布来看,土壤铬高含量与母质母岩和土壤发育程度关系较密切。调查区内 Cr 的高含量区域主要集中于晚石炭世—早二叠世碳酸盐岩残坡积物及大桥镇中心周边冲积层等土壤发育较好的区域。

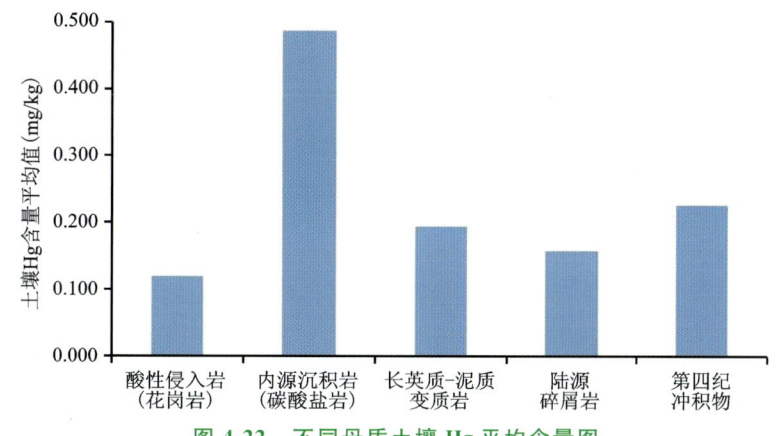

图 4-22　不同母质土壤 Hg 平均含量图

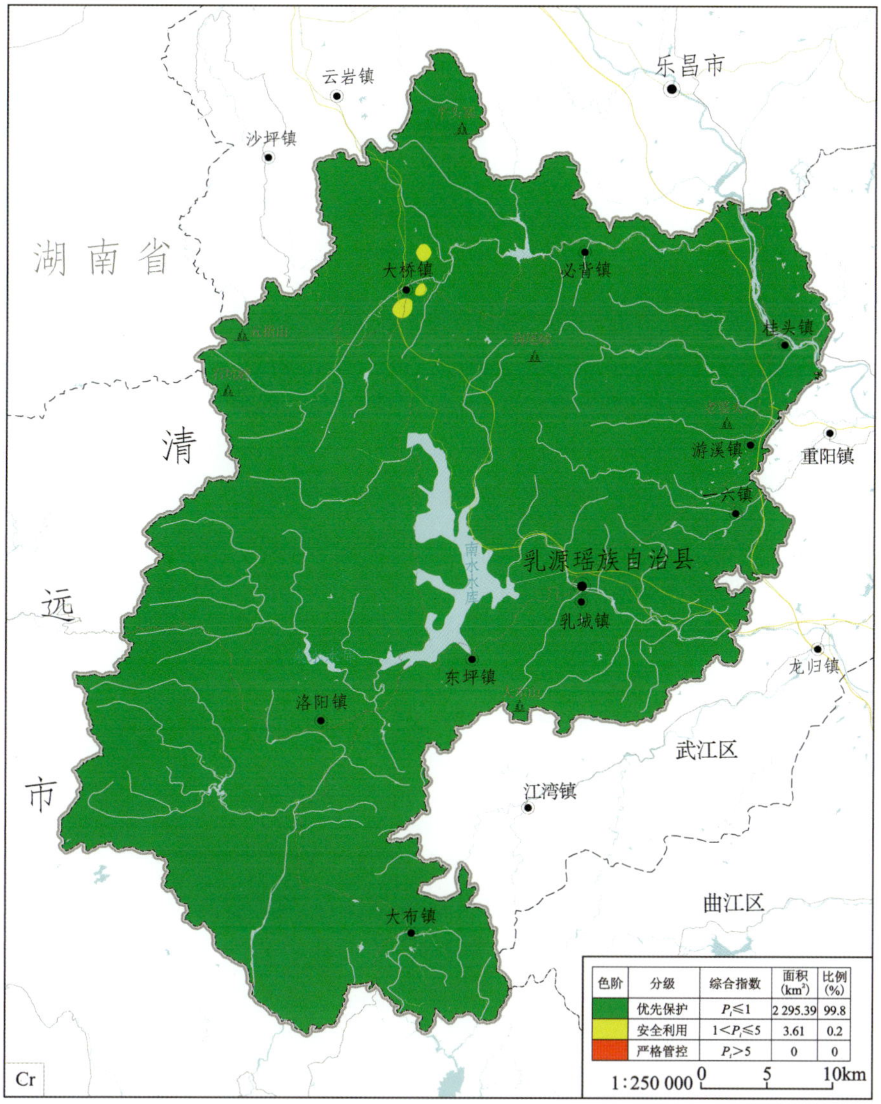

图 4-23　土壤 Cr 元素环境质量等级评价图

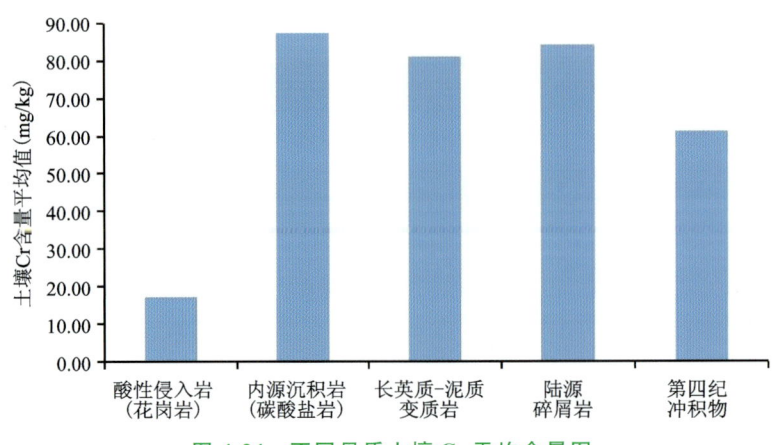

图 4-24　不同母质土壤 Cr 平均含量图

二、土壤环境质量综合等级评价

参照《土地质量地球化学评价规范》(DZ/T 0295—2016)规定的工作方法,利用酸碱度和主要重金属元素等指标,对调查区全域进行土壤环境质量综合等级评价。由于 Cu、Ni 和 Zn 3 个重金属元素暂时没有土壤污染风险管制值的相关规定,当土壤环境质量存在第三等级时,这 3 个元素暂不能参与综合等级评价。因此,本次土壤环境质量综合等级评价,主要考虑 pH 值和 As、Cd、Cr、Hg、Pb 等 6 项指标。

评价过程执行最严格的等级评价标准,对每个评价单元的土壤环境质量综合等级等同于单指标划分出的环境等级最差的等级。例如 As、Cd、Cr、Hg 和 Pb 的环境质量等级分别为三等、二等、一等、一等和二等时,该评价单元的土壤环境质量综合等级为三等。

根据以上综合等级评价方法,区内土壤环境质量情况良好,总体处于优先保护和安全利用的一等、二等水平,两者分布面积共约 2 188.45km²,占全区面积的 95.2%;局部土壤环境质量需进行严格管控,面积 110.55km²,占全区的 4.8%(图 4-25)。其中,第一等级优先保护的土壤面积为 1 005.15km²,主要分布在必背镇、乳城镇、洛阳镇以及南水水库周边地区,成土母质单元基本为酸性侵入岩区、碎屑岩区、变质岩区和第四系分布区域。第三等级需严格管控的土壤集中分布在大桥镇与大布镇的碳酸盐岩区、断裂构造成矿带以及一六镇周边的第四纪冲积层区域。

土壤环境质量综合评价结果表明,影响调查地区土壤环境质量的重金属主要为 As,其次为 Cd 和 Pb。重金属富集区域主要与碳酸盐岩类成土母质分布区、断裂构造成矿带高地质背景密切相关,同时区内矿业活动加剧了重金属的富集程度,扩大了重金属局部富集的范围。

第二节 地表基质单元划分

一、地表基质的概念

2020年1月,自然资源部印发《自然资源调查监测体系构建总体方案》(简称《总体方案》),从科学性、系统性和满足当前管理需要方面构建了自然资源分层分类模型,将自然资源分层分为地下资源层、地表基质层、地表覆盖层和管理层,至此地表基质层的概念被首次提出。随后发布的《地表基质分类方案(试行)》(简称《分类方案》)将地表基质定义为"当前出露于地球陆域地表浅部或水域水体底部,主要由天然物质经自然作用形成,正在或可以孕育和支撑森林、草原、水等各类自然资源的基础物质"。《总体方案》和《分类方案》指出地表基质层位于地下资源层之上,地表覆盖层之下,但没有限定地表基质层的厚度。有关学者认为,应该综合考虑表生地质作用和生物活动能影响的深度等方面来确定地表基质层的底。我们认为,地表基质层的空间范围在基岩裸露区应该是受到风化的基岩表层,在覆盖区应该是从自然地面往下,穿过土壤,一直延伸至岩/土界面(包括风化壳中的土壤层、成土母质层和基岩半风化层等,图5-2),而在水域地区则应该是水/泥界面到岩/土界面,这个范围是地球表层系统各圈层相互作用的主要发生区域。

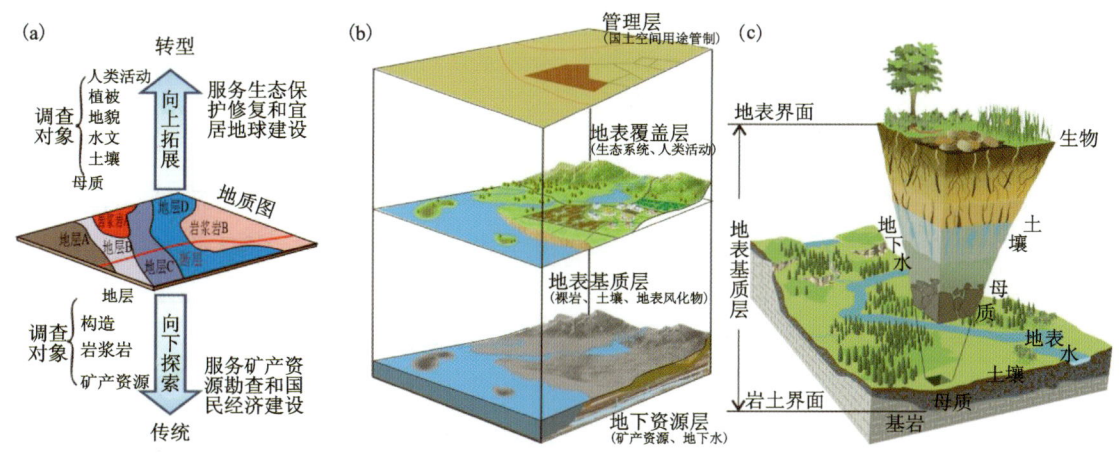

图 5-2 地表基质调查模式图

(a)新时期地质调查工作服务内容;(b)地表基质调查的主要图层(据自然资源部,2020修改);(c)地球表层系统模式图(据殷志强等,2023修改)

二、地表基质的分类

不同的地表基质类型具有不同的岩土性质,以及生态修复和土地整治的难易程度。在基岩裸露区,不同的岩石类型影响风化成土和生态恢复的难易,也影响着土壤侵蚀的强度和地质灾害的易发生程度,例如碎屑岩易风化成土,生态也会较快恢复,而碳酸盐岩成土则非常困难,很难恢复生态。同种气候条件下的土质基质地区(如南方山地-丘陵区),不同的基岩风化形成的土质基质往往具有明显的差别,如花岗岩的风化物无论是土壤厚度、土壤肥力、水土保持能力都显著优于碳酸盐岩。因此,针对不同的地区,特别是南方丘陵山地区,要结合地表基质单元,划分生态地质单元,因地制宜地服务土地整治和生态保护修复。

《分类方案》中按照地表基质发育发展全过程,从形态上进行整体性区分,划分了4个一级类:岩石、砾质、土质和泥质。按地质学、土壤学等原有学科体系并结合地表基质实用性的分类原则划分14个二级类。①按照现有的《岩石分类和命名方案》(GB/T 17412.1/2/3—1998),将岩石基质分为岩浆岩、沉积岩、变质岩3个二级类;②依据第四纪沉积物的碎屑粒级分类,按照不同粒级体积含量的占比将砾质基质分为巨砾、粗砾、中砾、细砾4个二级类;③参考中国土壤系统分类土族和土系划分标准,以质地(包括砾、砂粒、黏粒)组分的含量作为划分依据,将土质基质分为粗骨土、砂土、壤土、黏土4个二级类;④参考深海沉积物分类与命名将泥质基质划分为淤泥、软泥和深海黏土3个二级类。

《分类方案》中采用岩性、粒径、质地、组成、成因等作为分类依据,划分了地表基质一级类和二级类等大类的分类方案,突出了最主要的物性特征,指导了全国地表基质调查工作的开展。但也有不足之处:①未体现下伏基岩地质建造对地表基质理化性质的影响;②未体现地形地貌对地表基质物源搬运过程的影响;③沉积物的粒度常常是过渡的,只有大量采样测量才可能得到沉积物的粒度分布,如果在三级分类方案中,继续以更精细粒度为主要分类依据,则难以填绘图件。我们认为,地表基质的三级类是能直接用于地表基质成图的地表基质填图单元,它是野外可识别、图面可表达的实体。地表基质填图单元可在已有的一级类和二级类划分的基础上,基于地表基质的物源地质建造、地表基质搬运方式和地表基质理化性质等进行进一步细分。

在本调查区地表基质以砂土、壤土和淤泥为主(图5-3)。砂土通常发育在中酸性岩和较粗的陆源碎屑岩山区,主要与白垩纪酸性岩类残坡积物(K^Γ)、侏罗纪酸性岩类残坡积物(J^Γ)和早—中泥盆世陆源碎屑岩类残坡积物(D_{1-2}^α)等成土母质单元相关。壤土通常发育在陆源碎屑岩、碳酸盐岩山区和河谷区,主要与第四纪冲洪积物(Q^{dal})、白垩纪酸性岩类残坡积物(K^Γ)、侏罗纪酸性岩类残坡积物(J^Γ)、早侏罗世陆源碎屑岩类残坡积物(J_1^α)、晚三叠世陆源碎屑岩类残坡积物(T_3^α)、晚二叠世泥质岩类残坡积物(P_2^{ms})、早石炭世—中二叠世碳酸盐岩残坡积物($C_1P_2^\alpha$)、早石炭世含碳泥质岩类残坡积物(C_1^{ms})、早石炭世碳酸盐岩类残坡积物(C_1^α)、中泥盆世—早石炭世泥质岩类残坡积物($D_2C_1^{ms}$)、中—晚泥盆世碳酸盐岩类残坡积物(D_{2-3}^α)、寒武纪长英质变质岩类残坡积物(Є^{mcc})和震旦纪长英质变质岩类残坡积物(Z^{mcc})等成土母质单元相关。泥质主要发育在水域以下,主要与第四纪冲洪积物(Q^{dal})等成土母质单元相关。

根据地质构造演化阶段、地质建造组合、地形地貌和地表基质成因类型,按照地质建造(岩石类基质)和地质建造+二级类(砾质、土质和泥质基质)的命名方式,在调查区划分出岩石(A)、土质(C)和泥质(D)三个地表基质一级类;岩浆岩(A1)、沉积岩(A2)、砂土(C2)、壤土(C3)和淤泥(D1)五个地表基质二级类;酸性岩类(A1$^\Gamma$)、陆源碎屑岩类(A2$^\alpha$)、碳酸盐岩类(A2$^\alpha$)、酸性岩类砂土-壤土(C2-3$^\Gamma$)、陆源碎屑岩类砂土(C2$^\alpha$)、陆源碎屑岩类壤土(C3$^\alpha$)、碳

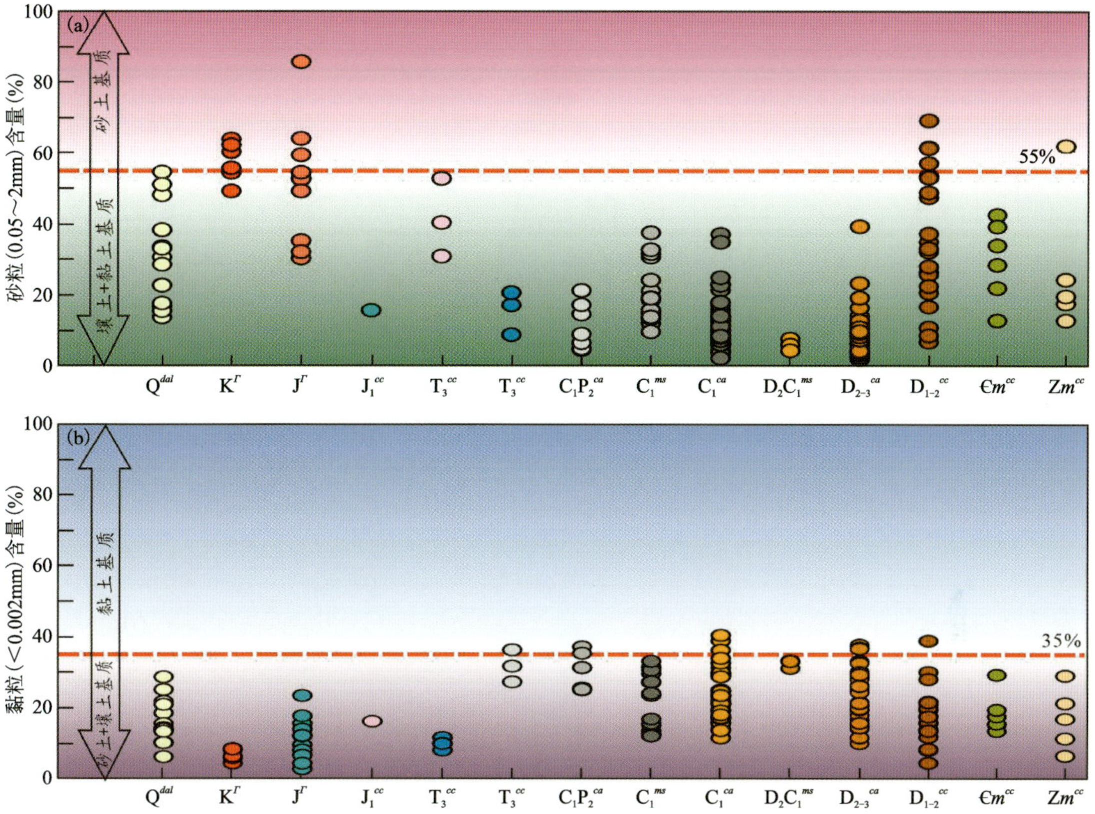

图 5-3 不同成土母质单元发育的土壤质地关系图

酸盐岩类壤土（C3^{ca}）、冲洪积壤土（C3^{al}）和湖积淤泥（D1^{ll}）等 7 个主要的地表基质填图单元（地表基质三级类）（表 5-2，图 5-4）。

表 5-2 调查区地表基质分类方案

一级	二级	三级
岩石(A)	岩浆岩类(A1)	酸性岩类(A1$^{\gamma}$)
	沉积岩类(A2)	陆源碎屑岩类(A2^{cc})
		碳酸盐岩类(A2^{ca})
土质(C)	砂土(C2)	陆源碎屑岩类砂土(C2^{cc})
		酸性岩类砂土-壤土(C2-3$^{\gamma}$)
	壤土(C3)	陆源碎屑岩类壤土(C3^{cc})
		碳酸盐岩类壤土(C3^{ca})
		冲洪积壤土(C3^{al})
泥质(D)	淤泥(D1)	湖积淤泥(D1^{ll})
		第四纪湖积淤泥(Q^{ll}-D1)

· 59 ·

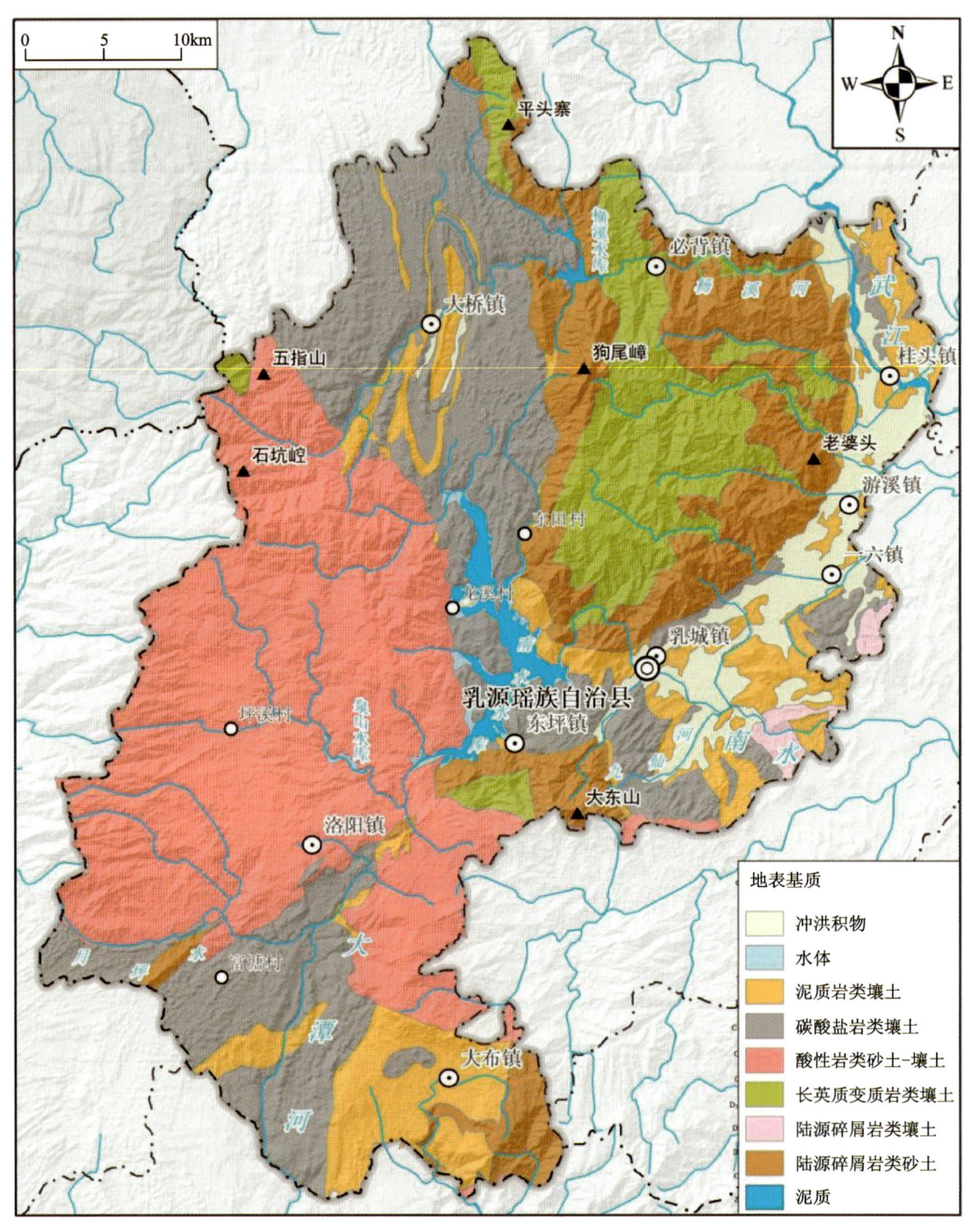

图 5-4 调查区地表基质简图

第三节 成土母质与地表基质单元对生态环境的制约

一、陆源沉积岩残坡积物

该类母质区内主要为石英砂岩、粉砂岩、泥页岩等岩石的风化物，分布面积较广，以中碎屑—细碎屑岩为主，少量粗碎屑岩。主要分布于乳源县南部大布镇周边，以及东部乳城镇—桂头镇一带，地貌类型主要为剥蚀侵蚀低山、丘陵。其中石英砂岩、砂砾岩等，岩性坚硬、难风化，陡坡地段风化层厚度较薄，易造成水土流失，土壤多为砂质或粉质、多石砾，缺乏盐基成分，呈酸性，有效养分较贫乏，保肥保水能力相对较低，形成的土壤植物适生性较差；粉砂岩、泥页岩等，岩性偏软、易风化，土质层厚度大，质地均匀而黏重，为壤土或黏土，砂粒含量低、黏性好，适合植被及经济作物生长。

（一）中—晚泥盆世陆源碎屑岩残坡积物

成土母岩主体为灰黄色薄—中层状泥岩、粉砂质泥岩、粉砂岩、钙质页岩等。岩石主要矿物成分为黏土矿物、岩屑、长英质矿物碎屑等。岩石沉积环境多为滨海潮坪相沉积，属于陆源沉积岩。土壤发育较好，土质层厚度与褶皱构造关系较密切，向斜褶皱发育的岩石层段土质层较厚，背斜褶皱段及岩层产状平缓段土质层较薄，尤其母质C层厚度变化较明显（图5-5）。

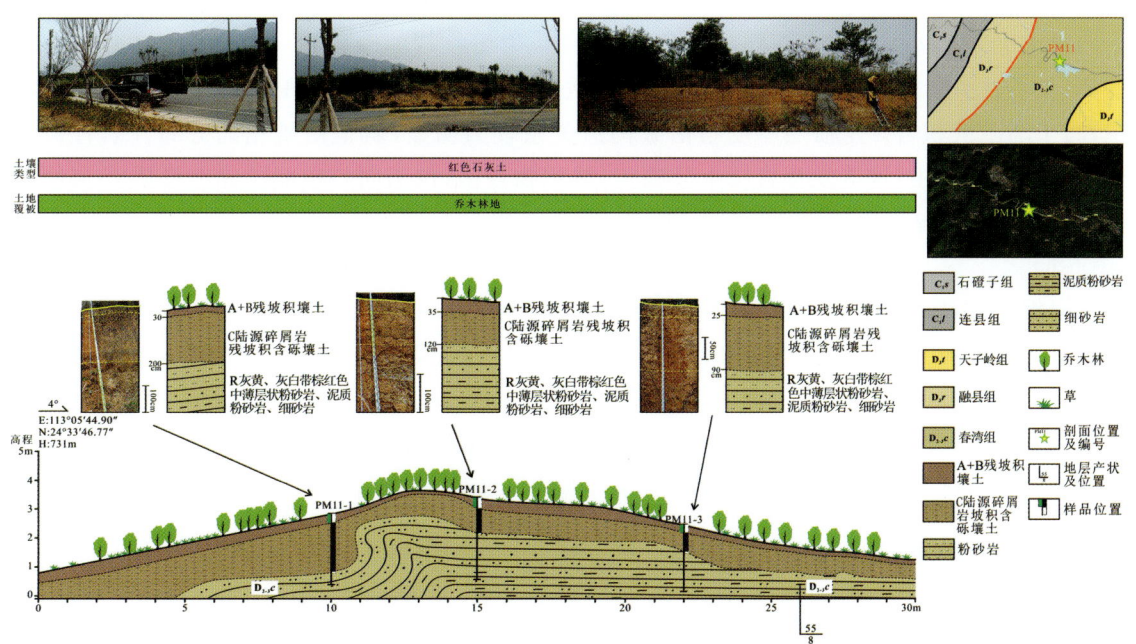

图 5-5 中—晚泥盆世陆源碎屑岩生态地质剖面图

按地表基质分类，土壤 AB 层主要为壤土，其中粉砂粒及黏粒含量较高，筛除砾质后平均质量含量砂粒 9.66%，粉砂粒 52.55%，黏粒 27.79%，主要由粉砂质黏土组成。土壤平均干密度 1.04g/cm³，土壤含水率较高，主要盐基（K、Ca、Na、Mg）氧化物总含量平均值为 6.02%。主要重金属含量及酸碱度如表 5-3 所示，除 As 含量稍微超出土壤环境质量筛选值外，其余元素含量均处于清洁水平，As 含量超筛选值主要由于原岩本身钙泥质高砷的地质背景所致。pH 值范围 4.80～5.16，整体元素含量均处于清洁水平，偏酸性。

表 5-3 调查区主要成土母质单元重金属含量与酸碱度

成土母质单元	砷	铬	铅	镉	汞	pH 值
中—晚泥盆世陆源碎屑岩残坡积物	47.77	98.03	37.53	0.05	0.25	4.80～5.16
早石炭世碳酸岩盐残坡积物	17.57	106.60	35.60	0.85	0.15	5.69～7.59
晚三叠世陆源碎屑岩残坡积物	14.73	48.17	21.60	0.06	0.10	4.07～4.49
侏罗纪酸性侵入岩残坡积物	7.52	22.13	67.27	0.09	0.09	4.40～4.72
白垩纪酸性侵入岩残坡积物	3.53	3.55	101.77	0.07	0.08	4.51～4.68
寒武纪长英质-泥质变质岩残坡积物	17.38	94.72	24.67	0.11	0.09	4.41～4.58
震旦纪长英质变质岩残坡积物	13.46	100.08	36.56	0.11	0.15	4.51～4.90

（二）晚三叠世陆源碎屑岩残坡积物

成土母岩主体为灰黄色薄层状细砂岩、灰白色中层状石英砂岩等。岩石主要矿物成分为石英、长石及少量岩屑等，夹粉砂质页岩及碳质页岩和煤层。岩石沉积环境为滨海潟湖相沉积，属于陆源沉积岩。土质层厚度与褶皱构造关系较为明显，斜歪褶皱相间分布。岩性以脆性的石英砂岩为主，构造发育岩层十分破碎，坡积物较多，位于向斜核部段成土母质 C 层明显增厚，下部岩块和砾石含量明显增加，位于背斜核部段及石英砂岩段土质层明显变薄（图 5-6）。

根据地表基质分类，土壤 AB 层主要为壤土，其中粉砂粒及砂粒含量较高，筛除砾质后平均质量含量砂粒 41.0%，粉砂粒 49.25%，黏粒 9.74%，主要由粉壤土及壤土组成。土壤平均干密度 0.82g/cm³，土壤通透性能好，主要盐基（K、Ca、Na、Mg）氧化物总含量平均值为 1.29%，主要重金属 Cd、Hg、Pb、Cr、As 等均处于清洁水平，未出现超过筛选值的重金属含量（表 5-3），整体土壤环境优良。pH 值范围 4.07～4.49，整体偏酸性。

二、内源沉积岩残坡积物

区内主要为碳酸盐岩及少量硅质岩的风化物，分布面积较广，主要分布于乳源县北部大桥镇周边一带，少量分布于乳源县西南部，地貌类型主要为溶蚀侵蚀低山、丘陵。碳酸盐经受含碳酸的地表水或地下水的溶解作用而流失，不溶于水的一些黏土或硅质矿物残留堆积在裸岩之间，形成厚薄不均、以薄层为主的风化物，质地黏重。形成的土壤含石灰质较多，但缺少磷和钾，一般呈中性或弱碱性。由于土质黏重，呈松泡的核状结构，土壤易干旱，一般植物生

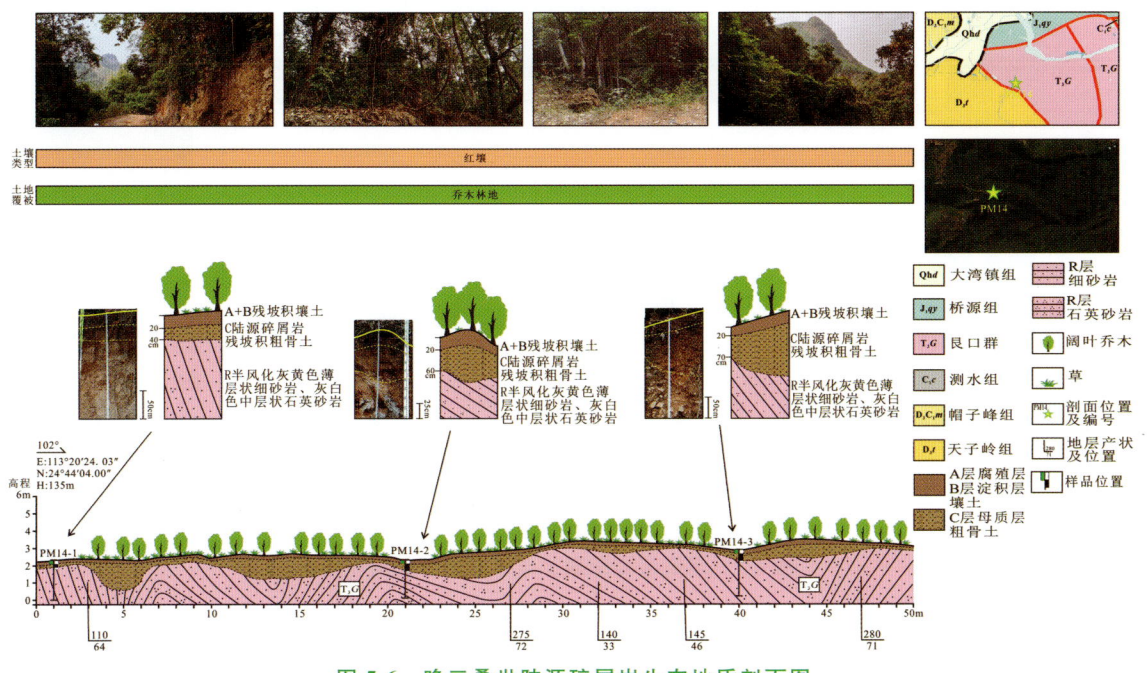

图 5-6 晚三叠世陆源碎屑岩生态地质剖面图

长不好,水土难以保持。

本次调查选择发生石漠化最主要的母岩单元早石炭世碳酸盐岩,进行早石炭世碳酸盐岩残坡积物垂向剖面测制(图 5-7)。成土母岩主体为灰黑色中—中厚层状灰岩、白云质灰岩,岩石主要矿物成分为方解石、白云石等。岩石沉积环境属于半闭塞-开阔台地相碳酸盐岩沉积,属于内源沉积岩,早石炭世碳酸盐岩地层中褶皱十分发育。残坡积物的土质层厚度变化较明显,土壤发育很大程度受地层产状、构造的影响,受岩性影响较小。由路线及剖面观测,成土母质 C 层发育较差,土质层主要发育于压扭断裂带及岩层产状平缓段,其余岩层产状较陡的土质层较薄或为裸岩出露。

按地表基质分类,土壤 AB 层主要为壤土及少量黏土,其中粉砂粒含量较高,筛除砾质后平均质量含量砂粒 18.45%、粉砂粒 61.49%、黏粒 20.05%,主要由粉壤土、粉砂质黏土组成。土壤 A 层平均干密度 1.06g/cm³,土壤含水率较低,主要盐基(K、Ca、Na、Mg)氧化物总含量平均值为 3.53%。主要重金属 Cd 超出筛选值较多,其余元素含量均处于清洁水平(表 5-3)。究其原因,在对比不同土壤层的元素含量发现,土壤剖面底层,越靠近原岩,其 Cd 含量越高,该类成土母质剖面测制,共采集 15 件土壤样品做地球化学分析测试,其中 5 件底层样品 Cd 含量均超过 1.0μg/g,为土壤的高 Cd 含量提供了物质基础,原岩高含量是土壤 Cd 超出筛选值的主要原因。pH 值范围 5.69~7.59,整体偏弱碱性。

三、酸性侵入岩残坡积物

区内主要分布于洛阳镇西北部一带,少量分布于大布镇北部,是广东南岭国家公园乳源境内的最主要成土母质,地貌类型主要为岩浆岩剥蚀侵蚀中低山。基岩比较容易发生物理崩

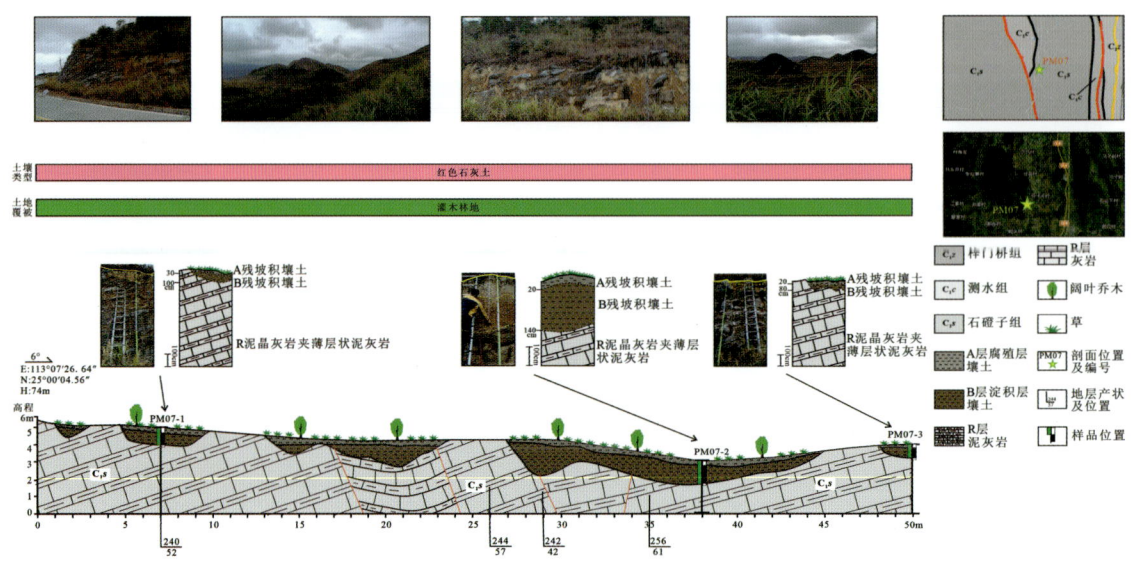

图 5-7　早石炭世碳酸盐岩生态地质剖面图

解，易侵蚀，总体易形成厚层砂壤质风化物，土壤适宜一般用材树种的生长，尤其适合各种松、杉等针叶树种和竹类的生长，喜酸植物铁芒萁大量繁殖。

（一）侏罗纪酸性侵入岩残坡积物

成土母岩主体为中粗粒（斑状）黑云母二长花岗岩，在酸性侵入岩类中其风化程度相对较高，岩石主要矿物成分为长石、石英及少量黑云母等，酸性斜长石含量相对较高。岩体侵位深度为深成相，岩体呈岩基状侵入早期沉积地层，属于酸性深成侵入岩类。残坡积物的土质层厚度变化较明显，土壤发育很大程度受地形及坡度的影响，受岩性影响较小，随地形坡度变陡，母质 C 层厚度明显变薄（图 5-8）。

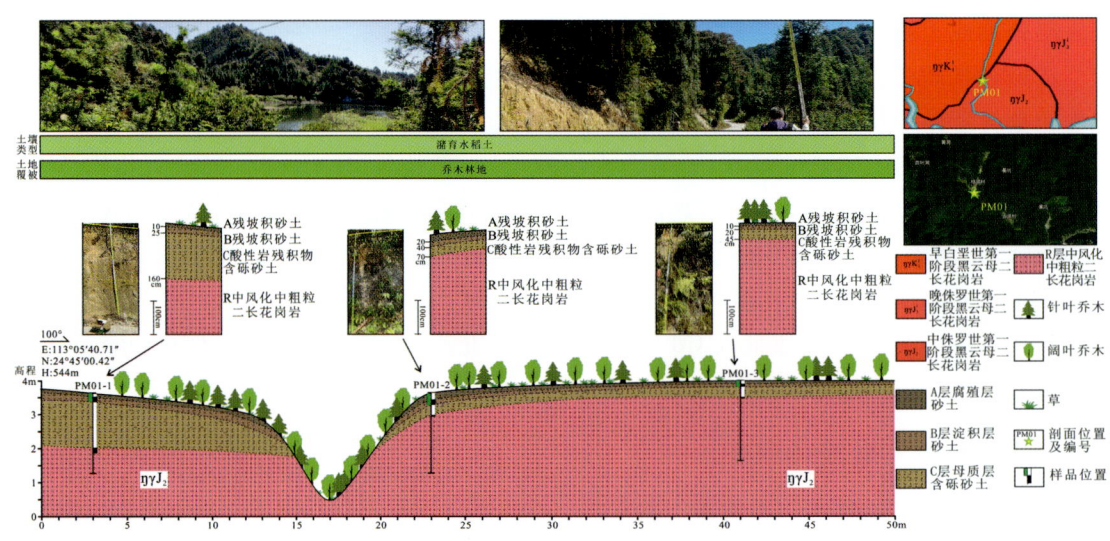

图 5-8　侏罗纪酸性侵入岩生态地质剖面图

根据地表基质分类,土壤 AB 层主要为壤土,其中砂粒、粉砂粒含量较高,筛除砾质后平均质量含量砂粒 51.48%、粉砂粒 37.16%、黏粒 11.35%,主要由壤土、砂壤土组成。土壤平均干密度 0.97g/cm³,土壤通透性能较好,主要盐基(K、Ca、Na、Mg)氧化物总含量平均值为 3.92%,主要重金属(As、Cr、Pb、Hg、Cd)含量平均值见表 5-3、含量均未超筛选值,整体处于清洁水平。pH 值范围 4.40~4.72,偏酸性。

(二)白垩纪酸性侵入岩残坡积物

成土母岩主体为中细粒黑云母二长花岗岩,在酸性侵入岩类中其风化程度相对较低,岩石主要矿物成分为长石、石英及少量黑云母等,碱性斜长石含量相对略高。岩体侵位深度为中深成相,岩体主要呈岩株侵入早期岩体,属于酸性中深成侵入岩类。残坡积物的土质层厚度变化较明显,坡积成因坡度较缓的凹地、风化程度较高的构造节理发育段,土质层明显增厚(图 5-9)。

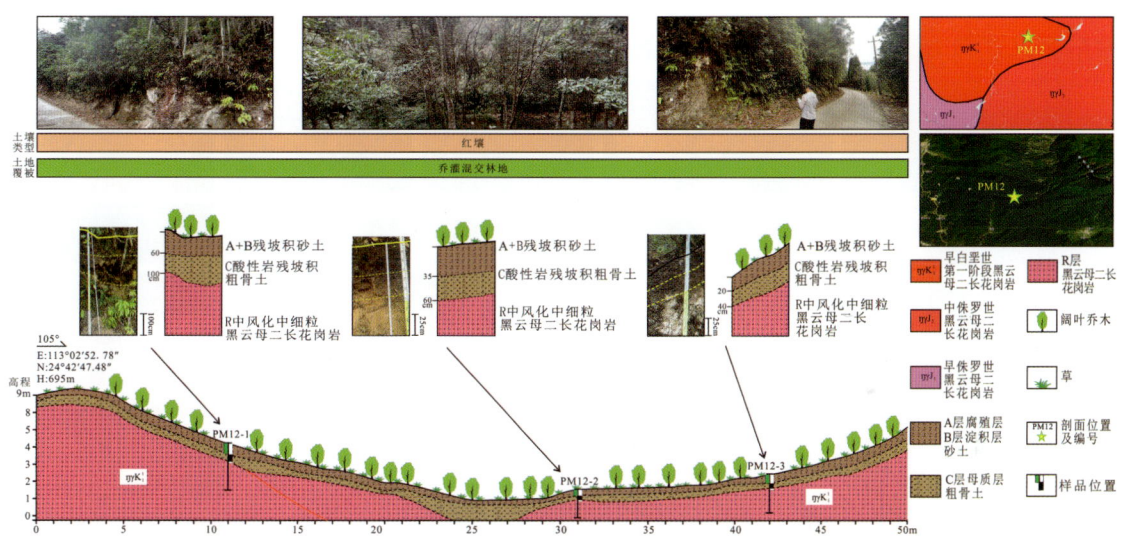

图 5-9　白垩纪酸性侵入岩生态地质剖面图

按地表基质分类,土壤 AB 层主要为壤土及砂土,其中砂粒含量较高,筛除砾质后平均质量含量砂粒 57.22%、粉砂粒 35.96%、黏粒 6.82%,主要由砂壤土组成。土壤 A 层平均干密度 0.75g/cm³,土壤通透性能好,主要盐基(K、Ca、Na、Mg)氧化物总含量平均值为 4.28%,主要重金属 Pb 含量 101.77μg/g,超筛选值,其余元素含量均处于清洁水平(表 5-3)。根据 2021 年韶关市地方标准《土壤环境背景值》(DB 4402/T 08—2021),韶关地区花岗岩类母质土壤背景值为 115.00μg/g,因此,白垩纪酸性侵入岩残坡积物土壤 Pb 超过筛选值,是由于区域整体高 Pb 背景所致。pH 值范围为 4.51~4.68,整体偏酸性。

四、长英质-泥质变质岩残坡积物

区内主要为变质砂岩、板岩、变质石英砂岩等岩石的风化物,分布面积较广,以长英质变质岩为主,局部泥质变质岩夹层较多。主要分布于乳源至必背镇一带,大瑶山周边,属市县级自然保护区。地貌类型主要为剥蚀侵蚀中山、低山。变质粉砂岩、板岩等泥质变质岩易风化，土质层厚度大，质地均匀而黏重，多为黏壤土或壤土，砂粒含量低、黏性好，适合乔木及灌木林生长。变质石英砂岩、变质砂岩等，岩性坚硬、难风化，微地貌多为山脊或平顶峰，风化层厚度较薄，土壤多含砾石，为砂质或粉质，缺乏盐基成分，呈酸性，有效养分较贫乏，形成的土壤植物适生性较差。

（一）震旦纪长英质变质岩残坡积物

成土母岩主体为灰绿—灰黄色变余长石石英杂砂岩、凝灰质砂岩，少量粉砂岩与砂质板岩等。岩石主要矿物成分为主要为石英、长石及少量黏土矿物等。岩石沉积环境属浅海—半深海相沉积，以长英质碎屑沉积为主，变质程度较低，属于长英质浅变质岩。土质层厚度变化相对较明显，土质AB层较薄，局部未发育，但土质母质C层相对较厚，并含少量砾石。土质层厚度与地形坡度及地质构造关系较密切，土质层主要发育于坡度较平缓的坡顶及低缓的鞍部。岩层因构造应力挤压，岩层产状较陡且致密，岩石风化程度较弱，仅局部劈理发育段及闭合褶皱发育段土质层相对较厚，但总体腐殖A层及淀积B层均较薄或不发育（图5-10）。

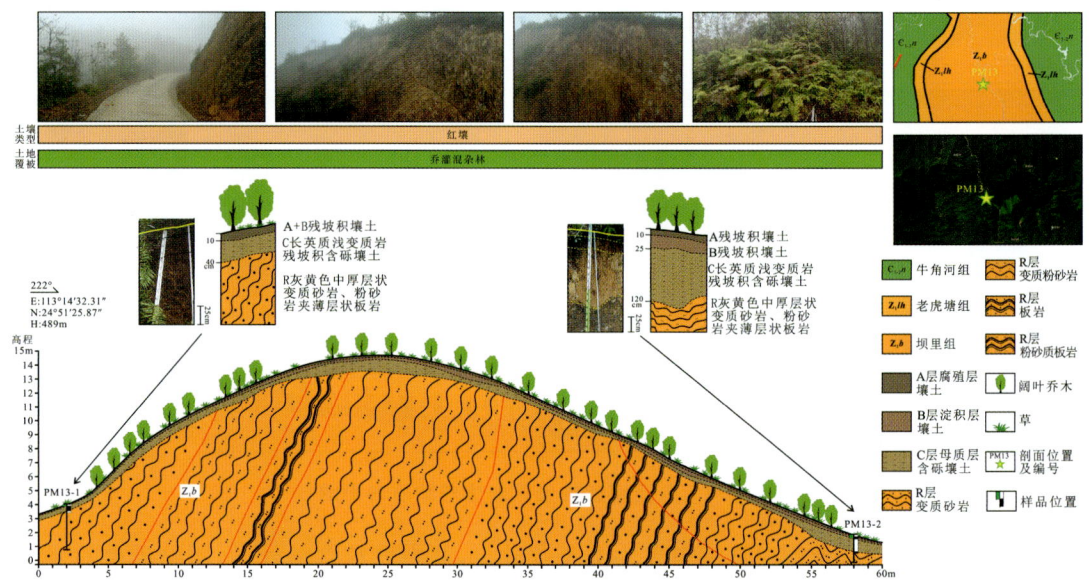

图 5-10 震旦纪长英质变质岩生态地质剖面图

按地表基质分类，土壤AB层主要为壤土，其中粉砂粒含量较高，黏粒含量略高于砂粒，筛除砾质后平均质量含量砂粒16.04%、粉砂粒61.0%、黏粒22.95%，主要由粉壤土组成。土壤A层平均干密度0.64g/cm³，土壤通透性较好，主要盐基（K、Ca、Na、Mg）氧化物总含量平均值为2.16%，主要重金属（Hg、Cd、Pb、Cr、As）均没有出现超筛选值含量，土壤环境处于清洁水平。pH值范围为4.51~4.90，整体偏酸性。

（二）寒武纪长英质-泥质变质岩残坡积物

成土母岩主体为灰绿色、青灰色中厚层状—薄层条带状粉砂质泥质板岩、粉砂岩夹变质细粒长石石英杂砂岩等。岩石矿物成分主要为黏土矿物、长英质矿物碎屑、绢云母等。岩石沉积环境为属深海—半深海的斜坡-盆地相沉积,变质程度较低,属于长英质-泥质变质岩。土质层厚度变化较明显,土壤 AB 层较薄,多未发育,但土壤母质 C 层较厚,并含大量岩块及砾石。土质层总体厚度与岩性及地质构造关系较密切,主要发育于向斜沟谷内及沟边,且泥质板岩及变质粉砂岩段土质层相对较厚,背斜高地常不发育土壤 AB 层(图 5-11)。

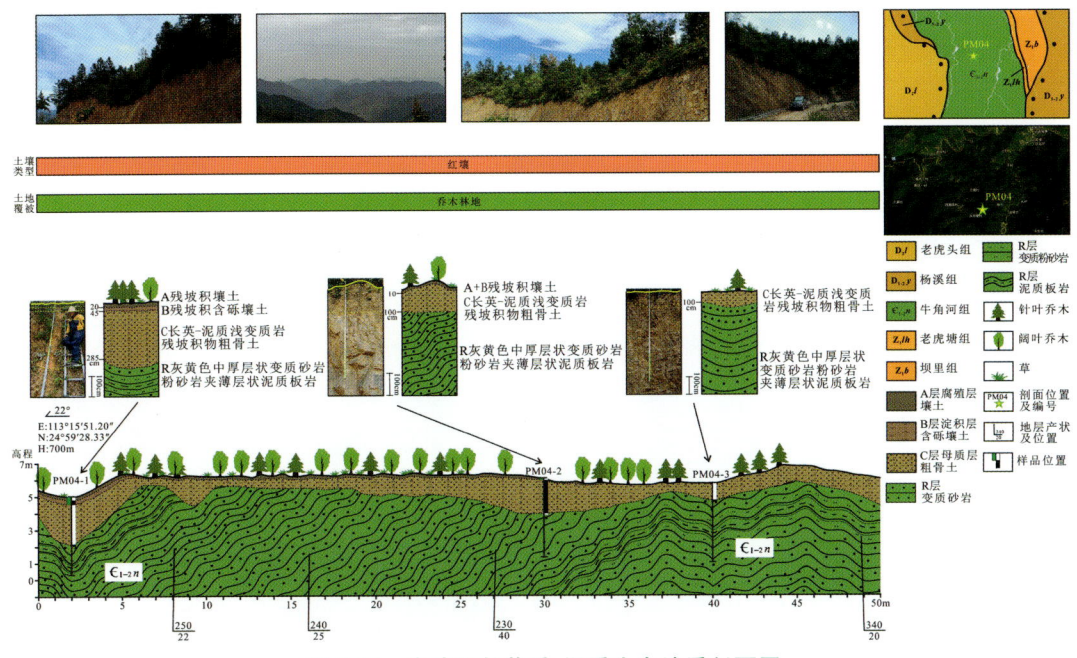

图 5-11　寒武纪长英质-泥质生态地质剖面图

按地表基质分类,土壤 AB 层主要为壤土,其中粉砂粒含量较高,黏粒与砂粒含量相近,筛除砾质后平均质量含量砂粒 24.98%、粉砂粒 56.53%、黏粒 18.50%,主要由粉壤土及壤土组成。土壤 A 层平均干密度 0.93g/cm³,土壤含水率及通透性适中,主要盐基(K、Ca、Na、Mg)氧化物总含量平均值为 2.69%。主要重金属(Hg、Cd、Pb、Cr、As)均没有出现超筛选值含量,土壤环境处于清洁水平。pH 值范围为 4.41~4.58,整体偏酸性。

第四节　四级生态地质分区

调查区按《中国陆域生态基础分区(试行)》(自然资源部,2023)属于华南生态地质大区(Ⅳ)之南岭山地丘陵生态地质区(Ⅳ₈),并跨越了都庞岭-萌渚岭岩溶、褶断山地常绿阔叶林生态地质亚区(Ⅳ₈₋ₐ)和九连山-滑石山褶断山地丘陵常绿阔叶林生态地质亚区(Ⅳ₈₋ₐ)两个三级生在地质单元。

在全国三级生态地质区划的基础上,结合上述成土母质与地表基质和生态环境的相互作用关系,提出了适用于调查区的生态地质分区划分方案,以便聚焦不同分区的生态地质问题和生态特征。本区可划分大桥岩溶山地农林生态地质小区(Ⅳ₈₋ₐ₋₁)、大瑶山变质岩-碎屑岩山地林业生态地质小区(Ⅳ₈₋ₐ₋₂)、东山中酸性岩山地林业生态地质小区(Ⅳ₈₋ₐ₋₃)、南水水库山地-丘陵水源涵养生态地质小区(Ⅳ₈₋ₐᵥ₄)、东坪东碳酸盐岩山地林业生态地质小区(Ⅳ₈₋ₐ₋₅)、东坪南碎屑岩山地农林生态地质小区(Ⅳ$_{8-a-6}$)、大潭河岩溶山地农林生态地质小区(Ⅳ$_{8-a-7}$)、大布碎屑岩山地农林生态地质小区(Ⅳ$_{8-a-8}$)和武江河谷平原-丘陵城镇农业生态地质小区(Ⅳ$_{8-d-1}$)9个生态地质小区(图5-12)，并总结了每个小区的生态地质特征和主要生态地质问题，为生态地质脆弱性评价、国土空间规划、生态保护和修复奠定了基础(表5-4)。

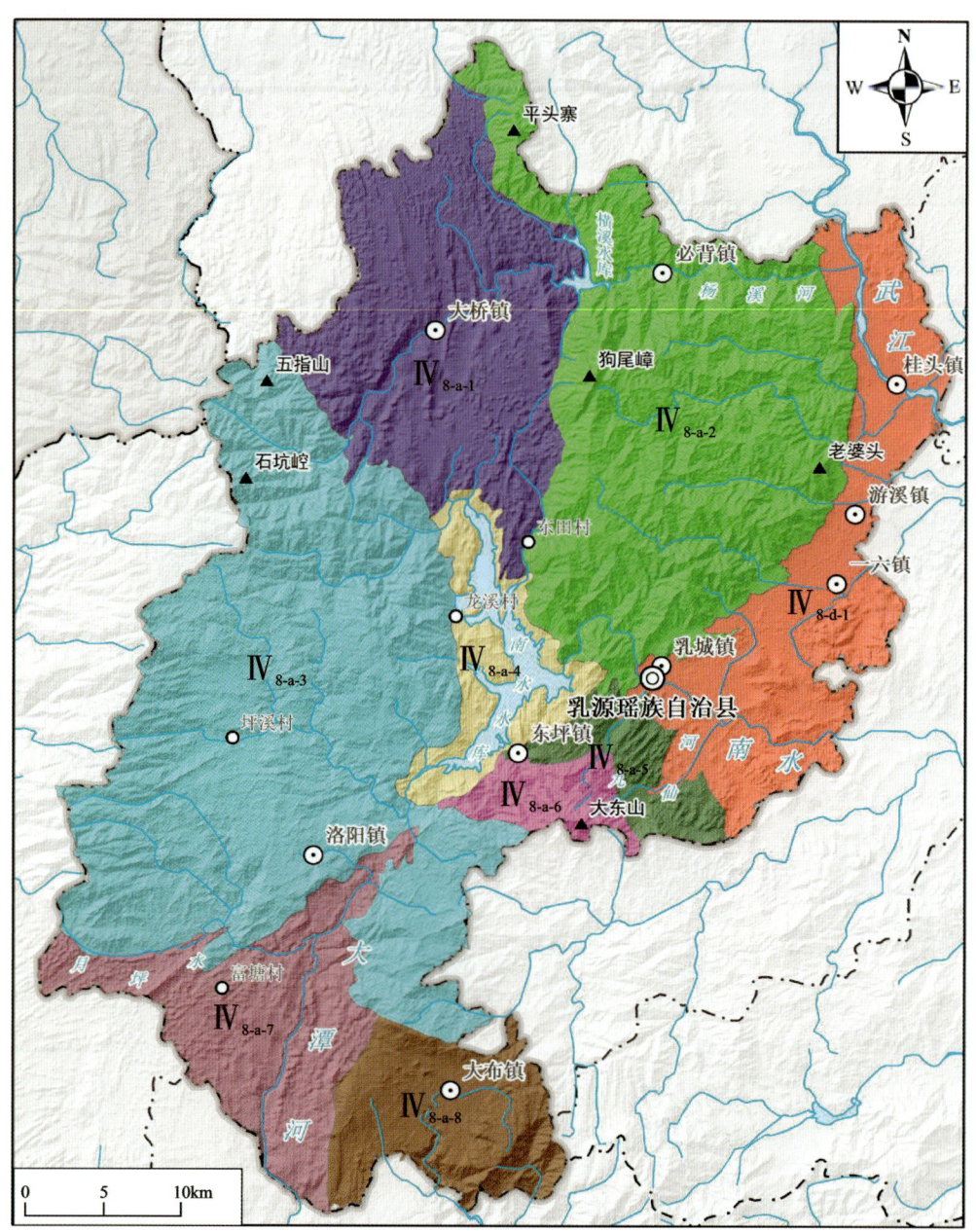

Ⅳ$_{8-a-1}$.大桥岩溶山地农林生态地质小区；Ⅳ$_{8-a-2}$.大瑶山变质岩-碎屑岩山地林业生态地质小区；Ⅳ$_{8-a-3}$.东山中酸性岩山地林业生态地质小区；Ⅳ$_{8-a-4}$.南水水库山地-丘陵水源涵养生态地质小区；Ⅳ$_{8-a-5}$.东坪东碳酸盐岩山地林业生态地质小区；Ⅳ$_{8-a-6}$.东坪南碎屑岩山地农林生态地质小区；Ⅳ$_{8-a-7}$.大潭河岩溶山地农林生态地质小区；Ⅳ$_{8-a-8}$.大布碎屑岩山地农林生态地质小区；Ⅳ$_{8-d-1}$.武江河谷平原-丘陵城镇农业生态地质小区。

图 5-12 调查区生态地质分区简图

第五章 生态地质分区

表5-4 调查区生态分区表

生态地质分区				主要生态地质特征	主要生态地质问题
一级	二级	三级	四级		
华南生态地质大区（Ⅳ）	南岭山地丘陵生态地质区（Ⅳ₈）	都庞岭－萌渚岭岩溶、褶断山地常绿阔叶林生态地质亚区（Ⅳ₈₋ₐ）	大桥岩溶山地农林生态地质小区（Ⅳ₈₋ₐ₋₁）	位于武夷－云开弧盆系西缘，整体为紧闭倒转向斜，断裂密集；成土母质主要为早石炭世－中二叠世碳酸盐岩类残坡积物，中－晚泥盆世碳酸盐岩类残坡积物，局部为晚二叠世泥质岩类残坡积物；气候为亚热带湿润气候；地貌主要为石灰岩侵蚀溶蚀丘陵；土壤主要为石灰土、水稻土；植被主要为针叶林、针阔混交林、灌丛、草丛和栽培植被等	石漠化及水土流失较严重；水源涵养和土壤保持功能较弱；具有发育以崩塌、滑坡和泥石流为主的地质灾害风险
			大瑶山变质岩山碎屑岩山地地林业生态地质小区（Ⅳ₈₋ₐ₋₂）	位于武夷－云开弧盆系西缘，整体为开阔的背斜，地形坡度陡；成土母质主要为早－中泥盆世陆源碎屑岩类残坡积物，寒武纪长英质变质岩类残坡积物，震旦纪长英质变质岩类残坡积物；气候为亚热带湿润气候；土壤主要为红壤和黄壤；植被主要为针叶林、针阔混交林等	具有发育以崩塌、滑坡和泥石流为主的地质灾害风险
			东山中酸性岩山地地林业生态地质小区（Ⅳ₈₋ₐ₋₃）	位于武夷－云开弧盆系西缘，整体为白垩纪－侏罗纪复式中酸性侵入体；成土母质主要为白垩纪酸性岩类残坡积物和侏罗纪酸性岩类残坡积物；气候为亚热带湿润气候；土壤主要为红壤和黄壤；植被主要为针叶林、针阔混交林等	具有发育以崩塌、滑坡和泥石流为主的地质灾害风险
			南水水库山地－丘陵水源涵养生态地质小区（Ⅳ₈₋ₐ₋₄）	位于武夷－云开弧盆系西缘，成土母质主要为早石炭世碳酸盐岩类残坡积物、晚泥盆世碳酸盐岩类残坡积物；地貌主要为溶蚀侵蚀低山和黄壤；气候为亚热带湿润气候；土壤主要为石灰土、红壤和黄壤，植被主要为针阔混交林和草地等	具有石漠化、水土流失风险，具有发育以崩塌、滑坡和泥石流为主的地质灾害风险

· 69 ·

续表 5-4

生态地质分区				主要生态地质特征	主要生态地质问题
一级	二级	三级	四级		
华南生态地质大区（Ⅳ）	南岭山地丘陵生态地质区（Ⅳ₈）	都庞岭－萌渚岭、诸广－褶断山地常绿阔叶林生态地质亚区（Ⅳ₈₋ₐ）	东坪东碳酸盐岩山地林业生态地质小区（Ⅳ₈₋ₐ₋₅）	位于武夷－云开孤盆系西缘，断裂密集；成土母质主要为中－晚泥盆世碳酸盐岩类残坡积物；地貌主要为溶蚀侵蚀丘陵；气候为亚热带湿润气候；土壤主要为石灰土，植被主要为针叶林、针阔混交林、灌丛、草丛和栽培植被等	石漠化及水土流失风险；水源涵养和土壤保持功能较弱；具有发育以崩塌、滑坡和泥石流为主的地质灾害风险
			东坪南碎屑岩山地农林生态地质小区（Ⅳ₈₋ₐ₋₆）	位于武夷－云开孤盆系西缘，整体为开阔的背斜、断裂密集；成土母质主要为中泥盆世陆源碎屑岩类残坡积物；地貌主要为侵蚀剥蚀低山、中－晚泥盆世残积山；气候为亚热带湿润气候；土壤主要为红壤和黄壤；植被主要为针叶林、针阔混交林等	水源涵养和土壤保持功能较弱；具有发育以崩塌、滑坡和泥石流为主的地质灾害风险
			大覃河岩溶山地农林生态地质小区（Ⅳ₈₋ₐ₋₇）	位于武夷－云开孤盆系西缘，整体为开阔的向斜、断裂密集；成土母质主要为早石炭世泥质碳酸盐岩类残坡积（山），地貌主要为溶蚀侵蚀剥蚀低山、中－晚泥盆世残积；气候为亚热带湿润气候；土壤主要为石灰土，植被主要为针叶林、针阔混交林、灌丛、草丛和栽培植被等	石漠化及水土流失显著；水源涵养和土壤保持功能较弱；具有发育以崩塌、滑坡和泥石流为主的地质灾害风险
			大布碎屑岩山地农林生态地质小区（Ⅳ₈₋ₐ₋₈）	位于武夷－云开孤盆系西缘－早石炭世叠三叠世陆源碎屑岩类残坡积物、早石炭世残坡积物，早石炭世碳酸盐类岩屑坡积岩、红色地貌；气候为亚热带湿润气候；发育大峡谷和瀑布，呈现出典型的丹霞地貌；土壤主要为红壤和黄壤；植被主要为针叶林、针阔混交林等	水源涵养和土壤保持功能较弱；具有发育以崩塌、滑坡和泥石流为主的地质灾害风险
		九连山－渚石山褶断山地丘陵常绿阔叶林生态地质亚区（Ⅳ₈₋d）	武江河谷平原－丘陵城镇农业生态地质小区（Ⅳ₈₋d₋₁）	位于武夷－云开孤盆系西缘，整体为第四纪冲洪积物，早石炭世陆源碎屑岩类残坡积物和早石炭世含碳泥岩类岩坡残积物等；地貌主要为红色平原和侵蚀剥蚀丘陵；土壤主要为红壤和水稻土；植被主要为栽培植被、阔叶林、针叶林、针阔混交林等	人类活动强度较高，生境退化，农业面源污染等

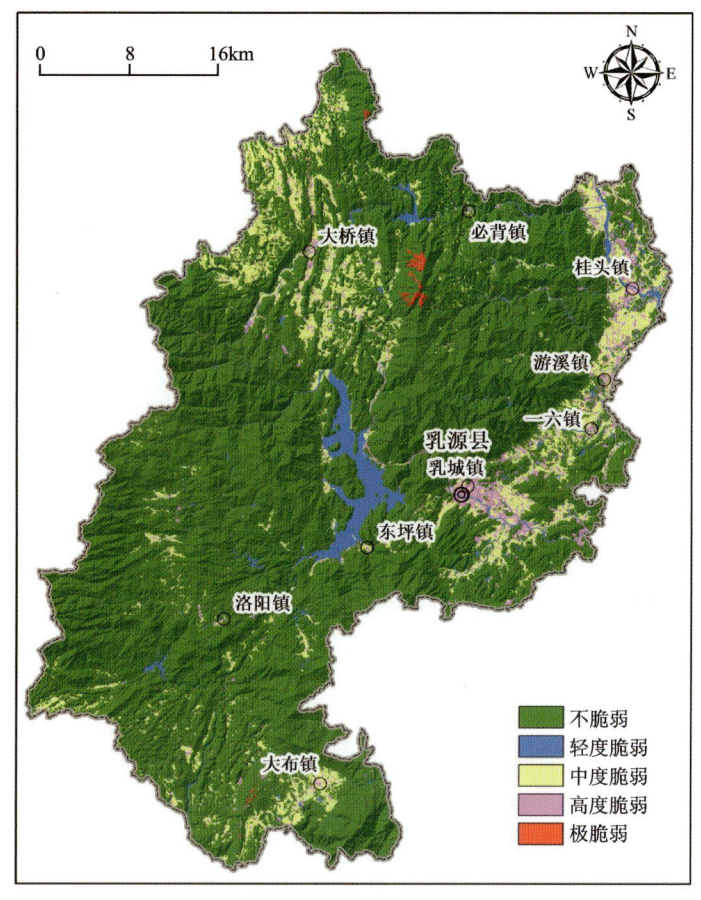

图 6-13　调查区生态地质脆弱性生态系统类型单因子评价图

调查区生态系统类型单因子生态地质脆弱性分为不脆弱、轻度脆弱、中度脆弱、高度脆弱和极脆弱5个等级。从脆弱性空间分布来看，全区绝大部分区域为不脆弱区，中度—高度脆弱区域主要分布在乳城镇，其次为桂头镇，再次为大桥镇。调查区以森林生态系统类型占优势，森林覆盖率高，整体生态环境优良，生态系统恢复能力强。

2）植被覆盖度单因子脆弱性评价

植被覆盖度常用于植被变化、生态环境研究、水土保持、气候等方面，对于生态地质脆弱性而言，植被覆盖度具有重要影响。在地理信息系统中，利用2022年9月26日成像的哨兵2A卫星的10m分辨率多光谱遥感数据，先提取归一化植被指数，然后在像元二分模型的基础上，利用归一化植被指数近似估算植被覆盖度，按植被覆盖度由高到低：>60%、45%～60%、30%～45%、10%～30%、<10%进行生态地质脆弱性分级分类，得到调查区生态地质脆弱性植被覆盖度单因子评价图（图6-14）。

调查区植被覆盖度单因子生态地质脆弱性分为不脆弱、轻度脆弱、中度脆弱、高度脆弱和极脆弱5个等级。从脆弱性空间分布来看，全区绝大部分区域为不脆弱区域，高度脆弱区域主要分布在乳城镇和桂头镇，中度—高度脆弱区域主要分布在大桥镇。调查区大部分区域植被覆盖度高，有着很好的水土保持和水源涵养能力。

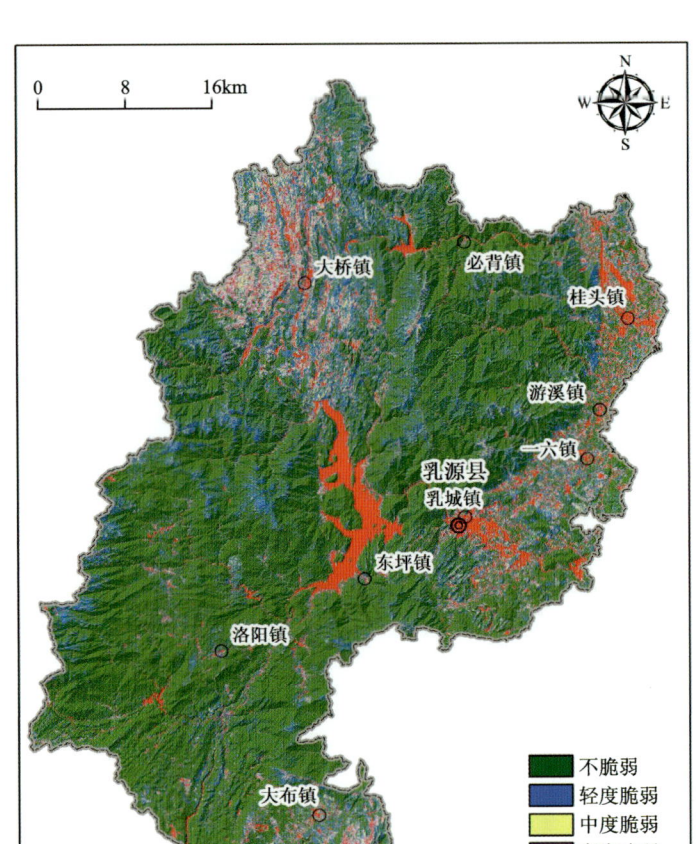

图 6-14 调查区生态地质脆弱性植被覆盖度单因子评价图

3）人口密度单因子脆弱性评价

人口是区域人类活动的首要因素，因此，采用人口密度来表征调查区的人类活动强度。在地理信息系统中，以 WorldPop 人口密度分布数据集(https://www.worldpop.org)为基础数据进行处理，获得调查区人口密度图，按照无人区（<1 人/km²）、人口极稀（1～100 人/km²）、人口稀少（100～500 人/km²）、中等区（500～1000 人/km²）、密集（>1000 人/km²）进行分级（见表 6-1），分别对应生态地质脆弱性的不脆弱、轻度脆弱、中度脆弱、高度脆弱、极脆弱等级，得到调查区生态地质脆弱性人口密度单因子评价图（图 6-15）。

调查区人口密度单因子生态地质脆弱性分为不脆弱、轻度脆弱、中度脆弱、高度脆弱和极脆弱 5 个等级。从脆弱性空间分布来看，全区绝大部分区域为不脆弱区，中度—高度脆弱区域主要分布在乳城镇和桂头镇。调查区大部分地区人口稀少，对生态环境和生态系统扰动小。

（二）综合评价

从单因子分析得出的生态地质脆弱性，只反映了某一因子的作用程度，要将调查区生态地质脆弱性的区域差异综合地反映出来，还需要进行生态地质脆弱性综合评价。由于各因子

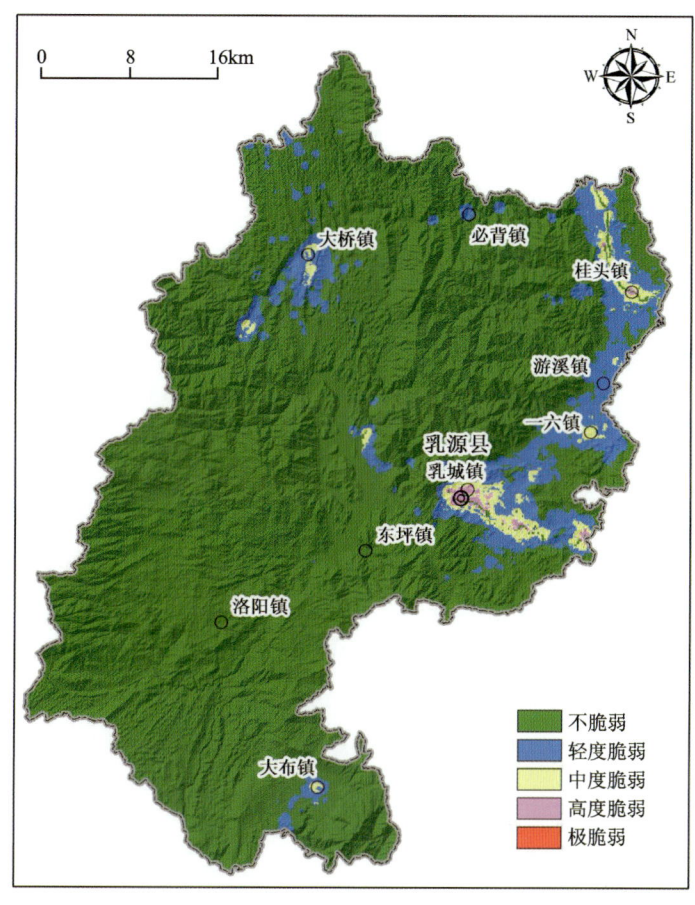

图 6-15 调查区生态地质脆弱性人口密度单因子评价图

对生态地质的作用机理与影响程度不同,在进行综合评价时,应当对单因子赋予不同的权重,运用加权方法进行评价,加权指数计算公式如下:

$$ss_j = \sum_{i=1}^{14} C_i W_i \qquad (6\text{-}1)$$

式中:ss_j 为 j 空间单元生态地质脆弱性综合指数;C_i 为 i 因子敏感性等级值;W_i 为 i 因子敏感性权重。

1. 赋权方法

本次工作采用层次分析法(AHP)进行赋权。层次分析法是一种定性与定量相结合的决策分析方法,由于其能够将决策者对复杂问题的决策思维过程模型化、数量化,常常被运用于多目标、多准则、多要素、多层次的非结构化的复杂决策问题,具有十分广泛的实用性,在生态环境评价中应用广泛。通过这种方法,可以将复杂问题分解为若干层次和若干因素,在各因素之间进行简单的比较和计算,就可以得出不同方案重要性程度的权重,从而为决策方案的选择提供依据。

但是，这种方法却存在着较大的随意性。譬如，对于同样一个决策问题，如果在互不干扰、互不影响的条件下，让不同的人同样都采用层次分析法进行研究，则它们所建立的层次结构模型、所构造的判断矩阵很可能是各不相同的，分析所得出的结论也可能各有差异。为了克服这种缺点，在实际运用中，特别是在多目标、多准则、多要素、多层次的非结构化的战略决策问题的研究中，对于问题所涉及的各种要素及其层次结构模型的建立，往往需要多部门、多领域的专家共同会商、集体决定，通常采用发放和回收专家调查表的形式进行，即在构造判断矩阵时，对于各个因素之间的重要程度的判断，先罗列各个因素，然后以调查表的形式，向各领域专家发放，然后回收调查表，根据各个专家的不同意见，取各个专家的判断值的平均数、众数或中位数。

然而在实际操作中，发放和回收专家调查表这种方式依然存在着较大的局限性。首先，为了保证专家意见具有一定的代表性和普遍性，需要向各行业专家发放大量的调查表，有时甚至达到数百份，导致实际操作极为困难；其次，发放的调查表与回收的调查表不成比例，在实际操作中，由于各种因素，大量地发放调查表，往往实际回收的调查表却寥寥无几，导致样本数量不够，失去了统计意义；最后，由于调查表是向各行业专家发放的，而专家感兴趣的是其从事行业内的问题，造成了专家对其从事行业问题的重要性的偏好，从而加大了主观性。

在调查区生态地质脆弱性评价中，针对上述问题，在构建判断矩阵时，对于各个因素之间的重要程度的判断，我们提出了在野外实地调查的基础上，通过综合研究各相关因素的作用机理的内在联系及继承关系来比较各相关因素的重要性的方法，用以取代专家打分，从而最大限度降低主观性。

2. 综合评价结果

1）判断矩阵与赋权

通过1∶25万、1∶5万生态地质调查并结合单因子评价结果进行综合研究，我们可以做出以下分析：

就生态地质问题而言，除了地质灾害对生态地质脆弱性影响较大外，石漠化、土壤侵蚀和土壤污染都只是局部问题，对全区生态地质脆弱性影响有限，调查区生态地质脆弱性的地质灾害易发性、石漠化敏感性、土壤侵蚀强度和土壤污染指数4个单因子评价图（图6-9～图6-12）的脆弱性等级及空间分布也清晰地反映出这一特点。

从生态系统恢复力角度，调查区生态系统恢复力强，生态系统类型以森林为主，植被覆盖度高，人类活动扰动小，生态系统恢复力3个单因子生态地质脆弱性评价都是以不脆弱占绝大多数，对调查区生态地质脆弱性影响十分有限（即很难使脆弱性等级提高），且其对调查区生态地质脆弱性的影响甚至弱于生态地质问题。

与前两者相比，调查区生态地质条件对生态地质脆弱性的影响更为显著。7个生态地质条件单因子评价结果都显示较强的空间分异性与脆弱性分级差异性（图6-2～图6-8）。因此，我们认为，调查区生态地质脆弱性主要受到生态地质条件控制，生态地质问题和生态系统恢复力对生态地质脆弱性的影响较小。由此，在各因子相对重要性比较时，生态地质条件＞生态地质问题＞生态系统恢复力。至此，完成了3组因子整体重要性比较。

在生态地质条件里面,构造控制调查区地貌形态和岩性分布,进而影响着地面坡度、地表的岩石类型、地质灾害发育程度,而岩石作为成土母质的来源控制着成土母质的类型,还影响着地质灾害的发育分布,母质转化为土壤。换言之,地质条件控制地貌形态和岩性,岩性控制母质,母质控制土壤,土壤影响生态,从这个意义上来说,构造对调查区生态地质脆弱性有着深远的影响。成土母质是形成土壤的基本的原始物质,是土壤形成的物质基础和植物矿物养分元素的最初来源,土壤的主要元素大部分继承自成土母质,成土母质是影响土壤物理和化学性质的主要因素之一,即成土母质基本控制了土壤的生成与发育。因此,构造应当给予最大的权重,然后依次为成土母质、土壤养分、土壤含水率、坡度、含水岩组富水性、坡向。

在生态地质问题里面,则是地质灾害易发性最重要,其次是土壤侵蚀强度、石漠化敏感性、土壤污染指数。在生态系统恢复力里面,生态系统类型最重要,其次是植被覆盖度、人口密度。

通过上述生态地质条件、生态地质问题、生态系统恢复力 3 组因子整体比较和每组因子内部单个比较,完成了 14 个因子的相对重要性比较的预判,由此构建调查区生态地质脆弱性决策分析 $O-P$ 层次模型(图 6-16)和判断矩阵(表 6-4)。然后求解判断矩阵的最大特征值及其特征向量、随机一致性比例等各项参数,通过分析随机一致性比例、各因素的权重及排序来确定判断矩阵是否构建合理,若构建不合理,则调整,两两比较重要程度;若构建合理,则计算 $O-P$ 判断矩阵,并进行层次排序(既是层次单排序,也是层次总排序),结果见表 6-4。

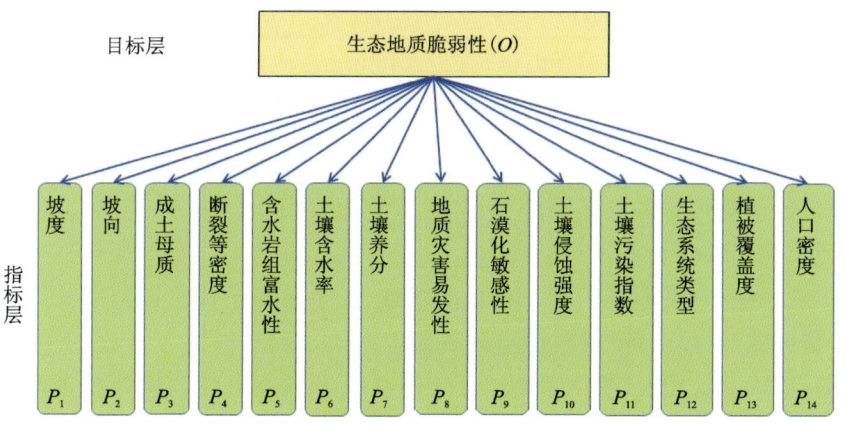

图 6-16　调查区生态地质脆弱性决策分析层次模型

O 为总目标——调查区生态地质脆弱性,P_1 为坡度单因子脆弱性、P_2 为坡向单因子脆弱性、P_3 为成土母质单因子脆弱性、P_4 为断裂等密度单因子脆弱性、P_5 为含水岩组富水性单因子脆弱性、P_6 为土壤含水率单因子脆弱性、P_7 为土壤养分单因子脆弱性、P_8 为地质灾害易发性单因子脆弱性、P_9 为石漠化敏感性单因子脆弱性、P_{10} 为土壤侵蚀强度单因子脆弱性、P_{11} 为土壤污染指数单因子脆弱性、P_{12} 为生态系统类型单因子脆弱性、P_{13} 为植被覆盖度单因子脆弱性、P_{14} 为人口密度单因子脆弱性。

由表 6-4 可见,判断矩阵的最大特征根 λ、一致性指标 CI、平均随机一致性指标 RI 和随机一致性比例 CR(CR<0.10)都显示了较好的一致性,表明构建的判断矩阵具有符合要求的随

表 6-4　调查区生态地质脆弱性评价判断矩阵与层次排序表

O	P_1	P_2	P_3	P_4	P_5	P_6	P_7	P_8	P_9	P_{10}	P_{11}	P_{12}	P_{13}	P_{14}	W（权重）	排序
P_1	1	3	1/2	1/3	3	1/2	1/2	3	3	2	3	3	3	4	0.094 4	5
P_2	1/3	1	1/3	1/3	3	1/3	1/3	3	3	2	3	3	3	3	0.072 5	7
P_3	2	3	1	1/2	2	2	2	3	4	3	4	4	5	6	0.136 3	2
P_4	3	3	2	1	3	3	3	3	4	3	4	5	6	7	0.180 4	1
P_5	1/3	1/3	1/2	1/3	1	1/3	3	2	3	2	3	3	3	4	0.079 5	6
P_6	2	3	1/2	1/3	3	1	1/2	3	3	2	3	3	3	4	0.104 0	3
P_7	2	3	1/2	1/3	1/3	2	1	3	3	2	3	3	3	4	0.103 1	4
P_8	1/3	1/2	1/3	1/3	1/2	1/3	1/3	1	3	2	3	3	3	3	0.053 6	8
P_9	1/3	1/3	1/4	1/4	1/3	1/3	1/3	1/3	1	1/2	2	2	2	3	0.033 9	10
P_{10}	1/2	1/2	1/3	1/3	1/2	1/2	1/2	1/2	2	1	2	2	2	3	0.043 6	9
P_{11}	1/3	1/3	1/4	1/4	1/3	1/3	1/3	1/3	1/2	1/2	1	2	2	3	0.030 7	11
P_{12}	1/3	1/3	1/4	1/5	1/3	1/3	1/3	1/3	1/2	1/2	1/2	1	2	3	0.027 4	12
P_{13}	1/3	1/3	1/5	1/6	1/3	1/3	1/3	1/3	1/2	1/2	1/2	1/2	1	3	0.024 1	13
P_{14}	1/4	1/3	1/6	1/7	1/4	1/4	1/4	1/3	1/3	1/3	1/3	1/3	1/3	1	0.016 7	14

注：$\lambda=15.308\ 4$，$CI=0.100\ 6$，$RI=1.58$，$CR=0.063\ 7<0.10$，W 为权重（判断矩阵的特征向量），λ 为判断矩阵的最大特征根，CI 为判断矩阵的一致性指标，RI 为平均随机一致性指标，CR 为判断矩阵的随机一致性比例。

机一致性，判断矩阵构建合理。计算出来的14个因子的权重分配与实际相符，排序与预判分析一致，表明根据预判构建的判断矩阵合理，权重分配恰当。

2）生态地质脆弱性综合评价

在地理信息系统中，把调查区生态地质脆弱性14个单因子评价图分别赋以表6-4中计算出来的权重，按照式（6-1）进行计算，得出调查区生态地质脆弱性综合指数，然后按照表6-5的生态地质脆弱性分级标准（SS）进行分级，得到调查区生态地质脆弱性评价图（图6-17），并统计脆弱性面积与占比（表6-5）。

表 6-5　调查区生态地质脆弱性评价分级表

分级	不脆弱	轻度脆弱	中度脆弱	高度脆弱	极脆弱
分级标准（SS）	1.0～2.0	2.0～4.0	4.0～6.0	6.0～8.0	>8.0

3. 生态地质脆弱性分布格局

调查区生态地质脆弱性共有4个等级，即不脆弱、轻度脆弱、中度脆弱和高度脆弱，没有极脆弱区域（图6-17，表6-6）。

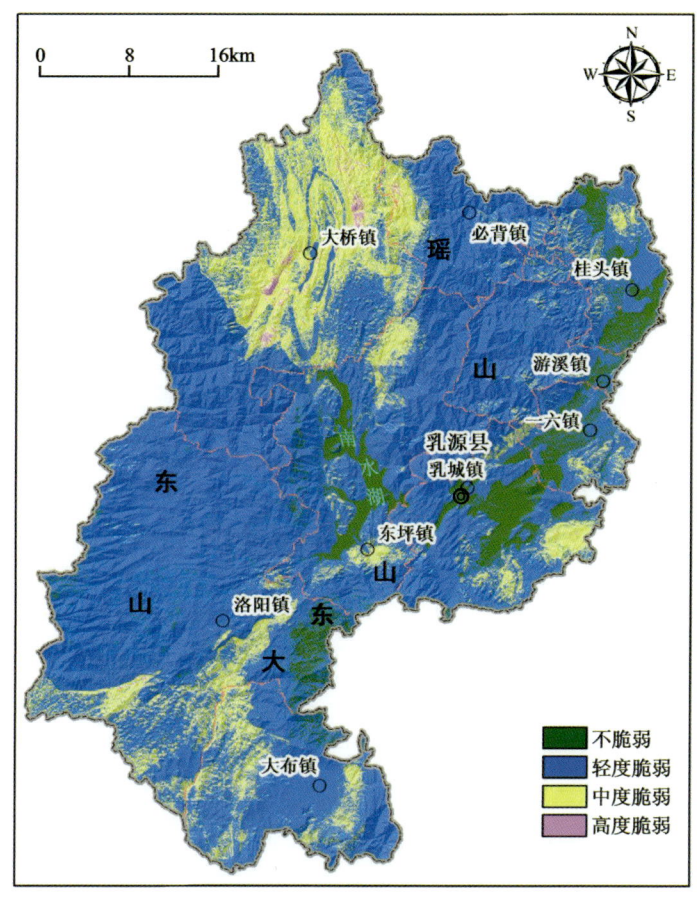

图 6-17 调查区生态地质脆弱性评价图

表 6-6 调查区生态地质脆弱性面积统计表

生态地质脆弱性分级	面积（km²）	百分比（%）
不脆弱	160.93	7.00
轻度脆弱	1 715.51	74.62
中度脆弱	413.82	18.00
高度脆弱	8.74	0.38
合计	2 299.00	100.00

从统计数据上来看，调查区生态地质脆弱性以轻度脆弱为主，达到了 1 715.51km²，占 74.62%，接近 3/4；其次为中度脆弱，面积 413.82km²，占 18.00%；再次为不脆弱，面积 160.93km²，占 7.00%；高度脆弱面积 8.74km²，占 0.38%，排名最末。

从脆弱性等级空间分布来看，调查区生态地质脆弱性具有明显的空间分异规律。总体而言，调查区生态地质整体轻度脆弱，中—高度脆弱区主要分布于重度石漠化和水土流失最为严重的乳源北部大桥镇岩溶石山区内。其中，不脆弱区主要分布于南水湖和乳源地区东部乳城镇——六镇—游溪镇—桂头镇一线的丘陵平原地带；轻度脆弱区主要分布于境内的大瑶山、东山和大东山等中低山区；中度脆弱区主要集中分布于大桥镇、洛阳镇和大布镇交界地带，另有一部分分布于乳城镇东南部；高度脆弱区分布局限，绝大部分分布于大桥镇。

第二节 生态地质分区评价

一、分区概述

根据调查区生态地质脆弱性的空间分布特征，结合生态地质分区结果（见图5-12），进行生态地质分区评价。系统总结每个小区的生态地质特征、主要生态地质问题、生态地质脆弱性特征、主导生态服务功能和生态保护修复重点方向（表6-7），聚焦不同生态分区地域特性，针对特有的生态地质问题，提出不同生态地质分区的地球科学解决方案，为地方政府国土空间用途管制与生态保护修复提供科学的参考依据。

二、分区评价

（一）大桥岩溶山地农林生态地质小区（Ⅳ$_{8-a-1}$）

大桥岩溶山地农林生态地质小区（Ⅳ$_{8-a-1}$）面积为322.54 km^2，主体位于大桥镇境内，少部分涉及东坪镇和必背镇。该区脆弱性等级分为不脆弱、轻度脆弱、中度脆弱和高度脆弱4级，其中不脆弱占0.05%、轻度脆弱占34.52%、中度脆弱占62.92%、高度脆弱占2.51%，中度脆弱和高度脆弱合计占65.43%，整体较脆弱。该区主要生态地质问题为局部石漠化和水土流失仍然较为严重，主导生态服务功能为水土保持、生物多样性保护。建议在该区加强植树造林，改善森林结构，加强石漠化和水土流失综合治理，提高水土保持和水源涵养能力，维护和恢复山地森林生态系统，改善农业生态环境，在保护的前提下发展诸如油茶种植等特色产业，促进区域经济持续发展。陡坡地区严禁林木砍伐，局部缓坡地区可以开展林业开发，有计划地进行林下开发。先前修复工作在碳酸盐岩坡地区域种植了松树等大量乔木树种，但碳酸盐坡地区土壤及地下水难以支撑高大乔木生长，长势欠佳，建议今后优先考虑灌木、藤蔓植物等品种，林下经济发展种植油茶和麻竹笋等。

（二）大瑶山变质岩-碎屑岩山地林业生态地质小区（Ⅳ$_{8-a-2}$）

大瑶山变质岩-碎屑岩山地林业生态地质小区（Ⅳ$_{8-a-2}$）面积为500.60 km^2，主要为大瑶山乳源境内部分，涉及必背镇、游溪镇、东坪镇、桂头镇，以必背镇、游溪镇为主体。该区脆弱性等级分为不脆弱、轻度脆弱、中度脆弱和高度脆弱4级，其中不脆弱占0.35%、轻度脆弱占88.94%、中度脆弱占10.70%、高度脆弱占0.01%，不脆弱和轻度脆弱合计占89.29%，整体不脆弱，局部略脆弱。该区主要生态地质问题为地质灾害较频发，主导生态服务功能为生物多样性保护、水源涵养、人文景观保护。建议在该区保育好亚热带常绿针、阔叶林生态系统，加强森林火灾、病虫害防治，维护森林生态系统的水源涵养、水土保持和生物多样性维持的功

表 6-7　乳源地区生态地质脆弱性分区评价表

生态地质小区	面积（km²）	涉及乡镇	生态地质脆弱性特征	主导生态服务功能	生态保护修复重点方向
大桥岩溶山地农林生态地质小区（Ⅳ$_{8-a-1}$）	322.54	大桥镇、东坪镇、必背镇	脆弱性等级为不脆弱、轻度脆弱、中度脆弱和高度脆弱4级，高度脆弱占2.51%，二者合计占65.43%，整体较脆弱	水土保持、生物多样性保护	加强植树造林，改善森林结构，加强石漠化和水土流失综合治理，提高水土保持和水源涵养能力，维护森林生态安全，改善农业生态环境。先前修复工作在碳酸盐岩坡地区域种植了松树等大量乔木树种，但碳酸盐岩坡地区土壤及地下水难以支撑高大乔木生长，长势欠佳，建议今后优先考虑灌木、藤蔓植物等品种
大瑶山变质岩-碎屑岩山地林业生态地质小区（Ⅳ$_{8-a-2}$）	500.60	必背镇、游溪镇、桂头镇、东坪镇	脆弱性等级为不脆弱、轻度脆弱、中度脆弱和高度脆弱4级，轻度脆弱占88.94%，整体不脆弱，局部脆弱	生物多样性保护、水源涵养、人文景观保护	保育好亚热带常绿针、阔叶林生态系统，加强森林火灾、病虫害防治，维护森林生态系统的水源涵养功能，为乳源生物多样性以及武江水源涵养以及南水水库水源保证以及生物多样性资源及遗传基因库的保护作出重要贡献，同时也为乳源地区提供优美的自然景观和人文景观。陡坡地区严禁林木欣伐，局部缓坡地区可以开展林业有计划地进行林木开发
东山中酸性岩山地林业生态地质小区（Ⅳ$_{8-a-3}$）	686.70	洛阳镇、大布镇、大桥镇、东坪镇	脆弱性等级为不脆弱、轻度脆弱、中度脆弱和高度脆弱4级，中度脆弱与轻度脆弱合计98.88%，整体不脆弱	生物多样性保护、水源涵养、水土保持	保育好亚热带常绿针、阔叶林生态系统，加强森林火灾、病虫害防治，维护森林生态系统的水源涵养功能，为乳源生物多样性以及南水水库水源保证以及生物多样性资源及遗传基因库的保护作出重要贡献，加强花岗岩崩岗引发的水土流失防治。陡坡区域禁止林木欣伐，合理利用林业资源，在广大低缓坡地可以有计划地进行林木开发，对由于黏土矿及石材开采造成的矿山生态问题，应尽快修复

续表 6-7

生态地质小区	面积(km²)	涉及乡镇	生态地质脆弱性特征	主导生态服务功能	生态保护修复重点方向
南水水库山地-丘陵水源涵养生态地质小区($Ⅳ_{8-a-4}$)	106.86	东坪镇、乳城镇	脆弱性等级为不脆弱、轻度脆弱和中度脆弱3级,以不脆弱和轻度脆弱为主,二者占93.91%,整体不脆弱	饮用水水源地保护、水源涵养、营养物质保持、生态景观保护	建议把该区域确定为重要生态功能区,制定严密和科学的生态保护和管理措施,控制农业面源污染和点源污染,防止南水水库出现水污染和富营养化问题,加强该区域的生态建设,着力保护水库周围的森林植被,提高水源涵养能力和水体自净能力,确保南水水库的水安全
东坪东碳酸盐岩山地林业生态地质小区($Ⅳ_{8-a-5}$)	54.58	东坪镇、乳城镇	脆弱性等级为不脆弱、轻度脆弱、中度脆弱和高度脆弱4级,中度脆弱和高度脆弱合计占86.29%,中度脆弱和高度脆弱,整体不脆弱,局部较脆弱	水土保持和水源涵养	加强植树造林,以改善森林结构,提高水源涵养能力和水土保持能力
东坪南碎屑岩山地林业生态地质小区($Ⅳ_{8-a-6}$)	42.23	东坪镇、乳城镇	脆弱性等级为不脆弱、轻度脆弱、中度脆弱和高度脆弱4级,中度脆弱和高度脆弱合计占89.52%,中度脆弱和高度脆弱,整体不脆弱,局部较脆弱	水源涵养、生物多样性保护	保育好亚热带常绿针阔叶林生态系统,加强森林生态系统的病虫害防治,维护森林生态系统的水源涵养功能,为乳源地的生态安全和生物多样性维持以及遗传基因库的保护作出贡献
大潭河岩溶山地农林生态地质小区($Ⅳ_{8-a-7}$)	193.37	洛阳镇、大布镇	脆弱性等级为不脆弱、轻度脆弱、中度脆弱和高度脆弱4级,中度脆弱和高度脆弱合计占43.06%,整体较脆弱	水土保持、水源涵养、生物多样性保护、地质环境保护	植被受到破坏的碳酸盐岩坡地区域应尽量避免种植高大乔木,而应以低矮乔木、灌木、藤蔓等植物为主。加强植树造林,改善森林结构,加强石漠化和水土流失综合治理,提高水土保持和水源涵养能力,维护和恢复山地森林生态系统,着重于生态恢复和水土流失治理,改善农业生态环境,降低地质灾害的发生频率,促进区域经济持续发展

续表 6-7

生态地质小区	面积(km²)	涉及乡镇	生态地质脆弱性特征	主导生态服务功能	生态保护修复重点方向
大布碎屑岩山地衣林生态地质小区（Ⅳ$_{8-a-8}$）	127.24	大布镇	脆弱性等级为不脆弱、轻度脆弱、中度脆弱和高度脆弱 4 级，不脆弱和轻度脆弱合计占 85.22%，中度和高度脆弱合计占 14.78%，整体不脆弱，局部较脆弱	生物多样性保护，水源涵养，自然景观保护	保育好亚热带常绿针、阔叶林生态系统，加强森林火灾、病虫害防治，维护森林生态系统的水源涵养、水土保持和生物多样性维持的功能，保护好优美的自然景观和人文景观
武江河谷平原－丘陵城镇农业生态地质小区（Ⅳ$_{8-d-1}$）	264.88	乳城镇，一六镇，游溪镇，桂头镇	脆弱性等级为不脆弱、轻度脆弱、中度脆弱和高度脆弱 4 级，不脆弱和轻度脆弱合计占 88.70%，中度和高度脆弱合计占 11.30%，整体不脆弱，局部较脆弱	工业、农业开发（需高度重视污染防治）	加强工业"三废"污染的防治，加快污水处理设施建设，对大气污染进行重点监控，加强城郊面源污染的治理，做好城区和郊区景观生态建设和保护，在工业发展和城市发展过程中，加大循环经济和清洁产业占比

能,为地区的生态安全、南水水库水源保证、武江水源涵养以及为生物多样性资源及遗传基因库的保护贡献重要生态保障,同时也为乳源地区提供优美的自然景观和人文景观,在保护的前提下,发展瑶族民族风情文化、瑶药医药特色产业。

(三)东山中酸性岩山地林业生态地质小区($Ⅳ_{8-a-3}$)

东山中酸性岩山地林业生态地质小区($Ⅳ_{8-a-3}$)面积为686.70km²,主要为东山乳源境内部分,由一套中酸性岩体构成的中低山山地,涉及洛阳镇、大布镇、大桥镇、东坪镇,以洛阳镇为主体。该区脆弱性等级分为不脆弱、轻度脆弱、中度脆弱和高度脆弱四级,其中不脆弱占5.49%、轻度脆弱占93.39%、中度脆弱占1.11%、高度脆弱占0.01%,不脆弱和轻度脆弱合计占98.88%,全区生态脆弱性以不脆弱为主。该区主要生态地质问题为局部地质灾害较频发、局部水土流失较严重,主导生态服务功能为生物多样性保护、水源涵养、水土保持。陡坡区域禁止砍伐,在广大低缓坡地区可以有计划地进行林木开发,合理利用林业资源,发展培育林下经济。对由于黏土矿及石材开采造成的矿山生态问题,应尽快修复。建议在该区保育好亚热带常绿针、阔叶林生态系统,加强森林火灾、病虫害防治,维护森林生态系统的水源涵养、水土保持和生物多样性维持的功能,为乳源地区的生态安全、南水水库水源保证以及为生物多样性资源及遗传基因库的保护提供重要保障。加强花岗岩崩岗引发的水土流失防治,在保护的前提下,发展山地林下养殖、种植业。

(四)南水水库山地-丘陵水源涵养生态地质小区($Ⅳ_{8-a-4}$)

南水水库山地-丘陵水源涵养生态地质小区($Ⅳ_{8-a-4}$)面积为106.86km²,主要为南水湖及周边区域,涉及东坪镇、乳城镇。该区脆弱性等级分为不脆弱、轻度脆弱和中度脆弱3级,其中不脆弱占30.23%、轻度脆弱占63.68%、中度脆弱占6.09%,不脆弱和轻度脆弱合计占93.91%,全区不脆弱。该区主导生态服务功能为饮用水源地保护、水源涵养、营养物质保持、生态景观保护。建议把该区域确定为重要生态功能区,制定严密和科学的生态保护和管理措施,控制农业面源和点源污染,防止南水水库出现水污染和富营养化问题,加强该区域的生态建设,着力保护水库周围的森林植被,提高区域水源涵养能力和水体自净能力,确保南水水库的水安全。

(五)东坪东碳酸盐岩山地林业生态地质小区($Ⅳ_{8-a-5}$)

东坪东碳酸盐岩山地林业生态地质小区($Ⅳ_{8-a-5}$)面积为54.58km²,涉及东坪镇和乳城镇。该区脆弱性等级分为不脆弱、轻度脆弱、中度脆弱和高度脆弱4级,其中不脆弱占2.39%、轻度脆弱占83.90%、中度脆弱占13.70%、高度脆弱占0.01%,不脆弱和轻度脆弱合计占86.29%,中度和高度脆弱合计占13.71%,整体不脆弱,局部较脆弱。该区主要生态地质问题为局部石漠化和水土流失较严重,主导生态服务功能为水土保持和水源涵养。建议在该区加强植树造林,在岩溶石山区种植油茶等,发展林下经济,以改善森林结构,提高水源涵养能力和水土保持能力。

第六章 生态地质脆弱性与分区评价

(六)东坪南碎屑岩山地农林生态地质小区($\text{IV}_{8\text{-}a\text{-}6}$)

东坪南碎屑岩山地农林生态地质小区($\text{IV}_{8\text{-}a\text{-}6}$)面积为42.23km², 涉及东坪镇和乳城镇。该区脆弱性等级分为不脆弱、轻度脆弱、中度脆弱和高度脆弱4级, 其中不脆弱占1.70%、轻度脆弱占87.82%、中度脆弱占10.47%, 高度脆弱占0.01%, 不脆弱和轻度脆弱合计占89.52%, 中度和高度脆弱合计占10.48%, 整体不脆弱, 局部较脆弱。该区主要生态地质问题为局部地质灾害较频发, 主导生态服务功能为水源涵养、生物多样性保护。建议在该区保育好亚热带常绿针、阔叶林生态系统, 加强森林火灾、病虫害防治, 维护森林生态系统的水源涵养和生物多样性维持的功能, 为乳源地区的生态安全和生物多样性资源及遗传基因库的保护提供重要保障。在保护前提下, 发展山地林下养殖、种植业。

(七)大潭河岩溶山地农林生态地质小区($\text{IV}_{8\text{-}a\text{-}7}$)

大潭河岩溶山地农林生态地质小区($\text{IV}_{8\text{-}a\text{-}7}$)面积为193.37km², 涉及洛阳镇、大布镇。该区脆弱性等级分为不脆弱、轻度脆弱、中度脆弱和高度脆弱4级, 其中不脆弱占0.04%、轻度脆弱占56.90%、中度脆弱占42.86%, 高度脆弱占0.20%, 中度和高度脆弱合计占43.06%, 整体较脆弱。该区主要生态地质问题为局部地质灾害较频发、局部石漠化和水土流失较严重, 主导生态服务功能为水土保持、水源涵养、生物多样性保护、地质环境保护。建议在该区加强植树造林, 改善森林结构, 加强石漠化和水土流失综合治理, 提高水土保持和水源涵养能力, 维护和恢复山地森林生态系统, 着重于生态恢复和水土流失治理, 保护地质环境, 降低地质灾害的发生频率, 改善农业生态环境, 促进区域经济持续发展。在保护的前提下, 发展山地林下特色养殖、种植业。植被受到破坏的碳酸盐岩坡地区域应尽量避免种植高大乔木, 而应以低矮乔木、灌木、藤蔓等植物为主, 发展油茶种植等高附加值产业。

(八)大布碎屑岩山地农林生态地质小区($\text{IV}_{8\text{-}a\text{-}8}$)

大布碎屑岩山地农林生态地质小区($\text{IV}_{8\text{-}a\text{-}8}$)面积为127.24km², 位于大布镇境内。该区脆弱性等级分为不脆弱、轻度脆弱、中度脆弱和高度脆弱4级, 其中不脆弱占0.77%、轻度脆弱占84.45%、中度脆弱占14.75%, 高度脆弱占0.03%, 不脆弱和轻度脆弱合计占85.22%, 中度和高度脆弱合计占14.78%, 整体不脆弱, 局部较脆弱。该区主要生态地质问题为局部地质灾害较频发, 局部石漠化和水土流失较严重, 主导生态服务功能为生物多样性保护、水源涵养、自然景观保护。建议在该区保育好亚热带常绿针、阔叶林生态系统, 加强森林火灾、病虫害防治, 维护森林生态系统的水源涵养、水土保持和生物多样性维持的功能, 保护好优美的自然景观和人文景观。在保护的前提下, 发展山地林下特色养殖、种植业, 合理开发境内山地旅游资源, 发展生态旅游业。

(九)武江河谷平原-丘陵城镇农业生态地质小区($\text{IV}_{8\text{-}d\text{-}1}$)

武江河谷平原-丘陵城镇农业生态地质小区($\text{IV}_{8\text{-}d\text{-}1}$)面积为264.88km², 位于乳城镇、一六镇、游溪镇、桂头镇。该区脆弱性等级分为不脆弱、轻度脆弱、中度脆弱和高度脆弱4级，其中不脆弱占32.31%、轻度脆弱占56.39%、中度脆弱占11.26%，高度脆弱占0.04%，不脆弱和轻度脆弱合计占88.70%，中度和高度脆弱合计占11.30%，整体不脆弱，局部较脆弱。该区主要生态地质问题为人类活动强度较高、生态环境退化、农业面源污染等，主导生态服务功能为工业、农业开发。建议在该区加强工业"三废"污染的防治，加快污水处理设施建设，对大气污染进行重点监控，加强城郊面源污染的治理，做好城区和郊区景观生态建设和保护，在工业发展和城市发展过程中，加大循环经济和清洁产业占比。农业方面，改善农田水利设施条件，进一步突出这一区域的粮食生产核心地位，保障耕地规模，加大土地整理实施力度，建设智慧农业监测平台，建设建成高标准农田。开展河谷平原农用地综合整治和盆周山地区生态农田整治，尤其建议开展农产品核心产区永久基本农田整治，加强局部污染耕地休耕修复，加强粮油主产区高标准农田建设，以保障粮食安全为目标，严格保护耕地和基本农田，由重数量保护向数量、质量和绿色生态全面管护转变。提高农业空间综合效能，建设现代农业产业基地，提高粮油产量，以保障全县粮食安全，促进农民增收，助推乡村振兴。

第七章 生态地质调查研究与应用

第一节 石漠化成因机理研究

一、石漠化成因

石漠化的成因目前存在两种主要观点:一种观点认为石漠化是气候条件、地质环境等自然背景与人类活动等人文因子共同作用形成的,两者的影响作用相当,需要共同作用才能促使石漠化形成;另一种观点认为人类活动在石漠化形成和发展过程中起主导作用,认为石漠化形成的主导因素是不合理的人类活动。

通过本次生态地质石漠化调查所取得的资料,我们认为,调查区石漠化的形成既有内部因素又有外部因素。其中内部因素主要包括地层岩性、地貌、地质构造、气象、水文、土壤、植被分布及覆盖情况等自然环境因素;而外部因素主要为不合理的人类活动,不合理的人类活动是导致石漠化形成的诱发因素,但同时石漠化综合治理等人为干预活动,可以逆转石漠化过程。

(一)气象因素

在气象因素中,与石漠化形成关系最大的主要是降水和温度,降水是土壤侵蚀重要的外营力和决定性因素,水土流失程度和危害的大小,取决于降水强度、降水量以及降水发生的地形、地貌条件等多种因素,强暴雨对地表的冲刷易造成水土流失,而温度增加了CO_2在水中的溶解度,从而加快碳酸盐岩的溶蚀。

1. 气象

调查区属亚热带季风性湿润气候区,多年平均气温为19.8℃,多年平均降雨量为1 890.6mm,最大年降雨量为2 323.9mm,最小年降雨量为1 380.3mm,日最大降雨量为269.8mm,气候温暖,雨量充沛。降雨时间上分配不均,一年之中,3—9月为主要降雨期,占全年的79.96%,尤以5月、6月为多雨月,占全年的36.87%;10月至次年2月为少雨月,降雨量较少,占全年的20.04%(图7-1)。

图 7-1　调查区 2005～2015 年平均月降水量柱状图

(据广东省地质局第三地质大队,2016)

2. 气象与石漠化

调查区属亚热带季风性湿润气候区,气候温暖,雨量充沛且降雨集中、光照适中、雨热同季,气象条件有利于石漠化的形成。

该地区雨量充沛且降雨集中,暴雨和短时高强度的暴雨及连续暴雨都较多,在坡度为 15°～60°的裸露坡地和植被稀疏的坡耕地及山地上,不论溅蚀、面蚀或细沟侵蚀都比较严重,大雨、暴雨直接将地势相对陡峻处地表的土壤带走,从而造成基岩裸露,形成石漠化。乳源地区多年平均气温为 19.8℃,多年平均降雨量为 1 890.6mm,常年相对湿度达到 78%,雨热同季,这种气候条件下,化学溶蚀作用强烈,岩溶作用以溶蚀作用为主,地表、地下径流使碳酸盐岩的溶蚀作用能旺盛地进行,并形成丰富的岩溶地貌形态及洞穴系统,一方面形成了绚丽多彩的岩溶地貌景观,另一方面形成了该区特有的岩溶脆弱生态环境,为石漠化的发育提供了良好的气候条件。

(二)地形坡度因素

1. 坡度划分

地形坡度是影响石漠化发育程度的重要因素。为了评价坡度与岩溶石漠化的关系,在地理信息系统中对乳源地区 DEM 进行坡度分析,将得到的坡度图重分类,划分为 0°～5°、5°～15°、15°～25°、25°～35°和大于 35°共 5 个等级。在分级基础上,用碳酸盐岩分布图层进行掩模,得到岩溶石山区的坡度分级图,将其转换为矢量,并统计每一级的面积。在地理信息系统中对石漠化和岩溶石山区坡度分级进行相交分析,得出二者交集,最后统计面积。

由于不同坡度级别的岩溶石山区面积相差较大,单纯比较其中的石漠化面积大小并不科学,需要采用同一个度量标准统计,因此,采用石漠化发生率来比较(石漠化发生率=石漠化面积/岩溶石山面积×100%),结果见表 7-1。

2. 石漠化在不同坡度的分布

从表 7-1 中可以看出,坡度为 0°～5°的岩溶石山区的面积为 140.64km²,石漠化土地面积

表 7-1 调查区不同坡度岩溶石山区石漠化面积与发生率统计表

	坡度分级				
	0°～5°	5°～15°	15°～25°	25°～35°	>35°
轻度石漠化(km^2)	0	1.02	3.78	7.35	16.58
中度石漠化(km^2)	0	0	0	0.52	2.05
重度石漠化(km^2)	0	0	0	0	0.32
合计(km^2)	0	1.02	3.78	7.87	18.95
岩溶石山面积(km^2)	140.64	175.61	136.55	96.61	94.59
石漠化发生率(％)	0	0.58	2.77	8.15	20.03

为0km^2,基本无石漠化发生;坡度为5°～15°的岩溶石山区的面积为175.61km^2,石漠化土地面积为1.02km^2,石漠化发生率为0.58％;坡度为15°～25°的岩溶石山区的面积为136.55km^2,石漠化土地面积为3.78km^2,石漠化发生率为2.77％;坡度为25°～35°的岩溶石山区的面积为96.61km^2,石漠化土地面积为7.87km^2,石漠化发生率为8.15％;坡度大于35°的岩溶石山区的面积为94.59km^2,石漠化土地面积为18.95km^2,石漠化发生率为20.03％。

3. 地形坡度与石漠化

石漠化从本质上来讲是喀斯特地区的成土速率远小于水土流失的速率而造成的土地生产力的退化过程,因此影响水土流失的因素也就是影响石漠化过程的因素。乳源地区岩溶石山区,随着坡度变陡,石漠化发生率逐步上升,并且曲线斜率急剧变大(图7-2),不但石漠化发生率急速增加、石漠化程度也加重。因此,调查区岩溶石山区的坡度越陡,石漠化发生率越高、石漠化程度越重。

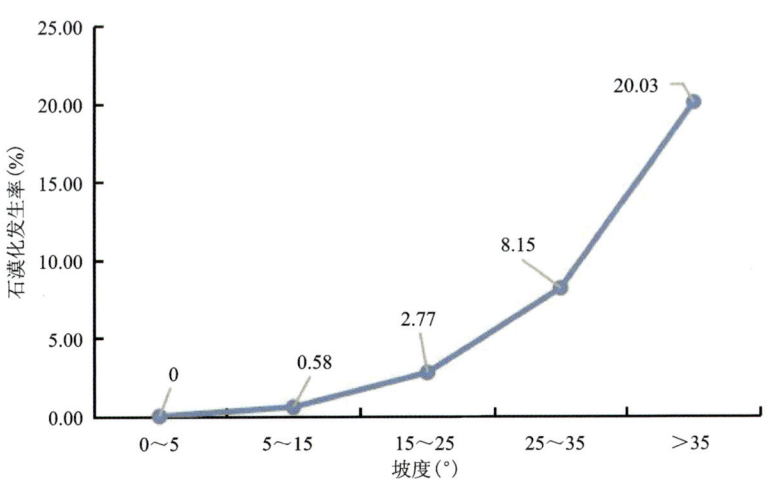

图 7-2 调查区岩溶石山区石漠化发生率与坡度关系

(三)碳酸盐岩因素

1. 碳酸盐岩分布

调查区碳酸盐岩分布较为广泛,各类碳酸盐岩(含碳酸盐岩夹碎屑岩、碎屑岩夹碳酸盐岩)分布面积约644km²,占全域面积的23.97%,碳酸盐岩较为发育(图7-3)。

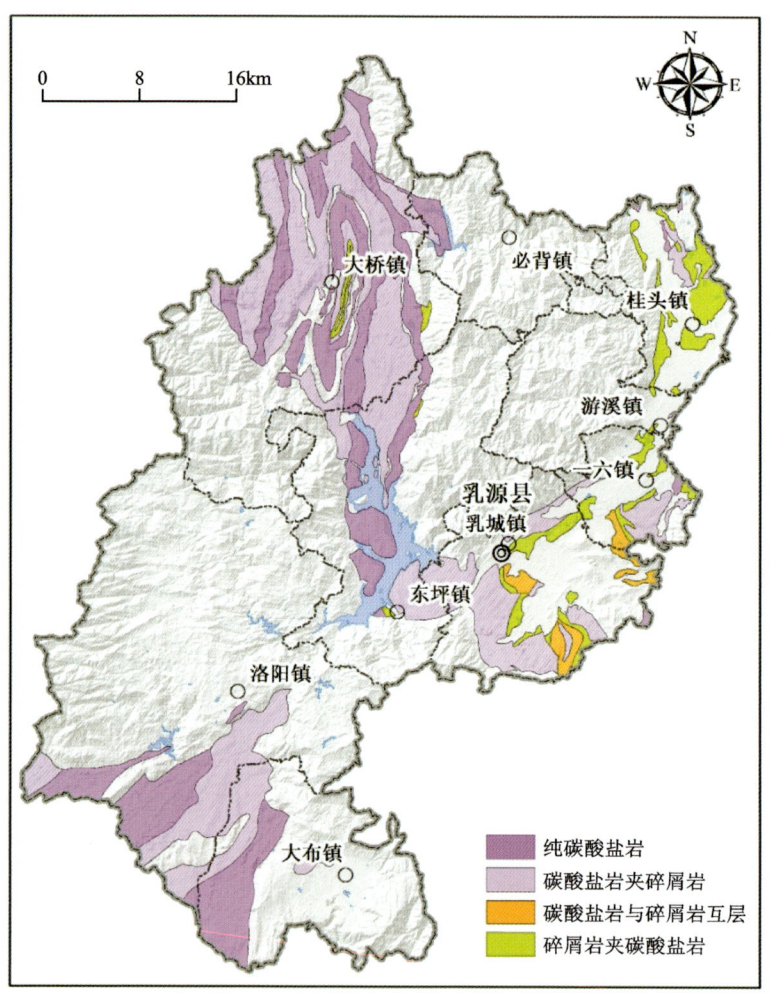

图7-3 调查区碳酸盐岩分布图

根据碳酸盐岩与碎屑岩含量不同,将调查区碳酸盐岩分为纯碳酸盐岩、碳酸盐岩夹碎屑岩、碳酸盐岩与碎屑岩互层和碎屑岩夹碳酸盐岩4种岩性组合类型(表7-2)。

调查区碳酸盐岩主要为纯碳酸盐岩、碳酸盐岩夹碎屑岩,相对来说,碳酸盐岩比较纯,为石漠化的发生提供了较好的物质基础。纯碳酸盐岩面积227.78km²,占碳酸盐岩面积的35.37%,占全域面积的9.90%,岩性主要为灰岩、白云岩,主要分布于大桥镇、洛阳镇与大布镇交界地带;碳酸盐岩夹碎屑岩面积344.35km²,占碳酸盐岩面积的53.47%,占全域面积的14.96%,岩性主要为灰岩、白云岩夹钙质泥岩、粉砂质泥岩等,主要分布于大桥镇、洛阳镇与

表 7-2　乳源地区碳酸盐岩组合类型

分类	纯碳酸盐岩	碳酸盐岩夹碎屑岩	碳酸盐岩与碎屑岩互层	碎屑岩夹碳酸盐岩
地层单元	棋梓桥组、巴漆组、融县组、石磴子组、梓门桥组、壶天组、栖霞组	天子岭组	大赛坝组	帽子峰组、易家湾组、孤峰组
岩性	灰岩、白云岩	灰岩、白云岩夹钙质泥岩、粉砂质泥岩等	灰岩与碎屑岩互层	砂岩、泥岩夹少量泥灰岩、生屑灰岩
面积(km²)	227.78	344.35	16.46	55.41
占比(%)	35.37	53.47	2.56	8.60

大布镇交界地带、乳城镇；碳酸盐岩与碎屑岩互层和碎屑岩夹碳酸盐岩这 2 种岩性组合类型面积和占比都较小，二者分布面积共 71.87km²，占碳酸盐岩面积的 11.16%，主要分布见于调查区东部乳城镇——六镇—桂头镇一带。

2. 石漠化在碳酸盐岩中的分布

在地理信息系统中对石漠化和碳酸盐岩进行相交分析，得出二者交集，然后统计面积，结果见表 7-3。

表 7-3　调查区各类碳酸盐岩石漠化面积与发生率统计表

石漠化程度与发生率	岩石类型			
	纯碳酸盐岩	碳酸盐岩夹碎屑岩	碳酸盐岩与碎屑岩互层	碎屑岩夹碳酸盐岩
轻度石漠化(km²)	16.70	11.23	0.29	0.52
中度石漠化(km²)	1.41	1.11	0.01	0.02
重度石漠化(km²)	0.06	0.26	0	0
合计(km²)	18.17	12.59	0.30	0.54
石漠化发生率(%)	7.98	3.67	1.82	0.97

纯碳酸盐岩中的石漠化面积为 18.17km²，石漠化发生率为 7.98%；碳酸盐岩夹碎屑岩中的石漠化面积为 12.59km²，石漠化发生率为 3.67%；碳酸盐岩与碎屑岩互层中的石漠化面积为 0.30km²，石漠化发生率为 1.82%；碎屑岩夹碳酸盐岩中的石漠化面积为 0.54km²，石漠化发生率为 0.97%。分析结果显示，纯碳酸盐岩的石漠化发生率高于不纯碳酸盐岩，且碳酸盐岩越纯，石漠化越发育的规律。

3. 碳酸盐岩与石漠化

调查区碳酸盐岩分布较为广泛，为石漠化的发育提供了物质基础，并形成各种岩溶地貌，为石漠化提供了发育空间。碳酸盐岩的岩性组合不同，石漠化的发育程度与发生率不同，碳酸盐岩的石漠化发生率高于不纯碳酸盐岩，碳酸盐岩越纯，石漠化越发育。

（四）植被因素

1. 植被覆盖度

植被对石漠化的影响举足轻重。不同的植被保水固土能力不同，一般来说，森林保水固土能力最强，灌木次之，草地再次之，而耕地中的旱地最差。但是，不同的植被，其保水固土的作用机理不同，抗蚀作用机理也不同，难以在一个统一尺度进行量化，为了分析植被对石漠化的作用，需要引入一个统一的度量。为此，本次工作引入植被覆盖度来进行分析。植被覆盖度是指植被（包括叶、茎、枝）在地面的垂直投影面积占统计区总面积的百分比，植被覆盖度的测量可分为地面测量和遥感估算两种方法，地面测量常用于田间尺度，遥感估算常用于区域尺度。

利用2022年9月26日成像的哨兵2A卫星的10m分辨率多光谱遥感数据，先提取归一化植被指数（NDVI），然后在像元二分模型的基础上，利用归一化植被指数近似估算植被覆盖度，然后按照低覆盖（＜30％）、中低覆盖（30％～45％）、中覆盖（45％～60％）、中高覆盖（60％～75％）、高覆盖（＞75％）进行分级，在地理信息系统中对植被覆盖度进行重分类，并转换为矢量，制作调查区植被覆盖度图（图7-4）。

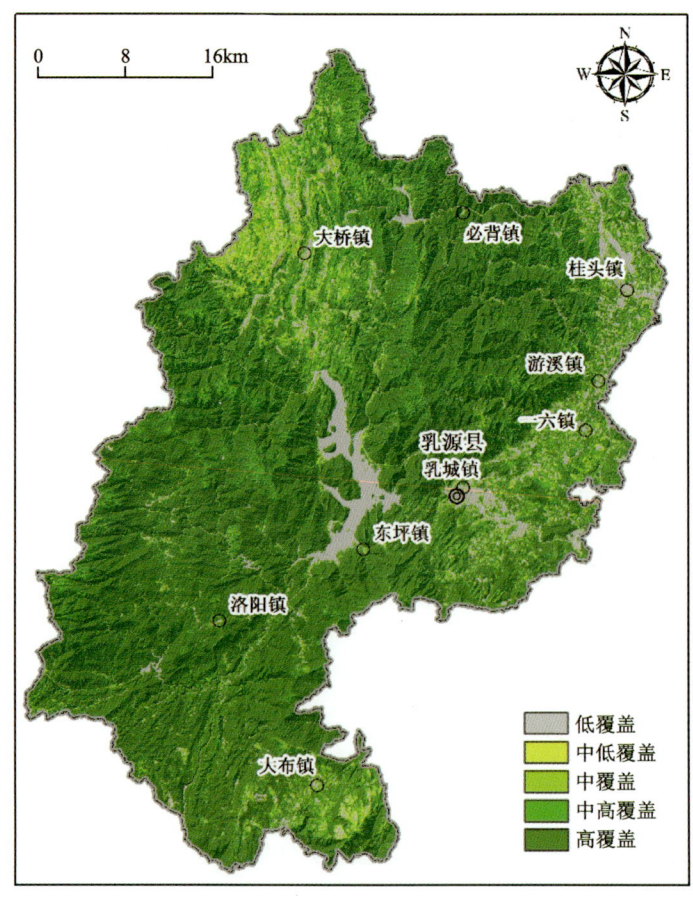

图7-4 调查区植被覆盖度图

2. 石漠化在不同植被覆盖度区域的分布

在地理信息系统中对石漠化和植被覆盖度进行相交分析，得出二者交集，然后统计面积和石漠化发生率(表7-4)。不同植被覆盖度区域石漠化发生率统计分析结果显示，石漠化发生率以低覆盖最高，达到7.79%，随着植被覆盖度增加，石漠化发生率也随之降低(图7-5)。

表7-4 调查区不同植被覆盖度岩溶石山区石漠化面积与发生率统计表 （单位：km²）

植被覆盖度(%)	低覆盖 (<30)	中低覆盖 (30~45)	中覆盖 (45~60)	中高覆盖 (60~75)	高覆盖 (>75)
植被覆盖面积(km²)	168.75	72.06	146.59	433.34	1 480.99
石漠化发生率(%)	7.79	5.13	3.22	1.04	0.37

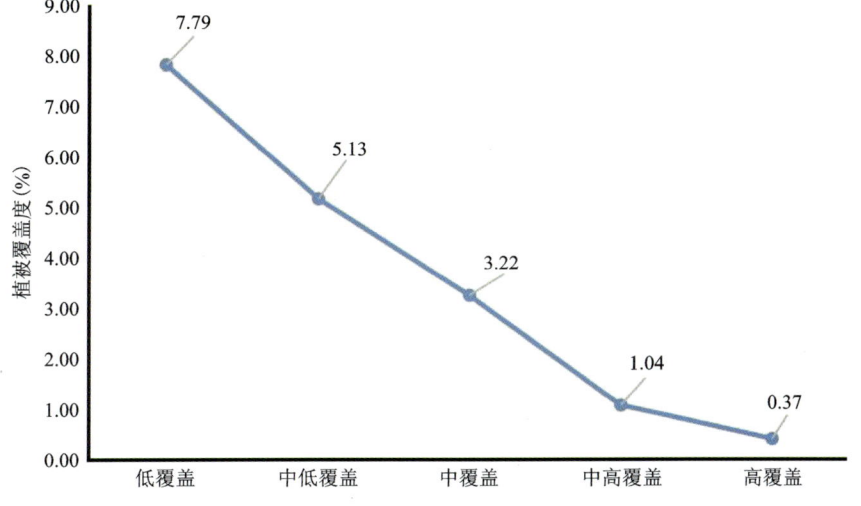

图7-5 调查区石漠化发生率与植被覆盖度关系

3. 植被与石漠化

碳酸盐岩的岩溶作用造成地表岩石千孔百疮，雨水和地表水容易漏失，缺水、少土条件下植被生长速度较慢，岩溶石山上的森林恢复周期较长。如此一来严格地限制了碳酸盐岩地区植被的覆盖率，植被覆盖率低，水土流失就严重，基岩裸露面积就越大，石漠化也就越严重。植被覆盖率降低，如原生的植被大面积地遭受破坏且延续时间长，复杂的小生境及土壤发生剧烈变化，小生境类型减少，贫瘠、干燥、明亮生境面积扩大，肥沃、湿润、阴暗生境趋于减少，气温和地表温度增高，湿度降低，生境干旱化突出，中生性植被生长不良，代之为旱生带刺的灌木或藤本植物种类，原来的乔木幼树可完全消失，植被处在逆向演替系列中的灌草丛阶段。这一阶段持续时间可以很长，若藤、灌丛受到如火烧、开垦等强烈破坏，则逆向演替为草丛甚至石山,植被破坏和退化的结果就是加剧了下伏土层的侵蚀速度,致使基岩裸露,从而形成石漠化。

(五)人类活动因素

近年来,由于人类活动的空间和规模迅速增大,从而产生了人-地关系的失调,加之地质环境保护的意识淡薄,地质环境的恶化问题已到了相当严重的程度。尤其在岩溶石山区这种脆弱的生态环境背景条件下显得更加突出,不合理人类活动的加剧叠加于本身就比较脆弱的生态环境,是导致岩溶石山地区生态环境恶化的又一重要因素。

1. 人类干扰指数

生态系统是受到人类活动深刻影响的有机综合整体,石漠化作为生态系统中的一环,也强烈受到人类活动的影响,可以这样说,如果没有人类活动的干扰,就基本不会有石漠化产生,可见人类活动的干扰对石漠化的深刻影响。为了评价调查区人类活动强度,引入人类干扰指数(UINDEX),来反映人类干扰状况对该地区石漠化的压力进行量度。

人类干扰指数计算公式如下:

$$UINDEX = (耕地面积 + 人类建设用地面积) / 土地总面积 \times 100 \qquad (7-1)$$

调查区面积 $2299km^2$,耕地(含园地)面积 $200.57km^2$,建设用地面积 $61.55km^2$,人类干扰指数为 11.39,人类干扰指数小,人类活动对石漠化的压力整体较小。但考虑到岩溶石山区只有谷地、洼地等较为开阔平坦的地区适合人类居住,调查区岩溶石山区的人口分布应为整体分散,局部集中,对于局部小区域,人类干扰指数将大于 11.39,也就是对于大桥镇等石漠化集中分布区来说,人类活动对石漠化的压力相对全县来说会更大一些。

2. 人类活动与石漠化

人为因素加剧石漠化的进程或直接导致石漠化,而且是一个突变的过程。按自然演化的规律,石漠化的形成要经历一个漫长的过程,其演化顺序是渐变的,一般是无石漠化→微石漠化→轻度石漠化→中度石漠化→重度石漠化。一旦人类活动加入自然演化过程,便将自然演化链扰乱,可以在很短的时间内从无石漠化直接进入重度石漠化,重度石漠化一旦形成,治理与恢复的经济成本巨大,难度极大。

二、石漠化敏感性评价

生态敏感性评价是分析区域生态环境稳定性的主要方法之一,可为典型石漠化地区生态环境修复和治理提供依据。石漠化敏感性指在自然状况下发生石漠化的可能性大小,石漠化敏感性评价是为了识别容易形成石漠化的区域,评价石漠化对人类活动响应的敏感程度。

尽管调查区石漠化综合治理成效显著,全县石漠化总体恶化趋势得到有效遏制,但局部仍然还较为严重,有必要对该地区开展石漠化敏感性评价,识别容易形成石漠化的区域及发生石漠化的可能性大小。因此,在遥感解译、野外调查和综合研究的基础上,通过前述影响地

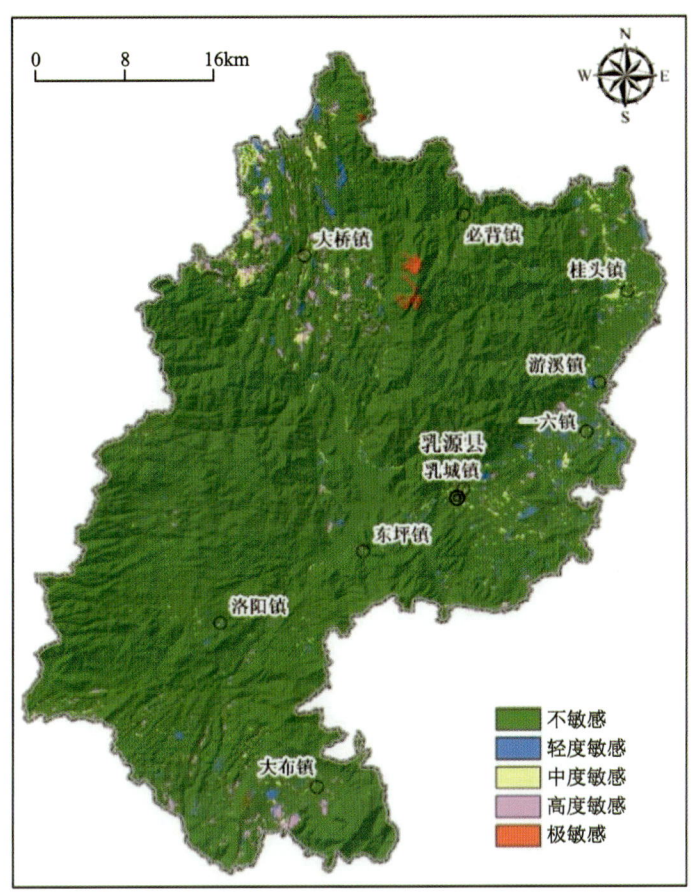

图 7-10 调查区石漠化土地利用单因子敏感性评价图

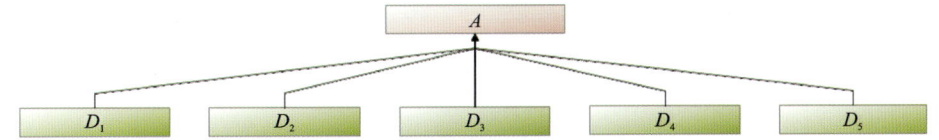

A 表示总目标——调查区石漠化敏感性;D_1 表示年降雨量单因子敏感性;D_2 表示坡度单因子敏感性;D_3 表示岩性组合单因子敏感性;D_4 表示植被覆盖度单因子敏感性;D_5 表示土地利用类型单因子敏感性。

图 7-11 调查区石漠化敏感性决策分析层次结构模型

表 7-7 乳源地区石漠化敏感性判断矩阵与层次排序表

A	D_1	D_2	D_3	D_4	D_5	W	排序
D_1	1	1/3	1/7	1/5	1/3	0.046 0	5
D_2	3	1	1/3	1/3	3	0.149 3	3
D_3	7	3	1	3	5	0.462 6	1
D_4	5	3	1/3	1	3	0.256 2	2
D_5	3	1/3	1/5	1/3	1	0.085 9	4

注:$\lambda=5.255\,0$,$CI=0.063\,8$,$RI=1.12$,$CR=0.056\,9<0.10$。

4. 综合评价

在地理信息系统中，把5个石漠化单因子敏感性评价图分别赋以上述计算出来的权重，按照式(7-2)进行计算，得出调查区石漠化单因子敏感性综合指数，然后按照表7-5的石漠化敏感性分级标准(SS)进行分级，得到乳源地区石漠化敏感性综合评价图(图7-12)，并统计各敏感性等级面积与占比(表7-8)。

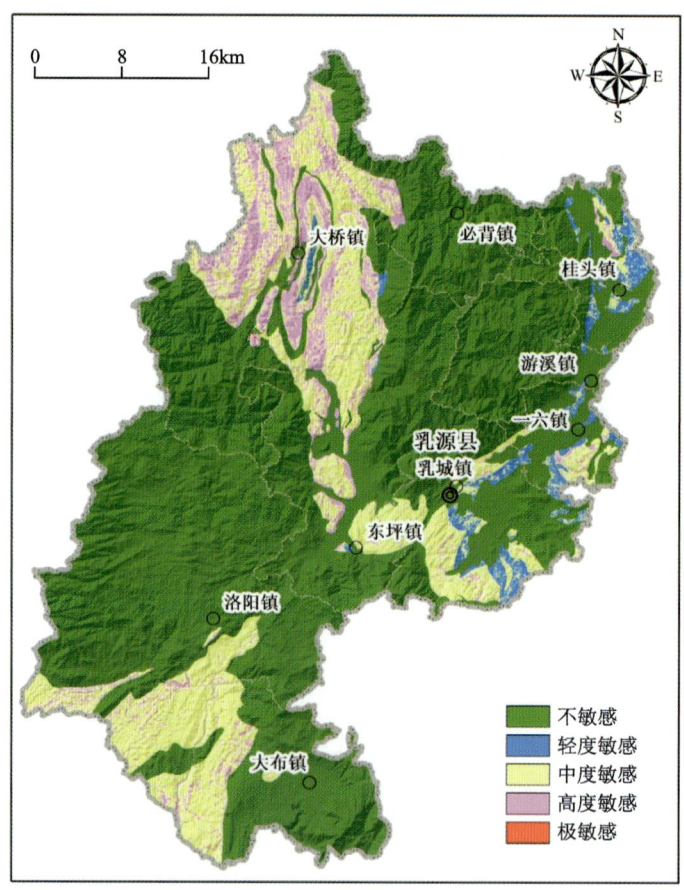

图7-12 调查区石漠化敏感性评价图

$$ss_j = \sum_{i=1}^{5} C_i W_i \tag{7-2}$$

式中：ss_j 为 j 空间单元石漠化敏感性；C_i 为 i 因子敏感性等级分值；W_i 为 i 因子敏感性权重。

表7-8 调查区石漠化敏感性等级统计

石漠化敏感性	面积(km^2)	占比(%)
不敏感	1 658.71	72.06
轻度敏感	53.80	2.34

续表 7 8

石漠化敏感性	面积(km²)	占比(%)
中度敏感	447.83	19.46
高度敏感	140.12	6.09
极敏感	1.27	0.05
合计	2 301.73	100.00

5. 石漠化敏感性分布格局

从石漠化敏感性分布图看,乳源地区石漠化敏感性共有 5 个等级,即不敏感、轻度敏感、中度敏感、高度敏感和极敏感。

通过统计,乳源地区石漠化不敏感区域面积 1 658.71km²,占县域面积的 72.06%;轻度敏感区域面积 53.80km²,占县域面积的 2.34%,二者合计 1 712.51km²,占县域面积的 74.40%;中度敏感区域面积 447.83km²,占县域面积的 19.46%;高度敏感区域面积 140.12km²,占县域面积的 6.09%;极敏感区域面积 1.27km²,占县域面积的 0.05%。整体来说,乳源地区整体石漠化不敏感,局部较为敏感,局部发生石漠化可能性依然存在。

从敏感性分异来说,全县大部分地区对石漠化不敏感,但大桥镇石漠化很敏感,东坪镇、洛阳镇、大布镇石灰岩分布区较为敏感,尤其大桥镇,石漠化敏感性等级高、分布广,需要持续加强治理与监测。

第二节 历史遗留矿山生态修复探索

历史遗留矿山的生态环境问题,是生态地质调查的重大课题。有关历史遗留矿山的生态修复与维护,也已成为当前生态环境保护领域的重要任务。本次工作聚焦生态区位重要、生态问题突出、严重威胁影响人居环境的历史遗留矿山开展。在拟建的南岭国家公园生态保护区内,2016 年关停了一座大理岩采石场,土壤环境调查结果表明,土壤环境重金属严重超标,是该历史遗留大理石采石场突出存在的生态环境问题。本次工作在圈定该历史遗留矿山废弃地土壤重金属元素的潜在生态危害影响范围基础上,重点探索研究 As、Cd 等重金属元素的成因来源及迁移富集过程特征,重溯矿区土壤环境重金属污染历史,探索矿山植物生态修复技术,为同类型历史遗留矿山生态修复治理提供科学依据和参考借鉴。

一、典型历史遗留矿山现状

(一)矿区主要生态环境问题

粤北乳源某历史遗留大理岩采石场,位于广东省北部生态发展区韶关市乳源境内,地理坐标为北纬 24°54′27″—24°54′39″,东经 113°06′03″—113°06′12″,占地 81 863m²(含尾矿库),

约122亩（0.081km²）。其生态区位重要,矿区废弃地整体处于拟建的南岭国家公园生态保护区内,原开采矿种为大理岩石料,已关停。

矿区2016年12月关停治理,2018年1月,在该废弃矿区下游水系小坑河,采集河漫滩样品,结果发现存在严重的砷超标,砷含量高达1323μg/g,超出农用地环境质量国家标准约60倍。2022年10月,同点位采集河漫滩样品,砷含量不降反升,数值达到了2893μg/g。2016年以来,采石场废弃后已进行初步治理,地形工程防护类台阶挡土墙修建及台阶土壤的平整工作、覆土工作已完成,但地貌景观的复绿工作,前期撒播的松米、高羊茅草种,以及种植的松树袋苗、楠木及爬山虎等生态效果不明显,大多枯死（图7-13）。由此,土壤重金属As严重超标和地貌景观破坏是该大理石采石场突出存在的生态环境问题。

图7-13　兴达大理岩采石场现状（摄于2023年3月9日,镜像NE45°）

（二）地质背景

该大理岩矿区位于粤北天门嶂矿田南段东部,矿区外围褶皱、断裂构造发育（图7-14）。矿区地质体主要为壶天组灰岩,周边除东北角出露石磴子组灰岩外,其余地层均为测水组碎屑岩,南部与早、晚侏罗世二长花岗岩接触。接触带构造为区内另一主要构造形态,壶天组灰岩与南部侏罗纪岩浆热液接触变质,形成大理岩矿体。

二、矿区地球化学特征

（一）样品布设与采集

根据前期资料收集和南岭国家公园生态保护区生态地质调查初步成果,结合本次工作目的,部署调查研究的实物工作,共布设了包括成土母质剖面、土壤水平剖面、底泥沉积物、树木年轮和原生植物5类调查（图7-15）。成土母质剖面主要布置于矿区汇水域,涉及两类不同地质背景,布设两条剖面,根据土壤剖面构型,采集样品6件;土壤水平剖面部署于矿

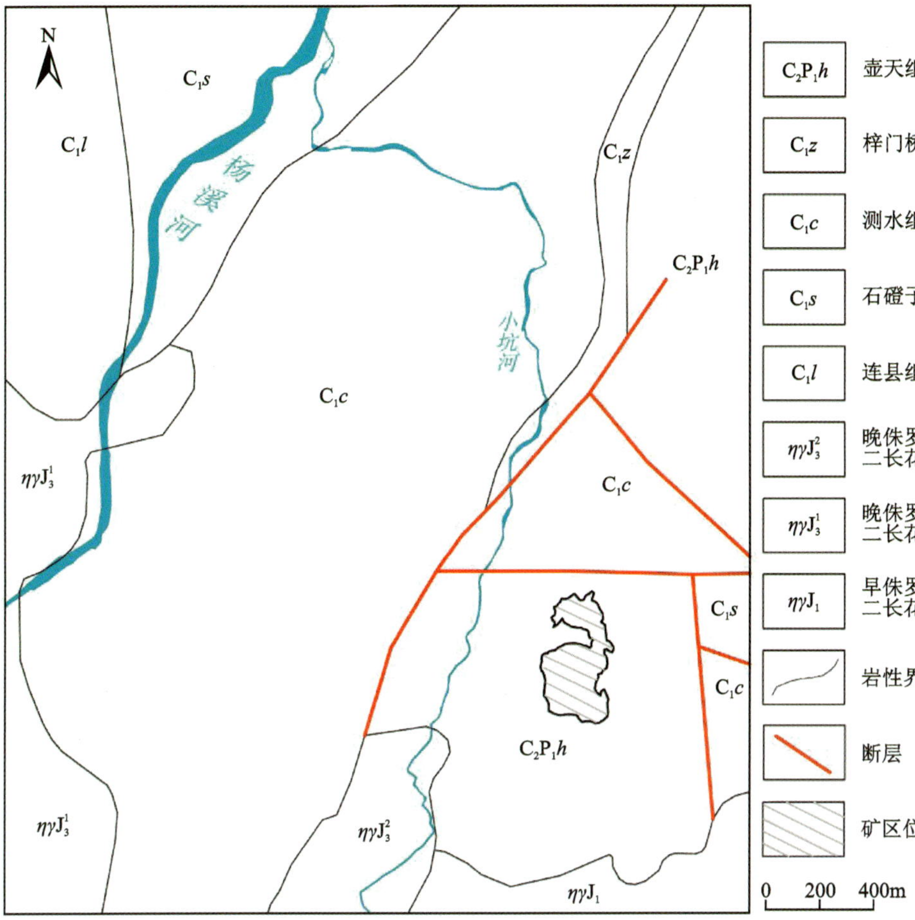

图 7-14 粤北乳源某大理岩采石场地质背景

区一级水系小坑河的上、中、下游,部署了 3 条横切径流流向的土壤水平剖面,每条剖面由 5 个样品组成,采样介质包括残积物、坡冲积物和底泥 3 类,共采集样品 15 件;底泥沉积物主要部署于矿区汇水流域的小坑河、杨溪河,共采集样品 6 件;树木年轮主要截取截取了两个树龄 20 年的杉树树盘,选择年轮清晰易辨的一个,按年轮取样 20 件;原生植物针对矿区及对照区现有的原生优势植物,采集样品 5 件,种类包括蜈蚣草、豚草、高羊茅草、爬山虎等。

(二)土壤水平剖面地球化学特征

本次工作在该大理岩采石场的下游小坑河水系,部署了 3 条横切径流方向的土壤水平剖面,每条剖面由 5 件样品组成,采样介质包括残积物、坡冲积物和底泥 3 类,共采集 15 件土壤样品,测试 As、Cd、Cr、Hg、Cu、Pb、Ni、Zn 及 pH 值共 9 项指标(表 7-9)。

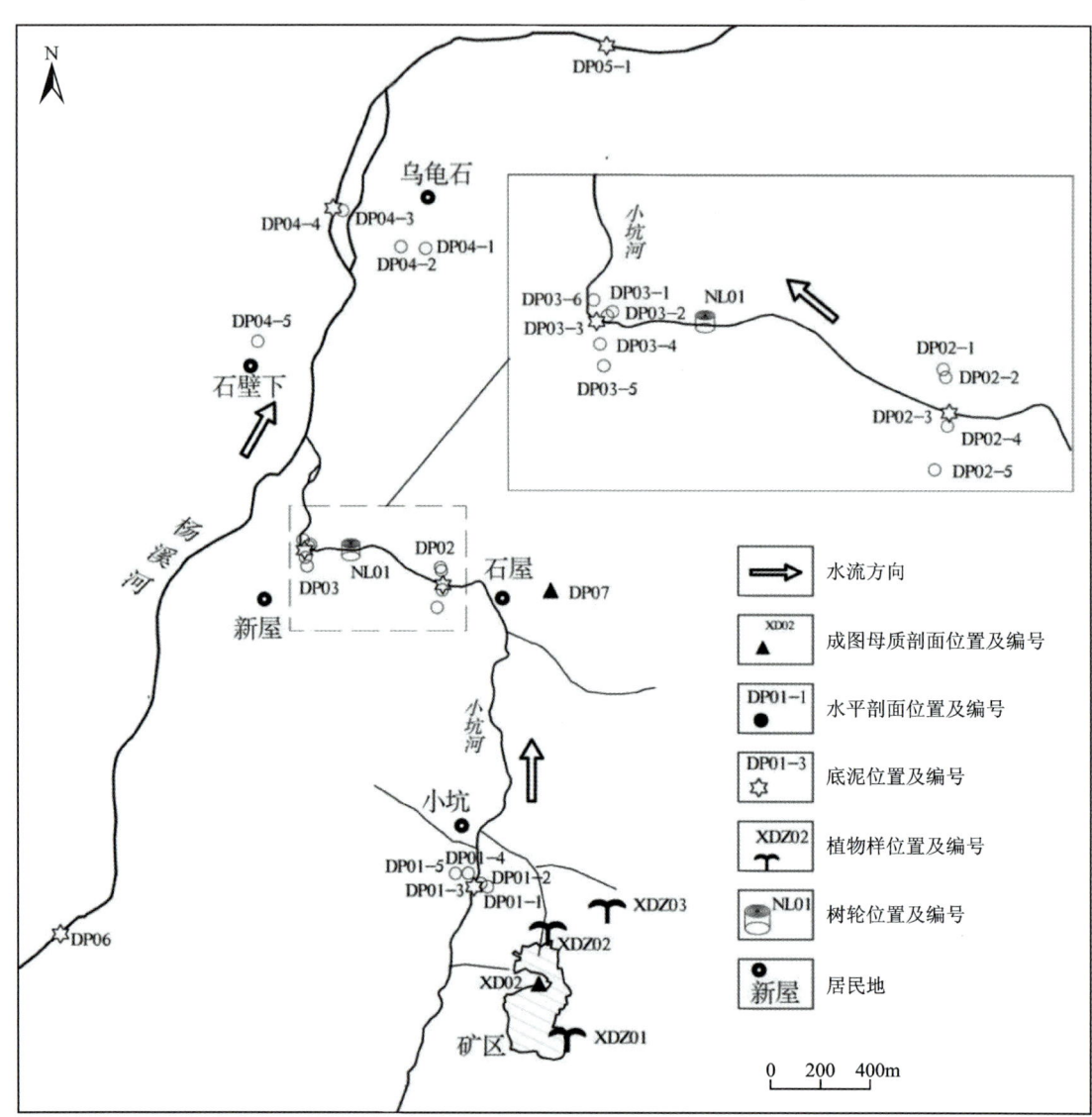

图 7-15 调查区采样点位图

表 7-9 调查区土壤水平剖面元素含量特征

样品编号	Pb	Cd	Zn	Cr	Ni	Cu	As	Hg	pH 值
DP01-1	101	3.67	293	143	99.9	31.5	52.4	0.14	7.90
DP01-2	89.6	2.11	233	114	83.1	17.2	62.8	0.10	7.85
DP01-3	332	1.31	90.6	8.67	5.12	28.7	831	0.019	8.23
DP01-4	75.3	0.59	90.4	82.1	25.5	19.9	99.9	0.14	4.81
DP01-5	51.0	1.06	90.1	85.6	34.8	26.2	78.3	0.16	6.19

续表 7-9

样品编号	Pb	Cd	Zn	Cr	Ni	Cu	As	Hg	pH 值
DP02-1	44.4	0.30	97.3	94.7	40.5	27.7	48.9	0.086	5.13
DP02-2	45.7	0.37	80.7	73.0	28.6	22.1	38.8	0.082	8.27
DP02-3	163	0.76	67.9	16.4	6.37	16.7	383	0.014	8.82
DP02-4	93.9	0.77	121	43.9	20.3	24.4	109	0.16	7.24
DP02-5	26.8	0.28	87.0	54.6	37.6	22.7	96.6	0.074	4.76
DP03-1	32.8	0.62	94.3	82.0	41.6	36.2	43.6	0.078	5.08
DP03-2	288	0.88	64.6	18.0	6.74	24.2	696	0.015	8.75
DP03-3	315	1.19	64.3	17.5	6.42	22.1	660	0.017	8.26
DP03-4	89.5	0.50	86.0	53.5	18.4	25.6	165	0.080	7.39
DP03-5	35.2	0.18	85.7	64.5	39.9	42.1	72.5	0.090	4.94

注：pH 值无量纲，元素含量单位为 μg/g。

该采石场位于南岭国家公园生态保护区内，对土壤重金属环境质量进行评价时，采取从严原则，选择相比建设用地要求更为严格的农用地国家标准，作为土壤环境质量等级划分标准（表 7-10）。

表 7-10 土壤环境污染风险等级划分

污染风险	无风险	风险可控	风险较高
划分方法	$C_i \leqslant S_i$	$S_i < C_i \leqslant G_i$	$C_i > G_i$

注：据 GB 15618—2018 使用办法划分，C_i 为土壤中 i 指标的实测含量，S_i 为筛选值，G_i 为管制值。

在综合考虑酸碱度和土地利用影响因素的前提下，15 件样品中，超质量标准所限定管制值的样品有 5 件，超标重金属为 As，超标率为 33.3%，风险等级较高；超筛选值的重金属样品数量由多到少依次为 As、Cd、Pb 和 Ni（仅 1 件样品超标），超标率分别为 100%、66.7%、40% 和 6.7%，风险等级可控；其余 4 项重金属指标全部均低于筛选值，属于无风险的清洁水平。考虑到 Ni 只有 1 件样品超筛选值且现行质量标准并无该指标的管制值，本次评价暂不将其列入超标重金属范围。结果表明，受矿区影响的周边环境，土壤污染风险等级较高，重金属严重超标元素为 As，含量超标但风险可控的重金属元素有 Cd、Pb。

（三）成土母质剖面地球化学特征

该矿区下游水系小坑河流经的主要汇水域，地质背景为测水组早石炭世含碳泥质岩类和壶天组晚石炭世—早二叠世碳酸盐岩类，针对矿区不同的地质背景，分别布设相应的成土母质剖面，以查明地质背景对矿区土壤环境重金属的贡献量。根据壤剖面构型，分别按腐殖质层、淀积层和母质层采集样品，不同层段重金属含量及 pH 值分布特征如图 7-16、图 7-17 所示。

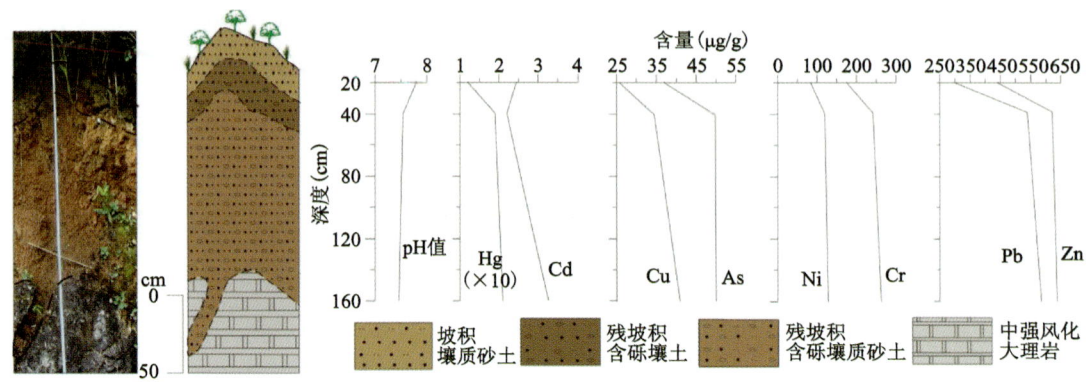

图 7-16 矿区碳酸盐岩类成土母质土壤剖面元素分布特征

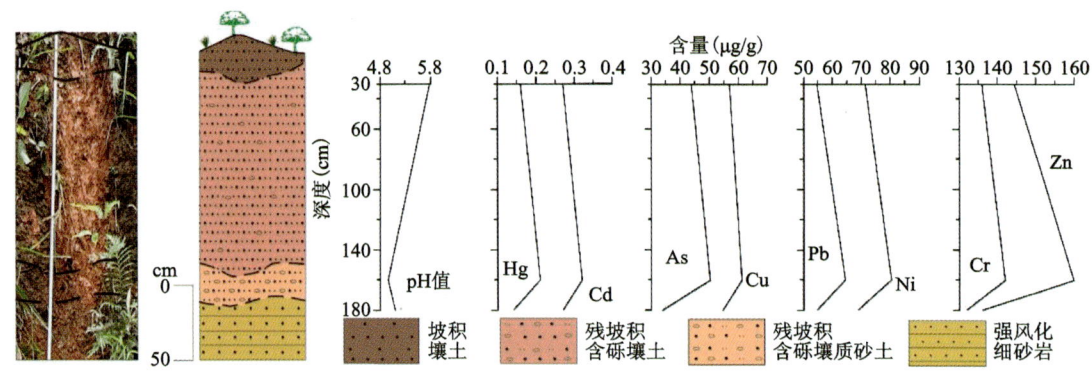

图 7-17 矿区含碳泥质岩类成土母质土壤剖面元素分布特征

由图 7-16 可见,与开采区相同地质背景的碳酸盐岩类剖面重金属元素 Pb、Cd、Zn 和 As 基本均超筛选值范围,但除 Cd 超过管制值外,其余元素超标不明显,与筛选值相差不大。可见,除 Cd 外,其土壤环境质量风险处于无风险或风险可控范围;而矿区同汇水域的含碳泥质岩类母质剖面中(图 7-17),重金属含量仅 Ni 和 As 稍微超筛选值,土壤环境质量处于安全的无风险或风险可控范围。由此判断,地质背景可能会对土壤环境造成超标影响的元素主要为 Cd,其余元素含量较低,重金属风险均处于安全范围,说明在土壤发育过程中,地质背景对重金属富集的贡献量有限,难以形成重金属(As)的超富集现象。

(四)河流底积物

本次工作根据源-汇关系,在矿区主要汇水水系小坑河上、中、下游,以及汇入的主干河流杨溪河中、下游和不受小坑河汇入影响的上游,分别布设采集底泥(DP03-6 为河漫滩)样品 6 件,以圈定矿山土壤环境重金属的影响范围和评价矿区土壤重金属污染程度,并对超标重金属元素进行溯源。所有样品均分析测试 AS、Cd、Cr、Hg、Cu、Pb、Ni、Zn 共 8 个重金属及 pH 值 9 项指标。测试结果见表 7-11。

第七章 生态地质调查研究与应用

表 7-11 矿区范围河流底积物元素含量特征

样品编号	Pb	Cd	Zn	Cr	Ni	Cu	As	Hg	pH 值
DP03-6	973	1.62	85.9	21.2	7.97	80.5	2893	0.046	8.03
DP01-3	332	1.31	90.6	8.67	5.12	28.7	831	0.019	8.23
DP03-3	315	1.19	64.3	17.5	6.42	22.1	660	0.017	8.26
DP02-3	163	0.76	67.9	16.4	6.37	16.7	383	0.014	8.82
DP04-4	72.5	0.29	45.6	7.78	3.86	5.9	52.4	0.057	5.62
DP05	45.5	0.25	37.2	6.97	3.41	4.18	45.8	0.011	8.35
DP06	39.5	0.15	27.3	0.92	0.86	2.74	32.9	0.0074	6.76

注：pH 值无量纲，元素含量单位为 μg/g。

底泥样品中，主要超标的重金属元素为 As、Cd 和 Pb。在矿区下游水系小坑河中的底泥沉积物（样品 DP01-3、DP02-3、DP03-3、DP03-6），重金属元素含量均不同程度高于汇入主干河流的杨溪河沉积物（样品 DP04-4、DP05、DP06）。小坑河内的 4 件底泥沉积物中，As 含量均超过管制值，其中 DP03-6 的 As 含量更是高达 2893μg/g，超出筛选值 100 多倍、管制值近 30 倍，属于严重超标，土壤环境质量情况严峻；Cd 和 Pb 方面，情况稍好，小坑河底泥沉积物含量均在筛选值以上但未超管制值，土壤环境质量级别属于风险可控范围。而在汇入主干河流杨溪河后，底泥重金属含量相比处于较低水平，土壤环境质量情况明显改善，未出现超出管制值的含量，且除 As 以外，未见有超筛选值的现象。

三、重金属元素来源分析

（一）成土母质贡献

该矿区下游水系小坑河流经的主要汇水域，地质背景为测水组早石炭世含碳泥质岩类和壶天组晚石炭世—早二叠世碳酸盐岩类，针对矿区不同的地质背景，分别布设相应的成土母质剖面，以查明地质背景对矿区土壤环境重金属的贡献量。根据壤剖面构型，分别按腐殖质层、淀积层和母质层采集样品，不同层段重金属含量及 pH 值分布特征如表 7-12 所示。

表 7-12 矿区成土母质土壤剖面元素含量特征

母质类型	剖面层位	Pb	Cd	Zn	Cr	Ni	Cu	As	Hg	pH 值
含碳泥质岩类	腐殖质层	54.7	0.27	144	136	71.4*	56.9	43.9*	0.16	5.79
	淀积层	64.5	0.32*	160	142	80.4*	61.2	50.2*	0.21	4.97
	母质层	59.4	0.28	136	132	68.9*	54.5	33.7	0.14	5.11
碳酸盐岩类	腐殖质层	297*	2.44*	439*	175	84.3	25.6	37.1*	0.12	7.8
	淀积层	539*	2.21*	621*	242	120	34.5	49.8*	0.19	7.54
	母质层	585*	3.27**	637*	263*	128*	41.3	51.1*	0.21	7.46

注：pH 值无量纲，元素含量单位为 μg/g，* 为超筛选值，** 为超管制值。

与开采区相同地质背景的碳酸盐岩类剖面,重金属元素 Pb、Cd、Zn 和 As 基本均超筛选值范围,但除 Cd 超过管制值外,其余元素超标不明显,与筛选值相差不大;而矿区同汇水域的含碳泥质岩类母质剖面中,重金属含量仅 Ni 和 As 稍微超筛选值。可见在正常地质背景中,土壤环境重金属含量水平并不高,说明在土壤发育过程中,地质背景对重金属元素富集的贡献量有限,土壤的正常发育难以形成重金属元素的超富集,土壤中 As 的超高富集,应另有来源。

(二)河流底积物的溯源

图 7-18 是矿区范围内底泥样品 As 的含量点位变化图。在该大理岩矿区,存在着两个汇水流域:小坑河流域和杨溪河流域。其中,小坑河流域为矿区直接的下游水系,其内的河流底积物 As 含量范围为 383~831μg/g,远超管制值范围。而杨溪河流域为小坑河的汇入二级水系,底积物中的 As 含量范围为 32.9~51.1μg/g。可以看出,随着河流水系远离矿区,特别是从矿区下游水系小坑河汇入主干河流杨溪河后,即使在地质背景没有很大变化的前提下,As 含量也迅速降低,由远超管制值剧烈降低至接近筛选值水平,底泥沉积物 DP04-4 和 DP05 的 As 含量分别为 52.4μg/g 和 45.8μg/g,远低于管制值的限量。河流底积物 As 含量指示,矿区为土壤环境 As 的高含量主要来源。

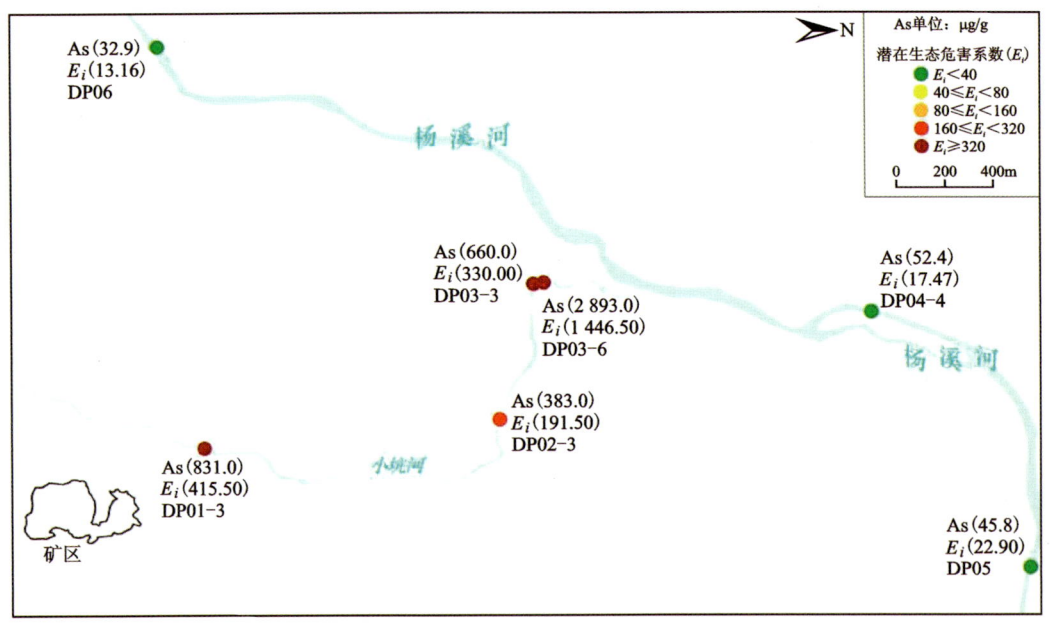

图 7-18 矿区底泥沉积物 As 含量分布和潜在生态危害系数

(三)植物生态效应分析

在矿区范围,蜈蚣草是常见的蕨类植物,属于该区原生植物中的优势种。本次工作,在采坑大理岩和矿区外围对照区同为碳酸盐岩类的壶天组灰岩石隙,分别各采集 1 件蜈蚣草样品,XDZ01 样品采集于采坑大理岩石隙,XDZ03 采于对照区灰岩石隙中,分析结果列于表 7-13。矿区主要超标的 3 项重金属元素中,两件样品 Cd 和 Pb 的差别不大,同属正常背景水平,但 As 含量均较高,远高于正常成土母质剖面土壤中 37.1~51.1μg/g 的含量,证实蜈蚣草对砷

表 7-13　矿区蜈蚣草重金属含量特征(μg/g)

样品编号	As	Cd	Pb
XDZ01	344	0.291	3.63
XDZ03	87.2	0.224	3.55

的超富集能力。同时,生长于矿区与正常基岩区的同种类的植物,As 含量也差异很大,两者含量相差约 4 倍,表明在矿区中,存在着丰富的 As 来源提供,致使矿区植物蜈蚣草中 As 超富集。

(四)矿区土壤重金属成因来源

该大理岩矿区位于天门嶂矿田南段东部,主要处于壶天组灰岩内,周边除东北角出露石磴子组灰岩外,其余地层均为测水组碎屑岩,南部与早—中侏罗世二长花岗岩接触。接触带构造为区内另一主要构造形态,壶天组灰岩与南部侏罗纪岩浆热液接触变质,形成大理岩矿体,属典型的矽卡岩型矿床。

高温热液矿床中常见到有砷的富集,例如在邻区湖南省的常宁、桂阳、临武,广东省内的汕尾等地的锡砷矿床,是高温热液的毒砂锡石型矿床,成矿地质背景与本次工作的大理岩矿场相类似,基本上沿着花岗岩与大理岩的接触带分布,在本次工作的大理岩矿场南东 1.4km 也存在着相同地质背景的锡矿山。这类矿体中最多的金属矿物为毒砂、锡石和黄铜矿,它们占全部矿物的 90%,而毒砂(FeAsS)则独占 50% 以上。这 3 种矿物常组成条带状或环状构造,环状构造的最外带矿石多为毒砂,近中心则以黄铜矿为主,锡石介于两者之间。该大理岩矿区的开采,最先开采到的环带应为最外带,其矿石毒砂因开采暴露地表而随地表水等路径迁移至下游水系小坑河富集沉积起来,引起 As 严重超标。

(五)重金属超标影响范围

潜在生态危害系数(指数)是评价重金属污染程度最常用的方法之一。该矿区严重超标重金属元素为 As,引用潜在生态危害系数(表 7-14),判定该矿区重金属超标影响范围。

表 7-14　潜在生态危害系数与污染程度

潜在生态危害系数	污染程度
$E_i < 40$	(潜在)轻微生态危害
$40 \geqslant E_i < 80$	中等生态危害
$80 \geqslant E_i < 160$	强生态危害
$160 \geqslant E_i < 320$	很强生态危害
$E_i \geqslant 320$	极强生态危害

$$P_i = C_i/S_i \tag{7-3}$$

$$E_i = T_i \cdot P_i \tag{7-4}$$

式中：P_i 为单因子污染指数；C_i 为土壤中重金属 i 指标的实测浓度；S_i 为污染物的参考标准，取农用地土壤环境质量筛选值；T_i 为某重金属 i 的毒性相应系数，反映重金属的毒性水平及土壤对重金属污染的敏感性，参考相关研究，As 的毒性相应系数为 10。

矿区下游重金属 As 的潜在生态危害系数，是随影响范围而变化的（图 7-18）。在小坑河流域内，As 含量均超过了管制值，E_i 范围为 191.5～1 446.5，污染达到很强—极强生态危害程度。汇入主干河流杨溪河后，As 含量迅速降低，按离矿区的距离由近到远，As 含量依次降低 52.4μg/g、45.8μg/g，在杨溪河的下游，离 DP05 的北东方向 3km 和 4km，还获得了两个生态地质调查路线样品数据，As 含量依次为 14.2μg/g 和 10.9μg/g，E_i 范围为 4.4～22.9，土壤环境质量属于清洁水平。

由此推断，在矿区开采，矿石暴露地表后，其高砷细小碎屑物质（矿石）随地表径流小坑河迁移，在河水变缓处大量淤积下来，形成水平土壤剖面 DP03 处的大片河漫滩。河漫滩沉积物 2018 年测得 As 含量 1323μg/g，本次调查结果为 2893μg/g，污染均达极强生态危害程度。过了此处河段后，河流沉积物 As 含量降至 52.4μg/g，污染程度为（潜在）轻微生态危害，属于清洁水平。实验数据表明，高砷的主要矿石毒砂，属于中等稳定的硫化物，它在水中的溶解度极低，在 100mL 温度为 18℃ 的水中，能溶解 0.05mg，在 40℃ 时为 0.3mg。因此在碎屑矿石淤积固定后，单靠水中溶解，能携带的 As 是有限的，高砷的矿石在 DP03 处河漫滩淤积后，矿区的影响范围也到此结束，生态危害程度由极强骤降至（潜在）轻微。由此圈定该大理岩矿区重金属污染的影响最大范围应该是由矿区采坑沿小坑河流域至水平土壤剖面 DP03 附近，直线影响距离约为 1.5km。

四、矿区土壤环境重金属历史重溯

树木年轮化学相比于传统水地球化学、底泥等在标记时间序列上有其独特的优越性。本次工作，在 As 含量高达 2893μg/g 的河漫滩旁，截取了树龄 20 年的杉树树盘作为样品，按树轮分别采集样品 20 件，树轮对应年份及测试结果见表 7-15。树轮中重金属浓度在时间序列上的变化趋势曲线如图 7-19 所示。

表 7-15　矿区树木年轮重金属含量特征（μg/g）

树轮年代	As	Cd	Pb	树轮年代	As	Cd	Pb
2003 年	0.096	0.055	0.056	2013 年	0.053	0.078	0.079
2004 年	0.072	0.058	0.046	2014 年	0.095	0.068	0.175
2005 年	0.096	0.065	0.038	2015 年	1.31	0.286	5.25
2006 年	0.088	0.058	0.049	2016 年	0.046	0.093	0.090
2007 年	0.057	0.056	0.068	2017 年	0.145	0.043	0.153
2008 年	0.069	0.062	0.053	2018 年	0.044	0.044	0.085
2009 年	0.048	0.061	0.056	2019 年	0.082	0.098	0.122
2010 年	0.044	0.053	0.051	2020 年	0.085	0.084	0.140
2011 年	0.042	0.046	0.049	2021 年	0.121	0.117	0.163
2012 年	0.047	0.119	0.063	2022 年	0.138	0.205	0.113

第七章 生态地质调查研究与应用

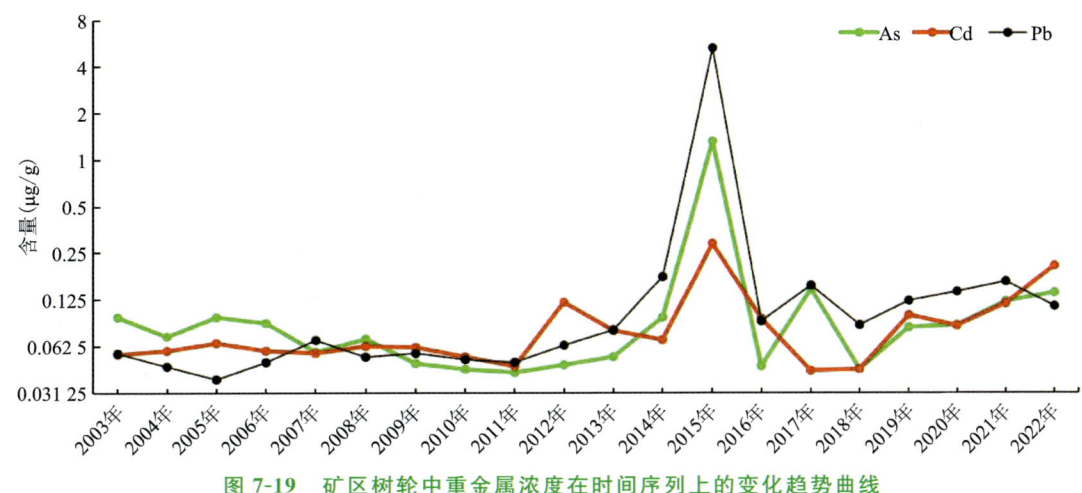

图7-19 矿区树轮中重金属浓度在时间序列上的变化趋势曲线

结合 landsat7 卫星影像(2007年/2008年/2010年/2012年/2014年/2016年/2018年/2021年)共8期的遥感时序监测结果(表7-16),揭示矿山开采重金属污染的时间变化序列,重溯土壤重金属污染历史。

表7-16 采石场遥感时序监测

监测时间	监测结果
2007-11-28	未开采
2008-12-9	已经开采,但开采范围较小
2010-12-31	开采范围进一步扩大
2012-03-26	开采范围进一步扩大,可清晰识别各种生产、生活设施
2014-01-16	生产进入高潮,范围进一步扩大,采坑明显,可清晰识别各种生产、生活设施
2016-12-23	已关停,各种生产、生活设施正在拆除,留下一个巨大的采坑
2018-10-30	各种生产、生活设施已全部拆除,巨大的采坑已经覆土,采坑底部呈土黄色,但采坑壁依旧是白色
2021-01-18	关停已有一段时间,巨大的采坑覆土已经长草,草枯后呈灰色,因此采坑底部呈灰色,但采坑壁依旧是白色

结果表明,在2008年矿山开采以前,重金属含量处于极低水平,均小于0.1μg/g。到2011年,矿山开采还不成规模,地表尚保持大概完好的原貌,重金属含量也处于低水平阶段。反映出在矿山未开采和开采前期,矿山地貌景观尚未被破坏,对周围环境影响极小。2012年开始,采石场的开采范围进一步扩大,各种生产、生活设施成规模进场,矿山地表地貌景观已看不出原貌,重金属元素开始急速累积,超过了0.1μg/g的水平。到2014年,矿山开采达到高潮,这3年时间,树轮反映重金属的含量水平不断增加,As含量更是在2015年突破了1.3μg/g的水平,达到峰值。推测在2014年,矿体开挖,到达深部矿体环带构造的毒砂层带,

高砷的矿石暴露地表,随着地表径流迁移扩散,造成下游树木生长累积高含量的As。2016年矿山关停后,由于地表地貌景观一直没有得到恢复,重金属含量在年轮中也始终处于高水平状态。河漫滩中土壤As含量由2018年的1323μg/g累积富集到了2022年的2893μg/g,也从侧面证明了矿山的高砷矿石在矿山关停后,高砷矿石碎屑的迁移扩散从未停止,一直从矿山随地表径流迁移至下游,造成重金属严重富集超标。

五、矿区生态修复探索

该大理岩矿区,突出存在的矿山地质环境问题为土壤环境重金属As超标和地貌景观破坏。目前,矿区土壤重金属污染治理途径归纳起来主要包括工程修复技术、物理修复技术、化学修复技术、生物修复技术(植物修复技术)4种。其中,植物修复作为一种不破坏土壤结构、不引起二次污染的土壤污染治理技术,在重金属污染土壤治理方面拥有广阔的发展前景。本次工作,针对矿区主要地质环境问题,依托植物修复技术,着眼提升矿区土壤环境质量和恢复地貌景观,筛选存活率高、As超富集的原生优势种,对矿区生态修复进行探讨。

蜈蚣草是我国首次在国际报道的砷超富集植物,在砷污染土壤的修复和植物学研究中具有重要价值。蜈蚣草多生长于钙质土或石灰岩上,具有生长快、分布广的特点,在该矿区周边的石隙和坡地均有产出,属原生植物中优势种。本次工作在矿区分别采集蜈蚣草、高羊茅草、爬山虎(枯枝)、豚草4类常生植物,分析测试不同植物种类主要重金属元素含量,测试结果见表7-17。

表7-17 矿区植物样重金属含量特征(μg/g)

样品类型	As	Cd	Pb
蜈蚣草	344	0.291	3.63
高羊茅草	0.356	0.134	1.35
爬山虎	1.31	0.293	5.44
豚草	0.226	0.568	0.615

由表可见,蜈蚣草中的As含量高达344μg/g,远高于其他类型的植物,其富集量已经超出土壤环境质量的管制值标准,再次证实蜈蚣草为本矿区As的超富集植物。超富集植物清除土壤污染的设想,即利用超富集植物从土壤中大量富集重金属,通过收割植物后从土壤中带走重金属,达到清除土壤污染的目的。与传统方法相比,这种技术具有投入成本低、工程量小、没有二次污染、能减少土壤侵蚀、美化景观、提高土壤有机质和培肥地力的优点,被称为"绿色修复技术"。

在矿区前期撒播松米100kg,种植松树袋苗8400株,楠木2150株,高羊茅草种500kg及爬山虎2000棵等复绿效果不明显的情况下,下一步建议改种蜈蚣草进行地貌景观复绿,恢复矿区地貌景观。在蜈蚣草的生长复绿下,有效减少水土流失,控制高砷矿石碎屑随地表径流迁移扩散,并通过刈割多茬蜈蚣草从土壤中带走重金属,实现矿区土壤As含量降低,景观复绿,最终提升矿区土壤环境质量,恢复绿水青山的地貌景观。

第三节　天然富硒土地资源调查应用

富硒土地是重要自然资源，保护和开发利用好富硒土地资源对于乡村振兴具有重要意义。近年来，在乡村振兴战略引领下，国务院相关部委大力支持各地发展富硒优势特色产业，发掘天然富硒土地资源、发展富硒产业成为推进乡村振兴和加快农业农村现代化的重要抓手。

天然富硒土地是指含有丰富天然硒元素，且有害重金属元素含量小于农用地土壤污染风险筛选值要求，或重金属元素含量小于农用地土壤污染风险管制值要求，且农产品中重金属元素不超过食品污染物限量的土地。本次工作，不同于以往土地质量地球化学评价的调查模式，结合地方需求，选择韶关市龙归镇作为研究对象，探索提出天然富硒土地资源的新路径。在基于生态地质调查成图母质单元划分的基础上，精确识别富硒土壤分布区，达到降低富硒土地资源调查成本，提升调查效率的效果。

一、工作区选择依据

按照生态地质调查成土母质单元划分方法，统计韶关地区各成土母质单元表层土壤中的Se含量。结果表明，不同成土母质单元表层土壤Se元素含量差异较明显（表7-18），以砂页岩类母质土壤Se元素平均含量最高，其次为碳酸盐岩类母质土壤，第四纪沉积物母质土壤硒元素平均含量最低。因此，在圈定天然富硒土地调查范围时，砂页岩类和碳酸盐岩类是重要的成土母质单元。

表 7-18　韶关地区土壤 Se 元素及相应指标地球化学参数

成土母质	样本数（个）	算术平均值（mg/kg）	变异系数	几何平均值（mg/kg）	浓度概率分布类型
碳酸盐岩	404	0.44	37.13	0.40	偏态
砂页岩	594	0.48	49.95	0.43	对数正态
花岗岩	1426	0.33	42.52	0.31	偏态
第四纪沉积物	634	0.29	33.13	0.28	对数正态
酸性火山喷出岩	40	0.41	51.56	0.37	偏态

根据以上统计和研究结果，以砂页岩类和碳酸盐岩类分布区为调查重点，结合当地主要农业地和农业产业布局，初步圈定了龙归镇的天然富硒土地调查范围，开展天然富硒土地划定调查（图7-20）。

二、富硒土地划定流程

（一）资料收集

收集的资料包括：土地质量地球化学调查数据和报告；土地利用调查成果和图斑数据库；农产品种植结构资料，农产品硒、重金属含量数据；地形地貌、气候特征及成土母质等资料。

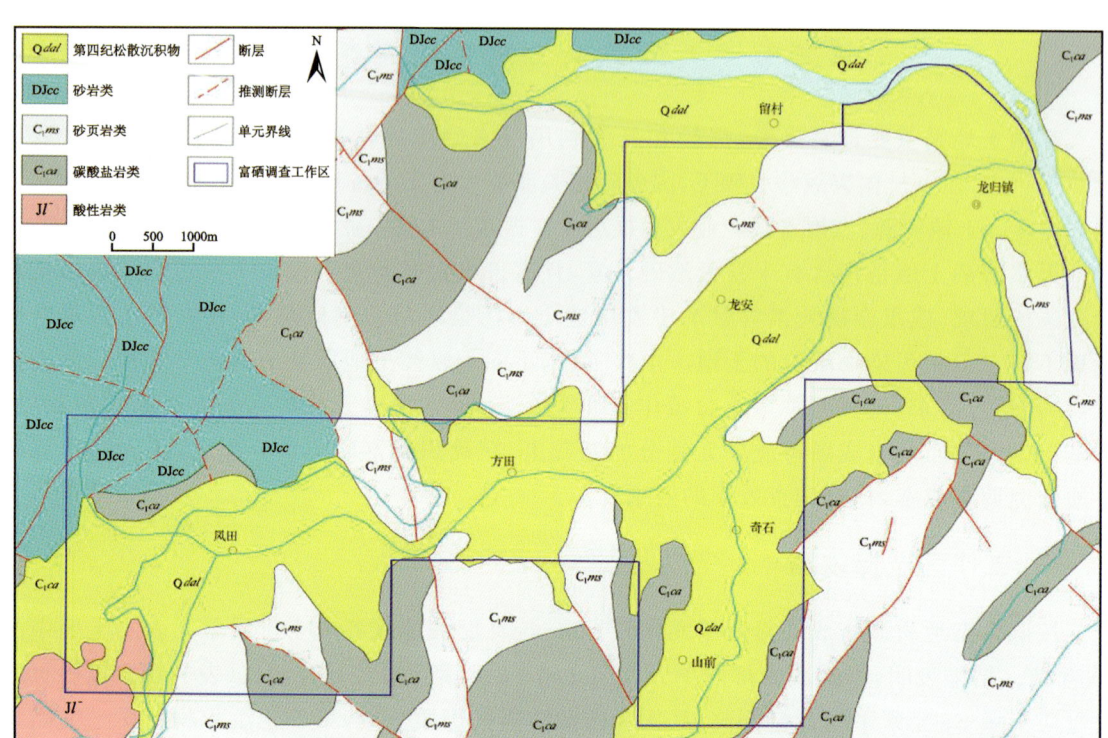

图 7-20 韶关市龙归镇区域成土母质分布图

（二）方案编制

在资料收集的基础上，编制划定方案。划定方案包括数据来源，划定方法，划定范围、面积、位置等相关内容。

（三）划定步骤

(1) 依据划定方案及划定方法，在土地利用图斑上，划分出一般富硒土地、绿色富硒土地，形成富硒土地分布图。

(2) 按土地利用类型统计一般富硒土地、绿色富硒土地面积和所占比例，形成富硒地块的富硒土地统计表。

(3) 编制天然富硒土地划定成果报告。

（四）成果验收与报备

富硒土地划定成果报告由广东省科协天然富硒土地资源科技成果转化联合体组织评审验收和认定。报送备案的材料包括天然富硒土地划定成果报告、富硒土地分布图、富硒土地统计表、土壤样品各指标含量值、农产品样品各元素含量值。

三、富硒土地划定方法

(一)底图数据

天然富硒土地划定所用的底图应为最新的土地利用调查成果和图斑数据。

(二)划定方法

(1)以土地质量地球化学调查数据为基础,叠加最新土地利用现状调查成果,运用富硒土地的分类指标(表7-19),进行富硒土地划定。

(2)有调查数据的图斑,直接用调查数据进行图斑赋值;无调查数据的图斑,参照《土地质量地球化学评价规范》(DZ/T 0295—2016)进行插值与赋值。

表 7-19 富硒土地类型划分指标

类型		土壤类型	pH 值	土壤硒标准阈值(mg/kg)	条件
富硒土地	绿色富硒土地	中酸性土壤	pH≤7.5	≥0.40	镉、汞、砷、铅和铬重金属元素含量符合《土壤环境质量 农用地土壤污染风险管控标准(试行)》(GB 15618—2018)标准。农田灌溉水水质和土壤肥力同时满足《绿色食品 产地环境质量》(NY/T 391—2013)要求
		碱性土壤	pH>7.5	≥0.30	
	一般富硒土地	中酸性土壤	pH≤7.5	≥0.40	镉、汞、砷、铅和铬重金属元素含量符合《土壤环境质量 农用地土壤污染风险管控标准(试行)》(GB 15618—2018)标准
		碱性土壤	pH>7.5	≥0.30	

(三)划定要求

(1)富硒土地划定的最小工作比例尺应大于(含)1∶50 000,本次工作土壤样采样密度为9个点/km²,满足划定要求。

(2)以最新的土地利用图斑数据或边界,确定富硒土地的边界范围。

(3)当单一土地利用图斑中有1个数据时,该数据作为该土地利用图斑划分富硒土地类型的依据。

(4)当单一土地利用图斑内有2个以上的实测数据时,用实测数据的平均值作为划分富硒土地类型的依据。

(5)当单一土地利用图斑中没有调查数据时,用插值法获得每个土地利用图斑的富硒土地分类数据,作为划分富硒土地类型的依据。

四、天然富硒土地划定

根据划定方法,一般富硒土地类型土壤中 Cd、Hg、As、Pb 和 Cr 重金属元素含量需符合《土壤环境质量 农用地土壤污染风险管控标准(试行)》(GB 15618—2018),且土壤硒含量需满足划定要求。因此,需要对天然富硒土地调查区土壤重金属环境质量及富硒土壤开展评价工作,再综合二者结果获得一般富硒土地分布范围界线。具体如下。

(一)土壤重金属环境质量评价

按照前文第四章土壤环境质量评价方法,对天壤富硒土地调查区土壤 As、Cd、Cr、Bp、Hg 共 5 项重金属元素进行土壤环境质量等级划分(表 7-20,图 7-21)。综合评价结果显示,调查区内土壤环境质量总体良好,满足一般富硒土地(优先保护类)的面积约为 27 000 亩(18.04km²),占富硒调查面积的 47.72%。

表 7-20 调查区土壤环境质量分级统计表

指标	优先保护类土壤		安全利用类土壤		严格管控类土壤	
	面积(km²)	比例(%)	面积(km²)	比例(%)	面积(km²)	比例(%)
As	32.12	84.97	5.66	15.01	0.00	0.00
Cd	24.02	63.54	13.63	36.06	0.15	0.40
Cr	37.67	99.64	0.13	0.36	0.00	0.00
Hg	36.88	97.55	0.92	2.45	0.00	0.00
Pb	35.75	94.57	2.05	5.43	0.00	0.00
综合评价	18.04	47.72	19.6	51.85	0.15	0.40

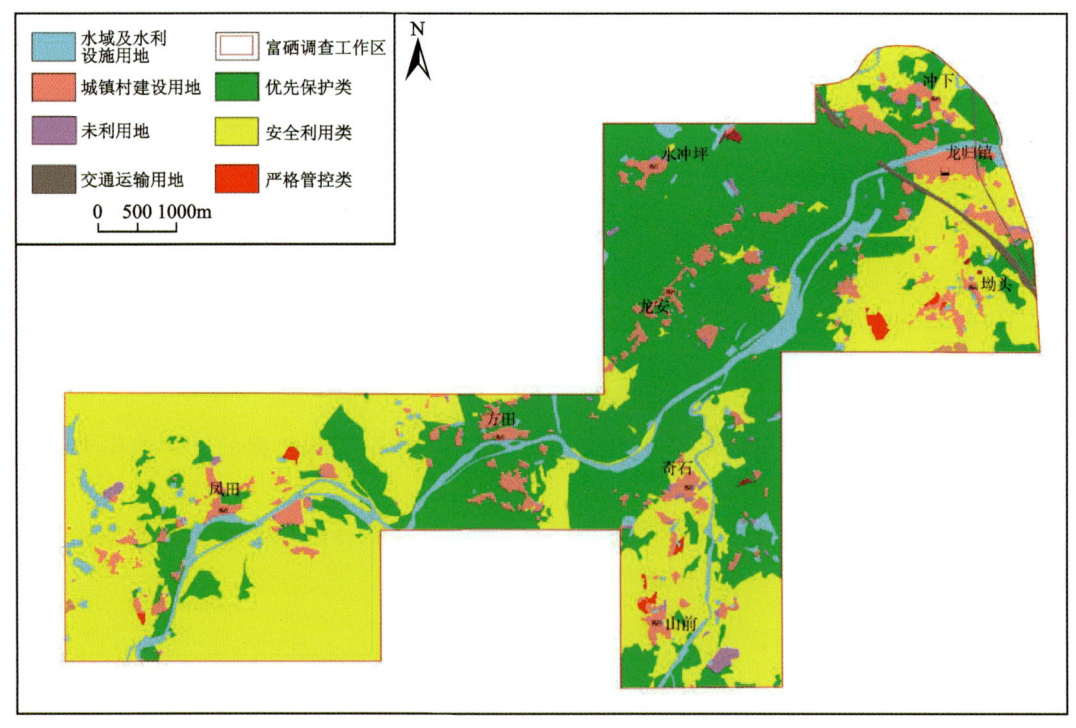

图 7-21 天然富硒土地调查区土壤环境质量综合等级图

(二)土壤富硒评价

根据划定标准,满足"pH≤7.5,Se≥0.40 或者 pH>7.5,Se≥0.30"为富硒土壤,以最新土地利用现状图为底图,运用插值方法得到每个土地利用图斑的硒元素含量值,再按照标准进行评价,结果显示(图7-22),本次富硒调查区富硒土壤面积约为 36 600 亩(24.4km²),占调查区面积64.6%。

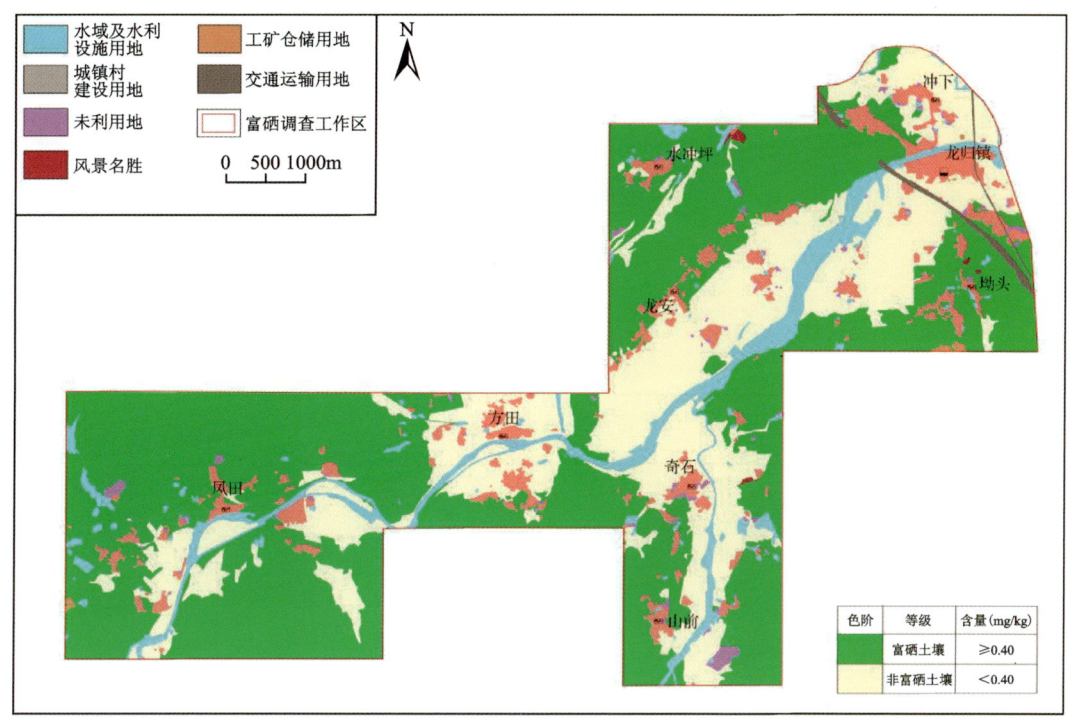

图 7-22　天然富硒土地调查区土壤 Se 元素含量评价图

(三)富硒土地范围

根据划定要求,综合土壤环境质量等级和富硒土壤评价结果,调查区内同时满足条件的面积为 14 000 亩(9.34km²),占调查区面积 24.6%,主要集中分布在龙安、水冲坪一带(图 7-23)。

五、龙归镇安村坳省级天然富硒地块

(一)安村坳天然富硒地块

根据调查区富硒土地分布,综合土地是否集中连片、是否适合规模化开发绿色农产品和地方政府国土空间规划等因素,选择了安村坳富硒地块申报省级认证富硒地块(图 7-24)。

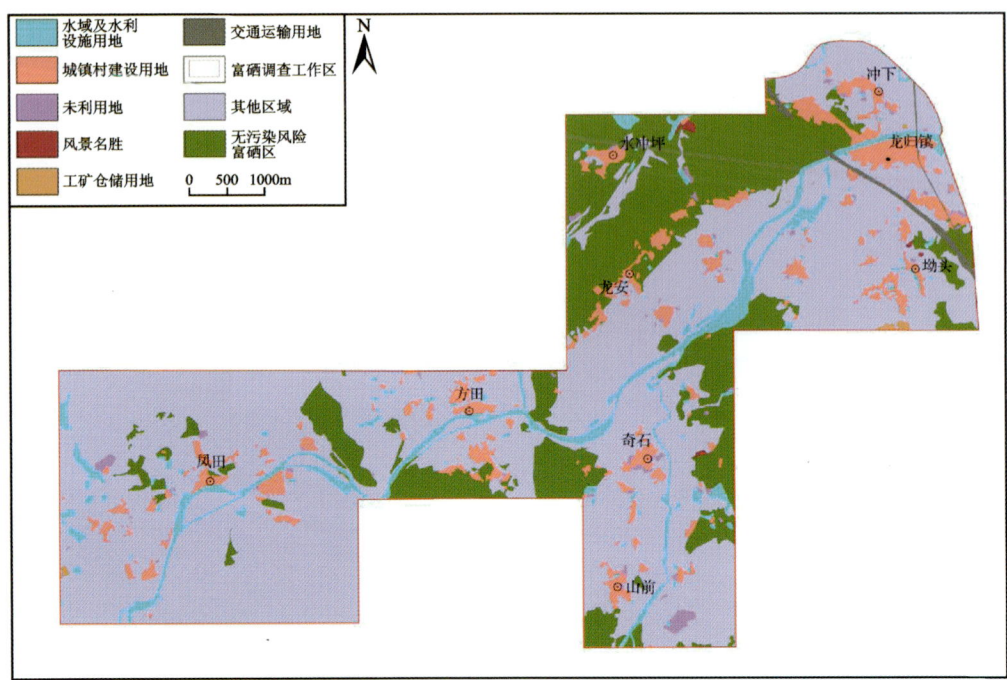

图 7-23 天然富硒土地调查区富硒土地分布图

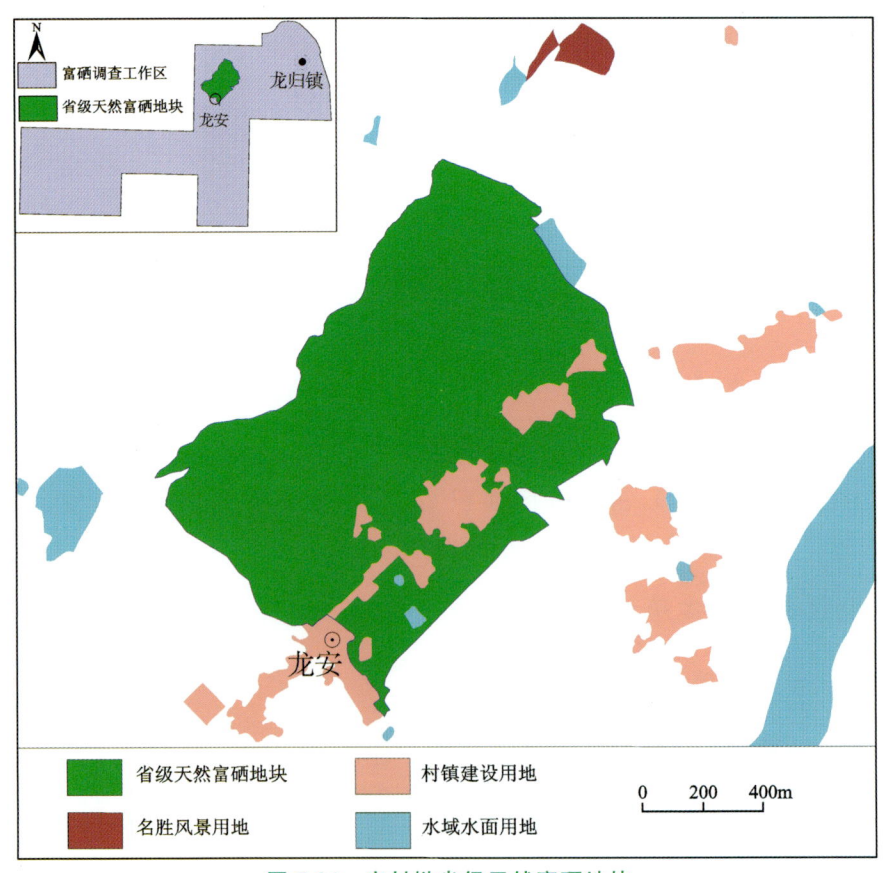

图 7-24 安村坳省级天然富硒地块

1. 地理位置

该地块总面积为 1895 亩,土地利用现状为水田、果园及林地,主要种植水稻、柑橘,少量种植黄豆、花生、玉米等农作物。地块行政位置属广东省韶关市龙归镇龙安和水冲坪村,地理位置拐点坐标(国家 2000 坐标系):① X:38440306.89,Y:2734034.54;② X:38442034.98,Y:2735710.83;③ X:38441415.18,Y:2736529.91;④ X:38441001.05,Y:2736849.23;⑤ X:38440241.51,Y:2736548.99。

2. 土壤地球化学特征

安村坳地块范围内共采集了 14 件表层土壤样品,平均含量 0.68mg/kg,pH 值总体呈酸性。重金属元素 Cd、Hg、As、Pb 和 Cr 含量均小于《土壤环境质量 农用地土壤污染风险管控标准(试行)》(GB 15618—2018)筛选值,符合一般富硒土地划定要求(表 7-21)。

表 7-21 安村坳地块土壤各指标含量特征值

元素/指标	Cr	As	Cd	Hg	Pb	Se	pH 值
平均值	70.8	17.7	0.190	0.149	27.8	0.68	4.74
最大值	118.0	38.1	0.300	0.210	48.7	1.55	5.58

单位:pH 值无量纲,元素含量单位为 mg/kg。

3. 农作物生态效应

安村坳地块范围内采集了 3 件稻谷样品,硒含量分别为 0.068mg/kg、0.052mg/kg 及 0.056mg/kg。稻谷样均大于《富硒稻谷》(GB/T 22499—2008)标准中规定的 0.04mg/kg 的要求。稻谷中重金属元素含量见表 7-22,所有指标均低于《食品安全国家标准 食品中污染物限量》(GB 2762—2022)中重金属限量要求。

表 7-22 安村坳地块农作物元素含量值(mg/kg)

名称	样品编号	As	Se	Hg	Cr	Cd	Zn	Pb
稻谷	LG023Z	0.084	0.068	0.002 2	0.146	0.164	15.6	0.063
稻谷	LG26Z	0.147	0.052	0.005 5	0.324	0.123	12.7	0.125
稻谷	LG28Z	0.12	0.056	0.005	0.227	0.123	13.1	0.079

(二)省级天然富硒地块认定结果

2023 年 3 月 15 日,广东省韶关市武江区人民政府作为推荐单位,武江区龙归镇人民政府作为申报单位,广东省地质调查院作为技术支撑单位,龙归镇安村坳地块通过了广东省天然富硒联合体组织的审查和专家论证,获得了广东省首批天然富硒土地认定。申报一般富硒土地面积 1895 亩,硒平均含量 0.87mg/kg。目前,经过地方推荐,单位申报,龙归镇共有 7 家企业或合作社加入联合体,成为联合体正式成员单位,并给予授牌。

六、安村坳富硒地块产业规划建议

开展天然富硒土地认定,能够助力龙归镇天然富硒土地资源开发利用,推动富硒产业发展,促进地方乡村振兴和农业经济发展。结合龙归镇国土空间规划、安村坳富硒地块种植情况、地形地貌条件及富硒土地资源分布,建议发展富硒现代农业综合体(图7-25),初步规划如下。

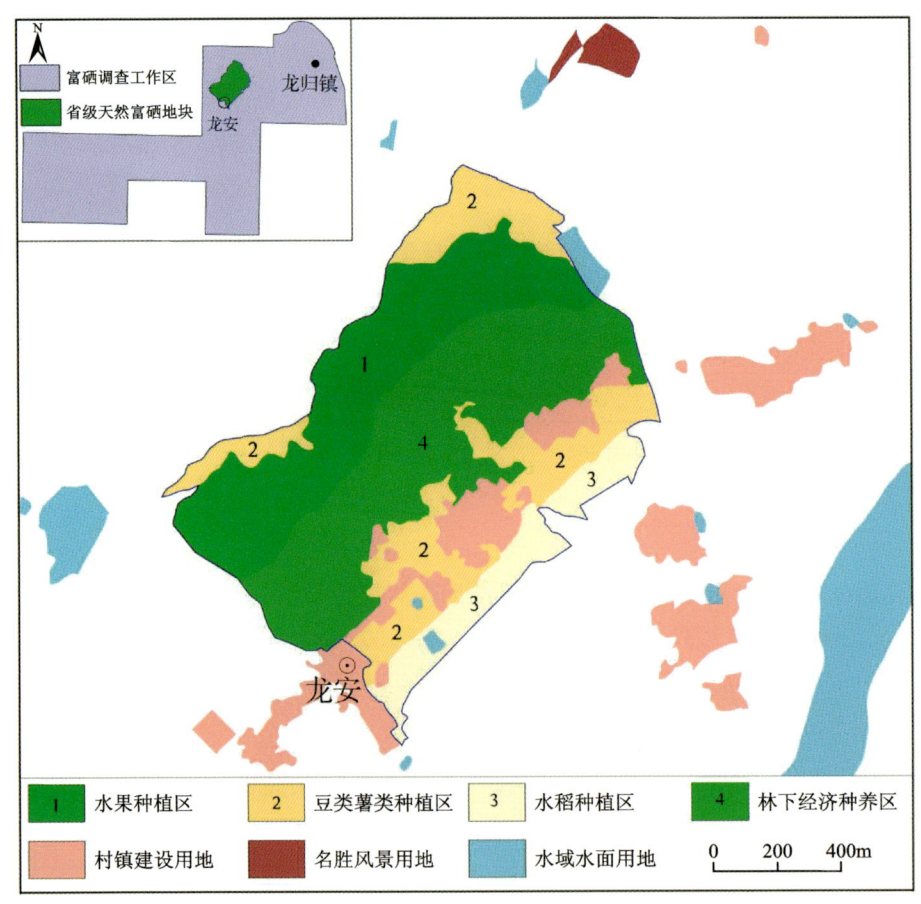

图7-25 安村坳富硒地块富硒农业初步规划图

(1)水果种植区:位于水冲坪村南侧的丘陵,面积约517亩,该区域以坡地为主,目前主要种植柑橘及桑葚等水果,部分坡地未利用,建议调整种植结构,尝试规模化发展名优水果的种植。

(2)豆类薯类种植区:位于水冲坪村及龙安村周边的旱地,面积约120亩,目前种植有花生、番薯、大豆,建议该区域优化种植黄豆、花生等豆类农产品,努力建设为富硒黄豆种植基地。

(3)水稻种植区:位于龙安村南侧水田,面积约315亩,目前主要种植有水稻,有少量丢荒。该区域不仅硒含量较高,且重金属元素含量较低,建议整合土地,提高土地利用率,发展建设绿色富硒优质水稻种植基地。

(4)林下经济种养区:位于龙安村北侧丘陵山坡,土地利用为林地类型,面积约930亩,该区域可尝试发展富硒林下经济,发展林菌模式和林药模式。林地内通风、凉爽,为食用菌生长提供了适宜的环境条件,可种植的食用菌品种有平菇、鸡腿菇,黑木耳等;林药模式可种植些经济价值较高、商品性状较好的药材,如林芝、板蓝根、黄芪等。

第八章 国土空间用途管制及生态保护修复建议

第一节 国土空间用途管制建议

国土空间规划是一个区域空间发展的指南、可持续发展的空间蓝图，也是各类开发保护建设活动的基本依据。调查区位于乳源瑶族自治县境内，在生态地质调查与脆弱性评价的基础上，提出乳源县国土空间用途管制建议，以期为乳源县自然资源国土空间规划、用途管制和耕地保护以及现代农业生产提供参考依据，助力"百县千镇万村高质量发展工程"实施。对乳源地区国土空间利用建议如下。

一、农业空间利用建议

构建农业主产区和一般农业区结合的高标准农田空间体系。

建议将乳城镇——六镇—游溪镇—桂头镇一带丘陵平原地区作为农业主产区，打造粮食生产功能区，提高群众思想认识、改善农田水利设施条件，进一步突出这一区域在全县粮食生产的核心地位。保障耕地规模，加大土地整理实施力度，建设智慧农业监测平台，建设建成高标准农田。开展河谷平原农用地综合整治和盆周山地区生态农田整治，尤其建议开展农产品核心产区永久基本农田整治，加强局部污染耕地休耕修复，加强粮油主产区高标准农田建设，以保障粮食安全为目标，严格保护耕地和基本农田，由重数量保护向数量、质量和绿色生态全面管护转变。提高农业空间综合效能，建设现代农业产业基地，提高粮油产量，以保障全县粮食安全，促进农民增收。

对于县域其余乡镇的农业生产空间，作为一般农业生产空间开展规划。根据各个乡镇的农业资源禀赋，精准定位，划定不同的农业功能，发展特色农业，打造农作物试验种植点、建立示范农田，形成各有特点的特色农产品优势区。如大桥、大布、洛阳等乡镇，可以发展油茶、红薯、黄豆、竹笋、蔬菜等特色种植产业，助推乡村振兴。

二、城镇发展空间利用建议

对于城镇发展空间，建议统筹区域、城乡土地利用，兼顾经济、社会和生态发展用地需求，合理安排各类用地，缩减城乡差距，协调行业矛盾，均衡区际利益，同步促进中心城镇（乳城镇）和小城镇（桂头等）协调发展，全面提升县域城镇化质量。同时，建议充分考虑经济社会发展的阶段和趋势，基于整体发展定位及区域差异，提出分区土地利用模式与政策，全面落实分区引导和差别化管制措施,形成中心城区＋重点城镇＋一般城镇＋美丽乡村的城镇发展模式。

（一）地区中心城镇建设空间

在主城区乳城镇的建设过程中,加强人口与产业集聚功能,完善公共服务设施体系,科学配置空间资源,将乳城镇建设成为县域政治、经济、文化中心,形成县域综合发展的核心。在推进城市化过程中,要加强南水河水质保护,严格保护土地资源,转变土地利用方式,盘活存量建设用地,提高土地集约利用水平和效益,建设资源节约型社会,塑造富有地域特色和人文魅力的总体风貌,打造青山绿水的秀美城市。

（二）重点城镇建设空间

将一六镇和桂头镇作为县城以外的重点建设城镇,充分发挥一六镇的区位优势,打造乳城——六一体化城镇空间建设体系。以丹霞机场为中心,将桂头镇建设成为兼具综合服务、产业发展、创新服务为一体的经济增长极,承接主城区外溢服务功能,以减轻中心城区的承载压力。

（三）小城镇建设空间

优化城镇空间景观,打造宜居花园城镇,应注重维护舒适宁静的小城镇尺度和特色风貌。弘扬地域民族文化特色,按照一镇一格、一镇一特色的要求,保护和延续城镇小尺度街巷肌理,合理控制建筑高度,形成"小而美"的空间格局。

（四）乡村建设空间

塑造美丽宜居乡村,提升乡村居民点风貌特色,完善乡村设施配套。突出乡村生态型绿化和生产性景观营造,保护历史文化名村、传统村落、古民居和古树名木,提升农房建设水平；突出不同区域民居的乡土特色和地域特点,强化少数民族建筑风貌特色；优化居民点交通组织,因地制宜确定乡村生活垃圾处理模式,合理布局乡村生活污水处理设施,提升用水用电保障水平；因地制宜开展农村建设用地整治,塑造高品质城乡人居环境。

鉴于乳源地区城镇发展空间与粮食生产功能区在空间上重叠度较高,在城镇建设的同时要处理好与农业发展空间之间的矛盾,尽可能盘活闲置土地资源,严守耕地红线。建设生态绿色、观光休闲的都市型农业,城乡边界模糊地区为人们提供优良农副产品和优美生态环境的高集约化、多功能的农业,为人们休闲旅游、体验农业、了解农村提供场所。

三、交通基础设施空间利用建议

发挥好区位优势,依托境内的铁路、高速公路、丹霞机场的基础设施,充当北接广东外省、南通粤港澳大湾区的桥梁。抓住丹霞机场综合开发机遇,加快推进丹霞机场及空港物流园的建设,融入全国通用航通体系。加快推进北江航道扩能升级上延工程,整合航道泊位,打造专业运输港区。推动陆路交通网络化建设,进一步优化城镇体系网络化交通结构。打造以县城为中心的地区级综合交通枢纽,有机融合水运、陆运、空运,实现与珠三角、韶关的便利互联互通,有效融入广东经济社会发展的大格局。

四、自然与历史文化遗产保护空间利用建议

自然与历史文化遗产保护区是人类社会共有的瑰宝,其空间主要为以自然与历史文化遗产保护与开发利用为主的区域,包括核心区与缓冲区。加强瑶族特色文化保护与传承,加强民族文化的挖掘整理,推动民族传统文化与旅游产业的融合发展,充分发挥民族文化、音乐、歌舞等艺术门类优势,把瑶族优秀的历史文化、民族文化、原生态文化资源转化成为民族文化精品品牌。大力提升必背瑶寨的知名度,优化旅游基础设施,打造必背瑶寨精品旅游景区。建议在区内非农建设以不破坏自然与历史文化遗产为前提,适当安排风景旅游设施用地,鼓励风景旅游资源的合理开发与利用,同时努力提高生物多样性,注重自然、人文环境相互协调、和谐发展。

五、林业发展空间利用建议

乳源地区的森林生态系统,尤其是常绿针、阔叶林生态系统为乳源地区维持生态系统的稳定性和保持良好的生态环境奠定了基础。如瑶山、大东山(天井山国家森林公园)等区内主要林区,尤其瑶山和大东山的林区,对于南水水源涵养、水土保持都具有重要的生态功能,是区内最为重要的生态系统,有着举足轻重的作用。

建议将瑶山、大东山规划为乳源县主要林业发展空间,对于这些林业发展空间的利用,建议以保护为主,开展大保护、不搞大开发,在局部地区可以适当发展生态林业产业。林区内土地主要用于林业生产,以及直接为林业生产和生态建设服务的营林设施,建议林区内现有非农建设用地应当按其适宜性逐步调整为林地或其他农用地,林区内的耕地因生态建设和环境保护需要可转为林地,同时建议严格禁止占用林区内土地进行毁林开垦、采石、挖沙、取土等活动。

第二节 生态保护修复建议

调查区位于拟建南岭国家公园生态保护区内,是广东重要的生态屏障区。随着"绿水青山就是金山银山"理念的不断深入,区域发展、资源开发与生态保护之间的相互作用影响关系日趋紧密。在发展经济的同时,需要注意保护重要生态功能区、重要生态系统,维持生态系统的稳定和提升生态环境质量,对于实现生态环境与社会经济发展的和谐共生具有重要意义。本次工作,在生态地质调查和生态地质脆弱性评价的基础上进行综合研究,提出乳源地区生态保护和修复建议。

一、加强全社会生态保护意识

牢固树立和践行绿水青山就是金山银山理念,坚定不移走生态优先、绿色发展之路。通过宣传教育鼓励全社会参与生态环境保护工作,促进企业尤其是矿山企业履行环境保护责

任，加强环境信息公开和舆论监督，形成政府、社会、企业相互合作、共同行动的生态环境保护新格局。同时促进经济社会发展全面绿色转型，引导区域发展生态农业、特色生态旅游业等，建设环境友好型社会，实现人与自然和谐共处。

二、加强生态环境分区管控

建议立足于乳源地区自然资源禀赋和生态环境特点，充分衔接国土空间规划，统筹生产、生活、生态空间布局，全面建成生态环境分区管控体系。划分生态保护红线，根据生态环境保护优先级别，划分管控单元。实施生态环境保护精细化、差异化管理，严格落实生态环境分区管控要求，管控单元核心区禁止人为活动，其他区域严格禁止开发性、生产性建设活动，提升生态系统质量和稳定性。

建立生态空间管控区域信息系统，做好与国家生态保护红线监管平台技术衔接，逐步建立完善生态系统和珍稀、濒危物种分布数据库，丰富生态状况监测数据体系，拓展生态状况监测领域，统一发布山水林田湖草湿生态系统状况，服务生态环境监管。建设和完善生态保护红线综合监测网络体系，完善覆盖重点生态功能区林业观测站网，加强气候变化对林业影响的监测评估，尤其是加强极端干旱气候对森林火灾的影响与评估。定期开展生态保护红线评价和绩效考核，落实生态保护红线评估机制，及时掌握全县生态保护红线生态功能状况及动态变化趋势。

三、筑牢生态安全屏障

乳源地区是南方丘陵山地带的重要生态安全屏障，其生态功能对于维持区域生态系统的稳定、提升生态环境质量、保护生物多样性以及涵养区域水源有着重要的意义。

（一）筑牢北江上游生态屏障

整合全县现有的各级自然保护区、风景名胜区、森林公园等各类自然保护地，增强生态系统服务功能。围绕自然保护地、水源涵养区，加强瑶山、东山、大东山等森林及生物多样性重点生态功能保护区建设，加强南水湖及其周边流域水质监测，加强大桥镇水土保持生态功能区保护修复。

（二）构建区域林业生态圈

全面推行林长制，落实各级党政领导干部保护发展森林资源目标责任，构建党政同责、部门协同、源头管理、全域覆盖的长效机制。实施林业碳汇工程、生态景观林带、森林进城围城、乡村绿化美化等重点生态工程，推进林分改造，全面提升山地绿色生态屏障功能。完善天然林保护制度，深入推进天然林资源保护工程，通过林学措施对低产劣质的林分进行改造，以提高林分质量、生态系统的稳定性和经济价值。大力实施天然林系统保护，实现天然林管护全覆盖，加强国有林和集体公益林管护。加快实施绿化成果巩固等行动，构建自然保护区、风景名胜区、森林、江河、湿地等典型生态系统。加强古树名木保护，严禁移植天然大树进城。落实保护森林资源任期目标责任制，建立森林面积、森林蓄积"双增长"监测体系。增强生态系统适应性管理水平,加强森林火险预警平台和监测站建设,进一步防治森林火灾、病虫害。增强生态系统稳定性,通过科学规划树种组合,构建多层次的混交复层林,增加生物多样性,提高森林的抵抗力和恢复能力。

(三)加强生物多样性保护

加强自然保护地保护,优化自然保护地空间布局,整合现有各类自然保护地,实行自然保护地统一管理、分区管控,自然保护地内探矿采矿、水电开发、工业建设等项目应有序退出。推进自然保护地勘界立标,做好与生态保护红线的衔接。强化自然保护地监督管理,实施"绿盾"自然保护地监督检查专项行动,对自然保护地突出生态环境问题进行整改和生态修复。加快形成森林、湖泊(水库)、湿地等多种形态有机融合的自然保护地体系。

开展野生动植物保护与自然保护区建设、自然遗产地保护与建设、极小植物种群与极度濒危动物物种拯救、水生生物资源养护与濒危物种救护、生物多样性保护等工程建设。完善野生动物栖息地巡护监测和疫源疫病监测预警体系,加强生物多样性资源本底调查和评估,开展珍稀濒危物种拯救性保护,加强南岭基因、物种、典型生态系统和景观的保护力度,协同构建南岭生物多样性生态功能区。推进濒危动物栖息地、基因交流走廊带保护修复和野化放归基地建设。大力发展使用乡土树种及乡土植物,加强就地保护,开展有计划的乡土树种保护工作,充分发挥保护区功能,划定禁伐区,提高保护管理的科学化水平。

(四)加强生物安全和入侵生物防治

建立科学有效的外来物种防治措施、协调管理和应急机制,开展外来入侵物种对生物多样性和生态环境的影响研究。开展入侵生物现状调查和定期定点监测,及时掌握入侵生物发展危害及控制状况,研究相应的防治技术方法、措施,控制局部区域的入侵生物发展危害,防止在开放水域养殖、投放增殖外来物种或者其他非本地物种种质资源,维护区域生态安全和生物安全。

(五)实施生态敏感区生态保护与恢复工程

进一步强化县域内岩溶地区石漠化综合整治。实施生态综合治理和生态修复工程,修复被火灾和病虫害破坏的森林,加强大桥镇、大布镇等岩溶地区石漠化综合整治,以土地整理和特色经济林产业发展为重点,采取封山育林育草、低效林改造等措施,积极发展油茶等生态经济型产业。积极推进崩塌、滑坡、泥石流等地质灾害综合防治,科学规划资源开发与工程建设,组织实施生态修复工程。开展坡耕地水土流失综合治理、小流域水土流失综合治理、地质灾害综合治理,加强区域水土流失综合防治。探索建设自然生态修复试验区,试点生态敏感区生态搬迁,推进生态保护红线、水土流失重点预防区、生态屏障区等重要生态功能区人口退出。

四、石漠化区生态保护与修复建议

(一)石漠化治理概述

乳源是广东石漠化集中分布区。石漠化是岩溶石山区实现乡村振兴和可持续发展的主要障碍,石漠化防治是实施可持续发展战略的重要组成部分。石漠化不是纯自然过程,而是自然、人类活动综合作用的产物,是在自然演化的基础上,叠加后期人类不合理的活动引起或加剧环境恶化、土地退化的过程。让退化的土地完全靠自然恢复的思路已不切实际,必须通过投入对退化土地进行生态重建。因此石漠化治理需要科学防治、多措并举、综合防治,在石漠化治理过程中还需要注意以下几点:

(1)继续实施小流域水土综合治理,提高水资源的有效利用率。

(2)优化土地利用结构,减轻生态环境承载压力,提高土地的产出率,发展多元化经济,调整农业经济结构,培育优势产业,发展特色农业和立体生态种植养殖模式。根据石漠化地区的土质、海拔、温差等生态条件,安排相应的生物种群和发展项目,因地施策,宜农则农、宜林则林、宜牧则牧,多种生物多种产业综合发展,保护与合理利用土地资源。

(3)继续实施退耕还林还草、封山育林、植树造林,保护植被资源,提高植被覆盖率,减缓土壤侵蚀,防止水土流失。

(4)实行跟踪监测,为科学决策提供依据。建立健全各级石漠化监测机构,落实监测队伍,配备监测设施设备,提高监测工作的组织保障能力;建立基于"3S"技术的石漠化信息管理系统;建立并完善石漠化工程效益监测评价体系,对工程建设进展及成效作出客观评价,为工程建设与各级政府目标责任考核提供基础数据。

(二)具体建议

石漠化主要发育发生在碳酸盐岩出露地区,鉴于乳源地区整体石漠化问题轻微,但严重区高度集中的情况,建议将石漠化高度集中区——大桥镇行政区划所属地区作为石漠化重点防治区,县内其他碳酸盐岩出露区域作为一般防治区。

1. 重点防治区

对于重点防治区大桥镇,建议采取如下防治措施:

(1)大桥镇碳酸盐岩地层比较发育,区域内尚有近30km²的石漠化土地,石漠化本身是一种土地退化现象,水土流失是石漠化的重要表现,石漠化是土壤侵蚀殆尽后的结果。因此,建议编制水土流失防治规划,统筹考虑石漠化,将石漠化治理与水土流失防治统筹考虑,统一规划、统一治理。

(2)水土流失造成石漠化的重要原因之一,优化土地利用结构是石漠化治理的一个重要途径。建议在坡度大于25°的地带进一步严控伐木、放牧、坡面开挖等活动,坡耕地应退耕还林还草或实施坡改梯工程,继续加强天然林保护工程和退耕还林(草)工程建设。大桥镇较多岩溶石山区地表植被为草地(优势种主要为茅草),建议根据实际条件因地制宜进行治理,宜林草地加强植树造林,加速促使其向林地转化,不宜林的草地则进行自然封育。对于石漠化严重区域,如若地表土壤已侵蚀殆尽或基岩裸露的地区可以种植耐瘠的草本植物,长期、逐渐地改善土质,为后续侵蚀治理奠定基础。

(3)建议在大桥镇加强生态环境监测和保护力度,持续开展石漠化监测工作,以遥感监测与专业监测结合的方式进行,重点监测石漠化、水土流失治理效果,遏制边治理、边破坏的情况发生,加大水土保持监督力度。

2. 一般防治区

将县区内其他碳酸盐岩发育区域作为一般防治区,这些区域一般林草植被覆盖率高,水土流失较轻微,建议持续开展水土流失监测,大部分区域可以定期开展水土流失遥感监测,而对于南水水库及其主要入湖河流,则建议开展流域水土流失专业监测工作。

此外,建议在全县加强石漠化防治知识的宣传教育,提高群众防治意识,构建全民参与的石漠化防治体系。

五、矿山生态保护与修复建议

(一)矿山生态保护与修复概述

矿山生态修复是指依靠自然力量或通过人工措施干预,对因矿产资源开采活动造成的地质安全隐患、土地损毁和植被破坏等矿山生态问题进行修复,使矿山地质环境达到稳定、损毁土地得到复垦利用、生态系统功能得到恢复和改善。为了更详细了解乳源地区矿山环境地质问题,下一步建议选择乳源地区内不同成矿模式类型的历史遗留废弃矿山开展矿山地质环境问题和矿山生态环境问题调查。其中,矿山地质环境问题调查内容包括矿山地质灾害发育、地形地貌景观破坏、含水层破坏、土地资源破坏、地下水污染、地表水污染、土壤污染等情况;矿山生态环境问题调查内容包括生态系统结构改变、水土流失加剧、生态功能降低、生物多样性减少、生态产品产出降低、生态景观破碎、生态廊道断裂等情况。此外还应对已采取防治措施或已修复治理矿山的治理修复效果进行定期的调查和评估。在上述调查工作的基础上,对矿山地质环境影响进行评估分级,并编写典型矿山的生态修复方案,为全县矿山生态修复提供借鉴。

(二)具体建议

针对具体的矿山生态修复,应注意以下几点:

一是因地制宜,分类施策。矿山生态修复不仅取决于需修复矿山的破坏类型和破坏程度,还与所处地区的自然地理条件、土地开发适宜性、利用规划等因素有关,应综合考虑修复矿山周边生态系统,宜耕则耕,宜园则园,宜林则林,宜草则草,宜湿则湿,宜建则建。

二是要坚持节约优先、保护优先、自然恢复为主的生态文明建设方针。在资源上把节约放在首位,着力推进资源节约集约利用,提高资源利用率和生产率,降低单位产出资源消耗,杜绝资源浪费;在环境上把保护放在首位,加大环境保护力度,坚持预防为主、综合治理,以解决突出生态环境问题为重点,强化水、大气、土壤等污染防治,减少污染物排放,防范环境风险,明显改善环境质量;在生态上由人工建设为主转向自然恢复为主,加大生态保护和修复力度,保护和建设的重点由事后治理向事前保护转变、由人工建设为主向自然恢复为主转变,从源头上扭转矿山生态环境问题的发生发展。

三是应按照"保障安全、恢复生态、兼顾景观"的先后顺序。通过消除地灾隐患、治理环境污染等达到保障安全的目的;再通过复绿复耕等,提升生态系统的多样性和稳定性,促进生态平衡的恢复,达到恢复生态目的;有条件的地区,通过合理的景观设计,打造小微景观、修建矿山公园等,使修复后的场地不仅具有良好的生态环境,还能成为人们欣赏和休闲的好去处,实现生态、经济和社会的可持续发展。

四是坚持"谁破坏、谁治理""谁修复、谁受益"原则。资金问题已成为矿山生态修复的瓶颈,按照2019年12月17日自然资源部印发实行的《关于探索利用市场化方式推进矿山生态修复的意见》(自然资规〔2019〕6号)要求,通过政策激励,吸引各方投入,推行市场化运作、科学化治理的模式,加快推进矿山生态修复。

主要参考文献

陈同斌,张斌才,黄泽春,等,2005.超富集植物蜈蚣草在中国的地理分布及其生境特征[J].地理研究(6):825-833.

陈万辉,刘良云,张超,等,2005.基于遥感的土壤侵蚀快速监测方法[J].水土保持研究,12(6):8-10.

戴亮亮,罗敏玄,张涛,等,2021.基于主成分分析法的低山丘陵区土壤厚度快速评定方法与实践:以河南省罗山县为例[J].华南地质,37(4):377-386.

傅伯杰,陈利顶,马克明,1999.黄土丘陵区小流域土地利用变化对生态环境的影响[J].地理学报,54(3):241-245.

傅伯杰,张立伟,2014.土地利用变化与生态系统服务:概念、方法与进展[J].地理科学进展,33(4):441-446.

广东省地质局第三地质大队,2016.广东省乳源瑶族自治县地质灾害详细调查报告[R].韶关:广东省地质局第三地质大队.

黄金国,魏兴琥,李森,2011.粤北岩溶山区石漠化土地的植被退化及其恢复途径:以英德、阳山、乳源、连州4县(市)为例[J].西北林学院学报,26(1):22-26.

黄勇,欧阳渊,刘洪,等,2023.地质建造对土壤性质的制约及其生态环境效应:以西昌地区红壤为例[J].西北地质,56(4):1-17.

贾磊,刘洪,欧阳渊,等,2022.基于地质建造的南方山地-丘陵区地表基质填图单元划分方案:以珠三角新会—台山地区为例[J].西北地质,55(4):140-157.

来楷迪,李明琴,杨星宇,等,2009.贵州两江(长江与珠江)分水岭地带岩溶石漠化特征及其环境影响因子的初步研究:以安顺市西秀区宋旗镇为例[J].贵州大学学报(自然科学版),26(4):137-142.

李苗苗,吴炳方,颜长珍,等,2004.密云水库上游植被覆盖度的遥感估算[J].资源科学,26(4):153-159.

李婷婷,刘子宁,贾磊,等,2021.广东韶关地区土壤环境背景值及其影响因素[J].地质学刊,45(3):254-261.

刘超群,余顺超,扶卿华,等,2020.基于综合判别法的广东省水土流失状况遥感分析[J].中国水土保持(2):45-49.

刘洪,黄瀚霄,欧阳渊,等,2020.基于地质建造的土壤地质调查及应用前景分析:以大凉山区西昌市为例[J].沉积与特提斯地质,40(1):91-105.

刘纪远,刘明亮,庄大方,等,2002.中国近期土地利用变化的空间格局分析[J].中国科学D辑,32(12):1031-1043.

刘瑞,朱道林,2010.基于转移矩阵的土地利用变化信息挖掘方法探讨[J].资源科学,32(8):1544-1550.

刘朱婷,郭庆荣,刘花,等,2019.基于Landsat影像的广东省重点生态功能区生态功能状况及其变化评价[J].生态科学,38(5):119-126.

刘子宁,李樋,莫滨,等,2024.广东乳源典型富硒区土壤硒元素地球化学特征及其影响因素探讨[J].沉积与特提斯地质,44(1):185-193.

鲁春阳,齐磊刚,桑超杰,2007.土地利用变化的数学模型解析[J].资源开发与市场,23(1):25-27.

欧阳渊,张景华,刘洪,等,2021.基于地质建造的西南山区成土母质分类方案:以大凉山区为例[J].中国地质调查,8(6):50-62.

阮伏水,周伏建,聂碧娟,等,1995.花岗岩风化壳抗侵蚀特征研究:Ⅰ花岗岩风化壳物理特征[J].福建水土保持(4):37-42.

孙儒泳,2002.芸芸众生皆平等:漫谈生物多样性[J].科学中国人(3):28-30.

覃小群,蒋忠诚,张连凯,等,2015.珠江流域碳酸盐岩与硅酸盐岩风化对大气CO_2汇的效应[J].地质通报,34(9):1749-1757.

谭炳香,李增元,王彦辉,等,2005.基于遥感数据的流域土壤侵蚀强度快速估测方法[J].遥感技术与应用,20(2):215-220.

汤小华,2005.福建省生态功能区划研究[D].福州:福建师范大学.

田海芬,刘华民,王炜,等,2014.大青山山地植物区系及生物多样性研究[J].干旱区资源与环境,28(8):172-177.

万力,曹文炳,胡伏生,等,2005.生态水文学与生态水文地质学[J].地质通报(8):700-703.

王果,2009.土壤学[M].北京:高等教育出版社.

王敬贵,刘超群,亢庆,等,2014.北江上游水土流失现状遥感分析[J].人民珠江(3):119-122.

吴运鹏,杨蓉,2021.常山港流域岩性对地貌演化的控制[J].第四纪研究,41(6):1574-1583.

徐岚,赵羿,1993.利用马尔柯夫过程预测东陵区土地利用格局的变化[J].应用生态学报,4(3):272-277.

姚长宏,杨桂芳,蒋忠诚,2001.贵州省岩溶地区石漠化的形成及其生态治理[J].地质科技情报(2):75-78,82.

姚成平,张晓远,郑国权,等,2018.广东省水土流失重点防治区划分[J].中国水土保持科学,16(6):118-123.

殷志强,陈自然,李霞,等,2023.地表基质综合调查:内涵、分层、填图与支撑目标[J].水文地质工程地质,50(1):144-151.

殷志强,卫晓锋,刘文波,等,2020.承德自然资源综合地质调查工程进展与主要成果[J].中国地质调查,7(3):1-12.

袁春,周常萍,童立强,等,2003.贵州土地石漠化的形成原因及其治理对策[J].现代地质(2):181-185.

张凤荣,周建,徐艳,等,2021.基于地学规律的科尔沁沙地土地整治与生态修复规划方法[J].地学前缘,28(4):35-41.

张富元,李安春,林振宏,等,2006.深海沉积物分类与命名[J].海洋与湖沼(6):517-523.

张甘霖,王秋兵,张凤荣,等,2013.中国土壤系统分类土族和土系划分标准[J].土壤学报,50(4):826-834.

张景华,高慧,欧阳渊,等,2018.贵州省黔西县土壤侵蚀敏感性评价[J].中国水土保持科学,16(2):88-94.

张景华,欧阳渊,刘洪,等,2021.基于主控要素的生态地质脆弱性评价:以四川省西昌市为例[J].自然资源遥感,33(4):18-36.

张鹏,张华,冯新斌,等,2016.汞的树木年轮化学研究进展[J].地球与环境,44(1):124-129.

张腾蛟,刘洪,欧阳渊,等,2020.中高山区土壤成土母质理化特征及主控因素初探:以西昌市为例[J].沉积与特提斯地质,40(1):106-114.

张伟,刘子宁,贾磊,等,2020.广东韶关地区土壤地球化学基准值研究[J].华南地质与矿产,36(2):153-161.

张伟,刘子宁,贾磊,等,2021.广东省韶关市土壤环境背景值[M].武汉:中国地质大学出版社.

朱朝晖,宋明义,覃兆松,等,2004.土壤地质单位的建立与研究:以浙江省为例[J].中国地质(S1):51-61.

朱正治,1995.贵州省降水、径流、输沙的C_v与土壤侵蚀[J].中国水土保持(11):24-26,60.

经典故事「夸父逐日」

青少年必读 「夸父逐日」

《新能源地热能产业高质量发展研究》

编委会

过广华　冯　帆　史帅航　吴致漾　李建峰

李德良　李会杰　杨　柳　过崇明　过　瑞

缪淑华　谢卓麟　姚彤宝　郭彦平　赵　玉

序 一

  人类社会发展的历史就是能源开发利用的历史。地热能主要是指赋存于地球内部岩土体、流体和岩浆体中，能够被人类开发和利用的热能。20世纪60年代末至70年代初，在石油危机的"推波助澜"下，地热能作为一种新能源在国际范围内被学界广泛重视，国内的一些科学家也开始重视地热资源的勘查评价。著名地质学家李四光就曾说："开发地热能，就像人类发现煤、石油可以燃烧一样，开辟了利用能源的新纪元。"在李四光教授亲自倡导和指引下，地热资源引起了广泛关注并开启了开发利用的热潮，我国地热研究工作在地热基础理论探索区域地热资源普查、地热资源开发利用方面取得了显著的进展。

  2012年5月19日，时任国家总理温家宝同志在考察中国地质大学（武汉）时提出，他担任领导工作以后，一直没有忘记对地质科学的关注，并说道："到冰岛考察火山和地热，在赫利台迪地热电站与数十名当地地质工作者和联合国大学地热学院的学生座谈，当时我讲了我多年思考的地质科学的研究方向。"2016年召开的中国地热国际论坛也提出：我国非化石能源将在一次能源消费中占比从12%提高到15%，其中地热资源将成为我国非化石能源增量主力。总体来说，改革开放以来，我国在地热资源勘测、开发及利用方面进行了深入探索和持续创新，整体理论框架基本成型，产业装备水平日益提高，浅层地热能、水热型地热能结合干热岩型地热能的利用初步形成体系。

  在未来的国际竞争中，谁控制了能源，谁就拥有了绝对的话语权。新能源产业经济的发展水平日益成为衡量国家高新技术的重要标准。加强对地热能产业发展的研究、引导与管理，尽可能地占领新一轮国际竞争的战略制高点意义重大。因此，不能狭义地将地热能产业当作"用地热发电或取暖"的普通产业，而是应当立足国际经济发展格局，充分拓宽和延伸其产业内涵含量、技术含量、市场前景，深刻把握地热能产业发展的内在规律，加强规划布局，逐步构建一项经济效益突出、技术含量高、惠民范围广、国际竞争力强的新能源事业。

以过广华博士为代表的地热能产业高质量发展研究课题团队，在研究中借鉴国际经验，结合产业发展、公共管理等方面的理论成果，从多个维度对地热能产业高质量发展模式的进行了深入分析和探讨，进一步丰富了地热能产业发展的内容。从理论层面来看，本书的研究有利于充实新能源产业发展的理论，所提出的"地热能产业高质量发展模式"的概念及对相关管理体系的认识，对于完善地热能产业发展理论能够起到一定的支撑作用。从实践层面来看，本书的研究亦能为地热能产业的发展提供管理策略层面的参考。我想该专著的出版，会成为推动我国地热能产业发展的有益之举。希望未来地热新能源会有更多的发展空间和潜力，我们也期待地热新能源领域有更多不同类型、不同结构、不同视角的专著问世，从而推动新能源学术研究百家争鸣，为繁荣我国新能源开发利用贡献力量！

中国科学院院士

2021 年 5 月 28 日

序 二

中国特色社会主义进入了新时代，我国经济已由高速增长阶段转向高质量发展阶段。能源是国民经济和社会发展的重要物质基础，经济的高质量发展离不开能源转型升级。能源转型的关键在于供给侧结构性调整，并从提升整个产业的高度优化发展方向、转换发展模式。

2020年9月22日，国家主席习近平在第七十五届联合国大会上作出"中国将提高国家自主贡献力度，采取更加有力的政策和措施，二氧化碳排放力争于2030年前达到峰值，努力争取到2060年前实现碳中和"的重大宣示。"3060"双碳目标是统筹国内经济社会发展与全球应对气候变化协同共赢的重大战略，为我国应对气候变化、绿色低碳发展提供了方向指引和根本遵循。2021年5月26日，国务院副总理韩正在碳达峰、碳中和工作领导小组第一次全体会议上指出，实现碳达峰、碳中和，是我国实现可持续发展、高质量发展的内在要求，也是推动构建人类命运共同体的必然选择。

就地热能而言，根据中国地质调查局、国家能源局新能源和可再生能源司等机构于2018年8月25日发布的《中国地热能发展报告》，在"政产学研"的共同作用下，我国地热能开发利用技术不断取得突破，装备能力逐步与国际前沿接轨，终端应用呈现"星火燎原"局势。从整体上看，我国地热能产业体系已初步形成，具体表现为浅层地热能利用增速迅猛、水热型地热能利用逐步推广开来、干热岩型地热能勘查开发有序开展等方面，但是产业发展仍然存在地热能勘查评价和科学分析有欠精细、政策扶持力度不强、整体发展规划落实不够、能源资源管理制度统筹性不足等诸多问题。与光伏、风电等新能源品种相比，地热能的开发利用总体上较为滞后，市场影响力亟待提高。

目前，地热能产业发展模式方面还存在诸多问题，有待深入研究和加以解决。广华博士长期从事新能源地热能产业高质量发展方面的研究工作，在专业领域具有丰富的经验和较深的造诣。本书从学术和实践两个方面对我国地热能产业基础理论以及发展的现状、模式、实例、愿景等进行了科学分析和系统研究,其中关于地热能开发利用项目实施办法的总结探索,提出了由地热能产业单要素研究向环境、资源、政策、资本等多要素综合研究的转变,既有宏观层面理论,又有微观层面实践,对行业发展具有较高的参考价值和较强的现实指导意义。

科技引领发展,创新成就未来。站在"两个一百年"的历史交汇点,面对碳达峰、碳中和的新要求,加强新能源产业研究、加快能源产业结构调整、提高新能源利用效率与规模势在必行。愿这本著作对广大读者深入了解地热能产业新的发展有所裨益。

原国土资源部党组成员、副部长

2021 年 10 月 30 日

目　录

导　论 ·· (1)

上篇　地热能产业的基础理论与发展现状

第一章　相关概念及研究的理论基础 ·· (5)
  第一节　相关概念介绍 ·· (5)
  第二节　研究的理论基础 ·· (12)
  第三节　其他有关理论 ·· (19)

第二章　我国地热能的开发利用及产业竞争力评价 ·· (24)
  第一节　我国地热能资源概况 ·· (24)
  第二节　我国地热能产业发展概述 ·· (30)
  第三节　我国地热能产业发展的特殊规律 ·· (37)
  第四节　我国地热能产业的竞争力评价 ·· (39)

第三章　我国地热能产业发展环境及影响因素分析 ·· (41)
  第一节　我国地热能产业发展外部环境的PESTEL分析 ································ (41)
  第二节　我国地热能产业发展的驱动因素与制约因素 ··································· (46)
  第三节　我国地热能产业发展存在的主要问题及原因 ··································· (49)

第四章　国外地热能产业发展现状、趋势及借鉴意义 ··· (57)
  第一节　国外地热能产业发展现状 ·· (57)
  第二节　国外地热能产业发展趋势 ·· (67)
  第三节　"一带一路"沿线国家地热能产业合作前景 ······································ (69)
  第四节　国外地热能产业发展对我国的借鉴意义 ··· (72)

中篇　我国地热能产业化发展模式

第五章　我国地热能产业发展现有模式和若干新类型 ·· (77)
  第一节　我国地热能产业发展的现有模式 ·· (77)
  第二节　合同能源管理模式（EMC） ·· (79)

第三节　公私合作模式(PPP) ……………………………………………… (85)
第四节　"工程总承包＋融资"模式("EPC＋F") …………………………… (88)
第五节　"地热能＋"模式 ………………………………………………… (89)
第六节　区块链模式 ……………………………………………………… (91)

第六章　促进我国地热能产业高质量发展的模式构建 …………………………… (93)
第一节　地热能产业发展路径的时代变更 ………………………………… (93)
第二节　构建地热能产业高质量发展模式的理论构想 …………………… (96)
第三节　构建地热能产业高质量发展模式的基本逻辑框架 ……………… (97)
第四节　构建地热能产业高质量发展模式的关键点 …………………… (103)

第七章　地热能产业发展融资方式探析 ………………………………………… (113)
第一节　地热能产业融资的理论分析 …………………………………… (113)
第二节　地热新能源产业融资的具体方式 ……………………………… (118)

第八章　地热新能源产业发展基金的管理策略 ………………………………… (128)
第一节　地热能产业发展基金的设立 …………………………………… (128)
第二节　地热能产业发展基金的日常管理 ……………………………… (131)
第三节　地热能产业发展基金的风险管控 ……………………………… (135)
第四节　地热能产业发展基金的退出 …………………………………… (140)
第五节　地热能产业发展基金的案例及启示 …………………………… (141)

下篇　地热能产业发展的实例与行业发展愿景

第九章　地热新能源领域的若干特色模式 ……………………………………… (151)
第一节　地热新能源领域特色模式概述 ………………………………… (151)
第二节　雄县模式 ………………………………………………………… (152)
第三节　陕州模式 ………………………………………………………… (158)

第十章　不同主体在地热能产业高质量发展中的作用与对策建议 …………… (162)
第一节　政府部门的优劣势分析及对策建议 …………………………… (162)
第二节　国有地热能企业的优劣势分析及应发挥的作用 ……………… (168)
第三节　民营地热能企业的优劣势分析及应发挥的作用 ……………… (170)
第四节　外资企业的优劣势分析及应发挥的作用 ……………………… (172)
第五节　金融机构的优劣势分析及应发挥的作用 ……………………… (174)
第六节　高校及科研院所的优劣势分析及应发挥的作用 ……………… (176)

第十一章　地热新能源代表性企业及项目 ……………………………………… (179)
第一节　国有新能源企业：以中石化新星公司为例 …………………… (179)

第二节　民营新能源企业：以万江新能源公司为例 …………………………（181）

　　第三节　混合所有制及外资新能源企业：以中煤任远公司为例 …………（184）

　　第四节　其他地热新能源上市企业 …………………………………………（186）

第十二章　地热新能源发展的愿景 ……………………………………………（187）

主要参考文献 ……………………………………………………………………（189）

附　录 ……………………………………………………………………………（202）

后　记 ……………………………………………………………………………（210）

导 论

一、地热能产业研究背景

1978年至2010年间，我国国内生产总值（GDP）一直保持7.6%~14.2%的高增长率，整体社会发展也驶入了快车道。仅用了30多年的时间，我国就发展为世界第二大经济体。但是，2010年以来，受国际国内各种因素的影响，GDP增速迅速回落至7%左右的水平，"提质换挡"也成为经济发展方面的关键词。这引发了社会各界对经济发展模式及产业结构转型等问题的高度关注。在2017年中国共产党第十九次全国代表大会上首次出现了关于"高质量发展"的表述，这个概念的提出标志着中国经济由高速增长阶段转向高质量发展阶段。将这一概念应用于产业发展领域，就有必要改变过去那种高投入、高能耗的粗放式增长模式，探索效益型、低能耗、绿色、环境友好、可持续的发展模式。

根据自然资源部中国地质调查局、国家能源局新能源和可再生能源司等机构于2018年8月25日发布的《中国地热能发展报告》，在"政产学研"的共同努力下，我国地热能开发利用技术不断取得突破，装备能力逐步与国际前沿接轨，终端应用呈现"星火燎原"局势。从整体上看，我国地热能产业体系已初步形成，具体表现为浅层地热能利用增速迅猛、水热型地热能利用逐步推广开来、干热岩型地热能勘查开发有序开展等方面，但地热能产业发展也存在地热能勘查评价和科学分析有欠精细、政策扶助薄弱、整体发展规划落实不到位、能源资源管理制度不协调等诸多问题。与光伏、风电等这些新能源品种相比，地热能的开发利用在整体上较为滞后，市场影响力亟待提高。由此可见，地热能产业发展模式方面还存在诸多问题，有待深入研究和改善。

中国科学院汪集暘院士曾指出"地热能产业应当完成由单一粗放的低效传统产业向高新产业的过渡，走上一条高质量发展之路"。但是，从目前的情形来看，"地热能的高质量发展"还仅是一种理念性的想法，对其内涵还需要结合产业发展相关理论进行解析，对其框架则需要结合我国地热能产业的内在规律及地热能产业发展的国际经验进行拓展，对其策略则需要结合地热能产业发展的具体情况及产业外部环境进行详细研究。

由于环境、政策、技术等因素的制约，我国地热能产业的发展还面临着诸多困难。从国际环境来看，我国在地热能利用总量方面具有明显的优势，但与发达国家相比也存在投入资金不足、技术落后、开采利用效率低、商业运营能力欠缺等问题。从国内环境来看，相比于其他新能源，地热能产业的发展还较为滞后，地热能在整个能源结构中所占的比例及地位与其潜力和优势还很不相称。

在全球经济一体化和"一带一路"背景下，地热能发展模式研究也应与时俱进。一方面，在进行地热能产业发展模式研究的过程中，需要考虑我国地热能产业在全球地热能产业链中的具体位置，挖掘产品、技术及服务等方面的优势；另一方面，也需要深入认识"一带一路"沿线国家地热能发展的外部安全风险。

2016年，国家发展和改革委员会、国家能源局和国土资源部共同印发了《地热能开发利用"十三五"规划》。时任国家能源局副局长李仰哲表示，全球能源转型进一步提速，新一轮能源革命正在孕育成长，可再生能源在全球能源体系中的作用发挥越来越大。可见，地热能产业发展必将成为新能源发展新的增长点。

二、地热能产业研究意义

改革开放以来，我国经济快速发展，能源资源需求连年上涨。总体而言，我国能源资源总量大、种类丰富，但部分种类能源资源量相对需求仍显不足。自1993年起，我国开始由能源净出口国变成净进口国，煤炭、电力、石油、天然气等需求缺口变大。石油供需不平衡所引起的结构性矛盾日益成为我国能源安全所面临的关键瓶颈。根据中国石油和化学工业联合会数据，2020年国内原油产量1.95亿t，同比增长1.6%；原油表观消费量7.36亿t，同比增长5.6%，原油对外依存度达到73.5%。在传统化石能源自给率水平较低的背景下，提高发展新能源效率与规模势在必行。

本书立足我国地热能产业发展现状，深入探寻其内在规律并总结这一领域存在的突出问题，在此基础上，力求找出地热能高质量发展的新模式。

上篇

地热能产业的基础理论与发展现状

第一章 相关概念及研究的理论基础

第一节 相关概念介绍

概念是反映对象的本质属性的思维形式。没有准确的概念界定，问题论证就容易出现"悬空"和"偏差"。要研究地热能产业发展模式，首先需要对产业、产业发展、地热能、地热能产业、产业发展模式等概念进行科学界定。

一、地热能概念及类型

地热能（Geothermal Energy）是赋存于地球内部岩土体、流体和岩浆体中，能够被人类开发和利用的热能。大部分是来自地球深处的可再生性热能，为地球的熔融岩浆加热作用和放射性物质的衰变产生的热量，小部分是来自太阳的热辐射。循环流动的地下水以及来自极深处的岩浆侵入到地壳后，热量会通过热传导、热辐射、热对流等方式带至近表层。因此，地热能是一种污染程度较低甚至无污染的可再生新能源。

地热能的分类方法有多种，按不同的标准划分不同的类型。按储层温度分为高温、中温、低温地热能；按埋藏深度分为埋深200m以浅的浅层地热能、200～3000m中深层地热能、3000m以下的深层地热能。汪集暘和庞忠和等（2015）按照分布位置（埋藏深度）、温度和赋存状态，将地热能分为以下四大类。

（1）浅层地热能资源（Shallow Geothermal Resources）：地表以下200m范围内温度低于25℃具备经济利用价值的热水资源。浅层地热能资源因具分布范围广，开发难度小、成本低，资源利用过程中无CO_2、SO_2等有害气体产生等优点，被广泛应用于建筑物供暖（制冷）。

（2）水热型地热能资源（Hydrothermal Resources）：地表以下200～3000m范围内温度高于25℃可开发利用的地热流体（水或水蒸气），主要直接被应用于发电、食品生产、工业加工、农牧业、供暖洗浴等领域。依照流体温度，水热型地热能资源可进一步划分为高温地热能资源（$t \geqslant 150℃$）、中温地热能资源（$150℃ > t \geqslant 90℃$）、低温地热能资源（$90℃ > t \geqslant 25℃$）。

（3）干热岩（Hot Dry Rock）：地下3000m以深，温度超过180℃可被经济利用的贫或不含流体的高温岩体，必须采用人工建造地热储和人工流体循环的方式加以开采；又名增强型地热系统，或称为工程型地热系统，内部不存在流体或仅有少量地下流体的高温岩体（蔺文静等，2012）。尽管该类资源在发电、地热能等多领域有很高的利用价值，但由于贮藏深、开发利用技术难度大，在全世界范围内其勘察及商业利用均受到了极大的限制。

（4）岩浆型地热能（Magmatic-Related Geothermal Energy）：蕴藏在熔融状或半熔融状岩浆中的巨大热能，温度可达数百摄氏度至1000℃以上。即存在于未固结的岩浆中的热量，在目前经济技术水平下尚无法开采。

二、地热资源成因、利用及分布情况

（一）地热资源的成因及特征

从地质构造的角度来看，地热能主要集中分布在构造板块边缘一带，该区域也是火山和地震多发区。地热资源的成因主要有以下3种。

（1）火山喷发及岩浆活动。一般情况下，火山喷发会造成地壳内部的岩浆活动。即使在死火山地区地底下也会有大量尚未冷却的岩浆。岩浆释放的热能会进入有孔隙的含水岩层中并形成高温热水或者蒸汽。在地壳板块的边界地带，火山和岩浆活动往往非常频繁，这就会形成新旧岩浆交织的岩浆房，从而出现面积不等的地热田。

（2）地壳板块断裂。在地壳板块内侧基岩隆起区或者其他部分由于断裂所形成的断层岩地和山间盆地，活动性的断裂构造控制作用也会形成地热资源。这种地热田面积在几平方千米，具有"点多面广"的特点。

（3）地壳板块断陷或坳陷。地壳板块内部巨型断陷或坳陷也会产生地热资源，其动力源自断块凸起或褶皱隆起的控制作用。这种地热田面积较大，通常在几十平方千米到几百平方千米，地热资源潜力和开发价值都比较高。

除了清洁、可再生等特点之外，地热资源还有3个重要的优势。其一，地热资源的开发利用较少受到其他因素的影响。地热资源具有较好的持续性，不受季节、天气等外在因素的影响。即使在设备维修保养期间，地热资源的开发利用都可以持续进行。与太阳能、风能、光伏等新能源相比，地热资源的这种优势是显而易见的。其二，地热资源的开发利用成本较低。不同类型新能源发电成本情况如表1-1所示。在综合考虑各种因素的前提下，地热资源的成本优势是十分明显的。其三，地热资源具有较高的安全系数。

日本福岛核泄漏事故使人们对核能的安全性问题感到担心，安全、高效的绿色可再生能源也越来越受到世界各国的青睐。根据国内学者的研究，地热资源具有安全、稳定的优势，同时开发地热资源在预防各类地质灾害方面具有积极作用。地热与地震关系密切，因此对地热资源有效开发，可以挖掘地壳下的热力，且不会诱发具破坏作用的地震。

表 1-1 不同类型新能源发电成本简表

类型	成本/(元·kW^{-1}·h^{-1})	类型	成本/(元·kW^{-1}·h^{-1})
带储能的光热发电	0.83~1.26	燃料电池	0.74~1.16
地热发电	0.55~0.81	生物质发电	0.54~0.76
陆上风电	0.22~0.43	海上风电	0.82

数据来源：弗朗霍夫太阳能系统研究所，2015。

（二）地热资源评估方法

准确的价值评估是地热资源开发利用的基础。与美国、冰岛等地热发达国家相比，我国在地热资源评估方法方面显得有些滞后。20世纪70年代初，怀特（White）和威廉（Williams）就提出了价值评估这种方法。通过建立地热系统模型并引入热储物性以及流体物性、采收率等参数，运用体积法对地热流体热储体积相对于当地基准温度的热量进行评估。这种方法对相关参数的准确性有着较高的要求，在实际应用中则得到了世界各国地热专家的认可。

蒙特卡罗方法是奈森（Nathenson）等为了克服体积法的不足，将概率统计的思想应用于地热资源评估。其核心思想是以地热资源的体积、厚度和温度为参数估计出三角形概率密度的极小值、最佳期望值和极大值，然后使用蒙特卡罗方法给出得到地热资源储量结合概率分布。朱红丽等（2011）国内学者将蒙特卡罗方法用于国内地热资源评估，发现计算结果与体积法计算结果相差甚微。蒙特卡罗方法需要对热储信息有充分的掌握，适用于勘查程度较为理想的地热项目资源评价。

地表流量法是最简单同时成本也最低的方法。其做法是对目标地区地表各种形式的天然放热量总和（Q_A）进行测量计算，然后根据已开发地热田的热产量（Q_G）与Q_A的关系来估计该区域的产热量。在勘查程度较低的情况下，地表流量法的应用价值较为明显。根据赵钦铭等（1985）的《福建省福州市福州地热田特征研究报告》，我国云南腾冲地热田资源评价过程中就使用了这一方法。在地表流量法的基础上，日本地热能产业应用"水量补给法"来对水热系统地热资源进行估算。其计算公式为$Q=S·P·n$。其中，Q、S、P、n分别为地热流体的年产率、地热流体区域面积、当年平均降水量、年排放地热流体量与降水总量之比（n的取值范围为0.10~0.33）。地表流量法往往只能给出地热田最小开发潜力，与地热资源实际储量之间会存在一定差距，只适用于小面积的地热田。

随着计算机技术的快速发展，数值计算方法越来越成熟，高精度数值模拟程序被应用到地热资源评估工作中。数字化的地热资源评估方法被称作数值法，其最大优点在于对地下热水的流动与热量转移所产生的海量数据进行建模分析。通过国际国内学者的努力，基于三维非稳定流的数值模型已经能够相对精确地对地热资源进行评估。

（三）地热资源的利用形式

地热资源的利用形式主要有4种。

（1）地热发电。这是地热利用最重要、最有经济价值的方式。早在1904年，托斯卡纳地区的居民就开始尝试利用地热进行发电。与火力发电的原理类似，地热发电也是借助汽轮机将蒸汽热能转化为机械能，然后再带动发电机发电。地热发电过程需要通过天然蒸汽和热水等"载热体"将地热能从地底下带到地面之上。具体来说，地热发电主要有蒸汽型地热发电和热水型地热发电两大类。

（2）直接用于采暖、供热和供热水。这是仅次于地热发电的一种利用方式。地热供暖具有利用方式简单、经济性好、环境污染程度低等优点，在世界各国都得到了广泛利用。此外，利用地热给木材、纺织、酿酒等领域的生产制造活动提供热源也非常重要。

（3）用于农业生产。在农业生产方面，地热能的应用范围也十分广阔。利用温度适宜的地热水灌溉农田，有利于实现农作物的早熟增产；利用地热能建造温室，可以育秧、种菜和养花；利用地热能搞养殖业，可以培养菌种、养殖各种鱼类等，对提高出产率也很有帮助；给沼气池引入地热能进行加温后，沼气产量可以得到大幅度提高等。

（4）医疗及旅游。地热水来自地下，不仅有温度较高的优点，通常还含有钠、铁、钙、镁、硫、溴、碘等元素，对人体健康很有益处。充分发挥地热的医疗健康作用，可以大力发展地热温泉疗养行业。

（四）地热资源的分布情况

全球实测热流数据分析研究表明，不同的地质构造单元的热流量具有很大的差异，地质构造控制了地热资源的分布。构造活动很强的中、新生代年轻造山带，其热流值达 $71.2 \sim 79.5 mW/m^2$。在大西洋、印度洋及东太平洋洋中脊处，均已观测到高热流，热流平均值为 $79.5 mW/m^2$，高者达 $334.9 \sim 376.7 mW/m^2$，而在海沟处热流平均为 $48.6 mW/m^2$，海盆为 $53.2 mW/m^2$。按板块构造学说，分为板缘地热带和板内地热带。全球主要地热异常区分布在板块生长、开裂的大洋扩张脊和板块碰撞、板块消减带。主要的地热带有4个（郑敏，2007）：一是环太平洋地热带，位于世界最大的太平洋板块与美洲、欧亚、印度板块的碰撞边界。世界许多著名的地热田，如美国的盖塞斯、索尔顿湖，墨西哥的塞罗普列托，中国的台湾大屯，印度尼西亚的卡莫将等均在这一带。二是地中海-喜马拉雅地热带，位于欧亚板块与非洲板块和印度洋板块的碰撞边界。世界第一座地热发电站意大利的拉德瑞罗地热田，中国的西藏羊八井及云南腾冲地热田都位于这个地热带。三是大西洋中脊地热带，位于美洲、欧亚、非洲板块边界，是出露于大西洋中脊扩张带的一个巨型环球地热带，主要有冰岛的亨伊尔、纳马菲亚尔和雷克雅未克等高温地热田，热储温度200～250℃。四是红海-亚丁湾-东非裂谷地热带，位于阿拉伯板块与非洲板块边界，包括吉布提、埃塞俄比亚、肯尼亚等国的地热田，热储温度均大于200℃。

以上即为板缘地热带，地表水热活动强烈，且多与地震及火山分布带重叠，构造活动强烈，热储温度多大于200℃，属高温地热资源。板内地热带系指板块内部褶皱山系和山间盆地等构成的地壳隆起区，以中、新生代沉积盆地为主的沉降区内广泛发育的中低温地热带。与板缘地热带不同，板内地热带的热源主要为在正常地温梯度下，地下水深循环所获得的地壳内部热量。如我国的四川盆地、江汉盆地，法国的巴黎盆地均属于此类。

我国地热资源的形成与分布，受中国地质构造特点及其在全球构造中所处部位的控制，全球地中海-喜马拉雅地热带和环太平洋地热带贯穿中国西南地区和东南沿海地区。因此，高温地热带主要集中在两个地区：一是藏南-川西-滇西地区；二是台湾地区（周总瑛等，2015）。其中，藏南-川西-滇西地热带为全球性的地中海-喜马拉雅地热带的东支，其区域背景热流值在80～100mW/m²之间，最高可达364mW/m²。台湾省地热带位于太平洋板块与欧亚板块的边界，为西太平洋岛弧型地热亚带的一部分。岛上地壳活动活跃，第四纪火山活动强烈，地震频繁，是中国东南部海岛地热活动最强烈的一个带。

干热岩在发电方面的优势在地热资源中也是极为突出的。由于较少受到地质条件制约，利用EGS（增强型地热系统）开发干热岩地热资源在技术上更为可行。在EGS技术框架下，可以设计两眼相距数百米、孔深在4000m级以上的深井，通过"压裂"技术在两井之间形成人工裂隙。在一个井中注入常温水，在另一井中就可以产生可供地热发电和余热利用的"人造地热资源"（表现为高温蒸汽和热水）。

三、新能源产业

新能源：又称非常规能源，是指传统能源之外的各种能源形式，已经开发利用或正在积极研究、有待推广的能源。新能源一般是指在新技术基础上加以开发利用的可再生能源，包括太阳能、生物质能、地热能、水能、风能、波浪能、洋流能和潮汐能，以及海洋表面与深层之间的热循环等；此外，还有氢能、沼气、酒精（乙醇）、甲醇等。而已经广泛利用的煤炭、石油、天然气等能源，称为常规能源。

从本质上来说，地热能产业是新能源产业的有机组成部分。通过文献搜索发现，中国可再生能源学会理事长石定寰（1989）就使用了"新能源产业"的概念。具体来说，新能源产业是指"新能源技术和产品的科研、实验、应用推广及其生产经营活动"。其中的新能源，即是指太阳能、地热能、风能、海洋能等非传统能源。

综上所述，本书将地热能产业定义为"地热技术和产品的科研、实验、应用推广、生产经营及投融资等经济活动"。

四、产业发展融资

产业发展是一种经济活动，离不开资本力量的推动。为了获得产业发展所需的资金，个人和企业往往需要进行融资。顾名思义，融资即"资金的融通"。这一概念所概括的，即是资金从供应者到需求者传递的动态过程。可以发现，融资涵盖了资金供应者融出资金与资金需求者融入资金两个方面。在实践中，人们主要用"融资"来概括资金需求者根据需要、通过特定的渠道和方式融入一定数量资金的经济活动。

企业融资的渠道和方法各有不同，这就产生了不同类型的融资方式。按照不同的标准，可以进行不同的划分。①以资金来源为标准，企业融资方式包括内源融资和外源融资。前者是指将企业的留存收益和折旧转化为投资的融资活动，后者则是指通过吸收其他经济主体资金来提升资本实力的融资活动。内源融资的优势在于流程简单，融资成本低，基本不需要承担财务费用，对企业现金流量的影响也较小；但是，其劣势则在于融资规模通常较为有限。外源融资的情形则刚好与之相反。②以是否通过媒介为标准可以将之分为直接融资和间接融资。前者是通过资本市场直接出售股票和债券来获取资金的融资活动，主要解决周期较短的资金紧张问题。后者是指以金融中介机构（主要指商业银行）为信用媒介来获取资金的融资活动，通常用来解决中长期的资本运营问题。从功能上来说，直接融资要弱于间接融资。

从运作机制的角度来看，融资活动涉及融资环境、融资主体、融资客体、融资方式等要素，它们之间的作用关系构成了融资机制。这些要素的互动过程中蕴含了一种"储蓄-投资转化机制"。一方面是资金筹集和供给的过程，另一方面是资金配置的过程。通过金融市场的引导，资金在资金供给者和资金需求者之间实现流动并产生增值。从这个意义上来说，融资机制的意义就在于疏通储蓄向投资转化的通道。

五、产业发展模式

作为社会分工的产物，"产业"是社会生产力发展进步的一种结果，同时也对社政府在规划产业发展目标、发展序列与空间布局等方面做出了许多富有远见的决定，确定了重点发展的战略性产业并通过政策、金融、政府集中采购、紧缺资源倾斜等手段进行定向扶植。这些政策与产业发展高度相关，取得了极大的成效，在短短的二三十年间战后的日本浴火重生一跃成为世界经济强国。

到目前为止，国内外仍然没有在产业政策的概念上达成一致。不过，产业政策的存在则是不容否认的事实。综合国内外学者相关研究的共性看法，可以将产业政策粗略地定义为"政府以国民经济与社会整体发展需求为前提，以产业发展为目标，在总体规划、财政金融、知识产权等方面所制定的一系列政策措施"。有学者认为，产业组织理论和产业结构理论是产业政策理论的基本组成部分，笔者对此持不同看法。原因在于，产业组织受产业政策的影响，但其所依靠的力量来自市场、其他产业、从业人员等多个方面。

产业政策之所以重要，原因主要在于：政府是现代社会的"中心"，掌握着权力、信息、专家等各种关键资源，其在财政、税收、产业激励、知识产权等方面所制定的政策对产业发展无不具有重要影响。此外，政府在产业政策制定过程中所表现出的观点、倾向代表了其对国际国内政治经济发展状况的判断，具有重要的启发价值。

要想制定科学的产业政策，不仅需要对产业发展的普遍规律有准确的把握，还需要对国际国内政治经济形势、资源禀赋、区域经济特点等有科学的认识。在实施过程中，监管、效果评估、反馈及修正等都是必不可少的环节。只有这样，产业政策才能起到扶持民族产业发展、优化资源配置、提高产业国际竞争力等作用。

（四）产业融合理论

从哲学的意义上来说，研究产业发展及融合即是对其内在规律的研究。如果从时间维度来对产业发展的内在规律进行探讨，就形成了对产业发展趋势的理性认识。根据国内外学者的研究，产业发展的趋势可以概括为集聚化、生态化、融合化3个方面。在此基础上。学者们发展出了产业生态系统理论、产业融合理论等。考虑到地热能产业的具体特征，本书主要使用产业融合理论来对其未来发展趋势进行探讨。

早在20世纪70年代，日本NEC公司的一些管理人员就注意到了一个趋势，即计算机快速发展必然会给各行各业带来深远影响并与后者发生深度融合。随后，美国实业界和理论界也注意到了这一现象，提出了"数字融合"的理念并用来概括数字技术与印刷、传播等方面的边界交叉现象。格林斯腾和卡恩纳率先将产业融合定义为"为了适应产业增长而发生的产业边界的收缩或消失"（Greensteina & Khanna，1997）。

经过国内学者的进一步研究，产业融合理论逐步趋于成熟，其主要观点包括：①技术革新与管制放松构成产业融合的动因。②具有共同技术基础的不同产业之间存在产业关联性，它们在开发特征、竞争和价值创造过程等方面会受技术革新因素的影响，这是发生产业技术融合的重要前提条件。③产业融合的发生过程可以用"技术融合-产品与业务融合-市场融合"来进行刻画。④通过产业融合，企业之间的竞争合作关系发生深度变化，产业界限趋于模糊。极端情况下，有必要对产业界限进行重新划分。⑤随着科学技术的发展进步，产业融合程度将逐步提高，农业、工业、服务业、信息业、知识业在产业内部和产业链，以及产业网中的渗透、包含、融合关系也将趋于深入，形成新的产业形态及经济增长方式，通过无形渗透有形、高端统御低端、先进提升落后、纵向带动横向，低端产业可能会被淘汰并成为高端产业的组成部分。

在21世纪，技术革新的步伐不断加快，政府对产业发展的管制在整体上也呈现出日益放松的趋势。对于地热能产业来说，与其他产业的融合是不可避免的，如与智能电网、现代农业、居民供暖等产业之间的融合，这可能会催生围绕地热能开发利用的产业系统工程。认识到这一现象，可以为地热能产业的发展注入新的动力源并革新其运作机制；忽视这一现象，必然会在研究视角及发展思路上受到一定程度的限制。

（五）产业布局理论

19世纪初至20世纪中叶期间，产业革命不仅带来了生产力的飞跃，也给产业经济理论带来了新的思想萌芽，理论界对产业空间分布问题产生了浓厚的兴趣。约翰·海因里希·冯·杜能和阿尔弗雷德·韦伯（Johann Heinrich Von Thunen & Alfred Weber，1868）在地租学说、比较成本学说的基础上发展出了古典区位理论。为了提高当时普鲁士的农业经营管理水平，杜能利用科学抽象法建立了农业生产一般地域配置理论。杜能指出，农业生产的集中化程度与离中心城市的距离之间存在反比例关系。韦伯的工业区位理论、高兹的海港区位理论、胡佛的转运点区位论等与产业布局有关的理论都是在杜能农业区位理论的启发下提出的。"二战"之后，产业布局理论逐步形成了系统的理论体系。从内容的角度来看，产业布局理论主要研究产业布局的层次、机制及区域空间分布。从影响因素的角度来看，产业布局理论主要研究产业布局的4个方面，即原材料、市场、运输，劳动力，外部规模经济性和政府职能与政府干预。从模式的角度来看，产业布局理论发展出了增长极布局模式、点轴布局模式、网络（或块状）布局模式、地域生产综合体开发模式、区域梯度开发与转移模式等不同方向。

（六）产业系统论

虽然产业系统论并未形成一门独立的学科，但利用系统论来分析产业发展问题的传统是存在的。赵贵宝（1985）就注意到了系统性原则在农业产业结构中的运用，相养谋和李乃华（1986）最早提出了现代产业系统论的观点并对产业系统的内部结构进行了划分。在他们看来，系统论对于国民经济体内部产业结构的分析具有重要价值，"产业系统的结构不断地通过耦合方式突破旧规范的框架，拓展新的活动领域，从而使结构的性质发生渐变和突变。"科学技术研究系统、国民教育系统、物质资料生产系统、服务系统发挥各自的功能并产生深层次互动，构成了现代产业结构演进发展的基础。在此之后，将系统论应用于具体产业发展的理论文献时有出现，如尤芳和刘志杰（2011）的《基于系统论的产业技术创新研究》及马伟（2014）的《基于系统论的中国房地产业健康发展研究》等。然而，非常遗憾的是，相关研究远远不够深入，没有形成周密的理论体系，限制了这门学科在产业经济领域的应用。

二、地热能产业有关理论

要发展地热能产业，就需要对地热资源达到科学的、精细的掌握。在对地热资源进行研究的过程中，理论地热学具有基础性作用。与其他地球物理学分支类似，理论地热学以特定地质体的壳幔热结构、深部热状态和岩石圈构造热演化的形成机理与控制因素为研究对象。根据理论地热学，岩石传输热量的能力与岩石传播地震波的能力类似。但是，岩石传输热量的介质并非波速场、重力场、磁场、电场等物性场，而是以温度为场量的热场。热场具有环境场属性和动态演变两项特征。就环境场属性而言，温度变化会引起岩石热导率、波速、密度、磁化率、电导率等物性参数的变化；就动态演变而言，地球内的热量传播方式主要有热传导、热对流和热辐射3种。通过对热场的理论分析，不仅可以发现壳幔物质的温度分布结构和所处的热状态，还可以对其动态演化历史进行总结、建模和分析。此外，理论地热学还规定了地热资源的热流密度这一关键参数。

此外，孔维臻（2013）等国内学者指出，地热资源开发利用与比较优势理论、资源禀赋理论、可持续发展理论等有着密切关系。①罗伯特·托伦斯（Robert Torrens）最早提出"比较优势"的概念，大卫·李嘉图（David Ricardo）将之发展为比较优势理论。由于地理位置、自然生态、矿产资源、人口分布、劳动力数量等因素的差异，不同区域在经济发展方面各有所长，也就是所谓的"比较优势"。从本质上来说，比较优势源自产业独特性。地热资源是自然资源的一种，具有多种独特性。如果能够利用这种独特性并做好相关的资源配置，区域的社会总福利会得到有效提升。②伊·菲·赫克歇尔（Eli F. Heckscher）和俄林（Ohiln）对比较优势理论进行了继承和发展，他们利用劳动力、资金、技术和土地等要素来解释国际分工和国际贸易的形成机理。根据"赫克歇尔-俄林模型"，不同国家和地区在生产资源要素丰缺程度（也即禀赋程度）上的差异导致了生产成本、要素价格和产品价格的区别。一般而言，一个国家和地区的贸易结构是建立在资源禀赋程度之上的。也就是说，出口自然资源禀赋程度高的商品和进口资源禀赋程度差的商品是较为有利的。将资源禀赋理论运用到地热领域就可以分析出不同地区地热项目的优势和劣势所在,这也要求我们从规模、模式、路径、产品、产品质量等因素入手来提高产业发展水平。③20世纪中后期以来,人们逐渐认识到,竭泽而渔、罔顾生态环境和社会效益的经济发展模式与人类社会的整体发展之间存在激烈冲突。1987年,联合国世界环境与发展委员会发表了题为《我们的未来》的报告,首次提出了"可持续发展"的概念,即:不仅满足当代人的需要,又不对后代人满足其需要的能力构成危害的发展。可持续发展的观念蕴含了公平性、持续性、共同性的原则,呼吁经济发展与人口、资源、环境、社会文化的协调发展。在地热资源开发利用的过程中,应当注重对地质结构和生态系统的保护、补偿,保证生态系统的稳定性和完整性;反之,如果开发秩序一直是盲目无序的,最终必将影响地热资源的可再生能力。从这个意义上来说,地热资源的开发利用也离不开可持续发展理论的指导。

三、产业融资有关理论

自古以来,融资在不同地区的社会生活中都有所体现。但是,现代意义上的融资理论则起步较晚。地热能产业的发展离不开企业的努力。由于历史、体制及地热市场的特殊性,地热企业(尤其是民营地热企业)一直面临着较大的融资压力。要解决这一问题,就需要利用融资理论来进行深入分析并发现具有针对性的解决对策。

MM理论。1946年,约翰·理查德·希克斯(John Richard Hicks)出版了被公认为融资理论起源的《价值与资本》。1956年,弗兰科·莫迪利亚尼(Franco Modigliani)和默顿·米勒(Merton Miller)发表《资本成本、公司财务和投资理论》一文,提出了MM理论,为现代企业资本结构理论进行了奠基。根据MM理论,在没有所得税、无破产成本、资本市场充分完善、公司股息政策不影响企业价值的前提下,企业无论以负债筹资还是以权益资本筹资都不影响企业的市场总价值。换言之,企业市场价值不受其资本结构的影响,外部资本和内部资本可以相互替代。由于MM理论的前提过于严格且不符合市场实际,很快就受到了学术界的挑战。后来,莫迪利亚尼和米勒对MM理论的前提假设进行了调整并引入了所得税元素,提出了修正后的MM理论。该理论认为,负债对企业价值和融资成本具有一定程度的影响。负债率达到100%时,企业的价值最高。也就是说,债权融资是企业达到最佳资本结构的重要途径。

权衡理论。罗比切克(Robichek)、梅耶斯(Mayers)、考斯(Kraus)、鲁宾斯坦(Rubinmstein)、斯科特(Scott)等对企业最佳资本结构问题进行了深入研究并提出了权衡理论。该理论认为,在企业财务体系中,税收能够起到"屏蔽"作用。因此,可以通过增加债务的方式来提高企业价值。但是，过高的负债会造成财务困境甚至破产。所以，为了获得最佳资本结构，企业应当在避税效应和破产之间进行权衡。$V(a)=Vu+TD(a)-C(a)$ 是权衡理论的一个重要公式。该公式的含义为：举债企业的价值等于无举债的企业价值与负债企业税收利益之和与破产成本之差。其中，a 表示举债企业的负债权益比。迪安吉罗（Diamond）和梅耶斯（Mayers）等对权衡理论进行了拓展，将负债成本扩展到非负债税收利益损失、财务费用压力成本和代理成本等方面，同时又将税收利益扩展到非负债税收收益领域。根据他们的理论解释，企业要想获得最佳资本结构，就必须在税收收益和各类负债成本之间进行权衡。

优序融资理论。纳森（1961）最早对企业融资顺序问题进行研究。他指出，如果需要融资，企业管理层最青睐的方式是靠内部融资。除非万不得已，管理层并不情愿对外发行股票。后来，梅耶斯、马吉劳夫（1984）根据信号传递原理提出了优序融资理论。该理论的假设条件是：除信息不对称外，金融市场是完全的。可以认为，优序融资理论对以往融资理论的改进主要就在于加入了信息不对称这一假设。管理层与投资者的信息不对称，加上交易成本的存在，导致双方在企业权益市场价值的定价上存在一定差异。相应地，管理层对融资方式的选择也就会有所先后。根据优序融资理论，当企业产生融资需求时，不同融资方式的先后顺序为内源融资、外源融资、间接融资、直接融资、债券融资、股票融资。他们的进一步研究还表明，企业内外部融资成本的差异与信息不对称的程度为正相关。

融资约束理论。在对企业融资问题进行研究的过程中，哈伯德（Hubbard）、法扎里（Fazzari）、吉尔克里斯特（Gilchrist）和彼得森（Petersen）等逐渐注意到金融市场固有的缺陷。现实中并不存在完美的金融市场，信息不对称、委托代理关系等原因往往会导致融资企业管理者的道德风险与逆向选择。在这种情况下，负责资金供给的金融机构被迫做出两种选择。其一是提高资金利率，其二是实行信贷配给。前者会提升融资企业的财务成本，后者则必然会使部分融资企业无法获得所需资金。对于融资企业来说，这两种情形都意味着融资约束。进一步地，融资约束的存在会造成以下结果：企业财务成本增加，投资规模受到限制甚至打消投资念头；企业资本结构优化变得更为困难；企业倾向于构建多元化公司的内部资本市场；企业对内部现金流的依赖程度不断提高。

第三节 其他有关理论

其他理论主要包括矿产资源最优耗竭理论、区域经济空间结构理论、政府行政管理有关理论、生态环境保护有关理论、产业投融资有关理论、经营管理有关理论等。

一、矿产资源最优耗竭理论

人类发展过程天然地伴随着对自然资源开发利用的过程。根据已有的文献，早在17世纪人们就开始对资源价值的问题产生了浓厚的兴趣。经过历代经济学家的探讨，用市场的价格机制来解决自然资源稀缺问题成为了一种共识。在20世纪，自然资源经济学获得了长足发展，在资源环境价值计量、制度政策、自然资源的可持续利用等问题上得到了许多富有启发意义的模型及观点。

在工业生产过程中人们逐渐发现，矿产资源是自然界中有限、稀缺的可耗性资源。如果开采利用得不到合理控制，必然会面临可采储量为零的局面。矿产资源最适耗竭理论应运而生。以侯太龄（Hotelling）于1931年提出的资源耗竭理论为基础，自然资源经济学领域的学者对这一理论进行了极大程度的拓展。

改革开放以来，我国经济快速发展，对矿产资源产生了巨量的需求，其消耗问题也十分突出，相关的理论研究也兴盛起来。例如：刘朝马等（2001）将矿产资源的勘探和发现引入到资源最优耗竭理论中去，建立了以全社会利益的最大化为目标的矿产资源最优利用模型。同时，他们还对矿产资源的最优利用条件进行了数理计算，在矿产资源的可持续利用上得出了丰富的理论成果；刘凤良等（2002）发现，资源的可耗竭性对持续的经济增长起到了严重的制约作用，这一问题只能靠技术的进步来解决。为了抵消资源耗竭对经济增长的影响，知识积累与政府适度干预是十分必要的。

由于人口数量方面的限制，中国经济发展在能源、资源的存量方面受到了严重的制约。同时，持续快速的工业化进程不仅催生了巨量的能源需求，更造成了严重的环境污染。要解决这一问题，着眼点依然在于能源、资源的开发利用上。在能源、资源的开发过程中，判定其价值是十分关键的。如果对能源、资源的价值缺乏科学认识，核算管理、产品价格机制、开发利用模式等必然会陷入不理性的境地。在这一问题上，传统的劳动价值论和由市场配置资源的经济理论都存在解释力不足的问题。相应地，矿产资源最优耗竭理论则可以用来解决能源开发策略选择及可持续条件下的能源资源价值计算问题。

二、区域经济空间结构理论

在经济发展的过程中，随着对经济要素的使用，人们会选择那些具有地缘优势的沿海城市、矿产资源地、交通优势地区来开展更有效的生产及市场活动。理论界逐渐注意到这一现象并使用"区域经济空间结构"这一概念来进行研究分析。

经过历代经济学家的努力，区域经济空间结构理论呈现出体系化的特征，发展出了包括"增长极理论""点-轴渐进理论""核心-边缘理论""圈层结构理论"等富有特色的思想认识。为区域经济的发展及产业布局、产业组织和产业结构调整提供了一种新颖的分析思路。

具体到地热能产业的发展上，区域经济空间结构理论的启发价值主要表现在：①根据地热能的分布情况，结合不同地区对地热能及相关能源产品/服务的需求，不断加强这一领域的"供给侧改革"，实现优化地热能产业整体布局的目的；②在不同区域的地热能产业发展过程中，必须注意其与区域经济及其他产业之间的嵌套关系，实现经济效益与社会效益的有机统一，追求和谐增长与整体进步。

三、政府行政管理有关理论

目前，我国处于体制转型、社会结构变化、社会形态变迁的特殊发展阶段。在中国特色社会主义经济体制建设的过程中，要使市场在资源配置中起决定性作用，同时更好地发挥政府作用。一方面要充分发挥市场的自发调节功能，另一方面也要强调政府对经济发展与社会管理的宏观引导。反映在地热能产业的发展上，就必须要重视政府的作用。相应地，政府管理的有关理论对本书的研究也具有重要意义。

关于政府的职能，理论界最先发展出的工具是监管理论。这一理论立足于市场与计划两分、政治国家和公民社会两分的理念，着重政府对社会事务的监管职能。但是，随着时代的发展，人们逐渐认识到，政府并非万能的，市场与计划、政治国家和公民社会之间的分野也并没有那么清晰。在此基础上出现了超越监管理论的公共治理理论。该理论立足于"经济人"和"道德人"两种假设，提出了公共管理和公共行政改革的系列措施，如将市场和竞争机制引入政府治理、加强社会中介组织在社会事务中的参与度等。此外，在公共治理理论内部还形成了一些迥异于传统监管理论的观点：政府的能力、职能、权限及行使方式都应当有一定的界限；政府、企业、团体和个人应当共同参与社会治理；政府工作人员应当秉承尽职尽责的伦理精神，对公民的要求要及时作出高效反馈；以网络社会各种组织之间平等对话的系统合作关系取代传统的等级型社会秩序等。

此外，政府的竞争力问题也日益引起理论界的重视。王作成（2007）将政府竞争力划分为架构竞争力、能力竞争力和执行竞争力3个部分。近年来，关于中央政府及地方政府竞争力的研究也不断增加。根据王作成及其他学者的研究成果，我国目前的政府竞争力结构还处在以公共财政和财政政策为主导的阶段，存在较大的提升空间。具体来说，政府在国内产业及企业保护、资本市场管制、经济环境创设等方面还存在不少欠缺。所以，打造有序制度体系、营造和谐商务环境、打造和谐社会框架等成为了提升政府竞争力的重要策略。

在地热能产业高质量发展模式的进程中，政府的关键作用是毋庸置疑的：①地热能产业发展历程较短，运营方式、技术、人才储备等与地热能产业发达国家相比还存在较大差距，政府适当的扶持和激励是非常有必要的；②利用各种产业政策及其他管理措施推动地热能产业发展，不仅是地热能产业发展之必需，也是提升政府治理能力和竞争力的有效途径；③地热能产业的发展离不开科研院所、金融机构、社会中介组织等多方力量的共同参与，形成产业战略联盟同样势在必行，这就需要政府扮演方向引导者、利益协调者和服务提供者的角色并充分发挥其功能作用。

四、生态环境保护有关理论

自第一次工业革命以来，社会生产力加速发展，这不仅为人类创造物质财富提供了有利条件，也造成了资源、环境方面的一系列问题。20世纪以来，生态危机现象在多个国家都有出现，这对经济、文化乃至整个人类文明的发展都构成了严重的威胁，人类的生存和繁衍同样面临沉重的生态环境压力。在我国，虽然这一问题早已引起社会各界的重视，但整体生态环境逐步恶化的趋势仍然十分突出。面对这种情况，国内学者对生态环境保护问题进行了深入研究并构建了周密的理论框架。

随着社会经济的发展和居民生活水平的提高，高品质的生活成为了一种普遍性的追求。能否满足清洁、舒适和优美的环境生活，也成为了人们衡量生态需求是否得到满足的标志，这关系到每个人的福利水平，更关系到社会文明程度的提高。着力发展地热能等新能源产业，可以为人们提供清洁型能源，更能够带来舒适优美的生活环境。地热能产业的发展对于保护生态环境、解决矿产资源消耗问题也具有重要意义。当然，对于地热能开发过程中可能产生的污染及二次污染等问题，也必须引起业内人士和研究者的注意。

五、产业投融资有关理论

在特定产业发展的初创阶段和成长阶段，企业经营收入通常都处于不稳定的状态，整个产业的竞争力都较为薄弱。如果能够获得与发展所需资金规模相匹配的投资，就有可能形成可持续发展的局面；相反，一旦资金链断裂，整个产业都可能提前进入衰退阶段甚至迅速消亡。根据国际国内学者的研究，投融资问题对高科技产业尤为关键。与发达国家相比，我国多数高科技企业的国际竞争力还不强，一个重要的原因就是未能建成与其不同发展阶段相适应的投融资体系。长期以来，民营高科技企业的融资瓶颈问题没有得到合理解决，对其高质量发展构成了严重制约。因此，完善产业投融资相关理论并建立功能健全、富有效率的投融资体系十分重要。

六、经营管理有关理论

从微观意义上来看,企业的经营管理活动构成了产业发展的重要支撑。如果没有企业高效的经营管理,产业政策的实施将失去意义,产业的兴盛也将缺乏基本依据。因此,经营管理有关理论对产业发展也具有重要作用。例如,采取有效管理手段来对地热能产业的中高级人才进行激励,有助于释放其积极性与创造性并提高企业产出。再如,要想在地热能产业技术革新方面有所突破,就必须从知识管理、项目管理、团队建设、流程设计、绩效管理、风险管理、成本管理等多个角度入手提供制度保障。

第二章 我国地热能的开发利用及产业竞争力评价

我国地热能资源丰富且分布广泛,具有广阔的发展前景。20世纪70年代以来,我国地热能产业大体上经历了从无到有、从弱到强的发展历程。21世纪以来,我国在地热能勘测、开发及利用等方面进行了深入探索和持续创新,整体理论框架已基本成型,产业装备水平日益提高,浅层地热能、水热型地热能利用呈现出体系化的特征,干热岩型地热能的勘探开发正在起步。本章在对我国地热能资源概况和产业发展情况进行分析的基础上,总结出我国地热能产业发展的特殊规律,同时对我国地热能产业的竞争力作出初步评价。

第一节 我国地热能资源概况

20世纪60年代末至70年代初,地热能应用在国际范围内引起了广泛重视。受石油危机的影响,地热能的重要性日益提高,地热资源的勘查评价逐渐受到国内专家学者的重视。在首任地质部部长、著名地质学家李四光的引导下,我国地热资源拉开了全面开发利用的序幕。在地热能专家学者们多年的努力下,我国在区域地热资源普查、地热资源开发利用、地热基础理论方面都取得了显著进展。近年来,我国地热能产业经历了从弱小到有一定实力、从自发生长到系统规划逐步落实的历程。本章首先对地热能发展的整体情况进行梳理,后文将进行更细致的讨论。

一、我国地热能类型

根据国内学者的研究(张朝锋等,2018),中国地热能资源的构造特征情况可以概括为以下几个方面:①中低温传导型地热资源,这类资源分布在华北、松辽、四川、鄂尔多斯地区;②中温(90~150℃)对流型地热资源,主要分布在广东、福建、海南等沿海地区;③高温(>150℃)对流型地热资源,主要分布在西藏、腾冲现代火山区(地中海-喜马拉雅地热带的东延部分)及台湾地区(环太平洋地热带)。这3类地热资源的分布并不均匀,主要是我国复杂的地质构造背景所造成的。由于处于地质构造活跃的欧亚板块和印度洋板块交界处,青藏高原地区成为我国地热资源最丰富的地区。

二、我国地热能资源储量与分布

根据美国地热能协会（GEA）、德国地热协会等机构的勘测结果，世界上共有五大地热带，即环太平洋地热带、大西洋中脊地热带、地中海-喜马拉雅地热带、中亚地热带和红海-亚丁湾-东非裂谷地热带。其中，我国地热资源与3个地热带有关：东南部属于环太平洋地热带，藏滇地区属于地中海-喜马拉雅地热带，新疆地区属于中亚地热带。因此，我国具有良好的地热资源赋存条件（航旺，2012；王卓卓和郭帅，2019）。

近年来，中国地质调查局等机构在地热资源调查评价及潜力评估方面取得了一系列突出的研究成果。在浅层地热能方面，我国336个主要城市浅层地热能可利用量折合7亿t标准煤/a；在水热型地热资源方面，目前我国已查明温泉2380余处，地热井近6000眼，地热资源量折合12 500亿t标准煤，已探明地热流体可采热量相当于1.17亿t标准煤/a，高温地热资源发电潜力为846万kW；在干热岩资源方面，我国大陆3～10km深处干热岩资源总计为2.52×10^{25}J，折合860万亿t标准煤（表2-1）。由此可见，地热能产业具有强大的资源优势（李晖，2012）。

表2-1 我国各省（自治区、直辖市）探明地热资源量分布情况简表

地区	勘查数/个	温度60℃以上的勘查数/个	可开采水量/($m^3 \cdot d^{-1}$)	所含热能/MW	年可开采热能相当煤/($\times 10^4 t \cdot d^{-1}$)	排名
西藏	8	1	212 274.73	1 754.98	188.06	1
云南	5	4	445 242.34	425.11	45.75	2
广东	15	6	422 212.32	381.48	41.06	3
河北	23	1	220.51	353.50	38.04	4
天津	5	2	137.54	238.66	30.03	5
台湾	37	14	31 371.61	173.82	18.71	6
福建	4	—	148 534.64	124.53	13.40	7
陕西	2		206 762.15	104.10	11.20	8
辽宁	7	1	66.44	97.01	10.44	9
湖北	7	—	73 502.75	93.98	10.11	10
湖南	14	2	102 072.62	93.22	10.00	11
北京	11	4	27.50	72.01	7.75	12

续表 2-1

地区	勘查数/个	温度60℃以上的勘查数/个	可开采水量/(m³·d⁻¹)	所含热能/MW	年可开采热能相当煤/(×10⁴t·d⁻¹)	排名
海南	93	16	38 039.63	60.69	6.35	13
江西	23	1	62.90	38.04	4.55	14
山西	22	7	25 823.68	37.98	4.09	15
山东	19	3	35 622.70	32.78	3.52	16
河南	16	2	21 707.93	32.47	3.48	17
广西	55	9	25 952.96	28.38	3.05	18
新疆	9	6	13 075.46	25.45	2.67	19
四川	10	1	24 191.52	17.37	1.82	20
重庆	14	2	13 142.12	17.27	1.86	21
安徽	7	1	20 091.93	15.36	1.66	22
江苏	4	—	8 056.77	12.93	1.39	23
吉林	12	—	13 604.70	9.04	0.95	24
贵州	7	—	13 112.83	8.99	0.97	25
甘肃	5	2	3 754.17	5.96	0.64	26
内蒙古	7	—	5 577.22	5.35	0.58	27
浙江	3	1	2 247.25	4.34	0.46	28
青海	2	—	636.30	0.40	0.04	29
合计	466	86	1 907 125.22	4 265.2	462.63	

目前我国已发现地热异常3200多处，其中已进行地热勘查和科学评价的地热田有60多处，地热资源潜力占全球的7.9%左右。截至2017年12月，全国已打成地热井2300多眼，发现高温地热系统255处。经过评估计算，每年可开发利用的地下热水资源总量为68.45亿 m³，所含热能量为972.28×10^{15} J（相当于3 284.8万 t 标准煤的发热量）。我国地热总发电潜力达到1.5×10^9 MW·h，主要分布在西藏南部和云南、四川的西部（表2-2）。在西藏羊八井地热田ZK4002孔勘测到329.8℃的高温地热流体，孔深达到2006m，总计天然放热量约为1.04×10^{14} kJ/a，相当于每年360万 t 标准煤当量。中低温地热系统主要分布在东南沿海诸省区和内陆盆地区。这些地区1000～3000m深的地热井中储藏有80～100℃的地热水。

我国具有丰富的干热岩资源，占世界干热岩总储量的1/5左右。2017年8月，在青海共和盆地3705m深处钻获温度为236℃的高品质高温干热岩体，该岩体分布广泛，面积超过150km²，这是国内首次发现的大规模可用干热岩地热资源。该项目的5眼干热岩勘探孔深度在3000～3705m，井底温度达180～236℃。多吉院士科研团队使用体积法、比拟法进行了储量估算其远景资源量相当于860万亿t标准煤，仅2%的可开采量就可满足国内3年左右的能源消耗。

表2-2 我国干热岩资源分布情况简表

地区	干热岩资源占比/%
青藏高原南部	28.5
华北（含鄂尔多斯盆地东南缘的汾渭地堑）	12.6
浙江、福建、广东（东南沿海中生代岩浆活动区）	6.2
东北（松辽盆地）	5.2
云南西部	3.8
其他	43.7

数据来源：中国水文地质局，2017。

三、我国地热能特点分析

根据国内学者的研究，结合笔者在调研过程中所获得的信息资料，可以对我国地热能的特点作如下总结。

1. 区域分布特征

我国幅员辽阔，东南西北中的地形地貌和资源赋存情况各有不同，地热资源的分布也符合这一规律。从我国地热资源的区域分布情况示意图可以看出：我国西藏、云南等高原地区属于高温地热带；平原地区、丘陵地区及内陆沉积盆地属于中低温地热带；干热岩资源则分布广泛。从总体上来看，西南地区的地热资源最为丰富，华北和中南地区其次，华东地区较少，东北、西北地区有待进一步勘查（黄顺平，2018）。

2. 地质特征

我国地热能资源的形成与分布受两个因素的影响（高红艳等，2019）。一是整体上的地质构造特点，二是在全球构造所处的部位。我国地处欧亚板块的东部，印度板块对大陆的地质构成具有巨大影响。在这两个因素的共同作用下，我国的地质板块内断裂格局表现为青藏高原隆起、塔里木和准噶尔盆地断陷及华北平原新生代断陷伸展构造等。受此格局的影响，地热资源的地质特征主要表现为：藏滇及东南沿海两个明显的地热带在我国地热资源总储量中占据超过20%的较大比例；东部地区地热资源储量紧随其后；西北地区地热资源赋存量相对较低；中部平原地区则处于过渡区。

根据国内学者对地热资源分布的相关研究可以发现，大地热流值高的地区也是地热温泉分布较集中的地区，这与上述地热资源的地质特征较为吻合。同时，我国的地质构造条件还决定了地热资源在不同地区的储存形态（刘焓，2019）。例如：在西藏及云南地区，由于地质构造隆起，地热温泉较为普遍；青海一带沉积盆地的地热资源主要表现为地下热水及干热岩等。

3. 品级特征

与其他矿产资源类似，地热资源也存在品级问题，具体的衡量标准主要有单位含热量、赋存特点、开采难易程度等。具体来说，根据有关地质勘测机构及高等院校发布的统计资料，我国地热资源的品级特征可以概括为以下两个方面：①以热泉天然露头量、放热量强弱及露头出露的条件为标准，可以将构造隆起区地热资源品级分布特点总结为地热活动强度随着远离板块边界而减弱、高温热水区与晚新生代火山分布不尽一致、碳酸盐岩分布区多以低温温泉水形式出露等；②以资源形成条件为标准，可以将沉积盆地区地热资源品级分布特点总结为大型及以上沉积盆地是地热水资源形成的有利条件，沉积盆地通常只赋存低温地热水，沉积盆地基底赋存有碳酸盐岩的部位通常可以勘测到地热储存系统等。

四、云南：地热能资源分布的一个区域案例

以构造特征和赋存条件为分类标准，可以将云南省地热资源分为3种类型：滇西地区的近期火山和岩浆活动类型、滇西和滇东南地区的褶皱山区断裂构造类型、滇东昆明地区的深埋盆地类型。以温度和地热载体形态为标准，可以将云南的地热资源分为蒸汽型和热水型。

根据云南省地质矿产勘查开发局提供的数据，目前云南全省有温泉的县达到124个，各种温泉有700多处，热水钻孔逾百个。其中，低温温泉、中温温泉、高温温泉及过热泉所占比例分别为51%、33%、15%、1%。

云南位于地中海-喜马拉雅地热带，地热丰度和温泉总数全国排名第一，是国内唯一的高温地热活动与近代火山并存的地区（孔祥军等，2014）。从总体上来看，云南省内地热资源的形成与其地质构造及演变有着非常紧密的关系。

图2-1是云南腾冲滩镇地热温泉分布示意图，这是云南丰富地热资源的一个典型案例。该区域位于滇西地槽褶皱系与高黎贡山腾冲褶皱带和腾冲复向斜北部，地质

活动十分活跃。从整体上来看，该区断裂呈北西—南北—南西走向，高程范围为1700~1850m，V型谷发育明显，地形有河流切割。在0.37km²的范围内，分布着33个温泉，最低温度为35℃，最高温度达到91℃。据有关部门测量，最高出水量达到5.18m³/h，利用前景十分广阔。

图2-1 云南腾冲滩镇地热显示区分布示意图

地热名称
1. 瑞滇温泉群
2. 竹园温泉群
3. 锦源温泉群
4. 仙人洞温泉群
5. 滇越温泉群
6. 金泽温泉群
7. 洁明温泉群
8. 腊幸温泉群
9. 供销社温泉群
10. 兴鑫温泉群
11. 沙坡温泉群
12. 大沟边温泉群
13. 大竹园温泉群

五、我国地热能开发利用形式

面对能源短缺和环境污染两大问题，可再生能源的开发成为人们关注的焦点。相比较而言，地热能是开发利用条件最方便、成本最具竞争力的可再生能源之一。此外，它的储量也极为丰富。地热能在许多领域有着广泛的应用。从国际经验看，地热供暖是低温地热能最简单、经济、有效的利用方式。中高温地热则选择干流发电方式、ORC方式或KC方式来进行开发利用。地热能在工业上也有各种应用，在医疗保健领域也备受欢迎。此外，地热能还可用于种植和养殖等。从整体上来看，可以预见，基于能源利用率方面的优势，梯级利用可能成为最有前途的地热能利用方式。

经过多年的发展积累，我国地热能的利用形式呈现出多样化的特点，具体包括以下3个方面：

（1）地热能直接利用，如温泉旅游、土壤加温、农业温室、农田灌溉、水产养殖、畜禽饲养等。早在20世纪80年代初，国内学者就提出了利用地热能为农业服务的理念。受此理念的影响，低温地热资源在甲鱼养殖、大棚温室建设、花卉种植等方面有了初步的开发利用。此外，在医疗保健、温泉旅游等方面，地热能的直接利用也逐渐起步。

（2）地热能发电，其基本原理与火力发电类似。具体来说，第一步为将地热能向机械能转化,第二步为机械能转换为电能,第三步为电能的储存与输送。

(3) 开采后的地热供暖,具体又包括地热井供暖和地源热泵等不同类型(程博,2016)。迄今,全国所有的省、自治区、直辖市均进行了浅层地温能开发利用工程建设,利用浅层地温能供暖制冷的单位达到5000个以上,其中80%左右均集中在华北和东北南部地区。

根据国内学者的分析预测,未来地热能利用形式将以地热供暖、地热发电、地热农业为主。表2-3比较清晰地反映了我国地热能多种利用方式。

表2-3 我国地热能多种利用方式简表

地热能利用方式	用途及用法
地热供暖	按照进入供热系统的方式,可以分为直接供热和间接供热两种类型。直接供热模式下,地热流被直接引入供热系统;间接供热模式下,通过换热器将地热流中的热能传递给供热系统的循环水
地热能发电	地热能发电是利用地下热水和蒸汽为动力源的一种新型发电技术。其基本原理与火力发电类似,构成了一个"热能—机械能—电能"的转换循环。具体来说,地热能发电分为蒸汽型地热发电和热水型地热发电两大类型
医疗保健	地热水中通常富含锂、氟、氡、偏硼酸、偏硅酸等多种矿物质,在医疗保健方面具有重要价值
娱乐、旅游	依托温泉地热资源,可以开发游泳馆、水上乐园、康乐中心、会议中心、疗养中心、温泉宾馆等娱乐旅游项目
种植、养殖	依托地热井,可以建造温泉温室,种植名优花卉、特种蔬菜等,也可以用来发展旅游农业。热水养殖可以大大缩短多种水生物的孵化期和生长周期
余热供暖	用于洗浴、娱乐的地热水在使用后仍然有较高的温度,可以通过地温热泵等来进行进一步的热能提取,从而充分提高其综合利用率
水产养殖	温度在30~45℃且符合有关渔业水质标准低矿化的地热水,可用于水产养殖。通常情况下,这些地热水可以用来养殖鳗鱼、罗非鱼、对虾、河蟹、甲鱼等水产动物
饮用矿泉水	地热水一般未受人为污染且含有一些有益于人体健康的微量元素,可作为饮用天然矿泉水开发利用。如果地热水的污染物指标、微生物指标及锂、锶、锌、铜、铬、钡等成分的含量符合国家有关规定,就可以作为饮用天然矿泉水来进行开发运营
农业利用	利用温度在30~75℃之间且符合农田灌溉用水水质标准的地热水建立温室来种植名贵花卉、蔬菜等作物;用温度在40℃以下的地热资源来进行农田灌溉或土壤加温

图2-2是我国地热能直接利用结构示意图。从中可以发现,浅层地热能供暖制冷和中深层地热供暖占据绝对优势。

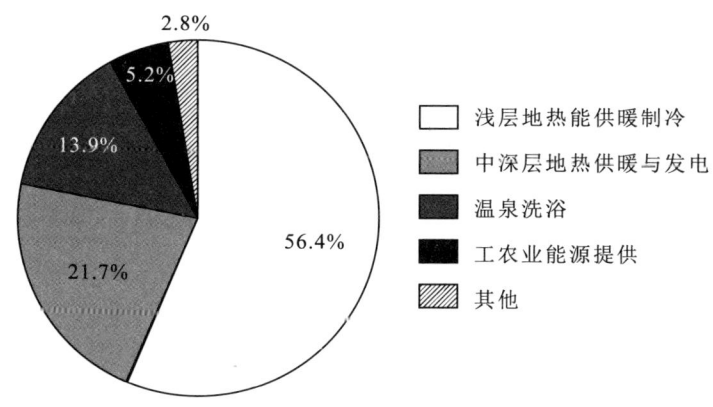

图 2-2 我国地热能直接利用结构示意图

第二节 我国地热能产业发展概述

一、我国地热能产业的总体发展历程

长期以来,地热能都被视作一种"新型能源"。事实上,地热能的开发利用在我国有着超过 4000 年的历史。例如:先秦古籍《山海经》中就有关于温泉的记载并取名为"汤";秦始皇曾建"骊山汤"来治疗疮伤;唐诗中也有"春寒赐浴华清池"的演绎。在民间,利用地热进行农作物种植和水产养殖的活动也较为常见。但是,地热能作为一个产业来进行规模化生产则在新中国成立以后。我国地热能发展大致总结为以下 3 个阶段。

(1) 1971—2003 年为起步阶段。1971 年北京氧气厂第一眼热水井的成功钻探和当年 2 月河北怀来县后郝窑地热发电试验的开展,拉开了我国地热能规模化开发利用的帷幕。在这一阶段,地热能的开发利用初步得到了能源界的重视,出现了个别区域的分散开发,对地热能资源的勘测评价工作也逐步开展。在这一时期,地热能的开发利用还没有形成规模。从统计数据看,商品化的地热能源在终端能源消费中所占的比重基本为零,相关技术尚处于初级研发阶段。

(2) 2004—2016 年为成长阶段。在这一阶段,地热能的开发利用呈现出规模化、专业化的特点,产能逐步释放,出现了一大批代表性企业(黎伟,2013)。在相关产业政策的推动下,地热能产业发展驶入快车道,出现了一系列质的变化:开发利用的范围实现了不同层次的拓展,设备逐步完成从小型向大中型、从粗糙型向专业型的过渡,技术研发成果市场化、产业化的步伐不断加快(章长松,2009)。在这一时期,我国迅速成长为全球地热直接利用量最大的国家。

（3）2017年至今为逐步成熟阶段。以《地热能开发利用"十三五"规划》《北方地区冬季清洁取暖规划（2017—2021年）》等纲领性文件的出台为标志，地热能产业的发展进入国家战略层面，产业规划、行业监管、技术研发、人才培养开始走向正规，产业规模快速提升，出现了项目导向、利润导向、技术导向及公私合作（PPP）等多种运营模式（王永真，2014）。

从目前地热能资源开发利用的整体情况来看，这一产业的发展还很不够。在新能源及国际整体的能源结构中，地热能还是一种"小众型能源"。

二、我国地热能产业发展的主要成就

进入21世纪后，我国地热能产业发展进入成长期，特别是地热能供暖发展迅速（表2-4）。地热能开发利用得到较快发展，具体呈现如下特征。

表2-4 "十三五"期间15个重点省（区、市）地热供暖面积统计表

序号	地区	水热型/万 m²	浅层/万 m²	合计/万 m²
1	河北	15 960	16 080	32 040
2	山东	6100	7000	13 100
3	河南	8910	3510	12 420
4	辽宁		6500	6500
5	北京	337	5683	6020
6	天津	4000	1010	5010
7	湖北	525	3400	3925
8	陕西	830	2900	3730
9	江苏		2697	2697
10	安徽	10	1600	1610
11	上海		1500	1500
12	山西	900	450	1350
13	黑龙江	600		600
14	贵州		500	500
15	浙江		404	404
合计		38 172	53 234	91 406

注：数据根据国家地热能中心有关资料整理，2020年3月。

1. 浅层地热能利用快速发展

20世纪90年代以来，我国的浅层地热能开发利用进入规模化发展的阶段。进入21世纪，浅层地热能供暖（制冷）建筑面积以年均30%左右的速度逐年递增。截至2019年12月，地源热泵装机容量达2万MV，供暖（制冷）建筑面积超过5亿m^2，主要分布在北京、天津、河北、辽宁、山东、湖北、江苏、河南等地区，在优化能源结构、减少碳排放等方面起到了一定作用。

2. 水热型地热能利用持续增长

近10年来，中国水热型地热能直接利用规模的年度增长率均超过10%，在世界范围内也首屈一指。中国水热型地热能的直接利用以居民供暖为主，其次为健康疗养、种植养殖等。据不完全统计，截至2019年12月，全国水热型地热能供暖建筑面积在1.6亿m^2左右。

3. 干热岩发电取得一定突破

与此同时，地热能发电方面也取得了持续突破，如早在1970年12月广东省丰顺县邓屋中低温地热能发电机组建成投产，1977年9月西藏羊八井1MV高温地热能发电机组正式投入运营等（图2-3）。截至2019年12月，中国地热能发电装机容量接近30MV。针对干热岩这一地热能开发利用的重要国际趋势，我国2010年以来开展了勘查评价、热储改造和发电试验等工作，近年来在青海共和盆地实现了高温干热岩型地热能资源的重大突破。

图2-3 西藏羊八井地热发电系统

4. 地热能勘探开发利用装备较快发展

地热能的勘探离不开地球物理、钻井、热泵、换热等关键装备的支持。近年来，在我国科学技术大发展的背景下，地热能勘探开发利用装备的水准也越来越高，与之相关的新材料研发与高端装备制造、科研服务等也取得了长足发展。这主要表现在以下几个方面：地球物理勘查方面的二维地震、三维地震、时频电磁、大地电磁、重磁等；钻井工程万米钻机；热泵装备的地源热泵系统与水热型地热能供暖系统等。

5. 地热能开发利用相关技术的持续性研发创新

我国地热能开发技术在多个领域取得了出色的成绩，具体表现在以下几个方面：①地热勘探技术，包括地热地质研究、地球物理方法、地球化学勘探技术、钻井技术；②地热能开发利用技术，包括热泵技术、相关设备制造技术、地热尾水回灌技术、砂岩热储的经济回灌技术、地热能梯级利用技术；③对外技术交流合作蓬勃开展。例如：2007—2009 年，我国能源研究会地热专业委员会与澳大利亚 Petratherm 的合作项目"干热岩资源潜力研究"，给干热岩的开发利用提供了许多思路与技术上的启发。

6. 地热能产业发展的管理体制与政策配套持续改进

在地热能产业发展过程中，管理体制与政策配套持续改进是非常重要的。近年来，我国政府对地热能开发利用高度重视，出台了一系列相关政策和配套制度，后文将对之进行进一步的阐述。

三、我国地热能产业链概述

从地热能产业链示意图（图 2-4）可以看出，根据开发利用方式的不同，我国地热能产业主要分为地热发电、直接利用和地热泵等类型，在此结合产业发展的上游、中游和下游关系进行简要分析。

（1）地热能产业链的整体构成。按照上游、中游和下游的划分模式，可以将地热能产业链分为地热资源勘查评价、钻井成井和地热能的终端利用 3 个组成部分（任洪国，2018）。①地热资源勘查评价是科学、经济、有效地进行地热能开发利用的重要前提。这一领域的主要方法包括地质勘测、电法、大地电磁法等，所运用到的设备包括地球物理和化学仪器、航空遥感设备等。②钻井成井是将地热能转化为可供消费者使用的产品的枢纽。这需要根据地热能资源的赋存情况来采取相应的技术。这一领域用到的设备包括钻机、钻具稳定器、井口装置、压裂设备等。③地热能终端利用是指将开采出来的地热资源形成产品的环节，具体包括浅层地热能供暖、水热型地热能供

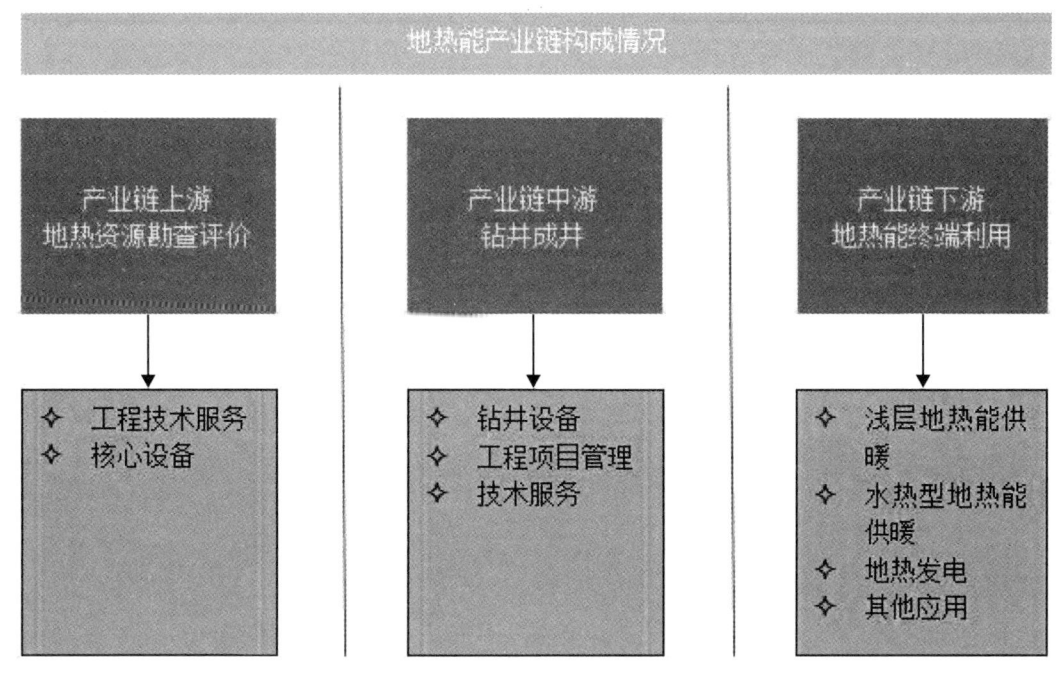

图 2-4 地热能产业链示意图

暖、地热发电及其他领域的应用等。

（2）地热能产业链不同环节的竞争格局。①地热资源勘查评价方面的竞争格局。这一环节处于产业链上游，对勘查技术有着较高的要求，市场集中度较高。从目前的情况来看，地热能勘查评价技术的主体包括中国科学院地质与地球物理研究所、国家地热能中心等多家科研机构和中国地质大学（北京）、中国石油大学及民营能源企业等相关机构。工程技术服务商主要有各省（区、市）地质勘查院、湖北地大热能科技有限公司、保定顺昌钻井工程有限公司等。机械设备供应商主要有中国石油化工集团有限公司（以下简称中石化）和华清地热等。②钻井成井方面的竞争格局。钻井成井具有资金密集、运营规模大等特点，只有资金雄厚的大企业才能成为有力的竞争者，市场集中度也比较高。目前，这方面的工程技术服务供应商主要有中石化、湖北地大热能、恒泰艾普等，设备供应商及工程技术服务商主要有石化机械、恒泰艾普等。③地热能终端利用方面的竞争格局主要包括：一是浅层地热能供暖的竞争情况。目前这方面的设备制造商共有 170 余家，国产机化水平达到 70% 左右，代表性的合资企业主要有美意、特灵、克莱门特等，国内企业包括汉钟精机、烟台冰轮和鲍斯股份等。从技术服务来看，主要公司有北京泰利新能源、沃特能源等。二是水热型地热能供暖的竞争情况。目前这方面的技术服务市场份额较为集中，有实力的竞争者包括中石化新星石油公司旗下的绿源地热能源开发有限公司、河南万江新能源等。同时，水热型地热能供暖所使用的换热器方面则有众多参与者，包括华清集团、盾安环境、三鑫换热等。三是地热发电方面的竞争情况。从整体上来看，我国地热发电的整体实力尚未进入全球前十，技术体系尚不完善，市场化程度也较差。这一方面的技术服务企业主要有湖北地大热能、开山股份和郑州地美特等。地热发电所使用的汽轮机对进口的依赖度比较高，主要供应商有日本的东芝及三菱、以色列的奥玛特等，代表性的国产汽轮机企业包括哈尔滨汽轮机公司和青岛捷能等。

四、我国地热能产业的经济产出

2014—2019年，我国地热能产业的工业总产值分别为298.54亿元、340.19亿元、394.78亿元、470.58亿元、527.31亿元和575.82亿元，相对于上一年度的增长率分别为14.0%、16.0%、17.8%、19.2%、12.1%和9.2%。2014—2019年地热能产业在GDP中的贡献率分别达到了0.047%、0.050%、0.053%、0.056%、0.051%和0.049%左右。也有研究者利用其他统计口径进行测算，认为近年来我国地热能开发利用年均增长速度在20%左右。从整体上看，地热能行业不仅有越来越出色的经济产出，更重要的是，正在进入注重质量和效率的发展路径，进入更加健康、稳定、规范的新时期。

从产品结构看，地热能产业主要涉及发电、供暖和其他相关产品。目前，我国地热资源的利用方式仍以供暖为主。根据国家地热能中心有关资料，预计"十三五"期间全国可实现新增地热能供暖（制冷）面积8.98亿m^2。

五、地热能产业技术发展情况

20世纪70年代以来，地热能的开发利用及产业化运作对相关技术产生了强有力的驱动。经过专家学者的持续接力，我国地热能技术快速发展并取得一系列成绩，具体表现在资源勘查与评价、钻井成井工艺、尾水回灌、相关设备制造和发电等方面（唐志华，2011）。目前，国内主要有国家地热能中心、中国科学院地质与地球物理研究所、中国科学院广州能源所、中国地质科学院水文与环境地质研究所等多家科研机构及清华大学、中国地质大学（北京）、吉林大学、中国矿业大学等一些高校共同进行地热资源开发利用的技术研发，初步建立了一套与中国地热资源特点及国情社情相适应的技术体系，对地热能产业发展实践起到了有力的推动作用（李杨和赵婉雨，2019）。

在专利申请方面，截至2019年12月底，中国申请人申请的地热能技术专利共计41 769项，热点主要分布在钻探与挖掘、供热与供电系统开发、新材料开发与应用、农业地热能应用等方面。从国际范围内来看，我国地热能相关专利申请正在逐步从数量攀升阶段向质量拔高阶段过渡，2016—2019年各国地热能相关专利比例情况简图（图2-5）比较直观地反映了这种趋势。

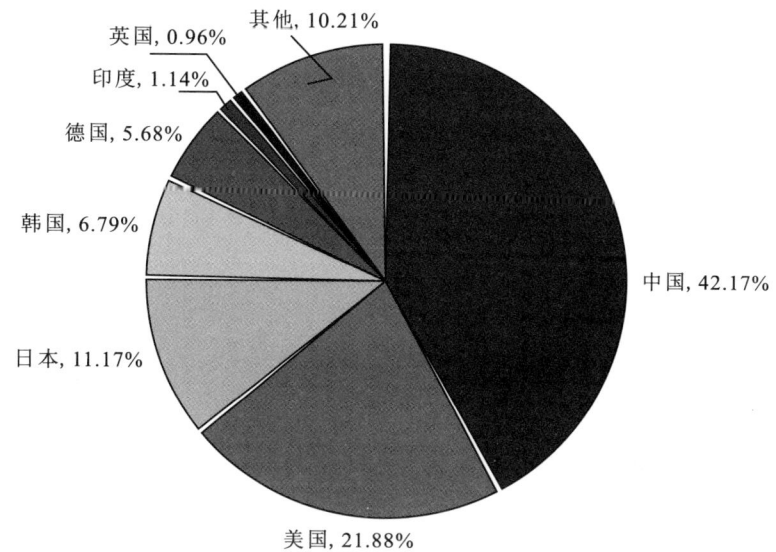

图2-5 2016—2019年各国地热能相关专利比例情况简图

总的来看，我国地热能产业技术发展与发达国家相比，仍有比较大的差距。根据对相关资料的整理发现，目前我国地热能相关专利申请的机构进入世界前列的仅有天津大学和中石化（王甫，2017）。

第三节 我国地热能产业发展的特殊规律

据国内外学者研究，相对于产业发展的一般规律而言，我国地热能产业发展具有如下规律：

(1) 地热能资源储量丰富且分布不均。我国地热能资源的储量是十分丰富的，但从区域分布的角度来看，我国的地热能资源主要分布在西藏、云南等经济欠发达地区。同时，这些地区普遍存在地形地貌复杂及地质条件苛刻等现象，交通条件也有所限制。这不仅增加了地热能资源开发利用的难度，也促使我国的地热能产业发展必须走出一条具有中国特色的道路。

(2) 市场结构极为复杂。我国不同地区的经济发展水平、产业政策、行业管理体制、产业结构都有各自的特点。同时，我国目前已经进入改革开放的"深水区"，国情社情较为复杂（惠宁和刘鑫鑫，2019）。这些因素传导至地热能产业方面就形成了极为复杂的市场结构。从企业性质的角度来看，国企、民营企业、外资企业在地热能产业领域都是重要的参与主体，已经引起国内研究者注意的是，这些企业的内部分化也较为严重，大企业拥有强大的资本及市场控制能力，但往往经营范围较为广泛，小企业的发展则容易受到资本、资源、管理体制等多方面的制约。从产品/服务的角度来看，地热能资源的开发利用衍生出电力、地暖、温泉旅游等各种各样的产品/服务。从运作方式的角度来看，存在着项目导向、公益服务导向、资本效益导向等多种类型。从竞争策略的角度来看，价格、特色服务、模式都成为重要的竞争策略基点。正因为如此，衡量地热能产业的绩效、评价其整体发展状况、分析其国际竞争力等都存在一定的难度。

（3）民营企业深度参与。政策提供重要驱动力的现象在各国都较为普遍，在中国同样如此（邢辉，2018），民营企业深度参与构成了我国地热能产业发展的一道独特风景。从表面上来看，一些具有国资背景的企业在地热能领域攻城略地，表现极为抢眼。但在实践中，以河南万江新能源集团有限公司、黑龙江中惠地热股份有限公司为代表的民营地热企业在我国地热行业发挥着重要作用。尽管缺乏政策及雄厚的国家资本支持，这些民营地热企业仍在行业专利开发、模式探索、工程建设等方面做出了一系列努力，极大地丰富了我国地热能产业的产品/服务体系。

（4）后发优势突出。相对于美国、德国、冰岛等地热强国来说，我国的地热能产业存在着起步晚、起点不高的客观事实。正因为如此，与这些国家相比，我国地热能产业的政策制定、总体规划、技术研发等尚有许多薄弱之处。但是，这只是"硬币的一面"，必须认识到我国在地热能产业发展方面同样有着许多"后发优势"。

①体制优势。我国是中国特色社会主义国家，中央政府在宏观调控、社会治理及精神文化建设方面有着强大的决策能力、丰富的管理经验和国际领先的社会组织动员能力。改革开放以来的发展历程表明，一旦中央政府明确了产业发展的具体方向，就有信心和有能力提供决策支持、制度保障、资源协调。

②资源优势。如前所述，我国地热能资源的储量是十分丰富的。如果这些地热能资源能够得到有效的开发利用，我国地热能产业的整体规模将迅速攀升至世界前列（张密，2015）。类似地，在人力资本方面，我国高等教育事业持续快速发展，能够为地热能产业的发展提供必需的人才储备。近年来，我国高度重视地热人才的国际化培养。例如，2019年12月2日，由"中国-冰岛"地热技术研发合作中心组织的地热培训项目正式投入运作。参与该培训的人员包括41名地热专业人才，授课教师则包括16位国内专家和11位国际专家。项目的精耕细作不仅能够为地热领域专业人才的培养提供有力支持，同时也能够为地热技术研发的国际交流合作奠定坚实基础。

③创新优势。作为后来者，我国地热能产业的发展可以充分有效地借鉴其他国家的经验教训，着力发展前沿的创新技术（张正，2015）。这不仅意味着大量的资源节

约，同时也可以帮助中国地热技术尽快与国际前沿接轨。

④模式优势。在产业发展模式的选择上，我国地热能产业同样有着极大的选择余地，同时还可以根据产业发展的具体情况进行调整优化，形成具有中国特色的独特模式。以河北雄安为例，当地政府对其地缘条件、地热能资源赋存情况及政策机遇窗口进行了高效整合，发展出了地热能产业的"雄县模式"，取得了良好的经济效益与社会效益，引起了国际国内的广泛关注（郭焦锋等，2018）。

第四节 我国地热能产业的竞争力评价

从微观上来说，地热能产业竞争力的提升关系到该产业的高质量发展与整体规模效益的提升；从中观上来说，地热能产业竞争力的提升有助于推动区域经济运行；从宏观上来说，地热能产业竞争力的提升关乎国家能源战略的落实。因此，提升地热能产业竞争力势在必行。

本书主要借鉴黄雪飞（2019）所提出的多层次评价模型来对地热能产业竞争力进行整体上的评价。该模型下的评价指标体系分为一级指标和二级指标。就地热能产业而言，本书所运用的一级指标包括"产业实力""产业环境""产业成效"。"产业实力"下的二级指标包括生产要素、企业战略、资本投入约束、研发投入、人力资本；"产业环境"下的二级指标包括产业发展规划、需求环境、市场环境、社会文化环境；"产业成效"下的二级指标包括产业价值创造、产业协同增长、企业发展能力、社会进步和国际拓展。在方法上，本书引入专家打分法，邀请20名地热能产业相关专家对地热能产业竞争力的不同层次进行权重划分并打分。专家组包括来自中国科学院地质与地球物理研究所地热资源研究中心、中国科学院广州能源研究所、成都理工大学地热研究中心、西南石油大学地热能研究中心的8位学者，以及来自中石化绿源地热能开发有限公司、中石化新星石油有限责任公司、北京永源热泵有限责任公司、河南万江新能源集团有限公司等地热企业的12位实业代表。

首先向专家发放评价问卷，内容主要是针对地热能产业具体评价指标进行打分。评价使用百分制，共分为5个等级，"优秀"计100分、"良好"计80分、"一般"计60分、"较差"计40分、"非常差"计20分。从地热能产业竞争评价得分情况简表（表2-5），我们可以直观地看出得到的评价分数结果及计算结果。

通过以上计算可以发现：①地热能产业竞争力整体水平得分为75.64，还不到80分，尚存在较大的改进空间；②资本投入约束、技术研发投入、人力资本、产业发展规划4个指标的得分均低于70分，对地热能产业的总体发展构成了严重制约。

表 2-5 地热能产业竞争评价得分情况简表

一级指标	二级指标	指标权重	专家平均打分
产业实力	生产要素	2/42	85.1
	资本投入约束	4/42	68.8
	技术研发投入	5/42	69.9
	企业战略	2/42	73.9
	人力资本	2/42	66.2
产业环境	产业发展规划	4/42	69.85
	需求环境	4/42	76.65
	市场环境	2/42	81.75
	社会文化环境	2/42	82.7
产业成效	产业价值创造	4/42	83.05
	产业协同增长	3/42	80.95
	企业发展能力	4/42	78.35
	社会进步	3/42	70.8
	国际拓展	1/42	70.95
最终评价结果			75.64

第三章 我国地热能产业发展环境及影响因素分析

大力发展清洁能源是当今时代的主题之一。近年来,在国际地热能开发利用热潮及国内清洁能源庞大消费需求的推动下,我国地热能产业迎来了宝贵的发展机遇。目前,我国已经发展为地热能资源大国和开发利用大国,但离"地热能强国"还有较大差距。通过对相关文献的梳理发现,对地热能产业影响因素进行量化分析的研究还比较少。本章首先对地热能产业发展外部环境进行分析,进而利用结构方程模型来对其影响因素进行量化研究。最后,结合国内外学者研究成果和笔者的调研资料,对我国地热能产业发展方面存在的不足进行总结归纳。

第一节 我国地热能产业发展外部环境的 PESTEL 分析

根据产业经济学的观点,任何产业的发展总是发生在特定的环境之中。它不仅要从外界环境中获得发展所需的能量,同时也会对外界环境产生反作用。为了认识产业发展的环境,学术界及管理咨询机构开发出了各种各样的分析工具,其中以 PESTEL 分析的应用范围最为广泛。

一、地热能产业发展的政治因素(P)分析

PESTEL 分析模型中的政治因素主要是指具有实际及潜在影响的权力、相关政策、部门规章制度等。

1. 国家政策角度的地热能产业发展政治环境分析

改革开放以来,我国政治体制改革不断深入,社会秩序趋于稳定。近年来,中央政府高度关注能源事业的发展,与地热能相关的行业发展政策相继出台。在产业发展规划上,先后出台了《关于加快浅层地热能开发利用促进北方采暖地区燃煤减量替代的通知》《地热能开发利用"十三五"规划》等重要政策文件;在产业投融资方面,出台了《政府出资产业投资基金管理暂行办法》《关于构建绿色金融体系的指导意见》等指导性文件,为解决地热能产业的融资问题提供了良好的政策保障;从区域经济空

间结构的角度来看，也针对不同地区的地热资源赋存特点及能源消费特征制定了相应的政策及制度。

但应当注意的是，国家政策层面也存在着一些局限性。①中央政府在国家政策制定方面的着眼点在于"全国一盘棋"。地热能产业仅仅是新能源产业的一个组成部分，影响范围相对有限。因此，地热能产业的发展要依靠国家政策的支持，但绝不能忽视市场竞争力的提升。此外，在全球化时代，地热能产业发展的政治环境还需要立足世界格局进行考察。我国在政治、经济、文化诸多领域的快速发展对国际政治秩序构成了强烈冲击。西方发达国家对我国各个层面的攻击和侵扰不能不引起产业管理部门及地热产业界的重视。同时，中国特色社会主义背景下的经济发展模式同样给世界各国的经济模式带来了冲击。再考虑到复杂的周边环境，地热能产业如何发展以及向哪个方向发展的问题都值得引起研究者重视。②与美国、德国、日本等发达国家相比，我国资源税和环境税等方面存在政策缺失，新能源开发利用在环境、资源等方面的"外部收益"没有得到中央政府的充分重视。在现行的企业会计制度框架下，地热类新能源的效益与巨额投资相比，回报率并不突出，还不具备与传统能源竞争的能力。就本质上而言，这是市场力量局限性的一种表现。因此，政府可以考虑将新能源定位为准公共产品，采取各类扶持手段推动其发展。同时，对地热类新能源产业的评价应当以社会效益最大化为标准，不能单纯地只考虑经济效益。

从地热能产业发展的国际经验来看，这一新兴产业的初期发展离不开政策的推动。因此，从国家政策的角度来看，有必要形成立足基本政策，集立法、规划、管理、技术规范于一体的地热能发展政策体系，充分发挥政策引导功能，切实消除政策局限性，为地热能产业的高质量发展营造良好的政策环境。

2. 地方政府角度的地热能产业发展政治环境分析

受 GDP 考核、政绩、政治声誉等因素的驱动，地方政府对产业经济的发展具有强大的动力，这为经济增长方式转型、产业结构调整等提供了地方性的政策支持。同时，近年来，随着环境治理得到了各个地方政府的高度重视，许多地区的地方政府都制定了推动清洁能源事业发展的政策，如《北京市地热资源管理办法》《天津市地热资源管理办法》《云南省地热资源管理条例》《内蒙古地热资源管理条例》等，这为地热能产业的发展提供了有力的支撑。此外，地方政府创新是推动我国社会现代化治理的动力源与突破口。在产业发展方面，地方政府创新同样可以提供政策制度、财税金融、管理及人力资本等方面的有力支持。

地方政府角度的地热能产业发展政治环境也有其局限性，主要表现在：①地方政府治理现代化的进程还不完善，在产业管理方面可能存在短视、过度干预、权力寻租等问题；②产业管理是地方政府职能的一个组成部分，在这方面的战略性规划可能存在目标函数不清晰、路径模糊、约束条件多等问题;③我国政治经济体制改革已经进入攻坚阶段,地方政府与地热能企业及有关社会组织之间存在复杂的力量博弈关系,可能会给地热能产业的高质量发展构成严重阻力。

3. 行业管理体制角度的地热能产业发展政治环境分析

根据《中国地热能发展报告(2018)》,目前我国已经初步建立起地热能资源管理制度体系,具体包括勘查许可、采矿许可、打井审批、钻井施工监理、矿业权公开出让、从业单位备案、矿产资源补偿费征收管理、矿业权价款管理、资源保护和科技项目管理等,为地热能勘查开发利用的整体秩序提供了可靠保障。

根据国内学者的研究,我国地热能产业处于产业生命周期的成长阶段,政府在这一领域的管理体制同样处于探索期,尚存在着不少问题(舒克盛和霍明远,2009)。一方面,地热能产业的行政管理权限分设在国土资源、地质矿产、水利、城建等诸多部门。在现实中,这些部门按照各自职责共同管理造成了政出多门、政令不一的现象,给地热能产业的发展造成了不同程度的制约。另一方面,管理不规范的问题客观存在,如政策落实不到位、产业发展资金挪用、支持力度不足等。正因为如此,国内的地热开发利用难以形成连续稳定的市场需求,形成符合市场经济要求的良性发展机制还需要下大工夫理顺行业管理体制。

二、地热能产业发展的经济因素(E)分析

PESTEL 分析模型中的经济因素主要是指经济发展情况、区域经济空间结构、产业布局、资源状况、经济发展水平及经济发展整体趋势等。

(1)从经济发展情况的角度来看,地热能产业的发展面临宝贵机遇。

一方面,如前所述,我国国民经济持续健康发展,人均 GDP 连续实现突破,初步进入了年人均 GDP 达 1 万美元的国家行列。同时,供给侧结构性改革、经济结构调整、产业转型升级已经成为社会各界的共识,这不仅为地热能产业的发展提供了有利的外部条件,同时也提供了丰富的运作空间和一定的试错空间。另一方面,随着"一带一路""京津冀协同发展""粤港澳大湾区建设""区域城市群"等国家战略的落地,我国不同区域的经济发展协同效应将逐步显现,整体上的生产力布局也将持续优化。在这一过程中,产业结构的调整、产能的优胜劣汰和区域经济空间结构的持续优化必然会给地热能产业的发展创造良好机遇。

(2)从能源消费规模的角度来看,地热能产业的发展有着巨大潜力。

能源是人类文明的重要推动力,也是各个产业发展不可或缺的动力源。改革开放以来,经济的快速发展推动能源消费规模连年增加,2010 年我国就已经成为世界上最

大的能源消费国。根据国内知名咨询机构艾瑞咨询发布的数据，2002—2019年，我国能源消费规模的复合增长率超过12%，到2050年，我国的人均能源消费量将达到发达国家水平。彼时我国将实现能源消费与经济增长的高度耦合，这就要求大大提高节能强度与能源结构转型的力度。尤其值得注意的是，在能源消费结构中，石油、煤炭等一次能源的消费规模增长率持续走低，而风能、核能、地热能等可再生能源的消费规模则持续快速上升。

（3）从消费市场特征的角度来看，地热能产业的发展还需要精耕细作。

从消费模式的角度来看，我国能源消费市场特征表现为规模大、品种全、质量持续改进；从地区差异的角度来看，城镇居民和农村居民的人均能源消费量都保持了快速增长的势头，前者与后者的比例长期保持在1.5∶1左右。考虑到农村庞大的人口基数，其能源消费存在巨大的潜力；从利用效率的角度来看，能源消费量增长率与经济增长率之间的相对变动关系不断得到改善，为能源消费的结构转型提供了有力支撑；从未来趋势的角度来看，由于生态和环境保护的双重约束，集约、节约利用将成为能源市场消费的主流方向。

三、地热能产业发展的社会因素（S）分析

PESTEL分析模型中的社会因素主要是指社会及其成员的价值观念、历史发展、文化传统、教育水平以及风俗习惯等。

地热能产业发展社会因素方面的优势主要表现在：①随着社会经济的持续发展和居民可支配收入的逐年增加，社会公众的生活方式也不断进化升级。"煤改气"和"清洁供暖"逐渐成为居民生活的热点词汇。地热能有望成为局部地区"煤改电"和"煤改气"的有益补充，这为地热能产业的发展提供了广阔的空间。②14亿人口所形成的庞大内需市场为地热能产业的发展提供了极强的战略纵深，行业发展的"蓝海"将创造规模极大的需求拉动。③地热能产业发展受到社会各界的重视，出现了一批由企业、高等院校、科研院所、社会中介组织等多方力量组成的地热发展产业联盟机构，这必然会极大地推动地热能产业的高质量发展。

地热能产业发展社会因素方面的局限还表现在：①在多数高等院校，地热能还没有成为正式专业，这导致专业人才培养体制不够完善，可能影响产业的长期可持续发展；②社会居民在传统能源及其他类型新能源方面形成了相对稳固的消费习惯，市场渗透存在一定压力；③由于相关宣传工作不到位，社会居民对能源消费的认识还有待改进。也就是说，目前存在社会居民在能源消费方面对价格敏感，但对能源背后的矿产资源消耗不敏感，浪费问题没有得到深入解决，对清洁能源的认识不够深入等认知局限。

四、地热能产业发展的技术因素（T）分析

PESTEL 分析模型中的技术因素包含了两个部分，其一是引起革命性变化的发明，其二是新技术、新工艺、新材料的出现和应用情况及未来发展趋势。

地热能产业发展技术因素方面的优势主要表现在：①热发电、直接利用和地热泵等行业关键技术受到企业的高度重视，对其原理的剖析得到相关科研院所的大力支持，技术攻关方面不断取得突破；②5G、人工智能等前沿技术快速发展，不仅丰富了地热能产业的应用场景，同时也为产业的整体发展提供了有力的驱动；③在"能源互联网"理念的推动下，地热类新能源的生产与应用将实现智能化匹配和协同运行。这就使地热能能够以新业态的方式参与电力市场的竞争，形成高效清洁的能源利用新载体。

地热能产业发展技术因素方面的局限主要表现在：①地热资源开发、直接利用及设备研发等方面还存在诸多难题，如勘探钻井、砂岩回灌等。在一些关键设备上，对进口产品的依赖程度还比较高。②地热能产业的广阔前景引起了一些机构的注意，进入这一领域的资金规模不断扩大。但是，一些新进入者存在功利主义心态，在技术方面缺乏扎实的资源投入。③从国际范围来看，地热能开发利用具有知识密集的特点，对其技术发展趋势的把握是一项巨大的挑战。如果不能占领技术发展的制高点，地热能产业的高质量发展也会受到严重制约。

五、地热能产业发展的环境因素（E）分析

PESTEL 分析模型中的环境因素主要是指特定研究对象的活动、产品或服务中能与环境发生相互作用的因素。

根据国际国内的开发利用经验，地热能产业发展对环境的影响比其他工业门类小得多，具体表现在生产过程污染物排放少、地热资源可再生性强、地热应用能耗低等方面。因此，地热能产业发展具有环境友好的优势。从目前已有的文献来看，出于环境因素而反对地热能开发利用的观点还罕见。同时，根据国内地热能企业及产业咨询机构的调查，社会公众就地热能产业对环境影响普遍持乐观态度。近年来，社会对环境污染的容忍度越来越低，对环境及生态保护问题越来越重视。考虑到全国供热需求的快速增长及华北等地区地热资源与雾霾重灾区重合等现实问题，发展地热能事业势在必行。

此外，考虑地热能开发过程容易对地下水、地表水、大气、土壤产生污染，也有可能引发地质灾害，因此需要采取系统的预防管理措施。

六、地热能产业发展的法律因素（L）分析

PESTEL分析模型中的法律因素主要用来指代由法律法规、司法状况、执法水平及公民法律素养所组成的综合系统。

目前，我国地热能产业发展的法律依据主要包括《矿产资源法》《水法》《可再生能源法》等。这些法律面向的是矿产资源及各类可再生能源，虽然其运行能够为地热能产业的发展提供一定的法律支持，但也存在着诸多不足。例如，根据有关法律，地热重点依附的地下水的属性得到了界定，但对于"地下水"和"地热"的法律界定仍然较为模糊，容易造成管理依据不清的现象。在现实中地热能企业重复缴纳税费的问题长期没有得到合理解决。再如，在云南、内蒙古等地区，地热能采矿权方面存在地方行政法规与法律冲突的问题，产权缺、失重叠的弊端没有得到解决，权、责、利主体不明确且管理不协调和不规范的问题长期存在，不利于地热能产业发展壮大。

从总体上来看，我国地热能产业发展的法律环境并不理想。相关法律法规存在内容弹性大、线条粗、随意性突出等问题。一方面是国民经济的快速发展及居民生活水平的提高造成需水量膨胀，另一方面则是对地热资源的掠夺式开发。根据地质部门的勘测，由于对地热资源存在违法开发现象，个别地区地下水水位年下降达到2m。由此可见，加强这一领域的立法水平、提高其执法水平都是极其有必要的。

第二节　我国地热能产业发展的驱动因素与制约因素

根据产业经济学及系统动力学的有关理论，影响产业发展的因素来自宏观、中观、微观3个层面。对这些因素进行详细分析存在技术上的难度和资源上的限制。在此，主要从驱动因素和制约因素对地热能产业发展的相关因素进行初步的定性分析，后文则将进行更深入的量化分析。

一、我国地热能产业发展的驱动因素

产业发展的动力机制是产业经济学的一个研究重点。有学者认为，市场需求和技术进步及两者的交叉影响是产业发展的重要驱动力。也有一些学者利用钻石模型和主成分分析法对具体的产业发展动力因素进行研究。笔者认为：一方面，不同产业的驱动因素应当结合产业发展的具体情况来进行认识；另一方面，产业发展驱动因素的量化分析工具还不够完善，用目前的研究工具来理清微观意义上的驱动因素与整个产业发展之间的数理逻辑关系存在相当困难。在此仅对地热能产业发展的一些驱动因素进

行定性层面的探讨。

1. 生产要素

①初级生产要素。如前所述，地热资源的储量十分丰富，其所蕴含的能量与传统化石能源相比有着数量级上的巨大优势。如果能够充分利用地热能这种矿产资源，能源消费结构将得到极大的优化调整。正是认识到这一点，地热能的开发利用越来越引起社会各界的重视。因此，储量丰富、潜能无限的地热能矿产资源是地热能产业发展的首要驱动因素。此外，庞大的人口基础、劳动力队伍、资金等初级生产要素也为地热能产业的发展提供了可靠的动力源。②高级生产要素。改革开放以来，我国社会生产力快速发展，文化软实力持续提升。世界领先的基础设施建设水平、快速发展的高等教育体系、高层次人才、日新月异的高科技等高级生产要素同样为地热能产业的发展提供了有力的驱动。

2. 特殊的经济体制

在当今世界上，大体存在典型的资本主义经济制度和体制、前资本主义经济制度和体制、传统的社会主义经济制度和中国特色社会主义市场经济体制这4种社会经济发展制度。从中可以发现，我国的经济体制是较为特殊的，它兼具市场经济与社会主义制度之长，为各行各业的发展提供了强大动力。具体到地热能产业，至少可以从以下两个方面来进行认识。①地热能产业链与国计民生息息相关，与整体上的生态环境保护也密切相连。为了实现改变经济增长方式、提高居民生活水平、维护良好生态环境等目的，中央及地方政府能够发挥"集中力量办大事"的优势，通过政策杠杆刺激地热能产业的发展。②地热能资源分布较为分散，终端消费者基本涉及所有社会居民，为民营企业进入这一产业提供了充分的机会。

3. 产业政策导向

在新常态背景下，我国逐渐从纵向选择性产业政策向横向功能性产业政策转变。可见，随着社会发展阶段的演进及全国层面主导产业的概念消解，我国政府制定的产业政策具有注重营商环境提升、提倡因地制宜的自主发展倾向。对于地热产业来说，农村煤改、城市旧改、新建区域等方面的政策为地热资源应用场景的拓展提供了更多选择。此外，供给侧结构性改革、发展新能源等七大新兴行业政策都为地热类新能源产业的发展提供了强有力的政策驱动。

4. 市场需求

从终端市场的角度来看，能源消费领域的电力、供暖等都对地热能具有强大的需求。仅以采暖为例，随着国家的支持与鼓励，各地采暖补贴政策纷纷出台，北方供暖方式改革优化以及南方清洁采暖市场的不断扩展，消费者选择地热供暖的需求也将水涨船高。在这一方面，《地热能开发利用"十三五"规划》提出了更具体的目标："十三五"期间，计划新增地热能供暖（制冷）面积 11 亿 m^2。其中新增浅层地热能供暖（制冷）面积 7 亿 m^2；新增水热型地热供暖面积 4 亿 m^2。国际地热协会的研究还表明，地热行业的关键增长市场将是供暖和制冷市场。由此可见，国际国内市场均存在较大市场需求，这为地热能市场的未来发展提供了源源不断的动力。

二、我国地热能产业发展的制约因素

早在 2006 年就有研究者注意到了地热能产业发展所面临的一些限制性因素，如技术、设备制造、资源底数不清以及资金支持力度不足等。时至今日，地热能产业的发展也远非顺风顺水，制约因素依然存在且难以解决。

1. 行业管理体制

目前，我国地热能产业发展的行业管理体制是较为复杂的。从管理主体的角度，能源、地质、水利等职能部门及各级政府都有一定的管理权限。同时，国际层面地热能中心及各省（区、市）的地热能协会都已经成立。但是，从整体上来看，管理关系并未理顺，职能交叉、责任边界不清晰、工作流程不明确等现象客观存在，影响了地热能产业的效率提升。同时，在产业资金扶助方面，也存在规模不到位、供需不匹配、挪用甚至贪污腐败等问题。

2. 技术

中国石油化工集团有限公司的地热专家刘中云在 2018 年 6 月指出，我国地热技术就总体而言有成熟的一面，但砂岩经济回灌、干热岩商业化开发利用等关键技术还没有取得核心性突破。同时，地热能产业相关的中低温高效发电、热泵核心部件、高效换热、防腐防垢等技术装备对进口的依赖程度依然比较高。这不仅制约了地热能矿产资源的开发利用效率，还对环境造成了一定程度的污染，对整个产业的可持续发展也较为不利。

3. 融资成本

从目前的情况来看，地热企业规模普遍较小，绝大多数不具备在资本市场发行股票进行融资的能力，再加上整个产业的投融资体制尚不完善，造成了融资难、融资贵的难题。这必然会影响地热企业在各方面的生产性投入，在整体上甚至会拖累地热能产业的高质量发展。

第三节 我国地热能产业发展存在的主要问题及原因

前文从定性、定量等角度出发分析了我国地热能发展的现状及主要的影响因素。从总体上来看，我国地热能产业的发展处于蓬勃发展而又不乏风险与变数的状态，其市场前景是十分广阔的。但是，我国地热能产业的整体发展情况与资源赋存情况还很不匹配，与地热强国相比尚存在较大差距。因此，在看到成绩的同时也应当关注这一领域存在的矛盾、问题及不足。只有这样，才能提出更具针对性和可操作性的地热能产业高质量发展模式。

一、我国地热能产业发展方面存在的主要问题

根据国内学者的研究，我国地热能产业发展与国外相比还存在不充分、不协调、不完善等问题（马立新和田舍，2006；郭丽华等，2012）。认清这些问题，有助于加强对地热能产业发展的全面认识。

1. 资源勘查系统性不足

在矿产资源领域，勘测评价是开发利用和产业化发展的前提。没有对资源赋存情况的充分了解，产业发展必然会陷入"生产断粮"或者"资源开发不充分"等尴尬境地（刘冰，2010；韩慎朝，2018；戴宝华等，2018）。

如前所述，地热资源的勘探和开发具有高投入、高风险、知识密集的特点，也在事实上构成了一道难题。截至2019年12月，我国仅仅进行过两次全国性的地热能资源评价，研究基础较为薄弱。分省、分盆地资源评价结果精度有所不足，与发达国家相比具有一定的滞后性。根据对相关数据的搜集整理，我国拥有的实测大地热流数据仅有1230个，美国则高达17 000多个。在干热岩型地热能勘查开发方面，美国有超过40年的研究积累，所取得的成果是多方面的。德国、法国、英国、日本、澳大利亚等国也不甘落后，而中国才刚刚起步。

根据笔者对地热产业发展相关资料的整理，结合国内学者的研究，可以得出"地热资源勘查系统性不足"的认识（刘金侠等，2015；李宜程和刁乃仁，2015）。这一认识具体又包括了以下几个方面。

勘探工作协调性薄弱。地热资源的勘探主体来自相关的科研院所、企业及其他社会机构，其勘探目的各不相同，工作方法和管理体制也各有特色，出现了勘探工作缺乏组织纪律性、勘探工作存在重复和交叉、勘探结果共享度差等现象。无序勘查、盲目开发、掠夺式利用的现象长期存在。

地热资源勘查精度不能满足产业发展需求。目前，我国多数地区地热资源的勘查精度都在1∶1 000 000的水平，能达到1∶250 000及以上精度的地热资源勘查数据主要集中在北京、天津、西藏等个别地区。受此影响，资源储量管理部门对有关勘查及开发工作的审批通常持保守态度。据国内学者的统计，截至2020年3月底，国内通过勘查及开发利用规划审批的地热田仅有92处，这对于地热市场供需矛盾的解决无疑是杯水车薪，不仅影响了地热能资源开发的后续储备，更给地热能资源开发利用和地热能产业的健康发展造成了巨大的压力（郑新等，2020）。

勘探理论及具体的开发工作具有一定的滞后性。受资源投入等因素的影响，地热资源勘探开发及相关的理论研究工作没有得到充分重视，热储工程研究等相关的勘探理论研究工作出现断层甚至是断代的问题。在一些地质条件复杂的地区，地热赋存情况的系统测试不能有效开展。长此以往，必然会拖累地热资源的勘探进度和开发利用。

开发利用缺少统筹规划，其他领域经常提起的"全国一盘棋"在地热能勘探方面没有得到体现，各路人马各行其是，难以形成规模化、规范化的勘探工作系统，容易造成资源浪费和效率低下。

对地热能的成因模式、形成过程、机理等认识不够细致和深入。浅层地热能开发过程中传热的相关影响因素及其相互作用还没有形成完善的理论；水热型地热能的成因模式、热状态、控热因素仍需进一步明晰化；干热岩地热能的成因模式与储层建造仍处于初期摸索阶段。

2. 发展模式科学性有待提高

在回顾我国地热能产业发展历程的过程中，笔者发现这一领域已经形成了许多符合国情社情特点及区域特色的模式，如河北的"雄安模式"、河南的"陕州模式"，以及中煤矿业集团有限公司在陕西咸阳市秦都区文彩舫小区采取"取热不取水"单井换热技术供暖（图3-1）。但是，对我国地热能产业发展进行整体上的模式概括是非常困难的。同时，其科学性也存在不足和薄弱的地方，在此选取一些重点进行整理归纳。

（1）政策扶持不充分。

近年来，中央和地方政府出台了一些财政和价格激励政策，对加快浅层地热能开发利用及促进北方地区清洁供暖产生了有效的引导。但也存在政策不完善、执行不到位、不充分等问题。①地热能相关的财税法律规定可操作性差。目前关于地热能财税支持方面的法律法规缺乏实施条款和落实细则，对优惠税率和补贴力度等激励政策没有统一明确的标准，出台的政策"落地难"。资源税税额标准偏低，不能真实反映能源消耗带来的社会成本，缺少体现可再生能源性质的地热能"取热不取水"税收激励

图 3-1 咸阳市秦都区文彩舫小区单井换热技术供暖

政策。②对地热能开发利用的优惠支撑程度不高。按照可再生能源电价附加政策,电力收购方需要对地热能发电商业化运行项目进行一定的价格补贴。但是在实践中,这一政策并未得到充分有效的执行。此外,土地使用、设备制造与产品消费等方面的配套优惠政策在细节上也存在一些缺陷。③补贴模式科学性薄弱,支持方式有待改进。从目前的情况来看,地热能补贴政策的实施模式较为单一,主要表现为直接的事前补贴,在管理手段的运用上缺乏灵活性和高效监管,造成了补贴发放不及时、不到位,补贴资金被临时占用及领取周期过长等有违政策初衷的现象。

(2) 产业整体发展存在诸多不协调之处。

根据笔者的调研,我国地热能产业发展存在方向、政策、价值链、区域等多方面不协调的现象,具体表现在以下几个方面:①政策制定与实施的不协调。长期以来,地热能的产业发展都处于自动自发的状态。2016年以来,国家对这一领域的重视程度不断增加,出台了一些具有整体意义的产业发展规划。但是,通过对这些规划内容的解读和对其实施情况的分析可以发现,这些产业规划目标宏大,政策上具有宏观指导意义,但实际并未得到充分落实,"雷声大,雨点小"的现象客观存在。例如,在2017年1月出台的《地热能开发利用"十三五"规划》中,组织开展地热资源潜力勘查与选区评价、加强关键技术研发、加强信息监测统计体系建设均被列为重点任务。实施中却出现了目标分解不到位、责任分配不清晰、具体工作缺乏监管等现象。②地热能勘查评价精度与开发利用发展速度不协调。与其他矿产资源类型相比,地热能领域的勘查基础较为薄弱,精度与开发利用的实际需求相比也存在差距,在开发利用选区、开采规模确定等方面的工作还不够深入。这不仅影响了项目投资及运营的科学性,更导致地热能开发利用方面出现一些粗放式、低效利用以及环境污染等问题。③科技创新水平及速度与地热能大规模开发利用不协调。从整体上来看,地热能领域的科技创新水平及速度与地热能的资源潜力相比还存在较大差距,尚不能满足大规模利用的需求。④产业发展方向上的不协调。一方面,经过多年的发展,我国直接利用地热资源量连续多年居于世界首位,进入了地热大国的行列。另一方面,我国地热发电发展严重滞后,2019年地热发电装机容量世界排名尚未进入前十,与丰富的地热资源赋存条件及强大的经济体量非常不匹配。

(3) 地热能粗放式开发利用现象没有得到合理管控。

根据矿产资源最优耗竭理论,对资源的价值需要科学测算,同时要结合具体情况进行适量开发。但是,在地热能开发利用方面,粗放式运营的现象长期存在。除了河北霸州、河南开封、西藏羊八井等个别地区初步实现了地热能的梯级开发利用外,我国多数地区的地热能开发利用仍然停留在单一的供暖或发电上(彭烁,2019)。这种粗放式的开发利用模式已经给项目周边的生态环境乃至地质条件造成了一定程度的危害。例如,在笔者调研的陕西、河北等地区,地热井水位下降、水质构成恶化、热污染等现象都不同程度地存在。在个别地区,地热井水水位甚至已降至200m以下。在调研过程中笔者也发现,由于地方政府普遍缺乏对地热能进行资源价值评估和开采量控制的能力,一些地热能企业就利用这一漏洞随意进行掠夺式的开发。这些企业主要使用直供直排方式进行地热能开发,对取水量没有进行精确控制,对水温管理也缺乏必要的敏感性。其生产后的尾水温度经常达到40℃以上,不仅造成了地热资源的严重浪费,更可能给当地的地质结构稳定性埋下隐患。

(4) 产业管理机制不健全。

地热能产业发展的国际经验表明,健全而高效的管理机制具有十分重要的价值。但是,从整体上来看,我国地热能产业的管理机制尚处于不完善、不健全的阶段。①在实践中,我国地热资源开发管理的部分权限归属情况主要可以分为3类:一是将水行政主管部门确定为地热的主管部门,如辽宁等;二是规定地质矿产行政主管部门是主管部门,如河北、北京、天津以及银川等地;三是规定地质矿产行政主管部门和水行政主管部门按照各自的职责共同管理,如内蒙古自治区等。由此可见,我国地热能资源开发管理的权限分配是不明确的。②从法律保障角度来看,我国现行法律体系中,地热能受《中华人民共和国矿产资源法》《中华人民共和国水法》《中华人民共和国可再生能源法》等法律管控,这些法律规定都对地热能产业开发具有法律指导意义。由于相关法律的适用性与可操作性还不够,实施过程中也存在相互冲突、执行困难等现象。

(5) 化解风险的机制与相关社会保障制度尚未真正建立起来。

从短期来看,这会影响投资者、开发者的信心;从长期来看,这可能影响地热能产业的高质量发展。具体来说，可以从以下几个方面进行认识：①对地热能产业发展中风险因素及化解机制的理论研究还比较少。根据笔者对各大学术搜索引擎的检索及有关文献、专著的整理，截至 2020 年 1 月 31 日，涉及这一内容的文献仅有 12 篇左右，而且主要集中在勘探、项目施工等方面。可见，对于地热产业的宏观风险、管理风险及市场风险，学术界的研究工作还比较少，不仅反映了对这一问题的忽视，更可能影响从业人员的认知。②产业风险化解工作的规划和落实均存在欠缺。根据笔者的调研，超过 75% 的地热能企业没有成立专门的风险管理部门，他们的主要精力都放在生产、市场开发和资本运营等方面。这种局面对于地热能产业的高质量发展是很不利的，理应引起有关各方的高度重视。③产业发展的保障制度不够健全。例如，尽管地热产业方面形成了一些权威的科研机构和产业联盟，但仍然没有形成统一的信息管理体系，各种机构之间缺乏有效的信息沟通。

3. 技术发展不均衡

缺乏统一的技术规范和标准是制约地热能产业发展的重要因素。结合研究过程中的调研体会，技术发展不均衡是地热能产业发展中存在的一个突出问题。具体表现在：①国有企业和民营企业在技术发展方面各有其路线规划，双方之间没有进行合理的分工协调，容易造成智力资源浪费、关键技术研发协作程度差等问题。②东部沿海发达地区、西北西南欠发达地区及京津冀一带的地热能技术发展水平存在显著的区域差异，这种不均衡的现象影响了我国地热能产业技术发展的整体进度。③关键技术亟待突破，具体表现在地热资源勘测系统精度不够、地热发电技术遇到瓶颈等。④地热技术发展各环节之间的衔接程度不理想，具体表现在"理论研究→技术创新→工程应用"链条的资源分布不均等上。理论研究能够表现为论文、专著，技术创新能够表现为知识产权，但要将这些成果转化为工程应用是十分困难的，且目前缺乏明确评价标准。从目前的情形来看，地热能产业发展存在地热能工程应用方面的技术尚未得到足够的重视等问题，产业科技创新体系与整体发展链条上存在着一些短板和薄弱之处。

4. 人力资本储备与产业发展匹配性弱

通过前文分析可以发现，我国地热能资源的开发利用有着广阔的发展前景，地热能产业发展的节奏也非常之快。但是，人力资本储备与产业发展的匹配性却不尽如人意。与风能、太阳能、核电、光伏等领域相比，地热人才队伍建设和发展水平存在明显滞后的现象，对整个产业的发展构成了一定程度的阻碍。

20 世纪 70—90 年代，地热能开发利用的风潮使政府和科研院校对人才培养问题有所重视。我国派遣一批青年学生到新西兰、冰岛、日本、意大利等国家参加联合国大学设立的地热培训班，为地热能领域的技术研究提供了第一批骨干力量。近年来，我国地热人才培养方面的领导责任主要由地热专业委员会承担，具体工作主要通过高校与重点企业联合举办的短期培训班来进行落实。但是，地热专业的学科地位还没有得到教育管理部门的真正认可。中国科学院地质与地球物理研究所、广州能源研究所、清华大学等科研院校每年只能培养不到 100 名的硕士和博士研究生。与地热能产业发展所需要的大量人才相比，缺口非常大。由于地热能产业在国民经济的地位较为有限，国家在这一领域人才开发的引导方面目前所投入的政策及教育资源都受到了实际的约束，教育管理部门在体系化培养方面的计划也有所欠缺，企业则难以承担人才培养的全方位责任。正因为如此，地热能领域的产、学、研结合程度不够，这构成了地热技术研究力量薄弱的关键原因。

在前文的分析中指出，我国在地热能产业的发展上具有一定的人力资本优势。但是，必须指出的是，这种人力资本优势主要体现在潜能层面而非现实层面。也就是说，按照目前的情形与发展趋势来看，这种优势在若干年后才能得到充分的体现。在地热能产业发展过程中，人力资本储备与产业发展的实际需要仍然存在着一些不匹配的地方。根据笔者的调研分析，这种不匹配的矛盾主要表现在以下 3 个方面：①从年龄结构上来看，我国地热能产业的高端人才多数在 50 岁以上，具有同等水平的中青年人才的比例尚不足 30%；②在绝大多数高等院校，地热专业还没有完全独立出来，地热产业专业人才的培养主要依赖于新能源、地质等相关专业，这必然会影响他们在专业理论知识方面积累的速度、质量与效率；③由于整体发展尚未完善，地热产业内部存在复合型、技能型、创新型、战略型的人才缺口。在地热项目运作过程中，经营管理人员不仅面临着融资的问题，同时还不得不面对招聘高级人才的挑战。

5. 资本运作能力不强

正如能源是工业的关键动力，资本是产业发展的重要源动力。近年来，地热能开发企业分享到了政策的红利，但在市场和业务同步增长的形势下也不得不面临资本方面的压力。在调研过程中笔者发现，相较于工程能力、技术能力来说，地热能企业在资本运作能力方面的短板更为突出。具体来说，这些问题主要表现在银行贷款的门槛高、项目开发融资成本高、资本回收周期较长造成沉重财务成本等。正因为如此，尽管地热项目的现金流入稳定且不受自然季节更替的影响，但整体资金压力和负债率都比较严重。

二、我国地热能产业发展存在问题的原因分析

在我国，地热类新能源产业发展的相关理论尚不成熟，经营管理实践也处于摸索阶段，政府的管控经验也有所不足，出现这样那样的问题绝非偶然。在此，笔者结合

有关理论来对其背后的原因进行初步解析。

1. 发展观念不够解放

相对于风电、天然气等其他新能源产业，地热能产业意味着供热供暖、发电等多方面的创新（刘洪恩，2013；刘明磊和张志华，2014；荣蓉和白琳，2019）。因此，地热能产业的发展离不开观念层面的突破。它不仅是对原有思维定势和路径依赖的改进，更要以体制机制和管理制度等为抓手进行大胆变革。

从政府的角度来说，虽然许多地方政府都对地热能产业给予了大力支持，但依然有不少地方的政府及工作人员对地热能产业的发展不够关注（王博雅，2019）。其中固然有"万能政府管理"模式下的职责执行力受限的问题，但也有部分因为地热能仍然属于"小众能源"，还没有引起个别地方政府的高度重视，对地热能产业的政策扶持就无从谈起。

对于企业及相关机构来说，对地热能产业的发展也存在认知不够、观念转变困难等现象。例如，长期以来，"地热能发电成本高""地热发电技术研发突破难"都是较为固定的观念。但是，产生这种观念的根源在于没有用发展的角度看问题（艾维，2013；欧阳秋珍和张敏，2020）。产生"地热能发电成本高"认识的原因主要在于前期勘测难度大及基础设施建设成本较高等方面。事实上，与风能、太阳能等其他可再生能源相比，地热资源不受天气、季节变化影响，在稳定性、持续性和能源转化效率方面的优势十分明显（朱纹汶，2017）。如果考虑到整个发电项目运作周期的成本分摊，地热能发电成本的优势就将凸显出来。郑州地美特新能源科技有限公司创始人陈泽民曾经谈到，"我们使用新技术、新方法、新设备、新模式，地热发电的成本已经降到了1毛5一度。火电、水电是3毛，风电是6毛，太阳能发电是9毛"。同时，在地热能开发利用的知识产权研发方面，地美特新能源科技有限公司也采用了收购关键专利和整合国际发电技术的方式，使地热能大规模开发利用的进度大大加快。可见，如果能够转变过去固有的观念，地热能产业的发展前景必将更加广阔。

2. 整体发展模式不够成熟

根据党的十九大报告，人民日益增长的美好生活需要和不平衡不充分的发展之间的矛盾构成了我国社会的主要矛盾。这一主要矛盾传导至各产业内部就引发了人们对产业发展方面不平衡不充分问题的思考。具体到地热产业，可以将这种不平衡不充分归纳为政策与市场的不平衡和产业模式的不充分两个方面。这些问题是制约地热产业发展的重要因素。

进一步来说，政策与市场的不平衡主要体现在国企与民企的复杂合作博弈及管理体制不清晰等方面，产业模式的不充分则主要表现在市场驱动因素没有完全释放、产业要素没有得到高效整合等方面。就地热产业而言，前者的表现有地热产业管理政策不完善且权责分配不清晰、令出多门，地热资源勘测工程方面各行其是，国有能源企业有体制优势，民营地热企业发展话语权较弱，资料信息缺少统一规范管理的技术平台等。而后者的表现包括地热资源受重视程度不够，地热资源开发与区域经济及能源机构的匹配程度有待提升等。政策和市场的不平衡与产业模式的不充分相互影响，导致地热产业的发展升级面临诸多困难。地热产业未来的升级进步，还有待于通过管理体制的调整及模式方面的优化来解决这些不平衡不充分的问题。

3. 投融资机制不够顺畅

根据产业投融资有关理论，发展模式远未完善的地热能产业对资本资金的依赖程度是非常高的。如果不能为之提供良好的投融资机制而导致资金方面出现问题，地热能产业的高质量发展就将失去重要的能量支持。但是，从近几年的情况来看，尽管地热能的投融资机制有所发展，但整体上仍然不够完善，对地热能产业的拉动作用也未能充分体现。

从宏观上来看，20世纪80年代以来，我国民间投资增势向好，体现出了优于国有投资的发展态势。但是，2016年以来，受内外各种因素的影响，全社会投资方面出现了"国进民退"的现象，民间投资增速与国有投资增速之间出现严重"剪刀差"并呈现持续趋势。这给地热类新能源产业的投融资机制发展带来了负面影响。

从微观上来说，地热能企业所能获得的财政补贴型资金规模有限，贷款方面容易遇到瓶颈。这些企业所能掌握的开发项目以及资本运作手段的针对性都较为有限，在资本市场上的话语权还很不够。与此同时，新型的产业投资基金发展尚处于起步阶段，行业风险投资活跃度有待提高，这也造成了地热能企业融资困难、融资成本高等一系列问题。这种问题传导至生产、技术研发及市场开发等方面都会造成一连串的负面影响。

第四章 国外地热能产业发展现状、趋势及借鉴意义

从世界范围内来看，美国、日本、德国、冰岛、澳大利亚、印度尼西亚等国家是资源赋存条件佳、技术领先、发展模式各具特色的地热大国。这些国家地热能产业发展的经验教训对于我国地热能产业的未来发展具有重要的借鉴价值。同时，考虑到"一带一路"对地热能产业"走出去"的深刻意义，有必要对沿线国家地热能产业的合作前景及风险进行深入研究。

第一节 国外地热能产业发展现状

在经济全球化的当下，地热能产业发展的国际化特征日益突出。了解国外地热能产业发展现状，不仅有助于认识地热能产业发展的国际趋势，更可以为我国地热能产业高质量发展模式的构建提供产业政策、区域经济空间结构、技术等多个层面的参考（关锌，2011；杨航征和韩晓旭，2013；陈从磊和徐孝轩，2013）。

一、美国地热能产业发展现状

美国是全球地热发电最为发达的国家之一。20世纪70年代爆发的石油危机使美国历届政府都高度重视能源安全问题。在此背景下，地热能开发利用得到了有力的政策支持并得以平稳发展。

（一）强大的产业底蕴

经过多年的积累，美国在原料供应、生产加工、批发零售、金融保险及科研教育等方面形成了完整的产业体系。这种十分深厚的底蕴为美国的产业发展提供了有力的支撑。以页岩气为例，美国在20世纪70年代末期才开始着手进行评价和开采方法的研究，1990年前后就实现了Barnett页岩气的规模化商业开发，2009年总产量达到了560亿m^3的规模。近几年来，凭借页岩气产业的成功，美国在石油市场上敢于和沙特、俄罗斯等国展开针锋相对的竞争。从这一点上就可以窥探到一条普遍性的规律：一旦某个产业受到美国政府的战略性重视，就会依靠强大的产业底蕴来进行针对性的

整体开发并快速形成竞争优势（黎永亮，2006；林珏，2020）。以下从几个不同的层面来对美国地热产业的发展进行探讨，同时也可以对这一规律形成更深入的认识（任永飞等，2011；Lund J W，2003；Coolbaugh M，2008）。

1. 资源赋存层面的底蕴

从地热资源分布地质条件的角度来看，位于太平洋地热带北部的美国在地热资源赋存方面有着得天独厚的优势。西部的华盛顿州、俄勒冈州、加利福尼亚州均已勘测出巨量的地热资源赋存。在大部分东部地区，也已勘测出丰富的地热资源。根据美国地热协会官方网站发布的数据，其地热能发电潜力达到了300万MV的规模。20世纪90年代美国就开始利用地热能来发电，目前美国的地热装机超过了3000MV的规模，这与其丰富的地热能资源赋存是密切相关的（任永飞等，2011）。

2. 产业政策层面的底蕴

美国很早就对地热能开发利用方面的产权进行了清晰的界定。例如，《1967年加州地热法案》《1970年联邦地热蒸汽法案》均对地热能法律属性及其所有权问题进行了详细规定。后者还将地热能的范围扩大至蒸汽、热水和其他副产品等方面。美国《地热能源研究、开发与示范法》等法律规定，对符合当地利用条件的地热能等可再生能源项目提供贷款。美国2005年推出了综合型的《能源政策法》，对能源管理领域的行政授权进行了法律层面的修改补充。2007年，美国《能源独立与安全法》颁布施行。与《能源政策法》相比，《能源独立与安全法》对能源消费的规范与约束均更为精细化。

进入21世纪以来，美国对地热能开发利用更为重视，出台了《美国西部地热电力计划》《美国地热资源恢复再投资法案》《2007年先进地热能研究与开发法案》等一系列法规。除此之外，美国联邦政府及各州政府都出台了相关的政策来刺激企业在对地热勘探、地热钻井、地热开发利用等方面的投入，同时还使用经费支持、示范补贴、优惠贷款、定向担保等优惠政策鼓励私人资本进入地热发电领域。尤其值得指出的是，美国也从公共管理政策的层面对地热能产业发展提供了有力的支持。例如：为了实现地热资料共享，美国专门设立了国家数据中心；为了加强地热能专业人才的培养，美国建立了地热教育专项奖学金。再如，根据美国有关法律，所有地热设施都能够获得26％的能源税收抵免。

3. 技术创新层面的底蕴

美国能够成为世界强国，除了军事、政治方面的优势外，多领域的强大技术创新更是功不可没。一旦认定某个产业对于国家及社会经济发展具有战略意义，美国社会各界都会不遗余力地在这一领域进行聚焦式的技术创新。对于地热能这一产业，美国对其技术创新也十分关注。例如，美国政府提供1.4亿美元设立FORGE项目，在水热型地热能勘探开发利用技术、增强型地热系统等方面开展了一系列技术攻关，有力地提升了美国在地热能勘探及开发利用方面的竞争力。在地源热泵的设计与应用方面，美国也走在了世界前列。早在20世纪80年代，美国能源部（DOE）和环保署（EPA）就专门拨款来推动地源热泵技术的研发与市场推广。1998年，美国环保署颁布法规，要求在全国联邦政府机构的建筑中进行地源热泵系统的推广应用。截至2019年12月，美国地源热泵装机量已经达到百万台以上的规模，产生了较为可观的经济效益和社会效益。

4. 产业组织层面的底蕴

经过两三个世纪的发展，美国产业组织方面已经形成丰厚的积累，具体表现在市场结构控制、企业竞争管控、市场绩效考核等方面。具体到地热能产业，产业组织的底蕴可以从3个方面来进行认识，即推动地热能产业逐步由劳动密集型和资本密集型向技术（知识）密集型的方向发展，强调商品及服务类型的创新，加强地热能产业与其他产业间的技术和市场联系等。

5. 文化软实力层面的底蕴

美国是当今世界格局"一超多强"中的"一超"，这不仅表现在硬实力方面，在文化软实力方面的优势同样十分突出，如宣扬独立自主、严守契约、鼓励创新、尊重知识产权等。以契约精神为例，美国各产业普遍有着遵守合同、重视承诺、保护知识产权等商业精神。经过多年的积累，美国制造业的强大已经超越了技术和生产层面，转而向管理、品牌、知识产权、生产标准等方面发展。正因为如此，美国地热能类新能源企业能够在创新之路上越走越远。

值得注意的是，虽然有着强大的产业底蕴，但近年来美国地热产业发展增速已经趋于放缓。根据国内外学者的研究，造成这种现象的原因主要来自两个方面（乐欢，2014）。从宏观方面来看，成功的页岩气革命使美国迅速成为油气生产大国，在国际能源市场上的话语权进一步提升。从美国电力生产构成的角度来看，天然气发电与煤炭发电的占比已经非常接近。正因为如此，2014—2019年间，美国的温室气体排放量呈现直线下降的趋势。美国地热协会支持的一项研究表明，地热利用在5~7年的周期内就能收回成本，每年供暖和制冷成本可先实现高达70%的节约。由此可见，美国的能源结构转型效果是十分明显的，这就大幅度降低了发展地热类新能源的动力。从行业方面来看，美国地热产业仍然面临着资源勘探风险高、生产成本优势不明显、增强型地热系统技术进度不理想等问题。

（二）明晰的技术发展方向

2018年5月，美国能源部能源效率与可再生能源办公室宣布，将设立一项1450万美元的专项基金来加快地热钻井技术的发展。为了将优势资源聚焦于地热钻井技术，该项基金规划了3个主要的研究方向。①减少无进尺时间的技术。具体包括钻探自动化、单通完井技术、循环液漏失处理技术、井底钻具总进尺提升技术等。在这些技术的研发过程中，研究者必须重视数据分析与机器学习的渗透应用。②提升钻井进尺速度的技术。具体包括特殊条件下的创新型钻进方法、新材料应用、震动控制优化技术、钻探效率提升技术等。③地热钻探应用转化模式。通过政策激励、数据共享与资源横向协作，打造能够更好适应地热产业发展需要的新的商业运作模式。从这3个方向的规划中可以看出，美国能源管理机构对地热产业技术的发展不仅关注开发层面，对应用层面也十分重视。近年来，在美国能源管理机构的推动下，钻井进尺速度提升技术有了一定程度的改进，无进尺时间在钻井过程中所占的比例由70%左右下降到了65%左右。根据美国能源管理机构的技术发展规划，到2025年美国地热钻井时效应当有100%的提升，钻井周期的进尺速度将达到每天250英尺（1英尺=0.304 8m）以上。

（三）多样化的税收优惠政策

为了推动新能源事业的发展，美国联邦政府及有关部门为地热类新能源企业提供了多样化的税收优惠政策，为资本方进入这一市场提供了有力的刺激。具体来说，这些税收优惠政策可以分为以下3种类型。①加速折旧。新能源项目拥有较高的资金门槛，是国际范围内较为普遍的现实。从财务管理的角度来看，折旧期越短，投资者就可以进行更多的税收项目抵扣，从而实现资本成本的降低。按照国际管理，资产类项目的折旧年限通常在20年及以上。美国将地热类新能源项目的资产折旧规定为5年，这种加速折旧的方式对资本投资来说无疑是一种重要利好。②产量的税收扣减。根据最新版的美国联邦税法，利用地热能、风能等清洁能源生产出来的电力在运营的首个10年期间将获得每MV时22美元的税收扣减。③投资金额的税收扣减。根据最新版的美国联邦税法，所有清洁能源项目的投资税收扣减额自2017年1月1日以后统一调整为10%。

（四）丰富的投融资渠道

在金融领域，美国拥有其他国家难以比拟的优势。在地热类能源领域的融资渠道方面，美国发展出了公司研发费用、政府专项补贴、项目融资、资产融资、公开市场融资、私募基金融资等多种融资渠道。仅从基金的角度来看，各种各样的产业发展基金,如天使基金、创投基金、股权投资基金、并购基金等,能够实现企业发展阶段的完全覆盖。可以说,强大的投融资渠道为美国地热能产业的整体发展提供了较好的资本力量支撑。

从整体上来看,美国是当之无愧的地热强国,在产业运作管理的许多方面都值得学习借鉴。同时也应当清醒地认识到,中美两国在政治体制、金融市场结构、产业制度体系等方面都有着深层次的差异。在学习借鉴美国地热产业发展经验的同时,应当以高度的制度自信来进行理解、消化和吸收,决不能盲目照搬。

二、日本地热能产业发展现状

日本地处太平洋板块与欧亚大陆板块的挤压带结合部,有着"火山地震之邦"的称呼,其山脉、丘陵、湖泊通常都是火山作用的结果,日本国内分布着200多座火山,其中的1/4属于活火山。根据地热资源形成的机理,日本的地热资源赋存是十分丰富的。更为重要的是,日本的地热资源具有热源浅(通常小于1000m)、热储丰富、水温高、压力大、补充条件好、开发利用成本低的特点。根据日本有关部门的统计,日本境内分布着2800多处地热(温泉)产地,温泉地热井则高达2.7万个。从地热资源赋存的总量看,日本仅次于印度尼西亚和美国居世界第3位,发电潜能达到2000万kW以上。根据日本经济产业省官方网站发布的数据,目前,日本地热发电总功率为50万kW,约为风力发电的2倍或太阳能发电的3倍,地热发电站主要集中在东北和九州地区,在电力市场上所占的份额达到0.2%。

以下从政策支持、立法管控、技术研发、海外布局等角度来对日本地热能产业的发展情况进行介绍(Hisayoshi et al, 1976; Ehara, Sachio, 2013; Hedenquist et al, 2018; Yasukawa K, 2019)。

(1) 提供政策支持。以地热能发电为例,日本很早就出台了一系列扶持性产业政策。①制定地热发电长期规划目标。日本经济产业省在2005年就提出了2030年将地热发电增加到190万kW的中长期发展目标,这为提振产业信心提供了有力的支撑。②为了在技术上对地热发电进行援助,日本经济产业省牵头成立了由电力公司负责人、日本新能源开发组织(NEIX)、相关学者组成的地热技术研究会,发展出了一系列具有日本特色的地热能勘测及开发利用技术。例如,在NEIX的推动下,日本在利用弹性波、电磁波、微震来勘探地热资源这一技术上取得了一系列突破。③提供专项财政补贴。为普及地热发电,日本经济产业省强化援助扶持政策,增加开发地热资源建设发电设备的专项财政补助。初步的政策方针为:对于地热发电项目,政府补助20%~30%的开发费用。④日本实行规定价格回收体制,规定电力公司必须以法定的价格购买地热类可再生能源产生的电。这种上网电价激励政策对于地热发电来说无疑是一种重大利好。

(2) 严格立法管控。为推动地热类新能源的科学开发利用,日本政府于 2003 年发布了"新能源特别措施法(RPS 法)"。根据 RPS 法,日本所有的电力公司都必须将地热类新能源发电作为一项法定义务来进行开发研究。对于发电方法和发电量,政府则不进行制度层面的约束。

(3) 重视技术研发。目前,日本地热发电容量在全球所占比例在 7% 左右。除了温泉旅游及地热发电外,日本将地热能的应用范围扩展至温室建设、空调机制造、渔业养殖以及城乡居民热水供应等方面。为了满足这些应用需求,日本高度关注地热资源普查、地热钻井采样、高温岩体发电技术、地热发电系统研发等方面的技术革新和专利群研发。

(4) 加强海外布局。日本具有重商主义的传统,对国际市场一直保持着深远的战略发展目光,在产业的海外布局方面积累了丰富的经验。借助丰富的海外能源市场运作经验及灵活的运营体制,日本较早地开始了地热能利用方面的国际合作。21 世纪的第一个十年,日本伊藤忠商事株式会社和日本九州电力公司就以分别持股 25% 的比例参与了印尼苏门答腊岛北部 Sarulla 地热电站的开发。在项目的资金方面,日本国际协力银行、亚洲发展银行、三菱东京 UFJ 银行、日本三井住友银行、日本瑞穗银行都有所参与。该项目建成后,将成为全球最大的地热发电站群,总发电能力将达到 33 万 kW。同时,日本住友商事也接到了总额达 140 亿日元的印尼地热资源开发大额订单。

日本与我国地理位置较为接近,在政治、社会发展、产业经济、文化传统、历史等方面都与我国有着复杂的联系。在 20 世纪下半叶,日本凭借多个领域的产业发展成为了世界经济强国(申瑞鹏,2013)。从这个意义上来说,日本地热产业具有突出的借鉴价值。

三、德国地热能产业发展现状

德国素以工业制造闻名,其地热能产业的发展并未受到学术界的普遍重视(J Appell et al,1997;Benighaus C,Bleicher A,2019)。但是,值得引起注意的是,起步较晚的德国地热能产业取得了地热发电规模 6 年增长 6 倍的成就。因此,对于我国来说,德国地热能产业发展具有一定的借鉴价值。

德国地处欧洲大陆,地质结构和地壳活动均相对稳定。虽然德国境内也有像巴登-巴登(Baden-Baden)这样以温泉而闻名的旅游胜地,但其地热资源赋存的情况确实不容乐观。正因为如此,德国的地热产业在 21 世纪初才正式起步,在此之前只有一些零星的技术研发。2007 年,德国的一些发电厂开始使用基于有机朗肯循环(Organic Rankine Cycle,简称 ORC)的发电机组发电。2008 年,德国在钻探技术、热储技术等方面取得了重大的突破发展,浅层地热能开发初步呈现出规模化发展的特点。2010 年,德国在绍尔拉赫市、雷德斯塔德、施派尔等几个地区投入更大规模的地热发电设施,最大的达到 10MW,地热发电量达到 7MV 的规模。2013 年 11 月 11 日,德国第一座利用地热发电的发电站正式投产。2016 年,德国地热发电量达到了42.5MW。

值得一提的是,早在"二战"时期,德国就开始了新能源的开发利用。凭借强大的技术底蕴,德国迅速成为核电领域的技术强国。在 2011 年,核能在德国能源消耗中所占的比例就已经达到 22%。但是,受日本福岛事件的影响,德国国内出现了"反核"的浪潮,开始转向太阳能、地热能、风能和生物能等清洁可再生能源的开发利用。根据德国联邦政府的规划,到 2035 年德国境内的核电站将全部关停,取而代之的是各种新型可再生能源。

为了推动地热能开发利用方面的数据共享,由德国联邦环境部(BMU)牵头,由莱布尼兹应用地球物理研究所(LIAG)负责设立了 GEOTIS 地热数据库。只要具备互联网使用的基本条件,任何单位和个人都可以接触到 GEOTIS 地热数据库中关于探勘数据、钻井资料、地热电厂技术及规格等相关信息。根据从 GEOTIS 所获得的资料信息,德国目前的地热生产井深度主要集中在 3500~4500m 的范围。从中可以看出,依托先进的自动化钻井设备及其他工业技术,德国已经初步完成了地热能产业发展的技术路线规划。此外,为了保障地热发电稳定性及安全性,德国政府委托德国国家地球科学研究中心(GFZ)进行地热发电关键技术的研发。通过与产业界的合作,GFZ 开发出了自动化深钻机(Innova Rig)等先进设备,为德国民营地热企业的生产提供了有力支持。

此外,值得指出的是,地热发展已经被纳入德国的工业 4.0 发展计划。可以推测,在今后的产业发展过程中,德国地热领域的供应、制造、市场销售信息将纳入其信息物理系统(Cyber Physical System)之中并实现数据化与智慧化的产品/服务供应。

四、冰岛地热能产业发展现状

冰岛地处亚欧板块与美洲板块交界处,地缘特点十分明显(Miethling B,2011;Aston,2015;Davidsdottir,2015)。复杂的地形地貌、特殊的地质构造和频繁的地壳运动给冰岛的地热资源赋存带来了得天独厚的优势。根据冰岛国家能源局对外发布的数据,冰岛全国分布着 20 多个高温地热区、250 多个低温地热区及 800 多个地热温泉。冰岛地壳厚度 10km 范围的地热资源含量相当于 3×10^{16} kW·h 的电能;地壳厚度3km范围内的地热含量为3×10^{15}kW·h的电能。如果将冰岛的全部地热能用来发电，年发电量可达8×10^{10}kW·h以上。

早在15世纪，冰岛人就开始探索地热资源在生产生活方面的开发应用。20世纪初期，冰岛首都雷克雅未克市就开始利用地热资源来进行居民供暖。经过半个多世纪的发展，雷克雅未克市98%以上的住宅都能够以低廉的成本使用地热供暖服务。20世纪70年代初期爆发的石油危机给冰岛带来了严重的通货膨胀和能源紧张，这为冰岛地热资源的大规模开发利用提供了重要的时代机遇。在能源危机的推动下，地热能的开发利用受到了冰岛政府的进一步重视。21世纪初，全冰岛85%的住宅都靠地热资源来进行集中供暖，雷克雅未克市则实现了100%的地热供暖供电，每年可节省上亿美元的燃料支出。

2017年春季，历时半年多的雷克雅内斯半岛地热项目获得重大突破，在4.66km的深度成功完成钻探，这是创纪录的火山钻孔深度。正是由于这一突破，地质学家勘测"超临界流体"（位于地下深层的、非液非气的物质状态）有了进一步的发展，同时也为深层非传统地热资源的潜在经济效益评估提供了有力支持。该项目的工程师发现，与传统的地热蒸汽相比，深层超临界流体的能量要高出许多。初步的测算表明，一口超临界地热井可以产生传统地热10倍以上的能量。根据他们的技术发展计划，在项目运作后期将采用注入冷水生成蒸汽的办法来进行地热能资源的开发。目前，该项目面临的主要技术难题有3个：其一是3km深度以下能量循环的规律难以把握，其二是地热流量模拟的技术还不够完善，其三是超临界储层的化学和热物理特性分析存在诸多难点。因此，还需要进行更深入的研究和更完善的流量模拟及工程技术测试。但是，该项目的发展已经证明，超临界地热钻井可以开发出新的地热能利用区并提高生产性能，地热能开发利用的经济效益也将得到大幅度提升。

目前，雷克雅未克市能源公司运营着世界上规模最大、管理最成熟的地热供暖系统。此外，助力工业生产、温室大棚、海水养殖、道路融雪等也是冰岛在地热能开发利用方面的重要特色。例如，冰岛西部Reykholar地区的海藻制造厂Thorverk公司使用105℃左右的地热蒸汽进行海藻烘干，每年可生产2000~4000t的墨角藻和海藻粉。在冰岛，还有企业利用地热能生产鱼干产品。冰岛南部Grimsnes地区Haedarendi地热田的一个工厂利用地热流生产商用液态二氧化碳，年产量可达2000t以上。此外，冰岛对超临界地热能与铝熔技术的融合使用投入大量的资源。如果在这一方面实现重大技术突破，将极大地减少铝加工行业的能源消耗。从冰岛地热资源产业化应用情况简表（表4-1），可以看出这一应用情况的初步总结。

通过在地热资源产业化应用的多年积累，冰岛总结出了一整套的地热能梯级利用方法。第一阶梯，从地热井中抽取高温地热水、地热蒸汽，经过技术分离推动涡轮机发电；第二阶梯，利用高温地热水对低温地表水进行加热后供居民取暖及道路融雪；

第三阶梯,将地热余水用于洗浴类经营活动;第四阶梯,将处理过的地热尾水用于温室作物培育或鱼苗养殖。

表 4-1 冰岛地热资源产业化应用情况简表

产业应用方向	主要内容
地热发电	逐步克服地热发电中高温、酸腐蚀、毒气处理等技术问题,地热发电规模不断扩大,发电成本折合约在 0.2 元/kW·h。目前冰岛共有 7 家地热发电厂,装机容量在 60 万 kW 以上
工业生产供热	用作硅藻土生产、木材、造纸、制革、纺织、酿酒、制糖等生产过程中的热源
温室大棚	建设地热绿色温室,发展生态农副业和水产养殖业,将冰岛的蔬菜自给率由 15% 提升至 80% 以上
旅游业	利用冰岛地热资源吸引游客。冰岛的蓝湖温泉每年吸引数十万的国际游客,但它并非天然温泉,而是 Svartsengi 地热发电厂的地热尾水形成的天然潟湖

通过在地热领域的深层次创新开发,冰岛在地热供暖、地热发电、地热井二氧化碳捕集等多个方面创造了辉煌的工业成就,能源转型十分成功。2007 年,地热能在冰岛初级能源结构中所占的比例达到了 66%,摆脱了过去过于依靠煤炭的困局。近年来,地热能发电在冰岛电力产品中所占的份额越来越高,目前已经达到 72% 左右的水平。从整体上来看,冰岛基本实现了用清洁能源来发电的目标。

在地热能开发利用的管理方面,冰岛有着分工明确的制度。在冰岛,地热能源勘测和开发政策的制定由国家能源局负责,电力产业管理由国家地质调查局负责,全国地热资源勘查开发、生产经营及相关技术服务由冰岛能源公司负责。可以说,职责清晰、协同高效的国家级地热开发系统为冰岛地热资源的高质量开发提供了有力的支撑。正是有了国家对地热资源开发的全方位统筹规划,冰岛成为了地热强国,相关技术也排名世界前列。近年来,冰岛对俄罗斯、埃塞俄比亚、中国等进行了地热技术及项目运营管理的输出,在国际地热市场上的竞争力和话语权不断提升。根据目前的发展趋势,冰岛有望成为全球首个可再生清洁能源利用率达到 100% 的国家。

五、澳大利亚地热能产业发展现状

地质因素的特殊性使澳大利亚拥有世界级的干热岩资源。①该国广泛分布着具有超高放射性的元古宙花岗岩;②从大陆板块运动的角度来看,该国正逐步向印度尼西亚靠拢,活跃的地壳运动引起了水平方向上的挤压,产生了近水平裂缝和断层;③沉积岩盆地占该国陆地的绝大部分,不仅能提供阻断深部热流体辐射的盖层,还能形成渗透性的含水层。

根据澳大利亚学者的勘测估算，该国 5km 以内的地壳内高于 150℃ 的地热所蕴含的地热资源可生产供全国居民使用 300 万年的电力。澳大利亚政府解决生态环境问题的政治愿望、对清洁型再生能源研发的鼓励、社会公众对地热能的认可及程序便捷的申请许可制度等都成为澳大利亚发展干热岩发电系统的动力（Moel et al，2010；Ghori，2011；Bahadori et al，2013）。

在 2004 年发布的《保证澳大利亚未来能源安全》白皮书中，澳大利亚政府将增强型地热系统（EGS）列为以澳大利亚为市场领军力量的技术，并承诺对地热勘探（研究）、评估（概念验证）、示范工程进行支持。截至 2008 年 4 月，澳大利亚政府已经向地热工程及其研究累计投入了 3200 万美元。后续的政府财政支持对 EGS 发电进入能源市场也至关重要，澳大利亚政府正准备进一步确定资金支持的敏感性与有效性。

自 2001 年颁发第一个勘探许可证，截至 2019 年 6 月，澳大利亚已有 40 余家公司通过审批，加入地热能的产业化开发过程。据统计，2011—2019 年间，这一领域的投资总规模达到 12.3 亿美元。目前，澳大利亚的地热利用大部分集中于围绕 EGS 的电站项目，其中约 80% 位于南澳大利亚州。

六、印度尼西亚地热能产业发展现状

从资源赋存的角度来看，印度尼西亚地热资源十分丰富（Isaksono A et al，2018；Hermanto，2018）。根据印度尼西亚矿物与能源部委托专业机构进行勘测得到的数据，印度尼西亚地热资源量约 2.8 万 MV。但是，印度尼西亚的石油天然气同样储量丰富，对地热能的开发利用构成了客观上的制约，导致其地热资源开发利用率长期徘徊在 5% 左右。

近年来，全球地热能产业发展增速较快，加上环境污染及生态破坏问题日趋严重，印度尼西亚对地热能的产业化开发重新重视起来。印度尼西亚矿物与能源部制定的《地热能资源开发利用规划》指出，到 2025 年印度尼西亚地热发电装机容量要超过 9500MV，在电力市场上所占份额达 12% 左右。届时，印度尼西亚有望成为全球最大的地热能资源利用国之一。2014 年，印度尼西亚通过了专门的法案《地热法》，使地热资源开发有了充分有效的法律基础。印度尼西亚财政部对地热项目勘探及研究论证进行了超过 2 亿美元的专项资金支持。此外，印度尼西亚政府相关部门还出台了一系列配套的激励政策，如提高地热电力的价格，增加地热项目的补贴，减免地热项目净利所得税的 30% 和外资支付红利所得税的 10%、减免相关设备的进口税缴纳，金融机构为地热项目开发商提供便利等。

2020 年 1 月，印度尼西亚电力开发商 Supreme 能源公司与日本住友商事、欧洲综合能源企业 ENGIE 公司联合开发的印度尼西亚穆瓦拉拉坡（Muara Laboh）地热发电站正式投入商业运行。该地热发电站位于印度尼西亚苏西省南梭罗克县，投产的为该电站 1 期项目，投资约 5.8 亿美元，装机容量为 8.5 万 kW，所产电力将供给国电公司旗下的苏门答腊输电网，由此为当地 42 万户家庭提供电力服务。该电站由上述 3 家企业联合设立的合资企业 SEML 公司管理。在项目融资方面，由国际合作银行、亚洲开发银行、瑞穗银行、三井住友银行、三菱 UFJ 银行等机构联手进行贷款融资项目。同时，2 期工程也在筹建之中，投资规模超过 4 亿美元，装机容量在 6.5 万 kW 左右。

第二节　国外地热能产业发展趋势

进入 21 世纪 20 年代以来，受全球突发的新冠肺炎疫情影响，世界经济格局发生剧烈变化，这给我国的产业发展带来了严峻的挑战和历史性机遇。如果准确认识地热能产业发展的国际趋势并加以合理利用，我国的地热能产业发展将在外部环境变化的推动下蓬勃发展。

一、政策引领是重要特色

从国外地热能产业政策体系（表 4-2），可以看出其中的政策概要。从政策演化发展的角度来看，各地热强国在相关政策的制定和实施方面均走在世界前列，具有重要

表 4-2　国外地热能产业政策体系

序号	政策	概要
1	配额制度	强制发电企业与电力销售企业购买一定数量的地热能电力
2	上网电价	支持发电企业与电力销售企业以固定价格从地热能发电企业购买电力，对电热能发电价格与传统燃料发电价格之间的差价进行补贴
3	资金补贴与奖励	对地热能企业的固定设备、基础设施进行资金补贴或财政奖励
4	投资赋税优惠	对地热能产业投资提供适当比例的税额抵扣
5	税收激励	对地热能企业进行增值税、营业税等方面的税收优惠甚至是免征
6	绿色证书交易	对地热能企业与能源消费机构、消费者之间提供绿色交易证书，双方可以以市场竞争为基础进行价格确定
7	政府采购	政府向地热能企业进行集中供暖制冷或电力产品的集中采购
8	公开招标	竞争性地选择集中供暖制冷或电力产品的优质供应商
9	公共投资	对地热能资源勘查、可行性分析、技术研发等提供公共资金支援

的示范意义。一方面,这引发了清洁能源产业宏观政策领域的深层次理念变革,进一步彰显了政府在新能源产业发展方面的主导性地位。另一方面,地热强国颁布的相关政策并非某个孤立的政策文件,而是包括产业发展战略规划、法律法规管理体系等在内的政策体系,这为地热规模化、智能化和持续化开发利用提供了有力的促进(关锌,2011)。因此,政策引领已经成为地热能产业发展的一种重要趋势,这对我国具有较强的启示价值。

二、技术创新为产业发展提供核心驱动力

除了产业政策层面的比较优势之外,美国、日本、德国、冰岛等国家在地热能产业方面的比较优势主要体现在技术创新方面。美国、日本、德国均提出过"技术立国"的发展理念,培育出了高素质的技术创新人才队伍、成熟的技术创新模式与积极的技术创新氛围。在地热能产业的发展上,这一点也得到了充分的体现。

同时,还应当认识到,技术创新与经济、产业及社会的高质量发展之间存在密切的关系。正如习近平总书记所指出的那样,"创新是引领发展的第一动力"。只有经济、产业及社会的高质量发展才能更好地满足人民群众对美好生活的向往,这是技术创新成为引领发展第一动力的根基;技术创新为高质量发展提供更丰富的空间、更准确的着力点和更坚实的支撑体系;技术创新能够对企业、个人进行高维度的赋能,从而为经济、产业及社会的高质量发展提供强劲动能。

在未来的地热能产业发展过程中,有必要深入把握"技术创新为产业发展提供核心驱动力"这一认识。在国际产业经济竞争趋于白热化的时代,产业发展的许多要素都可以模仿和复制,如政策、资源等。但是,考虑到地热能产业技术体系的复杂性,技术创新方面的模仿和复制是极其困难的。地热能企业及相关机构不能抱任何幻想,必须脚踏实地地摸索出具有中国特色的地热能技术发展路线。

三、高效的产业组织是提升发展效率的重点

地热能产业具有要素密集化、产品非标准化、技术高度集中、政策驱动性强、投资规模化等特征。

维护企业间信任关系的做法在工业发展中提供了优势,即使它们与短期利润追求相矛盾。例如,在日本,政府要求电力公司从地热能发电企业那里购买一定数量的电力。这就在双方之间建立了一种有效的信任与合作关系。从短期来看,地热能发电与煤电、水电相比在质量与价格上并没有突出优势。但是,在政府推动下的长期采购承诺可能会起到超越个人(企业)理性经济行为的作用,从而促进地热能技术进步与产业发展。更重要的是,通过不同主体之间产生并承担超越合同文本的维护质量和服务

的义务，工业创新的组织化程度得到了有效改进。

四、广泛深入的国际性产业合作带来有力的资源支撑

在经济全球化的背景下，产业发展方面的国际合作也成为一种显著的趋势，地热能产业当然也不例外。对于地热发达国家来说，通过不同层次的国际性合作，可以充分发挥自身的比较优势并整合全球优势生产要素，使本国地热产业的竞争优势得到固化和增强。同时，一些发展中国家也十分重视地热能领域的国际性产业合作。例如，肯尼亚通过与中国、冰岛的国际合作获得了地热技术方面的大量援助，奥卡利亚（Olkaria）地热田的建设速度比预期高出30%以上，实现了对埋深为2200m的330℃水热型地热能的开发利用，为未来的地热能产业发展奠定了良好基础。总之，国际性的合作能够起到吸引外商直接投资和引进先进设备技术的作用。

制约中国能源转型的关键因素并非资源，而是高质量地进行可再生能源开发的科学技术。如果能够以高度的战略视野积极在地热类新能源领域开展国际性的产业合作，深入学习发达国家能源转型的经验并持续进行科技创新，我国必然会成为能源转型技术研发领域的"领头羊"。此外，对于传统的能源公司来说，地热能的开发利用将提供收入来源多样化、技术创新升级与绿色转型的机会。

第三节 "一带一路"沿线国家地热能产业合作前景

2008年全球金融危机以来，国际经济形势风云变化，能源与环境问题成为全球焦点议题。2013年9月，习近平总书记提出"一带一路"倡议。近年来，"一带一路"逐渐上升为国家大战略。从国家层面来看，"一带一路"旨在发展与沿线国家的经济合作伙伴关系，共同打造政治互信、经济融合、文化包容的利益共同体、命运共同体和责任共同体。对于地热能产业来说，"一带一路"提供了宝贵的时代机遇和不容错过的机会窗口。我国未来地热能产业发展必然是立足国内、面向全球的。这就需要借力"一带一路"国家战略加快"走出去"的步伐。在这一过程中，地热能产业界经营管理人员及有关方面的专家不仅要准确认识"一带一路"沿线国家地热能产业合作前景，也要对其中的风险形成清晰的预警。

一、"一带一路"沿线国家地热能产业合作潜力

从地热带全球分布的情况来看，"一带一路"沿线国家主要分布于环太平洋地热带、地中海-喜马拉雅地热带和红海-亚丁湾-东非裂谷地热带，如东南亚的印尼、菲

律宾，西亚的土耳其，非洲的埃塞俄比亚、肯尼亚，欧洲的波兰、乌克兰、捷克、克罗地亚。这些国家普遍具有地热资源丰富但产业发展处于起步阶段的特点。

根据咨询机构 Global Market Insight 于 2017 年 6 月 10 日发布的预测数据，到 2024 年全球地热能产业将达到 570 亿美元的规模。在这一市场上，"一带一路"沿线国家所占的份额长期保持在 40% 左右。由此可见，这是一个规模较大的重要市场（林美孜，2020）。因此，就地热能产业国际合作而言，"一带一路"沿线国家有着巨大的潜力。对于我国地热能企业及金融机构来说，利用"一带一路"国家战略带来的契机实施地热能产业"走出去"的计划十分可行。

以埃塞俄比亚为例，这是非洲地热资源赋存条件最好的国家之一，地热发电潜力超过 10 000MW。其地热资源分散在埃塞俄比亚裂谷和阿法尔（Afar）洼地。截至 2019 年 12 月底，埃塞俄比亚境内勘查出的地热田主要有 Aluto Langano、Tendaho、Corbetti、Abaya、Tulu Moye、Dofan‐Fantale 等。在埃塞俄比亚，超过 69% 的总人口无法使用电网，电力缺口较为严重。而随着对可再生能源投资的增加，埃塞俄比亚国内的电力需求不断增加，这将有助于促进该国地热能市场充分发展。2013 年，埃塞俄比亚政府宣布投资 40 亿美元建设 1000MV 的科贝蒂地热发电厂，一期 500MV 预计在 5 年内投入运营。就目前的情况来看，这些地热田的开发应用均处于可研或预可研阶段，进一步勘探开发的需求十分强烈。同时，根据埃塞俄比亚政府提出的地热开发计划，到 2038 年该国的地热发电装机总容量将达到 5000MV。由此可见，埃塞俄比亚对地热资源的开发有着宏大的目标和长远的规划。

埃塞俄比亚地热资源开发环境具有以下几个方面的特征：①国家垄断资源。埃塞俄比亚电力公司垄断了该国的发电以及地热资源开发权。埃塞俄比亚电力公司宣称，地热资源的前期勘测工作由其负责，地热能开发利用的国际合作则通过招投标方式进行。这一特点决定了在该国进行地热能开发的对接工作将更为单一。②埃塞俄比亚经济基础薄弱但 GDP 增速较快。近 10 年来，埃塞俄比亚的 GDP 增长率保持在 8% 以上，人均 GDP 则只有 750 美元左右，发电装机仅 3000MW，远不能满足国内电力需求。③社会较为稳定。与非洲其他国家相比，埃塞俄比亚政府治理也较为透明，社会秩序相对稳定，廉价劳动力供应充足，为地热能产业的国际合作提供了长期发展的基础。

二、"一带一路"沿线国家地热能产业合作基础

出于对国家能源安全与国民经济发展的考虑，"一带一路"沿线国家政府对可再生能源的开发利用均高度重视，并对地热类可再生能源的开发利用普遍提出了支持性政策。为了优化能源结构、刺激和规范可再生能源投资市场，"一带一路"沿线国家政府突出的扶持性政策主要有：

允许采用 BOO（建设-拥有-运营）或 BOOT（建设-拥有-经营-移交）模式参与其可再生能源投资市场，政府在特许经营权和自主经营权方面，给予外来投资者尽可能多的便利，有利于调动外来投资企业生产创新的积极性。

政府部门按照"成本＋回报"的方式来购买可再生能源开发利用的产品，同时提供税收优惠政策，如免征海关关税和消费税、免征资源使用费、代征土地且租金低廉等。

政府联合国内金融机构提供可再生能源投资项目的收益担保，有效降低项目风险（李君，2016；王卓卓和郭帅，2019）。

除了资本、技术、就业等方面的收益外，地热类可再生能源项目还具有良好的气候效应和社会效应，有利于提高"一带一路"沿线国家的生产率并改善居民生活品质，对当地经济的发展与社会进步起到推动作用。在改善东道国能源结构、降低碳排放等方面，地热类可再生能源项目也将起到重要作用。因此，"一带一路"沿线国家对地热类可再生能源外商投资项目有着良好的心理预期。

三、"一带一路"沿线国家地热国际合作外部安全风险分析

根据国内学者的统计，中国企业在"一带一路"沿线国家发生的投资风险案例已有多起，从风险项目损失金额与投资总额的比值来看，亦高于全球平均水平。由此可见，"一带一路"沿线国家的地热发展国际合作存在外部安全风险问题，以下从政治社会风险、经济风险、法律风险、主权信用风险等角度来进行简要梳理。

1. 政治社会风险

对外投资领域的政治风险可以被定义为"东道国政府突然改变政策规则导致跨国投资者利益受损的可能性"。从地缘政治的角度来看，"一带一路"沿线国家普遍处于中西文明交汇地带，政治体制、公共管理制度、宗教文化、民族习俗等方面的重大差异，所引发的政治社会风险必须引起海外投资者注意。同时，"一带一路"沿线国家也是美国、日本、俄罗斯、印度等大国竞合博弈的重要场所，种种复杂的思想与利益在此交织互动，加剧了这一地区海外投资的政治社会风险。此外，恐怖主义活动频发也需要引起考虑在此布局的国内地热能企业及相关机构注意。

2. 经济风险

对外投资领域的经济风险可以被定义为"东道国经济形势波动、经济政策变化导致跨国投资者利益受损的可能性"。从经济、产业、知识产权等角度来看，"一带一路"沿线国家在国际舞台上普遍性地缺乏竞争优势，具体表现在经济政策科学性差、经济发展波动性大、金融体系落后、市场体系不健全、产业结构滞后等方面。正因为如此，"一带一路"沿线国家在国际经济竞争中更容易受到市场波动的负面影响。地

热对外直接投资项目通常都具有资金需求大、建设周期长等特点,"一带一路"沿线国家的经济发展状况会放大资金运营不可持续性的风险。所以,打算在此布局的国内地热能企业及相关机构需要对这一地区目标市场的波动性有清晰的认识。

3. 法律风险

对外投资领域的法律风险可以被定义为"东道国法律体制差异及司法状况所导致的跨国投资者利益受损的可能性"。"一带一路"沿线国家的法律分属大陆法系、海洋法系、宗教法系及混合法系等,司法水平具有高度的不确定性。因此,如果缺乏对法律风险的认识,可能会介入意外的诉讼,这必然会带来正常营业活动之外的诉讼费用、机会成本与时间成本。

4. 主权信用风险

对外投资领域的主权信用风险可以被定义为"东道国政府违反契约精神所导致的跨国投资者利益受损的可能性"。根据国际国内学者的研究,"一带一路"沿线国家存在主权信用风险水平不稳定、信用等级呈现非均衡分布等问题(胥爱欢,2018;胡颖和刘营营,2020)。例如,"一带一路"沿线国家中既有国家信用等级非常高的新加坡,也有国家信用等级处于较差区间的乌克兰、希腊等。对于打算在此布局的国内地热能企业及相关机构来说,由此可能引发的经济利益损失也必须予以重视。

第四节 国外地热能产业发展对我国的借鉴意义

一、借鉴国外政策完善我国地热产业发展的相关法律法规

如前所述,政府引导与政策引领是美国、冰岛、日本、德国等发达国家地热能产业发展的鲜明特色。这些国家纷纷出台财政补贴、税收优惠、地热发电上网定向收购等政策来推动和保护地热能产业的发展,这对我国构建地热能产业高质量发展模式有着重要的借鉴意义。

二、借鉴国外经验做法确立我国地热产业发展的规划目标

与地热强国相比,我国的地热能产业还处于有规模而竞争优势尚未充分发挥的阶段。这就要求政府及有关机构积极借鉴国外经验做法,确立我国地热产业发展的规划目标。只有目标清晰、方向明确,地热能产业才能更好地走上科学化、规范化的发展道

路。具体来说，要综合运用产业发展相关的各类理论分析工具，从地热能资源赋存情况及产业发展实际水平出发，全面考虑国际国内能源产业发展趋势，从地热能产业发展的总体定位、产业体系、产业结构、产业链、空间布局、经济社会环境影响、实施方案等方面切入，形成明晰的战略目标。

三、利用国外先进技术优化我国地热能技术路线

从目前的情况来看，各地热强国对技术创新均十分重视，纷纷采取财政支持、重大科研项目集体攻关等方式来实现创新型的快速发展。例如，欧盟于 2013 年推出"地平线 2020（horizon2020）"计划，对 11 项地热能研究项目提供共 8360 万欧元的财政资助，推动增强型地热系统等前沿科技与核心技术攻关。美国政府于 2015 年推出 FORGE 项目，通过提供 1.4 亿美元的技术补贴来帮助企业在水热型地热能勘探开发利用技术、增强型地热系统等方面进行科研攻关。

从整体上来看，我国在地热能领域属于"大而不强"的后发国家。根据制度经济学领域的研究，后发国家有劣势的一面，同时也有优势的一面。因此，在未来地热能产业发展过程中，应当规避产业底蕴不强等劣势，积极引进国外先进技术与制度来形成符合我国地热能产业发展环境的技术路线，不断寻求和创造"弯道超车"的机会。

以地热供热技术路径为例，我国应当立足地热能资源赋存条件并借鉴美国、冰岛、印度尼西亚等国家的技术发展经验进行分层次、有步骤的技术研发。①坚持浅层地热供热与中深层供热齐头并进的技术道路。有中深层资源的地区实现中深层资源的优先开发。在中深层资源不具备的地区，则侧重于浅层地热能的开发利用。②再以干热岩开发利用技术为例，应当借鉴国际经验规划并落实符合我国地热能产业技术实力的技术路线及技术体系。具体包括：以"资源评估技术—场地选择及设置—场地建设方案体系"为发展路径的选址技术；以"勘测技术—钻井技术—热输送及热交换技术—终端商业应用"为发展路径的开采技术；以"环境影响指标体系建设—环境评估技术体系—商业化系统评估"为发展路径的环评技术等。

四、借鉴国外地热能产业发展的经验教训完善我国地热能产业发展模式

对于所有要发展地热产业的国家来说，资源评价和勘测困难、初始投资高且投资回本周期长、技术难度大等问题都是客观存在的。因此，地热能产业模式的探索和完善必然是困难重重，政府及业界都必须做好打"持久战"的准备。为此，需要对地热能产业发展模式进行科学设计和周密落实，有效凝聚各方面的资源与力量，通过合作发展摸索出一条符合我国地热能产业内在演化规律的发展道路。

中篇

我国地热能产业化发展模式

第五章 我国地热能产业发展现有模式和若干新类型

对于我国地热能产业运作的具体方式,国内学者已经进行了较为详尽的研究。本章在分析我国地热能产业发展的传统模式基础上,致力于对地热能产业发展过程中涌现的几种新类型进行总结评价。

通过本章的阐述与分析,可以进一步了解我国地热能开发利用过程中的一些新情况、新问题、新经验和新趋势,同时也能够对我国地热能产业发展的未来趋势有更准确的把握。

第一节 我国地热能产业发展的传统模式

根据产业经济学理论,基于基本生产要素驱动、传统企业带动所形成的产业发展模式具有显著的路径依赖特性,其结构及功能通常也较为单一。针对不同地区的区域性特色地热能产业,需要采取不同的发展模式。要完善我国地热能产业发展模式,首先就需要对传统的模式进行归纳,从而有针对性地进行宏观架构层面的再设计与细节层面的调整优化。

一、要素驱动模式

任何一个产业,都是围绕特定的生产要素展开和形成。地热能产业就是围绕地热能这一生产要素开发利用而形成的、逐步趋于成熟和完善的体系。在产业发展初期,人们对地热能进行最初的开发利用,发展出了温泉旅游、地热辅助农业生产等较为粗浅和原始的产业活动。随着社会经济的发展,地热能开发利用的条件更为丰富和多元化,人们逐渐发现,作为典型热能的地热能资源可以转化为电能并用于其他领域的生产生活。除此之外,还可以利用地热能来进行居民供暖。在政府及市场力量的推动下,一些有实力、有基础的企业开始向地热能开发利用的方向转型,这就带动了地热能产业的逐渐成长。随着产业发展的不断壮大,由地热能及相关产品/服务驱动的设备制造、技术研发、项目运营乃至咨询服务等为整个产业的发展提供了内生驱动并使之进入相对成熟的阶段。

在要素驱动模式下，企业是地热能产业最重要的运营主体。正如国内学者所发现的那样，我国地热能产业具有要素密集化的特征。也就是说，一些能源、制热制冷领域的企业敏锐地发觉地热能的独特竞争优势以及与自身经营特点、经营规模、经营思路等相匹配的价值基点。经营管理者开始围绕地热能资源的开发利用来进行产业化的运营。例如，河南万江新能源的创始人侯涛在最初经营管理空调产业积累了大量经验后，开始进军地热领域，经过多年的精耕细作，万江新能源成为了地热能产业的一支重要力量。

在产业生命周期中，要素驱动模式多见于初创期，比较适合科技创新能力有限、资本规模小的企业。在地热能产业发展历程中，要素驱动模式在各地都较为常见，也充分发挥了驱动力简单、经营管理边界清晰等优势。但是，随着地热能产业的发展，其所带来的设备及技术落后、规模突破困难等诸多问题日益凸显，向全要素生产率驱动等其他模式的转型是大势所趋。

二、政策驱动模式

从世界各国地热能产业发展的情况看，政府主导地热能产业发展具有普遍性。我国地热能产业发展中也很重视强化政府的作用，属于强政策驱动型，需要政府结合地区资源特点，制订地热能产业规划、建立制度保障体系、出台相关优惠政策、建立产业公共信息服务平台（邵兰，2018）。

面对大数据、区块链、人工智能等技术所提供的时代机遇，政府可以借力信息技术来解决行政管理方面的瓶颈。在地热产业管理上，政府可以利用强大的信息收集、处理、推送能力来提高产业政策引领规划及管理制度保障扶持的效率，通过政策手段实现生产要素向市场竞争优势者的转移和集中，推动地热能产业走上高质量发展之路（刘骏昊，2018；茶洪旺和和云，2019）。

三、投资驱动模式

经济全球化和经济金融化是当今世界经济发展的两大突出特点。没有金融支持的产业在发展规模、增长速度等方面都会受到限制。对于地热能这类新能源的开发利用和产业化发展来说，金融资本的支持能够起到丰富融资渠道、优化公司治理、提升行业监督水平等作用。在我国地热能产业发展过程中，投资机构的渗透程度也越来越高，资本这种生产要素对地热能产业发展的驱动作用也显得越来越重要。尤其是对于民营地热能企业来说，投资驱动模式有助于解决融资成本高、融资效率低等问题，从而以更快的速度进行设备采购、人员招募与项目扩建。对于发展格局优势明显的民营地热能企业来说，资本的支持还能够起到加速知识产权成果转移、提升项目收购能力、优化资金综合成本等作用。

四、创新驱动模式

德国、日本等发达国家的发展经验表明，从模仿型经济到创新型经济是经济体从弱小到壮大的必经之路。经过多年的发展，我国的经济也到了"创新型经济"阶段。经济发展的核心推动力已经从劳动力、技术转变为创新，这对经济体系设计、经济增长方式、社会发展模式等具有重要影响。

在地热能产业发展方面，创新驱动的重要价值已经得到较为广泛的认可（王涛，2011）。①人才为创新提供智力依托，知识产权和技术进化是创新活动的外在表现。②地热能领域的创新不仅体现在理论和技术层面，其在环境保护、可持续发展等方面的作用同样受到高度重视。③持续的创新有利于不断推动地热能企业向产业价值链中高端延伸发展（檀之舟和朱林，2018）。

创新过程中的高投入、高风险等值得引起政府及地热能企业等有关方面的高度重视。产业发展过程中的创新活动应该结合具体情况组织开展，不能为了概念层面上的改进而盲目进行资源投入。

五、系统驱动模式

地热能产业的发展涉及多种生产要素，这些生产要素及其互动关系构成了一个复杂的系统。国内学者注意到了这一现象并引入系统及系统动力学来对地热能产业发展进行探究。这方面的认识主要包括：①不能孤立地看待地热能产业发展问题。也就是说，地热能产业的发展不能仅仅强调经济效益、技术等特定的方面，而是要考虑多方面的协调进步。②地热能产业系统与外部环境的互动关系造成了产业驱动力的变革。能源价格机制、财税金融政策、前沿技术等因素为地热能产业发展注入了新的活力，应当加以合理利用。③地热能产业在发展过程中，结构优化问题也得到各方面的高度重视。也就是说，地热能产业内部的结构优化与其他产业、区域经济之间的耦合关系必须得到高度重视。

第二节 合同能源管理模式（EMC）

一、合同能源管理模式简介

合同能源管理（Energy Management Contracting，EMC）是指能源企业与用能单

位签订服务合同，根据合同条款规定的权利义务关系为客户提供能源服务的一种商业模式。具体来说，合同能源管理模式又涵盖了能源管理服务模式、能源费用托管模式、节能效益分享模式、节能量保证支付模式等不同类型。

就其本质而言，合同能源管理模式是一种面向市场的新型节能机制，是一种降低能源成本的综合管理制度。实施EMC合同管理的企业为客户提供一整套的节能服务，具体包括能源审计、项目设计与融资、工程建设、设备安装、签订节能服务合同的节能量确认等。通过这种有效的节能方式，双方可以实现节能成果方面的双赢。

二、合同能源管理模式在地热能产业运作的具体施行

根据课题调研，合同能源管理模式在河北、河南、上海、陕西等地区已经逐渐被地热能企业所接受和施行。

合同能源管理模式在地热能产业运作的具体施行步骤主要包括：①能源审计。地热能企业对客户的能源供应情况、能源利用效率、能源管理制度进行审计诊断和评价，提出可供选择的节能措施。②能源使用方案。以能源审计所获得信息资料为基础，地热能企业编制更详细的节能方案，制订更具性价比的能源使用方案。这种能源使用方案一般包括能源结构及质量分析报告、能源优化效果预测报告、能源使用方案改革投资分析等。③能源管理测试。双方就能源使用方案达成一致意见后，地热能企业进入现场进行能源管理的测试性施工，让客户对能源使用方案的基本情况有所了解。④能源服务合同的谈判与签署。客户认可测试数据结果后，双方进行合作谈判，达成一致意见后签订能源服务合同。合同的主要内容包括双方的权利义务、能源改造方案的施工及验收方式、能源优化使用监测及效益分享办法。⑤项目实施。地热能企业根据合同进行设备采购、工程施工与性能调试。⑥后期服务。地热能企业为客户提供设备维护维修、操作培训等服务。⑦能源服务效益分享。双方根据合同和项目运行情况进行节能效益的分享。合同到期时，双方签订继续合作的合同或者选择结束合同。合同结束后，客户将享受全部的节能效益及相关的能源使用设备。

三、地热能产业合同能源管理模式的应用案例

1. 河南省开封市尉氏集中供热项目地热资源概况

从太康隆起地理位置图（图5-1）可以看出，太康隆起是NWW向展布的宽缓复式背斜，叠加有NNE向短轴褶皱，被NWW向、NE向和NNE向断裂切割，该地区古生代至三叠纪接受了海相、海陆过渡相和陆相盆地沉积，三叠纪末隆起，地层广遭剥蚀。

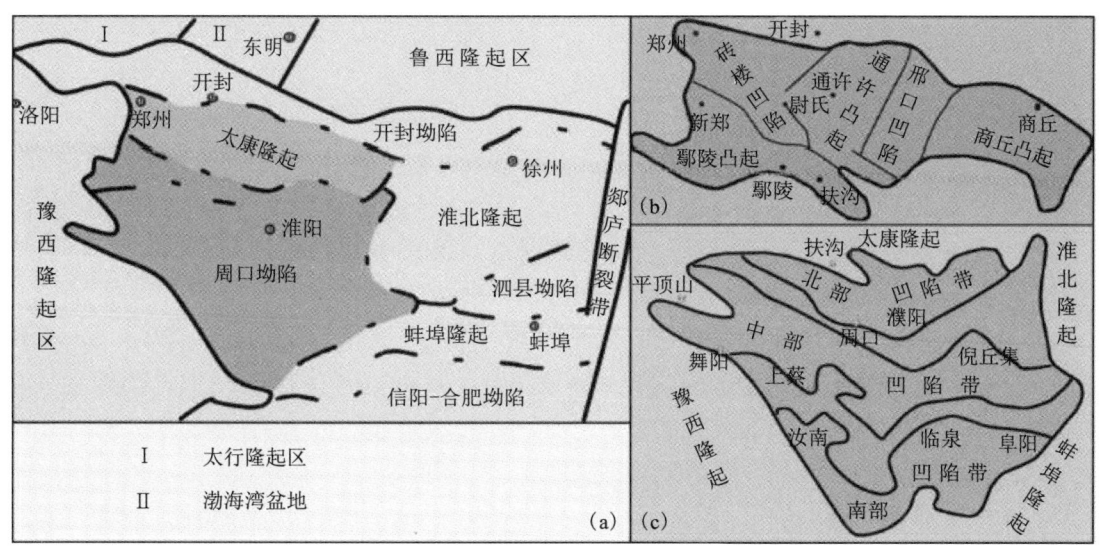

图 5-1 太康隆起地理位置示意图
(a) 太康隆起与周口坳陷示意图；(b) 太康隆起构造单元划分图；(c) 周口坳陷构造单元划分图

该区域新近系地层是目前主要开采的储水层，上被第四纪覆盖，整个区域均有分布，发育比较好，在西部山区的沟谷中及郑州—新密公路两侧均有出露。

2. 尉氏集中供热项目运行主体基本情况

运营公司是一家聚焦地热类清洁能源开发利用的能源投资运营商。公司业务范围主要涵盖3个方向，一是区域性的居民供暖供冷项目的规划设计与投资运营，二是建筑项目的节能改造与合同能源管理，三是工业项目的供热和节能服务。河南通济实业有限公司在可再生资源技术、地源热能开发应用、地表水/城市污水供热供冷、冰蓄冷空调、燃气三联供、余热余压利用等领域不断探索，追求用户受益、企业增长、节能减排的绿色发展之道。

根据具体的区域市场情况，河南通济实业有限公司所运用的商业模式主要包括：建设-经营-移交（BOT）、建设-拥有-经营（BOO）、工程总承包（EPC）等。

为了顺利实施尉氏集中供热项目，河南通济实业有限公司与河南万江新能源开发有限公司合作成立了开封尉氏万江这一运营实体。开封尉氏万江成立于2017年11月，注册资本2000万元，经营年限为30年。开封尉氏万江致力于新能源综合开发利用，专注于城市清洁能源地热能综合利用投资、建设、运营，地热能的开发利用、区域地热能及供热规划、智慧供热系统的开发利用。

开封尉氏万江利用中深层（1000～3000m）获取地热水，利用梯级换热技术将地热水的热量提取出来用于供暖，并将取热后的尾水还回地下。整个系统封闭运行，只是交换了热量，水质没有发生变化，经回灌到地层，取热不取水。项目建设包括：技术规划、热源井钻井、一级管网的建设及站房设备的建设和维护。整体工程施工周期为4个月，项目建设灵活，周期较短，是新时代下清洁能源供热企业发展的方向。

3. 项目技术情况

开封尉氏集中供热项目是河南万江新能源开发有限公司与河南通济实业有限公司通过股权合作的中深层地热集中供暖项目。项目通过地热集中供暖规划和砂岩储层回灌技术，实现"100％同层回灌"和"取热不取水"，回灌水质符合技术规范。区域规划供暖面积200万m^2，采用分布式中深层地热井＋水源热泵供热站房形式供热，每个热站可供20万m^2建筑。项目遵循国家政策，通过政府授权企业投资建设运营，采用使用者付费模式。

项目主要使用地热梯级利用技术体系，居民集中供热项目技术原理示意图（图5-2）可以直观地反映这一技术体系。

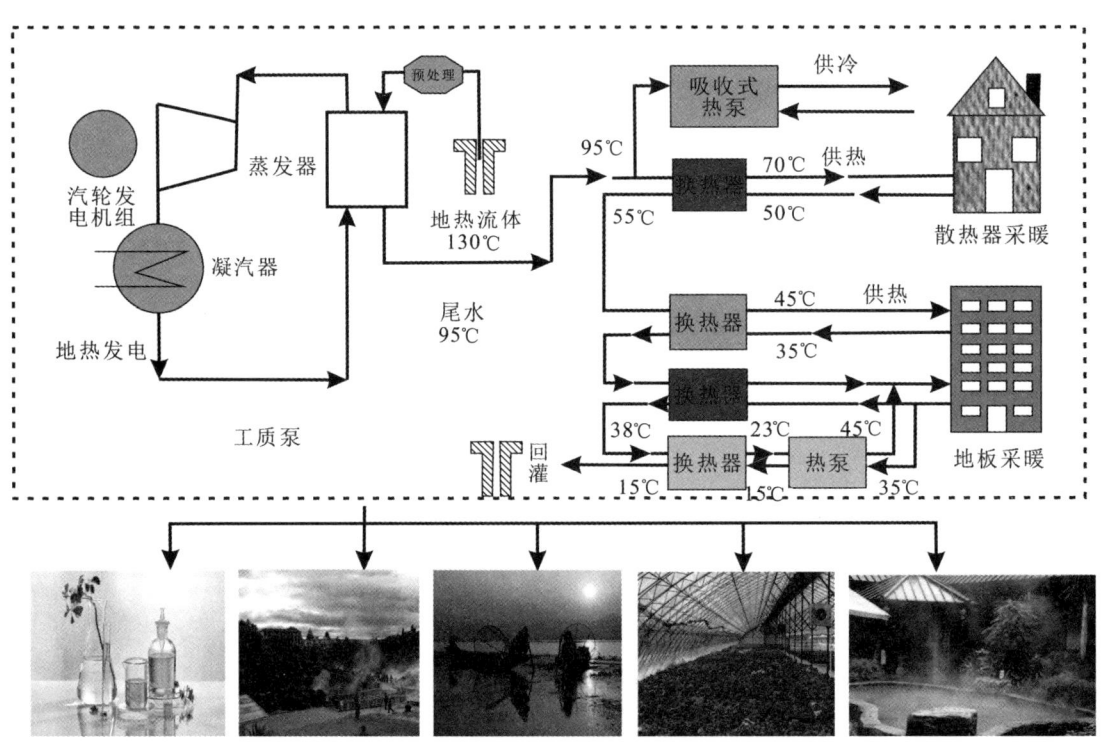

图5-2 尉氏居民集中供热项目技术原理示意图

项目设备主要包括以下几个方面。①集中供热热源：地热勘探、热源井、回灌井、一级管网、供热站房设备。一级管网是指热源井到供热站房以及供热站房到回灌井之间的管网。河南通济实业有限公司负责集中供热热源的维护，自主承担维护费用。②二级管网：二级管网是指以出供热站房法兰为界，向热用户输送和分配供热介质的管线系统，包含：室外管网、楼内立管；用户自用管道热力设施：自楼内立管引入到热用户室内的入户阀门、过滤器、计量表、水平管道以及热用户户内用热设施等。二级管网建设单位负责质保2个采暖季。在此之后，热用户可委托供热企业或小区物业代为管理，由热用户分摊二级管网维护费用。

尉氏集中供热项目工艺流程示意图（图5-3），可以直观地反映这一项目工艺流程。

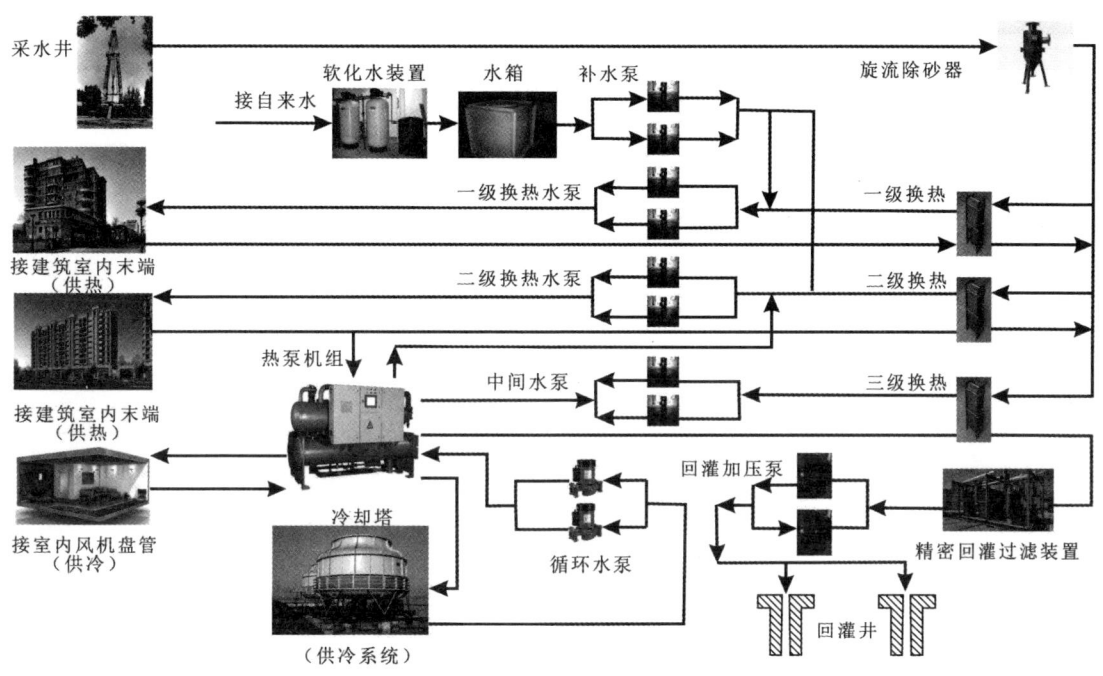

图5-3 尉氏居民集中供热项目工艺流程示意图

4. 项目主体的权利与义务

在该项目中，政府的权力主要包括特许经营权控制、项目运行监督权等，其义务则主要包括为项目运行提供信息支持和政策扶持等。开封尉氏万江的权利主要体现在以节能效益的80%为标准进行合同款项的回收、高效的政策支持等。其义务主要涉及工程建设与咨询、供热产品生产与运营、及时而全面的信息报告、敏捷的客户响应等。通过这些义务的履行，项目公司能够利用自身产品的优势打造先进的能源管理合同网络。通过一次或多次通信，网络可以远程进行供暖产品数量与质量的控制并自动显示所有的参数。这不仅有利于降低居民的取暖费，还将大大提高相关各方的能源管理效率。此外，由于采用了高科技的通信协议，整个系统可以方便地进行能源数字信息的共享。

5. 项目经济指标

从合同能源管理模式集中供冷供热与其他模式经济指标对比简表（表5-1）可以发现，EMC模式具有突出的经济性。项目采用标准化、模块化、分布式集装能源站建设方式，多个能源站可同期实施，建设周期4个月，可当年建设当年供暖，迅速形成清洁供暖能力。由于不需要进行大范围的城市管网铺设和城市道路开挖，具有占地面积小、无需新增土地等成本优势。

表5-1 合同能源管理模式（EMC）集中供冷供热与其他模式经济指标对比简表

供暖类型	EMC集中供冷供热	家用燃气壁挂炉采暖	家用空调供冷供热	家用中央空调供冷供热	空气源热泵集中供冷供热	水源热泵集中供冷供热	地源热泵集中供冷供热	燃气锅炉集中供热
前期投资（元/m²）	48.5	100	150	300	80~100	80~100	150~180	30
每采暖季运行成本（元/m²）	16	40~50	30~40	35	25~30	20~25	22~25	28~35
使用年限	30年以上	6~10年	8~10年	8~10年	8~10年	8~10年	8~10年	6~10年
维护成本	30年内免费	5年后维修率高	5年后维修率高	5年后维修率高	5年后维修率高	5年后维修率高	5年后维修率高	5年后维修率高
配电容量（W/m²）	6	—	132	110	70	40	40	—
舒适度	舒适	舒适	噪音、干燥	噪音、干燥	噪音、干燥	噪音、干燥	噪音、干燥	舒适
系统功能	供冷、供热	供热	供冷、供热	供冷、供热	供冷、供热	供冷、供热	供冷、供热	供热
安全隐患	无	中毒爆炸	漏电、外主机高空坠落	漏电、外主机高空坠落	无	无	无	爆炸

根据公司财务及技术人员的计算，合同能源管理模式在该项目中的应用不仅提升了公司规范管理的水平，还创造了可观的经济效益。据测算，尉氏居民集中供热项目实施后，每年将为当地节约近230万元的能源使用成本，减少约5万t的碳物质排放。

6. 项目风险识别与规避

河南通济实业有限公司发现，合同能源管理模式在我国的运用还比较少，对项目中的一些潜在风险必须予以正确认识和提前规避。

项目中的风险主要表现在以下几个方面。①政策风险。虽然国家对EMC合同能源管理项目的发展进行了法律法规、财政政策、税收政策、金融扶持、会计处理制度等方面的支持，但仍然存在着行业准入标准不完善、节能效益评价标准不统一、配套能耗监测制度不完善等隐患。②市场风险。合同能源管理中的不同主体在信息方面存在一定程度的不对称，这可能会影响相关的决策。同时，能源市场价格的变动会影响客户对节能服务效果的认识，同时也会造成经营者的成本变动，甚至会造成资金链的断裂。此外，相关设备成本的不确定性也会造成一定的风险。③金融机构风险。项目运作离不开金融结构的支持。金融机构的决策会根据汇率、利率的变动而发生变化，如要求提前还贷等。这可能会对项目的实施造成一定的影响。

针对这些风险因素，河南通济实业有限公司采取的规避性措施主要包括：①定期组织管理人员进行相关政策的研究，同时积极加入各类产业联盟，不断加强对相关产业政策的深入认识与准确把握；②利用万江新能源内部的新能源研究院进行定期的市场信息汇总，同时建立周密的信息披露制度，使项目管理人员能够及时掌握有关市场信息并作出敏捷反应；③加快资本运作步伐，积极筹划上市工作。同时，按照7%的比例提取风险准备金，切实加强项目运作的资金保障。

四、合同能源管理模式评价

在EMC合同能源管理模式下，客户不需要承担能源优化的设备投资与技术研发，甚至不需要承担相关的风险。同时，客户能够以更有效率的方式实现能源使用成本的节约并获得由此带来的收益。因此，这是一种较为理想的地热能开发利用方式。

第三节 公私合作模式（PPP）

20世纪90年代中期，居民供暖领域开启了市场化改革的步伐。在这一领域，最初通行的模式是传统的承发包模式，即DDB（Design-Bid-Build）。随着时代的发展，这一模式下的项目建设周期长、职责分配不明确、工序衔接不合理等弊端日益显现。近年来，公私合作模式（PPP，即Public-Private Partnership）得到了更广泛的应用。

一、公私合作模式简介

公私合作模式的核心在于政府与社会资本根据商定的契约开展公共基础设施方面的项目合作。在某些公共基础设施方面，政府与社会资本各有其优势和不足。在地热能开发利用项目方面，政府有推广这种清洁且可再生新能源的动力，但产业化运作和实践经验相对缺乏。社会资本则刚好可以弥补这种不足，这为双方的合作提供了基础。就本质上而言，PPP模式涉及产业政策、财政金融政策、行政管理、投融资等多个方面,不仅是资本运作和项目建设的手段,更是社会公共事务领域的体制机制变革。

二、公私合作模式在地热能产业运作的具体实施

PPP模式下,政府、地热能企业、金融机构、其他相关方共同参与地热项目建设。PPP模式的实施过程中,政府的主要活动包括:①根据产业政策、地热能开发利用需要、具体项目特点等制定具体的地热能发展规划;②通过招投标方式确定项目施工管理方并确定合作细节;③对项目具体施工情况进行监督管控。地热能企业的主要活动包括:①对地热能开发项目进行前期勘测和各类财务预算,判断项目是否具有可行性,拟定项目管理方案并获得资格许可;②获得项目许可后进入现场负责施工;③工程建设完工后根据预先商定的模式进入"交钥匙"或者继续管理等环节;④享有项目收益。金融机构的主要活动包括:①利用财务模型判断项目预期收益和资本回报情况;②通过各种资本手段介入地热能开发项目,如贷款、基金管理等。其他合作方的主要活动包括提供各类中介咨询服务、参与地热能开发建设项目的社会化监管等。

三、地热能产业公私合作模式的应用案例

1. 河北省石家庄市无极县地热项目背景

近年来,天然气等传统能源价格一路走高,给北方地区的冬季供暖成本造成了巨大的压力。在冬季,北方多地普遍出现程度不等的供气不足和限气、停止供暖等事件,解决能源匮乏刻不容缓。同时,国家在生态环境方面的一系列政策要求政府大力进行大气污染治理。面临这种双重压力,河北省各地正在努力实现燃煤供暖锅炉的全面整改。在整改过程中,"气荒""意外断电"等现象的出现使供暖价格提升至45元/m^2左右。在此压力下,居民纷纷呼吁低成本清洁型能源供暖的采用。

在此背景下,河北石家庄市无极县政府与宝石花地热能开发有限公司合作进行中深层地热清洁能源开发项目的建设。

2. 项目概述

该项目的主题为分布式U型井中深层地热供暖,致力于"取热不取水",充分利用地热能资源来降低对煤炭、天然气等传统化石能源的高度依赖,逐步降低由于供暖而产生的二氧化碳排放。

无极县政府以财政部、住建部、环保部、国家能源局于2017年5月16日联合发布的《关于开展中央财政支持北方地区冬季清洁取暖试点工作的通知》和《河北省冬季清

洁取暖工程实施方案（2018）》等文件精神为依准，制定该中深层地热清洁能源开发项目的PPP合作方案。县财政下属经投公司与宝石花地热能开发有限公司成立合资公司共同进行项目投资。

宝石花地热能开发有限公司在无极县设立了项目公司"无极县三迦新能源科技有限公司"并与无极县政府签署BOT合同。根据该合同，项目供热收费标准为采暖季每建筑平方米22元，公建供暖为采暖季每建筑平方米28元。目前，项目公司已完成《无极县地层勘查报告》，勘查覆盖面积约524km^2。

3. 项目实施重点

公私合作模式下的该项目实施重点包括：①以政府文件与合法合同为基础。该项目通过当地政府及人大决议，并列入财政年度预算。②多维度的公私合作。除了项目建设中的公私合作外，宝石花地热能开发有限公司还与河北省地矿局签订战略合作框架协议。通过人力、技术、资金等方面的资源共享，双方利用已掌握的地热地质资料为地热资源开发靶区选择提供了详实的数据参考。经过2019年上半年的努力，编号为JRT-1的地热井于2019年10月7日成功出水，初步测定井口水温97℃，水量达80m^3/h，钻井深度4000m。③特许经营公司股权。项目实施过程中，无极县政府在土地、基础设施建设等方面赋予宝石花地热能开发有限公司一定的特许经营权。在双方成立的合资公司中，县政府方面具有主导权和控股权。宝石花地热能开发有限公司主要负责项目的运营。④项目融资。根据双方的合同，该项目所需资本考虑引入银行信贷、保险信托、资管计划及保险资金等多种融资形式。

通过公私合作模式的应用，无极县政府与宝石花地热能开发有限公司实现了资源的高效整合，项目投资、建设及运营管理效率大大提高，探索出了一条节约型、环保型、可持续型的地热开发利用路径，对建设环境优美的宜居城市、提高居民生活质量起到了重要作用。

四、公私合作模式为地热能产业运作带来的优劣势分析

社会资本和政府之间的伙伴关系对双方都有好处。例如，社会资本所引领的技术和创新可以提高运营效率，从而帮助政府提供更好的公共服务。政府部门则提供政策导向，鼓励私营机构按时在合理的预算下进行工程建设。此外，公私合作模式（PPP）创造了经济的多元化，使整个社会在促进基础设施建设和相关建筑、设备、支持服务及其他业务方面更具竞争力。在地热能产业发展上，这一点已经得到了很好的体现。

当然，公私合作模式（PPP）也有不利的一面。公共基础设施涉及多重风险，如建设施工风险、市场风险、资本风险、需求风险等。如果产品没有按时交付、超出成

本估算或存在技术缺陷，责任的承担将成为难题。

从总体上来说，公私合作模式（PPP）是一种新型的公共产品供给模式，在地热能产业运作中的深入施行能够带来诸多有益之处。通过政府公共管理与民间资本力量及其他相关资源的整合，公私合作模式（PPP）将起到促进地热资源统一开发利用、提升产业效率、优化能源结构等作用。同时，在公私合作模式（PPP）的运行过程中，特许经营权招标制度也将得到有效应用，这有利于地热能企业在供热市场上的进一步精耕细作。

第四节 "工程总承包＋融资"模式（"EPC＋F"）

提到"EPC＋F"，需要首先厘清 EPC 的概念。所谓 EPC 是指工程（Engineering）、采购（Procurement）、建设（Construction），它是国际通用的工程总承包产业的总称。"EPC＋F"中的"F"则是指融资（Financing），其目的是通过整合项目融资与承包环节，在帮助业主解决资金来源的同时，承建方发挥在融资、设计、采购、施工的全环节竞争优势，实现"双赢"格局，即在推动当地建设的同时，企业实现规模和效益的增长。

一、"工程总承包＋融资"模式简介

从某种意义上说，该模式是国内企业参与国际工程而被迫"发明"的。国内企业承担的国外项目大多在发展中国家和地区，当地政府亟待解决经济社会全面发展的压力，但往往财力有限，无法承担巨大的基建项目费用，并且因为国际工程领域竞争的白热化，国内企业被迫拿出比竞争对手更强的优势，即"带资进场"。国内企业通过为项目所在国或地区提供"EPC＋F"的项目运作模式，从而在资金与技术共同加持下于逆境中求得项目机会，借助后期的品牌与口碑逐步拓展国外市场。

二、"工程总承包＋融资"模式助力地热能产业发展

近几年，随着国家环保政策的调整，地热能作为可再生新能源得到了社会各界的普遍重视，资本市场也在一段时间将其作为"蓝海"，地热能开发类企业如雨后春笋般涌现，市场竞争也日趋白热化。

但地热能产业作为能源产业的本质并没有改变，行业的基本特质决定其具有行业规模发展快、资金体量大、交易程序繁琐且成本高、结算复杂度高等特点，形成了"外热内不热"的被动局面。同时，个别大型国企、央企为了布局产业发展，利用自

身在资金、技术等方面的优势,在一定程度上形成排他的竞争优势,提出"EPC+F"的地热能项目开发模式。

该模式工程造价涵盖了工程成本、融资成本和工程利润。业主(政府)将工程发包给施工承建方,按工程进度安排支付款项,建设期施工承建方不垫资,项目竣工后移交给政府,后期可以联合政府共同负责运营、维护。该模式主要优势是集中发挥了EPC模式的灵活性。在EPC模式下,设计、采购、施工一体化集成,避免了多头协调,相比PPP模式可从立项、决策等环节缩短项目周期。而且,在EPC+F模式下,可采取融资租赁、材料设备出口信贷等多通道融资,既能降低融资成本又能提高融资效率。这种无往不利的经营模式转变有助于产业得到提升与发展。

三、"工程总承包+融资"模式在地热能产业中的实践

目前EPC+F模式只是在国外地热发电项目中得到了应用,在国内仍处于起步阶段。例如,2016年杰瑞石油中标肯尼亚Olkaria井口式地热发电厂项目、2019年开山股份全资孙公司欧亚公司承建土耳其CANAKKALE的地热发电站项目。但是,考虑到未来的巨大潜力,EPC+F模式辅助地热能产业发展将是大概率事件,尤其是在节能环保的压力下,大中型国企、央企的介入势必起到有力的推动作用。

四、"工程总承包+融资"模式评价

对于地热能产业来说,EPC+F模式还有待市场检验,但其发展潜力不容忽视。EPC+F模式为地热能带来的改变至少包括以下几个方面。一是自2018年底进入清理整顿阶段以来,社会各界对PPP模式进入了观望阶段,给EPC+F的发展提供了机遇。二是EPC+F模式操作相对简单,更能满足地方政府(业主)和施工承建方对实施效率及短期业绩的要求。三是在地方政府(业主)财权事权不匹配的情况下,EPC+F模式能帮助地方政府筹资融资,解决实际问题。四是EPC+F模式对业主方的要求低于其他类项目,且其项目实施类似于捆绑式、陪伴式销售,可以极大降低业主方的顾虑。

通过建立这种管理经营模式,特别是随着大量同类项目的孵化落地,该模式的优势将会逐步显现,并有可能在全国产生规模效应,也会推动地热能产业内部的各类资产实现更为便捷的流通与交易,促进产业有序、高质量的发展。

第五节 "地热能+"模式

在知识社会创新2.0、工业4.0、物联网、工业互联网、5G技术等力量的推动下,

各行各业都出现了一些新业态、新模式,地热能产业也不例外。围绕地热能而形成的"地热能+"模式已经进入人们的视野。从本质上来看,"地热能+"模式具有全要素生产率驱动的特点。换言之,"地热能+"模式综合了地热能开发利用方面的各种要素,探索出了一种多要素协同作用的产业发展新路径(刘中云,2018;梅婷婷,2018)。

一、从规划层面看

规划层面上的"地热能+"是指发展"深层地热能+浅层地热能+太阳能+工业余热+污水源热泵+工业余热"的"大地热"多能互补的产业发展模式。通过梯级利用和综合规划,该模式能够起到保障城乡居民能源消费需求、助力实现绿色低碳发展的作用。与太阳能、风能等其他类型的新能源相比,地热能的优势是能源产出稳定、可以根据不同温度来进行分层次的梯级利用。高温水进行地热发电后,带有中温的余水还可进行地热供暖,而供暖后的余水,还可以经过处理后输入其他管道进行梯级利用。这样使每个阶段的温度得到充分利用,既节约了资源,又提高了效率,同时也有利于多角度收益,是全面提升地热能产业竞争力的一个有效手段。

二、从产品层面看

产品层面的"地热能+"是在推广地热供暖的基础上,加入制冷产品模块。目前,地热供暖主要有两种模式。一种是小规模的地热井为城镇小区供暖,另一种是零散的地源热泵系统供暖。大型集中供暖不仅代表着地热能供暖的发展趋势,同时也是清洁型能源消费的重要体现。欧洲一些国家的地热能企业不仅可以进行地热供暖,同时还可以进行地热制冷。在拓展地热产业发展模式的过程中,这一点也必然被我国地热企业及研究机构借鉴使用。在"地热能+"模式下,大型集中供暖将与地源热泵制冷等技术结合起来,这样可以更有效地利用地热资源。例如,国内一些地热企业已经通过借鉴互联网及高端制造业模块化运营思路,实现了围绕地热能的集约化运营。

三、从服务层面看

服务层面的"地热能+"的一个例子是依托地热温泉旅游进行地热服务综合体的开发。也就是说,顺应消费者需求层次升级的需要,依托地热温泉这种特殊资源,加上地产、休闲、养生、娱乐等其他功能,打造多层次、多角度的综合体。这不仅可以实现地热温泉资源的增值,同时也可以起到矿产资源保护的作用。

总之,"地热能+模式"不仅实现了地热产业发展过程中诸多要素的整合,更通过对互联网及其他领域头部企业先进经验的吸纳，发展出更为多元化的经营管理方法。

第六节 区块链模式

习近平总书记曾经指出，"区块链技术应用已延伸到数字金融、物联网、智能制造、供应链管理、数字资产交易等多个领域"。区块链技术与产业创新发展的融合已经成为重要的趋势，将区块链模式运用于产业经济发展势在必行。在能源市场上，这一模式已经初现端倪。

一、区块链模式简介

就本质而言，区块链是由不属于任何单个实体的计算机集群管理的一系列带有时间戳的不可更改的数据记录。这些数据块中的所有数据都使用密码原理来进行保护并彼此绑定。由于它是一个共享且不可更改的电子数据，其中的信息对任何人都是开放的。因此，任何建立在区块链上的东西本质上都是透明的，参与其中的每个人都要对自己的行为负责。

近年来，区块链所创造的智能合约社会化、去中心化、资产数字化等趋势引发了社会各界的高度关注，它也正在逐渐向社会各领域渗透。就地热能产业而言，区块链模式已经成为一个值得高度重视和研究的现象。结合有关文献，本书将地热能产业出现的区块链模式定义为"区块链与地热能产业深度结合所产生的新型产业形态"。

地热能产业是能源产业的组成部分，具有行业规模发展快、资金体量大、交易程序繁琐且成本高、结算复杂度高等特点。同时，在地热能产业内部建立有效的信用机制十分困难，产业数据的共享利用率也比较低。区块链模式的出现，将逐渐克服这些问题并创造新的发展机遇。

二、区块链模式在地热能产业中的具体施行

区块链模式在整个能源市场上的应用均处于起步阶段，在地热能产业中的具体施行也只是零星出现。但是，考虑到其未来的巨大潜力，区块链模式向地热能产业的渗透将是大概率事件，对其应用也需要形成大体上的框架。

区块链模式在地热能产业中的具体应用场景包括以下几个方面。①分布式交易。在未来的地热终端产品/服务的交易过程中，去中心化的交易模式将部分乃至全部地取代现在的中心化现金交易模式。②地热金融。一方面，地热能企业和产业金融机构

可以通过区块链来开展融资活动；另一方面，整个产业的交易信息数据被放置于区块链之中并用于不同主体的金融征信。③碳交易与绿色电力证书认购交易管理平台。在未来，区块链将发展为碳交易及绿色电力证书认购交易的综合处理平台。以这些场景为基础，地热能产业中的交易活动将得到充分的技术赋能，从而体现出开放化、自主化等新的特征。

三、区块链模式评价

对于地热能产业来说，区块链模式尚属新鲜事物，但其发展潜力不容忽视。区块链模式为地热能带来的改变至少包括以下几个方面。①建立新的关联节点系统，引发深层次的技术融合、要素融合乃至产业融合，最终形成基于区块链的产业链；②消费者的角色更为复杂，他们不再单纯地接受地热能企业提供的产品/服务，而是凭借区块链深度参与能源市场的交易；③区块链模式下的通证化（Security Token Offering）将为地热能产业中的债权、股权、基金、衍生品等各种交易标的建立新的金融交易模型和交易模式。通过这种交易模式上的转变，地热能产业内部的各类资产将实现更为便捷的流通与交易。同样，其中所蕴含的资本、市场、技术等风险也必须引起地热能企业及有关机构的重视。

第六章 促进我国地热能产业高质量发展的模式构建

前文对我国地热能产业发展现有模式和若干新类型进行了分析，对国外地热能产业发展的现状及经验教训进行了总结反思。本章结合前文分析，提出了我国地热能产业发展路径的时代变更，阐释了地热能产业高质量发展模式的理论构想，构建了地热能高质量发展模式的基本逻辑框架，并初步对地热能产业高质量发展模式的关键点进行了系统探讨，对有关主体的优劣势和作用发挥进行了初步分析，提出我国地热能产业高质量发展模式是："我国经济新常态下地热能产业坚持创新驱动型发展、协调可持续型发展、绿色生态型发展、高效率型发展、有效供给型发展、中高端结构型发展、开放包容型发展、为民共享型发展有机统一，政府部门作为政策供给者、地热能企业作为价值创造者、金融机构作为资本供给者、高校及科研院所作为理论和人才支撑者优势互补的一种科学产业发展模式"。

第一节　地热能产业发展路径的时代变更

改革开放 40 多年来，传统的区域性产业发展路径可以总结为：生产要素融资—生产基础设施建设—招商引资—项目运营—债务偿还。在新常态背景下，这种产业发展路径演化为：产业选择—产业政策引导＋产业培育—基于产业平台的项目价值实现—政府与企业的协同成长。这种发展路径，反映到特定的产业上，就必然会为产业发展模式的变革注入新的活力。

相比改革开放初期，我国多数产业都实现了前所未有的进步。就本质而言，这种发展的根本路径在于劳动力生产水平在政策及时代环境驱动下的迅速释放。这种产业发展的时代红利已经被消耗殆尽。这要求我们对时代变更背景下的产业发展路径进行审慎思考，将新时代产业发展的战略思维转移到生产工具改进和发展模式提升上来（张博雅，2019；覃成林和潘丹丹，2020；许晓冬，2020）。具体到地热能产业，笔者认为其新时代发展路径至少应当突出以下几个方面：

（1）新时代的产业发展路径应当立足于技术突破和创新驱动。

20 世纪末至今，网络技术的蓬勃发展极大地促进了社会生产力及生产关系的变革。目前，新一轮技术变革已经呼之欲出。5G、AI（人工智能）、VR（虚拟现实）、区块链、物联网、量子计算机、可控核聚变等均处于突破前沿，必将引起各产业发展模式的深层次变革。从整体上来看，我国政府对这些领域均高度重视，发展水平也位于世界前列。"摸着石头过河"已经成为过去，类似于"无人区"的技术环境对产业战略思维的创新性与前瞻性提出了更高的要求。同时，以"中国制造2025"为代表的发展目标也彰显了产业技术的努力方向以及核心领域突破重点。当下，新一轮科技革命和产业变革对全球经济格局和全球创新版图起到了重构、重塑的作用。谁能占领科技创新的高地，谁就将在未来的经济发展中立于不败之地。

就政府的产业规划及产业政策而言，利用技术突破实现增长方式转型必须从两个方面来进行考量。一方面，聚焦战略新兴产业并为之提供政策、土地、财政、金融等方面的支持，为社会经济发展注入新的活力。另一方面，这些新领域的发展对人才资本、管理能力等因素的要求也非常高，政府需要注意政策导向的精确性和产业发展的区域均衡性。

就地热能产业发展模式而言，应当积极把握技术变革所带来的机遇，通过科技赋能提高生产经营的效率，真正实现产业发展在规模和维度上的双重突破。从成本层面来看，有必要借助各种前沿技术进行流程再造，减少生产及营销环节的资源浪费。从效率层面来看，有必要深度整合产业链的各个价值创造环节，提升整个行业的运作效率。此外，有必要利用SaaS、大数据、VR/AR、云能源等技术进行产业赋能和消费场景优化，推动整个产业实现转型升级。

（2）新时代的产业发展路径应当注重空间布局的科学性。

在一个国家的经济活动中，产业通常扮演着"主体"与"支柱"的角色。对于省级区域的地方经济发展来说，产业更是发挥着难以替代的作用。当前，国际国内市场环境的复杂多变性、新冠肺炎疫情的意外冲击等因素给区域经济的发展造成了沉重的压力。一方面，2008年国际金融危机以来，全球经济呈现需求不振的局面，政治格局也在发生深层次变革，全球化的进程逐步放缓，加上我国经济进入新常态，经济增速逐步放缓，影响了新产能的市场需求。另一方面，层出不穷的新技术、新业态、新模式给传统产业发展模式带来严峻挑战，产业政策、产业组织、产业区域布局都需要进行优化调整。

就地热能产业发展模式而言，产业空间的合理布局也应当予以充分重视（谭璐，2019）。具体来说，有必要在摸清地热资源"家底"的基础上根据不同地区的地热资源赋存情况进行地热能产业空间布局的优化。在西南、西北等高原地区，重点发展干热岩发电、高温地热发电，在东北、华北、华东、华中等平原地区，重点发展基于地热能的供暖制冷。在某个具体的区域，则可以根据地热资源条件和经济发展基础打造符合地区发展特色的地热能综合利用体系。例如，河南充分发挥不同性质地热能企业在融资渠道与资金成本、生产管理、市场营销等方面的优势，形成了从初级到高端的地热能梯级开发利用体系。

此外，有必要通过地热能高质量发展示范区的建设来推动地热能产业区域布局的科学发展。例如，以雄安新区为中心实现周边辐射。在规划理念方面，坚持规划先行、因地制宜和综合发展；在功能来源上，逐步实现浅层地热能、水热型地热能到干热岩的多元使用。在供暖制冷方式上，逐步实现电力、地热能及其他方面能源的联合开发。产业价值链方面，着力发展上中下游纵向一体化的地热能产业优质集群。再如，以青海共和盆地地热试验区为中心进行干热岩型地热能的勘查开发。以青海共和盆地的干热岩型地热能为基础，追踪国际前沿技术，组织各方力量进行战略科技攻坚，争取在基础理论建设、技术体系拓展、工程与装备研发等方面实现核心突破。

进一步地，地热能产业发展规划不仅要注重区位优势，更要注重网络空间的市场拓展。在网络及通信技术持续进步的驱动下，未来的地热能产业规划不仅要着眼于地理及物理空间的整体布局，还要找准在全球产业网络中的"生态位"。除了利用"一带一路"国家战略加强地热能产业的海外布局之外，还有必要积极抢占地热能产业国际分工的高附加值环节。对于政府来说，应当引导地热能产业与"互联网+"的进一步融合，通过智能化的产业政策引导实现数字驱动。对于地热能企业来说，应当注重网络层面的市场占领，同时还要积极与上下游企业及具有横向合作关系的其他机构共同打造全球化的网络生态链。

（3）新时代的产业发展路径应当突出生态环境保护意识。

应当承认，在传统的要素驱动、政府驱动、投资驱动等模式下，地热能产业也获得了一定的成绩。但是，也应当认识到，这种成绩具有资源依赖的特点，低环境成本、低劳动成本的特征同样较为突出。同时，对生态环境保护不够重视的弊端也较为明显。在新常态背景下，这种模式在产业发展实践上已经显得十分落伍。近年来，国家对生态环境保护问题日益重视，生态环保和健康科技都已发展成为十万亿级别的规模市场。在此背景下，地热能产业发展应当突出生态环境保护意识并将之作为产业规划及产业政策的重要方面。

（4）新时代的产业发展路径应当体现共享与融合。

党的十九大报告指出，要"着力加快建设实体经济、科技创新、现代金融、人力资源协同发展的产业体系"。从中可以看出，从国家层面，已经不再高度强调传统第一产业、第二产业、第三产业的传统划分方式，产业发展的资源共享和模式融合正在成为一种新的趋势。体现在地热能产业发展模式上，就不能拘泥于传统的规划思路，而是要以"互联网+"为背景实现产业发展资源的共享及发展模式的多层次融合。此外，近年来我国的国民经济发展还出现了另外一种趋势，即发展重心逐步从家电、汽车、服装、房地产等个人消费品向公共交通设备、智慧城市、航空航天等公共品进行转移。作为地热能产业代表性终端产品/服务的供暖制冷及电力也属于公共品的类型。

这种高度复杂的公共品的产业发展已经不能依靠某个城市或区域的产业链配套，取而代之的是规模化产业集群下关键零部件及整个生产运作体系的精准匹配（徐东等，2017）。

总之，新常态是当前各产业整体规划及产业政策的实施重点。地热能产业发展模式不仅要着眼于产业效益的实现，更要着眼于产业发展与社会发展其他方面的耦合。在构建新型地热能产业发展模式的过程中，不仅要考量技术研发、市场开拓、产业空间布局、产业国际分工等内容，更要从产业发展路径时代变更的角度出发来实现具有质变意义的思路突破。

第二节　构建地热能产业高质量发展模式的理论构想

随着产业内部资金、技术等要素的积累以及政策导向、市场需求端的变动，产业结构本身也会发生从低级到高级、从简单到复杂的演进。同时，一个国家特定产业参与国际分工的深度和广度也在发生着变化。因此，产业发展模式总是在发展变化的。在第二章，笔者对产业高质量发展模式的概念进行了初步解析，在此将对这一概念构想在地热能领域的运用进行更深入的阐释。

在新常态背景下，我国国民经济的增长方式正在逐步由速度型向高质量型转变。这是中国特色社会主义经济发展到特定阶段的一种必然产物，更是一种历史性的转变。结合国内学者的研究可以认为，高质量发展将是21世纪上半叶我国经济发展的关键战略方向（任保平和刘鸣杰，2018；陈锡稳，2020）。反映在具体的产业上，质量、效率和动力等方面的变革将成为提升产业发展模式的价值基点。

产业高质量发展是一个具有综合性、系统性和动态性的概念，代表了未来产业发展的新潮流、新趋势、新方向、新范式与新规律。我们应当站在打造优势战略新兴产业、提升产业国际竞争力乃至中华民族伟大复兴的角度来认识产业高质量发展的概念内涵。也就是说，通过产业发展模式理论框架的完善以及在不同产业的运用，应当能够构建起产业组织、产业政策等方面的"中国方案"。这要求我们更加清晰地理解产业高质量发展的内涵，从基本逻辑、运行规律等不同维度对其特征进行准确把握。有鉴于此，笔者提出"地热能产业高质量发展模式"的理论构想。

（1）地热能产业高质量发展模式要体现经济效益与社会效益的和谐统一。

在新常态背景下，多数产业都面临着产能过剩、市场需求日益精细化等局面，过去那种通过粗放式的资源投入来追求利润的发展方式将遭到淘汰。反映到地热能产业的发展模式上，就应当积极进行变革创新。地热能产业新型发展模式的构建不能仅仅满足于阶段性、局部性的经济利益，而是应当通过对需求侧的深入分析来进行针对性提升，进而创造更高的价值并实现经济效益与社会效益的和谐统一。换言之，地热能产业新型发展模式的衡量标准不仅包括产业规模、利润、要素生产率等经济指标，还包括了生态环境保护水平、居民生活满意度等社会效益指标。

（2）地热能产业高质量发展模式要体现高度的稳定性。

在复杂多变的外在环境下，地热能产业高质量发展模式要求我们对其运行规律有更深入的认识，进而追求稳定的、可持续的、低风险的长期增长。例如，在产业集中度方面，要在审视产业内部企业与市场互动关系的基础上进行合理控制。既要积极培育若干经营规模突出、技术雄厚、市场运作能力强的龙头企业，也要通过产业链的合理布局扶持一批为地热能产业提供支持性活动的中小企业。通过这种平衡，将能够降低地热能产业内部结构方面的波动性，推动整个产业实现稳定增长。

（3）地热能产业高质量发展离不开时间维度的审慎考量和周密落实。

地热能产业高质量发展应当立足于我国地热能资源赋存条件与市场需求的精准耦合，坚持具体问题具体分析，在不同的发展阶段完成不同的产业发展任务。在近期，以基于地热能的供暖制冷为核心，通过政策扶持和体制保障，进一步完善绿色产业链。在中期，以核心技术突破为抓手，为地热能的大规模开发及梯次利用奠定坚实基础，打造一批具有示范意义的地热能综合利用工程，形成优势产业集群，逐步向全国推广。从长期来看，逐步完善地热能资源勘探、开发利用的技术体系与市场体系，把地热能产业培育为新能源产业的核心组成部分，为推动能源结构优化和保障国家能源安全发挥关键作用。

（4）地热能高质量发展模式要注重因地制宜。

在华北地区，生态环境形势较为严峻，有必要通过浅层地热能与水热型地热能的体系开发来替代对煤炭、石油等传统化石能源的使用，逐步实现清洁供暖。在西南地区，要充分利用高温地热能赋存丰富的优势，有序推进地热能发电，为当地经济发展提供成本更低、效率更高的清洁基荷电源，为改善当地居民生产生活条件作出应有贡献。在未来西南地区地热能发电技术更为成熟的条件下，还可以向华北、华中、华东等地区进行电力输送。在华东及华南地区，加快浅层地热能开发利用的步伐，为当地居民提供更为经济有效的供暖制冷服务，推动长江经济带真正实现绿色发展。同时，加强地热能产业发展的国际布局，与"一带一路"沿线国家进行更密切的产业合作，不断提高我国地热能产业的价值输出能力。

第三节 构建地热能产业高质量发展模式的基本逻辑框架

在产业发展竞争日益激烈的时代背景下，地热能产业高质量发展模式不能仅仅满足于提出概念和理论构想。更重要的是,有必要对高质量发展模式进行深层次的解析,形成相对完备的逻辑框架。

一、构建地热能产业高质量发展模式的应然性

产业发展有关理论、环境适应理论及环境选择理论的相关研究都能够支撑这样的观点:产业发展总是与外在环境息息相关的。前文使用PESTEL工具对地热能产业发展进行环境分析的意义不仅在于认识其战略性和关键性的外部环境,更在于探索如何在战略性、关键性外部环境发生深刻变化的时代背景下进行新的模式构建。从这个意义上来说,地热能产业高质量发展模式的构建有其深刻的时代应然性(蔡绍洪,2010;吴洪发,2018;贺晓宇和沈坤荣,2018)。这是响应环境倒逼的客观需要和开展适应性变革的重要抉择,决不能仅仅停留在纸面意义上的概念演绎。

(1) 落实党和国家能源战略、助力新能源生产以及消费转型的需要。长期以来,党和国家领导人都高度重视新能源事业的发展,习近平总书记更是将之提升到国家战略的层面并提出了"四个革命、一个合作"的总体方针。根据该方针,到2050年我国新能源事业将实现质的突破。彼时非化石能源在一次能源中所占比例将超过50%,而电能在终端能源消费中所占比重也会达到这一水平。此外,还应当考虑到,能源产业也关系到"一带一路"的落实。要实现此类宏伟目标,以地热为代表的新能源将起到有力的支撑作用。构建地热能产业高质量发展模式将有助于推动新能源产业实现高效增长,从而能够使国家能源结构逐步得到优化。

(2) 产业转型升级的需要。近年来,地热能产业发展获得了宝贵的机遇窗口,产业规模持续提升,产业发展机制趋于成熟。根据产业生命周期的一般规律,地热能产业发展将逐步由"规模型"向"质量型""效益型"转变。与传统能源相比,地热能的储存、生产及应用均有分散性、波动性等特点,这也给地热能产业的发展提出了新的挑战。要实现地热能产业的高质量发展,就需要通过资源整合、科技创新、人力资本培育等各种手段来提升整体竞争力。

(3) 建设国际一流能源企业的需要。地热能产业高质量发展模式的构建必然意味着地热能相关企业经营管理水平的改善。进一步地,这会推动地热能相关企业积极进行技术创新和管理升级。只有地热能产业将进入自我赋能、自我进化的时代,地热能相关企业才能充分利用政策、市场、技术等方面的机遇实现运营模式的升级改造。

(4) 助力地方社会经济发展的需要。近年来,我国经济进入"提质换挡"的特殊时期,中央及地方政府对地方产业结构调整问题高度关注。在经济转型过程中,地热能这类新能源更是重点所在。着力进行地热能高质量发展模式的构建,打造新业态、新模式和新生态圈,不仅可以更好地推动地方经济发展,还可以从生态保护、环境美

化等角度创造综合性的社会效益。

总之,地热能产业高质量发展模式意味着对单一、粗放、低效的传统产业增长方式的扬弃和对多元、集约、高效的发展模式的构建。这不仅是地热能市场发展的内在要求,也是落实国家有关产业政策的必然选择。

二、构建地热能产业高质量发展模式的实然性

从本质上来说,地热能产业的高质量发展模式是一个具备周密标准系统的科学体系,并非华而不实的空中楼阁。地热能产业的高质量发展模式对发展状态与发展范式提出了新的更高要求。对于各相关利益主体来说,需要从传统的低质量发展状态进化至新的高质量发展状态,也需要从粗糙的发展范式进化至科学、规范、精细的新型发展模式。这一过程既包括量的提升,更重要的是质的飞跃。要实现这一过程,就必须抛弃任何形式主义的想法,实事求是地考虑产业发展驱动因素与制约因素的影响,进而形成对地热能产业高质量发展模式的现实支撑条件及约束条件的理性认识。有此基础,地热能产业高质量发展模式的"落地"才具备实现的可能。

(一)客观支撑环境

前文回顾了地热能产业发展的历程,对产业发展的环境也进行了分析。得益于开放的发展理念、有效的政策供给、持续的生产要素积累、庞大的市场需求等因素,地热能产业发展所具备的条件均基本具备。从总体上来看,我国地热能产业所面临的发展环境是较为有利的。

(1)适宜的社会生态。从终端市场需求侧的角度来看,我国14亿人民日益提升的生活水平带来了关于供暖产品/服务及清洁能源消费的巨大需求,这为地热能产业的高质量发展提供了广阔的市场纵深。从社会参与来看,社会公众、非政府组织、非营利组织、公众媒体都是地热能产业价值系统中的节点与成员,扮演着十分重要的角色,地热能产业及内部企业的变革与创新都离不开它们的参与。

(2)有效的政策供给。改革开放的伟大成就证实了社会主义制度的优越性,同时也彰显了各级政府高水平的政策供给能力。在新常态背景及落实"一带一路"背景下,我国各级政府必然会沿着既定的轨道不断提升公共管理水平,产业发展政策的供给也必然会随之持续改善。前文曾经提及,地热能产业发展的政策、制度及配套都处于不断完善的过程中,这为地热能高质量发展模式的构建提供了有力、有利的制度保障。

(3)坚实的产业基础条件。通过前文分析可以发现,我国地热能高质量发展模式的构建具有坚实的产业基础,具体包括:丰富的地热资源赋存、庞大的消费需求、持

续进步的技术能力、深厚的人力资本储备,以及富有特色的多元化经营模式等。

(4) 多维度的企业赋能。经过多年的市场洗礼,我国地热能企业的经营管理水平比20世纪已经有了较大程度的提升,对自身竞争优势的培育通常都较为重视。在时代赋予的宝贵机遇的推动下,我国地热能企业有动力也有能力进行资金、知识产权、管理制度、流程、市场营销、渠道、人力资本等多个维度的自我赋能。同时,政府、社会中介组织及社会公众也从另一方向对企业进行赋能,这将推动我国地热能企业进一步提高自身竞争力,最终必然会传导至地热能产业的整体发展模式上。

值得指出的是,社会生态、制度供给、产业基础条件和企业自我赋能之间并非单纯的并列或简单的单向线性影响关系,而是相互作用的共同演化关系,存在多重的非线性影响,对这一点还需要进行深入的研究分析。

(二) 现实约束条件

地热能产业高质量发展模式的构建是一项复杂的系统工程,需要"久久为功"。如果不能正确认识这方面存在的现实约束条件,就容易忽视发展过程中所必然会遇到的困难与风险。

(1) 从客观困难的一面来看,地热能高质量发展模式所面临的因素包括:①地热能在新能源家族中的地位及社会认知并不乐观;②地热能产业发展需要克服诸多方面的研发难点和工程管理变数;③在当前中美贸易战的大背景下,我国地热能产业在"走出去"的过程中必然会面临以美国为代表的竞争对手的反击乃至遏制。

(2) 从风险概率的角度来看,地热能高质量发展模式所面临的因素包括:①产业发展本身所蕴含的风险,包括产业生命周期阶段、产业波动性、产业集中程度等,这要求相关各方对地热能产业发展的内在规律进行持续而深入的研究;②产业发展影响因素中所蕴含的风险,包括政策风险、金融风险、管理人员道德风险等。从目前的情形来看,学术界对地热能产业发展过程中的风险所进行的研究还不够完善。在课题调研过程中,笔者也发现,多数地热能企业还没有设置专门的风险管理职能部门,应对产业风险方面的管理措施也远远不够。

三、构建地热能产业高质量发展模式的实现性

高质量发展模式首先是一种理论构想,其付诸实践的过程离不开目标体系的设计、策略的科学安排和任务的细化分解。在构建地热能产业高质量发展模式的过程中,应当立足地热资源赋存情况、顶层制度设计、产业发展现状等推动落实。

(一) 地热能产业高质量发展模式的目标体系

地热能高质量发展模式的"落地"需要以清晰的目标为导向,否则就容易在发展

第六章　促进我国地热能产业高质量发展的模式构建

过程中出现方向上的偏差（牛晓帆，2012）。综合前文研究，结合有关理论成果，本文对地热能高质量发展模式的目标体系进行了初步的整体总结（表 6-1），可以直观地看出其目标内容、目标意义和具体工作。

表 6-1　地热能高质量发展目标体系简表

序号	目标内容	目标意义	具体工作
1	全国地热资源的科学勘查与量化评价	为地热资源的产业化开发应用提供依据	支持地质勘探研究及地热能企业协同参与地热资源勘查评价，加快查明全国地热能的区域分布、地质条件、热储特征、地热资源量并对开采技术经济性进行科学评价
2	推进浅层地热能模化利用	逐步实现浅层地热供暖的规模化利用	通过推进示范区建设，推进浅层地热能清洁供暖规模化利用试点区域先行先试，探索地热能场化投资运营模式，不断完善地热能商业化运营的方式和体系，实现地热能资源的集约利用
3	积极发展中深层水热型地热能供暖	将中深层地热能供暖作为城镇冬季清洁采暖的重要方式	积极推行 EMC、PPP、EPC+F 等模式，以及地热能+、区块链模式，支持不同类型的地热能企业进入地热能供暖市场，鼓励地热与电力、燃气、生物质等其他热源的联通使用，切实优化能源供给结构
4	落实"十三五"地热规划关于地热发电的路线规划	进一步拓展地热产业经营范围，优化能源结构	加强地热发电技术研发；提升干热岩开发利用工艺
5	完善产学研创新合作体系	整合不同类型的生产要素，提高产业竞争力	利用知识产权促进地热能产业的高质量发展；攻克地热开发利用领域的关键技术；培养地热能产业发展的高素质人才队伍
6	形成周密的产业管理制度	改进地热能产业布局；优化地热能产业发展的政策供给	从源头明确地热能资源的性质；理清地热能开发利用的管理职责；制定和落实推动地热能高质量发展的政策；加强监督、考核、信息共享等方面的配套制度建设
7	完善产业竞争力评价体系	提高地热能企业及整个产业的国际竞争力	从经济效益与社会效益等不同维度建立地热能产业发展的评价体系，定期对之进行评价计算，将考核结果与有关人员的绩效考核挂钩；关注地热能企业核心竞争力的培育；拓展地热能企业的国外销售网络，提升地热能对外贸易竞争力

该体系以"地热能产业高质量发展"为总体目标，具体包括了全国地热资源的科学勘查与量化评价、推进浅层地热能模化利用、积极发展中深层水热型地热能供暖、落实"十三五"地热规划关于地热发电的路线规划、完善产学研创新合作体系、形成周密的产业管理制度、完善产业竞争力评价体系 7 个子目标。

（二）地热能高质量发展模式的实现策略

随着时间的推移，地热能产业必将日趋成熟，其发展也将显现出更为理性、规范和稳健的一面。这符合事物发展的普遍规律，同时也是人类认识事物、利用事物、监督和控制事物发展的必然结果。与此同时，地热能产业的发展显著地同国家的发展阶段、经济发展的规模和发展的程度密切相关。国际国内产业发展的经验教训也表明，任何产业发展模式都必须遵循产业发展的内在逻辑，不能盲目求快求成。因此，加深对地热能产业发展规律的认识，积极进行模式层面的思路调整，合理地制定发展规划，是高效开发地热能矿产资源的关键，也是推动地热能高质量发展的重点。

（1）明确指导思想。将地热能产业的高质量发展纳入能源安全保障、绿色能源体系建设、能源结构优化、生态环境保护的整体框架进行研究。以"绿水青山就是金山银山"的思想观念为引领，以助力环境治理、应对气候危机、发展绿色高效产业为导向，坚持因地制宜、面向未来，主动融入"一带一路""京津冀协同发展""粤港澳大湾区建设"等，通过顶层制度设计、空间布局优化实现地热能产业的高质量发展。同时，加快地热能资源调查评价与工程技术支撑体系建设，切实提高地热能企业及相关机构的主体活力，推动地热能产业与相关产业的深度融合，着力建设地热能优势产业集群，最终实现经济效益与社会效益的有机统一。

（2）改进整体战略布局。综合资源禀赋与地区社会需求，立足区域地质、水资源和浅层地热能特点、居民用能需求，结合城区、园区、郊县、农村经济发展状况、资源禀赋、气象条件、建筑物分布、配电条件等，合理开发利用地表水（含江、河、湖、海等）、污水（再生水）、岩土体、地下水等蕴含的浅层地热能，不断扩大浅层地热能的开发应用。

（3）优化产业发展对策。学习借鉴美国、冰岛等地热强国在产业政策方面的经验，对标国际一流水平，以地热能高质量发展为导向，以关键技术突破为核心支撑，通过政策制度推动优势生产要素在地热能产业内部的优化配置，切实提升地热能产业整体竞争力。同时，针对当前资本要素在地热能产业发展中作用尚未充分发挥的现状，通过政策引导社会资本深度参与地热能高质量发展，形成健康稳定的资本市场竞争机制，推动地热能产业实现规模与效益的同步增长。

（4）提升产业组织水平。一方面，立足专业化生产，培育一批竞争力强的地热能企业，通过市场扩张获得规模效益。另一方面，规范产业秩序，促进有效竞争，通过质量和服务水平提升、发展科学价格机制等手段增进社会福利，使地热能资源得到充分、有效、合理的开发利用。

（三）地热能高质量发展模式的任务分解

结合对国家地热能产业发展政策的研究和对有关文献的梳理，从政府层面，可将地热能产业的整体目标如下:①摸清资源家底,建立资源数据信息库。启动资源调查项目,科学规划,重点部署,开展对宜于开发地热资源的调查研究;进行全国地热资源评价和区划,确定国内具有经济开发价值的重点地域,探讨将评价范围扩大到干热岩地热资源。②研究制定优惠扶持政策,加速扶持地热产业快速发展。参照其他新能源领域的国家补贴方式,对地热能开发利用进行充分的政策激励和产业扶持政策。③基于技术经济的条件,设立地热能产业"十四五"发展思路。即以"四个革命、一个合作"能源安全新战略和"创新、协调、绿色、开放、共享"五大发展理念为根本遵循,按照构建清洁低碳安全高效的现代能源体系要求,充分开发利用地热能,为北方地区清洁取暖、南方夏热冬冷地区的供暖(制冷)提供绿色替代能源,进一步推动西南地区高温地热发电的增长,争取干热岩发电的突破,实现地热能产业的高质量可持续发展。

通过前文的分析发现,政府、金融机构、地热能企业是地热能产业发展的重要主体。在地热能高质量发展的过程中,需要这些主体承担起各自的责任并通力合作。地热能高质量发展模式任务分解情况简表(表6-2)可以直观反映初步的任务分解。

表6-2 地热能高质量发展模式任务分解情况简表

主体类型	任务
政府	提出地热发电与直接利用的长期目标;完善地热能产业发展的管理制度;优化地热能产业发展的空间布局;增加地热能研发公共投入;建立、发布和维护国家及地方级的地热资源及产业发展数据库;推动地热能产业发展的国际合作
地热能企业	攻关关键技术;深耕终端市场;培育企业核心竞争力
金融机构	拓展地热资源勘查开发利用的融资途径;为地热能产业发展提供资本支持
高校及科研机构	基础理论研究及人才培养;建立干热岩选址与评价技术整套方法;开发地热方法与模型,用以找到干热岩或隐伏型水热资源;开发廉价的钻井技术或降低成本的新工艺;改进坚硬岩石和高温高压钻井技术;探索开采干热岩地热能的替代技术的可行性;探索开采水热型地热能的替代技术的可行性;充分发挥国内实力雄厚的研究中心的引领作用,加强地热能相关理论及技术研发的国际合作

第四节 构建地热能产业高质量发展模式的关键点

2015年10月,习近平总书记在关于《中共中央关于制定国民经济和社会发展第十三个五年规划的建议》的说明中指出:发展理念是发展行动的先导,是管全局、管根本、管方向、管长远的东西,是发展思路、发展方向、发展着力点的集中体现。在党的十八届五中全会第二次全体会议上的讲话中,习近平总书记进一步鲜明提出了创新、协调、绿色、开放、共享的新发展理念。新发展理念符合我国国情，顺应时代要求，对构建我国地热能产业高质量发展模式、破解发展难题、增强发展动力、构塑发展优势具有重大指导意义。此后，习近平总书记又在多个场合强调，推动高质量发展是做好经济工作的根本要求。劳动密集、资源密集、高能耗、盲目追求规模化的经济增长方式将逐步被市场所淘汰，取而代之的是体现新发展理念、突出高质量发展导向的"高质量发展模式"。将这一概念应用于地热能产业发展领域，就有必要改变过去那种高投入、高能耗的粗放式增长模式，走出一条科学化、高端化的路子，把我国的地热能产业打造成一流产业。2019年3月8日，国家能源局局长章建华在接受人民网访谈时指出，"高质量发展是关系到能源行业全局深刻变革的大考。在机遇与挑战并存的形势下，能源高质量发展要着力解决能源安全保障、供给侧结构性改革、清洁能源利用比例提升及效率改进、关键核心技术研发突破、能源市场结构优化与市场体系建设等挑战"。因此，面对地热能产业高质量发展这一系统工程，不仅要注重逻辑框架的整体构建，还应当抓住一些关键点来深化理解、完成相关方面的制度设计。在这一过程中，政府与市场、国内与国外、总量增长与绿色发展等方面的关系也需要得到高度重视。

中国科学院院士赵鹏大在谈到新时代地球科学与地质工作的特征时，将其概括为"系统、综合、定量、立体、新型、智能、绿色、惠民"。地热能作为一种新型的可再生清洁能源，其产业发展也应符合这一发展趋势。一是系统。利用地热能资源离不开对地球科学"硬系统"的研究，同时在数字化时代，建立数字地热能"软系统"，有利于合理高效地规划和利用地热能资源。二是综合。加强地热能科学、数据、模型、工具的整合，利用多种方法，勘探、综合开发利用地热能资源。三是定量。用数据的方法研究地球科学，既要研究描述地热的特征，还要定量表征，才能准确给出其差异、特征。四是立体。就地热能而言，浅、中、深是不可分割的，研究深部离不开对浅部的深入了解，也离不开对中部的了解，建立起浅部、中部、深部的相关联系。五是新型。通过开发利用地热能资源这种新型能源，改善我国的能源结构。六是智能。利用各种信息科学、人工智能虚拟实现等手段，通过智能系统、智能设备等高效控制地热能开采和利用。七是绿色。地球生态体系的保障要靠科学的地质工作来加以实现，推动地热能产业发展，绿色是需要遵循的根本原则。八是惠民。地热能产业最终归结于满足人们对生态文明的向往和对幸福美满生活的追求，产业发展必须落实到环境的改善、生活质量的提高这一根本目的上。

结合笔者对有关文献的梳理及课题调研，构建我国地热能产业高质量发展模式，可从以下8个方面进一步深化（图6-1）：高质量发展是创新驱动型发展、协调可持续型发展、绿色生态型发展、高效率型发展、有效供给型发展、中高端结构型发展、开放包容型发展、为民共享型发展。如果能够在这些维度进一步实现突破，将会有助

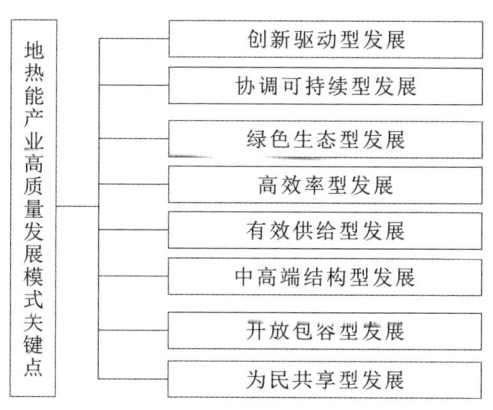

图 6-1 地热能产业高质量发展模式关键点示意图

于加快我国地热能产业技术提升、模式转型以及结构调整的步伐。

一、高质量发展是创新驱动型发展

科学技术是第一生产力，创新是引领地热能产业发展的第一动力。提升科技创新能力不仅是我国未来国民经济发展的动能之所系，更是推动实现地热能产业高质量发展的关键所在。构建我国地热能产业高质量发展模式，首先要强调创新驱动。加快科技创新步伐是提高地热能产业竞争力的一个重要方面，推动地热能产业高质量发展要以创新为突出导向，加大科技研发力度，着眼于瓶颈问题和核心问题，通过勘查技术促进高质量发展，开发技术落实高质量发展，智能信息化技术提升高质量发展，标准化技术体系规范高质量发展，通过连接供需的地热能智慧管网系统，打造智能地热供能系统，打造推进地热高质量发展的科技引擎。

通过创新驱动推进我国地热能产业发展现代化，需要瞄准高效换热、中低温发电、梯级综合利用、防腐防垢、保温和砂岩经济回灌等技术攻关方向，走出一条"原始创新-引进消化吸收再创新-集成创新-引领式创新"的路子。要通过科技创新带来技术突破，抓住工业 4.0 革命、5G、人工智能等前沿技术带来的机遇，加强现代信息技术在地热能产业中的应用。同时，建立全国地热能大数据平台，利用人工智能、大数据分析等技术，优化资源配置，为地热能产业的创新驱动型发展提供信息支撑，推动地热能产业高质量发展，不断提升我国地热能产业在国际上的影响力。

在具体产业发展实践中，政府可以通过先行先试的办法进行地热能高质量发展示范区的建设，一方面推动其他地区实现地热能产业的高质量发展，另一方面引导其他地区参与地热能资源开发利用。比如，按照世界眼光、国际标准、中国特色、高点定位的要求，服务于高起点、高标准、高质量建设雄安新区，做好雄安新区地热发展规划，量身打造创新驱动型高质量地热能开发利用方案，最终把地热能产业打造成为雄安新区特色产业之一，助推规模化发展的"雄县模式"升级为高质量发展的"雄安模式"，打造全球地热产业发展的样板，占领世界地热行业创新制高点。

二、高质量发展是协调可持续型发展

根据产业生命周期理论，任何一个产业都必然要经历从初创、成长、成熟到衰退的不同发展阶段（任保平，2018）。地热能产业盲目扩张与粗放式的高速增长是不可取的，其所带来的生态环境和资源浪费代价也是不可承受的。要实现高质量发展，就必须遵守客观规律，坚守科学发展理念，量力而行，保证地热能产业协调可持续增长。在认识到这一规律之后，人们就可以对产业发展节奏进行适当的控制，从而人为地延长产业存续的时间。地热能产业高质量发展模式的构建也需要考虑这一问题，尽可能地采取各种有效手段延长产业存续与发展的时间，实现协调可持续性增长。

在产业经济发展所构成的系统内，存在自然资源、生产要素、劳动力素质、资本、知识产权、国际国内环境、政策制度等不同要素。因此，产业的高质量发展应充分考虑各要素充分互动的情形，实现相互依存而又相互促进的协调状态。

地热能产业的高质量发展必须突出协调性。只有地热能产业协调发展才能是可持续的发展，协调发展是可持续发展的必要保障。具体来说：①地热能产业的高质量发展要注重与国家政策的协调，通过拉动农村劳动力就业、设立专项基金等途径为精准扶贫及社会主义新农村建设等国家政策的落实做贡献。②地热能产业的高质量发展要注重与其他产业的协调，不断从互联网、房地产等其他优势产业汲取有益的发展养分，实现地热能产业与关联产业之间的联动、协同与融合。③地热能产业的高质量发展要注重与地区发展的协调，不仅要实现因地制宜的地热能开发，更要推动形成不同地区优势互补、资源共享的协调发展机制。总之，有必要通过产业内各要素的优化配置助力区域经济发展。

可持续性经济增长的核心思想是"着眼长远，兼顾当下利益"。在经济发展方式转型的过程中，原有的劳动力成本、人口红利、市场开发程度低等优势将逐渐弱化，单纯依赖生产要素的粗放型增长不可持续。在地热能高质量发展模式的构建过程中也应当从生产要素的优化投入上来实现不同维度的可持续增长。以时间的维度看，从中国地热能资源禀赋与市场需求匹配度的实际情况出发，近中期以供暖（制冷）为主，加大政策支持力度，理顺体制机制，充分释放地热能资源的能量，促进形成多元高效的能源结构。以适度性的维度看，在地热能资源开采方面，既要着眼于经济利益的实现，也要避免非理性的资源开采，做到"适度而不过度"；在产业发展增速方面，要保持合理的增长水平，避免出现过大的、不必要的波动；在企业市场竞争策略方面，要体现出适度的商业伦理道德感，坚决杜绝恶性竞争。从系统性的维度看，地热能产业的高质量发展是新常态背景下能源发展提质增效的重要支撑，通过地热能产业空间布局的优化和产业链的提升，可以实现地热能与其他能源的协调发展与互补利用，这不仅有助于提升我国能源系统的智能化水平和运行效率，还能够提高整个能源系统的运行效率。

系统科学、生物学、博弈动力学等学科的研究均表明，复杂的体系、群落相对易于稳定和可持续发展，功能简单的体系则容易崩溃。在地热能产业高质量发展过程中，也应当重视这一规律，在区域经济空间结构理论等有关理论的指导下，打造一种生态位多元化且不同主体相互促进的产业体系，保证产业协调可持续发展，从而最终实现和谐永续增长。

三、高质量发展是绿色生态型发展

根据经济合作与发展组织（Organization for Economic Co-operation and Development）的定义，绿色增长是指"以生态资源资产的存续和自然发展为前提的经济增长方式"。在21世纪，推动我国地热能产业高质量发展也需要遵循这一理念，这也正是习近平总书记"绿水青山就是金山银山"理念在经济发展方面的微观投射。

地热能产业发展的国际经验表明，通过政府的精准引导，工业发展与生态资源之间的综合平衡是有可能实现的。在地热能产业的管理过程中，政府有必要将生态环境的保护治理纳入相关的制度建设与政策落实中去，实现"绿色增长"。首先，鼓励地热能企业在清洁生产技术方面进行升级改造，积极淘汰落后产能，通过产业集群、产业园区、产业协作平台的建设来提高地热能资源综合利用效益；其次，综合运用行政、经济和法律手段来解决地热能产业发展过程中所可能引发的环境类问题；再次，要打造面向地热能产业的生态文明建设评价指标体系，对建设项目做好环境评测工作；最后，推出污染者付费制度，对个别地热能企业过度开采、环境污染、生态破坏的行为要坚决予以惩治，敢于和善于使用多元治理手段来提高制造生态环境负外部性行为的成本。

总之，地热能产业高质量发展模式的构建应当突出绿色生态意识，坚持以周密保护水资源与生态环境资源为前提，确保不产生地质灾害、不浪费地热资源、不污染水质、不破坏周边地区生态平衡。除了严格的政策法律法规的硬性约束外，还应当通过绿色金融进行引导，政府尽快设立地热能产业发展专项基金，将地热发电、地热供暖等地热开发利用纳入可再生能源发展专项基金补贴范围，扶持资源勘查、技术攻关、先进示范、信息平台等。同时，引导、鼓励社会资本设立产业投资基金等，引领地热能产业绿色生态型发展。

四、高质量发展是高效率型发展

在以往的产业经济发展过程中,良好的改革开放政策、快速的大规模城镇化、无可比拟的人口红利所形成的驱动力起到了重要作用。近几年来,受国际国内多重因素的影响,我国经济面临沉重的下行压力,许多产业都出现了增长率下降的趋势。但是,这并非经济新常态的必然产物。正如经济学家吴敬琏所说的那样,"高效率支撑的中低速增长才是真正的新常态"。因此,新常态背景下的地热能产业高质量发展模式应该以效率为导向,实现规模及利润、社会效益与生态环境效益等不同层面的高效率增长。

从全球范围来看,没有规模的产业就谈不上竞争力的提升。对于地热能产业来说,只有发挥出集聚效应和规模效应,才能扩大整个产业的竞争力以及在整个社会范围内的影响力。①对于整个产业来说,不仅有必要通过专业化整合来实现上下游产业链的规模化拓展,通过并购重组等方式实现不同企业、不同区域在地热能开发利用方面的优势互补。只有这样才能实现产业集中度的调整与整体意义上的优化升级。当然,规模意义的高效率增长绝不仅仅指产出数字的量级提升,"质"的因素同样不容忽视。也就是说,在做大的基础上更要做强。积极整合政策、资源、资本、品牌、渠道、人才等要素,形成产业创新网络,带动知识和技术的协同外溢,实现产业高度的持续突破。②对于产业内部的企业来说,整体规模的扩大也是经营管理中必须加以注意的一个方面。这就要求企业经营管理人员拓宽思路,一方面通过产品线的多维度延伸与服务体系的升级来增加营业收入,另一方面还要通过资本运作、并购、重组方式来提升经营规模。

利润不仅是衡量地热能企业经营管理的重要指标,对于地热能产业发展来说同样具有重要的评价意义。归根到底,只有实现利润才能证明地热能产业存在的价值,也只有一定的利润水平才能保障地热能产业在生命周期的不同阶段持续发展,而只有较高的利润水平才有可能为地热能产业的高度提升提供有力支撑。①对于地热能产业资本来说,要瞄准产业发展趋势,抓准地热能产业链上的优势环节,在具体的项目操作及并购重组中尽量降低资本周转时间,切实提高产业资本的运营效益。②对于产业内部的企业来说,有必要引入现代化的财务管理制度,从理念和实务操作两个层面完善企业的财务管理水平。一方面,要想方设法拓宽收入渠道;另一方面,在日常管理中要从细节入手实现开源节流,对各方面的费用情况要进行仔细的财务核算和内部监督控制,使成本支出得到有效的控制。

五、高质量发展是有效供给型发展

我国的改革开放事业取得了辉煌的成绩,但是也带来了能源资源约束严重、生态环境形势严峻等问题。新形势下，推动能源结构向纵深方向进行优化调整，加大有效供给，为生态资源的保护和可持续发展奠定基础，这是非常紧迫的任务。地热能是稳定可靠的本土能源，有着极其丰富的资源赋存和巨大的开发潜力。地热能产业发展过程中，应当顺应能源领域供给侧改革的趋势，通过制度设计、技术、人力、资本、创新等要素的投入来推动能源的有效供给及高效供给。

地热能产业有效供给型发展首先要着眼于能源供应体系升级，在技术路线设计上，应当走"中浅层→深层"的地热资源开发路线，同时应着力攻克干热岩技术难题。在地热能产业发展的整体布局上，应当考虑地热能产业发展现状及资源、制度等方面的约束，对地热能产业的区域战略布局进行精心谋划，在重点发展中低温资源能源化利用的基础上，先在高温、中低温水热发电上进行攻关，再在干热岩利用与发电上实现重要突破。在地热能产业发展的政策推动上，中央和地方政府应当齐心合力，实现国家层面"十三五"规划和地方区域产业规划的高效耦合，做好"十四五"规划的有机衔接，形成科学有效的国家与地方两级地热能产业发展规划体系。

地热能产业的高质量发展不能局限于地热能的开发利用，更要加强供给侧结构性改革，以生产端、供给侧为突破口，通过供给结构的持续优化调整为地热能产业高质量创造更好条件、探索更佳路径。投资有回报、产品有市场、企业有利润、员工有收入、政府有税收、环境有改善，才是较为理想的发展。有效供给是地热能产业高质量发展的本质特征，也是更高效率、更好效益、更实效果的发展。通过地热能的全面开发利用，能够优化能源领域的产业结构和投资结构，为人民群众提供更优质的能源类产品/服务，交易成本也将持续改善。借助于地热能产业的发展，能源领域的各种生产要素能够得到更充分的开发利用，从而实现能源类产品/服务的高效流通与开放共享。例如，将地热发电与电力市场化改革相结合，能够充分调动相关企业参与电力交易的积极性，为整个社会带来降电价、促发展等改革红利。

六、高质量发展是中高端结构型发展

产业发展的国际经验表明，经济结构的高技术化和知识化才是产业结构调整的核心所在。《地热能开发利用"十三五"规划》中提出了"清洁高效、持续可靠；政策驱动、市场推动；因地制宜、有序发展"等地热资源开发利用的一些原则，可以发现，这本质上是一种系统集成型发展，也是一种高端结构型发展。这就需要我们从以下几个方面着力：

（1）站在国际地热能产业发展的整体高度来进行制度设计、政策供给、技术研发及产品/服务提升。在管理制度上，要围绕地热能产业开发利用领域的知识产权转化、产业融合、产业发展基金等重点做文章，同时切实而明晰地进行产业管理权责的分配，形成现代化、信息化、智能化的地热能产业管理制度。在产业政策供给上，要适当向知识创新型的企业和机构倾斜，不断优化地热能产业的空间布局，积极促进地热能产业内部的结构性调整，充分发挥优势生产要素的功能作用。在技术研发上，要大胆启用年轻一代科研技术人才，积极统筹不同性质的单位、企业及机构的智力资源，紧密追踪国际地热能开发利用技术前沿，围绕关键技术进行聚焦式开发，利用知识产权这一抓手来推动地热能产业走上高端创新之路。

（2）面向地热能产业链来进行产业内部的结构优化。以战略性和全局性为原则，以"巩固、增强、提升、畅通"为方针，支持不同区域、不同经营重点的地热能企业进行产业协同发展与技术合作公关，实现整个产业链水平的发展进步。例如，在产品/服务上，要坚持市场导向意识，面向客户需求开发出精细化的、高附加值的产品和服务。在产业链提升上，由政府能源管理部门及高等院校牵头，成立地热能技术开发平台，引导产业内部各企业进行跨平台、跨区域乃至跨行业的关键共性技术问题解决。

（3）面向微观意义上的企业进行培育扶持。一方面，发挥行业龙头作用，扶持出一批技术过硬、资金雄厚的大型地热能企业集团。另一方面，宣扬企业家精神和工匠精神，在地热能产业内部培育一批以"专""精""特""新"为特色的中小型地热能企业。

（4）在地热能产业中高端结构增长的过程中，有必要发挥中石化、中核集团、北京控股等大型央企国企的示范带头作用，在产业链上的高附加值环节取得重大突破，从而实现以京津冀协同发展地热资源综合利用、西藏地热发电、干热岩发电示范基地建设等重点工程为龙头，不断向地热能产业发展水平相对落后的地区进行辐射的目标。

七、高质量发展是开放包容型发展

在 21 世纪初期，新一轮科技革命和产业革命已经呼之欲出。我国国民经济的发展以全球经济结构的重塑和全球创新版图的重构为重要背景。在全球互联互通、彼此开放、共同发展的新格局中，地热能产业的发展应当坚持开放包容的原则，加强产品、服务、信息、资本、技术和人才在全球范围内共享、流动和重新组合，切实提高产业国际竞争力和抗风险能力。

当前世界经济处于深刻调整的过程中，国际贸易领域的单边主义与保护主义均有所抬头。正因为如此，多边主义和自由贸易体制受到了强力冲击。在地热能产业高质量发展模式的构建过程中，应当积极参与国际分工。地热能产业发展模式的完善不仅要立足国内现实，更要站在国际市场的高度进行积极赶超，争取尽快形成技术出口、方案出口的市场能力。这就要求地热学界和产业界在思路上共鸣,在行动上团结,积极整合各单位、企业的人力物力财力资源,通过产学研优势的发挥实现跨越式发展。

不可否认,同美国、日本、冰岛等地热强国相比,我国地热产业尚在很大程度上处于弱势地位,要高举和平发展的旗帜,积极发展与"一带一路"沿线国家的经济合作伙伴关系,全面统筹、努力促进我国地热能产业供给侧改革。加强地热能产业合作,以地热资源禀赋和市场需求为前提,沿着"陆上丝绸之路"在中亚及东欧地区重点开展地热供暖(制冷)项目合作开发,沿着"海上丝绸之路"与环太平洋地热带西部、红海-亚丁湾-东非裂谷地热带的国家开展地热发电项目合作开发,助推我国地热能产业成功走出国门。加强地热科技合作,借助我国地热能产业的国家间平台,引进国际先进的地热利用技术,充分利用和加强现行合作机制,与德国、冰岛、英国、美国等国家开展砂岩可持续开发技术、高温钻井技术、干热岩开发利用技术方面交流互通,促进我国地热科技研发与国际共轨并行。特别值得一提的是,要借助2023年世界地热大会筹备和召开的契机,积极开拓"一带一路"沿线国家地热利用市场合作机会,真正实现我国地热能产业"引进来、走出去"的目标,加速我国地热能产业的国际化发展进程,逐渐加强我国在国际地热行业的影响力和领导力。

八、高质量发展是为民共享型发展

地热能产业高质量发展的根本目标是满足全体人民对美好生活的向往,为民共享是地热能产业高质量发展的根本目的。地热能产业的发展必须更加突出以人民为中心、切实让人民共享发展成果、更好满足人民美好生活需要。由此,应当加大对于地热能行业的财政扶持力度,对新建地热供暖项目或可再生能源替代既有燃煤锅炉项目,对热源和一次管网或热泵系统(浅层地热能项目)给予一定比例投资补贴。加大税费优惠力度,抓紧明确"取热不取水"的地热项目免征水资源税等相关税目。落实地热供暖企业以及相关设备和材料制造企业的相关增值税、企业所得税优惠政策。

地热能产业为民共享型发展的一个突出表现,应该是社会效益层面的高效率增长。社会效益是指"有效利用各类资源满足社会公众日益增长的物质文化需求"。地热能产业的高质量发展模式不仅应考察经济效益,对社会效益也应当予以充分的关注。根据笔者对有关文献的梳理及课题调研,可以将其社会效益归纳为3个方面:①满足群众供暖需求。随着居民生活水平的提高,对冬季供暖的需求越来越细致。在我国北部地区,城市供暖系统建设趋于稳定,广大农村地区对供暖服务的要求也会越来越高。近年来,秦岭—淮河供暖线以南的地区降雪范围有所扩大,而传统采暖模式造成的集中供暖管网系统建设滞后、环境污染、资源浪费等问题长期没有得到解决。因此,群众对冬季供暖的呼声越来越强烈。根据供暖业内人士的测算,南方地区冬季供暖每小时就需要消耗 3.5×10^6 度以上的电力。如果能够进行地热供暖的推广应用，可以为广大居民提供舒适的过冬环境。②优化能源结构。在 21 世纪，能源问题已经成为关系到国家安全的战略性问题，稳健的能源结构至关重要，这就离不开清洁能源的大力开发。在这一过程中，地热能产业的发展将起到促进节能减排、提高能源利用效率、优化能源结构等作用。③促进就业。地热能产业的发展必然要招募项目运营、技术研发、设备制造、经营管理等一大批专业人才，同时也要吸纳更多数量的一线操作人员，这对于促进就业能够起到有效的支持作用。同时，地热能产业发展与国家扶贫相关政策的精准对接还可以起到支持农村经济发展、提高农村劳动力素质、深度参与新一轮农网改造升级工程等作用。

在新常态背景下，经济发展逐步向绿色环保、生态友好的方向转型，"绿水青山就是金山银山"的发展理念备受社会各界重视。因此，以地热能产业为代表的新能源事业必然会大放异彩。从这个意义上来说，构建起符合我国地热能资源赋存特点、顺应产业转型升级潮流的高质量发展模式势在必行。笔者此部分内容旨在抛砖引玉，提出的构建地热能产业高质量发展模式的 8 个关键点还比较初步。在今后的研究中，笔者将利用更新的理论和更全面的第一手数据信息，进一步加强地热能产业高质量发展模式的理论体系建设。

第七章　地热能产业发展融资方式探析

通过对地热能产业高质量发展的研究可以发现，产业发展背后金融支持的动力是重中之重。十九大报告指出，资本市场的要素配置效率最重要，而且最高。同时，十九大报告中也提到，金融服务实体经济的关键在于提高直接融资的比重，促进多层次资本市场健康发展。在地热能产业发展过程中，资本能够推动整个系统的发展，也能够有效促进各要素之间的良性互动。当下，我国资本市场正在蓬勃发展，以地热为主题的融资活动也非常普遍。融资方式的选择，是地热能产业发展的一个关键，也是本书提出的"高质量发展模式"的重要切入点。

第一节　地热能产业融资的理论分析

一、金融资本、银企关系与产融结合

在资本主义经济发展过程中，资本在社会资源配置中的作用越来越明显，达到垄断阶段的工业资本与银行资本融合在一起，就出现了金融资本的概念。金融资本主要表现在3个方面：一是企业扩张过程中产业资本和银行资本发生结合，二是产业资本通过多元化延伸而与银行资本发生结合，三是产业资本在并购重组过程中与银行资本发生结合。这种结合的途径主要包括三类，即金融联系、资本参与和人事参与。这种结合是现代资本运作的必然结果，是货币最高级也最抽象的表现形式，充分体现了货币的本质及职能。

金融资本的出现以企业和银行的关系为纽带，双方相互渗透的程度会不断提高。银企关系也逐渐由基础性的借贷关系逐步过渡到不同程度的股权参与关系，从而形成产业＋金融的结合关系。作为一种监督机制，银企关系有助于减少管理层的机会主义行为，也有利于缓解双方之间的信息不对称。

马克思的资本积累及信用理论和列宁的金融基本理论都对产融结合现象进行了深入分析。但是，他们的理论受到了时代的限制，对产融结合本质、运作机制的解释还有所不足。20世纪中后期，交易费用理论和信息经济理论更好地诠释了产融结合的普遍规律。

金融机构与企业有着不同的利益诉求，二者之间的资金交易必然产生交易费用。设计一种结构来实现交易费用最小化，对银企双方来说都具有重要意义。在这样的背景下，产融结合这种制度安排就出现了。进一步地，产融结合有助于缓解双方的信息不对称。对于金融机构来说，企业的资信情况、贷款目的、还款意愿和偿债能力是一种未知数和风险。同时，企业管理人员的道德风险与逆向选择意愿也值得高度重视。对于企业来说，金融机构"晴天借伞，雨天收伞"的约束往往也是难以承受的。通过产融结合，金融机构与企业之间可以建立充分的合作关系，有助于增进了解、相互控制和增加依存度，从而达到缓解信息不对称、提高金融资源配置效率之目的。

二、地热能产业融资理论

资金之于企业，正如血液之于人。没有资金，一切生产经营活动都无法展开，产业发展也就成为无源之水、无本之木。要完善地热能产业发展模式，融资问题能否得到解决是重中之重（表7-1）。

表7-1 地热企业融资方式简表

模式	方式一	方式二	方式三	方式四	方式五	方式六	方式七	方式八
项目和政策融资	产业政策融资	高新技术融资	BOT项目融资	项目包装融资	专项资金融资			
债权融资	国内银行贷款	国外银行贷款	发行债券融资	民间借贷融资	信用担保融资	金融租赁融资		
股权融资	股权出让融资	无形资产融资	产权交易融资	杠杆收购融资	风险投资融资	投资银行融资	上市融资	私募股权融资
内部和贸易融资	资产管理融资	票据贴现融资	资产典当融资	商业信用融资	国际贸易融资	国际贸易融资	补偿贸易融资	

根据优序融资理论，地热企业的融资活动是一个随产业经济发展由内源融资到外源融资的交替变化过程。在成立之初，地热企业生产能力有限，市场竞争力弱，难以承受沉重的财务成本压力。通常情况下，此时的地热企业会倾向于依靠内源融资来逐步扩大生产投资规模。相对于外源投资而言，这种方式可以降低融资成本、节约财务费用，股东在企业剩余控制权方面也得到增强。但是，内源融资的规模和增长速度通常是有限的。随着企业的发展壮大，内源融资将难以满足地热企业发展的资金需求。考虑到地热项目前期投资比例高的特点，仅仅依靠内源融资将给企业的扩张造成严重

制约。所以，到了发展成熟阶段，地热企业必然会选择外源融资这种方式，产业融合的程度也会不断提高。

按照融资来源和融资方法的不同，地热企业的外源融资又可以分为直接融资和间接融资两种方式。直接融资是指地热企业和金融结构之间直接发生信用关系的融资方式，主要包括债务融资、贷款、股权融资等。间接融资是双方通过金融机构中介间接发生信用关系的融资方式，主要包括融资租赁、资产证券化融资等。与内源融资相比，外源融资意味着融资成本和财务费用的提升。如果不顾自身能力盲目进行外源融资，地热企业很有可能由于沉重的财务成本压力而陷入困境。对整个社会的金融资源配置效率来说，也是较为不利的。

对于地热企业来说，借助融资手段进行发展要经历以下几个阶段。①单一融资渠道运营。这是指依靠银行这一渠道进行融资，以债权债务关系为纽带建立产融关系。在这一阶段，地热企业需要保持良好的信用管理水平，维护与银行之间的信贷关系。在具体操作上，可以通过长期贷款和短期贷款的业务组合降低财务成本，同时还要做好融资节点的管理。②多元融资手段综合运用。在这一阶段，地热企业的融资能力不断提高，具体的融资手段包括发债、典当、担保、借贷、金融租赁等，融资方式趋于多元化。此时，地热企业已经能够选择不同的融资方式或组合来获取发展所需资金。③推动资产证券化。资产证券化是企业依托现金流或特定资产组合发行可交易证券来进行融资的一种方式。在这一阶段，地热企业的融资手段已经拓展到信托、发债、公开上市（IPO）、股权融资、私募、借壳等。④创新金融服务。在这一阶段，地热企业的融资已经扩展到金融工具、金融信息、金融产品、金融人才等层面，能够利用金融资本来对企业进行改造升级。⑤深层次产融互动。在这一阶段，地热企业实现产业元素和金融元素的深层次互动，能够利用创投、并购、资源整合等方式放大核心资产，实现融资水平的飞跃。进一步企业可以从经营战略、管理模式、市场营销、研发信息、组织运作等方面入手构筑"泛金融"的运作模式。

三、地热能产业发展与金融支持的关系

随着现代社会经济的发展，金融已经取代农业、工业、服务业而成为最高级的社会经济形态。金融业不仅是经济体的组成部分，而且是对产业成长与发展具有特殊价值的架构性存在。通过资本这一关键生产要素的融通，金融业可以为实体经济的发展提供高效的资源配置模式。

从积极的一面来看，金融资产代表着实物资产的所有权，使实物资产可以实现跨时间、跨空间地进行配置，这无疑意味着资源配置效率的极大提高。从消极的一面来看，金融资产具有虚拟性、易于复制性等特点，通过金融衍生工具的自我复制与循环

可以实现以几何指数上升的增值。由于这种规模上的极度膨胀，金融资产与实物资产的比例会增长到超过实体经济发展需要的程度。所以，从经济全局发展的角度来看，不仅要关注金融业效率的提高，更要重视金融业对实体经济的贡献及对整个经济体运行效率的价值。

金融支持是指"金融资金对经济发展的支持作用"，主要表现在经济发展过程中的资本融通能力。对于地热能产业发展来说，金融支持以融资支持为主，具体包括融资制度供给与融资供给等内容。①各级政府对地热能产业的制度供给，如财政补贴、税收优惠、政策扶持。②资本市场对地热能产业的扶持，包括政策银行、商业银行及民间资本等主体为地热能产业发展提供的融资通道等。③外商直接投资（FDI），这具体又涉及FDI的规模、份额及结构等。

地热能产业的发展需要依靠企业持续进行技术创新，这就离不开企业对研发、生产、销售及管理的结构性调整。同时，地热能产业的发展离不开各种创新型人才、复合型人才、管理型人才，这也需要充分的资源保障支持。从这个意义上来说，地热能产业的发展在一定程度上建立在金融支持的基础之上。这就要求政府及社会共同构建起积极、有效、完善的融资环境，合理利用各种工具手段来推动地热能产业进行技术研发、解决方案优化及管理转型升级。同时，从国际经验来看，地热能产业发展层次高低的一个衡量标准就是金融支持的发展程度。相应地，地热能产业的发展也会对金融支持产生反作用。当地热能产业及其背后的清洁能源产业发展到一定程度时，就会对金融支持水平产生倒逼作用。可见，地热能产业发展与金融支持能够相互促进、共同提高。

国内学者的实证研究表明，金融支持的增长能够带动清洁能源产业的发展，两者之间存在长期平稳的相互关系。对于地热能产业来说，其发展过程中需要注重合理发挥金融支持的作用，合理引导金融支持增加与结构性调整，形成长效发展机制，这就需要不断完善地热能产业融资的环境与模式，更好地吸引来自不同方面的金融支持。

根据前文对地热能产业融资机制的分析可以发现，我国地热能产业发展的金融支持程度是较为滞后的。这就要求政府、银行及其他金融机构、社会中介等各方面共同参与，切实推动金融领域的供给侧结构性改革，提供更加有效的金融支持。

第一，加强政府制度供给。首先，提供财税支持与税收优惠，如适当下调地热企业的所得税与增值税税率、提供低息或无息贷款、实行税收减免优惠等。其次，强化制度保证，通过提供创业服务支持、政府采购扶持等策略，为地热能产业发展提供制度支撑。最后，完善创业板地热企业上市引导政策，引导地热企业进行战略重组，适当放宽地热企业创业板IPO上市的准入门槛，使地热企业能够在政策规制及市场发展许可的框架下更方便进入股市进行融资。

第二，提高银行及其他金融机构的融资供给。一方面，推动银行及其他金融机构重视地热能产业的发展，引导加强对地热能产业市场需求结构和市场供给的分析，综合使用债券、股票、基金、期货等多元化资本工具，进行全方位的风险分析与控制，形成科学的信贷发展战略。另一方面，加强地热能产业发展的信息数据共享，在全国范围内发展地热能产业的信用风险转移市场，构建科学、严密、稳健的地热能产业融资市场。

第三，注重招商引资。将融资的范围逐步从国内扩展到国外，利用国际金融市场"搭台唱戏"，推动国际资本向我国地热能产业的注入，形成国际化、多元化的地热能产业金融支持体系。

地热能产业发展与金融支持之间存在密切关系，金融支持的力度直接关系到地热能产业的发展水平。所以，在地热能产业发展过程中，需要切实加强金融支持力度，逐步调整产业发展结构，增强地热能产业发展能力，实现地热能产业与金融支持的协调发展。

四、地热能产业融资的瓶颈突破

根据我国地热能产业内部企业融资存在的问题，借鉴西方发达国家的经验，突破地热能产业融资的瓶颈需要从以下几个环节入手进行解决。

（1）建立科学的发展方略。前文对不同国家地热能产业发展的经验进行了回顾，可以发现，中央政府统一布局、统一决策和统一实施的模式较为常见。我国地热能产业的政策环境日益向好，但政府对地热能产业的政策导向主要体现在发展目标的制定及宏观的管理制度上，具体的发展策略则更多地依靠市场的自我演进。在地热能产业内部，投资冲动和发展盲目的现象时有发生。考虑到严格的信贷管理体制，地热项目要想获得金融机构的认同还需要一系列科学的发展方略。

（2）形成针对性的政府主导。发达国家地热高新技术产业发展经验表明，政府对技术研发的投入在GDP中所占的比例通常会维持在$3\%\sim6\%$的范围内。在关系到国计民生的重大项目上，政府则往往不惜全额包揽。尤其重要的是，政府的财政投入具有战略性和导向性，对长效机制的构建尤为注重。相比之下，我国政府在投资理念、能力、管理和机制上都还存在一定程度的不足。就地热能产业融资问题而言，我国政府应当予以高度重视，不断从顶层制度设计层面形成针对性的政府主导力量。例如，可以参照美国经验出台《国家合作研究开发法》，建立国家层面的"技术银行"，发展民用高级技术局，拓展证券市场体系等。

（3）建立发达的产业投资体系。政府要发展包括股票、债券、期货、产权和其他金融衍生品的资本市场，吸引带动民间资本、国际资本参与到风险投资中来，构建立体化的产业投资管理体系，推动地热能产业实现可持续发展与内部的结构优化升级。

在法律制度建设、金融支持、税收优惠等方面，政府也应当进行有力的支持。同时，产业投资事业的基础是一大批高层次专业人才。政府应当鼓励高等院校、中介组织和产业投资机构加强合作，培养理论功底深厚、实践技能丰富的复合型人才，切实培育产业投资领域的人力资本。

（4）引入和推广多元化的金融工具。在成长的不同阶段（种子期、初创期、成长期和成熟期），企业对资金的数量以及具体的融资方式都有不同的需求。要降低地热领域的资金错配风险，就需要有多层次的、多元化的金融市场及融资产品与之配套。例如，在创建期，地热企业的产品及商业模式开始由策划方案转为市场实战，资金缺口和投资风险都非常大，这就需要基金、投资银行和商业银行的恰当介入，将地热企业的资产与负债转化为流通性更强的有价证券。

（5）宽敞的资金流动通道。在产业融资问题上，人们对资金的融入较为关注。但是，资金及其风险的流动通道也非常关键。就地热能产业的融资而言，不仅要加强资金"入口"的建设，也要为之设计合理的"出口"，从而形成一个完整的产业资金循环体系。在发达国家的资本市场，公开上市和私募转售均较为成熟，我国地热能产业融资也应当积极借鉴。

第二节　地热能产业融资的具体方式

一、财政税收融资

在地热能产业内部，依附于人才的知识、智力等要素非常重要。同时，相关理论和技术的发展进步对地热能产业的发展具有非常重要的推动作用。这些理论知识和技术都会产生外部溢出效应，具有一定的非排他性和竞争性。考虑到收益和成本上可能出现的非对称性，地热能产业的融资还需要政府给予有效支持。

对于地热企业来说，财政融资是指从国家财政部门获得的融资形式与方法，具体包括财政直接投资、政府采购、税收优惠等。中央财政和地方财政可以制定出有利于地热企业的产业扶持优惠政策，利用投资或政策性放款等方式进行资金的供给。通过财政资金杠杆作用的充分发挥，可以充分引导社会资本增加投入。财政融资具体的实施机构主要包括财政信用机构和政策银行，如国家开发银行、农业发展银行等。

根据李斯特等的贸易保护理论，政府应当对处于幼稚期的民族工业进行保护。由于能够降低产品风险，政府采购往往是民族产业保护的重要措施。近年来，欧盟国家政府采购在GDP中所占的比重已经达到10%以上，对刺激国内需求产生了重要作用。在我国，政府办公也会产生用电、用暖的需求，此时可以考虑通过政府采购的方式来为地热能产业发展提供间接的财政支持。

税收优惠是指国家税收部门通过税收减免、税收返还等形式帮助企业间接地获得发展所需基金。①房地产租售优惠。在地热能产业用地、厂房建设、办公用房或企业配套房地产租售上，政府可以予以适度的优惠。②税收优惠减免。对符合相关政策的新产品、新商业模式可以进行增值税、企业所得税等方面的免征、减征等支持。③加速折旧政策。对地热企业的科研仪器或其他关键生产设备，可以通过加速折旧或管理费用分摊等办法来进行税收支持。④对核心产品或零部件的国产化进行税收减免。如果地热企业实现技术上的重大突破，在核心产品或零部件上能够取代进口，政府应当予以适当的税收减免。

除了这些传统的模式之外，政府产业引导基金在产业融资方面的影响力越来越大，也在事实上构成了财政税收融资的重要操作方式。

政府产业引导基金是一种政府牵头、社会资本广泛参与的新型产业融资平台。政府产业引导基金的资金来源包括财政预算内投资、中央和地方各类专项建设基金及其他财政性资金。其目的在于扶持特定行业、特定发展阶段、特定区域的可持续发展，日常运营由专业的投资管理团队负责。政府产业引导基金有助于落实国家产业政策和扶持重大关键技术产业化，对经济结构调整、产业转型升级和资源优化配置均具有创新价值。在实践中，我国各地的政府产业引导基金通常都遵循"政府引导、市场运作、防范风险、滚动发展"的原则。北京、上海、广东等地区出现了一大批战略新兴产业引导资金。截至2017年底，国内共成立政府引导基金97支，总规模达3 031.3亿元，平均单只基金规模约31.25亿元。

根据《国务院关于创新重点领域投融资机制鼓励社会投资的指导意见》和《政府投资基金暂行管理办法》（财预〔2015〕210号），产业引导基金可以采取公司制、有限合伙制和契约制等组织形式。

与商业性基金相比，产业引导基金是非营利性的。对新兴行业和创新型产业来说，政府产业引导资金的融资成本优势非常明显。与此同时，政府产业引导资金还可以带来优质项目获取、公共关系拓展、渠道铺设等方面的优势，不失为一种重要的、基础性的融资渠道。但政府产业引导基金也存在一些需要注意的地方。①政府有自身的价值取向与职能定位，政府产业引导基金所具有的政府、政策色彩往往比较浓厚，市场化程度则相对较弱，甚至可能与金融市场的通行规则存在激烈冲突。基金管理团队不得不在行政指令和市场经济的夹缝中求生存。这就容易导致很多基金在项目选择上趋于被动，出现"有钱不能投"的尴尬局面。在发扬市场资源调配中作用的前提下带动区域地热能产业发展，仍然是一个难度较大的挑战。②从本质上来说，政府产业引导资金属于国有资产，其管理运行都处于国资委、发展和改革委员会、证券监督委员会等部门的监管之下。因此，政府产业引导资金对资产的保值增值有特殊需求，与社会资本的风险偏好有显著差异。在投资方向上,政府产业引导基金青睐处于种子期、起步期的企业,社会资本则更青睐处于成长期和成熟期的企业。这就容易与金融市场内在规律发生矛盾。在管理架构设计上,许多政府产业基金将政府所持股份作为劣后部分。这有利于吸引社会资本投入,但在具体的操作策略上还需要探索创新。③在运作过程中,政府产业引导资金会引发"双重代理问题"。"政府—母基金管理公司—子基金"是一层委托代理链,"政府和社会资本—创业投资家—企业家"之间又会产生一层委托代理链,这就会进一步加剧政府产业引导基金内部的目标冲突。④一些政府产业引导基金在人力资源配备上不到位,工作人员缺乏金融市场运营经验,容易造成资金落地难、管理秩序不稳定等问题。同时,在属事、属地责任的划分上,个别政府产业引导基金也存在界限模糊的问题。这就需要建立一种长效机制,防范可能出现的金融风险。

中国清洁发展机制基金就是一支典型的国家批准设立的政策性基金。仅张家口一个城市就从这支基金获得了大量的供热项目投资。2013年,下花园集中供热项目获得贷款5000万元;2014年桥西供热项目获得贷款6000万元,宣化特种子项目获得贷款5000万元;2015年崇礼县集中供热工程项目获得优惠贷款6000万元。截至目前,张家口市已累计获得中国清洁发展机制基金贷款总额已经接近3亿元。

在地热资源勘查评价方面,地热企业应当积极争取国家地质勘查基金、国土资源大调查资金、地方优势矿产资源勘查专项周转金和其他财政性资金,降低自身在这一领域的投入,提高地热资源勘查评价的运作水平。针对地热能产业的整体发展,中央及各地政府有必要完善地热能产业的准入机制,根据各地资源和市场具体情况设计合理的产业布局方案,提高对地热能产业的扶持和资金投入,为解决地热企业融资困难提供积极的政策支持。

二、债务融资

债务融资(Debt Financing)是指企业向银行或非银行金融机构贷款或发行债券等方式融入资金的融资模式。债务融资的范围涵盖银行贷款、民间借贷、金融债券、综合授信、信用证、保函等形式。其中,银行贷款又包括了信用贷款、担保贷款、贴现贷款等方式。债务融资的特征包括以下几个方面:①短期性。债务融资筹集的资金具有使用上的时间规定,一般为6个月、1年、3年或者5年等。②可逆性。对于通过债务融资所获得的资金,企业承担按约定还本付息的义务。③负担性。债务利息会增加成本压力,这也是沉重的负担。④流通性。在金融市场上,债券可以自由流通。

对于地热企业来说,债务融资这种方式具有一些突出的优点。首先,提高债务融资比例能够优化股权结构。詹森(Jensen)和麦克林(Meckling)发现,假设股东的绝对投资额不变，增大负债融资的比例有助于减少股东和经营者之间的目标利益分歧，这意味着股权代理成本的降低。其次，提高债务融资比例可以激励经营者努力工作。对股东来说，经营上的冒险可能会影响自身财富的安全性。同时，他们可以通过多种手段分散投资风险。对于经营管理人员来说，只有采取适度的冒险才能获取较高的收益，其工资收入、股票期权乃至人生价值都与公司运转状况紧密相关。最后，债务融资可以产生避税效益。相对于股利来说，利息支付是税前执行的。通过举债，企业可以进行合理避税并提高每股税后利润。但是也应当注意，负债所带来的财务拮据成本和破产成本可能会大于或者抵消负债所产生的避税效益。此外，负债融资可以提高资金使用效率。假设企业内部存在大量自由现金流，经营管理人员倾向于不分红或少分红，甚至会利用自由现金流用于私人利益。在提高债务融资比例的情况下，经营管理人员在实质上做出了按期支付债务利息的承诺。这就使债务利息成为红利分配的有效代替品，从而降低由于经营管理人员逆向选择所造成的代理成本，资金使用效率可以得到一定程度的改进。

在实践操作中地热企业的债务融资还存在过桥贷款等形式，在此不再详细一一阐述。

三、股权融资

股权融资是指企业的股东让渡部分企业所有权来引进新的股东的融资方式。在实践中，股权融资主要为了实现公开上市。除了资金的流入以外，企业一般会委托专业机构来进行管理、生产、营销、财务、技术等方面的优化升级。

在风险资本市场日益成熟的背景下，股权融资使地热企业获得外部权益资本的机会和时间都得到有效改善。与其他融资方式相比，股权融资具有永久性（无到期日而且不需归还）、不可逆、成本灵活（没有固定的股利负担，股利的支付与否和支付多少视公司的经营需要而定）等优点。如果地热企业能够在生命周期的开始就获得精准高效的权益资本及与之配套的增值服务，就更有机会和实力度过初创期和成长期的重重难关。然后，地热企业就有机会借助专业投资银行的帮助进行公开上市。这对于充实企业运营资金、提高公司知名度、改善公司治理结构等都具有重要价值。

四、融资租赁

根据我国《合同法》和《融资租赁法·草案》的定义，融资租赁可以被定义为"根据承租人对租赁物与供货人的认知、甄选与认可，出租人从供货人处取得的租赁物，按照合同约定出租给承租人占有、使用并收取租金的交易活动"。一般来说，融资租赁的最短期限为一年。在实践中，融资租赁包括简单融资租赁、回租融资租赁、杠杆融资租赁、委托融资租赁、项目融资租赁、经营性租赁和国际融资转租赁等多种形式。从总体上来看，可以将之划分为直接租赁和回购租赁两大类。

直接融资租赁是指租赁公司借助自有资金、商业贷款或招股等途径，在国际国内金融市场上完成资金筹措，向设备制造商直接购买设备再租给承租企业使用的融资租赁方式。直接融资租赁是最典型的融资租赁模式，这种模式下租赁当事人发生直接的商务接触和合作关系，对各方权利义务的规定都非常具体清楚。从操作时间的角度来看，直接融资租赁基本没有时间间隔，出租人不需要承担设备库存压力。因此，直接融资租赁也被称为经典融资租赁，通常简称直租。直接融资租赁的操作步骤主要包括：①根据承租人的要求，租赁公司与供货商或设备制造商签订租赁标的物买卖合同，按照市场规定的流程支付设备购置款；②租赁公司与承租人签订融资租赁合同，根据合同约定的时间与条件完成设备出租，承租人可以使用设备；③承租人根据融资租赁合同的规定支付租金，承担合同规定的义务；④承租人与供货商或设备制造商签订售后服务协议，根据售后服务协议及融资租赁合同，承租人享受售后服务权益以及租赁物的残值；⑤承租人或有关第三方向租赁公司履行还款承诺，在规定期限内完成租金支付。

回购租赁业务是指承租人将自有物件或外购资产出售给出租人，与出租人签订融资租赁合同，然后再从出租人处租回该资产的交易活动。在这种模式下，承租人和供货人实际上为同一人。回购租赁业务可以帮助企业把固定资产变为现金，再投资于其他业务，承租人从原设备设施的所有人转变为设备的承租人。买卖合同的金额是融资租赁租金的计算基础。回购租赁业务的特点包括：交易过程中，承租人在使用资产上较少受到限制；资产的售价与租金紧密相关，资产出售损益不需要计入当期损益；合同执行成本由承租人承担；承租人可以获得纳税财务利益。

在地热行业，通过融资租赁这种方式进行融资的行为较为常见。例如：2012 年 3 月，哈尔滨物业供热集团有限责任公司通过农行黑龙江省分行办理了租赁期限为 5 年标的 2.5 亿元的供热设备融资租赁业务；2017 年 11 月，西安 BK 热力有限公司通过招商金融租赁有限责任公司完成了金额为 10 000 万元的设备融资租赁业务。

五、资产证券化 ABS 融资

资产证券化是指"以特定资产未来所产生的现金流为基础发行资产支持证券（Asset - Backed Securities，ABS）的过程。"狭义的资产证券化主要指信贷资产证券化，广义的资产证券化则涵盖实体资产证券化、证券资产证券化、现金证券化、特许经营权证券化、收益权证券化等多种类型。在我国，资产证券化的操作主要包括信贷资产证券化、企业资产证券化和资产支持票据等不同类型。

资产证券化系指将缺乏即期流动性,但具有可预期的、稳定的未来现金收入流的资产进行组合,借助内外部信用增级,并以此为偿付基础在金融市场上发行可以流通的有价证券的融资活动。

对于地热企业来说,资产证券化融资可以带来多重好处。①增强资产的流动性。一方面,通过对流动性较差资产的证券化处理,地热企业可以将之转化为交易机会更多的证券。这就扩大了资金来源,提高了资产的流动性。另一方面,在金融市场流动性短缺的情况下,资产证券化可以帮助地热企业获得新的融资渠道,提高了整个企业的流动性水平。②降低融资成本。一般而言,相对于其他长期信用工具来说,通过资产证券化的证券信用等级更高,付给投资者的利息则相对较低。其中一个原因在于投资者所购买的信用不再局限于地热企业的信用质量,而是经过金融机构进行资产组合的整体信用质量。③提升财务管理效率。通过资产证券化,地热企业可以对资产、负债和所有者权益进行精确匹配,从而使财务管理模式更加灵活,资产管理水平也随之水涨船高(表7-2)。

表7-2 某资产证券化方案执行概要

项目	说明
原始权益人(项目公司)	西安＊＊热力有限责任公司;新疆＊＊热力有限公司;太原＊＊再生能源供热有限公司
基础资产	供热收费权
额度匡算	7亿元;由主体AA+以上的主体进行差额补足并为原始权益人提供流动性支持,可以直接用收入测算ABS额度,不用考虑运营成本和费用。因此额度主要由项目公司供暖费收入规模决定
期限	6年(3+3)
还本付息频率	差额补偿人主体评级是AA+的,通常每满6个月或者3个月归集一次
增信措施	差额补偿人:BK＊＊科技发展有限公司(AA+); 优先次级分层; 专项计划现金流对优先级本金和收益的覆盖倍数(1.2倍)

六、互联网金融融资

20世纪末以来,互联网以惊人的速度快速占领了人类生活的每一个角落。近年来,随着云计算、社交网络、搜索引擎尤其是虚拟支付平台的发展,一种基于(移动)互联网的新兴金融模式兴盛开来。这种网络化的资金融通、支付、投资和信息中介服务的金融模式被称作互联网金融。在这一概念框架下,发展出了P2P网络小额信贷、第三方支付平台、基于大数据的金融服务平台、众筹、金融理财产品网络销售等具体的互联网金融模式。考虑到地热能产业的特点，其中最有可能采取的两种融资方式为众筹和基于大数据的金融服务平台。

1) 众筹融资

与其他融资方式相比，众筹是一种更大众化的融资方式。目前，众筹这种模式主要用于创业行业。

在金融管制的宏观背景下，民间融资渠道不畅、融资成本较高等现实问题对地热能产业融资活动构成了强大的阻力。随着互联网金融的发展，众筹模式必然会在其他行业得到广泛应用。对于地热企业来说，发展众筹这种融资模式的优点很多。其一，融资对象扩展至整个社会，可以利用搜索引擎优化、专业论坛、网络推广等技术手段快速找到潜在投资群体；其二，融资渠道进一步拓宽，对金融机构和资本市场的依赖程度会有所降低；其三，融资费用大大改善，减轻巨额利息所带来的沉重压力；其四，可以拉近与终端用户之间的心理距离，有利于创造品牌形象和产品推广。

2) 大数据金融融资

在互联网时代，地热市场上消费者行为、地热企业经营活动和政府及金融机构有关活动所产生的信息汇集起来后，会形成海量的非结构化数据。从性质上来看，这也是"大数据"的一种。通过对这些数据的分析，可以分析和预测地热企业的融资需求。对地热企业来说，这也是一种有效的融资分析手段；对于金融机构和金融服务平台来说，这可以使产品营销与风险控制更具针对性。

对于地热能产业融资活动来说，大数据金融具有很多优点。其一，网络化呈现。在大数据金融时代，地热企业可以将融资渠道延伸至固定网络和移动网络，选择更适合自身需求的融资产品。地热企业与融资有关的金融咨询、贷款、支付结算等活动都可以通过网络实现功能转型。其二，高效率。利用大数据金融，地热企业将打破传统融资活动的效率瓶颈，大大节省在流程上耗费的时间，交易成本得到有效节约。其三，信息不对称得到有效改善。借助日益强大的数据分析能力，地热企业和金融机构之间的信息不对称程度将大大降低，对金融产品（服务）的理解和应用也会更具针对性。其四，灵活操作。借助大数据金融，地热企业可以和金融机构携手设计个性化的金融产品，实现灵活的融资操作。例如，通过对上下游企业现金流、进销存、合同订单信息的深入挖掘，大型地热企业可以依托自身资金平台发展供应链金融；依托终端客户的需求，小型地热企业可以和金融机构合作，以普惠金融为切入点发展小额金融产品，从而盘活自身资金周转。

七、项目融资

在本书中，项目融资是指以特定地热项目未来收益为依托进行的商业融资活动，其方式主要包括 BOT、PPP 等。在大型矿产资源开发项目中，项目融资是一种较为常见的融资方式。对于提供资金的机构来说，其收益来自项目建成之后现金流的时间价值。与其他融资方式相比，项目融资不需要以资产或信用作为担保，也不需要政府部门提供信用背书，在操作流程上相对简单一些。一般情况下，项目融资的期限以项目周期为准。因此，对于地热企业来说，项目融资还有助于安排资金运作的节奏。对政府来说，项目融资可以减轻财政投入，还可以发挥各种金融机构的主动性与创造性，提高地热项目建设、经营、管理和服务的质量。节省下来的财政资金可以投入到其他领域，从而带动国民经济的发展。

BOT（Build-Operate-Transfer，即"建设-经营-转让"）是基础设施投资、建设和经营的一种运作方式。BOT 以政府和私人机构之间的协议为基础，前者为后者提供基础设施投资、建设和运营的特许权。在基础设施（公共产品或服务）的数量、质量和价格上，政府会对私人机构进行限制，但应当保证后者获取合适的利润。BOT 过程中的风险由双方共同承担，BOT 结束之后项目转由政府指定部门经营和管理。这种方式可以充分发挥"政府"与"市场"的协同优势，在各种基础设施建设项目中的应用非常广泛。经过世界各国的实践积累，在 BOT 的基础上发展出了 BOOT（建设-所有权转移-经营-转让）、BOO（建设-所有权转移-经营）、BLT（建设-租赁-转让）和 TOT（转让-经营-转让）等。在一个完整的 BOT 框架中，涉及的主体包括项目发起人、产品购买商或接受服务者、政府、债权人、建筑发起人、保险公司、供应商和运营商。

PPP（Public-Private-Partnership，即"政府-私人机构-合作"）指政府与私人机构之间基于提供产品和服务达成特许权协议的一种运作方式。PPP 模式的出现，主要是为了弥补 BOT 模式下"权力寻租"的弊端。在具体的运作上，PPP 的组织结构较为复杂，但本质上与 BOT 模式较为类似。PPP 和 BOT 的一个重要区别在于，PPP 模式下通常会由基础设施建设公司、服务经营公司或对项目进行投资的第三方共同组成的"特殊目的公司"。换言之，在 PPP 模式中，政府的参与程度更深且效率更高。与 BOT 模式相比，PPP 的优点主要包括以下几个方面。①消除费用的超支。一般而言，PPP 模式下，只有项目正常运转的情况下私人机构才开始获取收益。这就对私人机构在基础设施项目建设过程中的行为构成了有效的制度约束，可以带来约 17% 的成本节约。②推动项目参与各方整合组成战略联盟，有效协调内部的利益矛盾关系。③风险分配合理。PPP 模式下政府在项目初期就承担了一部分风险，有助于提高项目融资、建设和运营成功的概率。

在后文所述的"雄县模式"和"陕州模式"中，项目融资的理念都得到了深入的应用。在未来地热能产业发展过程中，项目融资也必然会发挥越来越重要的关键作用。

八、产业发展基金融资

根据国家发改委曾起草的《产业投资基金管理暂行办法》，产业投资基金可以被定义为"对未上市企业进行股权投资及经营管理服务的投资制度"。在金融市场上，产业投资基金的概念是非常广泛的，国外通常称之为风险投资基金和私募股权投资基金。产业投资基金通常针对具有高增长潜力的未上市企业进行股权或准股权投资，同时参与到被投资企业的经营管理中去。被投资企业发育成熟并公开上市后，产业投资基金可以通过股权转让的途径实现资本增值。利益共享、风险共担是产业投资基金的重要特征。在管理操作上，产业投资基金通过基金公司参与到创业投资、企业重组投资等投资活动中去。根据目标企业所处阶段不同，产业基金分种子期（早期产业基金）、成长期产业基金和重组产业基金等。

产业发展基金是投资活动发展到一定阶段的产物，是普通投资行为的升级演化。可以从以下几个方面认识产业发展基金的具体特征。①产业发展基金着眼于事业投资，其投资对象通常是高成长性产业中的创业企业的股权。企业发展后的股权增值是产业发展基金的利润源泉。②产业发展基金需要专业的管理团队来负责运营管理。团队中一般有基金股东、基金管理人、基金托管人以及会计师、财务分析师、律师等资深人士。其中，基金管理人要负责具体投资操作和日常管理。和单纯的投资行为不同，产业发展基金不仅提供直接的资本支持，还深度参与到企业运营管理中去，通常会提供资本运营、发展扶持等高附加值服务。③产业发展基金机构化、组织化的程度较高。产业发展基金的核心竞争力在于创业资本的高效经营。从目前的发展情况来看，产业发展基金可谓是创业资本的最高状态。其资本来源已经趋于多元化，除了银行理财和自营资金外，保险和券商等机构也可以进行资本对接。④产业发展基金属于买方金融，其运作过程是融资与投资的有机结合。产业发展基金建立在资金筹措的基础之上，该资金在本质上处于权益资本。这种权益资本用来购买目标企业的股权资产并为之提供针对性的资本经营服务。产业发展基金看中的盈利增长点在于未来企业资产转让的差价，而非普通的股权分红。⑤产业发展基金有确定的退出机制。在所投资的企业发育成长到相对成熟的阶段后，产业发展基金会按照预先的约定进入退出程序，退出方式包括委托贷款还款、回购股权、受让有限合伙份额、补足收益等。一方面，这有利于资本增值的"落袋为安"；另一方面，这也有利于进行新一轮的产业投资。相比之下，普通资本的收益来源主要是股息，已经显得"落伍"。⑥产业发展基金的用途灵活多样，可以满足股权融资、债权融资、PPP项目融资、产业升级等各种情形的融资需求。

地热能产业发展基金从宏观上可以与政策进行对接，中观上可以与产业进行对接,微观上可以与企业进行对接。在产业及企业发展的不同阶段,地热能产业发展基金可以在投资、融资、管理和风险防控方面发挥不同的功能。从这个意义上来说,地热能产业发展基金会对产业经济发展产生特有的效应。①落实政府意志的功能。相对于其他产业来说,地热能产业还属于幼稚产业,其模式发展离不开政府政策的干预。在"政府"和"市场"界限越来越清晰的时代背景下,政策对企业的干预不再那么在直接,而是更大程度地通过产业发展基金等类似载体来实现。在地热能产业发展基金的运作过程中,政府意志能够得到更好地落实和贯彻。例如,通过地热能产业发展基金在不同地区、不同程度的投放,可以落实地热能产业政策的发展规划。②资本配置功能。与西方发达国家相比,我国资本市场还很不成熟,供求对接容易出现时间、主客体及方式上的冲突。长期以来,我国地热企业在融资方式上对银行的依赖程度较高。地热能产业发展基金的出现,可以打破资本配置方面的准垄断格局。首先,提升融资均衡水平。银行这种单一化的资本配置方式不符合地热能产业发展多样化融资偏好的事实,在资本配置上显得不够均衡和高效。地热能产业发展基金可以给地热企业制作产品多样化、额度差异化、时间灵活化的投融资方案,这有助于满足不同阶段的资金需求,从而实现投融资均衡水平的提高。其次,拓宽融资渠道。在地热能产业发展基金框架下,地热企业的融资活动既可以自己发起,也可以在政府、金融机构及其他社会资本的辅助下自由选择。这就从根本上拓宽了多元化的融资渠道,同时也有利于融资成本的降低。最后,缓解融资约束。传统的债务融资模式容易给企业造成硬约束,对融资双方都造成了沉重的压力。也就是说,企业要承担高额的利息,银行等金融机构要承担各种风险。引入地热能产业发展基金后,双方的合作程度不断深入,有助于优化双方的资本结构,在风险配置和风险分担方面都有了新的提升。③股权功能。与普通的股权相比,地热能产业发展基金的股权在专业化和多元化等方面具有明显优势。一方面,地热能产业发展基金的投资主体和投资对象都是分散和多元的,这不仅迎合了地热能产业投资规模巨大化的产业特征,同时也降低了参与各方的资本风险。另一方面,地热能产业发展基金在管理上较为专业化,在企业管理、项目运作、利润预测、风险识别等方面有独特的优势。对于地热企业来说,"近朱者赤"的传导效应必然会带来运营管理的优化升级。

从资金具体投放上,产业发展基金主要有以下几种具体的方式。①资本金投入。主要用来弥补目标企业发展中资金不足或者解决重大项目资金匮乏的问题。②阶段参股和跟进投资。主要用于对符合国家相关产业政策、具有行业龙头潜质的高成长性企业。③贷款贴息。主要用于预期社会效益较好的企业或项目。④过桥贷款,在目标企业急需流动资金周转时,产业发展基金可以利用间歇资金安排、资金沉淀提供临时性的过桥贷款来进行支持。

第八章　地热能产业发展基金的管理策略

在 21 世纪，新的理论、新的观点层出不穷，产业经济领域也不例外。从整体上来看，为完善地热能产业发展模式探索一套理论体系并不困难。但是，考虑到我国社会转型期的特殊国情，在地热能产业发展的实践中则需要拿出可靠的、行之有效的解决方案，本章阐述的地热能产业发展基金则是其落脚点。同时，从实践操作的角度来看，地热能产业发展基金这种融资方式可以涵盖和容纳其他各种融资方式。因此，地热能产业发展基金有着独特的重要性。通过对设计、募集、投入、管理、风险管控、退出等具体策略的探析，可以加深对地热能产业发展基金的把握，为相关各方的决策提供有益参考。

第一节　地热能产业发展基金的设立

目前，我国资本市场建设步伐逐渐加快，地热能产业发展经济的制度条件、组织条件、经济条件和技术条件都已经初步具备。然而，在具体的设立策略上，地热能产业发展基金还没有摸索出成熟的经验，这就可能对未来的投融资管理造成一定程度的负面影响。

一、地热能产业发展基金的策划

地热能产业发展基金具有知识密集和资本密集的特点，前期策划阶段中的智力因素融入非常关键。"凡事预则立，不预则废"，地热能产业发展基金的发起、设立和运营过程都与前期策划方案的水平及落实程度息息相关。

地热能产业发展基金策划的第一步是团队建设，这直接决定了整个基金的操作思路。首先要确立一个总策划人的角色。总策划人所需具备的条件包括深厚的专业知识背景、丰富的实践运作经验、结构化的人脉关系网络和敏锐的资本市场直觉。在总策划人的主持下，吸纳基金运营、法律、财务、公关及有关专业人士构成地热能产业发展基金的运营团队。

地热能产业发展基金策划的第二步是形成一个深刻、创新、独特的投资策划方案。整个方案可以由地热能产业发展基金策划团队拟定，也可以委托专业机构制作。

投资规划方案应当包括基金管理架构、目标企业选择策略、风险控制、收益分配及清算、退出机制安排等几个方面的内容。

地热能产业发展基金策划的第三步是确定投资客户资源。具体的操作方式有三大类：地热能产业发展基金策划团队利用人脉和目标企业进行直接对接；对地热能产业内部的企业进行梳理分析，寻求适合基金操作思路的目标对象；委托融资经纪机构介绍合适的客户。如果没有足够的客户资源以及有效的商务推广手段，地热能产业开发基金的管理方案不过是"纸上谈兵"。

地热能产业发展基金策划的第四步是形成执行方案。当前国内的资本市场是一个复杂多变、信息敏感、充满新颖元素的特殊市场，其无序性、非线性和混沌性的特点都对基金操作思路的"落地"提出了强有力的挑战。只有拿出一份说服力强、可操作性佳的执行方案，地热能产业发展基金策划团队的工作才能告一段落。

二、地热能产业发展基金的发起设立

地热能产业发展基金的发起人一般为履行并完成地热能产业发展基金设立法定程序，需要完成起草审议报告、设定具体方案、拟定基金契约等有关文书，还需要为此承担相应的法律责任。地热能产业发展基金设立的基本条件、发起人所拥有的权利和义务与其他类型的产业投资基金发起人类似。其中需要注意的是，发起人需要承担基金亏损或终止时的有限责任，也不得从事任何有损基金及其他基金持有人的活动。

地热能产业发展基金的设立程序一般包括：①设立基金运作方案。针对地热市场发展形势、目标企业潜力、自身金融运作优势等，发起人可以制订出一份可行性分析报告并以此拟定基金运作方案。基金运作方案至少要涵盖基金类型、定位、策略、推出时间、总体规模、存续时间等内容。②组建基金管理团队。聘请基金经理人、基金保管人、投资顾问、注册会计师、律师等专业人员构成的基金管理团队。③向监管机关报批。规模超过50亿元的地热能产业发展基金需要经国家发改委批准设立，具体程序包括订立基金章程或契约、委托确定一名发起人按规定程序办理申请设立报批手续、向工商行政管理机关核准登记并领取营业执照、按规定履行出资义务等。需要提交的资料包括申请报告、发起人名单及协议、基金基本信息、基金发起人权利与义务、基金合同草案和托管协议草案、招募说明书草案、律师事务所出具的法律意见书等。规模低于50亿元的地热能产业发展基金设立程序包括做好设立申请前内部准备工作、办理工商注册登记、履行出资义务、向指定备案部门办理备案并提交指定文件等。④公布基金招募说明书，对外发售地热发展基金证券。

地热能产业发展基金通常实行董事会领导下的总经理负责制，内部的职能部门应当包括综合研究部、基金募集部、投资管理部、财务部、审计部、行政部等，同时可以考虑设立投资决策委员会、风险控制委员会、公共关系委员会等专门决策机构。

三、地热能产业发展基金的募集

没有融资的驱动，地热能产业的发展就只有依靠要素驱动及自我演进。类似地，没有足够的资金，地热能产业发展基金也只能是空中楼阁。

从募集对象的角度来看，地热能产业发展基金主要从政府、金融机构、非金融企业、个人等方面获得所需资金。

从具体募集运作的角度来说，地热能产业发展基金主要有私募发行和公募发行两种方式。私募发行是指面向少数特定的投资者（一般为金融机构和个人）发行的基金资金募集方式。这种方式的发行费用较低，时间节省，监管也相对宽松，但在规模方面有可能受到一定限制。对处于起步阶段的地热企业来说，私募发行这种方式更为可靠。公募发行是指面向广大社会公众发行的基金资金募集方式。公募发行的特点与私募发行刚好相反，比较适用于进入成熟期的地热企业。

从操作策略的角度来看，地热能产业发展基金通常可以采取以下方式来募集资金。①借力政府产业引导资金。目前，各地政府都积极发展政府产业引导资金来推动传统产业转型和新兴产业拓展。同时，政府产业引导基金通过股权投资及并购投资来调整当地产业结构的现象非常多。地热能产业是清洁能源行业的一个有机组成部分，借力政府产业引导基金这一低成本资金来源，可以为地热能产业发展基金"雪中送炭"。对地热企业来说，对资金量的需求将越来越大，企业只有做大做强才能构筑核心竞争力并降低建设运营成本。政府在产业引导方面的诉求与地热企业对创新金融服务的迫切需求恰好可以"对接"，这也是各地绿色产业引导基金的主要运作模式之一。②借力业内央企国企。近年来，绿色新兴产业的发展已经引起中石化集团、中煤矿业集团、中核集团、北京控股等多数央企国企的注意，它们在这一领域的战略布局已经悄然启动。对于地热能产业发展基金来说，可以谋求央企国企的资金介入，共同发展绿色产业基金。更重要的是，这些企业通常拥有上市平台，可以使地热能产业发展基金的退出渠道更加顺畅。③借力公共关系。结合自身定位找到准确的投资者是地热能产业发展基金能够募集成功的关键。考虑到能源投资的专业性，应当对同行业或类似行业的投资者进行深入分析，利用自身人脉找到突破口，先打造一个规模相对较小的基金。在地热能产业上打造精品项目获得投资收益后，则可以进一步扩大资金募集范围。

第二节 地热能产业发展基金的日常管理

一、地热能产业发展基金的运作策略

地热能产业发展基金的运作流程一般包括项目初审、项目评估与投资决策、签署投资合作协议、投资管理、投资退出等。项目初审的内容包括项目源登记筛选、项目初步分析、项目审议、项目立项/结项等。项目评估与投资决策的内容包括通过项目谈判达成初步合作意向、尽职调查、投资决策、投资决策执行等。

在签署投资合作协议之后，项目进入正式运营阶段。此时，地热能产业发展基金管理方还需要严格履行投后管理程序。对子基金的投资策略尤其值得地热能产业发展基金管理方注意。①子基金的总体投资策略。对子基金所投项目的投资阶段、地域、行业分布、金额限制、资金分配与竞争优势等，母基金应当进行严格监管，避免盲目投资；②子基金的项目开发，具体包括项目来源、项目储备情况、项目筛选程序、项目SWOT、项目投资决策机制、项目投资决策外部价值网络、项目后续跟进投资政策等；③子基金的权责分配及权利义务履行情况，重点考察基金管理制度是否得到严格落实；④子基金的项目组合管理，具体包括项目管理流程、项目管理介入的类型、项目公司定期报告及其频率、项目增值服务网络资源、投后管理策略、方法与执行等。

通过各种手段将所投项目转手之后，地热能产业发展基金可以进入退出或结项环节的操作。

二、地热能产业发展基金投资机制制定

地热能产业发展基金是金融中介的一种，其优势在于通过金融工具引入和合约设计来缓解投融资双方之间的信息不对称问题。与地热能产业发展基金管理人员相比，地热企业对自身能力、项目质量、项目运行情况及盈利预期拥有更丰富、更全面、更有效的信息。投融资双方的信息不对称可能造成"劣币驱除良币"的现象并导致市场失效。为了避免和减少所投地热企业管理人员的道德风险及逆向选择所造成的损失，有必要逐步完善投资机制。一方面，地热能产业发展基金管理人员应当具备扎实的信息搜集能力，充分发挥地热能产业发展基金的关系网络优势，妥善利用各种信息渠道搜集与企业、项目、地热市场的有关信息。另一方面，在项目调查阶段应当设置严密的评估标准，通过高强度、高质量的尽职调查来选择优秀的地热经营团队和具有良好潜质的地热项目。就项目而言，应当重点考察项目的技术可行性、市场竞争情况等因

素；就地热企业管理团队而言，应当重点考察教育背景、领导能力、以往业绩、行业信誉等因素，尤其要关注企业家个人品质和商业经验。只有筛选机制足够严格，才能保证所投地热企业的质量，避免由于道德风险和逆向选择而造成的重大损失。

三、地热能产业发展基金交易价格确定

地热能产业发展基金的交易主要可以分为企业和项目两个方面。交易价格不仅决定地热能产业发展基金的利润，更直接决定了地热能产业发展基金在市场上的价值。判断交易价格是否合理的标准在于对所投地热企业及地热项目的投入与未来收入之间的比例情况。一般而言，具体的交易价格以地热能产业发展基金对企业及项目的估价为基础，最终通过双方谈判确定交易价格。从这个意义上来说，交易价格的确定是地热能产业发展基金交易的重点，这具体又包括企业估价和项目估价两个方面。

（一）地热能产业发展基金的企业估价

要收购地热企业的股权，首先就需要对企业的市场价值进行评定。在尽职调查的过程中，地热能产业发展基金可以获得企业资产、以往经营业绩、预期盈利能力等相关资料。以此为基础，可以对企业价值进行估算。在实践中，企业估价的方法主要包括以下几种。一是资产基础法。资产基础法的原理是获得企业当前资产所需要的重置成本减去合理的损耗后得到一个评估价值。重置成本一般按照企业现有资本的市场价计算，损耗部分主要包括实体性贬值、功能性贬值和经济性贬值。计算所得金额再减去企业负债就可以对企业进行价值估算。显然地，从本质上来看，资产基础法按照账面价值来确定目标企业的资产价格。这种方法以经过审计的资产负债表或清产核资报告为依据，具有操作方便的优点。资产基础法没有考虑由于资产的组合溢价，也很难将商誉、知识产权等无形资产包括在内。但是，这种方法可以给地热能产业投资基金管理人员提供一个估值"下限"，具有重要的参考价值。二是净现值贴现法。净现值贴现法的思路是对企业资产未来收益进行折现得到被评估企业的资产价格。这种方法可以较为公允地体现目标企业资产的内在价值，容易得到投融资双方的认可。但是，由于容易受到主观判断与不可预见因素的约束，企业资产未来收益的测度较为困难。三是现金流折现法。现金流折现法的思路来自现金流货币时间价值对企业资产价值的侧面反映。其计算方法与净现值贴现法类似。在实践中，现金流折现法包括了未来收益法、创业投资作价法和第一芝加哥估价法等具体的操作方法。其中，第一芝加哥估价法是对最坏、正常、最好三种情况下企业资产估值的平均，具有一定的参考价值。四是市场比较法。这种方法是一种可比较交易法，建立在"替代原则"的基础之上。具体的操作方法是，在市场上找出若干个与目标企业相同或类似的企业作为参照系，

通过关键经营指标的比较分析得出一个估计值再进行修正后得到被评估企业的价值。随着股权转让市场的发展，这种方法的应用范围将越来越广。五是 EVA 法。EVA 是经济增加值（Economic Value Added）的简称。EVA 能够反映企业税后营业净利润与投入资本总额（包括债务资本和权益资本）之间的差额。如果 EVA 大于零，则表明企业创造了价值和财富，反之则表明企业造成了价值损失。如果 EVA 等于零，则说明企业仅能实现债权人和投资者的预期收益。在完整的 EVA 体系中，战略性投资、研发费用、市场开拓费用、递延税项、营业外收支、商誉等因素都被考虑进去。在国内地热能产业的投资中，这种方法的重要性日益提高。六是 Berkus 法。这种方法主要根据目标企业的基本价值、技术、执行水平、市场策略、销售情况这五个关键因素来对其价值进行判断。对于地热能产业发展基金来说，Berkus 法主要适用于还没有产生营业收入的初创型地热公司。

近年来，风险投资企业的一些估价方法也被应用于地热能产业发展基金的企业投资估价。这些方法有很多，主要可以分为绝对价值评估法和相对价值评估法两大类型。前者主要采用现金流折现、期权定价来对项目未来收益进行折现，在具体的运用中会使用到回收期（PBP）、净现值（NPV）、内部收益率（IRR）、盈利指数（PI）等计算指标；后者则通过具体的比率指标来判断投资项目收益是否达到某种标准，具体包括市盈率法（P/E 法）、市净率法（P/B 法）、市销率法（P/S 法）、PEG 估值法等。通常情况下，地热能产业发展基金应当选择一到两种主要的方法进行计算，同时以其他方法作为必要的补充。绝对价值评估法与企业估价方法类似，在此对相对价值评估法进行简要阐述。

（1）市盈率法（P/E 法）。市盈率是每股市价与每股盈利之间的比率，是企业经营能力的数据化反映，具体又包括历史市盈率（当前市值/公司上一个财务年度的利润）和预测市盈率（当前市值/公司当前或下一财务年度的利润）两种类型。但是，如果收益小于零，市盈率的意义就会有所削弱。此外，市盈率受市场波动的影响较大，同时在预测高成长性企业时显得说服力不足。

（2）市净率法（P/B 法）。市净率主要研究企业市场价值与净资产之间的比例关系。市净率与市盈率的原理较为类似，只是对每股净资产这一参数较为重视。市净率指标克服了市盈率可能为负值的缺点，理解起来也容易让投资者接受。但是，会计政策选择会对企业账面价值产生相当程度的影响。基于不同的会计标准或政策框架，得出的结论可能存在较大差别。

（3）市销率法（P/S 法）。市销率主要针对企业市场价值与销售收入之间的比例关系。一般而言，销售收入这一指标为投资者所青睐，计算起来也较为方便。但是，这一指标对成本控制能力、成本结构、盈利增长性等方面缺乏足够的解释力。

（4）PEG 估值法。PEG 估值法是对以上几种方法的拓展，其计算公式为：PEG

＝P/E/企业年盈利增长率。通常情况下，PEG估值法可以对企业未来盈利水平做出更可靠的预测。

此外，风险因子求和方法、记分卡估价方法、比率估值法、清算价值法等方法也可以运用于地热企业的资产估价。

（二）地热能产业发展基金的项目估价

地热能产业发展基金不仅要投资于地热企业，有时也需要对具体的地热项目进行投资，这就涉及项目估价的问题。项目估价的方法主要有费用效益分析法、内部收益率法等。

费用效益分析法主要对项目费用支出和整体收益进行比较，如果项目总收入能够超过总费用，则认为项目具有投资价值。相反，如果费用效益之比大于1，则说明项目基本不具备投资价值。

内部收益率法主要使用内部收益率这一指标。所谓内部收益率是指"使项目净现值为零时的折现率"。其计算步骤为：首先，如果净现值大于零，就提高折现率直至净现值接近于零；其次，提高折现率直至净现值小于零，然后逐步至净现值接近于零的负值；最后，利用线性插值法将以上两个步骤中得出的折现率调整为内部收益率。

四、地热能产业发展基金的激励

地热能产业发展基金在资本和企业家之间构建了一种委托-代理关系。由于两者的目标有所区别，这就需要对企业家的行为进行约束和激励，在推动其努力投入地热项目运营的同时减少其道德风险和逆向选择行为。要减少双方之间的目标距离，就需要根据地热企业（项目）特点、企业家性格特征、人力资本市场现状等因素制订合理的激励方案。同理，在地热能产业发展基金内部，也需要进行类似的制度安排。根据现代激励理论，地热能产业发展基金的激励主要从物质和精神两个层面进行。

从物质层面来看，地热能产业发展基金的激励通过薪酬体系来体现。地热能产业发展基金为企业家制定的薪酬应当包括基本工资、绩效奖金、股权与股票期权等。其中：基本工资主要根据人力资本平均水平、同等水平人才的供应量、岗位与地热企业效益的内部关联程度性、企业家真实水平等因素来制定；绩效奖金主要根据企业家关键指标完成率、当年项目效益等因素来制定；股权与股票期权激励的含义是让企业家持有一定比例的股份或期权，实现企业家与地热事业的利益捆绑。根据基金、企业与项目的具体情况，还可以安排增股、递延报酬、附有限制的股票方案、人寿保险等薪酬激励措施。此外，还可以考虑引入竞争性薪酬制度。也就是说，将地热企业家的薪酬分为固定收益和变动收益两部分。在企业和项目经营所得超过预期值时，企业家可以获得固定收益与变动收益；否则，企业家只能拿到固定收益。

从精神层面来看，地热能产业发展基金的激励通过荣誉、目标、竞争、信任、情感等方式完成。以竞争为例，地热能产业发展基金可以引入竞争机制，让具有成就需要的企业家在地热市场的竞争中获得征服对手、获得更高市场份额的成就感，这必然会有利于地热能产业的创新与兴旺发展。

第三节 地热能产业发展基金的风险管控

对于地热能产业发展基金来说，风险是客观存在的，投资的实际收益和预期收益之间总会存在一定的差额。郭丽华（2009）认为，地热能产业发展基金可能面临资金时间错配风险、资金退出风险、政府信用风险等重大风险。如果这种风险过高，必然会严重影响地热能产业发展基金的绩效，同时也会向整个产业系统传导并酿成系统性的金融风险。这就需要地热能产业发展基金管理方树立起高度的警觉性，同时积极采取各种策略进行风险管控。

一、地热能产业发展基金风险概述

政府、企业、金融机构等共同构成地热能产业发展基金的主体，各方的利益诉求都有所区别。政府的利益诉求点在于政绩、社会效益和生态效益，企业和金融机构则主要致力于获取高额收益。但是，地热能产业本身也蕴藏着巨大的风险。在不同的产业环节，在生产经营、资金周转等不同面，都存在程度不同的风险因素。从总体上来说，根据风险影响程度的高低不同，可以将之划分为系统性风险和非系统性风险两大类别。

系统性风险主要是指国际国内宏观形势的变化所造成的收益不确定性，具体包括以下几个方面。①政治风险。政治风险是指由于政治条件发生变化而导致的产业投资风险。一般来说，政局动荡会对产业投资带来严重的不确定性并造成收益剧烈波动。目前，我国政治局面较为稳定，这方面存在的风险程度相对较低。②政策风险。国家财政政策、货币政策、产业政策的变化会给地热能产业及产业发展基金造成重大影响。其中，以产业规划及配套政策的调整最为明显。③通货膨胀风险。通货膨胀意味着货币贬值，产业发展基金的资产价值将遭受影响。近年来，我国货币超发现象逐步得到遏制，但通货膨胀的风险依然存在。④法律风险是指法律法规变化给产业发展基金所带来的产业投资风险。例如，新劳动法的出台会造成新的成本压力。对地热企业来说，产业法律法规的变化很可能反映到收入和成本中去。

非系统性风险主要是指产业内部及企业内部因素所造成的收益不确定性，具体包括以下几个方面。①市场风险。政策利好和市场需求激增的共同作用下，众多企业和投资者纷纷加入到地热能产业中来。对原有企业来说，市场竞争风险呈现上升趋势。同时，境外资本对国内地热能产业的渗透程度也会越来越高。外资企业在资金实力、技术水平上都具有较强的相对优势，这就进一步放大了地热能产业的市场风险。②技术风险。目前，国内多数地热企业的生产设备、生产工艺与国外同行相比都明显较弱，这就造成了较低的产能。但是，随着社会经济的进步，地热消费终端客户对产品质量的要求也会不断增加，这对地热企业生产技术的研发更新提出了严峻的挑战。③经营风险。企业战略定位、产品价格、销售手段等都会造成价值的波动和未来收益的不确定性。同时，企业经营管理人员的道德风险和逆向选择问题也必须给予高度重视。

在理论界，一般用函数 $R=f(P, C)$ 来表示风险与事件发生概率、事件发生后果之间的数量关系。其中，R（Risk）表示某事件的风险，P（Probablity）表示事件发生的概率，C（Consquences）表示事件发生的后果。对地热能产业发展基金本身而言，风险损失主要包括资本损失和收益期望值未能达成所造成的损失两大部分。

对于地热能产业发展基金来说，风险的一些特征需要引起管理人员的注意。①客观性。地热能产业发展基金所遇到的风险是客观存在的，不以基金管理人员的意志为转移。这要求基金管理人员保持高度的理性和警觉性，不能麻痹大意。②时间上的不确定性。地热能产业发展基金所遇到的风险何时发生具有不确定性，要准确预测十分困难。③相关性。地热能产业发展基金的金融产品属性决定其风险与经济和社会密切相关，同时也与基金管理人员及所投地热企业管理人员的风险管理水平存在一定联系。④传导性。地热能产业发展基金的风险如果没有得到恰当的处理，就可能在产业内部发生转移，甚至也可能给金融机构乃至区域经济造成不利影响。⑤可测性。通过现代金融风险管理工具的应用，可以对地热能产业发展基金的风险进行测量和分析，这也是风险管理的基础。⑥损益双重性。任何事物都具有两面性，风险也并不必然意味着损失。如果能够恰当处理，地热能产业发展基金所遇到的风险有可能被转化为经营管理水平提升的介质。

二、地热能产业发展基金风险评估

在不同的发展阶段，地热企业面临的风险因素会发生动态变化。在初创期，管理滞后、研发效率低、成本上涨、营销策略错误等问题会导致增速缓慢、竞争力弱等风险；在成熟期，核心人员流失、盲目扩张、管理边际降低等问题会导致市场占有率下降、上市计划受阻等问题。此外，国内地热企业在经营方式和财务核算方式各有不同，这就进一步加大了地热能产业发展基金风险评估的难度。

随着金融市场的发展,对基金风险评估的理论研究也日渐成熟,已经形成了若干套行之有效的方法体系。具体来说,地热能产业发展基金风险评估主要包括评价指标的选取和具体的风险计算两个方面。

地热能产业发展基金的风险主要来自政策与产业、环境、市场、产品、管理、技术等多个方面,这些可以构成地热能产业发展基金风险评价的一级指标。在每一个指标下面,又可以根据基金、企业和项目的具体情况安排详细的分解指标。例如,市场风险包括市场前景、潜在竞争者、企业竞争力、市场稳定性、市场份额等分解指标。

在风险计算方法上,可以参考前文的模糊综合评价法,也可以使用灰色多层次分析法、历史模拟法、蒙特卡罗模拟法、共变异数法等。

三、地热能产业发展基金风险规避

近年来,国内金融市场上的风险定价方式正在经历着革命性的变化。客户信用风险评价的管理体制、思维方式和操作方法也发生了重大变革。原来以人工处理为主的信用评价方式已经被基于数据挖掘的客户识别、分类和信用评估所取代,事后的回顾式评价也被动态、实时的监测所替代。总之,信息化的风险识别正在成为主流。在地热能产业发展基金的运营管理过程中,要顺应这种趋势,综合利用各种手段进行风险规避。

首先,严格履行尽职调查,从源头上避免各种潜在风险。

尽职调查(Due Diligence Investigation)通常是指"在与目标企业达成初步合作意向后,投资方了解对方真实经营情况和自信水平的调查活动",具体包括业务尽调、法律尽调和财务尽调等不同类型。尽职调查的前提是双方协商一致,其目的在于通过完备的调查摸底解决双方之间存在的信息不对称问题。近年来,尽职调查已经成为国内投资活动中必不可少的一项程序。一般而言,在核实目标企业资产状况、摸清盈利能力、揭示财务和税务风险之后,应出具《尽职调查报告》。

对地热企业进行尽职调查的内容应当涵盖以下几个方面。①企业概况。具体包括:注册时间、注册资本、所有权性质、技术水平、发展规模、员工人数、员工素质等基本信息;创始人及团队核心成员的教育背景、工作经历和成功案例;公司股权结构及组织结构设计情况。②市场概况。具体包括:根据细分市场规模、目标用户消费特征等计算预期市场份额;根据行业成熟度、资本布局等判断行业发展趋势;根据管理团队、组织结构、流程效率、企业文化、渠道、品牌、公共关系等评估企业市场竞争力。③业务及盈利模式。具体包括:企业在市场上的定位;商业模式设计、盈利模式等。④关键数据指标及未来趋势。对关键数据指标如营业收入层面、成本、财务费用、用户数据等,不仅要分析过去情况,还要对未来趋势进行合理判断。⑤征信情况。有必要结合地热企业财务报表中短期借款、应付票据和长期借款三个会计科目的数据进行详细核对，对企业当前融资、历史融资及对外担保情况做到深入把握。⑥未来发展计划。具体包括：市场拓展规划、产品升级、新客户群开发等。

在对地热企业进行尽职调查的过程中，需要用到的方法主要包括以下几种。①审阅。对地热企业的营业执照、公司章程、重要会议记录、重要合同、财务报告、账簿、凭证、法律文件、业务资料、项目可研报告、抵质押物评估报告等有关文件进行详细审阅，对关键问题及重大财务因素更要深入掌握相关情况，尽可能发现隐藏的风险。例如，对于项目可研报告，要充分了解技术方案的成熟度、竞争企业运行情况、上下游关系、经济评价和财务评价所用参数的合理性等相关情况。②分析。从多种渠道获得全面、真实、交叉覆盖的信息资料，通过文本分析和数据挖掘，加强结构分析和趋势判断，以便发现异常现象和重大问题。③小组访谈。配置财务、法律、管理等不同背景的专业人才，组建调查小组。与企业管理人员、基层职工代表、关联方及中介机构开展深入沟通，从不同层面掌握地热企业日常经营的具体情况。对应收账款、设备利用、公共关系等方面的重要信息，更应当给予高度关注。④实地考察。对企业的厂房、固定资产及存货等进行实地盘点和查账比对。

总之，通过审慎的尽职调查，地热能产业发展基金可以了解地热企业财务、人事、管理、市场等各方面的高质量信息，从而缓解信息不对称性并降低由此带来的潜在风险。

其次，优化投资合约设计，加强现场控制，避免道德风险。

针对地热企业管理人员的道德风险问题，地热能产业发展基金需要在律师、注册会计师等专业人士的指导下对投资合约进行优化设计，通过详细的条款安排和明细的权利义务分配来规范被投资企业的行为。

在地热能产业发展基金的实践操作中，投资合约的设计依据主要有两个方面。一个是《公司法》《合同法》《证券投资基金法》等相关法律法规，另一个是国际国内产业投资基金的运作惯例。通常情况下，地热能产业发展基金与地热企业签订的投资合约应该涵盖如下内容：合同主体、投资总额、出资方式、数额和期限；双方的权利义务及限制性条款；组织机构及决策机制、日常事务的管理执行、监控机制、危机处理；资金账户管理、利润和成本的分配政策及支付方式、亏损分担方式；退出程序安排；保证及承诺；股权转让；违约责任；法律适用；其他条款。在签署投资合约文件后，地热能产业发展基金管理人有义务督促并协助被投资企业办理工商登记、股权变更及有关行政审批手续。

实践经验表明，详尽的保障性条款是地热能产业发展基金确保自身的权利并实现权益最大化的重要依据。这些条款包括以下几个方面的内容。①分段投资的条款。按照国际金融市场上的分段投资惯例，处于对企业家行为进行激励和约束的目的，产业投资基金方通常只提供企业发展到某个具体阶段或约定期限所需要的资金。根据事先约定的条款，如果被投资地热企业管理人员投入程度不够或者出现损害投资方利益之情形，地热能产业发展基金方可以行使放弃追加投资的权利。相反，如果被投资地热企业业绩表现超过预期，地热能产业发展基金方可以加大投资数额。由于后续融资激励和投资中止压力的共同作用，被投资地热企业管理者会严格履行投资合约所规定的内容。②投资约束的条款。为了保障自身利益和规范被投资方的行为，产业投资基金方可以设计和运用对赌条款、反稀释条款、管理及表决权条款来进行有效约束。所谓对赌条款是指如果被投资地热企业在规定期限内没有达到预期利润水平或其他条件，则需要按照既定价款来赎回或受让不同份额的投资者股权。所谓反稀释条款是指地热能产业发展基金对地热企业新的融资活动进行限制的条款。所谓管理及表决权条款是指地热能产业投资基金方在重大事务的表决权上拥有与其股权比例不相当的权利甚至是一票否决权。③业务禁止条款。地热能产业发展基金方可以规定，被投资企业不得从事与自身业务存在竞争的业务，也不能在双方的目标市场上与第三方合作开展类似或相关业务。④管理团队稳定性条款。地热能产业发展基金方可以要求被投资地热企业在双方合作期间保持管理团队的稳定性，核心成员的流失率要控制在一定的范围内。⑤管理与监督条款。在投资合约中，地热能产业发展基金方可以就拟派驻董事及管理人员的数量及对被投资企业有关部门监督约束条款进行详细说明。

再次，提高风险分析水平，及时防范被投资企业的运营风险。

在签订投资合约之后，地热能产业发展基金要保持对所投资地热企业发展情况的高度关注，切不能做"甩手掌柜"。在必要且可行的情况下，可以派驻运营经理、财务经理、董事等高管人员进行监督控制。这些运营经理、财务经理、董事等高管人员应当保持高度的自觉性，积极深入被投资企业生产运营一线，及时发现潜在风险并进行控制和上报。

最后，在资本市场上进行风险对冲。

要对地热能产业发展投资基金中的风险进行管控，仅仅从被投资地热企业是远远不够的。地热能产业发展基金方还应当从整个资本市场的高度出发，整合利用各种投资工具和金融衍生工具，综合多种资本操作手段，全方位地设计风险对冲的路径。

针对债权，可以通过信托、债务利率掉期、质押或抵押、资产证券化途径。信托是一种委托人将其合法拥有的财产委托给受托人进行管理或者处分的行为。对于地热能产业发展基金方来说，可以将所拥有的债权委托给信托公司进行风险对冲。以双方约定的目的和条件为基础，由信托公司对地热能产业发展基金方的债权进行管理、运用和处置，其具体的操作方法通常包括债转股、流动资产抵债等。根据双方的协议，地热能产业发展基金方可以预先获得信托资金，这就构成了对该项债权的"防火墙"。债务利率掉期：利率掉期是交易双方同意在未来的某一时间点根据两笔币种、金额、期限均相同的本金进行交换利息现金流的交易。但是，交易的一方提供浮动利率，另一方提供固定利率。对于地热能产业发展基金和地热企业来说，双方向银行借入款项时在浮动利率成本和固定利率成本方面有所区别，这样就可以利用债务利率掉期的方式各自借入自己具有优势的那种利率，从而创造融资成本上的双赢局面。质押或抵押：地热能产业发展基金可以将债权和项目特许经营权质押或抵押出去获得资金并进行周转及再投资。资产证券化：地热能产业发展基金可以委托专门从事资产证券化业务的金融机构，委托后者以所持的债权或包括债权在内的资金池作为依托发行证券。通过这种操作，地热能产业发展基金可以将债权转换成更容易流通的证券，从而提前收回债权投资。资产证券化的另一种方式是将地热企业运作上市，通过上市后的资产增值或者转让收益，也可以实现债权风险的转移。

针对股权，地热能产业发展基金也可以通过类似的手段进行风险对冲。同时，由于股权的特殊性，还可以通过远期市场、期货市场及OTC现货交易等途径来实现风险对冲。总之，只要相关途径的收益大于当初投资总额及投资期间利息总额或者能够有效降低损失，风险对冲都是较为可行的。

第四节 地热能产业发展基金的退出

地热能产业发展基金包含了委托方与代理人之间的"委托-代理"关系，这种关系在特殊情况下需要中止或结束，这就产生了"退出"的问题。从本质上来说，地热能产业发展基金遵循着一种"募资—投资—管理—退出—再投资"的循环过程。也只有这样，才能确保投资资本的快速增值。具体来说，地热能产业发展基金退出包括途径、时机选择、保障机制等几个问题。

一、地热能产业发展基金的退出途径

根据基金管理的国际经验，地热能产业发展基金的退出途径主要包括上市、股权转让、企业回购、清盘四种类型。①上市：对所投资企业通过IPO（Initial Public Offerings，首次公开募股）或借壳等方式进行上市运作后，地热能产业发展基金可以通过二级证券市场将所持权益转换为公共股权。地热企业上市的国内渠道主要包括主板（上海股票交易所与深圳股票交易所）、中小板、新三板和中原股权交易中心。地热企业上市的国外渠道则包括北美、欧洲、新加坡等地的证券交易所。②股权转让：地热企业股权交易的方式较为灵活，包括场外交易、向原股东或第三方进行协议转让、并购重组等。地热能产业发展形势良好，地热企业盈利规模及成长性都非常可观。但是，在我国证券市场管理越来越规范的形势下，地热企业不一定能在投资方预期的时

间内满足上市要求和条件。这就可以通过产权交易市场来进行股权的协议转让。在对象上,地热企业股权协议可以向企业股东或者新的投资者进行转让;在时间上,地热企业股权协议的转让基本不受限制;在操作上,地热企业股权协议的转让具有简便易行的特点。所以,对于产业投资基金来说,股权转让不失为一种比较理想的退出途径。③企业回购:这是一种以市场公允价格让被投资企业回购股权的退出方式。在《公司法》《证券法》许可的范围内,由企业管理层或员工通过现金、信托等方式进行回购的现象将越来越多。对于地热能产业发展基金的退出来说,这也是一种不错的选择。④清盘:地热能产业具有一定的风险性,地热企业可能会面临经营不善、市场发生重大变化、关键技术人员及管理层变动甚至是即将破产等局面。此时,产业投资基金不能消极等待,而是应该通过清盘的方式来降低和停止投资损失。此外,地热能产业发展基金的退出方式还包括次级市场和变相退出等。

二、地热能产业发展基金退出的时机选择

时机选择是地热能产业发展基金退出的一个关键点。过早则可能面临后期投资企业价值迅速上升的尴尬局面,过晚则可能严重影响投资收益。这就要求管理人员根据投资企业及项目的实际情况安排退出时机。一般来说,地热能产业发展基金退出时机的选择主要有两种情况。①按照投资协议规定的时间实现退出。在投资协议阶段,地热能产业投资基金就需要与被投资企业就退出时间进行协商。在双方达成一致意见的前提下,地热能产业发展基金可以按照双方的约定在合适的时间点退出。通常情况下,这个时间点是指被投资企业被证实无法达到预期财务目标之时。在具体的退出条款上,要安排好偿付协议、回购方式和回购条款。②按照初始设定的退出触发点选择退出时机。在地热能产业发展基金的实践操作中,管理方通常会设置清晰的退出路线。一旦时机情形与预设的触发点吻合,退出操作程序就会迅速启动。从宏观角度来看,这种触发点一般包括经济形势发生重大变化、产业政策突变、产业景气指数持续大幅下降等情形。从微观角度来看,这种触发点一般包括实现预期财务目标、某项指标超出预警水平、发生不可抗力事件、被投资企业破产清算等。

如果产业发展基金没有安排好退出保护协议和退出路线,则可以根据政策、技术、市场结构、法律法规等因素的变动合理选择退出时机。例如,被投资企业在关键技术上被竞争对手抢得先机、市场前景不理想甚至经营严重困难时,产业发展基金应当果断退出。

第五节 地热能产业发展基金的案例及启示

从整体上来看,我国地热能产业尚处于起步阶段,并无一套成熟的理论体系可供

应用。不仅如此，政府、企业及有关金融机构在这一领域的诸多实践操作也都处于探索和起步阶段。正因为如此，与地热能产业发展的任何理论都应当被放置在具体的实践中进行深入考察。本节选取 BK 地热能产业发展基金来进行基于实践的案例探讨，借以验证前文所阐述理论的价值所在。

一、地热能产业发展基金的具体实践：以 BK 地热能产业发展基金为例

（一）BK 地热能产业发展基金背景

近年来，社会经济水平和居民可支配收入持续上升。随着人民生活水平的提高，对冬季供热质量有了新的要求。在城市基础设施建设过程中，供热已经成为一种基础保障。为了适应时代的发展需求，在供热模式上有必要不断的创新，智能化的集中供热模式越来越引起人们的重视。

集中供热是指在人口密度相对集中的区域建设，向技术条件许可范围内的企业、居民提供生产和生活用热的一种新型供热方式。常见的集中供热模式包括热电联产、区域燃煤锅炉、燃气锅炉等方式。在城镇化程度不断提高的大驱使下，集中供热与人民群众对供热产品的需求明显更为适应。与传统的分户供热相比，集中供热具有节约燃料、降低环境污染、节省用地、提高供热质量、低噪音、少扰民、自动化程度高、维护方便等优势。

从整体格局的角度来看，我国城市集中供热的热源以锅炉房、热电联产为主，其他热源方式为补充。国内集中供热覆盖率较低，仅在北方几个大中城市的主要城镇兼有集中供热系统，平均覆盖率尚不足 50%。对南方和广大农村地区的居民群众来说，集中供热设施还是一种"奢侈品"。空调、电炉、天然气炉以及传统的蜂窝煤等独立供热取暖方式仍十分普遍。在美国、欧洲、日本等发达国家的城市中，集中供热覆盖率这一指标已经超过 80%，其全国平均水平也在 60% 以上。可以预见，随着中央及各级地方政府对生态环境问题的重视，"煤改电""煤改气"是大势所趋。区域小锅炉拆除工作以及老式供热管网建设改造工程将持续推进，这为集中供热市场带来了宝贵的发展机遇。

2016 年，我国热力生产和供应行业销售收入达 1 759.86 亿元，同比增长约 13%。在未来，我国供热行业的需求增速将保持下去。环保、节能、适宜、有利于城市可持续发展的集中供热方式将成为市场主流。供热计量改革步伐不断加快，供热收费区域标准化、精细化和规范化，这也有力地促进了供热行业的销售增长。预计到 2025 年，我国热力生产和供应行业销售收入有望突破 3000 亿元。

BK 清洁热力有限公司（下文简称"BK 热力"）成立于 2017 年 7 月，注册资本 3

第八章 地热能产业发展基金的管理策略

亿元人民币。公司隶属于BK集团，原为BK集团旗下战略业务板块之一，是国内较为系统开展区域综合能源业务的优秀服务商。BK热力的业务范围包括：热力、冷气供应；煤炭供应；电力供应、售电、配电业务；供热服务；热力工程（含设备）投资、能源项目投资、设计、系统安装、调试、运行、维护及检修；新能源及可再生能源的利用开发；城市燃气管网建设、城市燃气输配；能源技术咨询服务；热力专业承包；机电安装工程；合同能源管理；工程项目管理等相关业务。

自成立伊始，BK热力就非常重视资本运作。经上级领导批准，BK热力拟与ZS银行TS分行联手成立城市清洁集中供热产业发展基金，拟用于并购、改造、建设东北、华北、西北等区域的集中供热项目。

（二）基金基本要素

基金类型：有限合伙。

基金规模：30亿元，首期15亿元。

杠杆比例：3∶7。

基金存续期限：5年（3＋2）。

基金投资人：BK热力、DH投资、招商银行、其他社会资本。

基金管理人：DH投资、ZS资产管理有限公司。

基金预计收益率：6%（暂定）。

基金收益分配方式：由基金按每半年付息，第4年起还本（第4年归还本金的50%，第5年归还剩余50%）。

基金退出方式：通过所投项目自身产生的收益或所投项目出售给BK热力及其关联企业产生的现金流实现退出。

基金增信措施：由BK热力对TS银行优先级份额到期进行回购，BK清洁与优先级签订差额补足协议，约定在基金存续期未能足额分配优先级收益，及退出过程中优先级本金未能全额覆盖的情况下，由BK清洁补足相应的本金和收益。

其他费用：托管费用0.02%/年（暂定）；基金管理费用1%/年（暂定）；通道费用0.02%（暂定，一次性收取）。

投资标的：用于并购、改造、建设东北、华北、西北等区域的优质集中供热项目。

（三）基金业务管理方案

BK清洁热力集中供热基金项目拟采用有限合伙的形式设立，基金总规模不超过30亿元（分两期，每期15亿元），有限合伙人由优先级出资人、夹层出资人与劣后级出资人组成，参与主体如下：其中招商银行作为优先级按70%比例出资21亿元，夹层资金（其他社会资本方）10%比例出资3亿元，劣后资金6亿元，劣后方BK热力、DH投资分别按照65%、35%的比例出资。DH（北京）投资基金管理有限公司（以下简称DH投资）、ZS资本管理有限公司（以下简称招银国际）共同作为基金的管理人负责资金募集、投资管理、投后管理及资金退出事宜。

该基金用股权的形式投资到拟并购、改造、建设的集中供热项目公司中，由BK热力与TS银行设立的信托/资管计划签订回购协议，对TS银行持有基金优先级份额进行回购，由BK与TS银行设立的信托/资管计划签订差额补足协议，约定在基金存续期未能足额分配优先级收益，及退出过程中优先级本金未能全额覆盖的情况下，由BK清洁补足相应的本金和收益。项目采用双GP的管理方式，分别为DH投资和ZS资本管理有限公司。

（四）基金管理人及议事规则

基金按照各方共同签订的《产业投资基金（有限合伙）合伙协议》进行经营和管理。其中：

投资委员会是合伙企业投资方面最高层决策机构，定期就投资管理重大问题进行讨论，确定合伙企业投资策略。执行事务合伙人应依据投资决策委员会的相关决策执行合伙企业事务。投资委员会由普通合伙人、优先级、夹层级、劣后级委派人员担任，其中投资决策委员会主任委员由普通合伙人委派的委员担任，负责召集投资决策委员会会议。全体委员出席会议方为有效会议。

除合伙协议另有约定外，投资决策委员会对合伙企业所需要使用资金进行投资的一切事宜、投资决策及其他重大事项进行表决，须经出席会议的全体委员同意方为有效。其中，优先级和劣后级有限合伙人委派的委员对于投资决策委员会所有决议事项拥有一票否决权。

各合伙人一致同意，如果有限合伙人转让其持有的部分或者全部财产份额，其不再享有向投资决策委员会委派委员的权利，其已经委派的委员自其转让部分或全部财产份额之日起即自动退出投资决策委员会。

投资决策委员会委员的任期与合伙企业的存续期一致。

（五）风险分析及防范

BK地热能产业发展基金可能遇到的风险主要包括以下几种类型。①政策及合法合规风险。供热是城市经济发展以及人们生活中必需的基础设施，是保证城市建设的基础保障，所以在供热模式上要不断的创新，以适应时代的发展需求。随着节能减排淘汰落后产能政策在全国的推广，近年来各级地方政府加快了拆除高耗能、高污染、低热效率锅炉的步伐，为新一批集中供热项目投资创造了良好的环境，但同时也要关注国家相关政策的变化,尤其是在建项目是否符合国家标准。②流动性风险。BK热力成立时间不长,回购能力有限,因此还要更多依赖集团公司的差额补足能力。③信用风险。BK热力成立时间不长,信用记录相关信息较少,信用风险评测难度较大。但作为BK集团战略转型的重点业务板块,热力供应在集团内的份额占比会不断提高,经营管理水平也将不断改善,信用风险会随之下降。④市场风险。我国集中供热覆盖率仍处于较低水平,行业提升空间很大。但由于环保要求的提高,增加了运营企业的成本,同时天然气等清洁能源的价格仍然处于高位,也将影响供热企业的盈利能力。

在借鉴同行业风险管理策略的基础上,BK地热能产业发展基金主要利用模糊评价法和BP神经网络法来对以上风险进行分析预测。

BK地热能产业风险防范的措施主要包括成立风险管理委员会、细化尽职调查、加强项目执行追踪、落实风险报告制度等。

(六) 基金投资价值

BK集团近几年将集中供热产业作为集团战略转型发展的重点板块之一,立足城市集中供热行业窗口期,完善产业布局,积极并购、改造东北、华北及西北等地区优质供热项目,秉承"政府放心、企业盈利、员工受益、伙伴共赢"的经营理念,通过系统成本领先战略,以高标准获取优质资源,统领热力行业专业化发展。后期,集团旗下热力公司将有一定的中长期价值成长空间。

风险缓释措施较强,本项目到期由BK热力到期回购及BK(上市公司)提供差额补足。

拟投资标的明确,基金主要用于并购、改造、建设东北、华北、西北等区域的优质集中供热项目,投资路径明确,项目所属行业处于上升周期,现金流稳定,可以满足基金有限合伙人和普通合伙人的收益要求。

(七) 基金效益分析

2018年以来,BK热力公司与兴业租赁、招商租赁、民生租赁、华夏租赁、中信租赁、交行租赁、工银租赁、光大租赁、华能天成租赁、中关村租赁、大唐租赁、百灵租赁、中青旅租赁、中广核租赁等20余家融资租赁公司进行了项目融资对接。以内部收益率价格、放款效率、资金规模等要素为考核依据,最终确定招商租赁、兴业租赁、民生租赁和中信租赁等几家拟合作单位。目前已经落地的项目包括:西安BK项目(融资规模1亿元)、陕州BK项目(融资规模5500万元)、上海BK项目(融资规模1.5亿元)。后续常熟项目、徐州项目、新疆项目、山东曹县和河北几个项目也在持续跟进中。结合几家项目资金到位情况,内部收益率都控制在了6.5%以内(表8-1)。

表 8-1　BK 项目融资情况统计简表

项目名称	融资主体	类型	投资额	股比	融资金额	期限	综合融资成本
陕州深层地热	WJ 新能源供热有限公司	并购	6050 万元	70%	5500 万元	5 年	6.47%
常熟滨江新城	BK 成创清洁能源有限公司	并购+扩建	1.1775 亿元	51%	4000 万元	5 年	6.47%
西安热力	BKJS 热力有限责任公司	并购	1.15 亿元	70%	1 亿元	5 年	6.35%
上海供热	SHHD 能源科技有限公司	并购	9715 万元	51%	1 亿元	5 年	6.35%
郑州地热项目	XCBK 清洁能源热力有限公司	新建	2.4783 亿元	65%	1 亿元	5 年	6.35%
太原供热	SXBK 清洁热力有限公司	并购	7 亿元	60%	3 亿元	5 年	6.35%

根据内部财务人员的估算，基金参与各主体的盈利情况如下：LP 利息费用 6%；托管费用 0.02%；基金管理费用 1%；通道费用 0.01%。

（八）基金投资及退出流程

基金投资及退出流程主要包括：TS 分行理财资金认购通道管理人设立的专项资管计划；通道管理人代表专项资管计划向 BK 城市清洁集中供热产业基金认缴出资 21 亿元（或 10.5 亿元，分两期）；产品存续期内，基金按每半年付息，第 4 年起还本（第 4 年归还本金的 50%，第 5 年归还剩余 50%）。

二、地热能产业发展基金的案例启示

随着金融体制改革步伐的深入，以产业投资基金为代表的金融产品对各项产业乃至国民经济的发展都将起到越来越重要的作用。通过对 BK 地热能产业发展基金的案例分析，可以给地热能产业发展模式带来诸多启示。

首先，地热能产业发展模式的完善需要准确把握政策机遇。清洁能源行业是国家着力发展的战略新兴产业的一部分，宏观政策及地方政府都在这一领域给予了相当程度的优惠政策支持。在中国特色社会主义市场经济体制的背景下，地热能产业的政策环境、产业配套和区域发展政策都较为有利。在多重利好的窗口期和风口期，地热从业人员应当准确把握时代机遇。对相关的产业政策，要正确理解、吃深吃透，在政策许可的框架下展开高效的资本运作和运营管理，在实现自身规模发展壮大的同时和政府一起共同促进国民经济的增长，创造企业与政府的双赢局面。

其次，地热能产业发展模式的完善需要以资本运作为纽带。传统的产业发展及企业运营都以资源优势发挥、营业收入及利润增长为着眼点。在 21 世纪，资本运作在各项产业的参与程度和渗透程度都将显著增加。在完善地热能产业发展模式的过程中，需要以资本运作为纽带，发挥资本在资源配置中的独特作用，利用资本力量来推动地热企业迅速扩大规模和复制成功经验。

再次，地热能产业发展模式的完善需要发挥融资的规模效应。根据产业经济学的有关理论，产业在空间上的聚集会形成集群效应。由于规模经济的作用，产业集群的系统功能会大于单打独斗状态的企业功能之和。以地热能产业发展基金为平台，可以将相关企业撮合成一个整体。通过融资规模效应的发挥，分散的中小地热企业可以解决资信不足、担保手段单一等融资瓶颈。这有助于进一步降低融资成本和提高融资效率。

最后，地热能产业发展模式的完善需要有效开展产业规制。"政府"和"市场"都有自身的内在缺陷。地热能产业演进过程中，总会出现各种各样的不利因素，这就需要通过政府规制、社会规制和行业自律规制来对之进行限制、约束和规范。在地热能产业发展基金的运行过程中，同样需要进行严格的监督管控。①严格外部监督，整合产业管理及金融监管方面的行政力量，成立产业发展基金管理委员会，对其进行严格的外部监督。②要求产业发展基金加强信息披露，定期出具运营报告，确保地热能产业发展基金的有效性和安全性。

近年来，我国地热能产业发展态势良好，吸引了各种资本的青睐。但是，地热能产业发展模式还不完善，产业规模及结构都需要提升。引入地热能产业发展基金，在微观上可以帮助地热企业快速形成规模优势并提升管理水平，在宏观上则有助于推动地热能产业的系统性发展。

地热能产业基金从设计、募集、投入、激励、风险管控、退出等方面出发探讨了地热能产业发展基金的管理策略。此外，本章节还从背景、基本要素、管理方案、议事规则、风险分析及防范、投资价值、效益、退出流程等角度分析了BK地热能产业发展基金的实战案例。

下篇

地热能产业发展的实例与行业发展愿景

第九章 地热能领域的若干特色模式

党的十九大报告指出,"我国经济已由高速增长阶段转向高质量发展阶段,正处在转变发展方式、优化经济结构、转换增长动力的攻关期,建设现代化经济体系是跨越关口的迫切要求和我国发展的战略目标"。在这一阶段,基于生产要素变革的产业创新与业态创新将更加活跃。由于产业创新与业态创新的推动,产业发展层次将不断提高,产业升级、原创产业培育、经济增长和区域发展将发挥巨大作用并为经济发展提供新动力。

近年来,地热能新能源领域的产业创新与业态创新不断涌现,形成了一批具有地域特色的若干新模式,为地热能产业发展的模式探索提供了丰富的实践经验,引起了研究者的高度重视。

第一节 地热能领域特色模式概述

纵观人类文明的发展史,一条持续跃升的"种植—集市交易—机器大工业生产—物流运输—金融—计算机—互联网"业态进化路线清晰可见。正是这种产业、业态的进化,才形成了错综复杂的现代产业体系。新一轮工业革命带来的技术革命和产业变革,孕育出了大量的新产业、新业态、新模式,为社会经济的发展创造了更多的发展空间和前所未有的历史机遇。

从地缘经济的角度来看,地理位置与产业发展战略规划密切相关。一个国家的地理区位、自然资源会对国家的发展、国家经济行为产生重要影响。英国、美国、日本等国家的产业崛起过程都证明了这一点。地缘经济正是研究如何从地理的角度出发,在国际竞争中保护国家利益。人类在地球上活动受到地理条件的限制。在一个国家经济版图的扩张过程中,往往倾向于首先选择与周边地区合作。地域上的连接产生的经济关系称之为地缘经济关系。这种关系通常表现为或者是联合和合作即经济集团化,或者是对立乃至是遏制、互设壁垒等,前者称之为互补关系,后者称之为竞争关系。

就某一特定的产业而言,这一道理仍然适用。在产业发展模式的形成和演变过程中,往往能够出现一些附着于地缘因素的特色现象,如美国阿巴拉契亚的煤炭工业、韩国浦项南港口的钢铁制造业、日本滨松光电子产业等。因此,在新能源产业发展过程中,结合不同地区禀赋特色进行产业发展模式的开发是十分必要的。

自20世纪70年代以来，我国在地热应用方面进行了深入的探索，在广东丰顺、广西象州、河北怀来、湖南灰汤、江西温汤、辽宁熊岳、山东招远等地建成地热电站。近年来，在地热供暖方面也取得了一系列突破，形成了一批具有区域特色的个性化模式，如"雄县模式""陕州模式""郓城模式""小营口模式""羊八井模式"等。

以"羊八井模式"为例，这是地热能产业与区域经济发展、乡村振兴战略、精准扶贫政策等有机结合的优秀代表。

羊八井镇地处304省道、青藏公路的交通要道，是沟通拉萨、日喀则及那曲的重要交通节点，也是沟通藏南、藏北的交通枢纽区，这里曾是藏北驮盐古道上的重要驿站。1974年，国家把羊八井地热开发作为重点科技攻关项目。1976年，我国大陆第一台兆瓦级地热发电机组在这里成功发电。如今，羊八井盆地上一座全新的地热城拔地而起，以新能源电力产业为主的产城一体化发展，与周边地区实现优势互补，打造拉萨市新能源产业基地，以地热发电与地热科技开发推动绿色发展。羊八井镇所辖的2个村委会和1个居委会根据自身特点，或发展地热和生态旅游业，或发展纯牧业观光，近三年来人均年收入都在1.5万元左右。以此为基础，羊八井特色小镇坚持突出区域禀赋特色，以新能源、现代畜牧业、旅游业为主导产业，打造拉萨市新能源产业示范区和全国知名的地热地质生态旅游区及户外天堂，不断培育具有持续竞争力的独特产业，充分发挥出国家各项扶农助农政策、新能源产业发展模式等对新农村建设的引领带动作用。

从道路崎岖的驮盐古道到"羊八井模式"黄金时代的白色雾气再到"雪域高原牧场、现代地热小镇"的全新面貌，羊八井镇逐步完善城镇功能，补齐城镇基础设施、生态环境短板，打造宜居宜业环境，提高群众获得感和幸福感。地热地质生态旅游与冰川雪山风光将在新时代重塑辉煌。可以说，没有地热能产业的深度支持，羊八井镇的扶贫攻坚之路仍然是困难重重。

在地热能领域的若干特色模式的发展中，既有政策的推动也有市场的自我演进，既有资本力量的渗透也有行业模式的创新。由于存在多种驱动因素的共同作用，其动力机制较为复杂，其相关影响因素、结构关系及演进规律也各有特色。因此，很难将之归纳为某种具体的发展模式。对这些模式进行回顾和阐释，可以看到具体国情及政府政策对地热能产业的影响，也可以看到企业、金融机构在地热能产业发展方面的探索，对研究地热能产业发展模式具有十分重要的参考价值。

第二节 雄县模式

河北雄县有"中国温泉之乡"的美誉，也是我国地热资源最为丰富的地区之一。

第九章 地热能领域的若干特色模式

雄县位于河北省中部，北距首都108km，东距天津100km，西距保定70km，东西长26km，南北宽25.5km，总面积524km²，耕地56万亩，人口33.6万。雄县地热资源丰富，储存热水总量达821.87亿m³，具有储量大、埋藏浅、水温高、水质优等特点。雄县地热分布区属于华北地区地热资源条件最为优越的牛驼镇地热田，范围包括雄县、固安县、永清县和霸州市等，总面积达640km²。雄县电热田在牛驼镇地热田中所占比例达到50%左右。雄县地区第三系（古近系＋新近系）热储和蓟县系雾迷山组热储直接接触，其中第三系热储顶面埋深在450～520m之间，地热水温度在45～58℃，单井出水量在50～80m³/h；雾迷山组热储顶面埋深在最浅不足1000m（浅牛1井，井深534m，井口水温75℃），地热井出水温度66～86℃，单井出水量100m³/h左右。雄县地热水的水质良好，含有偏硅酸、氟等一系列对人体有益的微量化学组分，属于偏硅酸、氟型温泉水。

从1973年开始，雄县就开始进行地热资源的开发利用。1985年雄县还获得过"全国中低温地热综合开发利用示范区"的荣誉称号。但是，在短暂的荣誉之后，雄县的地热开发受到财力、技术、人才等多重因素的制约，地热事业止步不前（表9-1）。

表9-1 雄县地热资源开发利用SWOT分析简表

优势（S）	劣势（W）
境内地热资源储量丰富； 地热供暖的经济性和环保性十分突出； 政府高度支持	技术滞后，地热资源开发水平落后； 管理经验不足； 政策法规在国内缺乏先例； 资金短缺
机会（O）	威胁（T）
国际国内地热市场发展趋势良好； 各级政府的高度重视； 城市知名度不断提高	管理不当可能造成严重的负外部性； 由传统供暖转向地热供暖难度很大； 可能出现类似产品的竞争

从整体上来看，尽管雄县有着丰富的地热资源，但开发利用程度一直不理想。燃煤锅炉的方式由来已久，造成了严重的空气和环境污染。根据有关部门的统计，在使用传统燃煤方式供暖的情况下，雄县每年排放 CO_2 16.87万t，SO_2 0.43万t，煤尘1.06万t。虽然也有一些零星的地热供暖，但规划水平差、布井不科学、技术落后等问题的存在造成了地热资源的极大浪费。根据有关地质资源勘探部门发布的数据，2009年7月，雄县地热水位已经下降了近70m。这迫使雄县政府开始深刻认识到问题的严重性。经过县委县政府的一致决议，保护好利用好地热资源成为雄县政府发展地方经济的头等大事。

从发展阶段的角度来看，雄县地热产业主要经历了3个阶段。①筹备期。20世纪

80年代，首次投入地热开发并建成华北平原地热资源开发示范基地。1989年，雄县被国家确定为全国中低温地热资源综合开发利用示范区。②建设应用期。由于雄县政府保护性开发地热资源、打造"无烟城"、为百姓造福的理念与中石化集团新星石油公司（简称"新星公司"）科学开发地热资源、推动节能减排、履行社会责任的发展战略之间具有高度的一致性，双方于2009年8月签订战略合作协议。该协议具有排他性，有效避免其他地区地热市场的无序竞争与地热资源浪费。经过7年的建设运营，雄县基本实现地热集中供热全覆盖，获得了全国首个"无烟城"的美誉。国家能源局、各级政府及社会各界都对地热开发的"雄县"模式表示充分肯定。③新规划期。2015年3月23日，中央财经领导小组第九次会议审议研究了《京津冀协同发展规划纲要》。在京津冀协同发展过程中，雄县政府提出了"率先发力、倾力有为、先行一步"的口号，决心以地热资源的科学利用为核心，实现"绿色低碳、富强文明、和谐平安的美丽雄县"的战略目标，建设好"京津保生态过渡带"和"环白洋淀生态修复区"，打造一条经济发展以低碳产业为主导、城镇建设以能源创新为方向、生产生活以绿色方式为理念，符合雄县发展实际的新型城镇化发展之路。2017年，新星公司宣称，要坚持"智能化、信息化、标准化"的思路，实现"雄县模式"的动态升级和复制推广。

从技术的角度来看，雄县地热开发利用主要采用了以下几项先进技术。①热储评价技术。在精心勘测的前提下，新星公司绘制出高精度的地温梯度图和大地热流分布图，对地热资源的区域开发起到了有效的指导。②地热水交换技术。如前文所述，地热水中含有多种矿物质。世界各地地热利用的经验表明，地热水直接供热往往会造成严重的管网腐蚀。为了解决这一问题，新星公司开发了"地热水换热技术"，其核心在于地热水采灌系统与供暖软化水循环系统的独立运行。"地热水换热技术"不仅解决管网腐蚀这一难题，也在很大程度上促进了地热水的大规模利用。新星公司先后建成滨河新区、山水太阳城、盛唐国际等新建小区集中供热项目。同时，在雄县政府的积极扶持下，新星公司通过整合收购的方式实现了62万 m^2 的老城区供暖改造升级。由于"直采直排"供暖方式的使用，雄县城区老式供热系统改造率达到了85%以上。③梯级利用技术。传统采暖和新建低辐射采暖系统之间通常会产生兼容困难的现象，这也一直是困扰地热供暖的一项难题。针对这一难题，新星公司开发出了地热能开发的"梯级利用技术"。地热水第一次交换，为传统的采暖系统供热，第二次交换为地辐射采暖系统供热，第二次交换后的地热水再经过热泵进行再一次提热，又可以为地辐射采暖系统供热。通过"分级、分层次"的开发，地热能利用效率提升了30%以上。同时，地热尾水排放温度降低了12℃左右，地热资源利用程度得到了进一步提高。④地热尾水回灌。在雄县的所有新建项目上，新星公司都使用了自己开发的"采灌均衡，间接换热"工艺模式。通过先进热交换技术的运用，换完热的地热尾水进入密闭状态并通过回灌管线注入地下，深度可达 1500m 以上。如此一来，在"取热不取水"的工艺模式下，地热资源实现了全面的可持续利用。目前，新星公司在雄县区域地热开采成井深度控制在 1500～1800m 左右，取水层则严格控制在 1000m 以下。与采水井相比，回灌井在成井工艺、成井深度及井身结构方面高度一致，同层回灌的比例达到 100%。在起步阶段，新星公司只能做到地热井的"一采一灌"，目前已经达到"两采一灌"，有效提高了地热资源的使用效率。2011—2012 年供暖季，新星公司钻成回灌井 15 口，达到了采灌同步的水平。根据当地环保部门的监测，由于新星公司地热尾水回灌技术的应用，雄县城区范围内地热水水位的下降趋势得到了有效控制。原来雄县地热水水位每年下降 6～7m，目前则在 2～3m 左右。由此可见，新星公司在地热尾水回灌方面取得了十分可观的效果。⑤动态监测技术。通过应用运营实时数据监控、视频监控、移动巡检等信息化手段，实现了地热资源的开发的数据化、标准化和柔性化。

在开发规划方面，雄县政府制定了《地热开发利用专项规划》《地热资源管理办法》等一系列政策，规范和指导有序开发，计划到 2020 年城区集中供热面积超过 400 万 m^2，实现地热供暖全覆盖。在新星公司的协助下，雄县政府编制了《雄县 12.1km^2 地热开发利用专项规划（2010—2020 年）》，作为地热开发的指导性文件由政府纳入城市建设总体规划和经济发展规划中。雄县政府还授予新星公司地热资源开发特许经营权，实现了统一开发和整体开发。在地热利用的具体规则上，雄县政府进行了详细的规定。第一，地热开发利用必须服从雄县发展大局。雄县政府指出，地热资源的开发利用主要发挥其清洁、绿色、可再生的特征，一个重要目的在于推动雄县经济发展大局，形成新的发展路径。第二，地热开发利用必须突出开发与保护共重的方针。地热资源具有不可再生性，但这绝不意味着可以盲目开采。雄县的地热开发利用不仅要注重资源优势的充分发挥，也要坚持开发与保护并重的理念。第三，地热开发利用应当保持一定的梯次性。雄县地热资源的温度分布并不均匀，在开发利用上应当保持一定的体系性。换言之，要为不同温度的地热资源找到合适的开发方法和具体用途。第四，地热开发利用应当突出地方特色。按照因地制宜的原则，雄县政府选择了一条"开发重点项目→带动全县地热资源开发利用→建设无烟城市"的特色路径。

在运行上，雄县政府坚持市场化运行模式，秉承"整体规划、分步实施、综合利用、良性发展"的原则，引入"投资-建设-运营"的模式来保障投资者利益。新星公司坚持科学、合理地开发地热资源，先后投入 4 亿元进行私人开发地热井的收购，进而按照"间接换热，采灌结合"的运行模式来进行技术升级，使原来的"直采直排"掠夺性开发模式得到有效改善。新星公司建立了多井集输、井站联网、采灌结合、综合管理的集中联网式区域供热系统，实现了供暖效果和环境保护的"双赢"。在日常管理上，新星公司心系百姓，为各供暖小区建立了运营服务网点，提供 7×24 模式的维修服务。同时,在城区设立营销大厅,为用户提供优质高效的咨询、入网、缴费、客服等服务。

在融资方面,雄县政府摆脱了单纯依靠财政投入的传统模式,不遗余力地开辟多元化的融资渠道,通过上级政府财政支持、银行贷款、外来企业投资等不同渠道的综合利用,雄县地热资源开发利用的资金有了可靠保障。

在管理方面,雄县政府始终坚持统一管理、统一监管的模式。为了保证雄县境内地热开发项目的顺利运行,雄县政府成立了地热开发领导小组,组长由县长亲自担任。同时,雄县政府有关单位组织成立了地热资源开发管理办公室,统一地热资源管理,服务、协调解决开发中的问题。考虑到地热供暖项目公益性、微利性的特点,雄县政府专门出台了《雄县发展总体规划》《雄县人民政府关于加强地热资源开发利用管理工作的意见》《雄县地热资源管理办法》《雄县地热开发专项规划》等指导文件,管理体制逐步理顺。在征地、市政工程、税收、环保、水电价格等方面,雄县政府都给新星公司提供了一系列的优惠扶持政策,为项目的顺利开展提供了可靠的政策保障。雄县政府还组建了地热管理服务中心,对全县地热资源开发工作进行了集中管理。雄县政府不仅对各项行政审批手续进行严格把控,还出台了"采灌结合、限量开采"的制度。此外,雄县政府组织成立了绿泉地热有限公司,对雄县各个地热井的采水量、地下水水位、水温、用水情况等进行数据化监管。正是依靠这种"统一规划、统一管理"的方式,雄县的地热资源开发走上了一条集约型的发展道路。

"雄县模式"在经济效益和社会效益方面都取得了优异的成绩。从经济效益的角度来看,新星公司及其母公司中石化地热供暖能力达到 4000 万 m^2,在全国常规地热资源供暖面积中所占比例达到 40% 以上,成为当之无愧的行业龙头。从社会效益的角度来看,雄县已经基本实现城区 100% 的地热集中供热覆盖率,供暖面积接近 500 万 m^2。根据估算,地热供暖可以节省 6 元/m^2 的费用,每年可为当地群众减少 2862 万元的供暖支出。雄安城区已基本实现 CO_2、SO_2、粉尘"零排放",成为全国第一个"无烟城",可替代标煤 12 万 t/年,减排 CO_2 28 万 t/年。

"雄县模式"逐渐引起国家领导人、业内专家及社会各界的重视。"雄县模式"的经验可总结为以下几个方面。①政企携手,创造双赢。在合作方面,雄县政府和新星公司签署了排他性开发的战略合作协议,实现了"整体规划、保护资源、科学开发"的目标。当地政府在政策层面的大力支持与企业技术开发应用得到了有机统一,也反映了可持续发展的理念。②开发绿色地热资源,提升群众生活品质。通过地热资源的高效开发利用,减排节能真正实现"落地",生态环境得到有效改善,群众的生活品质也得到了充分的提高。③产业良性发展。雄县政府和新星公司均表现出了一种长远的大局观念,敢于在开发地热水供暖这种初始投资大、回报期长、微利性和社会公益性明显的产业上进行深度投入,实现了产业的良性发展。④国家政府引导社会资本高效参与地方产业经济发展。"雄县模式"中，国家行政及资源引导社会资本的特点非常突出。以公共服务和生态投资为切入点，政策引导下的社会资本在地方产业经济上进行精耕细作，避免了民营资本"野蛮生长"的诸多弊端。⑤技术创新。新星公司一直没有停止过在地热领域的技术创新步伐，资源评价、节能集输、地热换热、梯级利用、智能监测、尾水回灌和综合利用等技术的研发利用，是"雄县模式"的一大亮点。⑥充分发扬"大庆精神"和"三光荣"精神，艰苦奋斗，以造福百姓为己任，"受冻我一个，温暖千万家"，在短短三个月内实现当年进驻、当年建成、当年供热的同时，确保了工程质量和供暖质量，得到当地政府和群众的高度赞扬。

"雄县模式"以其独有的优势逐渐显现出一种样板示范作用，增强了各地政府与股东单位的合作信心。不仅受到了国土资源部、河北省发改委等国家部委和各级政府部门的重视和支持，更吸引了一大批政府考察团前来调研学习。2011年10月14日，新星公司与保定市14县区（市）签订地热开发利用战略合作框架协议。进一步彰显了"雄县模式"的引领示范作用。目前，雄县由雄安新区托管。为了实现"打造地热资源利用全球样板"和"建成多要素城市地质调查示范基地"等远景目标，有关方面制订了详细的地质地热勘查规划方案：2017年8—12月，开展容城地热田初步勘查、重点地区工程地质详细勘查；2018—2019年，建立地下水模拟与三维地面沉降模型，为工程规划和有关建设提供准确的基础资料与信息数据。2019—2020年，全面实施地热田整装勘查，系统建立国土资源与地质环境监测预警网络，为全过程地质解决方案提供决策支持。

2017年4月，国务院批准成立雄安新区，规划范围涵盖河北省雄县、容城、安新3个小县及周边部分区域。雄安新区的设立，是京津冀协同发展大背景下的杰作。中央为雄安新区制定了7个方面的重点任务，第一个即是"建设绿色智慧新城，简称国际一流、绿色、现代、智慧城市"。在完成这一任务的过程中，生态环境建设是关键所在。除了得天独厚的地理位置之外，"雄县模式"在清洁能源供暖示范方面也具有显著意义。目前，地热能已经成为雄安新区设立以来首个确认的具体投资领域，地热资源开发利用的"雄县模式"必然会更加完善和高效。

雄安新区建设过程中的"三融"（规划先行融智、改革创新融制、市场运作融资）必然会使"雄县模式"升华为"雄安模式"。这也代表了我国能源转型的发展方向。新能源取代传统能源已经势不可挡，以地热能产业为代表的新型能源产业已经隆重登场。同时，"雄县模式"也揭示：政府在地热项目上仍然要严格履行监管职能，对技术上要求相关企业做好项目前期论证和勘探、设计等工作，因地制宜地选择可靠的技术方案并做好项目建设与运行监管。不仅要考虑效能，也要考虑代价；不仅要考虑经济效益，还要考虑社会效益和生态效益；不仅要考虑眼前利益，更要考虑长远利益。

通过以上分析，可以将"雄县模式"的特点总结为政策驱动和政企合作两个方面。①"雄县模式"之所以能够具有重大的影响力,很大程度上在于当地政府高度重视,在政策资源方面予以大量投入,在配套制度建设方面同样不遗余力。随着雄安新区建设步伐的加快,"雄县模式"的意义将更加突出。②新星公司在开拓市场的同时积极承担企业社会责任,摸索出了一条具有创新性的产业振兴之路,也为国家新能源战略的实施贡献了自己的力量,有力地促进了当地地热能产业的发展。

第三节 陕州模式

河南万江新能源集团(简称"河南万江")始创于2005年,总部位于中原经济腹地。公司致力于清洁能源综合开发利用,专注于以地热能为主的分布式供暖服务。

河南万江起步于河南省三门峡市,由传统的中央空调行业转型过渡到地热供暖行业。三门峡地区地热资源十分丰富,陕州地区尤为突出。陕州区地处秦岭-淮河以北,冬季最低气温-12℃左右,属于国家推荐供热区。但受制于体制、经济发展水平、技术等各方面因素,陕州区居民的冬季供热问题一直没有得到有效解决。

通过地热资源勘查,河南万江发现,陕县地热单井出水量可达$50m^3/d$左右,水温在50~60℃左右。河南万江引入了石油钻井、石油套管、水泥封井方面的先进技术,使单井出水量达到$200m^3/d$,温度达到70~80℃(图9-1)。

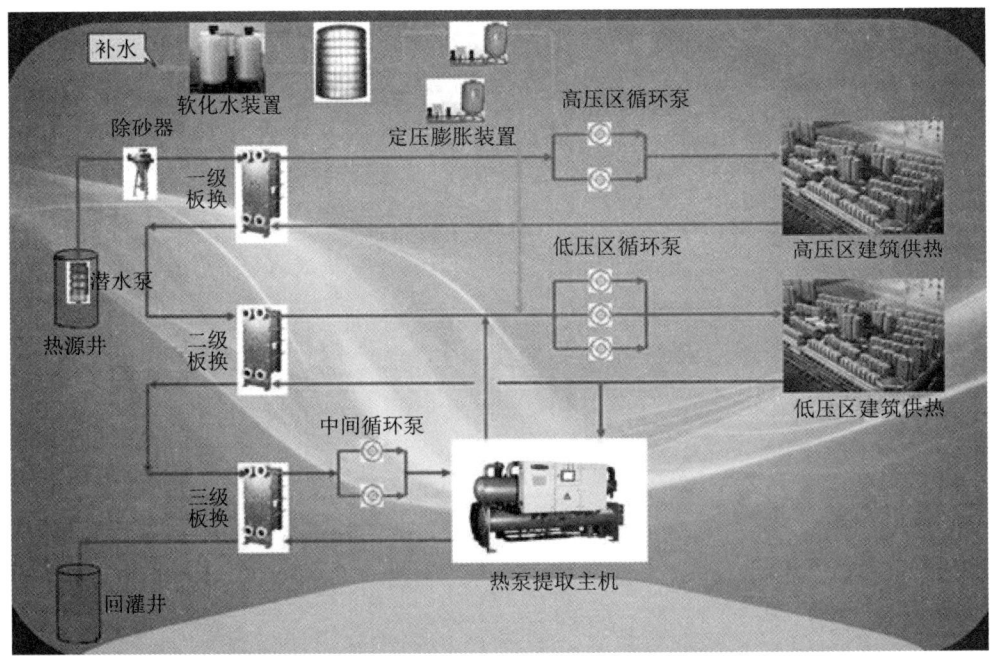

图9-1 河南万江地热供暖站房系统流程图
(图片来源:万江能源研究院,2017)

第九章 地热能领域的若干特色模式

2015年8月24日，河南万江的陕州地热集中供热站项目破土开工。项目总投资金额达到3.6亿元人民币，规划供热站容量140MV，可实现陕县城区400万 m^2 的建筑供暖。与传统燃煤锅炉供暖方式相比，陕州地热集中供热站项目每年可以减少69 384t标准煤，减排18 178t CO_2，节约环境治理费250万元左右。

在发展方向"陕州模式"下的地热项目树立了4个层次的目标体系。①解决陕州区冬季供热问题，切实提高城市居民生活的幸福感，创建清洁、幸福、美好的生活环境。②逐步完善城区供热设施基础配套建设，提高城市综合承载能力，积极推动城区经济发展。③确保地热资源得到科学、合理、规范的应用，实现地热能产业的良性发展，优化区域产业经济布局。④实现经济效益、生态效益和社会效益的有机统一，减少雾霾天气和PM2.5的排放，为三门峡市的"蓝天工程"建设做出应有贡献。

在技术方面上，河南万江有独特的追求。目前，河南万江建立拥有自主知识产权的砂岩热储回灌技术体系、地热资源热储平衡规范体系、地热低温供暖技术体系；实现地热集中供暖100项技术专利，实现地热集中供暖行业的一系列突破。通过技术方面的攻关，河南万江实现了地热水的采灌平衡，对地质结构和生态环境的影响降低到了可被接受的程度。河南万江地热梯级利用的方案包括以下内容：首先，高温的地热水通过换热后直接被供至末端；其次，地热水温度降低，通过换热后，作为热泵的低位热源，温度提升后再供至末端。该技术可以使供热站的供热能力提升100%以上，推广利用前景非常广阔。总之，"陕州模式"下的地热供暖系统实现了全封闭运行，全程无污染、零排放，优点非常突出。在降低温室效应、减少雾霾、PM2.5的排放等方面，"陕州模式"也提供了良好的示范效应。

在运作模式上，河南万江不断创造新局面。在陕州政府的支持下，河南万江获得特许经营权。经过住建局、水利局、国土资源局、河南省地理环境调查院、河南省工程水文地质勘察院、天津石油部等有关部门的论证，河南万江携手当地政府建成了PPP地热供暖项目示范区。按照"依灌定采，取热不取水"的原理，依靠独有的电磁防垢系统和梯级利用技术，河南万江实现"采灌平衡"，整个地热供暖系统封闭运行，真正实现了全程"无污染、零排放"。

河南万江地热供暖站房集成了多种设备。①热泵主机。通过热泵主机的再次提取，可将回水温度控制在8℃左右。同时热泵主机根据回水温度自动运行，不仅可以保证供暖效果，还有效提高了资源利用效率。②全自动软水装置。吸附自来水中的钙镁离子，从而使水消除硬度成分得到软水，这就可以有效解决管道结垢的问题。③旋流除砂器。河南万江使用的旋流式除砂器具有占地面积小、除砂率高、排砂简单方便、投资少等优点。④磁化除垢器。在进水口加装磁化除垢器，起到了减少管道及设备结垢、延长设备使用年限的作用。⑤钛板换热器。河南万江供暖站房使用了三组可实现串联和并联的换热器，保障热量充分利用，提高了用户用暖的舒适度。⑥补水系统。当系统压力低于设定值时，补水泵自动启动，保证系统正常运行，同时也能够对漏水问题进行预警。⑦集分水器。通过集分水器的应用，可以保障热量的平均分配，不至于出现大面积停暖情况。

为了优化地热项目节能效果，河南万江采取了一系列措施。①强化地热井泵房及供热站的设备、管道的保温，尽可能减少由于散热所造成的能量损失。②供热站设计采取供热调节措施，最大程度节约地热流体消耗量。③在地热井泵、供热循环泵、补水、生活热水供水泵等设备上引入变频调速泵，实现电力消耗的节约。④通过热泵实现地热流体的梯级利用，有效降低地热尾水回灌温度，实现地热资源的全链条综合利用。

在用户服务上，河南万江始终坚持高标准、严要求的方针。公司服务标准与承诺包括：①设置供热运行管理机构，配备专业的管理人员及维护人员，所有员工必须持证上岗；②定期对运行人员进行安全和服务意识的培训，确保设备安全无故障运行，杜绝重大安全事故和停供事故；③设常年技术维修服务人员，7×24小时值班；④接到业主报修后，30min之内务必到达报修现场，确保故障排查率达到100%；⑤保证设备安全合理运行，按照计划进行维修保养，确保设备完好率达到100%；⑥按照国家有关法律要求承担由于违反操作规程引起的设备和人身事故产生的所有损失；⑦按照政府规定提前或延长供暖；⑧供暖平均温度达到18℃±2℃，个别最远端用户不低于16℃；⑨定期组织入户进行测温，抽测比例不低于用户总数的10%；⑩业主有效投诉率低于5‰；⑪严格执行《客户投诉处理作业规程》，确保业主有效投诉解决率达到100%，业主满意率达到100%。此外，河南万江还制订了严密的供热管理条约和事故处理应急方案。

在融资上，河南万江积极拓宽融资渠道。尤其是在2017年夏季将公司总部迁至省会郑州之后，河南万江的融资之路越走越宽。2017年11月，河南万江北控成功获得5500万元的融资；2017年12月，河南万江集团与豫矿投公司签订战略合作协议，在多个领域进行携手开发。

在发展上，河南万江没有满足于暂时的成绩，极力推动"陕州模式"在河南省及周边省市的推广，形成了一套从项目勘查、规划、设计、施工到投资运营为一体的完整体系。2017年夏季，河南万江克服种种困难，将公司总部从三门峡迁至郑州。通过政府、企业、科研机构等多种资源的整合，河南万江发展出了河南省地热汪集暘院士工作站、新能源研究院、北控万江清洁能源供热有限公司、河南省中能联建地热工程有限公司（EPC公司）。"陕州模式"逐步向鹿邑、西华、沈丘、太康、内黄、尉氏等省内城市复制推广。

通过在地热领域的聚焦发展，河南万江的"陕州模式"逐步辐射推广，取得了良好的经济效益和社会效益，其中以社会效益尤为突出。"陕州模式"完善了城市集中供热配套设施建设,增强了城市综合承载能力,提高了居民的生活品质和幸福指数。地热集中供暖项目不仅解决了冬季供暖问题,同时也将为各地建设绿色、低碳、无烟城市提供强有力支撑。与常规的燃煤锅炉供暖方式相比,"陕州模式"每年可以减少69 384t 标准煤,减少燃煤使用费3 469.2万元。同时,减少 18 178t CO_2、589.76t SO_2、989.6t 氮氧化物、747.3t 烟尘排放量,节约 247.6 万元左右的环境治理费。

与"雄安模式"相比,"陕州模式"更多地体现了民营企业在地热能产业领域的探索。由当地政府提供平台,河南万江利用资金、技术、团队、服务等方面的优势,实现项目规划、设计、投资、建设、运营、管理一体化。政府公共产品和服务供给能力得到提升,企业获得利润和发展机会,群众享受实惠,出现了政、企、民"多方共赢"的局面。在未来,以河南万江为代表的民营企业将是地热能产业格局中一股不容忽视的力量。

通过以上分析,可以将"陕州模式"的特点总结为技术导向、市场攻坚和建投管一体化这 3 个方面。①从发展伊始,河南万江就高度重视技术因素的价值,在地热供暖方面进行了持续创新,形成了系列化的技术体系,为公司的长期可持续发展奠定了良好的基础。②河南万江集团坚持以地热能产业为主导,致力于开发居民采暖专业运营,有力地保障了"陕州模式"在本地区的快速复制。③在 PPP 模式的基础上,河南万江做到了建设、投入、管理的一体化,不仅在地热能产业市场上占据了一席之地,也为政府和当地居民创造了可观的综合效益。

第十章 不同主体在地热能产业高质量发展中的作用与对策建议

根据前文分析,政府部门、各类地热能企业、金融机构、高校及科研院所是推动我国地热能产业高质量发展的不同类型主体。在未来的发展过程中,这些不同类型主体的作用能否充分发挥是能否促进我国地热能产业高质量发展的关键。我国地热能产业高质量发展模式关键主体定位简表(表10-1)对这些主体的定位及功能进行了初步划分,后文将进行更深入的探讨。

表 10-1 我国地热能产业高质量发展模式关键主体定位简表

主体		定位
政府部门		政策供给者
地热能企业	国有	价值创造者
	民营	
	外企	
金融机构		资本供给者
高校及科研院所		理论研发主体、人才培养机构

第一节 政府部门的优劣势分析及对策建议

一、地热能产业高质量发展模式构建过程中政府部门的优劣势分析

根据现行公共管理理论,政府在经济社会事务中扮演着公共产品供给者的角色,在产业管理领域也不例外。在这一过程中,对于政府的优劣势应当形成理性的认识,这也是发挥好政府职能的基础。

从优势的一面来看,政府的管理活动具有强制性、普遍性、引领性及协调性等特点。通过公共产品的供给和社会财富的再分配,政府能够实现落实社会发展目标、保障社会秩序、满足公民需要、体现核心价值观等功能。因此,政府在公共产品供给方面具有其他组织和个人无法比拟的职能优势。同时,在现代社会中,政府必然是资源

和信息的汇集中心。在产业管理方面，也只有政府才能站在一定的高度进行战略性布局、前瞻性规划、综合性协调和整体性监督。

从劣势的一面来看，政府是公共产品的重要供给主体，处于绝对的垄断性地位。正是由于竞争机制的缺乏，政府在公共产品的供给上并不总是高质量和高效率的，若政府工作人员不负责任乃至贪污腐败，则更可能在这一点上起到推波助澜的作用。同时，在信息社会中，信息的产生与传播都与传统社会有着明显区别。面对海量、多元化、瞬息万变的产业发展信息，政府在产业管理方面可能存在信息接受滞后、分析角度不准确、决策延误等问题。

二、地热能产业高质量发展模式中政府应当发挥的作用

如前所述，产业政策引领是多数国家地热能产业发展的特色（罗佐县，2017）。对于我国政府来说，更应当发挥体制优势和资源优势，积极实现政府职能从"划桨"向"掌舵"的方向转变，积极推进放管服改革，切实放开市场准入，有效加强市场监管，合理规避市场失灵，为地热能产业相关主体提供优质的公共服务。

政府对地热能产业管理的力量应当重点放在产业链前端，致力于营造公平、积极、开放、透明的市场环境。在地热能高质量发展模式的构建过程中，政府部门应当以行政管理体制改革为契机，充分发挥政府在各方面的优势，通过全方位的政策供给和市场监管提供有力的制度支撑。

（1）加强地热能产业政策扶持。各级政府要综合使用各种政策工具来提供针对性的制度支撑。①出台优惠政策支持地热能产业高质量发展。充分考虑地热能资源开发利用所带来的能源消费成本节约和生态效益改善，以因地制宜为原则，对地热供暖项目提供收费补贴；参照风能、太阳能发电上网电价政策，对地热发电上网电价进行适当补贴；对地热能核心技术研发、地热示范项目建设、地热尾水回灌等进行适度的配套资金投入，推动企业及有关机构进行地热能产业的投资。②试点推广特许经营权。为吸引社会力量、金融资本广泛参与地热能产业，实现规模化的开发和规范发展，可以参照国际经验进行地热能开发特许经营权试点。例如，对于参与基础性地热能勘查并将勘查评价数据纳入国家地热能大数据管理平台的企业及其他类型机构，可以在地热能资源特许经营资格方面予以优先考虑并提供适当的政策倾斜。③将地热能产品/服务纳入推行政府采购体系。目前，政府采购各类面向社会公众的公共产品及大众服务已经成为国际性的潮流。我国政府也可以借力精准扶贫、社会主义新农村建设等政策，将地热能产品/服务纳入政府采购体系，为基层群众提供更多样化、更实惠的取暖及生活热水服务。④加强地热能专项规划。在国土空间规划与开发利用体系中，逐步纳入地热能开发利用的专项规划，实现地热能产业发展与各地基础设施建设发展规

划的有机融合。以此为基础，逐步落实地热能开发利用的总体目标、阶段目标与基本思路，实现科学布局和高质量发展。

（2）落实地热能产业管理职责。尽快制定与《中华人民共和国可再生能源法》配套的地热能开发利用管理办法，同时以"部门分工明确、责任落实到岗"为原则，厘清不同职能部门在地热能产业发展管理过程中的权责关系。例如，《矿产资源法》第十一条规定"国务院地质矿产主管部门主管全国矿产资源勘查、开采的监督管理工作"。以此法律规定为准绳，确立地质矿产主管部门在地热能开发利用方面的法定管理主体地位，在地热能开发利用上实行统一管理，打造周密的地热规划、勘查、开发、管理体系。再如，在水资源与地热能资源、取水与取热的边界划分上，要在有关专家配合下明确管理标准。同时根据各地区地热资源赋存情况及经济发展特点逐步完善地热能勘探开发市场准入规则、矿业权招拍挂、尾水回灌等制度。此外，对地热资源勘探开采、尾水回灌、二次污染治理等方面要形成监管体系和统计信息报告等相应制度。

（3）强化地热能产业监督检查。相关地区各级发展改革、国土、环保、住建、水利、能源、节能等相关部门要按照其主要职能参与地热能开发利用方面的公共管理，切实承担起监督监测的责任。具体包括地热资源温度、水位、水质的长期动态监测，对项目的供暖保障、能效、环保、水资源管理保护、回灌等环节进行动态追踪监测。对于在地热能开发利用领域出现违法行为的，要及时上报、尽快处理。例如，对于在地下水水源热泵回灌率方面不达标、盲目回灌引起含水层地下水水质下降、过度开采地下水造成地质与生态环境破坏问题的，由自然资源、生态环境、水利等部门依法追责；对导致水质恶化或诱发严重环境水文地质问题的，要上升至刑事责任的角度来进行查处；对机组及系统热效率不达标、地温连续3年持续单向变化的，不得享受价格、热（冷）费、税收等清洁供暖相关支持政策；对未按批准的取水许可规定条件取水、污染水质、破坏土壤热平衡、产生地质灾害，未能履行供热承诺且整改后仍不能达到相关要求的项目单位，其失信行为纳入全国信用信息共享平台，实施失信联合惩戒。

（4）建立地热能开发利用考核体系。在具备条件的北方地区和长江经济带能源转型综合应用示范工程（地区）等，将地热能利用列入地区生态文明建设考核指标体系，作为节能减排考核体系的加分项。对于地热资源丰富的地区，还可以考虑将地热能产业发展、产业集聚等方面的成绩与当地政府部门的政绩考核挂钩，激励政府工作人员为地热能产业发展提供更具针对性的、全方位的支持。

（5）完善信息共享制度。对于地热能产业发展过程中形成的信息资料，可以由政府牵头成立信息平台，加强不同主体之间的信息数据联通，减少由于信息不对称和重复开发所造成的资源浪费与机会错失。通过地热能产业发展信息平台的建设和发展，实现资源勘查、开发利用、国际国内能源市场变动等相关信息的开放共享，对这一领域的信息进行实时搜集、动态分析和高效监测，为地热能产业发展提供动态的、全息性的信息支撑。同时，建立项目信息报告机制。国家发展改革委、住房和城乡建设部、水利部组织建立浅层地热能开发利用项目信息库，由项目单位登记项目信息并定期提交项目运行报告等。以年、半年、季度为单位对项目运行维护情况进行总结汇报，关键的方面包括系统运行效率、供回水温度、地下水回灌率、土壤温度波动、土壤及地下水质量监测情况等。通过评价报告的汇总，可以起到丰富地热能利用项目信息库的作用。

总之，政府要通过深化行政体制改革来调整政府与企业之间、政策与资本之间、政府与社会之间的权利义务关系，通过政府行为的持续优化来实现行政效率的提高，为地热能产业的发展提供"政府主导、市场运作、社会参与、协调发展"的公共产品供给制度。同时，政府要准确进行职能定位，尽可能发挥市场在地热能产业发展过程中的资源配置作用，调动各微观主体的积极性、主动性与创造性，切实提高地热能产业的整体竞争力。

三、地热能产业高质量发展模式构建过程中政府部门的对策建议

在新常态背景下，政府与企业的融合在一定程度上不可避免的。在完善地热产业发展模式的过程中，政府有必要认清自身的角色定位，主动承担制定政策、创造环境、恰当监管等职能，让"以绿色采购和绿色消费为主的绿色供应链环境管理"真正实现"落地"。在完善地热产业融资机制的过程中，政府应当坚持"政府搭台、社会资本唱戏"的原则，深入推行"民办官助"的模式，使企业真正成为融资主体。总之，政府对地热能产业的支持既要适度又要适时，推动地热能产业发展模式逐步完善并具备自身竞争机制。

（一）积极出台有关优惠政策

与美国、日本、冰岛等地热发达国家相比，我国地热能产业在发展模式上还存在很大的差距。为了弥补这种差距，实现产业赶超，政府应当制定有关优惠政策，推动地热能产业实现跨越式发展。①充分发挥财政科技经费引导作用。针对地热能产业发展现状，制定和出台促进地热能产业发展的优惠政策和措施。积极借鉴国外高度重视研发（Research & Development，简称 R&D）投入的经验，以政府财政投入为引导，带动地热企业在技术研发上加大投入，克服地热技术产业发展的制度障碍。同时，引导和激励社会资本投入地热能产业领域，形成政府引导、企业主动、金融机构深度设计、社会资金广泛参与的全社会资本投入体系。例如，拨出专项资金，创新经费管理

办法，通过贷款贴息、产业投资基金等方式，鼓励地方科技部门、高校及科研机构等建立创业投资引导基金，支持地热企业进行技术研发。②加大税收优惠力度。一方面，政府可以从流转税和企业所得税为切入点，加大对地热企业的税收优惠力度；另一方面，政府可以从技术研发、解决方案推广、产品试销等经营环节入手进行税收优惠，引导地热企业在产业运行的高价值环节进行投入。③和金融机构合作搭建专项金融合作平台。政府有关部门要加强与人民银行、商业银行、政策性银行、证监会、银监会、保监会及其他金融机构的协调配合，通过金融资源的优化配置搭建针对地热能产业发展的专项金融合作平台，形成以银行、证券为核心的金融协调合作机制，有力地促进地热能产业融资体系的发展。④推行政府采购。为了帮助地热企业开辟初期市场，政府可以利用政府采购的方式帮助地热企业度过初创期难关。例如，可以和精准扶贫政策挂钩，向地热企业购买地热能取暖服务，然后提供给基层贫困群体。⑤帮助地热企业信用增级。通过借款担保、项目兜底等方式，帮助地热企业进行信用增级。这不仅可以帮助地热企业更容易地从金融机构那里获得发展所需资金，还可以有效降低财政开支。⑥不断完善相关制度设计。例如，针对近年来各地纷纷出现的 PPP 模式，应当制定和落实地热 PPP 项目绿色审批通道、财政补贴、金融政策优惠、政府增信等相关政策，为地热能产业的发展提供良好的政策环境。此外，根据《地热能开发利用"十三五"规划》文件精神，各级政府应当从产业链、标准规范、人才培养和服务体系等角度入手建设完善的地热能产业体系，积极推进地热能利用的国际合作。

此外，中央和地方政府要主动引导行业主管部门、地热能企业及社会中介机构共同组织构建体系化、专业化的行业协会，在技术研发、资本运作、市场竞争和发展趋势等方面展开针对性的探讨，同时也形成严密的监管环境。

（二）建立制度保障系统

根据世界各国的产业发展经验，有效的政府规制必不可少。对于地热能产业来说，政府有义务从法律、行政监管等角度入手建立完善的制度保障系统。

针对目前还没有专门地热法规的现状，秉承因地制宜、政府主导与市场需求相结合、循序渐进等原则，出台《地热能法》或《地热资源基本法》等专项方案，对地热资源的性质及地热能产业方面的诸多事项做出原则性推动。针对具体的产业发展、科技研发、行政管理，出台相应的《地热能产业促进法》《地热资源科技促进法》《地热资源行政管理法》等法律文件，构建权责统一且操作性强的地热法律体系。针对地热能产业领域的财政预算、资源勘探、采矿许可证办理、开发利用、资源补偿费征收与管理、生态环境保护措施、价格、奖惩等问题，出台配套的法律规章。对与之相关的组织管理、权利与义务分配、期限、绩效考核等问题，也要进行法律层面的界定并保障落实到位。此外，在地热能产业融资活动的法律法规方面，也要考虑通过《风险投资法》等来保障投资主体的利益。同时，在相关融资活动的法律监管方面，也要进行严格的制度保障。在行业准入制度建设方面，也有必要以法律法规的形式制定严格的标准，避免一些技术不达标的企业在不合适的区域进行盲目开发或者过度开发。

对地热能产业发展基金，政府应当形成立体化的监管体系。第一层次是全国性的、垂直的基金监管机构；第二层次是产业发展基金行业自律组织；第三层次是社会监督机制。

（三）建立产业公共信息服务平台

由国家能源局牵头，组织中国人民银行、国家市场监督管理总局、知识产权局等有关部门共同参与，打造面向地热能产业的公共信息服务平台。该平台以服务地热能产业发展为宗旨，以技术、知识产权、战略咨询、投融资为切入点，以地方平台、技术创新中心、应用推广中心为载体。统筹整合政府、金融机构、高等院校、科研管理部门、企业等方面的力量，建设高效、便捷、畅通的产业信息网络，为相关各方提供准确而及时的产业竞争情报。总之，有必要建立完善的地热能产业公共信息服务平台，发展全国性的地热资源信息数据库和管理系统，为科学规划与指导我国地热资源勘查开发有序发展提供基础资料。

（四）加强人才队伍建设

地热能产业发展模式的完善，归根到底需要由专业人才来落实执行。因此，政府有必要发挥职能优势，创造良好的市场环境，引导学校、科研管理部门、企业及有关方面加强地热人才队伍建设。在"人才队伍建设"方面，要积极发挥在人才培养中的基础作用，突出应用型、创新型和复合型地热人才"引才、留才、用才"措施到位。要引导企业优化经营管理人才选拔任用方式，做到"人岗匹配、人尽其才"。在"用人"上，完善政府调控、市场配置、企业自主、人才资源的管理体制。发挥人力资源和社会保障部门、工商联、企业、社科联、科协及各类行业协会、人才协会等有关单位的优势，营造尊重人才的优良环境，建设科学协调的用人机制，促进地热人才能够在合适的岗位上多做贡献。

总之，在地热能产业发展的政策推动上，中央和地方政府应当齐心合力，实现国家层面"十三五规划"和地方区域产业规划的高效耦合。制定出明确的发展目标和清晰的技术路线，形成国家与地方两级地热能产业发展规划体系。中央政府应当着眼于地热能产业发展的大政方针，且应出台和完善具体的管理标准及技术规范。各级地方政府要积极配合，主动进行管理体制和运行机制的改革创新，加强地热能产业运行监管和法规执行力度，为地热能产业的可持续发展提供完善的政策环境。

第二节　国有地热能企业的优劣势分析及应发挥的作用

我国的经济运行体制具有鲜明的中国特色社会主义特征，国有企业成为产业政策的重要实施主体及作用对象即是这种特征的表现。一方面，国家产业发展战略和规划政策的落实需要以国有企业为"试验田"和"载体"，另一方面，性质特殊而又关系国计民生的国有企业是产业管制政策的主要作用对象。

一、国有地热能企业的优劣势

国有地热能企业的优势主要表现在：①与民营企业及外资企业相比，国有地热能企业与政府之间的关系更为密切，在接受、消化相应政策信息方面具有突出的优势。对地热能运营管理来说，这有利于提前进行空间布局和战略制定。②经过多年的发展积累，国有地热能企业在制度、流程上形成了相对稳定的管理体系，在可持续发展方面具有一定优势。③凭借管理体制方面的优势，国有地热能企业可以从银行等金融机构获得利息成本更低的贷款。同理，在地热类工程建设项目的竞标活动中，国有地热能企业更容易依靠体量、经营范围等方面的优势取得成功。④在国家"市场换技术"赶超型战略实施过程中，国有企业往往是外资的首选合作对象。同时，雄厚的资金实力使得国有企业能够承担巨大研发支出所带来的压力。

国有地热能企业的劣势主要表现在：①与民营企业及外资企业相比，国有地热能企业对市场的敏锐程度可能有所欠缺，在终端市场占领方面存在薄弱环节。②经营方向的转换与管理体制的转型会受到管理体制的制约，容易出现管理僵硬、流程固化、信息沟通效率低等现象。

二、国有地热能企业应发挥的作用

目前，经历了放权让利、制度创新、国资监管与分类改革等不同改革历程的国有企业进入了企业经济管理的"深水区"和"攻坚期"。在新常态背景下，国有地热能企业要抓住时代赋予的机遇，解决产业发展模式还未成型、规模扩张效率低、体制机制不灵活等突出问题，通过体制机制改革、发展方式转型和管理能力升级走上高质量发展的道路。

（1）积极落实国家地热能产业规划。地热能产业的发展离不开国家政策的引导与支持，国家在这方面应当充分发挥与政府关系密切的优势，积极助力国家地热能产业发展战略的"落地"。例如，积极参与地热能开发利用标准化示范项目建设，在这一过程中加强地热能开发利用理念的宣传推广并打造基于项目特点的技术体系。再如，利用地热能开发利用的具体项目总结相关的技术条件、工程施工规范、盈利模式并形成案例报告，进而加强标准化地热能梯级利用体系的推广使用。

（2）在地热能有关基础研究和应用方面起到示范作用。在工业基础研究和应用的不同领域，多数西方发达国家都有着两三百年的积累，我国则属于"后进国家"。要想实现技术赶超，不仅要克服自身技术积累不足的沉重弊端，而且要面对发达国家持续进化的技术体系的严峻挑战。因此，自主创新面临着一定的技术不确定性和市场不确定性。如此一来，私人资本通常无力承担快速实现技术赶超的任务。改革开放以来的产业发展实践也表明，在具有较强公共品供给特征的技术创新领域中，通过国有企业实现创新与技术扩散是一条性质有效的途径。根据对2011年至2019年间《中国科技统计年鉴》相关数据的整理，国有企业在基础研究和应用研究领域内的研发投入与私营企业、港澳台资企业和外资企业相比要高4%左右。对于地热能这一具有明显公共品供给特征的领域来说，国有地热能企业也应当在基础研究和应用方面起到示范作用，充分发挥自身积累的优势，为落实国家地热能产业技术路线规划多做贡献。

（3）引领地热能产业技术发展潮流。党的十九大报告中指出"创新是引领发展的第一动力，是建设现代化经济体系的战略支撑"。对于地热能国有企业来说，通过研发创新来引领产业技术发展潮流也是必须承担的时代重任。值得指出的是，创新并不仅仅意味着细枝末节的优化，更重要的是战略层面、核心方向上的持续突破。国有地热能企业要锐意进取、大胆突破，在地热能勘查及工程项目施工中不断发现新的有价值的研究对象并提出具有重大价值的产业技术研究课题。

（4）积极引进国外先进技术装备。如前所述，国际上地热勘查与开发的经验教训是一笔宝贵的财富，国外的先进技术装备更是助力我国地热能产业发展的有益资源。随着地热能产业高质量发展模式的推进，国有地热能企业有必要利用自身在规模、资本、制度及国际性人才等方面的积累来参与地热发展的国际交流合作，在国外先进技术装备方面更要加快引进的步伐。根据课题研究过程中笔者对地热能产业相关装备发展趋势的了解，具体可以从以下几个方面入手进行全球引进。①勘查实验设备。地热资源的勘查规划离不开对地温分布的模拟和计算。目前，国外的主流做法是利用震波法、电磁法、重力异常法等进行地热资源的综合物探。如果国有地热能企业能够引进这方面的实验设备，必然会提升我国在地热资源勘查方面的科研实力。②钻井设备及相关技术。根据国际经验，裂隙、破碎带等复杂地质构造与高温坚硬岩体是地热工程施工的难点所在。定向钻井设备及高温随钻测试系统的引进将有利于在地热类工程中形成热流体循环通道并提高钻井效率。例如，如果能够从摩丁制造、法国斯伦贝谢公司等行业优秀外企引进可转向容积式马达（Steering Volumetric Motor）、高精度旋转导向系统（High Precision Rotary Steering System）、电磁随钻测井（Electromagnetic

Wave Propagation Resistivity Logging)、随钻成像系统（MWD Imaging System）等设备与技术，我国地热钻井的效率将有所提高，工作流程与环境也必将有所改进。③高温测井与储层管理。干热岩开发工程中，高温测井设备非常关键。由于国外很多地热田均处于较高的地温条件，其高温测井设备及相关技术已经较为成熟。国有地热能企业应当在这方面进行设备和技术的引进，助力深部地热资源的精准勘探和高质量开发。④干热岩储层增产技术。目前，美国、冰岛、日本等已经进入第二代储层增产技术研发阶段，在高温可降解储层封隔材料方面也已经发展出了多项专利。其中，美国Altarock能源公司的TZIM技术已成功实现多储层的激发。国有地热能企业应当发挥自身优势，与之在这些方面开展合作、交流和引进，开发出自己的干热岩储层激发技术，进而实现干热岩储层的勘探和开发突破。

（5）通过资本运营促进地热能产业稳健可持续发展。在条件允许的前提下，国有地热能企业可以通过战略型投资的引入来实现资本化的产业运营。根据国有地热能企业的经营特征，这些战略型投资的主体主要包括以下两类。一类是处于地热能产业链上游或下游的清洁能源企业，它们可以推动国有地热能企业实现产业链条的延伸和经营成本的降低。另一类是与地热能开发利用具有较强相关性的高科技企业，如互联网、人工智能等领域的各类"独角兽"等，它们将进一步强化国有地热能企业的技术优势。

总之，在未来地热能产业高质量发展模式的构建过程中，国有地热能企业应当体现出必要的制度责任与时代担当，积极通过动力转换、战略转型、流程优化、能力重塑、管理创新和形象塑造，不断向国际一流的能源企业迈进。

第三节 民营地热能企业的优劣势分析及应发挥的作用

在地热能产业发展的过程中，民营地热能企业也经历了从小到大、由弱变强的过程，在经济价值创造、促进就业、改善居民生活水平、生态环境保护方面发挥了重要作用。在地热能高质量发展模式的构建过程中，民营地热能企业是一支不容忽视的力量。在2018年11月1日的民营企业座谈会上，习近平总书记将民营企业所面临的境遇总结为"市场的冰山、融资的高山、转型的火山"。面对复杂的竞争局面，民营地热能企业应当以法人治理结构、经营能力、管理水平为依托实现竞争力的持续提升。

一、民营地热能企业的优劣势

民营地热能企业的优势主要表现在：市场意识敏锐，营销策略灵活；经营管理体制富有弹性，可以根据政策及市场变化进行适度的调整；学习成本低，同时由于生存压力大而对新技术有强烈的理解、消化与应用的动机。

民营地热能企业的劣势主要表现在：资本规模小，融资难度大，创新能力弱；由于性质方面的原因，在掌握政策信息、落实国家产业政策方面存在一定程度的滞后性。

二、民营地热能企业应发挥的作用

随着市场经济体制改革步伐的深入，民营地热能企业在产业格局中的地位将越来越重要。要想充分发挥自身的优势和作用，民营企业需要不断拓宽经营视野，在创新能力和核心竞争力的培育上投入更多资源，力争成为具有较强竞争力的市场主体。

（1）积极布局终端市场，提高地热能的社会影响力。在地热能产业高质量发展模式的构建过程中，民营地热能企业首先应该明确自身定位和核心竞争力来源。具体来说，要积极发挥市场反应敏锐、管理流程灵活、转型便捷等优势，深挖客户需求，积极布局终端市场，使地热类产品/服务逐步占领消费者心智，切实提高地热能的社会影响力。

（2）攻关地热能勘探开发利用关键技术。参照国内地热科研机构对地热能勘探开发利用关键方向的认识，民营地热能企业可以从以下几个方面入手进行重点攻关。一是可直接探测地下温度场的地球物理、地球化学综合技术手段，同时借助深度学习等人工智能方法进行地下温度场的三维精细模拟。二是加强高温定向钻井技术和装备研发，突破耐高温低成本钻井关键技术瓶颈，降低核心装备对进口的依赖并不断提升国产化比例。三是开展干热岩型等深部地热能勘查开发技术攻关，突破储层改造和高效换热关键技术。四是针对砂岩热储的经济回灌技术进行重点攻关，通过回灌井成井工艺的优化提升干热岩资源开发利用能力。五是探索梯级综合高效利用技术体系和商业模式，提升地热资源开发利用的应用范围，为工业供热制冷、温室作物培育、水产养殖等提供能源支撑。

（3）加强地热能产业核心竞争力培育。与国有企业相比，民营地热能企业普遍性地存在资本先天不足、技术发展受限等问题，这必然会反映在市场竞争能力上。对于民营地热能企业来说，要想在未来的地热能市场上获得竞争优势并占据一席之地，强化培育核心竞争力是非常关键的。具体来说，知识产权、市场情报网络、精细化流程、销售渠道、品牌、特色生态系统都可以成为民营地热能企业培育核心竞争力的基点。

（4）加强地热能方面人才队伍培养。产业发展模式的构建主体是各类人才，产业经济活动的实施者、参与者同样也是各类人才。对于地热能民营企业而言，由于资本、技术等方面的先天性劣势，更应当注重人才队伍的培养。在经营管理实践中，民营地热能企业有必要坚持"以人为本"的管理战略,通过人力资本的积累实现高质量发展。具体来说,需要从招募、岗位技能培训、考核激励等各个角度入手打造积极性高、执行力强、技术与市场开发能力突出的经营管理团队。

总之,民营地热能企业要顺应市场及产业发展趋势,进行经营资源的聚焦使用和管理架构的适度调整,发挥出自身的独特优势,为中国地热能产业的长期可持续发展注入充分的活力。要利用市场的导向指引,发挥自主判断、自我决策能力,强化市场微观主体地位,通过生产流程的优化实现创新驱动与市场需求的有机结合。进一步地,有实力的地热能企业不能将眼光局限于国内市场,更要在国家政策的指引下主动进军国际市场。

第四节 外资企业的优劣势分析及应发挥的作用

外资企业在中国地热能市场上的运作模式主要有两种。一种是独立进军特定的利基市场,如瑞士乔治费歇尔集团在北京通州设立管路系统工厂,重点生产围绕地热供暖及地暖产品的建筑技术系统等。另一种是与中资企业联手进军地热能市场,如冰岛恩莱克斯公司与中石化集团下属的中地能源公司合作开发咸阳地热资源等。

一、外资企业的优劣势

外资企业的优势主要表现在:资本及技术实力雄厚;品牌效益突出,具有良好的市场影响力;产业链供应链体系稳定,能够提供质量相对稳定的服务;在管理制度方面有一套相对成熟的体系,在运营效率方面具有一定优势。

外资企业的劣势主要表现在:对我国的国情社情缺乏相对深入的了解,在贴近终端市场方面需要付出巨大的资金成本;利润导向的特点较为明显,对长期利益、社会利益的重视程度不够。

二、外资企业应发挥的作用

外资企业是地热能产业中的一支力量,其作用的发挥不以中国政府、地热能企业及相关社会组织等国内机构的意志为转移。但是,可以通过合理引导,充分发挥其潜在价值,具体的管理手段包括技术引进、管理体系借鉴、产业公益项目扶持等。

三、企业层面的对策建议

企业是地热能产业经济活动的主体。地热能产业发展模式的完善,需要政府、金融机构及社会力量的推动。但是，产业效率提高的关键在于企业，技术突破、融资创新、商业模式重塑等也需要通过企业的具体实践来完成。

1. 落实"以人为本"的人才战略

企业是地热能产业重要的活动主体，而人才则是地热能企业生存发展之本。经营规模的扩大，融资渠道及融资方式的拓展创新，管理水平的优化升级，最终都依靠人力资源来实现"落地"。企业不但承担社会责任，还要有家国情怀，同时创新经营无处不在。无论是为了微观层面的企业发展还是宏观层面的产业发展，地热企业都应当坚持"以人为本"的人才战略，不仅要融资更要"融智"，从引进、培养、管理、激励等各个角度入手打造战略规划能力明晰、执行力强悍、技术和市场开放能力强的运营团队。只有形成"选人-用人-留人"的有机系统，实现管理服务的专业化、集成化，提升企业运转效率，降低企业运行成本。才能真正实现产业市场的稳健发展。

2. 加大地热利用技术的开发创新

在新发展阶段，地热企业要想实现可持续发展，就要坚持创新驱动，把技术和管理创新当作生存之基和发展之本。在技术上，要积极追踪国际国内地热技术前沿，整合企业、科研机构和高等院校的力量进行攻关，争取在核心技术上不断突破；在设备方面，要敢于投入、敢于创新，既要坚守品质观念，也要勤俭节约；在工艺流程上，要敢于突破陈旧观念，积极进行重塑和优化。

根据国内学者的研究总结，我国地热能产业领域还有一大批技术瓶颈问题亟待突破，如地热资源特性研究、深部隐伏地热资源勘测技术、孔隙热储层深热换热技术、高温地热钻井及测试技术、干热岩热能开发利用技术、地热田设计开发及运营维护、地源热泵系统集成、供热系统制造、增强性地热系统开发、不同热储层地热回灌技术、热田规模化开发利用与管理、回灌条件下的资源评价等等。在技术研发上，地热企业可以引入动态系统性的项目管理模式，从前期规划、中期实践及后期市场经验等不同环节入手进行操作流程的组织与完善。例如，在地热开发前期，以市场调研为依托引入项目管理的"横道图"概念，通过精心规划完善进度管理。

3. 持续提升管理水平

在《中华人民共和国国民经济和社会发展第十四个五年规划和2035年远景目标纲要》中指出"因地制宜开发利用地热能"。体现出党中央、国务院对发展地热能给予的高度希望与发展地热能产业的决心，未来必然会为壮大地热能产业发展提供更多财政、金融、产业政策等方面的支持。与之相应，政府对地热能产业的监管力度也在不断加大。同时，作为地热产品"上帝"的消费者对地热能产业质量的要求也会不断提高。这就要求地热能企业主动接受政府监管并积极迎合消费者需求，创新管理方法和手段，持续提高管理水平，实现管理效率、效能和效果的不断进步。

第五节 金融机构的优劣势分析及应发挥的作用

金融是现代经济的核心，金融机构是金融体系的支柱。在"互联网＋"的背景下，金融机构的服务范围、服务能力和服务标准都有了质的提高。在地热能产业高质量发展模式的构建过程中，金融机构也应当充分发挥其优势，为之提供有力的支持。

一、金融机构的优劣势

金融机构的优势主要表现在：从数量的角度来看，金融机构拥有及能调动的资本是普通机构难以比拟的；金融机构对产业金融的认识往往更为深刻，这使其在产业发展模式、项目运营等方面具有认知层面的比较优势。

金融机构的劣势主要表现在：对地热能产业的认识主要来自政策文件、行业报告等，容易出现信息不对称。即使对地热项目进行尽职调查，所能获得的信息也会受到一定的限制；金融机构通常以资本利润率和回报周期为考核指标，对地热能产业发展及具体项目运作的信心可能会受到影响，这必然会反映在具体合作过程中对利率的苛刻设计、还款条件的附加性安排、退出机制的自利性设置等方面。

二、金融机构应发挥的作用

在地热能产业高质量发展过程中，金融机构应发挥的作用包括以下几个方面。①加强与地热能企业的业务联系，适当降低信贷门槛，对符合条件的地热能企业提供优惠性的贷款支持。②帮助地热能企业拓宽融资渠道，如项目融资、债务融资、股权融资、融资租赁、资产证券化 ABS 融资、互联网金融融资、产业发展基金融资等。③借助金融机构在大数据、IT 安全技术、市场风险管理等方面的优势，助力地热能企业在区块链模式中进行全方位探索等。④围绕自有资金、政府产业引导基金、新能源产业资本等进行优质资源组合，成立地热能产业发展基金。对经营范围内的优秀地热能企业和优质地热能开发项目，以产业发展基金为平台进行精准投资和定向扶持。

对于金融机构而言，这些作用的发挥离不开经营理念的转变。具体来说，金融机构应当加强对地热类新能源的产业分析，认识到地热能企业尤其是民营地热能企业在资产、现金流等方面的特点，将信贷抵押的重点放在知识产权、技术成果、品牌、商誉等无形资产方面。同时，金融机构应当响应财政部、中国人民银行等业务主管部门关于"绿色金融"的发展思路,为地热类新能源项目提供投融资、项目运营以及风险管理等方面的金融服务。通过与地热能企业的资源对接,金融机构将成为地热能产业高质量发展模式的"催化剂"。

三、金融机构层面的对策建议

在本书所述的地热发展系统驱动模式中,金融机构是重要的有机组成部分,也是为地热能产业发展不可或缺的"助推器"。

1. 创新经营理念

与其他企业相比,地热企业通常缺乏土地、不动产等有形资产,在固定资产投资上往往面临较大的压力。如果金融机构在经营理念上墨守成规,就容易忽视这一领域的投资机会。所以,金融机构应当顺应新时代能源产业发展趋势,积极转变经营理念,将地热企业拥有的知识产权、技术成果、品牌、商誉等无形资产作为担保或抵押品来进行资本投放。对于金融机构自身来说,这意味着业务范围的扩大和经营绩效的提高;对于地热企业来说,这可以有效改善融资约束瓶颈,获得急需的外部资金来源。当然,创新经营理念并不意味着对资产安全性的忽略,金融机构仍然需要对地热企业进行周密的资信水平评估。

2. 发展绿色金融

随着金融体制改革进程的深入,银行等金融机构在国民经济中的功能作用将迎来系统性、结构性的突破。在本书提出的地热能产业发展系统驱动模式中,金融机构的支持也构成了一种不可或缺的动力。考虑到地热企业尤其是民营地热企业的融资困局,金融机构应当有所作为,以绿色金融产品为切入点提供更具针对性、更有效的融资支持。根据2016年8月31日人民银行等七部委发布的《关于构建绿色金融体系的指导意见》指出,绿色金融是"对环保、节能、清洁能源、绿色交通、绿色建筑等领域的项目投融资、项目运营、风险管理等所提供的金融服务"。考虑到环境资源的公共产品属性,金融机构有必要积极响应政府号召,在金融产品和金融服务中引入生态效率的概念。

3. 提供多元化的金融服务

资本是产业发展的重要基础,金融机构则是资本的"卖方"。金融机构应当在政府地热相关产业政策导向支配下提供多元化的金融服务,如信贷资金支持、参股、发行专项基金产品、参与企业供应链金融等。总之,金融机构要积极推动地热能产业的结构升级,充当地热能产业发展的"助推器"。在具体的资金投向对象方面,金融机构要优先选择那些符合产业政策、深挖客户需求、核心团队稳定的优质企业，实现资本的精准供给。

第六节 高校及科研院所的优劣势分析及应发挥的作用

从全球范围来看，高校及科研院所是科技创新的"主力军"。作为技术端的源头，高校及科研院所可以从机制转化、模式转化、制度转化等方面入手，参与我国地热能产业高质量发展模式的体系设计和具体实践（刘乐晨，2018；刘志彪，2019）。

一、高校及科研院所的优劣势

在地热能产业高质量发展过程中，高校及科研院所的优势主要表现在：拥有丰富的智力资源，在学术研究方面能够及时追踪国际前沿科技文献；依托教育政策，有条件建立综合性的产学研合作平台及各类学术共同体；科研院所作为国家战略科技力量的主体，可以承担更多共性基础研究，减少产业发展中的研究重复投资，提升产业发展效率和发展水平；科研院所研究具有较强的公益性质，可以促进科研人员不以市场为导向的进行更多探索性、前瞻性研究，能够为产业向不同方向发展提供相应的基础理论和技术路线。

在地热能产业高质量发展过程中，高校及科研院所的劣势主要表现在：和市场的联系相对较少，产业发展敏感度不足，对产业运作实践的把握有所欠缺；在地热人才培养计划方面受到学生教育管理制度、教育年限、资金、配套师资队伍等因素的制约。同时，高校及科研院所作为国家智库的重要组成部分，力量搭配的布局和体系化程度需要进一步提升。总体来看，科研力量比较分散，各个主体之间的协调性需要加强、融合度需要提升，也存在重复布局、相关基础研究成果向应用的转化渠道不够通畅等问题，这都在一定程度上制约了地热能产业的高质量发展。

二、高校及科研院所应发挥的作用

在地热能产业高质量发展模式的构建过程中，高校及科研院所要充分发挥科技第一生产力、创新重要驱动力、人才核心资源的作用，扎实开展理论研究和成果转化，为地热能产业发展提供有效的智力支持。具体来说，高校及科研院所应发挥的作用主要体现以下3个方面。

（1）加强基础理论建设与知识产权研发。与全球多数国家相比，我国的地质条件有着复杂多变的特点。正因为如此，地热理论研究尤其是地热勘探理论研究面临着埋深大、构造特殊、物性多变、勘探开发技术不强等难点。面对这种局面，高校及科研院所应当主动承担起地热能领域基础理论研究的责任，通过各种资源的整合奠定我国地热能勘探及开发的理论基础。①立足自身优势，推进地热能开发利用整体理论框架系统的建设。以产学研为导向，对标国际一流科研水平，加强地热相关理论的深入研究，为地热能产业发展带来新颖认知和更高效的思维方式。在深部碳酸盐岩热储层强化增产与利用综合评价技术、砂岩热储层采灌增效技术及装备等关键技术方面，有必要集中骨干人才进行专项攻关，争取早出成绩、早投入产业实践。②加强地热理论研究与其他学科的交互渗透。例如，通过地热工程地质虚拟仿真实验平台等地热与计算机专业的交叉研究，为地热能产业可持续开发利用提供优秀的综合性平台。③积极推动科研成果的产业转化。针对地热领域的理论研究文献和科学技术开发成果，强化试验、开发、应用、推广的一体化管理，及时而有效地将之转化为具有实用价值的新产品、新工艺、新材料，助力新产业经营活动的发展。④加强支持产权保护和交易。引导高校就地热能的新研究成果转化为发明专利等成果，开展知识产权保护大讲堂，同时加强知识产权应用和交易。

（2）加强专业人才队伍培养体系建设。在知识经济时代，地热能产业发展所需要的相关技术的专业性、综合性、交叉性、融合性将不断提高。科研院校应当承担起专业人才队伍及科研梯队建设的重任，为地热能产业高质量发展模式的落地提供人力资本支撑。只有这样，才能形成必要的科技自主创新力与核心竞争力。这也要求政府及教育管理部门在人才培养政策上予以适当倾斜，整合不同科研院校的资源来形成合力，使地热专业人才队伍的培养走上规范化、体系化、平台化的道路。此外，在人才培养的主线和导向上应当明确，不仅要注重综合素质的培养，更要考虑专业靶向性和匹配精准度，鼓励高校与企业建立实训基地，提升学院实操技能，尽可能降低地热类毕业生与用人单位之间的磨合成本。以高等院校和科研院所的优势教育资源为依托，以培养地热能产业方面的复合型人才为目标，打造涵盖专科、本科、硕士、博士不同层次的地热能产业教材，培养一批专业基础知识牢固、市场意识突出、技术创新能力强的复合型地热人才。在此基础上，积极拓展校企联合培养模式。立足地热能产业实践，结合相关理论发展，建立终身学习制度，通过校企联合为地热能专业人才提供多元化的学习及实践机会，持续提升产业技术人员与产业发展趋势需求的适配性。同时，通过科研院校与重点企业的资源整合，加快地热能领域的知识产权转化。在具体的培养手段上，可以采用高校学生到企业顶岗实习、企业经营管理人员到高校及科研院所短期培训进修、专业学位委托培养、联合落实科研项目等方式方法。

（3）积极引进高端地热能产业人才。围绕地热能产业发展高质量发展的总体目标，突出领军人物作用，借力国家海外高端人才引进计划，从国际范围内招揽地热能产业发展的"带头人"。例如，可以从美国、冰岛、德国、新西兰等国家有计划、有步骤地招募一批地热能领域的战略科学家与关键技术精英，利用他们的智力资源发展国家地热重点创新项目、打造重点学科和建设专业重点实验室。积极借鉴产业联盟建设方面的国际经验，推进和扶持国家、省市、区县不同层次的产业联盟、综合研究中心、技术实验室等，打造具有中国特色的地热人才培养基地，形成"专业人才社会化培养"的和谐氛围。积极参与国际人才培养的国际合作，在"一带一路"扎实推进的背景下，把握科学与技术方面国际交流的历史性机遇，为地热能产业高质量发展模式的构建增添外援支持。如通过建立中外联合的地热培训中心，促进我国人才和技术走向国际，参与更多地热能产业标准的制定修改，成为地热标准输出大国；举办国际地热研讨会，稳步提升我国地热能产业技术服务商、方案提供商的市场影响力；增强人才的交流互通，促进产业高端化发展。

本章分析了我国新时代的产业发展路径的时代变更并提出地热能产业高质量发展模式的理论构想，进而以应然性、实然性和实现性为切入点，构建地热能产业高质量发展模式的基本逻辑框架，然后对构建地热能产业高质量发展模式的关键点进行探讨，最后在分析不同主体优劣势的基础上，结合有关理论研究成果，对有关主体的优劣势和作用发挥进行初步分析。

经过系统理论研究和深入细致调研，在综合以上研究分析的基础上，可以初步把我国地热能产业高质量发展模式定义为：我国经济新常态下地热能产业坚持创新驱动型发展、协调可持续型发展、绿色生态型发展、高效率型发展、有效供给型发展、中高端结构型发展、开放包容型发展、为民共享型发展有机统一，政府部门作为政策供给者、地热能企业作为价值创造者、金融机构作为资本供给者、高校及科研院所作为理论和人才支撑者优势互补的一种科学产业发展模式。

第十一章 地热新能源代表性企业及项目

企业是市场经济的重要微观主体，也是产业发展的重要组成部分。产业的竞争力离不开企业竞争力的支撑。因此，在研究地热能产业发展模式的过程中，对一些具有代表性的企业进行案例研究是十分必要的。本章以国有、民营、混合所有制及外资等管理体制为切入点，选取中石化新星、万江通济、中煤任远进行案例分析。通过对其报告整理并分析了发展历程、发展战略、业务板块及技术特色的分析，对其探索历程及经验教训进行总结归纳，希望帮助更多从业者能够从微观层面更好地理解地热能产业发展的内在规律。

第一节 国有新能源企业：以中石化新星公司为例

一、企业基本情况

中石化绿源地热能开发有限公司成立于 2006 年河北省雄安新区，是中国石化集团新星石油有限责任公司与冰岛极地绿色能源公司投资组建的以地热资源开发利用为主的中冰合资企业，主要业务为地热能集中供热（制冷）、节能技术服务、余热利用，是目前国内规模最大的地热能开发专业公司之一。

中方股东中国石化集团新星石油有限责任公司是中国石化集团全资子公司，为中国石化以地热开发利用为主的清洁能源专业公司。2012 年以来，在国家能源局的支持下，中国石化新星公司先后成立了"国家地热能源开发利用研究及应用技术推广中心""能源行业地热能专业标准化技术委员会"等。冰方股东冰岛极地绿色能源公司是利用地热资源进行发电和区域供暖的地热开发专业公司，在亚洲主要致力于地热资源的开发和运行，在新加坡、中国、菲律宾和冰岛已开展了多项地热相关业务。

二、企业发展优势

（一）合资发展模式出硕果

绿源公司成立十三年来，得到中冰两国领导、国家有关部委、中国石化集团以及地方政府等高度重视。合作双方发挥各自优势，不仅促进了公司的快速发展，打造了中冰合资合作的典范，提升了公司的影响力。2012年4月前总理温家宝，2019年5月北极圈论坛上，新星公司与冰岛国家能源局、极地绿源公司共同签署中冰地热培训学校谅解备忘录，中冰地热大学培训班于2019年11月初在北京成功举办，为推动中国地热产业发展奠定人才基础，为全球地热产业发展贡献力量。

（二）创新资源勘探出成果

绿源公司成立以来，坚持"资源先行"的理念，积极引进地热强国冰岛先进技术，并在其基础上进行自主创新，加强勘探水平，获得了一批重要的勘探成果，取得了牛驼镇地热田（雄县、容城、霸州）、辛集地热田、咸阳地热田、菏泽地热田、故城地热田、宁河地热田、齐河地热田、商河地热田等一批优质资源区和市场，其中霸州、博野、咸阳获得三口温度超100℃、水量超100m^3/h的"双百井"。

（三）规模效益成果突出

绿源公司地热开发区域已遍布京、津、冀、陕、鲁、苏、晋等省（区、市），与国内40余个市（县、区）签订了战略合作协议。截至目前，公司总资产36亿元，投资额达到40余亿元，换热站502座，地热井600余口，建成供暖能力约4500万m^2，年可替代标煤61万t，减排CO_2 163万t，减排SO_2 1.4万t。绿源公司在碳资产开发方面走在行业前列，开创性地开发了全球第一个地热供暖CDM（清洁发展机制）方法学，量化了地热供暖的减排效果，将为我国3060碳排目标做出贡献。

三、企业代表性项目：雄县模式——雄安新区地热供暖示范项目

绿源公司与河北省雄县人民政府携手合作，成功打造了政企合作、市场运作、统一开发、技术先进、环境保护、百姓受益的"雄县模式"。创建了中国第一个"无烟城"，目前雄县地热供暖能力已达近600万m^2，占县城集中供暖的95%以上。"雄县模式"得到国家能源局和业界广泛认同，成为中国地热能产业的发展亮点。

绿源公司在雄安新区已有近十年的成熟的地热开发经验，打造了全球知名的地热开发"雄县模式"。2017年承担了雄县禁煤区地热代煤项目大营镇10个自然村、城区4个城中村地热代煤改造任务。2018年6月，绿源公司成功中标雄安新区雄县禁煤区地热代煤特许经营权项目，特许经营期限为30年，这是绿源公司在雄安新区取得的首个特许经营权。2019年4月1日，绿源公司与雄县教育局签订《雄县第三高级中学供暖协议》，是雄安新区成立后公司在新区内签订的首个城市地热供暖项目，为全面服务雄安新区建设清洁供暖事业奠定了基础。截至2020年6月，公司在雄安新区范围内的雄县和容城累计投资近6亿元，建成供暖能力700余万m^2，基本实现了雄县、

容城城区地热集中供热全覆盖，创建了中国两座城市供热"无烟城"。

"雄县模式"受到国家领导人、业内专家及社会各界的高度重视。"雄县模式"的经验可总结为以下几个方面。

（1）政企携手，创造双赢。在合作方面，雄县政府和新星公司签署了排他性开发的战略合作协议，实现了"整体规划、保护资源、科学开发"的目标。当地政府在政策层面的大力支持与企业技术开发应用得到了有机统一，也反映了可持续发展的理念。

（2）开发绿色地热资源，提升群众生活品质。通过地热资源的高效开发利用，减排节能真正实现"落地"，生态环境得到有效改善，群众的生活品质也得到了充分的提高。

（3）产业良性发展。雄县政府和新星公司均表现出了一种长远的大局观念，敢于在开发地热水供暖这种初始投资大、回报期长、微利性和社会公益性明显的产业上进行深度投入，实现了产业的良性发展。

（4）政府引导社会资本高效参与地方新能源产业经济发展。在"雄县模式"中，政策及资源引导社会资本投入新能源领域的特点就非常突出。

（5）技术创新。新星公司一直没有停止过在地热领域的技术创新步伐，资源评价、节能集输、地热换热、梯级利用、智能监测、尾水回灌和综合利用等技术的研发利用，是"雄县模式"的一大亮点。

（6）充分发扬"大庆精神"和"三光荣"精神，艰苦奋斗，以造福百姓为己任，"受冻我一个，温暖千万家"，在短短3个月内实现当年进驻、当年建成、当年供热的同时，确保了工程质量和供暖质量，得到当地政府和群众的高度赞扬。

第二节 民营新能源企业：以万江新能源公司为例

一、企业基本情况

河南万江新能源集团有限公司成立于2008年河南省郑州市，企业致力于新能源综合开发利用，专注于城市清洁能源地热能综合利用投资、建设、运营，潜心于清洁能源供热技术的研发，是中原地区最具核心竞争力的科技型清洁能源供热民营企业之一。

二、企业发展优势

(一) 公司技术优势明显

万江集团与中国科学院汪集暘院士团队合作,成立河南省唯一地热研究院士工作站。2018年,汪集暘院士及万江技术团队被郑州市人民政府评为"顶尖人才"和"顶尖人才团队",为万江集团持续的技术提升和技术领先提供了坚实的保障。万江集团在全国首创"依灌定采,一采两灌"的砂岩地热开发模式,项目100%同层回灌,取热不取水,实现了地热集中供暖行业革命性的突破。创新应用"地热+"模式为城市提供清洁热源,获得包括"双模云控技术"在内的专利技术123项,2017年被认定为国家高新技术企业。2021年4月21日在万江集团的积极推动下,国家地热中心河南分中心和河南省清洁能源供热协会成立,对该企业提供了重要技术保障。

(二) 社会效益突出

万江中深层地热供暖项目采用的技术主要包括地热资源勘探,热源井钻井,系统防腐防垢、梯级利用、低温供热、同层回灌、地热资源动态监测、供热站房远程自动监控、智能变频、回灌精密过滤、回灌加压、楼宇终端智能负荷、智能控制、智能网络用能收费系统等。据测算,采用地热能为城区居民供暖,每1万 m^2,每年可节约164.5t标准煤,减少 CO_2 排放431t,减少氮氧化物排放1.22t,减少 SO_2 排放1.4t,减少烟尘等固体颗粒物排放1.15t。

三、企业代表性项目

(一) 中原地区首个地热集中供暖项目示范区——陕州模式

三门峡地区地热资源丰富,万江集团充分利用浅层地热能资源进行供暖项目运营,在三门峡陕州区运营多年来,实现地热能供暖面积230万 m^2,用户室内采暖温度普遍在22℃以上,被行业专家称之为利用地热资源解决城市供暖的"陕州模式",也是河南省首个地热集中供暖项目示范区。

"陕州模式"完善了城市集中供热配套设施建设,增强了城市综合承载能力,提高了居民的生活品质和幸福指数。地热集中供暖项目不仅解决了冬季供暖问题,同时也将为各地建设绿色、低碳、无烟城市提供强有力支撑。与常规的燃煤锅炉供暖方式相比,"陕州模式"每年可以减少69 384t标准煤,减少燃煤使用费3 469.2万元。同时,减少18 178t CO_2、589.76t SO_2、989.6t 氮氧化物、747.3t 烟尘排放量,节约

247.6 万元左右的环境治理费。

通过以上分析,可以将"陕州模式"的特点总结为技术导向、市场攻坚和建投管一体化这3个方面。①从发展伊始,河南万江就高度重视技术因素的价值,在地热供暖方面进行了持续创新,形成了系列化的技术体系,为公司的长期可持续发展奠定了良好的基础。②万江集团坚持以地热能产业为主导,致力于开发居民采暖专业运营,有力地保障了陕州模式在本地区的快速复制。③在PPP模式的基础上,河南万江做到了建设、投入、管理的一体化,不仅在地热能产业市场上占据了一席之地,也为政府和当地居民创造了可观的综合效益。

(二) 水热型地热供暖项目连片开发示范区——开封模式

开封市尉氏集中供热项目是万江新能源与通济能源通过股权合作的中深层地热集中供暖项目。项目通过地热集中供暖规划和砂岩储层回灌技术,实现"100%同层回灌"和"取热不取水",回灌水质符合技术规范。区域规划供暖面积200万m^2,采用分布式中深层地热井+水源热泵供热站房形式供热,使用地热梯级利用技术,每个热站可供20万m^2建筑。

项目遵循国家政策,通过政府授权企业投资建设运营,采用使用者付费模式。项目设备主要包括以下几个方面。①集中供热热源:地热勘探、热源井、回灌井、一级管网、供热站房设备。一级管网是指热源井到供热站房以及供热站房到回灌井之间的管网。河南通济实业有限公司负责集中供热热源的维护,自主承担维护费用。②二级管网:二级管网是指以出供热站房法兰为界,向热用户输送和分配供热介质的管线系统,包含室外管网、楼内立管;用户自用管道热力设施有自楼内立管引入到热用户室内的入户阀门、过滤器、计量表、水平管道以及热用户户内用热设施等。二级管网建设单位负责质保2个采暖季。在此之后,热用户可委托供热企业或小区物业代为管理,由热用户分摊二级管网维护费用。

在该项目中,政府的权力主要包括特许经营权控制、项目运行监督权等,其义务则主要包括为项目运行提供信息支持和政策扶持等。河南万江的权利主要体现在以节能效益的80%为标准进行合同款项的回收、高效的政策支持等。其义务主要涉及工程建设与咨询、供热产品生产与运营、及时而全面的信息报告、敏捷的客户响应等。通过这些义务的履行,项目公司能够利用自身产品的优势打造先进的能源管理合同网络。通过一次或多次通信,网络可以远程进行供暖产品数量与质量的控制并自动显示所有的参数。这不仅有利于降低居民的取暖费,还将大大提高相关各方的能源管理效率。此外,由于采用了高科技的通信协议,整个系统可以方便地进行能源数字信息的共享。

该项目采取了EMC合同能源管理模式,客户不需要承担能源优化的设备投资与技术研发，甚至不需要承担相关的风险。同时，客户能够以更有效率的方式实现能源使用成本的节约并获得由此带来的收益。因此，这是一种较为理想的地热能开发利用方式。

第三节 混合所有制新能源企业：以中煤任远新能源公司为例

一、公司简介

中煤任远（陕西）新能源科技有限公司是中国煤炭地质总局控股的三级子公司，是中国煤炭地质总局中煤矿业集团有限公司新能源板块的核心企业。公司新能源地热能方面拥有全国领先的中深层地热水采灌技术、中深层地热井下换热技术、浅层地温能利用技术、高效冷凝锅炉技术，在浅层地温能及中深层地热资源的开发利用、物探、咨询、投资、建设、运营管理等方面具有较大优势，在综合能源站施工，水井钻探、勘察，地热井施工、地埋管施工、热物性测试、室内末端安装等领域具有丰富的项目经验，业务范围覆盖地热资源勘查、地热资源评价、中深层地热钻井、地热及浅层地温能供暖/制冷、能源站的设计施工和运营、地热开发利用技术研发、合同能源管理、制冷设备的销售及安装等多个方面。

二、企业发展优势

（一）地热资源勘查与评价技术能力强

公司以地热开发项目区为评价对象，开展必要的区域地热地质调查、地热地球化学调查、地热地球物理勘查等技术手段，结合地热项目的探采结合井、热储工程、动态监测与评价等工作，建立热储模型，研究分析地热资源可开发利用的地区及合理的开发利用深度，开展热储参数评价研究工作。这方面的优势主要体现在：①为地热开发利用方案调整和提高地热项目的管理水平提供依据；②减少地热开发风险，取得地热资源开发利用最大的社会经济效益和环境效益；③最大限度地保持地热资源的可持续利用。

（二）安装设计能力强

利用高效的热交换系统，提取矿井的涌水、乏风等余热，利用热泵机组，为矿山企业提供冬季供暖、井口保温、全年洗浴热水、工服烘干及夏季制冷的热源与冷源，彻底取代矿山企业现有的燃煤、电力或燃气锅炉及传统空调，比传统燃煤锅炉与空调节能50%以上，节能减排，利国利民。这方面的优势主要体现在：①热效率高冷热输送热容大、换热强度高、冷热损失小，换热系统效率高。②系统节能、环保。系统COP高，无CO_2排放，具有节能、环保的效果。③热源稳定。矿井生产过程中，矿井水温和回风温度受地热作用，温度越来越高，且一年四季保持恒定。④系统简洁，技术成熟，可靠性高。热泵机组较为成熟，自动控制系统较完善，机组整体性好，系统简洁，系统设计安装好后安全可靠。

（三）高效冷凝锅炉应用水平高

冷凝锅炉就是利用高效的冷凝余热回收装置来吸收锅炉排出的高温烟气中的显热和水蒸气凝结所释放的潜热，以达到提高锅炉热效率的目的。冷凝锅炉能够回收烟气中水蒸气潜热的多少与锅炉所使用的燃料种类和锅炉的出水温度有关。当无冷凝回收装置的普通锅炉燃烧天然气时，如果锅炉的热效率按燃料低位发热量计算为90%时，采用冷凝式余热回收装置后，排烟温度降到30~50℃，其热效率则会提高到107%左右。在燃料耗量不变的情况下，供热系统的回水越低，冷凝式余热回收装置回收的热量就越多，锅炉的热效率就越高。这方面的优势主要体现在：①安全又可靠，天然气和空气耦合在一起，有空气也有天然气，模块化设计，互为备用，无需备用容量；②环保超低排放氮氧化物排放低于$25mg/m^3$，CO_2减排30%，超低噪声，可与锅炉为邻，仍能安然入睡；③高效节能百万热效率高达107%，可单独使用，也可作为备用热源；④便捷易于安装。只要人能进去的地方，锅炉都可以进去，可整机出货或者组件出货，现场安装。

三、代表性项目：咸阳模式——关中地区"地热+"中深层地埋管供热项目

咸阳文彩舫项目位于陕西省咸阳市，是由中煤任远（陕西）新能源科技有限公司实施运营。该项目已获得"陕西省工业节能环保专项资金奖励"，被评为"陕西省发改委清洁能源示范项目"。项目采用中深层地埋管换热系统+热力尾水二次利用系统供暖。在2020年对该项目进行了无人值守、智慧运行升级改造，改造后，运行成本降低超过30%，节能效果显著。是陕西省清洁能源利用的又一典型项目。

咸阳文彩舫地热供暖项目技术特色如下：①耦合市政尾水，减少市政供热煤炭消耗量；②采用机组大温差技术，解决热力尾水供水温度不稳定，温度波动过大及中深层地埋管换热井初期供水温度过高，调试难度大提高系统能效，确保系统运行稳定；③采用自主研发的专用中心管，提高单井的换热量；④对项目系统流程专业自控设计，对系统关键点位进行控制及数据采集，让系统"苏醒"，使数据"说话"，实现精

确调度，按需供能，实现无人值守级自动控制。支持远程多用户访问，访问设备可以是智能手机、PAD终端、手提电脑和固定台式计算机，实现系统的远程"监"和"控"。

咸阳文彩舫项目的成功实施得益于以下几个方面：①央企和国有企业合作，充分利用央企和地方国有企业的优势进行项目合作；②专业技术团队对项目从立项阶段开始对项目进行全程服务，确保项目高效稳定运行。

第四节　其他地热能上市企业

截至2020年12月底，A股、B股地热能概念股共有16只。从所在地区的角度来看，这些公司主要分布在东部沿海地区。可以推测，未来将有更多的内地地热能企业成功踏上公开上市之旅（表11-1）。

表11-1　公开上市地热能企业名录

类型	股票代码	股票简称	公司名称	所在地区
主板	SH600336	澳柯玛	澳柯玛股份有限公司	山东
	SZ000404	长虹华意	长虹华意压缩机股份有限公司	江西
	SH600202	哈空调	哈尔滨空调股份有限公司	黑龙江
	SH600619	海立股份	上海海立（集团）股份有限公司	上海
	SZ000530	冰山冷热	大连冷冻机股份有限公司	辽宁
	SZ000811	冰轮环境	冰轮环境技术股份有限公司	山东
	SH600481	双良节能	双良节能系统股份有限公司	江苏
	SH601608	中信重工	中信重工机械股份有限公司	河南
中小板	SZ002413	雷科防务	江苏雷科防务科技股份有限公司	江苏
	SZ002158	汉钟精机	上海汉钟精机股份有限公司	上海
	SZ002011	盾安环境	浙江盾安人工环境股份有限公司	浙江
创业板	SZ300157	恒泰艾普	恒泰艾普集团股份有限公司	北京
	SZ300217	东方电热	镇江东方电热科技股份有限公司	江苏
	SZ300263	隆华科技	隆华科技集团（洛阳）股份有限公司	河南
	SZ300249	依米康	依米康科技集团股份有限公司	四川
	SZ300257	开山股份	浙江开山压缩机股份有限公司	浙江

第十二章　地热能发展的愿景

美国是当今世界当之无愧的超级大国，在政治、经济、军事、文化等领域都有着巨大的竞争优势。与其他国家相比，美国仅仅用了200年左右的时间就确立了超级大国的地位。19世纪初以来，美国开始转化经济模式，创造新的经济领域，走具有自身特色的富国强国路线。可以说，除了地缘安全环境、自然资源禀赋、时代机遇等因素外，美国在产业发展方面的战略性规划也是形成这种地位的重要成功诱因。纵观美国的发展史，从铁路、钢铁制造、电子计算机、互联网、能源等战略产业的长远规划形成了一条清晰的脉络。

美国不仅太阳能、风能地理资源丰富，同时也蕴藏大量地热资源，但是到目前为止，美国太阳能、风能已经蓬勃发展，地热发展的潜力却并未充分释放。近年来，页岩气与页岩油的大爆发，让地热所需的探勘与钻探技术领域都有突破性进展。根据美国能源部的研究，地热能产业将迎来爆发性的发展。

就我国地热能产业的未来发展而言，美国的启示在于：对于战略新兴产业，必须要有前瞻性的思路和国际性的视野。因此，在地热能行业发展趋势的基础上制定清晰的愿景规划和技术路线是十分必要的。

当今世界，能源供需多极化格局越来越清晰，能源结构低碳化趋势越来越明显。地热能作为一种绿色低碳、可循环利用的可再生能源，具有储量大、分布广、清洁环保、稳定可靠的特点，不受季节、气候、昼夜变化等外界因素干扰，且能源利用系数高，无论是地热发电还是地热直接利用，世界各国都已开始重视并加快对地热能的运用。地热能在能源结构调整、应对气候变化、大气污染治理中将发挥更加积极的作用，成为颇具竞争力的新能源。

未来，我国地热能产业发展将呈现以下趋势：①地热能在新能源利用中比重大大提升。随着我国将绿色发展提升到前所未有的高度，地热利用已经迎来春天，地热能将在替代化石能源方面起到重要作用，在利用形式上也会更加多样，在保障能源安全，优化能源结构，提高能源效率，促进能源高质量发展、减少污染、降低碳排放等方面起到重要作用。在地热资源直接利用方面，地热能供暖技术越来越成熟，未来在国家相关政策的支持和引导下，地热供暖面积将大幅度提升，地热能在新能源利用中比重也将大大提升。②地热能产业创新活力增强。地热能作为一种新兴产业，具有较大的市场前景，需要在国家战略力量的支持基础上，企业进行更多技术、运营模式、服务方式的创新，为产业发展提供多个发展动力。③融合发展趋势明显。地热能与发电、制冷、制热、农林牧渔业、食品加工等工业融合发展,进而与康养、休闲旅游等深度融合,为产业发展创造更多空间。④地热开发利用技术进一步提升并向高端化、智能化、绿色化发展。地热资源开发利用技术是一门多学科的综合技术,涉及资源的勘查与评价,钻井成井工艺、尾水回灌、梯级利用、保温与换热、防腐防垢等,技术难度较大。尽管在过去几年的快速发展进程中,国内地热界在地热开发利用技术方面取得了一定程度的进展,但依然有不少技术难题需要攻克。未来,地热资源开发将在增采增产、动态评价研究、梯级利用、尾水回灌等方面有更大的突破,技术也将更加成熟。并且,地热开发利用技术将与5G信息技术结合,依托互联网实现地热开发利用各环节信息共享,实现地热开发利用全面透彻的信息化管理,地热开发利用技术向智慧化、智能化发展。⑤地热领域科技人才团队更加健全。人才队伍的形成是地热发展的决定性因素。目前参与地热能产业的各类经济主体中,除相关管理机构外,相关行业协会和科研机构也逐渐加入,部分高校还计划开设地热专业研究生教育等。借助科研院所、行业联盟、学科教育等机构的力量,建立科学有效的地热专业人才形成机制,将使地热领域人才队伍更加健全。⑥形成地热能利用产业链。一方面对高温、中温、低温地热资源进行科学的梯级利用,形成一个完整梯级利用产业链,大幅度提高地热能利用的转换效率。另一方面以地热能品牌化建设为导向,将通过市场化方式对地热能开发利用产业主体进行整合,发挥上中下游优势,打造地热和新能源集成应用产业链。⑦加快地热供热发展的保障措施。一是理顺能源管理机制,做好地热规划开发,明晰地热的能源属性,消除多头管理现象。二是在科研机构和行业协会的共同努力下,地热行业发展各项标准将会更加健全,将以行业标准规范行业进入门槛,使地热资源开发利用更加科学合理。⑧国际合作加强。随着我国新发展格局加速构建,"一带一路"建设的深入推进,地热能产业国际合作将进一步加强。芬兰、冰岛等国家在地热能利用方面技术领先。未来,在地热能领域,我国将在地热资源开发利用技术、先进设备以及管理经验方面进一步展开国际合作,推动"一带一路"沿线地热能产业布局,实现地热能产业"引进来"和"走出去"的目标。

主要参考文献

艾维.大地"暖流"处处在——国际视野下的地热资源开发利用[J].资源导刊,2013(12):42-43.
曹颖,2005.区域产业布局优化及理论依据分析[J].地理与地理信息科学,21(5):72-74.
陈从磊,徐孝轩,2013.国外能源公司地热能利用现状以及对中国石化的启示[J].中外能源,18(11):21-25.
茶洪旺,和云,2019.中国产业政策的反思与转型取向[J].甘肃社会科学(6):130-135.
陈昌兵,2018.新时代我国经济高质量发展动力转换研究[J].上海经济研究(5):16-24.
陈诗一,陈登科,2018.雾霾污染、政府治理与经济高质量发展[J].经济研究,53(2):22-36.
陈锡稳,2020.我国制造业质量变革战略研究[J].宏观质量研究,8(1):5.
陈峥嵘,2005.发展我国产业投资基金的原则和策略[J].高科技与产业化(1):45-48.
陈志楣,杨德勇,2007.产业结构与财政金融协调发展战略研究[M].北京:中国经济出版社.
程博,2016.城市热网驱动型土壤源吸收式热泵模拟与实验研究[D].北京:北京建筑大学.
崔彬,等,2013.资源产业经济学[M].北京:中国人民大学出版社.
崔民选,2010.中国能源发展报告(2010)[M].北京:社会科学文献出版社.
戴宝华,罗佐县,宫昊,2018."气荒"背景下北方地热供暖产业发展战略思考[J].当代石油石化,26(5):1-7.
戴淑庚,2005.高科技产业融资:理论·模式·创新[M].北京:中国发展出版社.
丁海华,2007.辽河油田地热资源经济评价[D].北京:中国地质大学.
丁永昌,2016.中深层地热能梯级利用系统优化研究[D].济南:山东建筑大学.
董慧芹,冯世钧,史新辉,等,2013.河北省地热能产业快速可持续发展的思考[J].中国科技成果(11):13-14.
窦尔翔,2006.中国产业投资基金发展的路径选择[J].中国人民大学学报,20(5):8-15.
杜立新,2014.河北昌黎县沿海地区地热资源评价和开发利用研究[D].北京:中国地质大学(北京).
段瑞君,2011.优势资源的产业化演进与地热资源的综合利用-以北京南宫村特色经济为例[J].市场周刊:理论研究(10):41-42.
樊茗明,2011.战略性新兴产业发展评价研究[J].科技进步与对策,28(21):121-123.
樊毅,张瑾,2017.发达国家再生资源产业发展模式与环境治理经验及启示[J].商业经济研究(13):151-152.
冯·贝塔朗菲,1987.一般系统论[M].北京:社会科学文献出版社.
冯哥,2011.产业集群视角下鄂尔多斯盆地煤炭产业发展模式研究[D].太原:太原理工大学.

冯瑶,2008.供应链金融:实现多方共赢的金融创新服务[J].新金融(2):60-63.

高凤栋,展民晓,2013.对天津市地热资源科学开发利用的思考[J].中国国土资源经济,26(12):30-32.

高红艳,白洁,2019.基于SWOT分析法的汤岗子地热水保护区地热产业发展战略探讨[J].地下水,41(3):3.

高红艳,白洁,2019.基于SWOT分析法的汤岗子地热水保护区地热产业发展战略探讨[J].地下水,41(3):30-32.

宫昊,罗佐县,何铮,等,2017.美国地热集中供暖发展阻碍因素分析及对我国地热产业的启示[J].中外能源(5):14-19.

龚强,张一林,林毅夫,2014.产业结构、风险特性与最优金融结构[J].经济研究(4):4-16.

顾辰晴,2014.主要发达国家新能源发展中的税收激励措施与补贴制度研究[D].长春:吉林大学.

关锌,2014.地热资源经济评价方法与应用研究[D].武汉:中国地质大学(武汉).

关锌,2011.借鉴国外经验,促进我国地热产业政策发展[J].水文地质工程地质,38(2):139-139.

郭丽华,2009.地热资源开发产业投资基金研究[D].长春:吉林大学.

国家计委、科技部、中国科学院"赴美创业投资基金考察团,1999.美国创业投资基金产业的发展及其借鉴意义[J].证券市场导报(6):17-26.

国家统计局,2015.煤炭/电力工业统计年鉴(2015)[M].北京:中国统计出版社.

过广华,2018.我国地热产业整体评价与发展模式探析[D].北京:中国地质大学(北京).

韩君,2014.生态环境质量约束条件下能源资源性产品定价机制研究[D].兰州:兰州大学.

韩慎朝,2018.基于复合型新能源的微网系统分析与设计[D].天津:天津大学.

韩世君,2006.发展产业投资基金问题初探[J].财贸经济(4):70-72.

航旺,2012.2012年美国地热能发展趋势[J].地热能,(5):26.

郝新东,2013.中美能源消费结构问题研究[D].武汉:武汉大学.

何小锋,窦尔翔,贾小卫,2007.中国产业投资基金发展研究-功效、壮大和风险防范[J].长白学刊(2):96-102.

和军,2008.自然垄断产业规制改革理论研究[M].北京:经济科学出版社.

贺华,2014.对地方产业发展基金地位及运用的认识与思考[J].中外企业家(6):31-35.

贺晓宇,沈坤荣,2018.现代化经济体系、全要素生产率与高质量发展[J].上海经济研究(6):25-34.

侯志茹,2010.东北地区产业集群发展动力机制研究[M].北京:新华出版社.

胡求光,2014.宁波海洋战略性新兴产业的发展路径及培育模式研究[M].北京:经济科学出版社.

黄贺林,王孟欣,席增雷,等,2010.发展地热产业推动节能减排模式研究-基于河北"双三十"县市节能减排实证分析[J].中国经贸导刊(20):77.

黄慧华,2015.台湾自行车产业发展模式-自行车产业发展[J].Journal of Low Carbon Economy(3):9-15.

黄顺平,2018.地热能开采过程多场耦合数值模拟与分析[D].北京:北京交通大学.

黄雪飞,2019.基于生态系统的工业设计产业竞争力模型研究[J].包装工程(16):194-200.

惠宁,刘鑫鑫,2019.新中国70年产业结构演进、政策调整及其经验启示[J].西北大学学报(哲学社会科学版),49(6):5-20.

季敏波,徐莉芳,2000.中国产业投资基金的发展战略与模式选择[J].财经研究(5):37-42.

贾雁杰,2015.辽宁省地热资源成因类型及评价[D].阜新:辽宁工程技术大学.

江振华,王聪,2008.私募股权基金对我国产业发展的促进效应[J].中国金融(8):33-34.

姜智超,2015.黑龙江省绥化市地热田地热资源评价及合理开发利用[D].长春:吉林大学.

姜子昂,肖学兰,王黎明,2012.天然气产业低碳发展模式研究[M].北京:科学出版社.

金碚,2018.关于"高质量发展"的经济学研究[J].中国工业经济,361(4):12-25.

俊德(JunaidAlvi),2018.太阳能和地热能联合驱动的有机朗肯循环热力学分析及循环结构对比[D].天津:天津大学.

孔维臻,余瑞祥,陈宁,2012.基于净现值法的地热供暖项目投资分析[J].中国矿业,21(9):8-11.

孔维臻,2013.地热资源开发利用经济评价研究[D].武汉:中国地质大学(武汉).

孔祥军,孙振添,袁利娟,等,2014.中国地热产业发展现状及诉求分析[J].城市地质(S1):14-16.

孔祥军,孙振添,袁利娟,等,2014.中国地热产业发展现状及诉求分析[J].城市地质,9(A01):4.

黎伟,2013.基于U型桩埋管地热能技术在道路融雪中的应用研究[D].重庆:重庆交通大学.

黎永亮,2006.基于可持续发展理论的能源资源价值研究[D].哈尔滨:哈尔滨工业大学.

李成标,2015.湖北省页岩气产业发展模式及政策创新研究[M].北京:经济科学出版社.

李春华,2005.创建可再生、可循环、可持续的地热新能源开发利用模式[C]//全国地热产业可持续发展学术研讨会.

李玏科,2014.河北汤泉地热田成因与资源潜力评价[D].北京:中国地质大学(北京).

李晖,2012.浅、薄含水层中地热能开发利用方法研究[D].合肥:合肥工业大学.

李君,2016.太阳能与地热能耦合发电系统能源匹配与优化分析[D].天津:天津大学.

李俊华,2015.新常态下我国产业发展模式的转换路径与优化方向[J].现代经济探讨(2):10-15.

李魁山,张旭,高军,等,2007.桩基式土壤源热泵换热器换热性能及土壤温升研究[C].中国制冷学会2007年学术年会.

李录娟,2011.亚洲地热图编制及地热潜力评估[D].长春:吉林大学.

李萌,2013.我国各省高技术产业发展评价-基于主成分分析法[J].财经界:学术版(20):103-104.

李娜,隋静,2019.产业政策、资本市场与实体经济转型[J].会计之友(22):70-75.

李珊,2014.我国节能环保产业发展评价研究[D].济南:山东财经大学.
李同彪,2015.地热资源评估方法综述[J].能源与环境(5):91-92.
李学良,2001.高技术产业发展评价指标体系研究[D].沈阳:沈阳药科大学.
李杨,赵婉雨,2019.地热能领域产业技术分析报告[J].高科技与产业化(9):44-51.
李叶飞,2013.战略新兴产业发展模式、选择标准和战略研究[M].北京:中国经济出版社.
李宜程,刁乃仁,2015.深层地热能梯级利用供暖方法[J].节能,34(7):3.
李一鸣,刘军,2006.产业发展中相关理论与实践问题研究[M].成都:西南财经大学出版社.
廖月芝,龚宇烈,刘国钦,2011.广东省丰顺县地热资源利用现状及开发模式探讨[C]//2011中国可持续发展论坛.
林珏,2020.美国制造业"重振"战略实施效果考察:成效与难点[J].重庆工商大学学报(社会科学版),37(1):12-23.
林美孜,2020.整合作用于企业管理中的战略市场管理思维[J].中国战略新兴产业(2):254.
刘冰,2010.煤电纵向交易关系决定因素与选择逻辑[J].中国工业经济(4):58-68.
刘冰,2010.中国煤电产业纵向关系:决定因素与模式选择[M].北京:经济管理出版社.
刘朝马,刘冬梅,2001.矿产资源的可持续利用问题研究[J];数量经济技术经济研究(1):39-41.
刘凤良,郭杰,2002.资源可耗竭、知识积累与内生经济增长[J].中央财经大学学报(11):4.
刘洪恩.能源概论[M].化学工业出版社,2013:1-100.
刘剑,2014.政府推动清洁能源产业发展研究[D].济南:山东师范大学.
刘骏昊,2018.制度环境视角下政治关联对企业绩效的影响——以创业板上市企业为例[D].济南:山东大学.
刘明磊,张志华,2014.我国可再生能源行业发展跻身国际领先水平[J].科技促进发展,(2):56-62.
刘乐晨,2018.工程教育专业认证背景下工程人才核心能力研究[D].哈尔滨:哈尔滨理工大学.
刘时彬,2005.地热资源及其开发利用和保护[M].北京:化学工业出版社.
刘思凡,2018.湖北省互联网金融产业发展模式研究[D].长春:长春理工大学.
刘同良,2012.中国可再生能源产业区域布局战略研究[D].武汉:武汉大学.
刘易斯·卡布罗,2002.产业组织导论[M].胡汉辉、赵震翔,译.北京:人民邮电出版社.
刘友金,周健,2018."换道超车":新时代经济高质量发展路径创新[J].湖南科技大学学报:社会科学版,21(1):49-57.
刘志彪,2019.产业基础高级化:动态比较优势运用与产业政策[J].江海学刊(6):25-32.
刘中云,2018.关于中国石化地热产业发展的思考[J].当代石油石化,26(11):1-10.
娄勤俭,2003.中国电子信息产业发展模式研究[M].北京:中国经济出版社.
陆凤莲,殷红,2007.产业投资基金发展分析[J].中国统计(8):46-47.
吕东亮,2009.天津市雾迷山组地热能可持续开发潜力的模糊综合评价[D].焦作:河南理工大学.
吕静韦,李睿,申巳暄,2014.战略性新兴产业发展评价体系研究[J].价值工程(31):11-12.

吕玉广,2008.资源产业制度变迁与经济可持续发展[M].北京:地质出版社.

罗伯特·皮托夫斯基,林平,2013.超越芝加哥学派[J].产业经济评论:山东大学(2):148.

罗佐县,梁海军,何铮,等,2017.地热在北方清洁取暖中的角色定位[J].中国能源(4):36-39.

罗佐县,2017.我国地热产业政策优化改革思考[J].当代石油石化,25(6):6-12.

马春野,2011.基于协同动力机制理论的中国旅游产业发展模式研究[D].哈尔滨:哈尔滨工业大学.

马丁,2003.高级产业经济学[M].上海:上海财经大学出版社.

马立新,田舍,2006.我国地热能开发利用现状与发展[J].中国国土资源经济,19(9):3.

马克思,恩格斯,1958.马克思恩格斯全集(第四卷)[M].北京:人民出版社.

马伟,2014.基于系统论的中国房地产业健康发展研究[D].北京:北京交通大学.

梅婷婷,2018.我国地热产业发展机遇、挑战及对策分析[J].建筑工程技术与设计(27):3104.

苗杉,2016.我国地热供暖促进政策研究[D].北京:华北电力大学(北京).

牛晓帆,王少枋,朱睿倩,2012.现代产业发展模式[M].北京:人民出版社.

牛晓帆,2012.西部地区特色优势产业自主创新模式研究[M].昆明:云南大学出版社.

欧求丙,2011.我国政府在地热产业发展中的职能研究[D].武汉:中国地质大学(武汉).

欧阳秋珍,张敏,2020.中国产业转移的空间特征、制约因素与大国区间雁阵模式构架[J].现代商贸工业,41(5):7-8.

彭熠,陈清,徐国锋,2015.债务融资水平、期限结构与公司绩效[J].工业技术经济,34(2):3-14.

齐建国,赵京兴,1988.产业发展模式的选择[J].数量经济技术经济研究(10):10-13.

任保平,2018.新时代高质量发展的政治经济学理论逻辑及其现实性[J].人文杂志,262(2):31-39.

任保平,刘鸣杰,2018.我国高质量发展中有效供给形成的战略选择与实现路径[J].学术界,239(4):52-65.

任佳,2007.印度工业化进程中产业结构的演变:印度发展模式初探[M].北京:商务印书馆.

荣蓉,白琳,2019.金融科技赋能供应链金融[J].中国外汇(12):45-47.

尚杰,王世民,2007.环境产业发展模式研究:以黑龙江省为例[M].北京:中国农业出版社.

邵兰,2018.关于大庆市地热能开发利用的思考[J].科学与财富(24):181.

申瑞鹏,2013.中日新能源产业发展模式比较研究[D].上海:上海师范大学.

石定寰,1989.加强国际合作,努力推动新能源产业的发展[J].能源工程(3):18-20.

石舒娅,2010.基于系统动力学的电动汽车产业发展模式研究[D].武汉:武汉理工大学.

苏东水,2005.产业经济学.第2版[M].北京:高等教育出版社.

孙静娟,戴忻,2007.对中国高技术产业发展评价分析[J].特区经济(12):32-34.

覃成林,潘丹丹,2020.粤港澳大湾区产业结构升级及经济绩效分析[J].经济与管理评论,36(1):137-147.

谭璐,2019.产业"对外转移"的四个苗头性问题及政策建议[J].中国经贸导刊(32):4-5.

檀之舟,朱林,2018.我国开发利用地热资源的几点思考[J].中国国土资源经济,31(11):5.

唐志华,2011.湖南省浅层地热能建筑应用及地源热泵模糊综合评判研究[D].长沙:湖南大学.
唐志伟,郑鹏,张宏宇,等,2007.桩埋管热泵地下换热器工艺研究[J].建设科技(22):24-25.
田莉,2010.借鉴美国风险投资基金经验建立我国新能源产业发展基金[D].石家庄:河北师范大学.
田信民,2015.天津市地热资源潜力评价[D].北京:中国地质大学(北京).
王阿娜,2012.产业发展模式研究:以民用飞机产业为例[M].北京:中国社会科学出版社.
王阿娜,2012.产业发展模式研究[M].北京:中国社会科学出版社.
王博雅,2019.知识产权密集型产业国际竞争力问题研究及政策建议[J].知识产权(11):8.
王博雅,2019.知识产权密集型产业国际竞争力问题研究及政策建议[J].知识产权(11):79-86.
王成福,2020.我国地热能产业高质量发展模式研究[D].北京:中国地质大学(北京).
王甫,2017.太阳能中低温集热耦合二氧化碳捕集的理论与实验研究[D].天津:天津大学.
王冠珠,李浩川,孟祥辉,2017.探讨地理信息产业发展模式及其实现路径[J].中国战略新兴产业(20):57.
王华军,魏晋,张文秀,等,2006.一种基于塔式结构的地源热泵系统设计方法[J].暖通空调,36(11):70-73.
王会拴,2019.西藏地区太阳能地热能联合供能系统研究[D].北京:华北电力大学.
王静,成喜雨,2014.北京市浅层地热能产业发展现状及对策研究[J].中国国土资源经济(4):31-33.
王俊鑫,2014.忻州市奇村地热资源评价[D].北京:中国地质大学(北京).
王珺,2013.珠三角产业集群发展模式与转型升级[M].北京:社会科学文献出版社.
王利民,2019.金融科技赋能"一带一路"经贸发展[J].天津大学学报(社会科学版),21(6):503-507.
王利政,2011.我国战略性新兴产业发展模式分析[J].中国科技论坛(1):12-15+24.
王三银,2009.南京文化创意产业发展模式研究[D].南京:南京航空航天大学.
王述英,1999.现代产业经济理论与政策[M].太原:山西经济出版社.
王帅杰,2012.新乡市地热资源综合利用的研究[D].南京:南京理工大学.
王涛,2011.宁夏沿黄河经济带重点城市浅层地热能利用适宜性评价研究[D].西安:长安大学.
王秀芹,张平平,杨亚宾,2015.山东半岛蓝色经济区地热资源与开发利用区划[J].山东国土资源(7):40-44.
王雅静,2018.风险投资、政治关联对企业价值的影响研究[D].北京:对外经济贸易大学.
王亚洲,李雯,王振福,2017.蓝田县白鹿原印象民俗文化村地热水井可行性论证分析[J].陕西地质(6):102-105.
王艳艳,洪梅,付博,等,2016.基于模糊综合权重法的地热水资源梯级利用模式评价[J].水电能源科学(5):30-33.
王永真,2014.中低温地热能梯级综合利用系统的评价与优化[D].广州:广东工业大学.
王玉霞,2000.产业投资基金:基金业向前发展的选择[J].财经问题研究(2):57-60.

王玉霞,2000.现阶段中国发展产业投资基金问题研究[J].投资研究(1):20-23.

王作成,2007.政府竞争力理论与实证研究[M].北京:中国标准出版社.

王卓卓,郭帅,2019."一带一路"沿线国家地热发电开发前景分析[J].城市地质,14(1):5.

温茜茜,2013.中国产业发展模式研究[D].上海:复旦大学.

温茜茜,2015.中国产业发展模式研究[M].杭州:浙江大学出版社.

吴波,贾生华,2008.区域产业集群演进中集群企业网络化成长机制与模式研究[M].杭州:浙江大学出版社.

吴洪发,2018.浙江经济发展与生态环境质量协调关系分析——基于高质量发展的视角[D].杭州:浙江工商大学.

伍小雄,2011.辽河盆地地热资源定量评价[D].大庆:东北石油大学.

夏卫红,刘嗣明,2008.转型时期中国旅游业的发展模式选择[J].旅游论坛,19(2):164-168.

夏云龙,2011.我国战略性新兴产业发展模式研究[D].上海:上海交通大学.

相养谋,李乃华,1986.现代产业系统论[J].山西大学学报(哲学社会科学版)(1):1-8.

肖贵玉,肖林,刘家平,2011.中国战略性新兴产业的示范引领:上海临港模式与发展战略研究[M].上海:上海人民出版社.

谢季坚,刘承平,2000.模糊数学方法及其应用[M].武汉:华中理工大学出版社.

邢辉,2018.倪家台地热水产业综合评价及发展趋势探析[J].地下水,40(5):34-36.

邢倩,2013.我国地热产业可持续发展之路探析[J].化工管理(14):13+15.

邢万里,2015.2030年我国新能源发展优先序列研究[D].北京:中国地质大学(北京).

徐波,2010.中国环境产业发展模式研究[M].北京:科学出版社.

徐东,王东旭,王素霞,等,2017.地热投资项目经济评价方法探析[J].国际石油经济,25(12):90-94.

徐军祥,康凤新,2014.山东省地热资源[M].北京:地质出版社.

徐贻赣,2013.鄱阳湖生态经济区矿业经济发展战略研究[D].北京:中国地质大学(北京).

徐玉良,2018.齐河地区地下水源热泵抽灌井布置及地热开采效应研究[D].济南:山东大学.

许辉,2002.发展中国产业投资基金的现实思考[J].湖北社会科学(8):67-68.

许天福,张延军,曾昭发,等,2012.增强型地热系统(干热岩)开发技术进展[J].科技导报,30(32):42-45.

许晓冬,2020.人才供给侧改革视阈下产教融合促进创新创业能力提升的路径研究[J].晋中学院学报,37(1):69-71.

闫俊宏,许祥秦,2007.基于供应链金融的中小企业融资模式分析[J].上海金融(2):14-16.

严良,武剑,邹泉华,2016.我国新型地勘产业发展模式构建研究[M].武汉:人民出版社.

杨航征,韩晓旭,2013.国外地热产业政策对发展关中盆地地热产业的启示[J].西安建筑科技大学学报(社会科学版),32(2):30-34.

杨亚东,琚敬,2010.环境税立法促进绿色产业发展的法律思考[J].法制与社会(29):102-103.

杨治,1985.产业经济学导论[M].北京:中国人民大学出版社.

叶筱琴,丁锋,刘声政,2017.林业低碳经济发展模式探析[J].中国林业经济(5):33-34+36.

于立宏,2012.资源与环境约束强化条件下重化工产业发展模式研究:资源替代的视角[M].上海:华东理工大学出版社.

尤芳,刘志杰,2011.基于系统论的产业技术创新研究[J].学习月刊(12):2.

余力,2010.中国可再生能源消费与经济增长关系的实证研究[D].上海:复旦大学.

郁义鸿,管锡展,2006.产业纵向控制与经济规则[M].上海:复旦大学出版社.

詹麒,崔宇,2010.我国地热资源开发利用现状与前景分析[J].理论月刊(8):170-172.

张炳申,2003.产业组织、企业制度与支持系统[M].北京:经济科学出版社.

张博雅,2019.长江经济带高质量发展评价指标体系研究[D].合肥:安徽大学.

张朝锋,郭文,王晓鹏,2018.中国地热资源类型和特征探讨[J].地下水,40(4):1-5.

张东生,刘健钧,2000.发展产业投资基金的几个问题[J].宏观经济管理(3):25-28.

张海云,2017.主体功能区建设背景下青藏社会旅游文化产业发展调查研究——以贵德温泉地热资源开发利用为视点[J].贵州民族研究(5):46-49.

张立群,2018.地热能企业加速发展的财务实现路径[J].财会学习(6):53-54.

张密,2015.地热能有机朗肯循环发电系统运行参数的分析及仿真[D].天津:天津商业大学.

张韦,2015.低碳经济背景下我国新能源汽车产业发展模式及政策研究[D].武汉:武汉纺织大学.

张伟伟,高锦杰,2016.基于因子分析的吉林省林业产业发展评价研究[J].长春金融高等专科学校学报(4):79-86.

张晓烽,2018.生物质与太阳能、地热能耦合建筑CCHP系统集成研究[D].长沙:湖南大学.

张正,2015.基于FLUENT的干热岩热交换方式比较分析[D].沈阳:沈阳建筑大学.

章长松,2009.上海浅层地热能分布规律及开发应用研究[D].天津:天津大学.

赵博,2019.席卷行业的科技赋能产业革命[J].中国船检(8):74-77.

赵丰年,刘金侠,马春红,等,2015.地热能源开发技术标准体系研究进展及展望[J].石油工业技术监督,31(7):18-22.

赵丰年,刘金侠,马春红,等,2015.地热能源开发技术标准体系研究进展及展望[J].中国标准化,31(7):3.

赵贵宝,1985.调整农村产业结构的系统性原则[J].理论学刊(11):35-37.

赵宏,戴定,2017.世界地热发电产业概览[J].中国核工业(12):51-52.

赵立新,2016.黑龙江省兰西县地热资源可行性研究[D].长春:吉林大学.

赵鹏大,田时中,2012.我国资源产业经济学评析——基于CNKI资源产业经济博士论文的综合评价[J].中国国土资源经济,25(11):4-10.

赵鹏大,2003.资源产业经济若干问题[R].北京:中国地质大学(北京).

赵阳,2019.中深层地热取热系统及传热模型研究[D].邯郸:河北工程大学.

郑克棪,张振国,朱化周,等,2005.中国地热产业化开发的进程与展望(2000—2004国家报告)[J].地热能(3):3-7.

郑新,孙雨潇,张迪,等,2020.潮汐式地热能储能供热调峰系统效益分析[J].储能科学与技术,9(3):720-724.

钟顺红,2012.基于产业发展基金的EPC项目融资模式[J].合作经济与科技(21):62-64.

周国华,黄蓉,谢盼盼,2013.地热产业构成分析[J].国土资源科技管理,30(4):47-53.

周娉,2012.中国煤层气产业发展评价及途径研究[D].北京:中国地质大学(北京).

周总瑛,刘世良,刘金侠,2015.中国地热资源特点与发展对策[J].自然资源学报(7):1210-1221.

朱红丽,刘小满,杨芳,等,2011.开封市深层地热水回灌试验分析与研究[J].河南理工大学学报:自然科学版,30(2):5.

朱家玲,2006.地热能开发与应用技术[M].北京:化学工业出版社.

朱纹汶,2017.可再生能源——地热能的应用探讨[J].中氮肥(4):78-80.

朱相宇,彭培慧,2019.产业政策对科技服务业全要素生产率的影响[J].华东经济管理,33(10):66-73.

邹登亮,2014.地热能产业化开发PPP模式探讨[J].城市地质(2):26-29.

乐欢,2014.美国能源政策研究[D].武汉:武汉大学.

ABRELL J,RAUSCH S,2016. Cross-country electricity trade, renewable energy and European transmission infrastructure policy[J]. Journal of Environmental Economics & Management, 79: 87-113.

ALMEIDA H,CAMPELLO M,2007. Financial constraints, asset tangibility, and corporate investment[J]. Review of Financial Studies, 20(5): 1429-1460.

AXELSSON G,FLOVENZ O G,HAUKSDOTTIR S,et al.,2001. Analysis of tracer test data, and injection-induced cooling, in the Laugaland geothermal field, N-Iceland[J]. Geothermics, 30(6): 697-725.

BARBIER E,2002. Geothermal energy technology and current status: an overview[J]. Renewable & Sustainable Energy Reviews, 6(1-2): 3-65.

BERTANI R,2005. World geothermal power generation in the period 2001—2005[J]. Geothermics, 34(6): 651-690.

BHATTACHARYA M,PARAMATI S R,OZTURK I,et al.,2016. The effect of renewable energy consumption on economic growth: Evidence from top 38 countries[J]. Applied Energy, 162: 733-741.

BOGDANOV D,BREYER C,2016. North-East Asian Super Grid for 100% renewable energy supply: Optimal mix of energy technologies for electricity, gas and heat supply options[J]. Energy Conversion & Management, 112: 176-190.

BRUNNSCHWEILER C N,2017. Finance for renewable energy: an empirical analysis of developing and transition economies[J]. Environment & Development Economics, 15(3): 241-274.

COOLBAUGH M,2008. The important role of grass-roots exploration in expanding the use of geothermal energy in the Great Basin, USA[J]. Transactions Geothermal Resources Council, 32:118-119.

CROWELL A M, GOSNOLD W D, 2013. GIS - Based Geothermal Resource Assessment of the Denver Basin:Colorado and Nebraska[J]. Geothermal Resource Council Transactions, 37:941-944.

DAVID D, 2006. Blackwell, Petru T. Negraru, Maria C. Richards. Assessment of the Enhanced Geothermal System Resource Base of the United States[J]. Natural Resources Research, 15(4):283-308.

DENISON E F, 1990. Estimates of productivity change by industry: an evaluation and an alternative[J]. Long Range Planning, 23:161.

DONALD S, 2011. Alternative energy: sources and systems (go green with renewable energy resources)[M]. Stamford: Cengage Learning Press.

EGILL J, GUENI A, 2018. Stock models for geothermal resources[J]. Geothermics, 72:249-257.

FERNANDES R, PATEL N, KOTHARI D C, et al., 2017. Harvesting clean energy through h2 production using cobalt-boride-based nanocatalyst[M]//Chattopadhyay J, Scivastava R. Advanced Nanomaterials in Biomedical, Sensor and Energy Applications, Belin: Springer:35-36.

FENG Y, CHEN X, XU X F, et al., 2014. Current status and potentials of enhanced geothermal system in China: A review[J]. Renewable & sustainable energy reviews, 33:214-223.

FRIDLEIFSSON I B, 2003. Status of geothermal energy amongst the world's energy sources[J]. Geothermics, 32(4-6):379-388.

GHOSH A, 2016. Clean energy trade conflicts: the political economy of a future energy system [M]//GRAAF T, SOVACOOL B K, GHOSH A, et al. The Palgrave Handbook of the International Political Economy of Energy. Basingstroke: Palgrave Macmillan UK:175-204.

GORSCHEK T, GARRE P, LARSSON S B M, et al., 2007. Industry evaluation of the Requirements Abstraction Model[J]. Requirements Engineering, 12(3):163-190.

GRANDELL L, LEHTILÄ A, KIVINEN M, et al., 2016. Role of critical metals in the future markets of clean energy technologies[J]. Renewable Energy, 95:53-62.

GRANQVIST H, GROVER D, 2016. Distributive fairness in paying for clean energy infrastructure[J]. Ecological Economics, 126:87-97.

HAEHNLEIN S, BAYER P, BLUM P, 2010. International legal status of the use of shallow geothermal energy[J]. Renewable & Sustainable Energy Reviews, 14(9):2611-2625.

HAN D, LIANG X, JIN M, et al., 2010. Evaluation of groundwater hydrochemical characteristics and mixing behavior in the Daying and Qicun geothermal systems, Xinzhou Basin[J]. Journal of Volcanology and Geothermal Research, 189(1):92-104.

HC. Pfohl, M. Gomm, 2009. Supply chain finance: optimizing financial flows in supply chains[J]. Logistics Research, 1(3):149-161.

HEPBASLI A, 2008. A key review on exergetic analysis and assessment of renewable energy resources for a sustainable future[J]. Renewable & Sustainable Energy Reviews, 12(3): 593 – 661.

HERMANTO A, 2018. Modeling of geothermal energy policy and its implications on geothermal energy outcomes in Indonesia[J]. International Journal of Energy Sector Management, 12(3): 449 – 467.

INGLESI – LOTZ R, 2016. The impact of renewable energy consumption to economic growth: A panel data application[J]. Energy Economics, 53: 58 – 63.

ISOAHO K, GORITZ A, SCHULZ N, et al., 2016. Governing clean energy transitions in China and India[R]. Working Paper.

JOCHEN B, GUANGNAN C, CHANDRASEKHARAM D, et al., 2017. Geothermal, Wind and solar energy applications in agriculture and aquaculture[M]. Los Angeles: CRC Press.

KARL O, 2007. Geothermal Heat Pumps: A guide for planning and installing[M]. New York: Routledge Press.

KATHLEEN A, 2017. Low carbon energy transitions: turning points in national policy and innovation[M]. Oxford: Oxford University Press.

KHAN M R, DAUGHERTY K E, 2017. Clean energy from waste[M]. Belin: Springer International Publishing.

LAMBRAKIS N, KALLERGIS G, 2005. Contribution to the study of Greek thermal springs: hydrogeological and hydrochemical characteristics and origin of thermal waters[J]. Hydrogeology Journal, 13(3): 506 – 521.

LU S M, 2017. A global review of enhanced geothermal system (EGS)[J]. Renewable & Sustainable Energy Reviews, 81: 2902 – 2921.

LUND J W, FREESTON D H, 2001. World – wide direct uses of geothermal energy[J]. Geothermics, 30(1): 29 – 68.

LUND J W, 2011. Direct utilization of geothermal energy[J]. Geothermics, 40(3): 159 – 180.

MELLER C, BREMER J, ANKIT K, et al., 2017. Integrated research as key to the development of a sustainable geothermal energy technology[J]. Energy Technology, 5(7): 965 – 1006.

MIGENDT M, 2017. Public policy influence on renewable energy investments – a panel data study across OECD countries[M]//Migendt M. Accelerating Green Innovation. Belin: Springer Fachmedien Wiesbaden: 59 – 82.

MINISSALE A, DUCHI V, KOLIOS N, et al., 1989. Geochemical characteristics of Greek thermal springs[J]. Journal of Volcanology & Geothermal Research, 39(1): 1 – 16.

MOSLENER U, MCCRONE A, FRANCOISE D'ESTAIS, et al., 2017. Global trends in renewable energy investment 2017[EB/OL]. [2017 – 11 – 28]. https://apo.org.au/sites/default/files/resource – files//apo – nid75207.pdf.

NOGARA J,ZARROUK S J,2017. Corrosion in geothermal environment:Part 1:Fluids and their impact[J]. Renewable & Sustainable Energy Reviews,82:1333-1346.

PARAMATI S R,APERGIS N,UMMALLA M,2016. Financing clean energy projects through domestic and foreign capital:The role of political cooperation among the EU,the G20 and OECD countries[J]. Energy Economics,61:62-71.

PARAMATI S R,UMMALLA M,APERGIS N,2016. The effect of foreign direct investment and stock market growth on clean energy use across a panel of emerging market economies[J]. Energy Economics,56:29-41.

PAULILLO A,STRIOLO A,LETTIERI P,2019. The environmental impacts and the carbon intensity of geothermal energy:a case study on the Hellisheiei plant[J]. Enviroment International,133:1-9.

PROSKUROWSKI G,LILLEY M D,KELLEY D S,et al.,2006. Low temperature volatile production at the Lost City Hydrothermal Field,evidence from a hydrogen stable isotope geothermometer[J]. Chemical Geology,229(4):331-343.

RAHIM S,JAVAID N,AHMAD A,et al.,2016. Exploiting heuristic algorithms to efficiently utilize energy management controllers with renewable energy sources[J]. Energy & Buildings,129:452-470.

REED M J,1982. Assessment of low-temperature geothermal resources of the United States-1982[J]. Nursing Mirror,145(24):10-10.

RENNER J L,2007. The future of geothermal energy[EB/OL]. (2007-03-01)[2021-04-18]. https://www.eesi.org/files/JW_Tester.pdf

RICHARD P,2015. Walker,Andrew Swift. Wind energy essentials:societal,economic,and environmental impacts[M]. Wiley Press.

RON D,2016. Geothermal power generation:developments and innovation[M]. England:Woodhead Publishing.

ROY L,2016. Nersesian. Energy economics:markets,history and policy[M]. New York:Routledge Press.

SEIFERT R W,SEIFERT D,2011. Financing the chain[J]. International Commerce Review,10(1):12-14.

SALEHIN S,EHSAN M M,FAYSAL S R,et al.,2018. Utilization of nanofluid in various clean energy and energy efficiency applications[M]//KHAN M M K,CHOWDLARY A,HASSAN N M S. Application of Thermo-fluid Processes in Energy Systems. Belin:Springer:3-33.

SANLIYUKSEL D,BABA A,2011. Hydrogeochemical and isotopic composition of a low-temperature geothermal source in northwest Turkey:case study of Kirkgecit geothermal area[J]. Environmental Earth Sciences,62(3):529-540.

SANYAL S K,2017. Sustainability and renewability of geothermal power capacity[J]. Renewable

Energy Systems,28:4221-4234.

SHARMA R K,MARICHI R B,SAHU V,et al.,2017. Efficient,sustainable and clean energy storage in supercapacitors using biomass-derived carbon materials[M]//Handbook of Ecomaterials. Belin:Springer.

SIVARAM V,NORRIS T,2016. The clean energy revolution:Fighting climate change with innovation[J]. Foreign Affairs,95(3):147-156.

SIVARAM V,SAHA S,2018. The geopolitical implications of a clean energy future from the perspective of the United States[M]. The Geopolitics of Renewables.

SLIMANE R B,2018. R&D for clean energy production through responsible utilization of various feedstocks including coal,biomass,and hydrocarbons[M]. Recent Advances in Environmental Science from the Euro-Mediterranean and Surrounding Regions.

SORENSEN B,2004. Renewable energy:physics,engineering,environmental impacts,economics and planning[M]. Pittsburgh:Academic Press.

SPEIGHT J,2015. Geothermal energy:renewable energy and the environment[J]. EnergySources,37(18):2039.

SWINK D G,SCHULTZ R J,1976. Conceptual study for total utilization of an intermediate temperature geothermal resource[J]. Geothermal Energy(5):172-179.

TOSHIKO T,STEPHEN A M,NICHOLAS D,2012. High fluid pressure and triggered earthquakes in the enhanced geothermal system in Basel,Switzerland[J]. Journal of Geophysical Research Atmospheres,117(B7):2201-2207.

WASEEM S,RATLAMWALA T A,SALMAN Y,et al.,2019. Geothermal and solar based mutligenerational system: A comparative analysis[J]. International Journal of Hydrogen Energy(6):5636-5652.

WHITE D E,1968. Environments of generation of some base-metal ore deposits[J]. Economic Geology,63(4):301-335.

YARI M,2010. Exergetic analysis of various types of geothermal power plants[J]. Renewable Energy,35(1):112-121.

ZARROUK S J,MOON H,2014. Efficiency of geothermal power plants:A worldwide review[J]. Geothermics,51:142-153.

附 录

一、地热能产业最新政策汇编

发文时间	发文单位	文件制度	文号
2016年2月2日	国务院	国务院关于深入推进新型城镇化建设的若干意见	国发〔2016〕8号
2016年5月9日	国家税务总局	关于印发《水资源税改革试点暂行办法》的通知	财税〔2016〕55号
2016年9月23日	河北省人民政府	关于加快实施保定廊坊禁煤区电代煤和气代煤的指导意见	冀政字〔2016〕58号
2016年12月10日	国家发改委	可再生能源发展"十三五"规划	发改能源〔2016〕2619号
2017年1月1日	国家发改委	地热能开发利用"十三五"规划	发改能源〔2017〕158号
2017年1月16日	泰州市政府	泰州市地热资源和浅层地热能管理办法	政府令〔2016〕2号
2017年3月15日	上海市人民政府	上海市能源发展"十三五"规划	沪府发〔2017〕14号
2017年4月7日	上海市浦东新区人民政府	浦东新区节能低碳专项资金管理办法	浦府〔2017〕61号
2017年4月14日	湖北省发改委	关于印发湖北省可再生能源发展"十三五"规划的通知	鄂发改能源〔2017〕194号
2017年5月16日	财政部	关于开展中央财政支持北方地区冬季清洁取暖试点工作的通知	财建〔2017〕238号
2017年5月17日	住房和城乡建设部	全国城市市政基础设施建设"十三五"规划	建城〔2017〕116号
2017年6月19日	国家税务总局	关于实施高新技术企业所得税优惠政策有关问题的公告	国家税务总局公告2017年第24号
2017年9月6日	住建部	关于推进北方采暖地区城镇清洁供暖的指导意见	城建〔2017〕196号
2017年9月19日	国家发改委	关于北方地区清洁供暖价格政策的意见	发改委价格〔2017〕1684号
2017年11月21日	天津市人民政府	关于印发天津市居民冬季清洁取暖工作方案的通知	津政发〔2017〕38号

续表

发文时间	发文单位	文件制度	文号
2017年12月20日	国家发改委	北方地区冬季清洁取暖规划2017—2021年	发改能源〔2017〕2100号
2017年12月29日	国家发改委	关于加快浅层地热能开发利用 促进北方取暖地去燃煤减量替代的通知	发改环资〔2017〕2278号
2018年1月8日	陕西省住房和城乡建设厅	关于印发《关于发展地热能供热的实施意见》的通知	陕建发〔2018〕2号
2018年2月9日	山东省国土资源局	关于切实加强地热资源保护和开发利用管理的通知	鲁国土资规〔2018〕2号
2018年3月14日	青海省住房和城乡建设厅等	关于推进冬季城镇清洁供暖的实施意见	青建燃〔2018〕5号
2018年6月13日	濮阳市人民政府办公室	关于加强地热资源管理支持地热供热工作的通知	濮政办〔2018〕30号
2018年6月28日	河北省住房和城乡建设厅等	关于印发河北省农村地区地热取暖试点方案的通知	冀建村〔2018〕29号
2018年8月29日	山东省人民政府	关于印发山东省冬季清洁取暖规划(2018—2022年)的通知	鲁政字〔2018〕178号
2018年12月20日	青岛市人民政府办公厅	关于印发青岛市推进农村清洁取暖实施方案的通知	青政办字〔2018〕134号
2019年1月21日	北京发展和改革委员会	关于印发进一步加快热泵系统应用 推动清洁供暖实施意见的通知	京发改规〔2019〕1号
2019年4月3日	财政部、税务总局	关于延续供热企业增值税房产税 城镇土地使用税优惠政策的通知	财税〔2019〕38号
2019年6月12日	科学技术部	关于国家重点研发计划"可再生能源与氢能技术"等重点专项申报指南的通知	国科发资〔2019〕203号
2019年6月12日	崂山区政府办公室	关于印发青岛市崂山区农村清洁取暖实施方案的通知	—
2019年7月18日	河南省发改委	关于印发河南省促进地热能供暖的指导意见的通知	豫发改能源〔2019〕451号
2019年12月6日	国家发改委	关于促进生物天然气产业化发展的指导意见	发改能源规〔2019〕1895号
2020年3月16日	陕西省住房和城乡建设局	关于规范和加强地热能建筑供热系统建设管理工作的通知	陕建发〔2020〕59号

续表

发文时间	发文单位	文件制度	文号
2020年3月26日	临沂市自然资源和规划局	临沂市中心城区浅层地温能开发利用规划（2019—2025）	—
2020年6月24日	山西省住建厅、发改委、财政厅、能源局	关于进一步推进地热能供热技术应用的通知	晋建科字〔2020〕97号
2021年1月27日	国家能源局	国家能源局关于因地制宜做好可再生能源供暖工作的通知	国能发新能〔2021〕3号
2021年6月20日	国家能源局	国家能源局关于2020年度全国可再生能源电力发展监测评价结果的通报	国能发新能〔2021〕31号

二、地热能产业大事记（2017年1月至2021年6月）

2017年1月3日	住建部建设环境工程技术中心在石家庄河北会堂举办2017年中国地热产业与地源热泵技术交流大会
2017年1月9日	全国首个采油污水余热大规模应用供暖项目在胜利油田埕东联合站顺利投产，可替代天然气 $653 \times 10^4 m^3$、节约标煤6970t、减排二氧化碳13 938t
2017年1月13日	国家能源局印发《能源技术创新"十三五"规划》，提出掌握干热岩开发关键技术，简称100KW级干热岩发电示范
2017年1月20日	中国地质调查局"海洋六号"船，采用我国自主研发的地热流探针开展了我国在南极的首次地热探测，并成功采获一批高质量地热数据
2017年1月23日	我国首份地热能五年规划发布，国家发改委、国家能源局和国土资源部共同印发了《地热能开发利用"十三五"规划》
2017年2月9日	国家发改委副主任、国家能源局局长努尔·白克力一行到雄县调研清洁能源和地热资源开发利用工作
2017年2月14日	能源行业地热能专业标准化技术委员会启动大会暨一届一次会议在北京召开
2017年3月14日	海南地区地热资源勘查开发利用座谈会召开；上海市人民政府印发《上海市能源发展"十三五"规划》
2017年3月27日	第六届中深层地热资源高新开发与利用国家会议在北京市地大国际会议中心召开
2017年4月6日	中国石化新星公司在河北雄县召开现场会，研究部署打造雄县模式升级版，为雄安新区提供地热＋多种清洁能源的具体措施
2017年4月10日	山东省首个砂岩热储地热回灌示范工程圆满成功
2017年4月13日	天津市国土资源和房屋管理局组织专家对中深层地热井内换热供热技术召开专家论证会

续表

2017年5月2日	贵州省温泉工作会议提出将全力打造贵州为中国温泉省
2017年5月2日	江苏省住房和城乡建设厅印发《2017年江苏省绿色建筑暨建筑节能工作任务分解方案》
2017年5月2日	湖北省发展和改革委员会印发《湖北省可再生能源发展"十三五"规划》
2017年5月12日	雄安新区设立后第一口地热井在大营镇
2017年5月14日	科技部印发《"十三五"先进制造技术领域科技创新专项计划》
2017年5月17日	中国科学院"地热＋"多能互补座谈会在中国科学院地质与地球物理研究所召开
2017年5月17日	住房和城乡建设部、国家和发展改革委员会印发《全国城市市政基础设施建设"十三五"规划》
2017年5月19日	国家重点研发"地热能井钻完井关键技术与优化设计平台"暨高等学校学科创新引智计划"深部地热资源开发基础研究"启动和实施方案研讨会在中国石油大学召开
2017年5月23日	中国石化集团公司雄安新区地热资源评价会议在新星公司召开
2017年5月24日	胜利油田石油工程公司签订土耳其地热发电项目生产井/回灌井钻探工程合同
2017年6月1日	"地热与冰岛的能源革命"沙龙在清华大学举行
2017年6月7日	第八届清洁能源部长会议和第二届创新使命部长级会议在北京开幕
2017年6月13日	中国石化集团与西藏自治区签订《"十三五"时期央企助力富民兴藏项目战略合作协议》
2017年6月14日	中核集团和西藏自治区在拉萨举行"在藏产业发展座谈会暨合作协议签约仪式"
2017年6月17日	2017年第四届中国国际温泉产业高峰论坛在太白山举办
2017年6月17日	地热能开发研讨会暨新型电传动地热水井装备发布会在张家口举行
2017年6月22日	"热泵供暖技术应用于发展高峰论坛暨2017年全国热泵学术年会"在北京召开
2017年7月27日	陕西省住房和城乡建设厅在西安主办"陕西省地热能采暖交流观摩会"
2017年7月31日	江汉油田矿区共冷暖乐园改造项目一期首口地热井完井
2017年8月30日	在青海共和盆地已钻获高温优质干热岩体
2017年9月8日	河岸万江集团地热研究院士工作站启动仪式在郑州举行
2017年10月1日	我国地热专家代表团赴美国犹他州盐湖城参加了"美国地热资源委员会第41届年会"
2017年10月29日	"中国地质学会地热专业委员会2017年年会暨雄安新区地热勘查开发学术研讨会"在雄安新区举行
2017年11月2日	中国4家地热专业委员会在成都联合召开"2017年中国西部地热资源开发利用学术研讨会"
2017年11月21日	中国地调局全国地热资源调查评价研讨会于在天津市召开
2017年12月1日	雄安新区首批3个3500m深度地热勘探钻孔顺利开钻
2017年12月8日	中核集团地热产业联盟在京成立,标志着中核集团地热产业发展拉开序幕

续表

2018 年 1 月 23 日	"全国地质调查工作会"在北京召开,重点工作内容传递出加快雄安新区等重点地区地热资源调查的信号
2018 年 1 月 26 日	《中国的北极政策》的发表,标志着中国的地热能利用技术或将走向北极
2018 年 2 月 27 日	"中国核电地热开发专项工作组员工大会暨中核坤华能源发展有限公司成立大会"在京召开
2018 年 3 月 12 日	中国地调局水环所牵头的《我国地热资源开发利用战略研究》日前荣获国家能源局能源软科学研究优秀成果二等奖
2018 年 3 月 14 日	在青海设立干热岩研究基地,加快推进干热岩资源勘查开发
2018 年 3 月 14 日	怀仁镇打造特色能源小镇
2018 年 3 月 14 日	中国核电整合优势资源,落实集团公司在藏地热项目拓展
2018 年 3 月 16 日	国家发改委、财政部下达我国利用世界银行和亚洲开发银行贷款 2018－2020 年备选项目规划。山东大气污染防治项目获得亚洲开发银行贷款 5 亿美元
2018 年 3 月 19 日	全国人大代表宋殿宇建言加快地热能资源开发利用
2018 年 3 月 21 日	发改委:2021 年北方地区清洁取暖率达 70%
2018 年 4 月 6 日	正安县打出贵州省最大"自流地热井"
2018 年 4 月 18 日	海南将示范建设绿色低碳海岛独立能源系统
2018 年 4 月 19 日	湖南娄底首次发现极具开发价值地下热水
2018 年 4 月 19 日	新疆塔什库尔干县发现全国第二大地热田。其中,曲曼地热田的地热资源范围、热储存条件仅次于羊八井,居全国第二
2018 年 4 月 24 日	天津市从"独眼井"到"对儿井",地热集约利用开先河
2018 年 4 月 25 日	北京通州地热勘查支撑"近零碳排放区"建设
2018 年 4 月 26 日	北京将建建筑规模世界第一交通枢纽,优先采用地热能等新能源
2018 年 4 月 26 日	济南深层地热能相当于 19 亿吨煤,地热区打造"温泉之都"
2018 年 4 月 26 日	首期"李四光地质科普讲坛"聚焦地热资源开发利用
2018 年 5 月 7 日	中国地热专家云集海口,聚焦干热岩"中国海南第一井"新成果
2018 年 5 月 9 日	国资委主任肖亚庆到雄安新区调研地热开发利用
2018 年 5 月 26 日	勘探技术所雄安地热井工程设计顺利通过审查
2018 年 5 月 30 日	地热中心成功签约武汉恒大温泉打井项目
2018 年 6 月 9 日	陕西干热岩供热科普落地沣西新城,西安家庭探秘海绵城市
2018 年 6 月 20 日	华北油田编制地热开发规划方案服务雄安新区
2018 年 6 月 22 日	物勘院瑞安湖岭陶溪地热资源勘查项目达到"AAAAA"级标准温泉

续表

2018年7月2日	加拿大工程院院士来水环中心开展学术交流
2018年7月10日	北京试点山区村庄清洁取暖
2018年7月12日	"全国地热钻探技术及钻探施工现场管理研讨会"召开
2018年7月23日	北京市地质工程勘察院中标项目工作内容涉及北京市地热资源的资源量调查、储量评价、动态数据监测及可持续利用研究等方面,中标项目数量、经费总额再创北京地热研究类项目新高
2018年7月24日	曹耀峰谈中国地热产业规划和布局战略研究成果
2018年7月24日	江苏省地热能源学会牵头编制《江苏省地热能源资料汇编》
2018年7月24日	内蒙古自流量最大地热井终孔
2018年8月26日	"四季春·第十届中国国际地源热泵高层论坛"在南京圆满召开
2018年9月3日	我国首次发布地热能发展报告《中国地热能发展报告》
2018年9月10日	中国核电首个地热发电项目在西藏成功开钻
2018年9月12日	寒区地温(热)能开发利用科技论坛在东北石油大学开幕,国内地热领域专家云集大庆市,就寒区地温(热)能开发利用技术进行研讨
2018年9月20日	地热国际研讨会在津门胜利召开。会议围绕地热发展的现状与未来主题,系统总结了国内外地热资源调查评价成果
2018年9月29日	由中国地质学会主办,自然资源部中国地质调查局、中国地质科学院水文地质环境地质研究所、中国地质学会地热专业委员会、自然资源部中国地质调查局地热资源调查研究中心、四川省地质工程勘察院、河北省地质学会承办的"中国地质学会地热专业委员会2018年年会"在成都召开
2018年10月5日	自然资源部中国地质调查局、国家能源局新能源和可再生能源司等部门近日联合发布的报告称,我国地热能勘探技术不断成熟
2018年10月10日	西藏羊易地热电站16兆瓦奥玛特ORC双工质机组工程正式并网发电
2018年10月22日	国家能源局支持建设广州开发区新能源综合利用示范区:推动地热等技术
2018年12月21日	西南石油大学地热能研究中心揭牌
2019年1月14日	"中华人民共和国能源行业标准《地热回灌技术要求》发布会暨回灌技术交流会"在北京召开
2019年3月11日	2019年全国两会老杨会客厅夜话"打赢蓝天保卫战"沙龙在人民日报社新媒体大厦举办
2019年4月17日	中办、国办发文:理顺取水权与地热矿泉采矿权的关系
2019年4月26日	国家能源局专家调研组到山东省调研地热能开发利用情况
2019年11月21日	中国地质调查局领导带队来广安考察 地热试验井勘探成果正式移交广安市
2019年11月22日	《可再生能源发展"十四五"规划研究(地热部分)》启动会在北京召开,会议梳理了"十三五"地热能发展取得的成绩,分析了行业发展存在的问题,商讨了"十四五"地热能高质量发展思路和目标
2019年11月22日	我国中深层地热"取热不取水"技术取得重大突破

续表

2019年11月26日	中煤科工集团西安研究院高新院区地热DZ01井二开固井水泥浆上返地面,标志着我国中深层地热能单井换热式开采第一井顺利完井,绿色开发利用地热能技术实现新突破
2019年11月28日	在新西兰奥克兰大学举行的申办2023年世界地热大会竞选结果揭晓:中国赢得了2023年世界地热大会的承办权。中国将谱写地热能行业发展史上最壮丽的篇章
2019年12月2日	我国首次在广安地区获得地热水资源勘探突破,钻获四川省出水量最大的自流地热井——这一喜讯刊登在近日的《地质调查专报》上。该成果将助推广安高质量转型发展
2019年12月3日	中国和冰岛地热培训项目揭牌仪式在京举行。该培训项目是中冰地热技术研发合作中心取得的重要成果之一,为中冰双方探索培养地热领域专业人才、深化交流合作奠定坚实基础。冰岛前总统格林姆松和中国石化副总经理喻宝才共同为中冰地热培训项目揭牌
2019年12月9日	国家发展改革委:多措并举有序推进清洁取暖 确保今冬温暖过冬
2019年12月10日	国家能源局批准了《水电工程电法勘探技术规程》等384项能源行业标准。此次批准的地热能领域标准涉及浅层地热开发监测、地热勘探、热储评价、地热钻井、录井、测井、地热发电地热供热、余热利用、换热等方面,有16项标准
2019年12月17日	公示:地热资源勘查项目成果入选2020年度国家科学技术进步奖
2019年12月23日	"羊八井地热发电试验设施"被认定为国家工业遗产,这也是西藏自治区首个国家工业遗产
2019年12月24日	十三届全国人大常委会第十五次会议上,全国人大常委会副委员长丁仲礼代表全国人大常委会执法检查组,做可再生能源法实施情况的报告。报告显示,可再生能源法颁布实施后,我国可再生能源开发利用规模显著扩大。科技部在国家科技计划中优先部署可再生能源技术研发,截至"十二五"末期投入中央财政经费逾23亿元。"十三五"期间投入中央财政资金7亿元,实施"可再生能源与氢能技术""智能电网技术与装备"两个重点研发专项
2019年12月26日	中国能建天津电力工程自主创新产业园供热(冷)能源站顺利通过72小时联合试运行,正式投入运营。京津冀地区最大"中深层地岩换热"分布式能源站投运
2020年3月16日	在各地政府投资清单项目中不乏有地热人的身影,受疫情影响,中国煤炭地质总局水文地质局日前通过"云签约"的形式承揽了河北宁晋地热资源勘查项目
2020年3月18日	南京大学地球科学与工程学院李晓昭教授牵头项目"浅层地热能高效可持续开发关键技术及应用"获得2019年度江苏省科学技术奖一等奖
2020年3月25日	全国政协委员会副主任姜大明到草滩中深层项目调研地热能供热技术
2020年5月08日	中深层地热资源"无泵式"开采获突破
2020年5月13日	"地下超级锅炉"可发电供暖
2020年7月10日	章建华:为决战决胜脱贫攻坚注入强劲动能。积极支持开展风电、光伏、沼气、地热、生物质能等可再生能源开发利用,带动当地相关产业协同发展,助力贫困地区增加收入、扩大就业
2020年10月19日	国新办举行能源行业决战决胜脱贫攻坚有关情况发布会
2020年11月30日	适度支持可再生能源发电项目

续表

2020年12月28日	章建华在《宏观经济管理》"全面建成小康社会"专栏发表署名文章
2021年2月8日	《国家能源局关于因地制宜做好可再生能源供暖相关工作的通知》政策解读
2021年4月14日	国家能源局综合司关于公开征求《关于促进地热能开发利用的若干意见(征求意见稿)》意见的公告
2021年4月22日	国家能源局关于印发《2021年能源工作指导意见》的通知
2021年4月28日	关于地热资源利用问题
2021年6月25日	国家能源局关于组织开展"十四五"第一批国家能源研发创新平台认定工作的通知

后 记

2021年是中国共产党建党100周年，也是"十四五"规划开局之年。在全面建设社会主义现代化国家新征程下，"二氧化碳排放力争于2030年前达到峰值，努力争取2060年前实现碳中和"的奋斗目标，为地热能事业发展带来全新的挑战与机遇。在当前形势下，加快地热能产业结构优化、推进地热能利用效率提升，以及实现地热能产业高质量发展，是我们面临的一项紧迫任务。

本书的出版受到2020—2021年度中国煤炭地质总局"地热能产业高质量发展研究"课题项目资助。全书分为上、中、下三篇，共有十二个章节，内容也是对地热能产业高质量发展研究的归纳总结，旨在为新能源建设和如期实现"碳达峰""碳中和"目标贡献智慧和力量。本书是在中国煤炭地质总局、中能化信息与发展战略研究中心、中煤矿业集团有限公司和中化地质矿山总局地质研究院的支持下，由编委会全体人员共同努力编写而成。

感谢中国科学院院士赵鹏大教授及原国土资源部党组成员、副部长汪民同志为本书编写提供宏观方向指引，并不辞辛劳拨冗作序。

本书的完成离不开众多良师益友的鼓励与帮助，在此特别要感谢关凤峻、王成福、陈正、郭天义、谭振、刘军省等良师益友的大力支持，感谢成都理工大学地热研究中心左银辉教授团队提供相关资料与数据，感谢中国地质大学出版社张瑞生社长在本书出版过程中付出的辛勤劳动。同时，还要感谢张小群、李红岩、侯涛、岳劣等同志在材料搜集方面所做的诸多工作。

在写作过程中，本书参考运用了部分专家学者的已有著作、论文、研究成果和数据资料，这给了我们很多启示和帮助，在此未能一一列举，谨向他们表示衷心感谢。

著 者

2021 年 11 月